# ANSYS Workbench 18.2
# 机械工程应用实践

高耀东　任学平　董瑞红　等编著

電子工業出版社
Publishing House of Electronics Industry
北京 • BEIJING

## 内 容 简 介

本书包括 ANSYS Workbench 基础知识、工程数据、几何模型创建、网格划分、线性结构静力学分析、结构动力学分析、结构非线性分析、综合应用 8 部分内容，全书包含 33 个应用实例，基本涵盖了 ANSYS Workbench 在机械工程领域的基本应用。读者可以跟随本书所介绍的分析步骤快速入门，然后通过练习与操作，进一步理解这些内容，从而达到在较短时间内，既知其然，又知其所以然，真正掌握 ANSYS Workbench 和有限元分析方法，并能灵活应用于实际问题中。

本书可以作为高等院校机械类专业本科生和研究生的教材使用，也可作为工程技术人员学习 ANSYS Workbench 软件的参考书使用。



**图书在版编目（CIP）数据**

ANSYS Workbench 18.2 机械工程应用实践 / 高耀东等编著. —北京：电子工业出版社，2020.7

ISBN 978-7-121-39067-8

Ⅰ. ①A… Ⅱ. ①高… Ⅲ. ①机械工程—有限元分析—应用软件 Ⅳ. ①TH-39

中国版本图书馆 CIP 数据核字（2020）第 095942 号

责任编辑：陈韦凯　　文字编辑：刘家彤
印　　刷：北京虎彩文化传播有限公司
装　　订：北京虎彩文化传播有限公司
出版发行：电子工业出版社
　　　　　北京市海淀区万寿路 173 信箱　邮编：100036
开　　本：787×1 092　1/16　印张：22.5　字数：576 千字
版　　次：2020 年 7 月第 1 版
印　　次：2025 年 2 月第 10 次印刷
定　　价：78.00 元

凡所购买电子工业出版社图书有缺损问题，请向购买书店调换。若书店售缺，请与本社发行部联系，联系及邮购电话：（010）88254888，88258888。

质量投诉请发邮件至 zlts@phei.com.cn，盗版侵权举报请发邮件至 dbqq@phei.com.cn。

本书咨询联系方式：chenwk@phei.com.cn。

# 前　　言

作为最成功的 CAE 软件之一，ANSYS 得到了工程界的高度评价和普遍认可。经过潜心开发，ANSYS 公司在发布 ANSYS 7.0 版本时，同时推出了 ANSYS 经典版和 ANSYS Workbench 版。随着版本不断更新、功能不断完善和强大，ANSYS Workbench 逐渐被工程界接受，进而普遍使用。

承蒙广大读者和同仁的厚爱与认可，作者的《ANSYS Workbench 机械工程应用精华 30 例》一书受到了读者极大的欢迎。应读者朋友及出版社的要求，作者在该书的基础上进行了全面和深入的修正，采用了 ANSYS Workbench 的 18.2 版本，调整或修改了部分实例，增加了一些常用分析实例，形成了本书。本书包括 ANSYS Workbench 基础知识、工程数据、几何模型创建、网格划分、线性结构静力学分析、结构动力学分析、结构非线性分析、综合应用 8 部分内容，所介绍实例基本涵盖了 ANSYS Workbench 在机械工程领域的基本应用。

本书实例所采用的几何体模型都比较简单，可以使读者只专注于学习和掌握方法。建议读者朋友跟随本书的进程，系统和全面地学习 ANSYS Workbench 的使用方法及应用技巧。然后通过不断练习、实际操作、认真总结，进一步理解这些内容，就可以在较短时间内真正掌握 ANSYS Workbench 和有限元分析方法，并能将其灵活应用于实际问题中。本书多数实例都通过解析解对有限元解进行了验证，以解除学习者对有限元解正误的困惑。作者力图使全书内容更丰富、更全面，让读者更容易学习和掌握。

为方便读者学习，特提供本书实例的 wbpj 文件和几何模型文件，读者可以登录华信教育资源网（www.hxedu.com.cn）查找本书页面下载（注册成为会员后即可用网站赠送的积分免费下载）。

本书由高耀东、任学平、董瑞红等编著，参加编写的有内蒙古第一机械集团有限公司陈熙洁（第 1 章）、内蒙古科技大学王振芳（第 2～3 章）、华北电力大学胡鑫（第 4 章、第 8.1 节）、包头职业技术学院郭天中（第 5 章）、内蒙古科技大学任学平（第 6 章）、内蒙古科技大学高耀东（第 7 章）、包头职业技术学院董瑞红（第 8.2～8.6 节）、内蒙古北方重工业集团有限公司何建霞（其余）。沈阳城市建设学院高鹿鸣负责图像和文字处理、封面设计，感谢其提供的专业帮助。

由于编者水平有限，加之时间仓促，书中难免存在一些疏漏或错误，敬请广大读者批评指正。

编著者

# 目　　录

# 第1章　ANSYS Workbench 基础知识

**[本章提示]**本章介绍了 ANSYS Workbench 的一些基础知识，介绍了 ANSYS Workbench 的启动方法、主界面的组成和使用方法，介绍了 ANSYS Workbench 项目管理和文件管理的基础知识，通过实例介绍了 ANSYS Workbench 解决问题的步骤和方法。

## 1.1　ANSYS Workbench 概述

作为最成功的 CAE 软件之一，ANSYS 得到了工程界的高度评价和普遍认可。经过潜心开发，ANSYS 公司在 2002 年发布 ANSYS7.0 时，同时推出了 ANSYS 经典版和 ANSYS Workbench 版。作为第二代 ANSYS Workbench，ANSYS 公司在 2009 年又发布 ANSYS Workbench 12.0 版本，目前应用最广的版本为 18.2。随着功能的不断完善和强大，ANSYS Workbench 逐渐被工程界接受，进而被普遍使用。

ANSYS Workbench 是一个协同仿真环境及平台，针对产品数字虚拟样机，实现产品研制过程的计算机仿真。在这个统一环境中所有参与仿真工作的工程技术人员协同工作，在这个平台上各类数据进行交流、通信和共享。

### 1.1.1　ANSYS Workbench 的特点

ANSYS Workbench 具有如下特点：

（1）利用项目视图功能将整个仿真流程紧密地结合起来，使用户完成复杂仿真过程变得简单、容易得多了。

用户可以选择软件预制好的分析项目流程，也可以用软件提供的模块组装自己的分析项目流程。软件提供一个项目流程图，用户按顺序执行任务即能很容易完成分析项目，从项目流程图中还很方便了解数据关系、分析过程状态。

Workbench 可以看作是一个平台，能自动管理项目所使用的数据和应用程序。

（2）具有与 CAD 软件双向参数链接的功能、项目数据自动更新功能、无缝集成的优化设计工具，可以实现仿真驱动设计。

（3）具有多零件接触关系的自动识别、接触建模功能。

（4）具有先进的网格处理功能，可对复杂的几何实体进行高质量的网格划分，划分结果可以提供给不同类型的仿真过程使用。

（5）支持有限元法的所有应用。

（6）提供完善的工程材料库，用户可以根据需要选择使用，也可以编辑修改。

（7）极大地提升了软件的使用性能和集成性，方便学习和使用。

### 1.1.2　ANSYS Workbench 的启动方法

方法 1：从 Windows“开始”菜单启动。如图 1-1 所示，菜单路径是：开始→所有程序→ANSYS18.2→Workbench18.2。

方法 2：直接从 CAD 系统进入 Workbench。ANSYS Workbench 在安装时可以嵌入到各种 CAD 系统中（如 UG、Pro/Engineer 等），在 CAD 系统中可以使用嵌入菜单启动 ANSYS Workbench。

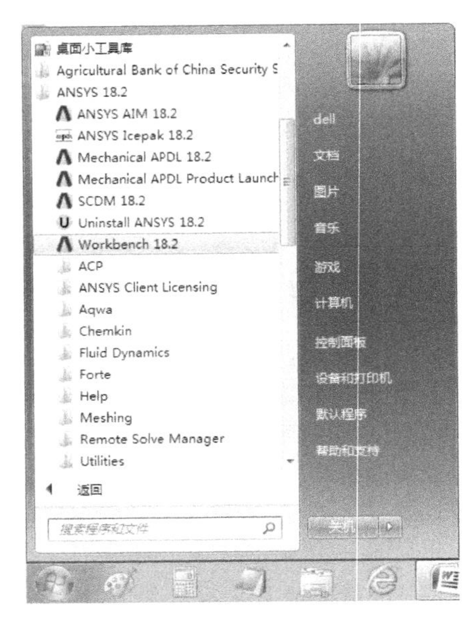


图 1-1　从 Windows“开始”菜单启动

### 1.1.3　ANSYS Workbench 的用户界面

ANSYS Workbench 的用户界面如图 1-2 所示，由下拉菜单、工具条、工具箱、项目管理区、状态栏等组成。其中，下拉菜单和工具条的使用与标准 Windows 软件相同，比较重要的是工具箱和项目管理区的使用。

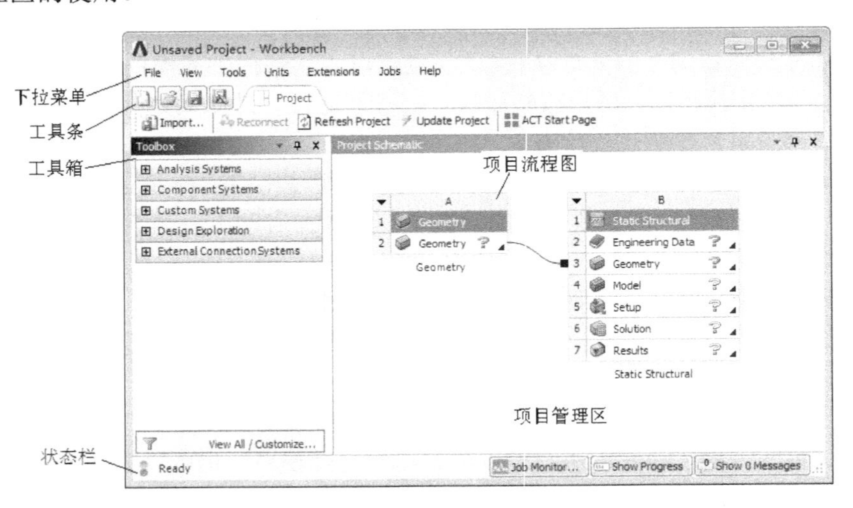


图 1-2　ANSYS Workbench 的用户界面

### 1. 下拉菜单

ANSYS Workbench 下拉菜单包括 File、View、Tools、Units、Extensions、Jobs、Help 菜单项。如图 1-3 所示，File 菜单用于 Workbench 的文件操作。如图 1-4 所示，View 菜单用于控制 Workbench 的用户界面的组成。如图 1-5 所示，Tools 菜单用于工程数据的刷新和更新、许可管理和其他选项。如图 1-6 所示，Units 菜单用于单位制的选择和设置。另外，Extensions 菜单用于系统扩展，Jobs 菜单用于工作任务，Help 菜单用于帮助。

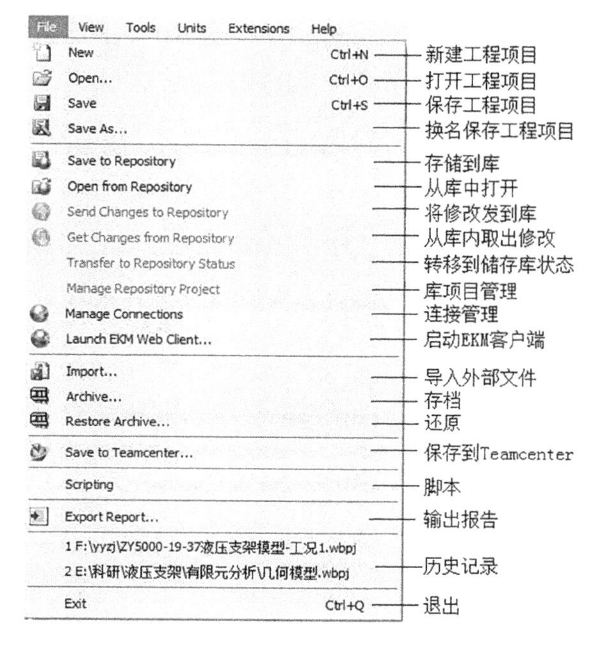


图 1-3 File 菜单

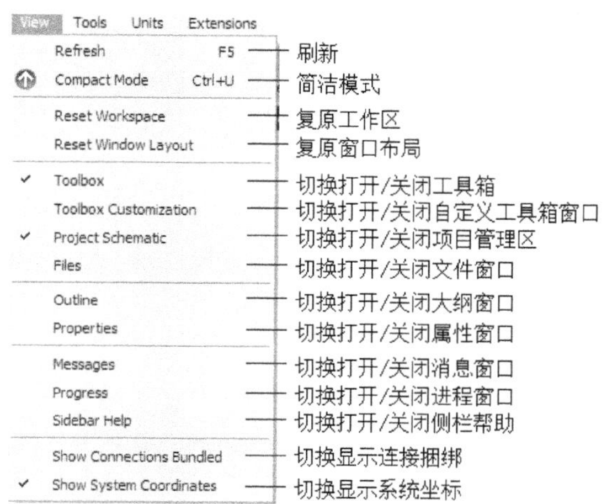


图 1-4 View 菜单

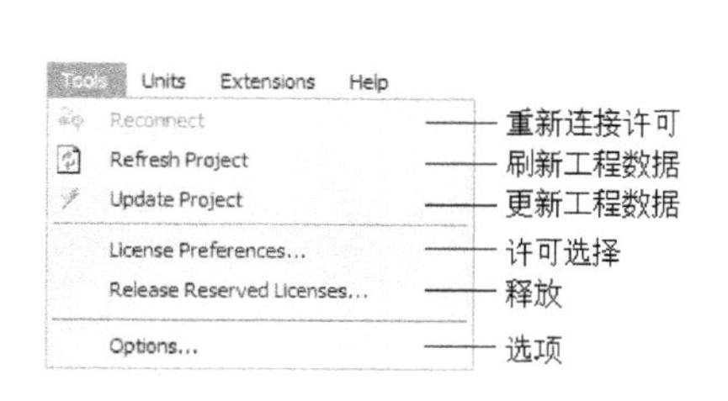


图 1-5 Tools 菜单

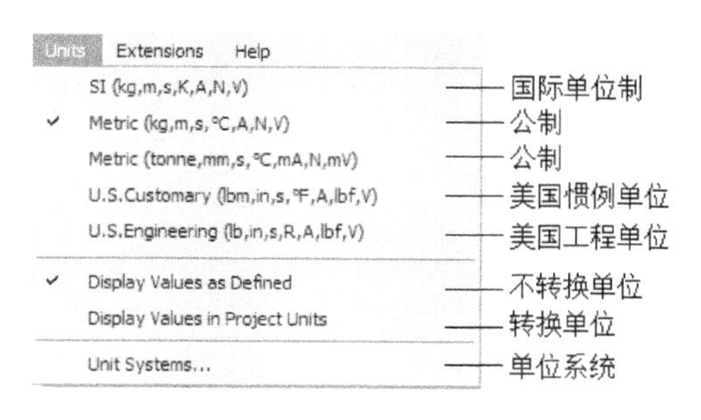


图 1-6 Units 菜单

执行 Tools→Options 菜单命令后，会弹出“Options”对话框。如图 1-7 所示，“Project Management”选项卡用于文件位置、启动、存档设置；如图 1-8 所示，“Appearance”选项卡用于界面元素颜色、线宽等外观设置；如图 1-9 所示，“Language and Regional Options”选项卡用于选择界面语言；如图 1-10 所示，“Graphics Interaction”选项卡用于图形交互设置。

## 2. 工具箱

如图 1-2 所示，工具箱（Toolbox）由五部分组成，分别用于不同场合。其中，分析系统（Analysis Systems）包括预定义的分析类型；组件系统（Component Systems）提供的组件用于建立各种不同的应用程序和分析系统的扩展；定制系统（Custom Systems）用于预定义耦合系统，用户也可以创建自己的预定义系统；优化设计系统（Design Exploration）用于优化和参数管理；外部程序连接系统（External Connection Systems）用于连接外部程序。单击工具箱（Toolbox）下方“View All/ Customize”项，可以在弹出的如图 1-11 所示的“Toolbox Customization”窗口中选择工具箱（Toolbox）显示的内容。

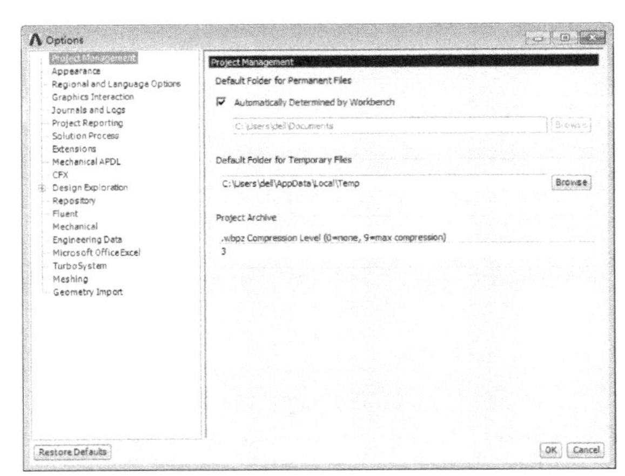


图 1-7 “Project Management”选项卡

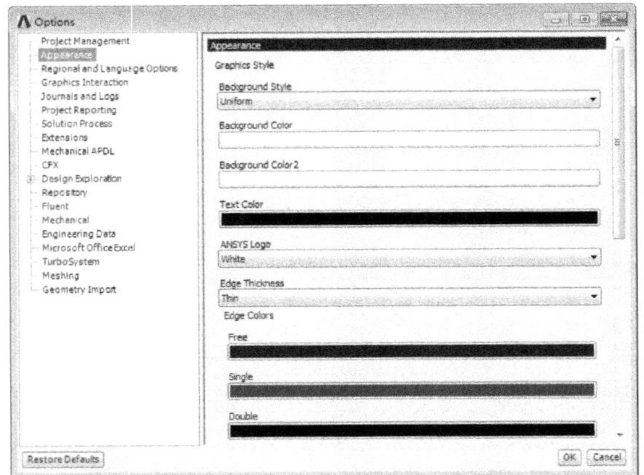


图 1-8 “Appearance”选项卡

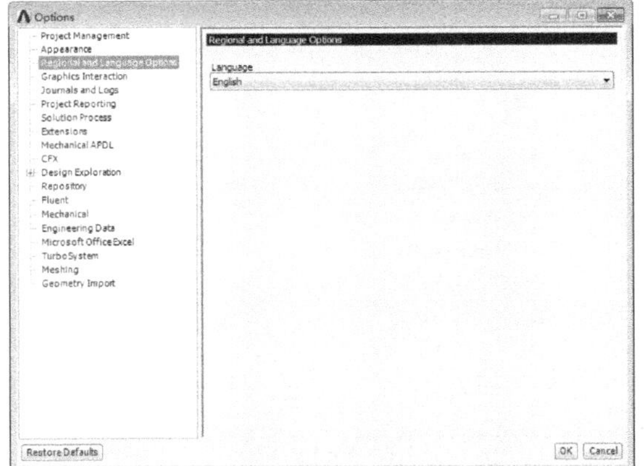


图 1-9 “Language and regional Options”选项卡

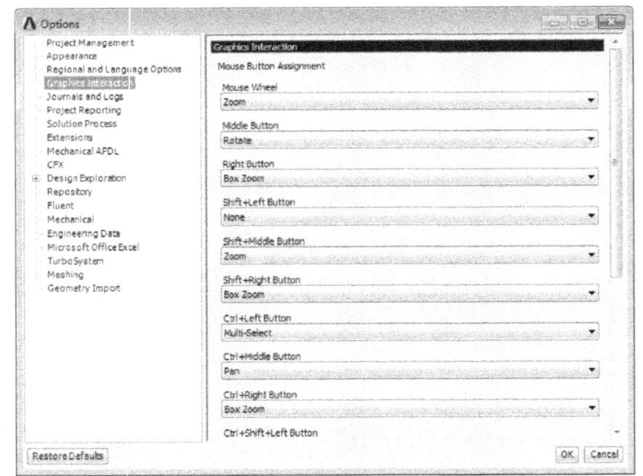


图 1-10 “Graphics Interaction”选项卡

当在工具箱（Toolbox）的某个工具上双击或用鼠标左键直接拖动到项目管理区（Project Schematic）后，即创建了一个新项目。项目管理区显示项目所对应的流程图，给出了完成该项目的流程和各个步骤的状态情况，各步骤状态图标含义如表 1-1 所示。

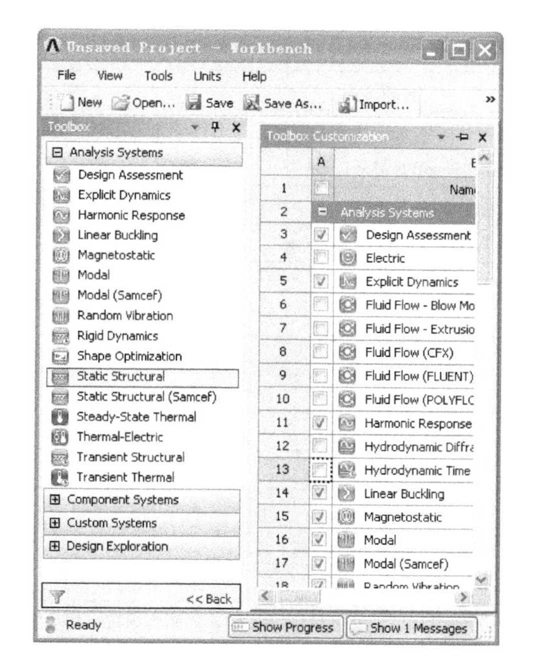


图 1-11 “Toolbox Customization”窗口

表 1-1 状态图标含义

| 图 标 | 含 义 |
|---|---|
| | 缺少上游数据 |
| | 可能需要修正本格或上游数据 |
| | 上游数据发生变化，需要刷新 |
| | 本格数据发生变化，需要更新 |
| | 数据确定 |
| | 本格数据是最新的，但上游数据发生变化可能导致其发生变化 |

表 1-2～表 1-5 分别列出了各系统包括的常用分析工具。

表 1-2 分析系统（Analysis Systems）

| 分析工具 | 说 明 | 分析工具 | 说 明 |
|---|---|---|---|
| Design Assessment | 设计评估 | Modal | 模态分析 |
| Electric | 电场分析 | Modal (Samcef) | Samcef 模态分析 |
| Explicit Dynamics | 显式动力学分析 | Random Vibration | 随机振动分析 |
| Fluid Flow- Blow Molding (Polyflow) | 流体吹塑分析 | Response Spectrum | 响应谱分析 |
| Fluid Flow - Extrusion (Polyflow) | 流体挤压分析 | Rigid Dynamics | 刚体动力学分析 |
| Fluid Flow (CFX) | CFX 流体分析 | Static Structural | 结构静力学分析 |
| Fluid Flow (Fluent) | Fluent 流体分析 | Static Structural (Samcef) | Samcef 结构静力学分析 |
| Fluid Flow (Polyflow) | Polyflow 流体分析 | Steady-State Thermal | 稳态热分析 |
| Harmonic Response | 谐响应分析 | Steady-State Thermal (Samcef) | Samcef 稳态热分析 |
| Hydrodynamic Diffraction | 流体动力学衍射分析 | Thermal-Electric | 热-电耦合分析 |
| Hydrodynamic Time Response | 流体动力学时间响应分析 | Throughflow | 过流分析 |
| IC Engine | 内燃机分析 | Transient Structural | 结构瞬态动力学分析 |
| Linear Buckling | 线性屈曲分析 | Transient Structural (Samcef) | Samcef 结构瞬态动力学分析 |
| Linear Buckling (Samcef) | Samcef 线性屈曲分析 | Transient Thermal | 瞬态热分析 |
| Magnetostatic | 静态磁场分析 | Transient Thermal (Samcef) | Samcef 瞬态热分析 |

表 1-3　组件系统（Component Systems）

| 分析工具 | 说　明 | 分析工具 | 说　明 |
|---|---|---|---|
| Autodyn | 非线性显式动力学分析 | Mesh | 网格划分工具 |
| BladeGen | 涡轮机械叶片设计工具 | Microsoft Office Excel | 微软表格工具 |
| CFX | 计算流体动力学分析 | Polyflow | 粘弹性材料的流动模拟 |
| Engineering Data | 工程数据工具 | Polyflow - Blow Molding | Polyflow 吹塑分析 |
| Explicit Dynamics (LS-DYNA Export) | LS-DYNA 显式动力学分析 | Polyflow - Extrusion | Polyflow 挤压分析 |
| External Data | 接入外部数据 | Results | 结果后处理 |
| External Model | 接入外部模型 | System Coupling | 系统耦合分析 |
| Finite Element Modeler | 创建有限元模型 | TurboGrid | 涡轮叶栅通道网格划分 |
| Fluent | 流体分析 | Vista AFD | 轴流风机初步设计 |
| Fluent (with TGrid meshing) | 流体分析（TGrid 网格） | Vista CCD | 离心压缩机初步设计 |
| Geometry | 几何模型创建 | Vista CCD（With CCM） | 径流透平设计（CCM） |
| ANSYS ICEM CFD | 前处理 | Vista CPD | 泵初步设计 |
| Icepak | 电子产品热分析 | Vista RTD | 径流式涡轮机初步设计 |
| Mechanical APDL | 经典版 ANSYS | Vista TF | 叶片性能评估 |
| Mechanical Model | 机械分析模型 | | |

表 1-4　定制系统（Custom Systems）

| 分析工具 | 说　明 | 分析工具 | 说　明 |
|---|---|---|---|
| FSI: Fluid Flow (ANSYS CFX) > Static Structural | 基于 CFX 的流固耦合分析 | Random Vibration | 随机振动分析 |
| FSI: Fluid Flow (Fluent) > Static Structural | 基于 Fluent 的流固耦合分析 | Response Spectrum | 响应谱分析 |
| Pre-Stress Modal | 带预应力的模态分析 | Thermal-Stress | 热应力计算 |

表 1-5　优化设计系统（Design Exploration）

| 分析工具 | 说　明 | 分析工具 | 说　明 |
|---|---|---|---|
| Direct Optimization | 直接优化工具 | Response Surface Optimization | 响应面优化工具 |
| Parameters Correlation | 参数关联工具 | Six Sigma Analysis | 六西格玛分析工具 |
| Response Surface | 响应面工具 | | |

## 1.1.4　ANSYS Workbench 的应用方式

### 1. 本地应用

本地应用指的是程序完全在 ANSYS Workbench 窗口中启动和运行（图 1-12），现在支持的应用有 Project Schematic、Engineering Data 和 Design Exploration。

### 2. 数据集成应用

数据集成应用指的是在程序各自的窗口中运行（图 1-13），现在支持的应用有 Mechanical、

Mechanical APDL、FLUENT、CFX、AUTODYN 等。

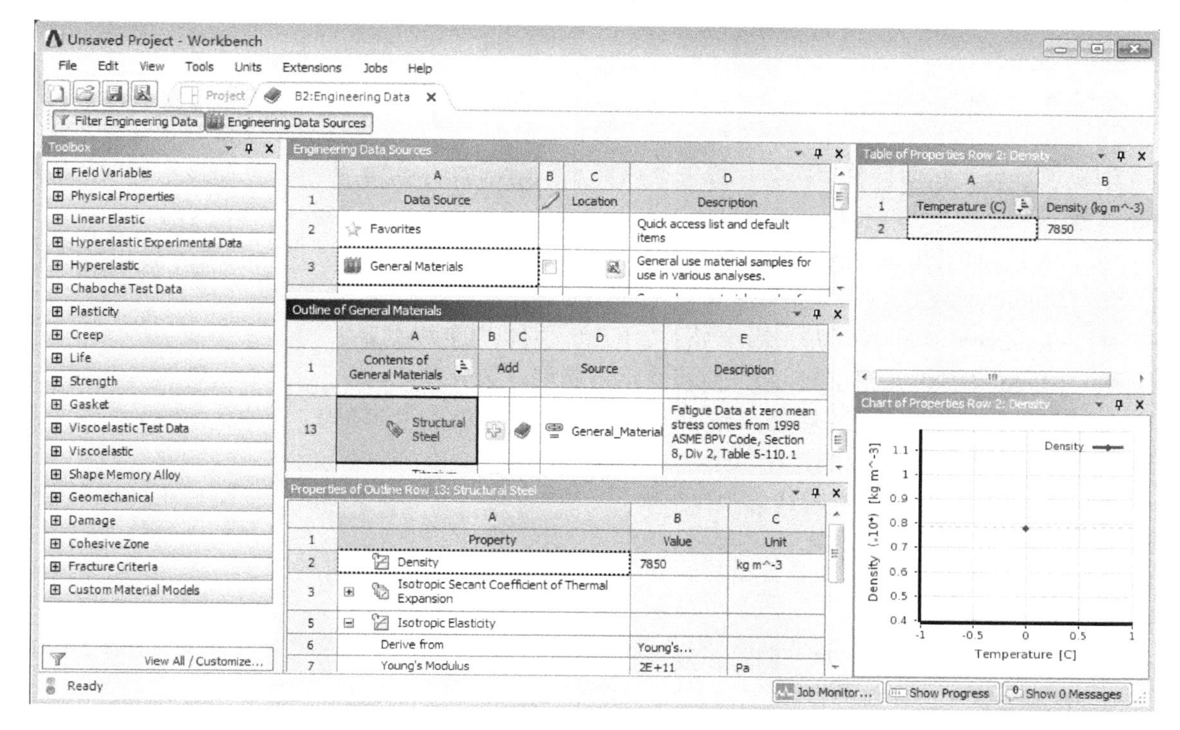

图 1-12　本地应用

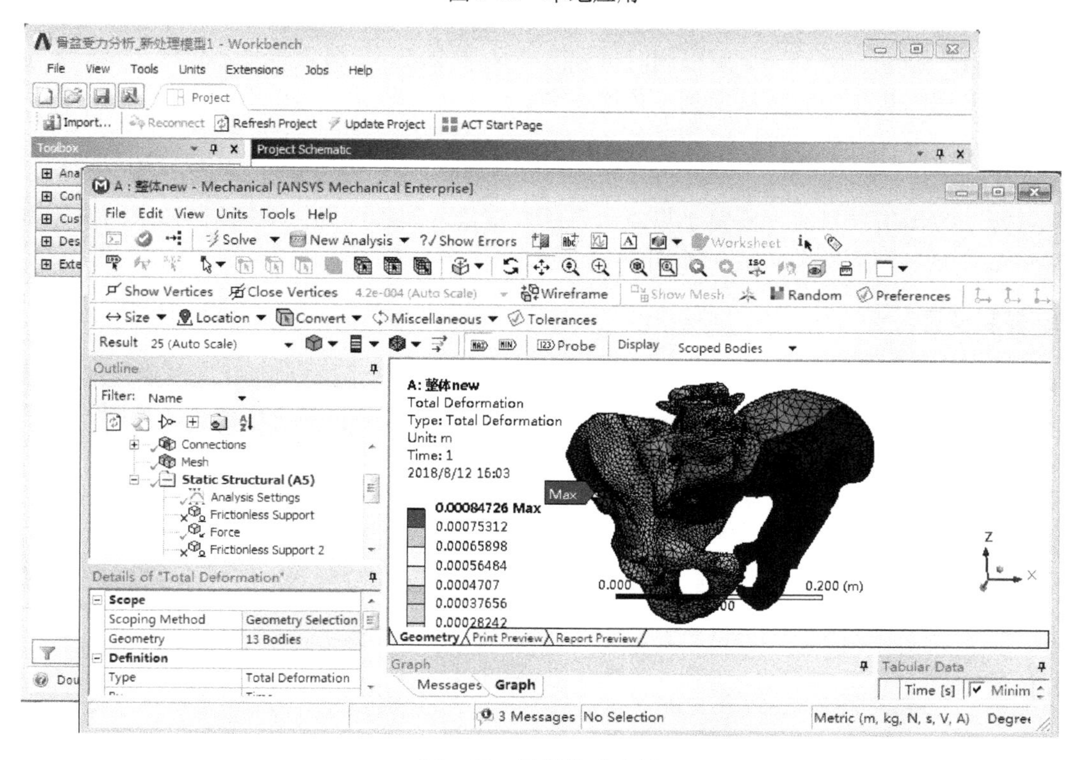

图 1-13　数据集成应用

# 1.2 ANSYS Workbench 项目管理

## 1.2.1 项目组成

创建项目后，在项目管理区会生成一个项目流程图，如图 1-14 所示，该图显示了项目的组成和流程。

图 1-14 所示的 Static Structural 项目包括以下单元：

- Engineering Data（工程数据）：用于定义模型的材料属性。
- Geometry（几何模型）：用于导入、创建、编辑几何模型。
- Model（有限元模型）：为几何模型指定属性、划分单元。
- Setup（设置）：创建接触、施加载荷和约束、指定分析选项等。
- Solution（求解）：指定计算结果、求解。
- Results（结果）：查看结果。

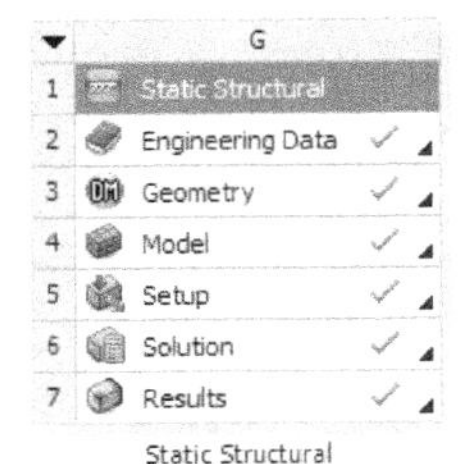


图 1-14 项目流程图

## 1.2.2 项目操作

项目操作包括项目的创建、删除、复制和关联。

### 1. 创建项目

当在工具箱（Toolbox）的某个工具上双击或用鼠标左键直接拖动到项目管理区后，即创建了一个新项目，如图 1-14 所示。可以同时创建一个或多个项目，各项目自动以字母 A、B、C、…排序，项目流程图从左到右或从上到下依次排列。

### 2. 删除项目

用鼠标右键单击项目流程图第 1 格或用鼠标左键拾取流程图的▾图标，在弹出的快捷菜单中拾取 Delete 命令，即可删除项目，如图 1-15 所示。

### 3. 复制项目

用鼠标右键单击项目流程图第 1 格或用鼠标左键拾取流程图的▾图标，在弹出的如图 1-15 所示快捷菜单中拾取 Duplicate 命令，即可复制项目。新项目与原项目数据完全相同，但不发生关联，复制项目如图 1-16 所示。

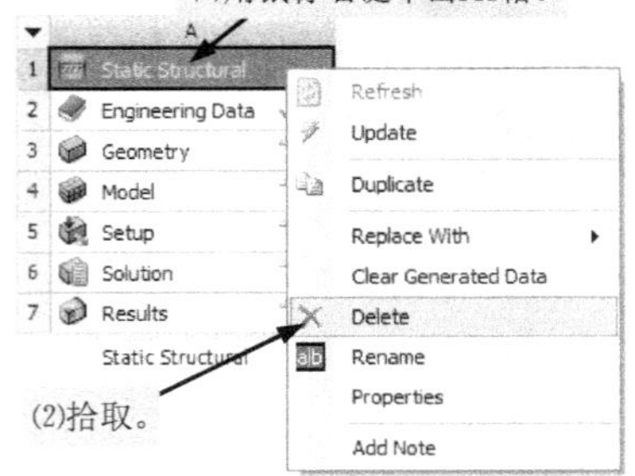


图 1-15 删除项目

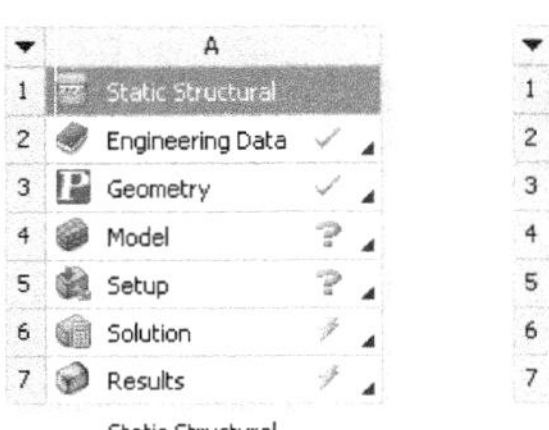


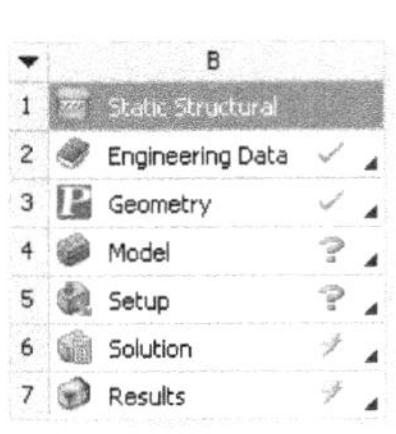


图 1-16 复制项目

## 4. 关联项目

在项目关联的基础上，可以实现耦合场分析和项目间数据共享。创建关联项目的方法可参见图 1-17。本例中新创建的项目 B（图 1-18）与项目 A 共享 A2 格～A4 格数据，B2 格～B4 格背景呈暗色，此三格数据在项目 B 下不能进行操作，只依赖项目 A 对相应数据的操作处理。项目 A 的 A6 格数据传输到项目 B 的 B5 格，由项目 B 使用。

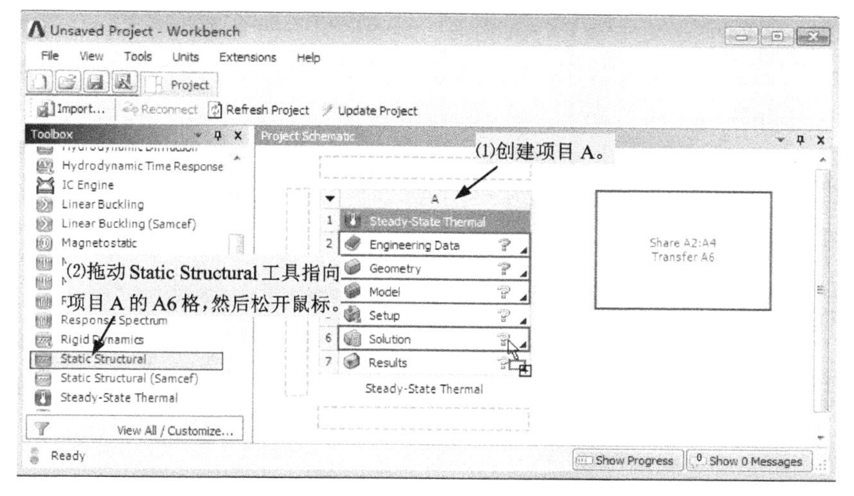


图 1-17　创建关联项目

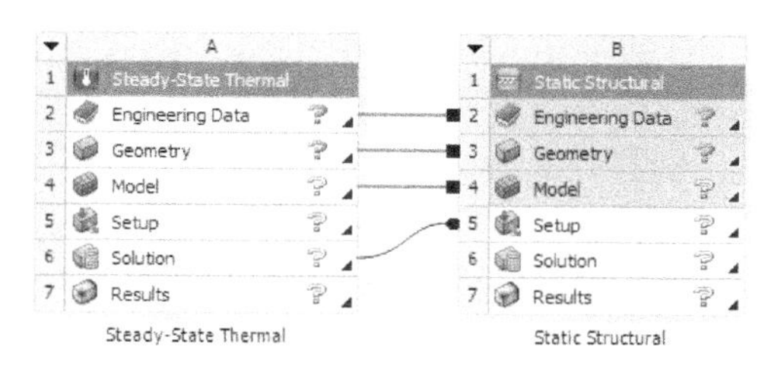


图 1-18　关联项目 A、B

如图 1-19 所示，在项目流程图的数据项上单击鼠标右键，在弹出的快捷菜单上拾取 Transfer Data From New 命令或 Transfer Data To New 命令，也可以进行关联项目创建。

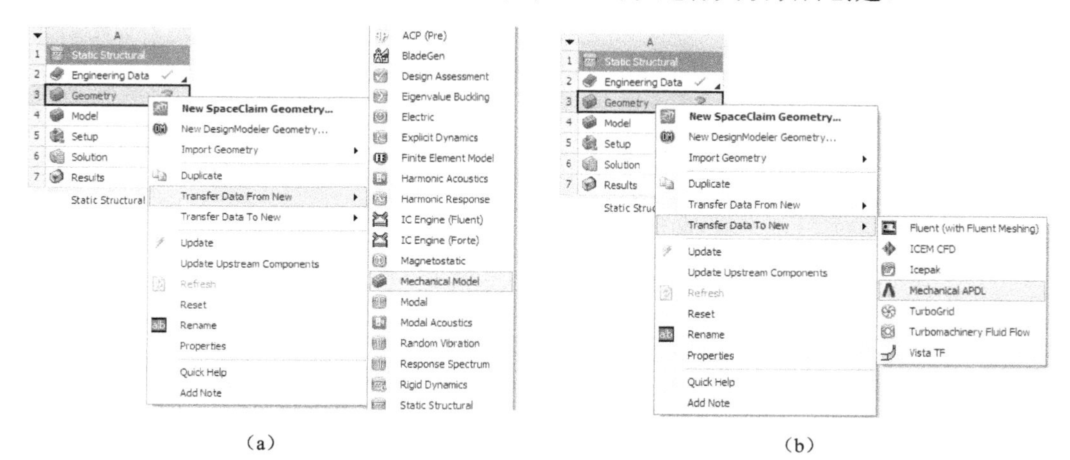


图 1-19　创建关联项目

# 1.3 ANSYS Workbench 文件管理

当用户进行保存文件操作以后，ANSYS Workbench 会创建一个项目文件（扩展名为 wbpj）和相应的一系列子文件夹以保存项目的其他文件，这些文件夹和文件由 ANSYS Workbench 自动管理，用户不能进行人工操作，但可取出使用。如图 1-20 所示，如果保存项目时采用名称为 EXAMPLE1，则生成的项目文件为 EXAMPLE1. wbpj，文件夹名称为 EXAMPLE1_files。

图 1-20 为文件夹 EXAMPLE1_files 组成结构。其中，dp*x* 文件夹为第 *x* 个设计点文件夹，只有一个设计点时为 dp0，global 文件夹为全局文件夹，SYS 文件夹为子系统文件夹，各子文件夹更详细的情况请查看 ANSYS Workbench Help。用户也可以执行菜单命令 View→Files 打开图 1-21 所示的 Files 窗口，来详细查看分析所使用的所有文件。用户可以执行菜单命令 Tools→Options，来选择分析文件存储位置（见图 1-22）。

- EXAMPLE1.wbpj
- EXAMPLE1_files
  - dp0
    - global
      - MECH
        - SYS
    - SYS
      - DM
      - ENGD
      - MECH
  - session_files
  - user_files
  - .project_cache

图 1-20　文件夹 EXAMPLE1_files 组成结构

Files

| | A | B | C | D | E | F |
|---|---|---|---|---|---|---|
| 1 | Name | Ce... | Size | Type | Date Modified | Location |
| 2 | SYS.agdb | A3 | 2 MB | Geometry File | 2017/9/12 19:43:56 | dp0\SYS\DM |
| 3 | material.engd | A2 | 18 KB | Engineering Data File | 2017/9/12 19:43:17 | dp0\SYS\ENGD |
| 4 | SYS.engd | A4 | 18 KB | Engineering Data File | 2017/9/12 19:43:17 | dp0\global\MECH |
| 5 | SYS.mechdb | A4 | 252 KB | Mechanical Database Fi | 2017/9/12 23:00:46 | dp0\global\MECH |
| 6 | EXAMPLE6-2-4.wbpj | | 315 KB | Workbench Project File | 2017/9/12 23:01:51 | E:\ansys书\Workbench第二版\WbFile |
| 7 | EngineeringData.xml | A2 | 17 KB | Engineering Data File | 2017/9/12 23:01:50 | dp0\SYS\ENGD |
| 8 | CAERep.xml | A1 | 10 KB | CAERep File | 2017/9/12 21:57:45 | dp0\SYS\MECH |
| 9 | CAERepOutput.xml | A1 | 849 B | CAERep File | 2017/9/12 21:58:12 | dp0\SYS\MECH |
| 10 | ds.dat | A1 | 832 KB | .dat | 2017/9/12 21:57:46 | dp0\SYS\MECH |
| 11 | file.BCS | A1 | 4 KB | .bcs | 2017/9/12 21:58:10 | dp0\SYS\MECH |
| 12 | file.err | A1 | 296 B | .err | 2017/9/12 21:58:06 | dp0\SYS\MECH |
| 13 | file.rst | A1 | 2 MB | ANSYS Result File | 2017/9/12 21:58:10 | dp0\SYS\MECH |
| 14 | MatML.xml | A1 | 18 KB | CAERep File | 2017/9/12 21:57:45 | dp0\SYS\MECH |
| 15 | solve.out | A1 | 26 KB | .out | 2017/9/12 21:58:11 | dp0\SYS\MECH |
| 16 | designPoint.wbdp | | 76 KB | Workbench Design Poin | 2017/9/12 23:01:51 | dp0 |

图 1-21　分析文件列表

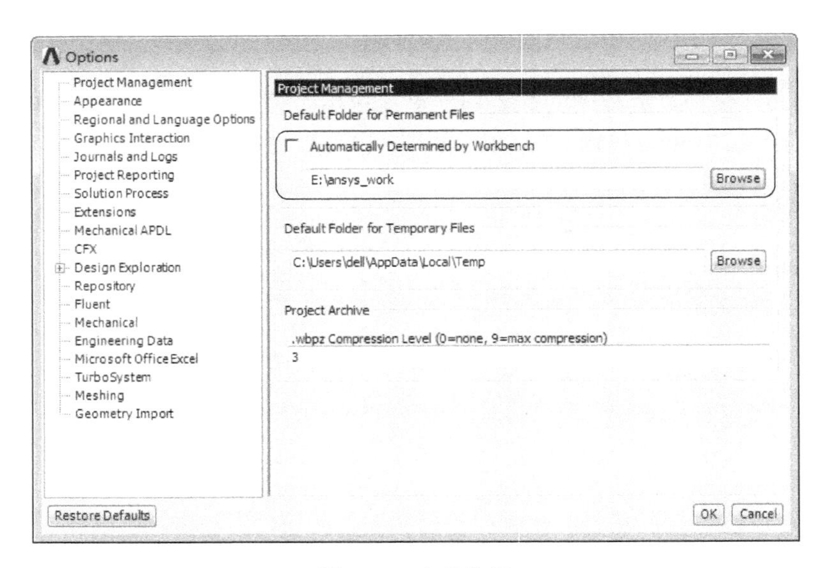


图 1-22　文件位置

# 1.4　ANSYS Workbench 入门实例——悬臂梁

## 1.4.1　问题描述及解析解

图 1-23 所示为一钢制圆截面悬臂梁，分析其在集中力 $P$ 作用下自由端的变形。已知圆截面直径 $D$=50mm，梁的长度 $L$=1m，集中力 $P$=1000N。钢的弹性模量 $E=2\times10^{11}\text{N/m}^2$，泊松比$\mu$=0.3。

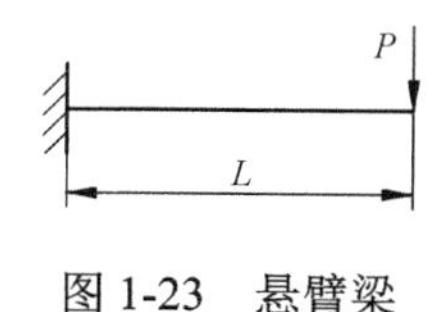


图 1-23　悬臂梁

根据材料力学的知识，梁横截面对 $X$ 轴惯性矩

$$I_{xx}=\frac{\pi D^4}{64}=\frac{3.1416\times50^4}{64}\times10^{-12}=3.068\times10^{-7}\ \text{m}^4$$

该梁自由端的挠度为

$$f=\frac{PL^3}{3EI_{xx}}=\frac{1000\times1^3}{3\times2\times10^{11}\times3.068\times10^{-7}}=5.432\times10^{-3}\ \text{m} \tag{1-1}$$

该梁固定端有最大弯曲应力为

$$\sigma_{\max}=\frac{0.5PLD}{I_{xx}}=\frac{0.5\times1000\times1\times0.05}{3.068\times10^{-7}}=81.5\text{MPa} \tag{1-2}$$

## 1.4.2　分析步骤

步骤 1：在 Windows“开始”菜单执行 ANSYS→Workbench，启动 Workbench。

步骤 2：创建项目 A，进行结构静力学分析，如图 1-24 所示。

步骤 3：双击图 1-24 所示 A2 格的“Engineering Data”项，启动 Engineering Data。将 Workbench 材料库中的材料 Structural Steel（结构钢）添加到当前项目中，如图 1-25 所示。

图 1-24　创建项目

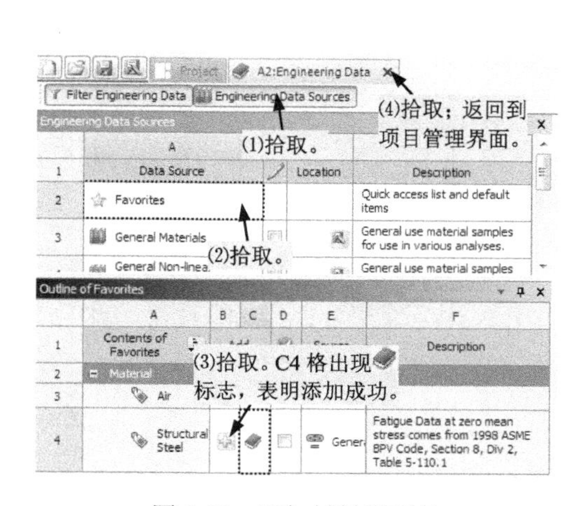


图 1-25　添加材料到项目

步骤 4：创建几何模型。

（1）用鼠标右键单击图 1-24 所示 A3 格的“Geometry”项，在弹出的快捷菜单中拾取“New DesignModeler Geometry”项，启动 DesignModeler 创建几何实体。

（2）拾取下拉菜单 Units→Millimeter，选择长度单位为 mm。

（3）创建圆心在坐标系原点、直径为 50mm 的圆，并标注尺寸，如图 1-26 所示。

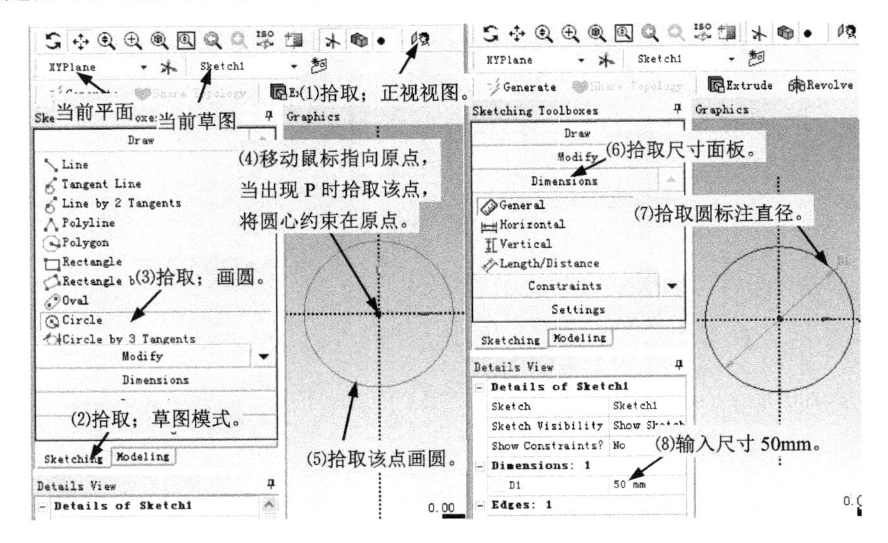


图 1-26　创建圆

（4）拉伸圆成圆柱体，长度为 1000mm，拉伸特征如图 1-27 所示。创建几何实体完毕，退出 DesignModeler。

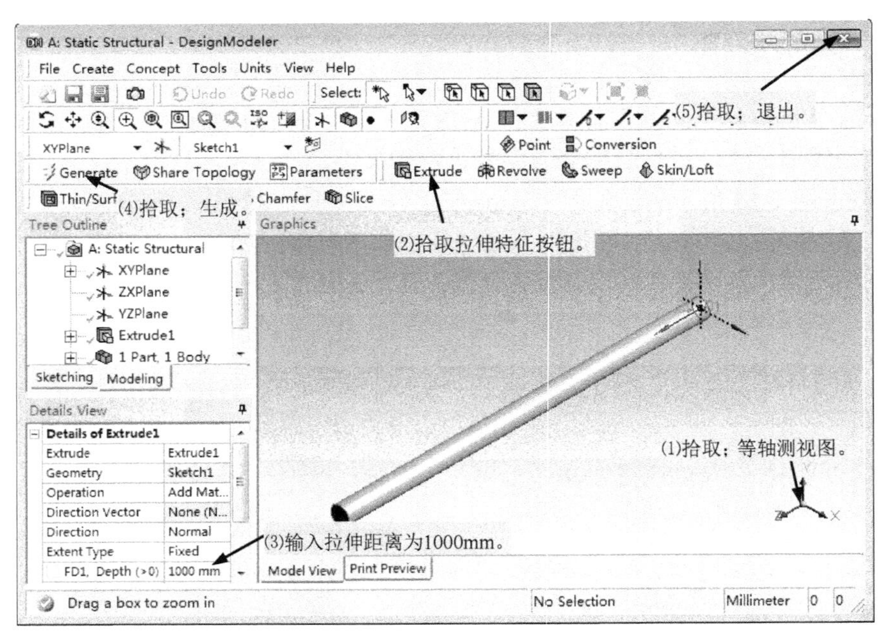


图 1-27　拉伸特征

步骤 5：建立有限元模型，施加载荷和约束，求解，查看结果。

（1）因上格数据（A3 格 Geometry）发生变化，需要对 A4 格数据进行刷新，如图 1-28 所示。

（2）双击图 1-28 所示 A4 格的“Model”项，启动 Mechanical。

（3）选择分析单位制为公制单位制，如图 1-29 所示。如果已指定，则直接进入下一步。

（4）将添加到项目中的材料 Structural Steel 分配给几何体即圆柱体，如图 1-30 所示。

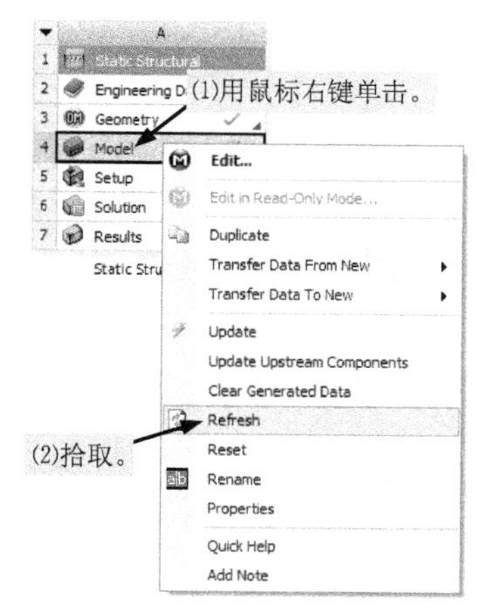


图 1-28　刷新数据

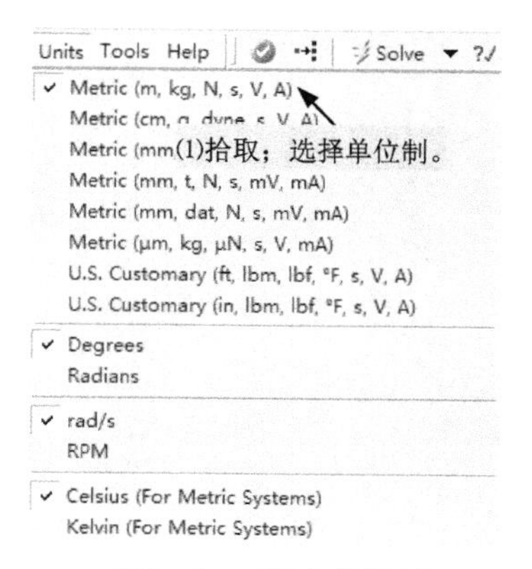


图 1-29　指定单位制

图 1-30　分配材料

（5）划分单元，如图 1-31 所示。

说明：a. 参数 Relevance 用于控制网格的精细度。值为-100 时网格最粗糙，值为 100 时网格最精细。

b. 图 1-31 所示步骤（3）输入的单元尺寸 Element Size 为全局尺寸控制，用于设置整个几何体的单元尺寸。

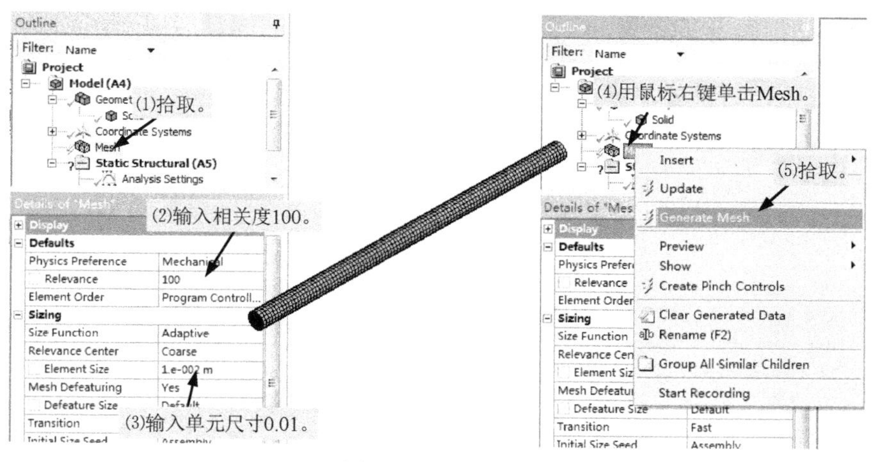


图 1-31　划分单元

（6）在悬臂梁的端部施加力载荷，大小为 1000N，如图 1-32 所示。

（7）在悬臂梁的另一端部施加固定约束，限制该面沿 $X$、$Y$、$Z$ 方向移动，如图 1-33 所示。

（8）指定 $Y$ 方向变形和等效应力等计算结果，如图 1-34 所示。在 Mechanical 中，欲输出的计算结果通常是在求解前指定的。

（9）单击“Solve”按钮，求解。

（10）在提纲树（Outline）上选择结果类型，进行结果查看，$Y$ 方向变形如图 1-35 所示，等

效应力如图 1-36 所示。

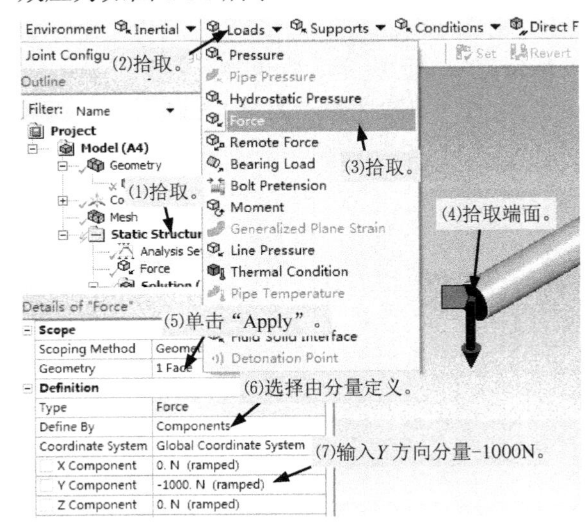


图 1-32 施加力载荷

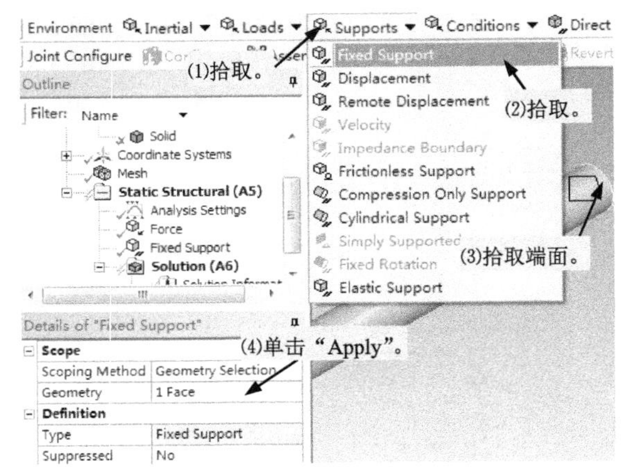


图 1-33 施加固定约束

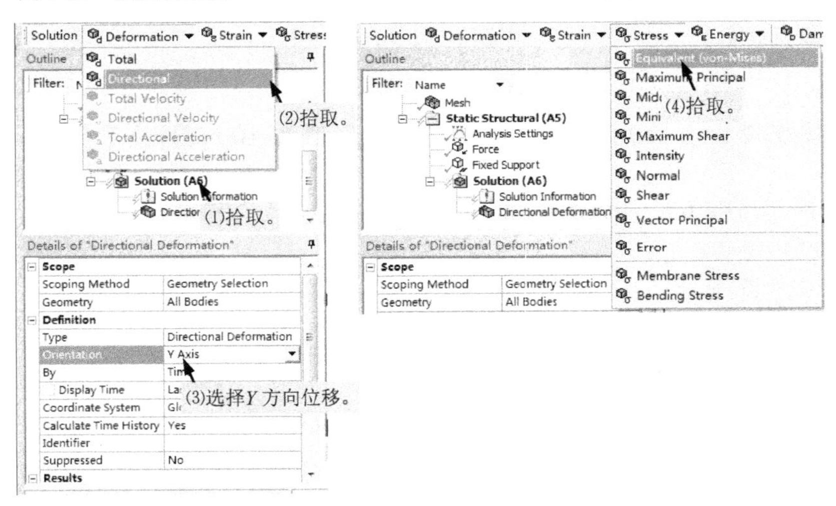


图 1-34 指定计算结果

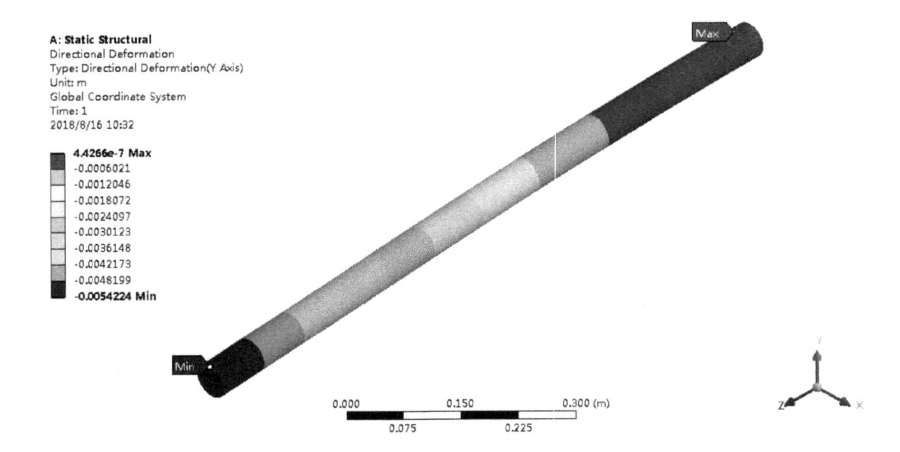


图 1-35 Y 方向变形

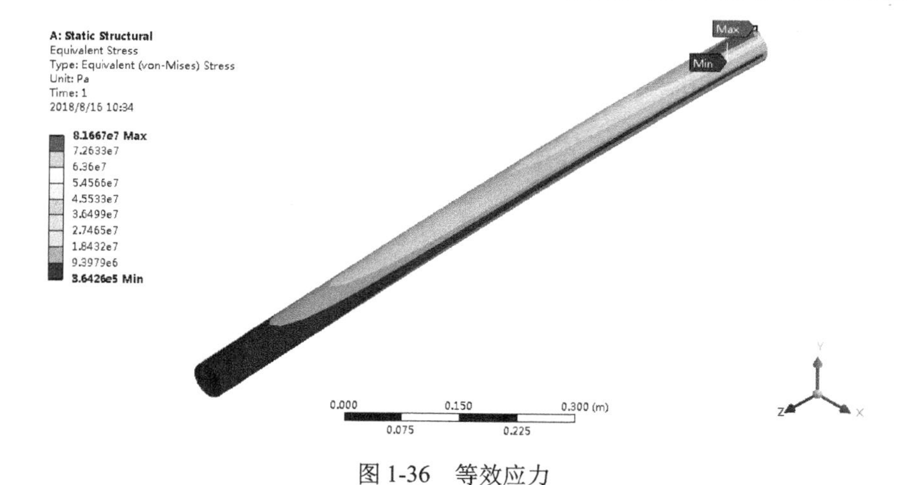


图 1-36　等效应力

从图 1-35 可见，梁的最大挠度为 $5.4224\times10^{-3}$m，发生在悬臂端。从图 1-36 可见，最大等效应力为 81.667MPa，发生在固定端。计算结果与理论结果一致。

（11）退出 Mechanical。

步骤 6：在 ANSYS Workbench 界面保存项目。

**[本例小结]** 通过本例初步了解了 ANSYS Workbench 的界面、使用方法和特点，初步了解了 ANSYS Workbench 求解问题的基本步骤。

# 第 2 章　工程数据

[本章提示]本章简单地介绍了工程数据（Engineering Data）界面的组成和使用方法，介绍了添加 Engineering Data Sources 中材料模型到分析、自定义材料模型等材料属性常用操作。

在 ANSYS Workbench 中，工程数据（Engineering Data）用于指定模型的材料特性参数。可以直接使用或修改 ANSYS Workbench 工程数据源（Engineering Data Sources）中材料特性数据，用户也可以自行指定材料特性数据。

Engineering Data 是 ANSYS Workbench 的一个组件，ANSYS Workbench 软件或用户可以用它搭建分析系统。双击项目流程图中 Engineering Data 项，或在 Engineering Data 项单击鼠标右键、选择快捷菜单 Edit 项，都可以打开 Engineering Data。

## 2.1　Engineering Data 界面

Engineering Data 采用本地应用方式，即完全在 ANSYS Workbench 窗口中启动和运行。Engineering Data 用户界面如图 2-1 所示，由下拉菜单、工具条、工具箱、Outline 窗口、Properties 窗口、Table 窗口、Chart 窗口及 Engineering Data Sources 窗口组成，用户可用 View 菜单进行修改。

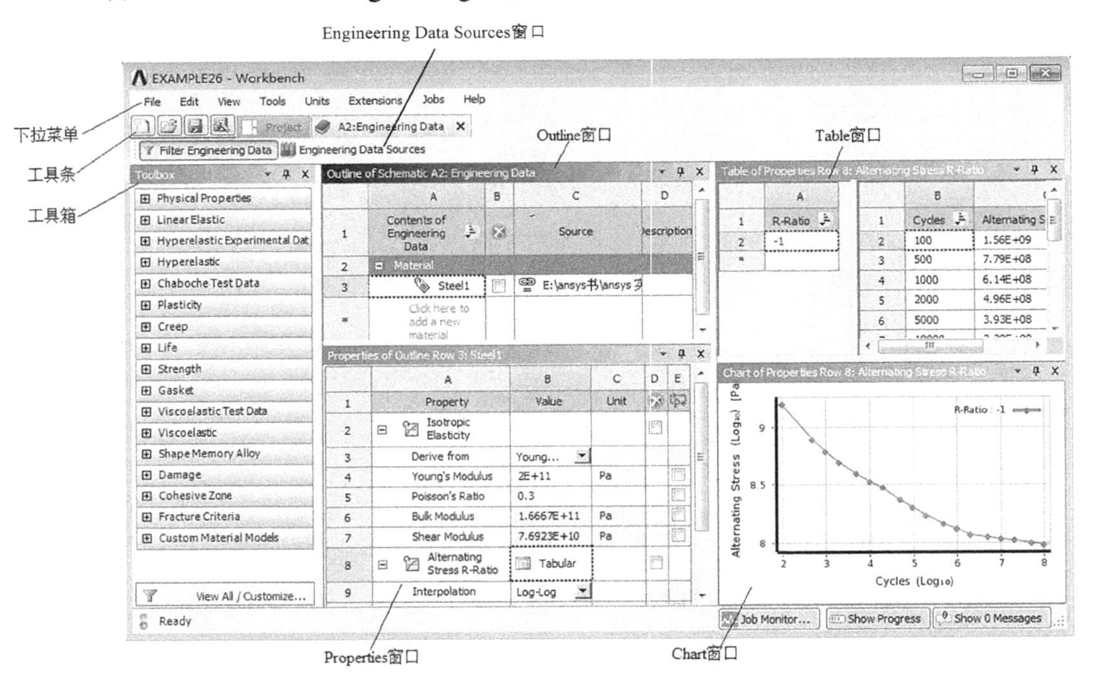


图 2-1　Engineering Data 用户界面

### 1. 下拉菜单

由于采用本地应用方式，下拉菜单命令多数是ANSYS Workbench命令，属于Engineering Data的命令有：

- File→Export Engineering Data：导出数据源或将选定的项目导到外部设备。
- File→Import Engineering Data：导入数据到选定的数据源。
- Edit→Delete：删除选定的项目。
- Edit→Copy：复制选定的项目。
- Edit→Paste：粘贴已复制的项目。

### 2. 工具条

属于Engineering Data的命令按钮有：

Filter Engineering Data：根据分析系统进行数据过滤。

Engineering Data Sources：切换工程数据源的打开和关闭。

A2:Engineering Data ×：单击“x”按钮，关闭Engineering Data。

### 3. 工具箱

工具箱内的工具一般会按照分析系统类型进行数据过滤。可以用工具箱内的工具搭建用户自己的材料模型。

### 4. Outline窗口

Outline窗口用于显示材料模型列表。表格各列内容为：

- Contents of Engineering Data列：材料模型名称。名称前面图表为时，材料模型可用；为时，材料模型不可用。
- 列：选中后出现√符号，则抑制材料模型的使用。
- Source列：显示数据存储位置。
- Description列：对材料模型的描述。

### 5. Properties窗口

Properties窗口用于显示在Outline窗口选中的材料模型的材料属性参数。其Property、Value、Unit列分别显示材料属性名称、值和单位，列选择是否设置抑制，列选择是否对属性进行参数化处理。

### 6. Table窗口

Table窗口用表格显示在Properties窗口选中的材料模型的材料属性参数。

### 7. Chart窗口

Chart窗口用线图显示在Properties窗口选中的材料模型的材料属性参数。

### 8. Engineering Data Sources应用

当按下Engineering Data Sources时，如图2-2所示的Engineering Data Sources窗口被打开。在该窗口中显示Engineering Data Sources列表，当选中某一Engineering Data Sources时，该数据源中的材

料模型被显示在 Outline 窗口中。

Engineering Data Sources 窗口列表各列内容为：

- Data Source 列：数据源名称。
- 列：选中后出现 √ 符号，则可以修改该数据源数据。
- Location 列：保存数据源。
- Description 列：对数据源的描述。

可以用菜单命令 File→Export Engineering Data 和 File→Import Engineering Data，导出或导入数据源。

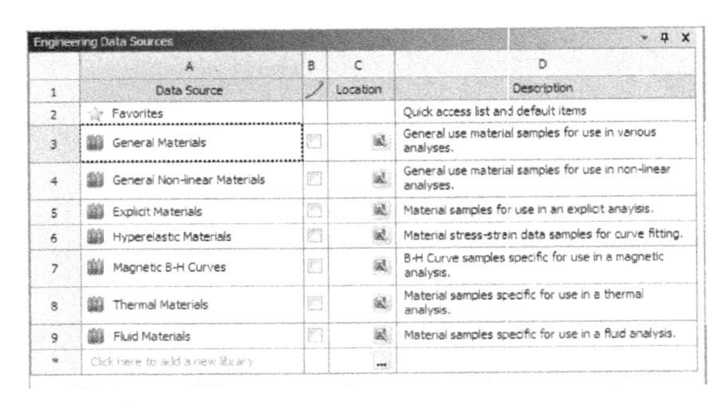


图 2-2　Engineering Data Sources 窗口

## 2.2　材料属性常用操作

### 1. 添加 Engineering Data Sources 中材料模型到分析

添加 Engineering Data Sources 中材料模型到分析如图 2-3（a）所示，添加成功后，会在项目流程图“Engineering Data”格上显示 √ 符号如图 2-3（b）所示。

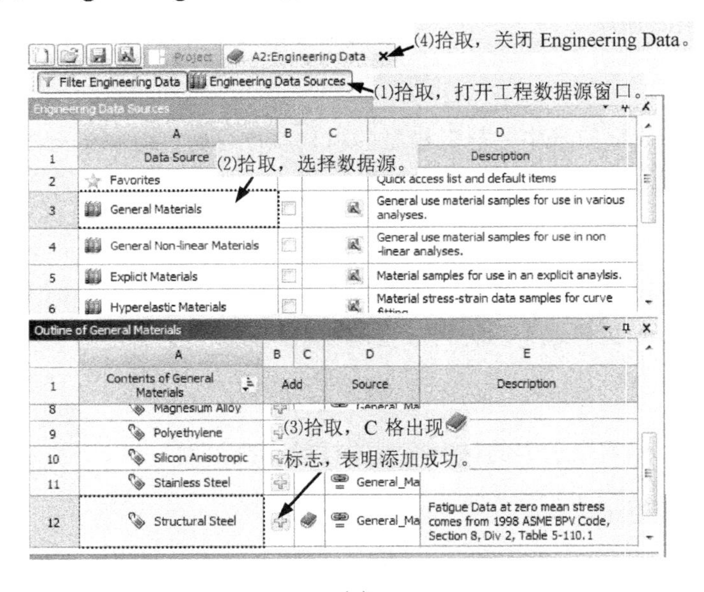


（a）

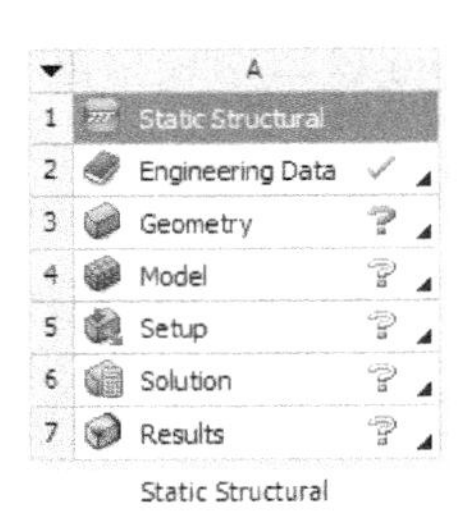


（b）

图 2-3　添加 Engineering Data Sources 中材料模型到分析

### 2. 修改并保存 Engineering Data Sources 数据

修改并保存 Engineering Data Sources 数据如图 2-4 所示。

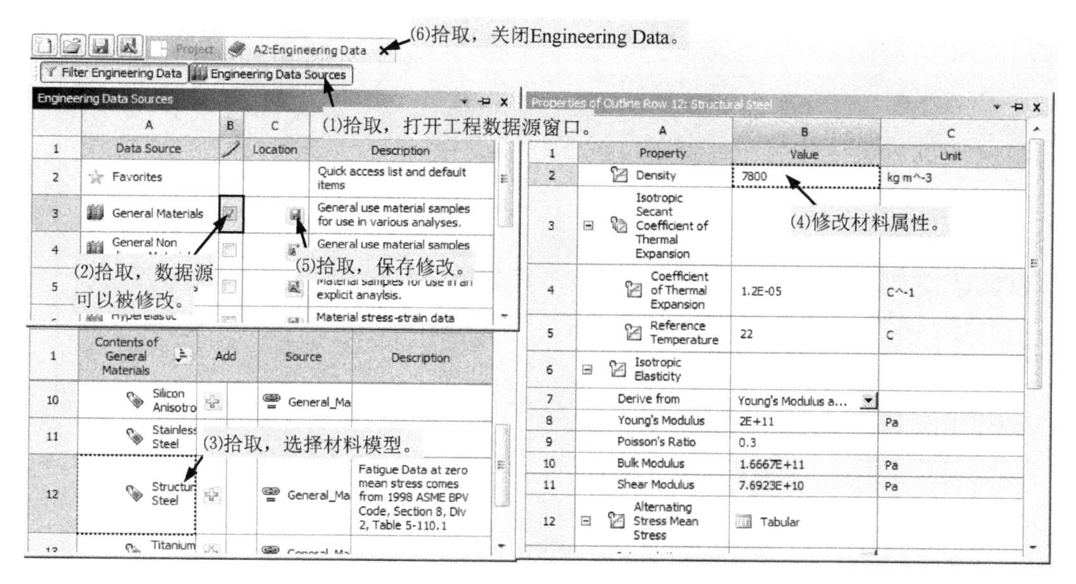


图 2-4 修改并保存 Engineering Data Sources 数据

### 3. 自定义材料模型

自定义材料模型如图 2-5 所示。

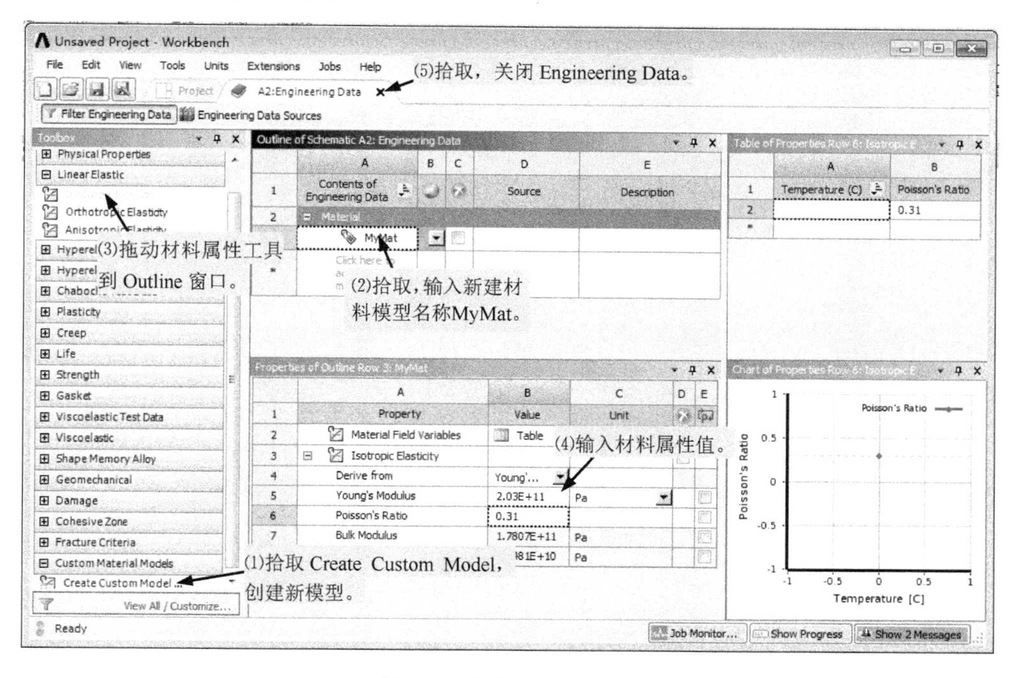


图 2-5 自定义材料模型

## 4. 指定默认材料模型

指定默认材料模型如图 2-6 所示。

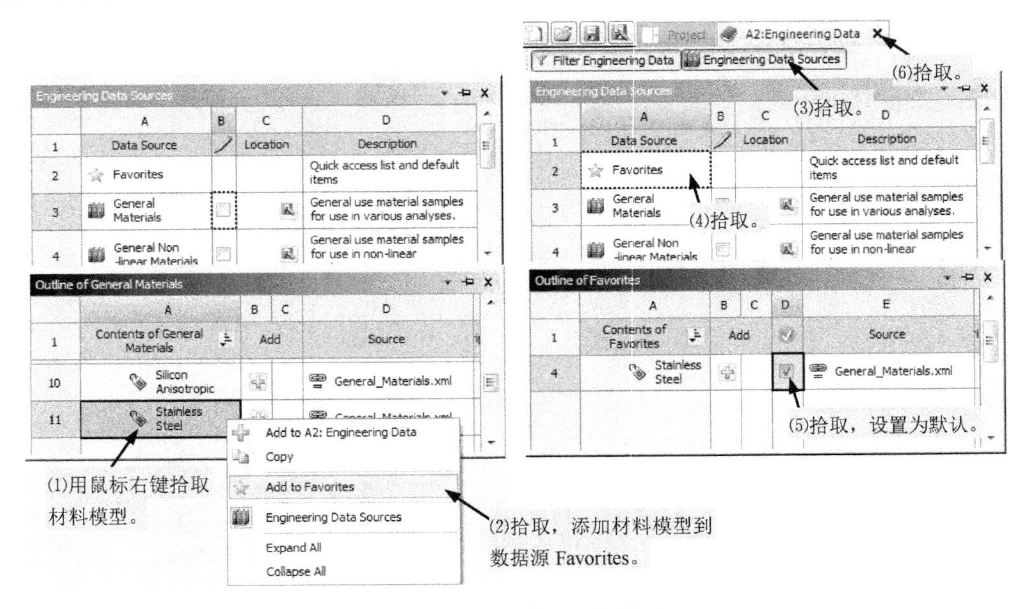


图 2-6　指定默认材料模型

# 第 3 章　几何模型创建

**[本章提示]**介绍了 DesignModeler 的用户界面及使用方法和基本操作，介绍了利用 DesignModeler 绘制 2D 草图和创建 3D 几何体的方法和特点，通过相交圆柱体、螺栓等实例介绍了对 DesignModeler 的具体应用。通过斜齿圆柱齿轮的创建，简单介绍了参数化建模的方法。

## 3.1　DesignModeler 概述

DesignModeler 简称 DM，是 ANSYS Workbench 的几何建模平台。DM 类似于其他的 CAD 软件，在强大的绘制 2D 草图功能基础上，提供了丰富的 3D 几何体创建工具来建立全参数化的几何体模型，所创建的几何体模型可以被所有仿真软件使用。但 DM 又与普通的 CAD 软件不同，它主要为 FEM 软件服务，具有一些普通 CAD 软件所没有的功能，例如，概念建模、Beam Modeling（创建梁模型）、Fill Operation（填充操作）、Spot Welds（点焊）。

### 3.1.1　DesignModeler 的用户界面及使用方法

在 ANSYS Workbench 项目管理区用鼠标右键单击项目流程图中的 Geometry（几何体）项，在弹出的快捷菜单中拾取"New DesignModeler Geometry"项，即可启动 DesignModeler，创建几何实体。DM 的用户界面如图 3-1 所示。

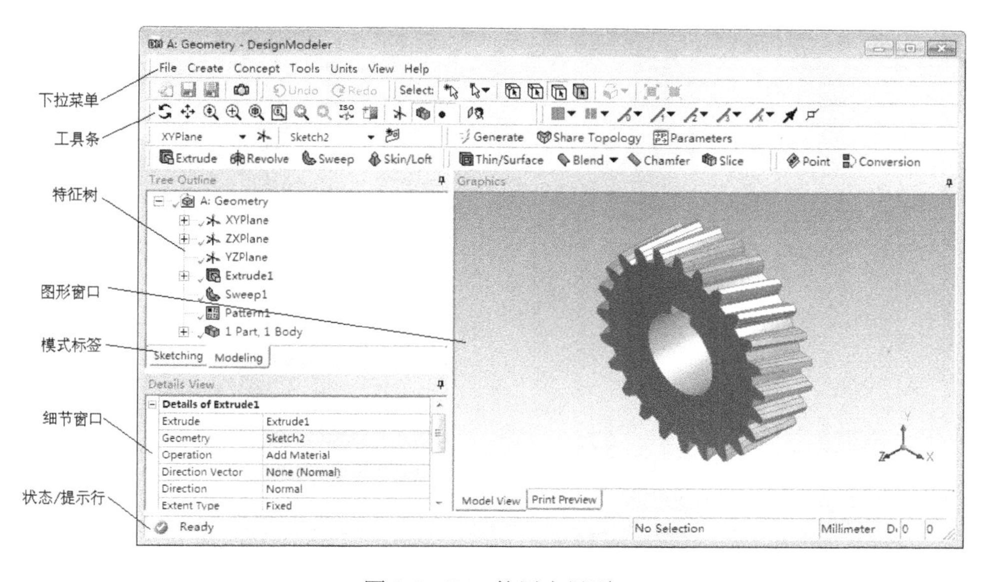


图 3-1　DM 的用户界面

DM 的用户界面包括图形窗口、下拉菜单、工具条、特征树（或草图工具箱）、细节窗口、状态/提示行等。图形窗口主要用于显示几何体图形；特征树用于显示操作类型、顺序和其他必要信息；草图工具箱提供了绘制 2D 草图的工具；细节窗口显示的信息内容与选择的对象种类有关，包括几何体、操作、其他对象的特征、尺寸等信息；菜单栏和工具条用于执行命令。

DM 用户界面的组成元素可用菜单命令 Tools→Options 修改。

## 1. 下拉菜单

DM 菜单栏包括 File、Create、Concept、Tools、View、Units、Help 这 7 种菜单项。

- File 菜单：包括了基本的文件操作命令，如图 3-2 所示。
- Create 菜单：包括了创建和修改 3D 几何体的命令，如图 3-3 所示。

图 3-2 File 菜单

Create Concept Tools Units Vi
New Plane 新建平面
Extrude 拉伸
Revolve 旋转
Sweep 扫略
Skin/Loft 蒙皮/放样
Thin/Surface 抽壳/面体
Fixed Radius Blend 固定半径圆角
Variable Radius Blend 变化半径圆角
Vertex Blend 顶点圆角
Chamfer 倒角
Pattern 阵列
Body Operation 体操作
Body Transformation 体转换
Boolean 布尔运算
Slice 切分
Delete 删除
Point 点
Primitives 基本实体

图 3-3 Create 菜单

- Concept 菜单：包括了进行概念建模即线体（Line Body）和面体（Surface Body）的创建命令，如图 3-4 所示。
- Tools 菜单：包括了整体建模、参数管理、定制用户程序等操作命令，如图 3-5 所示。

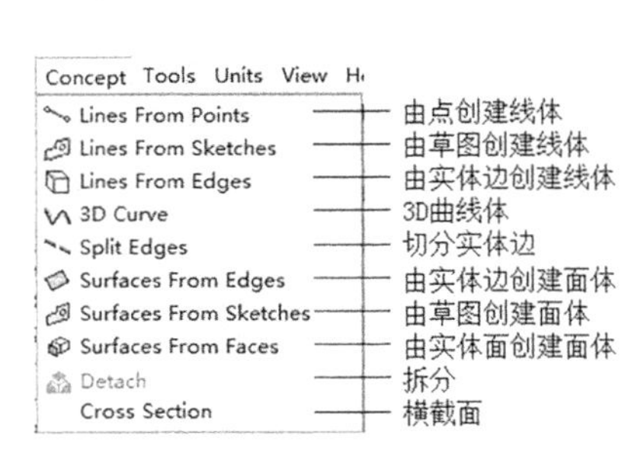


图 3-4 Concept 菜单

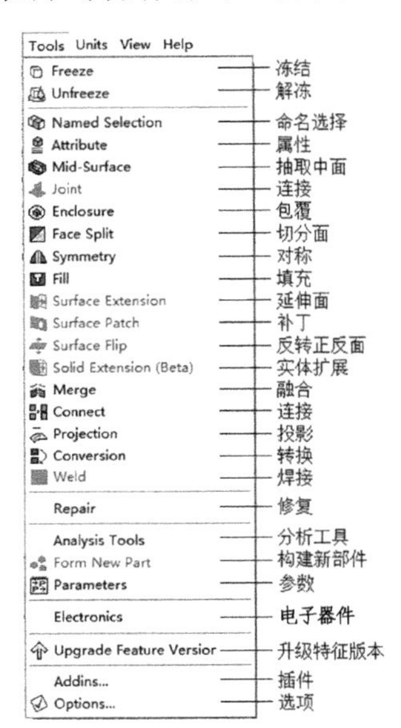


图 3-5 Tools 菜单

- Units 菜单：Units 菜单如图 3-6 所示。
- View 菜单：包括了显示设置命令，如图 3-7 所示。
- Help 菜单：用于获得帮助信息，如图 3-8 所示。

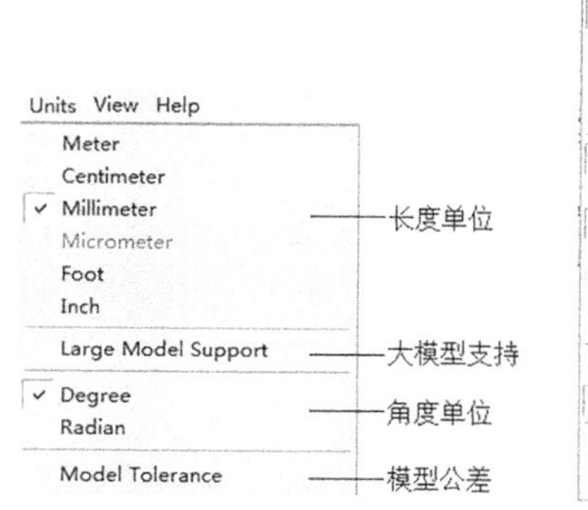


图 3-6 Units 菜单

View Help
Shaded Exterior and Edges —— 实体模型和边
Shaded Exterior —— 实体模型
Wireframe —— 线框模型
Graphics Options —— 图形选项
Frozen Body Transparency —— 透明显示冻结体
Edge Joints —— 边连接
Cross Section Alignments —— 对齐横截面
Display Edge Direction —— 显示边方向
Display Vertices —— 显示顶点
Cross Section Solids —— 带横截面实体
Ruler —— 标尺
Triad —— 三坐标轴
Outline —— 特征树
Windows —— 窗口

图 3-7 View 菜单

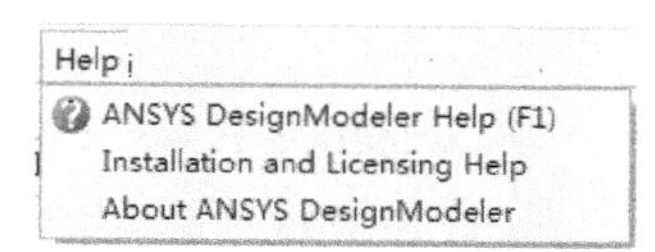


图 3-8 Help 菜单

## 2. 工具条

为了方便用户使用，DM 将一些常见的功能组成工具条，放置在用户界面上，只要用鼠标拾取相应图标即可执行命令，常见的工具条如图 3-9 所示。

图 3-9 工具条

# 3.1.2 DesignModeler 的基本操作

## 1. DM 的鼠标操作

DM 的鼠标操作及功能如表 3-1 所示，用户也可以通过在 ANSYS Workbench 主界面执行菜单命令 Tools→Options→Graphics Interaction 修改。

表 3-1 DM 的鼠标操作及功能

| 鼠标按键 | 操 作 | 功 能 | 鼠标指针 |
|---|---|---|---|
| 滚轮 | 转动 | 缩放视图 | |
| 左键 | 单击 | 选择对象，又称拾取 | |
| | Ctrl+单击左键 | 添加或移除当前选定对象 | |
| | 按住拖动 | 连续选择几何体 | |
| 中键 | 按住拖动 | 旋转视图 | |
| | Ctrl+拖动中键 | 移动视图 | |
| 右键 | 单击 | 弹出快捷菜单 | |
| | 按住拖动 | 窗口缩放 | |

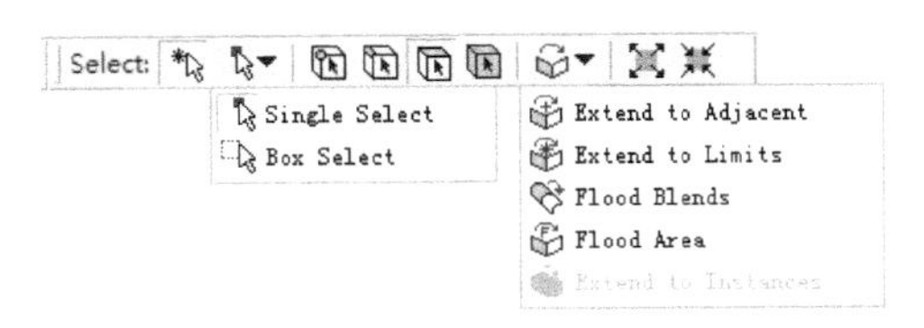


图 3-10　图形选择工具条

### 2. DM 的几何体选择

图形选择过滤用于控制在选择操作时只能选择某种类型的几何体。例如，如果选择过滤为面，则选择操作只能选择面。图形选择过滤通过拾取图 3-10 所示的图形选择工具条上的按钮来实现，该工具条各按钮作用如下：

New Selection：清除当前选择，并开始一个新的选择。

Select Mode：选择模式有两种。单选（Single Select）模式下，通过拾取单个实体进行选择。框选（Box Select）模式下，通过拖动一个选择框进行选择。当拖动选择框从左到右时，选中完全包围在框中的对象；当拖动从右到左时，选中包含或相交于选择框的对象。

Selection Filter: Points：点过滤器。点包括 2D 点、3D 顶点和特征点。

Selection Filter: Edges：边过滤器。边包括 2D 草图边、3D 实体边、线边。

Selection Filter: Faces：面过滤器。面为 3D 实体面。

Selection Filter: Bodies：体过滤器。体包括 3D 实体、面体和线体。

Extend Selection：扩展选择，扩展前须先选择一个对象。扩展到相邻（Extend to Adjacent）：扩展到与原始选择集成平滑角度的相邻边/面。扩展到极限（Extend to Limits）：扩展到所有与原始选择集成平滑角度的相邻边/面。淹没（Flood Blends）：扩展当前选定的圆角面到其相邻的所有圆角面。淹没面（Flood Area）：选择当前选定的面所在实体的所有表面。

Expand Face Selection：扩展当前面选择到所有相邻的 3D 面，不需要相邻面之间平滑连接。

Shrink Face Selection：从当前选择中移除并隐藏最外面的面。

图形选择过滤快捷菜单如图 3-11 所示，也可以在图形窗口中用快捷菜单设定图形选择过滤。其中，Vertex 为 3D 实体顶点，PF Point 为 3D 特征点，Edge 为 3D 实体边，Line Edge 为实体线边。

如图 3-12 所示，也可以在图形窗口中用快捷菜单设定选择边链/边环。

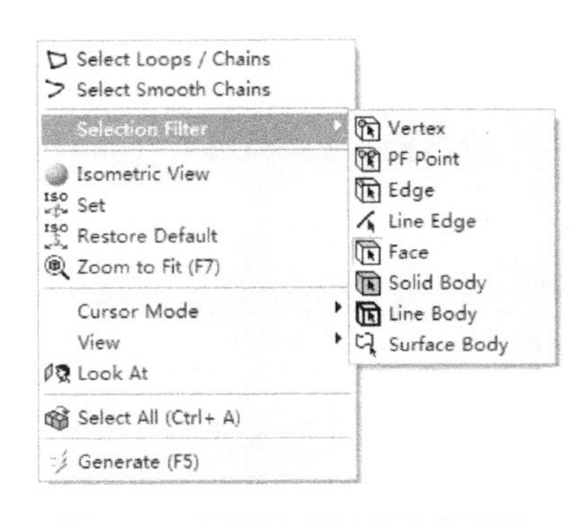


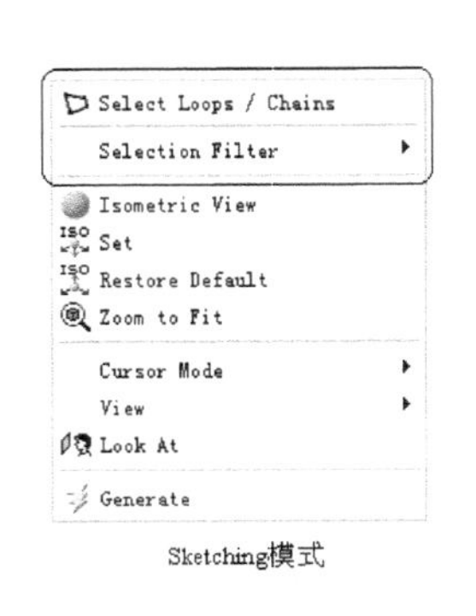


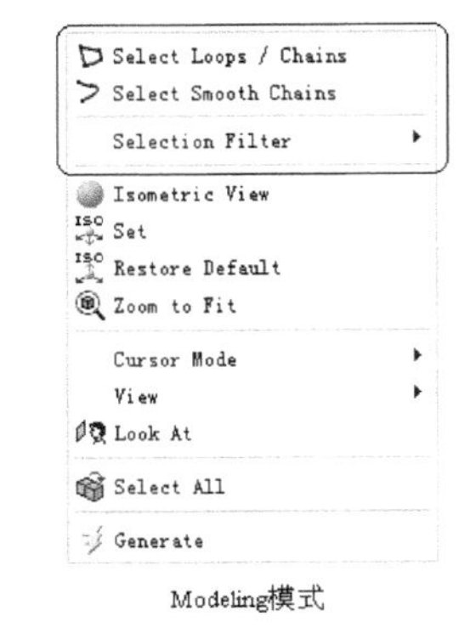


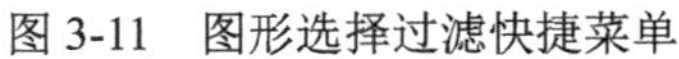
图 3-11　图形选择过滤快捷菜单

图 3-12　图形选择过滤

当完成初次选择后，在图形窗口的左下方显示图 3-13 所示的堆叠矩形，高亮显示的矩形表示被选中，通过直接拾取或按住 Crtl 键同时拾取堆叠矩形可以深度选择被遮挡的几何体。

### 3. 显示控制

为方便观察图形窗口中的视图，可以使用视图控制命令（见图 3-14）来控制图形的显示，也可以使用鼠标操作进行视图控制（见表 3-1）。

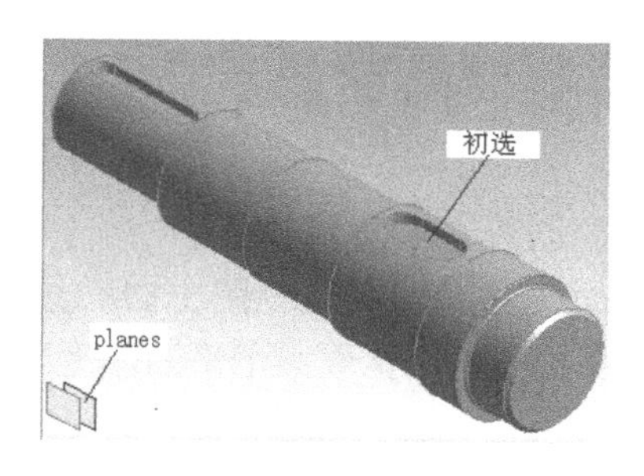


图 3-13 堆叠矩形

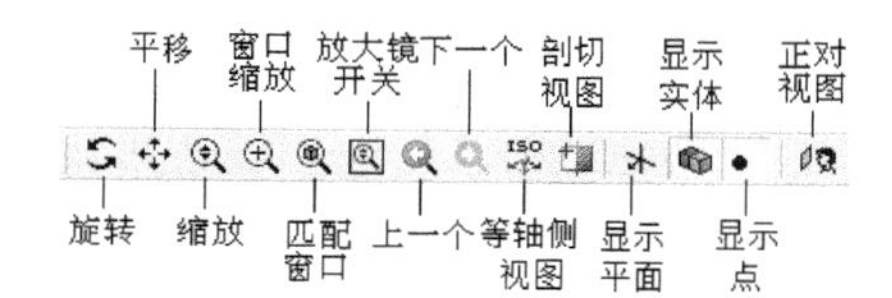


图 3-14 显示控制工具条

# 3.2 2D 草图绘制

2D 草图绘制（Sketching）是创建 3D 几何体和概念建模的开始。草图是绘制在平面（Plane）上的，用户可以使用 ANSYS Workbench 提供的位于全局坐标系坐标平面上的三个绘图平面 XYPlane、ZXPlane、YZPlane，也可以根据需要创建新平面。

## 3.2.1 创建新平面

拾取图 3-15 所示平面/草图工具条上的创建新平面（New Plane）按钮，并在细节窗口中做必要的设置，然后再拾取 Generate 按钮，即完成新平面的创建。

创建新平面如图 3-16 所示，有以下几种方法。

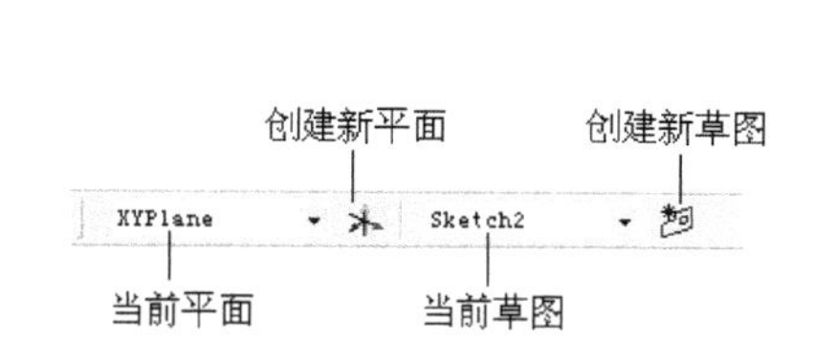


图 3-15 平面/草图工具条

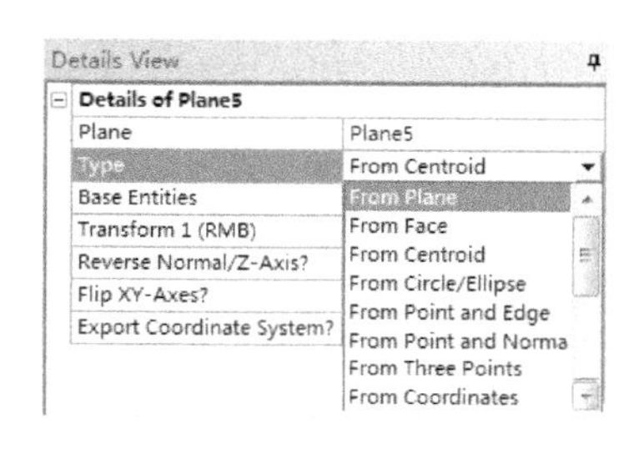


图 3-16 创建新平面

- From Plane：基于一个已有平面（如 XYPlane）创建新平面。
- From Face：基于几何体表面创建新平面。
- From Centroid：在所选几何体的质心处定义新平面。新平面位于全局坐标系的 XYPLane，原点在所选几何体的质心。
- From Circle/Ellipse：基于一个 2D 或 3D 圆弧、圆或椭圆边创建新平面。新平面坐标系原点 *O* 在圆或椭圆的圆心。*Z* 轴方向是圆或椭圆的法线方向。基于圆形边时，*XOZ* 坐标平

面平行于全局 $X$ 轴；基于椭圆边时，则 $X$ 轴与椭圆的长轴对齐。

- From Point and Edge：基于一个点和一条边创建新平面。新平面通过选定的点及边的两个端点。
- From Point and Normal：基于一个点和一条法线创建新平面。新平面原点在选定的点处，z 轴方向由选定的边确定。
- From Three Points：基于三个点创建新平面。新平面原点在第一点，$X$ 轴在默认情况下是从第一点到第二点的方向。
- From Coordinates：通过输入原点的坐标和法线方向创建新平面。

绘制草图在当前平面上进行，当前平面名称显示在平面/草图工具条（见图 3-15）上。可以拾取当前平面名称后方的下拉箭头 ▾ 改变当前平面，也可以在特征树上拾取某个平面作为当前平面。

## 3.2.2 创建新草图

拾取图 3-15 所示平面/草图工具条上创建新草图（New Sketching）按钮，即在当前平面上创建了一个新草图。一个平面（Plane）上可以创建多个草图，但绘制 2D 图形只能在当前草图上进行，当前草图的显示和选择类似当前平面。

## 3.2.3 绘制 2D 图形

拾取图 3-17 所示的 Modeling 模式标签，DM 进入 3D 建模模式，在界面显示图 3-18 所示的特征树。拾取图 3-17 所示的 Sketching 模式标签，DM 进入绘制 2D 图形模式，用户可以使用 Sketching Toolboxes（草图工具箱）中的各种工具绘制 2D 图形。

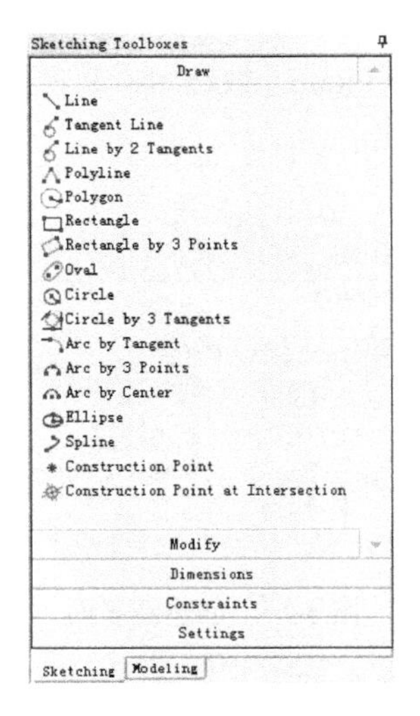


图 3-17　草图工具箱

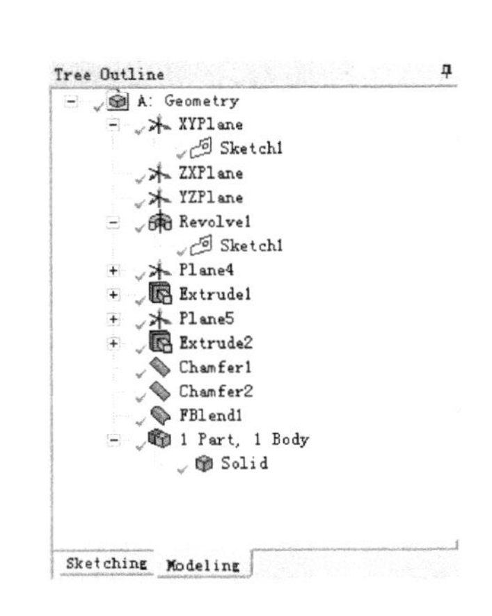


图 3-18　特征树

Sketching Toolboxes 中包括绘制（Draw）、修改（Modify）、标注尺寸（Dimensions）和约束（Constraints）等工具，他们分属相应的面板（见图 3-17）。绘制工具的使用说明见表 3-2，修改工具的使用说明如表 3-3 所示，标注尺寸工具的使用说明如表 3-4 所示。

**表 3-2 绘制工具的使用说明**

| 工 具 | 绘制图形 | 使用说明 |
|---|---|---|
| ⊥ Line | 直线 | 拾取两端点绘制一条直线 |
| ⊥ Tangent Line | 切线 | 选择圆或弧上点，在该点作圆或弧的切线 |
| ⊥ Line by 2 Tangents | 公切线 | 绘制两圆或弧的公切线 |
| ⊥ Polyline | 多段线 | 作一系列相互连接的直线 |
| ⊥ Polygon | 正多边形 | 拾取正多边形的中心和一个顶点绘制正多边形 |
| ⊥ Rectangle | 矩形 | 拾取两顶点绘制一个与坐标轴平行的矩形 |
| ⊥ Rectangle by 3 Points | 三点矩形 | 拾取三顶点绘制一个任意矩形 |
| ⊥ Oval | 卵形 | 拾取两圆心和圆上一点绘制一个卵形 |
| ⊥ Circle | 圆 | 拾取圆心、圆上一点，绘制圆 |
| ⊥ Circle by 3 Tangents | 切于三条线的圆 | 拾取三条线（直线/圆弧/圆），绘制一个圆与之相切 |
| ⊥ Arc by Tangents | 切线弧 | 绘制与线（直线/圆弧/圆）相切的圆弧 |
| ⊥ Arc by 3 Points | 三点圆弧 | 拾取起点、端点、中间点绘制圆弧 |
| ⊥ Arc by Center | 圆弧 | 由圆心、起点和终点绘制圆弧 |
| ⊥ Ellipse | 椭圆 | 由圆心、长半轴端点、短半轴端点绘制任意椭圆 |
| ⊥ Spline | 样条曲线 | 由一系列控制点绘制样条曲线 |
| ⊥ Construction Point | 结构点 | 创建结构点 |
| ⊥ Construction Point at Intersection | 结构点 | 在交点上创建结构点 |

**表 3-3 修改工具的使用说明**

| 工 具 | 修改图形 | 使用说明 | 选项* |
|---|---|---|---|
| ⊥ Fillet | 圆角 | 拾取两条线（直线/圆弧/圆）或一个连接两条线的端点 | 有 |
| ⊥ Chamfer | 倒角 | 拾取两条线或一个连接两条线的端点 | 有 |
| ⊥ Corner | 接角 | 使拾取的两条线形成角的形状 | |
| ⊥ Trim | 修剪 | 修剪掉线超出的部分 | |
| ⊥ Extend | 延伸 | 延伸到相交 | |
| ⊥ Split | 分裂 | 将选择的线分裂成多段，分裂方法由选项设置 | 有 |
| ⊥ Drag | 拖拉 | 可以拖拉一个点或一条边，操作的结果与选择的线、约束和尺寸有关 | |
| ⊥ Cut | 剪切 | 将选择的对象复制到剪贴板上、并删除源对象，然后进行粘贴操作 | 有 |
| ⊥ Copy | 复制 | 将选择的对象复制到剪贴板上，然后进行粘贴操作 | 有 |
| ⊥ Paste | 粘贴 | 将剪贴板上对象放置在当前草图上，可以在不同平面间进行，也可实现旋转、比例、镜像操作 | 有 |
| ⊥ Move | 移动 | 相当于 Cut+ Paste 命令 | 有 |
| ⊥ Replicate | 复制 | 相当于 Copy + Paste 命令 | 有 |
| ⊥ Duplicate | 原样复制 | 进行同一 Plane 上草图间的原样复制 | 有 |
| ⊥ Offset | 偏置 | 将选择的一组线等距离偏置，创建一组新的线 | 有 |
| ⊥ Spline Edit | 编辑样条 | 编辑样条曲线 | 有 |

表 3-4　标注尺寸工具的使用说明

| 工　　具 | 标　　注 | 使用说明 |
|---|---|---|
| ⊥ General | 通用 | 拾取线（直线/圆弧/圆）或点，所标注尺寸类型与对象有关 |
| ⊥ Horizontal | 水平尺寸 | 拾取两线（直线/圆弧/圆）或两点 |
| ⊥ Vertical | 垂直尺寸 | 拾取两线（直线/圆弧/圆）或两点 |
| ⊥ Length/Distance | 长度/距离 | 拾取两线（直线/圆弧/圆）或两点 |
| ⊥ Radius | 半径 | 拾取圆弧或圆 |
| ⊥ Diameter | 直径 | 拾取圆弧或圆 |
| ⊥ Angle | 角度 | 拾取两直线，按逆时针方向标注角度 |
| ⊥ Semi-Automatic | 半自动智能 | 半自动智能标注，可使用快捷菜单选择忽略、结束、继续 |
| ⊥ Edit | 编辑 | 在细节窗口编辑尺寸 |
| ⊥ Move | 移动位置 | 移动位置 |
| ⊥ Animate | 动画 | 动画 |
| ⊥ Display | 显示 | 选择显示尺寸名称或值 |

可以对草图对象的位置和尺寸进行约束（Constraints），灵活使用约束对提高绘图效率及参数化建模都比较重要。DM 对草图对象用不同颜色显示不同的约束状态：深青色表示未约束或欠约束，蓝色表示完整约束，黑色表示固定，红色表示过约束，灰色表示矛盾。标注尺寸可以实现为对象添加约束，可以使用图 3-19 所示的自动约束（Auto Constraints），也可以使用表 3-5 所示的约束工具人工添加约束。可以在草图细节窗口删除对象上被添加的约束。

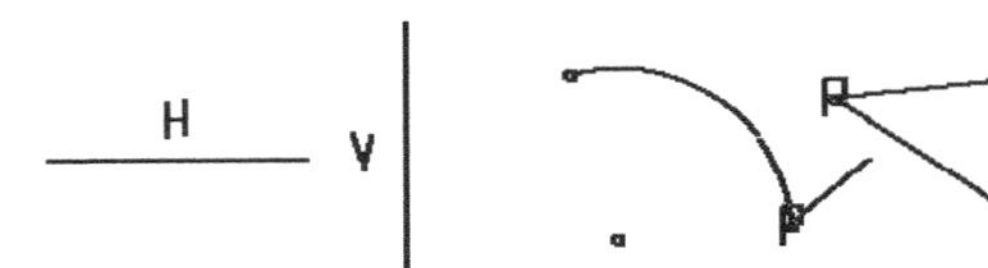


（a）水平或竖直直线

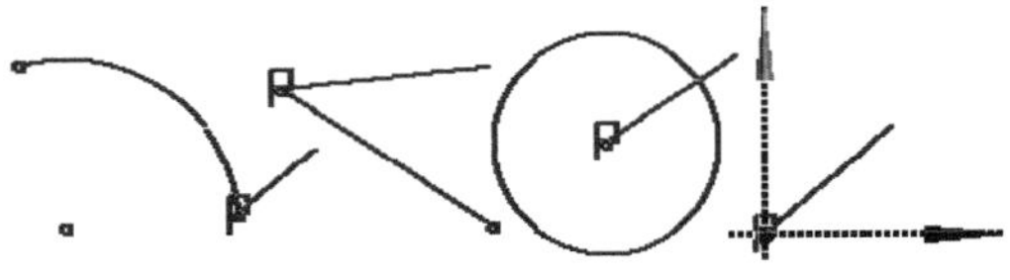

（b）约束在端点、圆心或原点

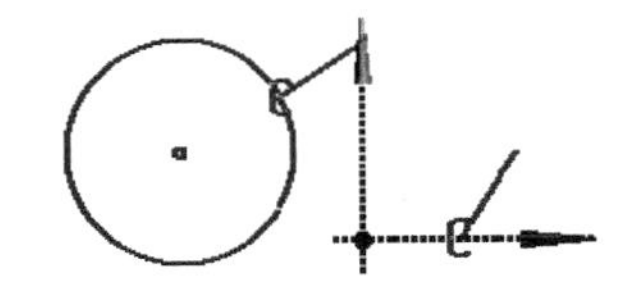

（c）约束在线或坐标轴上

图 3-19　自动约束

表 3-5　约束工具

| 工　　具 | 约　　束 | 使用说明 |
|---|---|---|
| ⊥ Fixed | 固定 | 拾取点或线，使点或直线方向被固定 |
| ⊥ Horizontal | 水平 | 水平直线 |
| ⊥ Vertical | 竖直 | 竖直直线 |
| ⊥ Perpendicular | 垂直 | 强制垂直 |
| ⊥ Tangent | 相切 | 强制直线与圆相切 |
| ⊥ Coincident | 一致 | 拾取两点、两直线或一点一线，强制两点重合、两直线共线或点线重合 |
| ⊥ Midpoint | 中点 | 拾取一直线和一点　，强制点在直线的中点上 |
| ⊥ Symmetry | 对称 | 先拾取对称轴，再拾取两点或两线 |
| ⊥ Parallel | 平行 | 强制两直线平行 |

续表

| 工　　具 | 约　　束 | 使用说明 |
| --- | --- | --- |
| ⊥ Concentric | 同心 | 强制两圆或弧同心 |
| ⊥ Equal Radius | 等半径 | 强制两圆或弧半径相等 |
| ⊥ Equal Length | 等长度 | 强制两直线长度相等 |
| ⊥ Equal Distance | 等距离 | 先拾取一对线或点，再拾取一对线或点 |
| AUTO CON ⊥ Auto Constraints | 自动约束设置 | 设置自动约束选项 |

## 3.2.4 草图投影和草图援引

草图投影和草图援引用于由已有几何体或草图创建新的草图，且新草图与源图关联。

### 1. 草图投影

草图投影允许将一个已有几何体（点、边、面或体）投影到一个平面（Plane）上创建新草图。新草图与源几何体关联，随源几何体更新而更新。草图投影如图 3-20 所示。

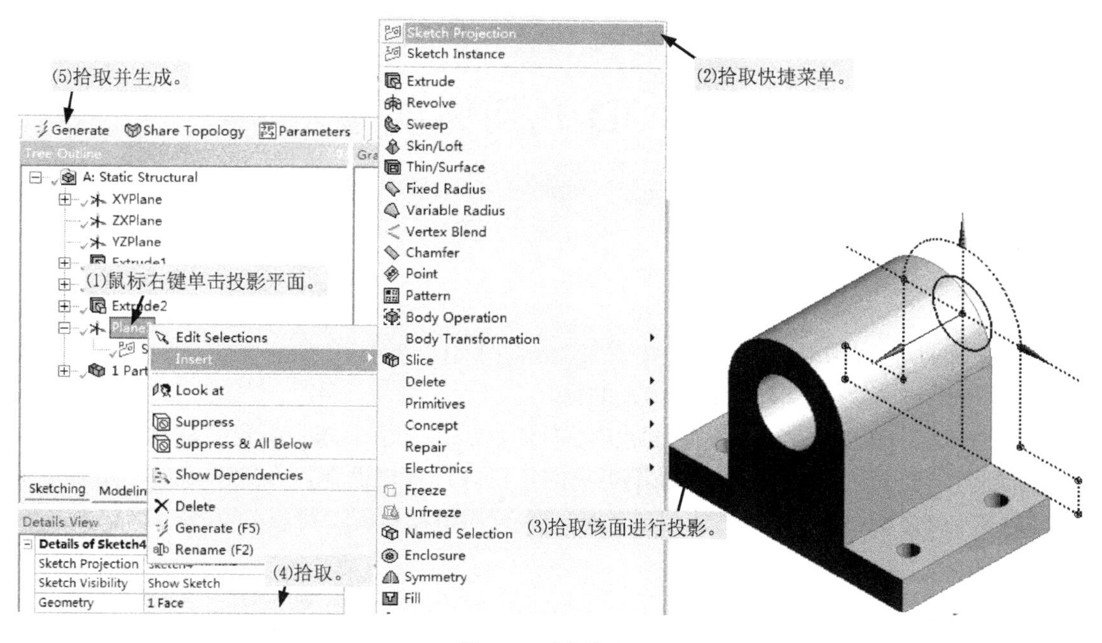


图 3-20 草图投影

### 2. 草图援引

草图援引是将一个平面（Plane）内的草图复制到另外一个平面（Plane）上，新草图与源草图关联，随源草图更新而更新。草图援引如图 3-21 所示。

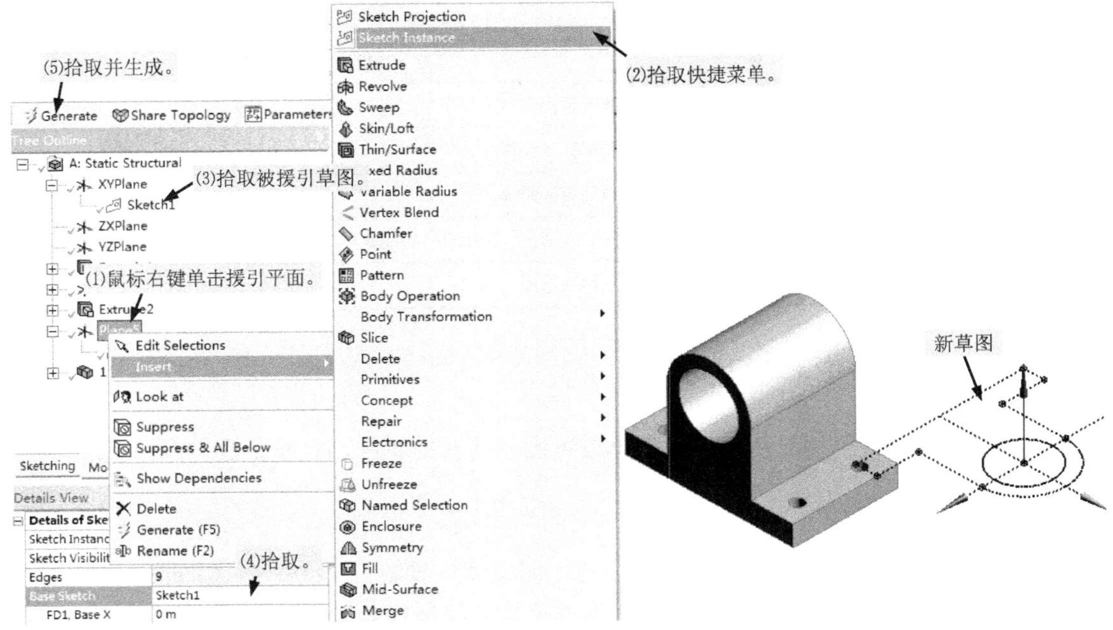


图 3-21　草图援引

# 3.3　3D 几何体创建

## 3.3.1　3D 几何体基础

### 1. 几何体

在 DM 中，常用的几何体有三类。

- 3D 实体（Solid）：具有表面和体积的体。
- 表面体（Surface body）：具有表面但没有体积的体。由于划分单元的需要，表面体也有厚度，但在 DesignModeler 中是不可见的。可以选择表面体，在细节窗口中指定厚度。
- 线体（Line body）：完全由边组成的体，没有面积和体积，可以为其指定横截面（Cross Section）。

### 2. 体的激活（Active）和冻结（Frozen）状态

体有激活和冻结两种状态。

对体进行冻结是为了建立包括多个几何体的装配体，有些修改操作不能在冻结体上进行，冻结体在特征树中以浅蓝色图标显示，如图 3-22（a）所示。体激活时在特征树中以蓝色图标显示，如图 3-22（b）所示。

### 3. 抑制体（Suppress Body）

被抑制的体不显示在图形窗口中，不能传递到分析软件 Mechanical 中，也不能导出到除.agdb

格式以外的模型文件中。如图 3-23 所示，可以在特征树上用快捷菜单命令抑制体，抑制体在特征树中的图标前将显示“×”图形。

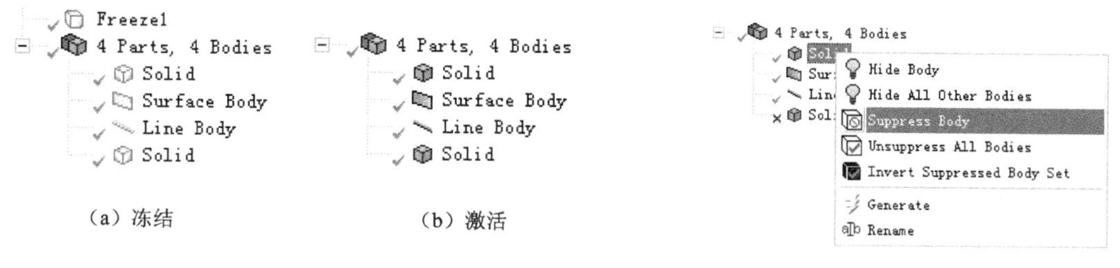


（a）冻结　（b）激活

图 3-22　激活和冻结　　图 3-23　抑制体

**4. 体的显示（Visible）和隐藏（Hidden）**

可以通过显示和隐藏设置体在屏幕上的可见性，显示体在特征树上以绿色标记表示，隐藏体以浅绿色标记表示。

**5. 零件（Part）**

默认时，DM 将每一个体自动作为一个零件。但可以先选择多个体，然后用 Tools→From New Part 命令将多个体构成一个零件。

图 3-24（a）所示为一个零件、一个体。零件各部分作为一个整体划分网格、没有接触，各部分间没有边界，只能用一种材料。

图 3-24（b）所示为两个零件、两个体，每个体为一个零件。有限元模型中每个零件有独立的网格划分，如果要仿真零件间的相互作用，则必须定义接触。

图 3-24（c）所示为一个零件、两个体，体间存在边界，不同体可以分配不同材料。当拓扑共享（Shared Topology）打开时，有限元模型中的每个体可以独立划分网格，但在边界上有公共节点，零件间不需要定义接触。

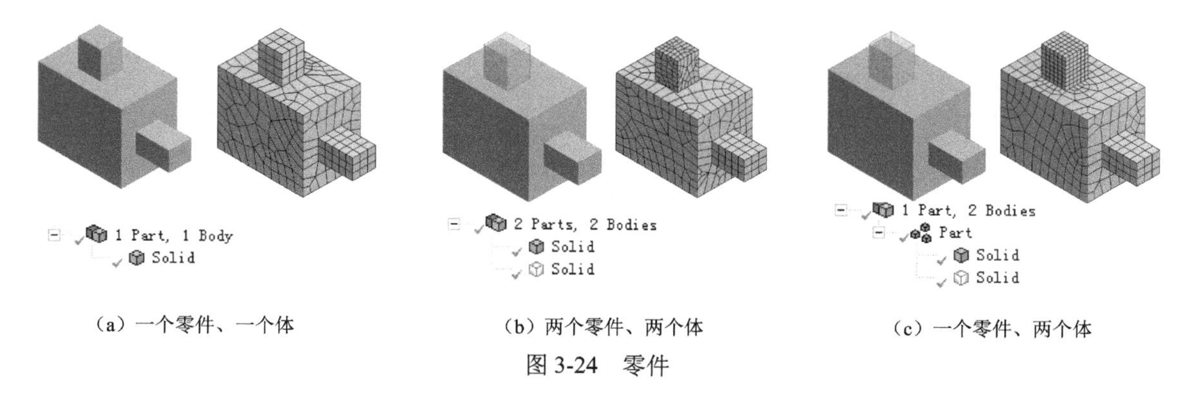


（a）一个零件、一个体　（b）两个零件、两个体　（c）一个零件、两个体

图 3-24　零件

## 3.3.2　3D 特征

常用的 3D 特征操作有拉伸（Extrude）、旋转（Revolve）、扫略（Sweep）等。

3D 特征用于将 2D 草图生成 3D 几何体，3D 特征生成需要两个步骤：a. 执行特征命令并指定细节；b. 拾取生成命令按钮 Generate 并创建特征。

常用的 3D 特征命令如图 3-25 所示。

图 3-25　3D 特征命令

3D 特征有以下五种布尔操作：

- 添加材料（Add Material）：增加材料（特征体）并合并到激活体中。
- 去除材料（Cut Material）：从激活体中去除材料。
- 切分材料（Slice Material）：将体切分并产生新冻结体。
- 表面印记（Imprint Faces）：分割体上的面，用于施加载荷。
- 添加冻结（Add Frozen）：增加材料，新特征体被冻结，不被合并到已有几何体中。

3D 特征操作的方向有如图 3-26 所示的沿法线方向扩展（Normal）、沿法线的反方向扩展（Reversed）、双向对称扩展（Both-Symmetric）、双向不对称扩展（Both-ASymmetric）四种。

在几何体特征、草图/平面尺寸或设计参数发生变化后，需要单击 Generate 按钮更新模型。

### 1. 拉伸（Extrude）特征

拉伸可以形成 3D 几何体（Solid）、表面体（Surface body）和薄壁体，创建表面体时需要在细节窗口中选择“As Thin/Surface?”为 Yes，并输入内外厚度为 0mm，拉伸特征细节如图 3-27 所示。

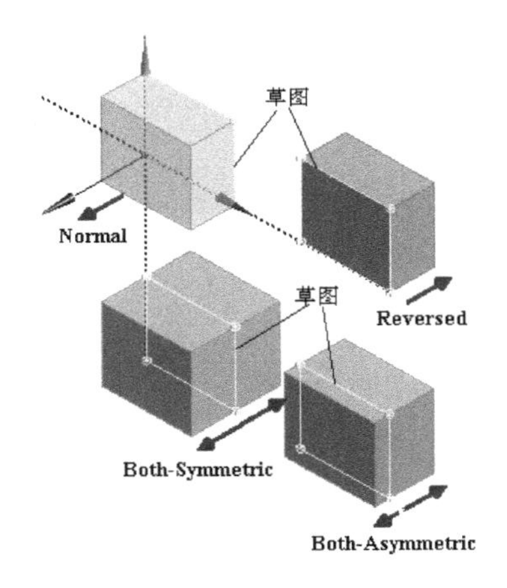


图 3-26　3D 特征操作的方向

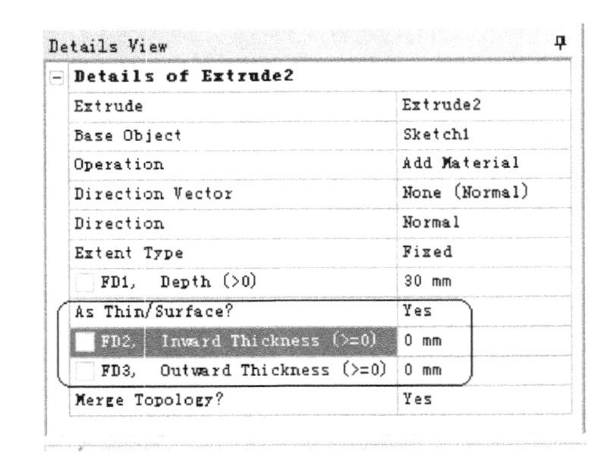


图 3-27　拉伸特征细节

如图 3-27 所示，当前草图为默认的操作对象（Base Object），但可以在特征树中重新选择。细节窗口中可以设置拉伸距离（Depth）、拉伸方向（Direction，即前文的特征方向）、扩展类型（Extent Type）、布尔操作（Operation）等。

拉伸特征的扩展类型有：

- 固定（Fixed）：按细节窗口中 Depth（深度）参数拉伸，如图 3-28（a）所示。
- 穿过所有（Through All）：穿过整个几何体，如图 3-28（b）所示。
- 到下一个（To Next）：布尔操作类型为 Add Material 时，扩展到所遇到的第一个面，如图 3-28（c）所示；Cut Material、Slice Material、Imprint Faces 时，扩展到并穿过所遇到的第一个面或体。

- 到面（To Faces）：扩展到一个或多个用户选择的目标面，如图 3-28（d）所示。
- 到几何体表面（To Surface）：与 To Faces 类似，但只能选择一个目标面，可扩展到目标面的潜在表面，如图 3-28（e）所示。

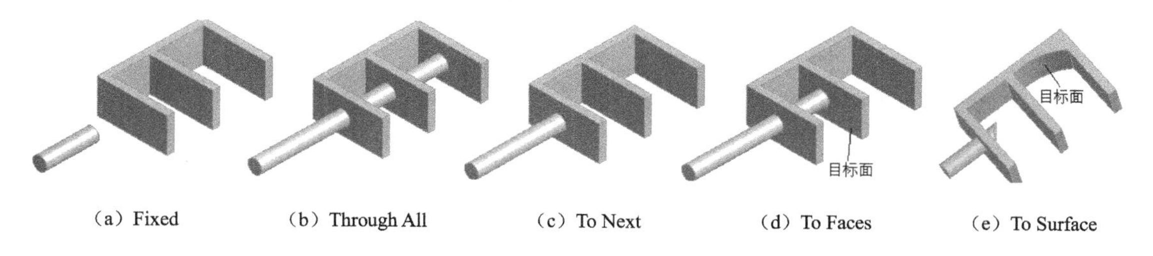


（a）Fixed　（b）Through All　（c）To Next　（d）To Faces　（e）To Surface

图 3-28　扩展类型

### 2. 旋转（Revolve）特征

旋转可以形成 3D 几何体（Solid）、表面体（Surface body）和薄壁体，旋转特征细节如图 3-29 所示。可以选择平面（Plane）、几何体面、坐标轴、草图线或实体边定义旋转轴，如果操作对象（Base Object）所在草图中有一条独立的直线，则它被默认为旋转轴。

### 3. 扫略（Sweep）特征

将一个轮廓（Profile）沿一条路径（Path）扫略，可以形成 3D 几何体、表面体或薄壁体。扫略特征细节如图 3-30 所示，细节窗口中可以设置对齐（Alignment）、比例（Scale）、扭转（Twist）等。

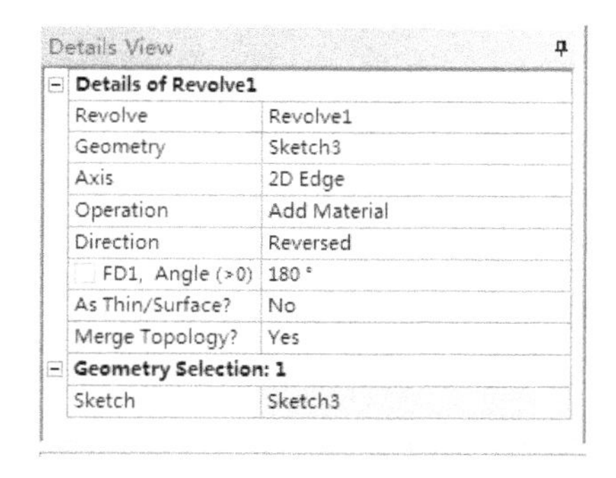

Details View

| Details of Revolve1 | |
|---|---|
| Revolve | Revolve1 |
| Geometry | Sketch3 |
| Axis | 2D Edge |
| Operation | Add Material |
| Direction | Reversed |
| FD1, Angle (>0) | 180 ° |
| As Thin/Surface? | No |
| Merge Topology? | Yes |
| Geometry Selection: 1 | |
| Sketch | Sketch3 |

图 3-29　旋转特征细节

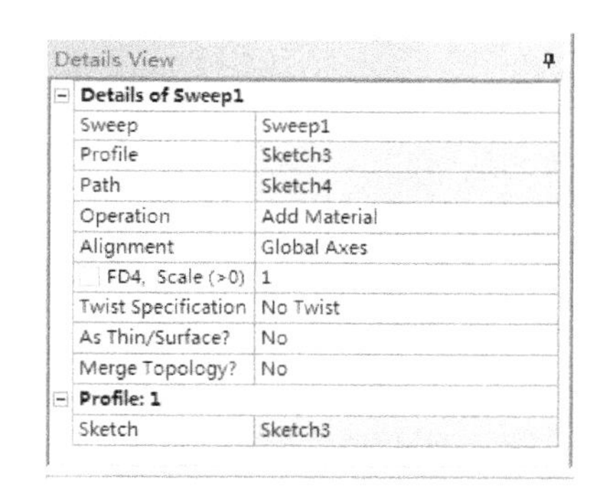

Details View

| Details of Sweep1 | |
|---|---|
| Sweep | Sweep1 |
| Profile | Sketch3 |
| Path | Sketch4 |
| Operation | Add Material |
| Alignment | Global Axes |
| FD4, Scale (>0) | 1 |
| Twist Specification | No Twist |
| As Thin/Surface? | No |
| Merge Topology? | No |
| Profile: 1 | |
| Sketch | Sketch3 |

图 3-30　扫略特征细节

对齐（Alignment）用于指定扫略时轮廓的方向。调整选项如图 3-31 所示，选择 Alignment 为 Path Tangent 时，扫略时轮廓的法线与路径相切；选择 Global Axes 时，扫略时轮廓的方向不变。当指定扫略时扭转（Twist），可实现螺旋扫略（见图 3-32）。

### 4. 蒙皮/放样（Skin/Loft）特征

蒙皮/放样特征通过混合一系列轮廓（Profile）形成 3D 几何体、表面体或薄壁体，蒙皮/放样特征如图 3-33 所示。轮廓可以是由一个封闭的环或打开的链构成的草图，或者是由面创建的平面（Plane），或者是几何实体的面、边、顶点等。轮廓数目必须大于等于 2，所有轮廓必须具有相同的边数，打开和关闭的轮廓不能混合使用，所有轮廓的类型必须相同。

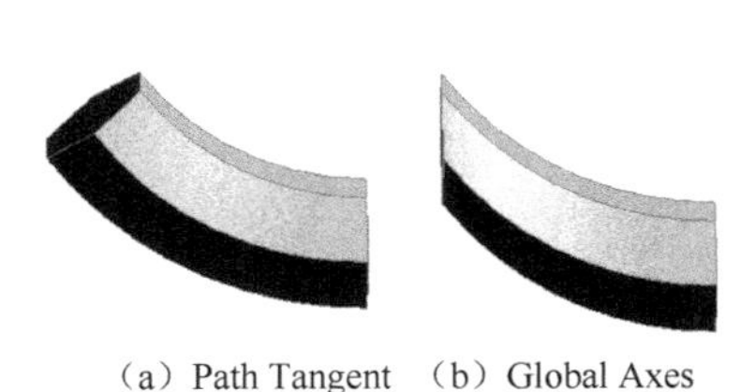

（a）Path Tangent （b）Global Axes

图 3-31 调整选项

图 3-32 螺旋扫略

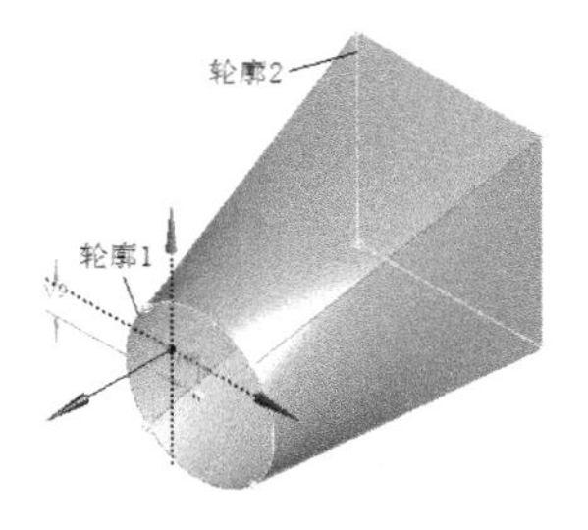


图 3-33 蒙皮/放样特征

#### 5. 抽壳/面体（Thin/Surface）特征

抽壳/面体特征用于由 3D 几何体创建薄壁体或面体。如图 3-34 所示，细节窗口中要设置选择类型（Selection Type）、方向（Direction）等。

选择类型（Selection Type）即确定选择实体和抽壳的方法。如图 3-35 所示，选择类型为 Faces to Remove 时，选定的面将从体中移除；选择类型为 Faces to Keep 时，选择的面被保留，其余的面被移除；选择类型为 Bodies Only 时，操作在选定的体上进行，而不移除任何面。方向（Direction）用于指定抽壳的方向。面偏移（Face Offset）用于确定面体（Surface）的位置。

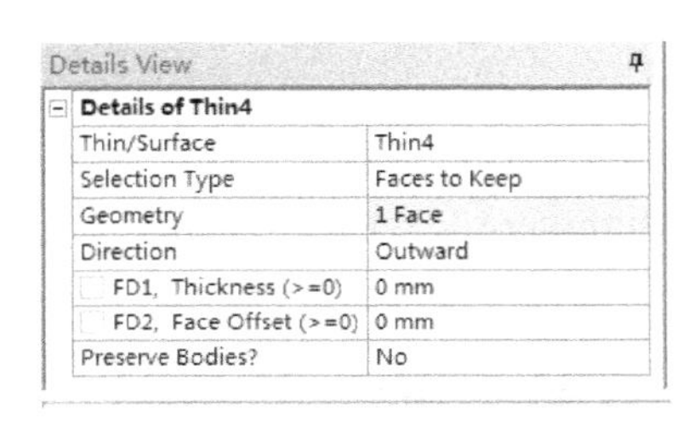

Details View

| Details of Thin4 | |
|---|---|
| Thin/Surface | Thin4 |
| Selection Type | Faces to Keep |
| Geometry | 1 Face |
| Direction | Outward |
| FD1, Thickness (>=0) | 0 mm |
| FD2, Face Offset (>=0) | 0 mm |
| Preserve Bodies? | No |

图 3-34 抽壳/面体特征细节

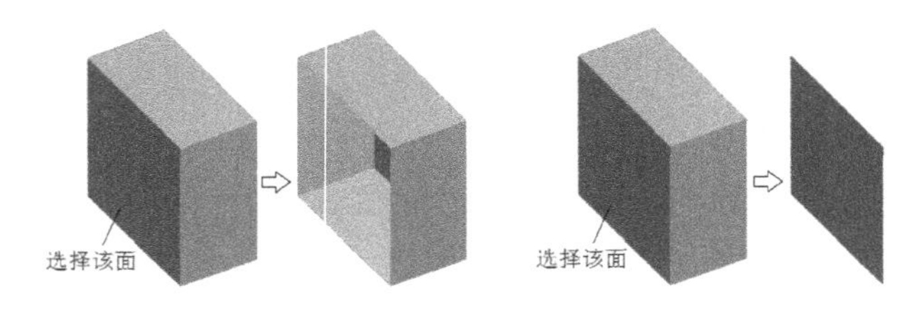


（a）Faces to Remove （b）Faces to Keep

图 3-35 抽壳/面体特征细节

#### 6. 圆角（Blend）特征

圆角特征在模型的边上创建圆角，可以创建固定半径（Fixed Radius）圆角、变化半径（Variable Radius）圆角、顶点圆角（Vertex Blend）。创建固定半径圆角时，可以选择 3D 实体的边或面，选择面时，面上所有边都被圆角。

#### 7. 倒角（Chamfer）特征

圆角特征在模型的边上创建倒角。可以选择 3D 实体的边或面创建倒角，选择面时，面上所有边都被倒角。每条边都有一个方向，这个方向定义了边的左右两侧。倒角特征细节如图 3-36 所示，倒角尺寸可以用 Left-Right、Left-Angle、Right-Angle 三种方法确定。

### 3.3.3 高级几何体操作

如图 3-37 所示，在 Create 和 Tools 菜单项中，DM 还提供了很多高级几何体工具，用于创建复杂几何体，提高操作效率。

Details View

| Details of Chamfer5 | |
|---|---|
| Chamfer | Chamfer5 |
| Geometry | 4 Edges |
| Type | Left-Right |
| FD1, Left Length (>0) | Left-Right |
| FD2, Right Length (>0) | Left-Angle |
| | Right-Angle |

图 3-36　倒角特征细节

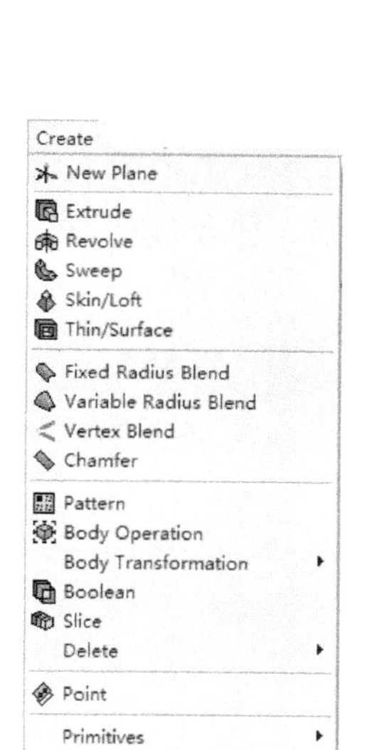


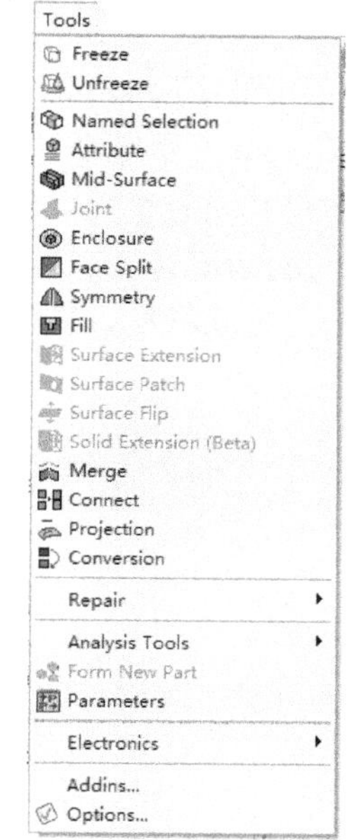


图 3-37　高级几何体工具

## 1. 阵列（Pattern）特征

如图 3-38、图 3-39 所示，阵列类型有线性阵列（Linear）、环形阵列（Circular）和矩形阵列（Rectangular）三种。阵列几何体可以是面或 3D 实体。线性阵列、矩形阵列方向（Direction）可以通过选择平面（Plane 的法线方向）、3D 实体的面（法线方向）、二维草图线、3D 实体的边、两个点、三个点（三点平面的法线方向）来确定。环形阵列的轴（Axis）可以通过选择平面（Plane）、3D 实体的面、二维草图线、3D 实体的边、两个点来确定。环形阵列的角度（Angle）为相邻拷贝间的夹角，为 0° 时，阵列沿圆周均匀分布（Evenly Spaced）。

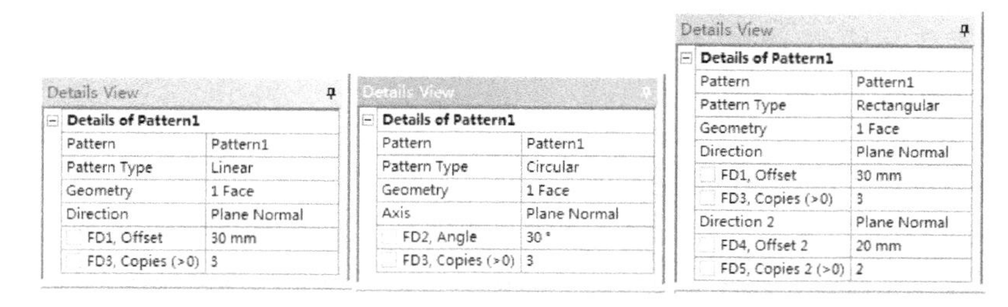

Details View

| Details of Pattern1 | |
|---|---|
| Pattern | Pattern1 |
| Pattern Type | Linear |
| Geometry | 1 Face |
| Direction | Plane Normal |
| FD1, Offset | 30 mm |
| FD3, Copies (>0) | 3 |

Details View

| Details of Pattern1 | |
|---|---|
| Pattern | Pattern1 |
| Pattern Type | Circular |
| Geometry | 1 Face |
| Axis | Plane Normal |
| FD2, Angle | 30 ° |
| FD3, Copies (>0) | 3 |

Details View

| Details of Pattern1 | |
|---|---|
| Pattern | Pattern1 |
| Pattern Type | Rectangular |
| Geometry | 1 Face |
| Direction | Plane Normal |
| FD1, Offset | 30 mm |
| FD3, Copies (>0) | 3 |
| Direction 2 | Plane Normal |
| FD4, Offset 2 | 20 mm |
| FD5, Copies 2 (>0) | 2 |

图 3-38　阵列特征类型

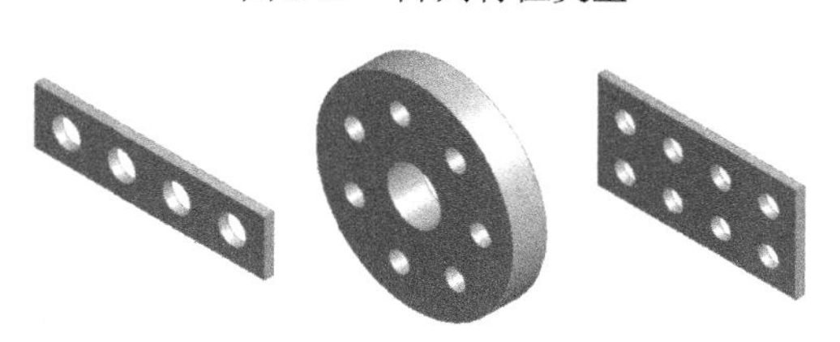

（a）线性阵列　（b）环形阵列　（c）矩形阵列

图 3-39　阵列特征类型

### 2. 体操作（Body Operation）

体操作可用于激活体、也可用于冻结体，但有特征点（PF 点）的体不能使用。

如图 3-40 所示缝合（Sew）操作用于表面体的缝合，简化（Simplify）操作将高阶曲面的几何和拓扑结构进行简化，清理（Clean Bodies）操作检测并去除体的缺陷。图 3-41 所示为去除材料（Cut Material），图 3-42 所示为表面印记（Imprint Faces），图 3-43 所示为切分材料（Slice Material），去除材料、表面印记、切分材料等操作与 3D 基础特征（如拉伸）的布尔运算类似。

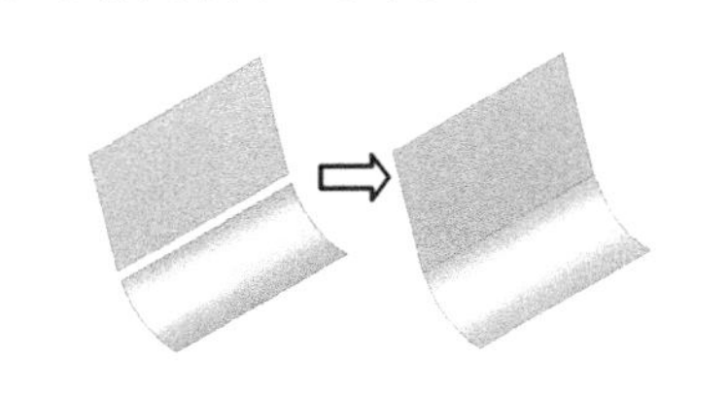

图 3-40　缝合

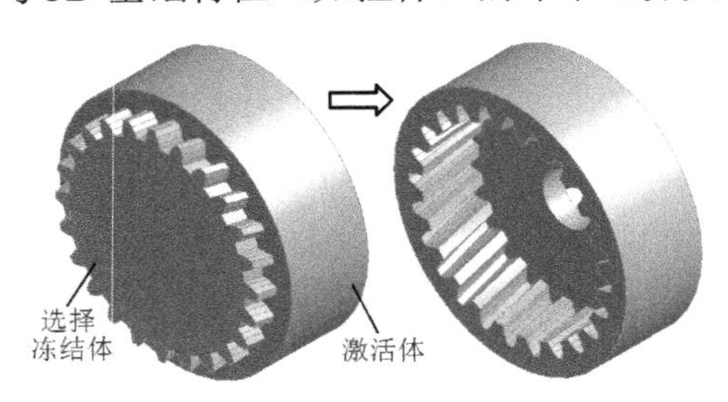


图 3-41　去除材料

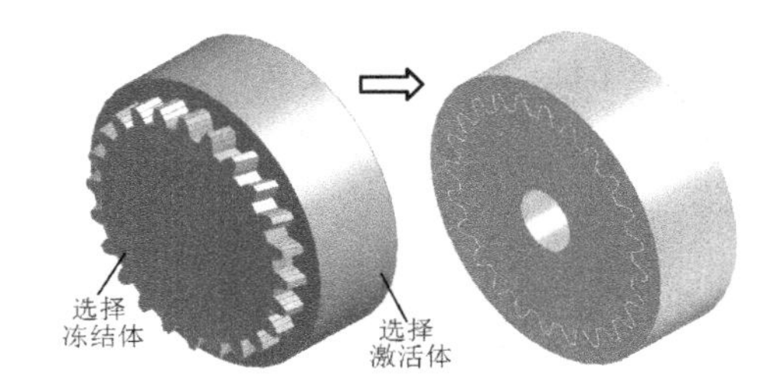


图 3-42　表面印记

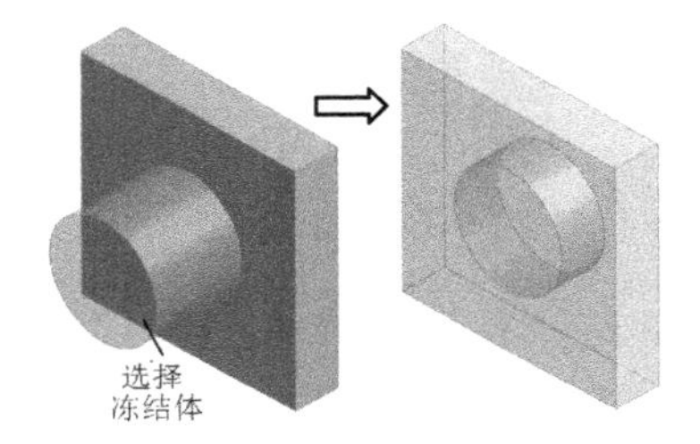


图 3-43　切分材料

### 3. 体变换（Body Transformation）

体变换用于进行体位置和尺寸的改变，可用于激活体或冻结体，但有特征点（PF 点）的体不能使用。体变换包括移动（Move）、转移（Translate）、旋转（Rotate）、镜像（Mirror）、比例（Scale）等特征。

图 3-44 所示为移动（Move）操作，移动方式有 By Plane、By Vertices、By Direction 三种。当选择 By Plane 方式时，移动后固联在源体上的源平面（Source Plane）与目标平面（Destination Plane）重合。当选择 By Vertices 方式时，需要在源体和目标体选择顶点，创建 Move、Align 和 Orient 三组顶点对，由 Move 顶点对定义位移，由 Align 和 Orient 顶点对定义转动角度。当选择 By Direction 方式时，由源和目标顶点对定义位移，由源和目标定义对齐和方向。

转移（Translate）用于平移几何体。旋转（Rotate）用于将几何体绕指定的旋转轴旋转一定角度。图 3-45 所示为镜像（Mirror）操作，镜面必须是平面（Plane）。比例（Scale）操作用于按比例缩小或放大几何体的尺寸。

### 4. 布尔操作（Boolean）

即 CAD 软件常见的并（Unite）、差（Subtract）、交（Intersect）运算，以及印记（Imprint）操作。

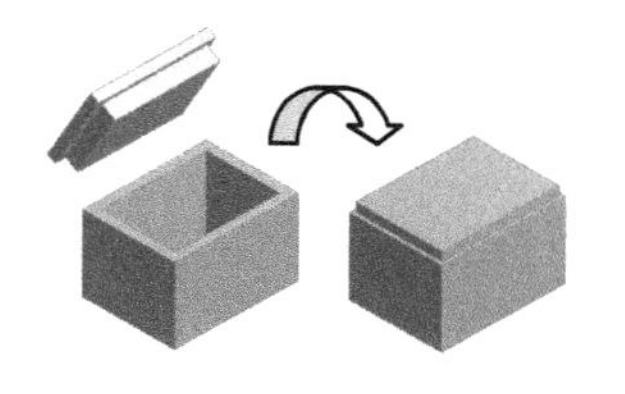

图 3-44 移动

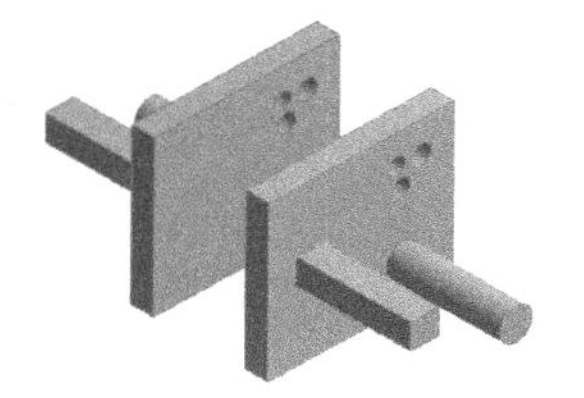

图 3-45 镜像

5. 切分操作（Slice）

切分操作常用于扫略体形成六面体单元，形成不同横截面线体等场合，切分操作后体将被自动冻结。最常用的是用平面（Slice By Plane）将几何体切分（见图 3-46）。

6. 删除体（Body Delete）、删除面（Face Delete）、删除边（Edge Delete）

删除面、边操作主要用于在划分网格前删除一些无用的细节，或修补导入到 ANSYS Workbench 时损坏的几何体。

7. 创建简单几何体（Primitives）

创建简单几何体如图 3-47 所示，DM 还在 Create 菜单下提供了直接创建球、六面体等简单几何体的命令。

图 3-46 切分

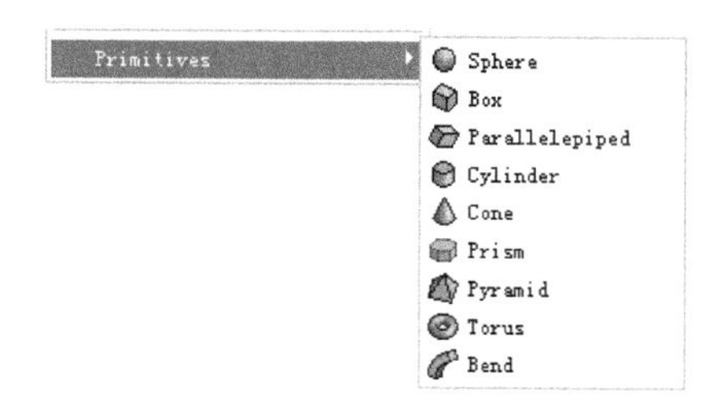


图 3-47 创建简单几何体

8. 冻结（Freeze）和解冻（Unfreeze）

用 Tools→Freeze（冻结）命令可将所有几何体冻结，用 Tools→Unfreeze（解冻）命令可将选择的几何体激活。

## 3.4 概念建模

概念建模（Concept）用于创建、修改线体（Line body）和面体（Surface Body），这些几何体将用梁单元和壳单元划分网格以模拟梁和板壳结构。概念建模的方法有从外部导入和利用 DesignModeler 本身功能创建两种，如图 3-48 所示，DesignModeler 概念建模工具在主菜单 Concept 下。

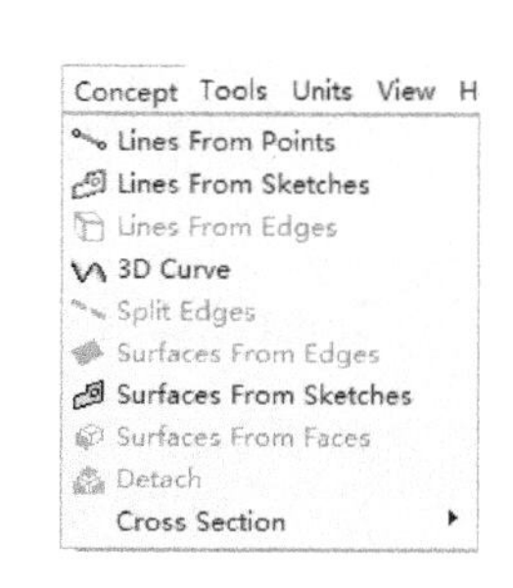


图 3-48 概念建模

## 3.4.1 线体

### 1. 创建线体

如图 3-49 所示，创建线体有 Add Material 和 Add Frozen 两种布尔运算方法。

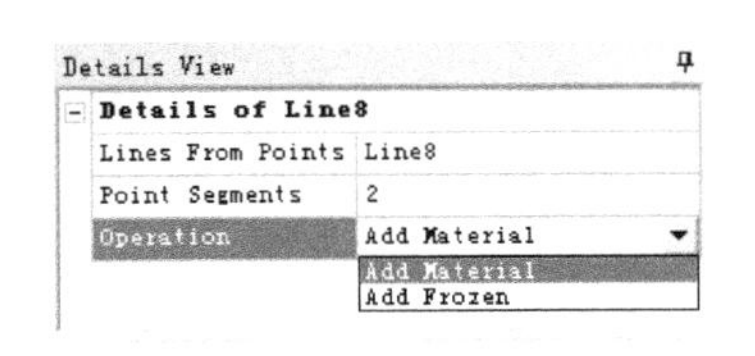


图 3-49 创建线体

（1）从点生成线体 Lines From Points：可以使用 2D 草图点、3D 模型顶点、点特征点。如图 3-49 所示，一个点段（Point Segments）是一条连接两个选定点的直线，该特征可以根据各段连接关系创建一个或多个线体。

（2）从草图生成线体 Lines From Sketches：基于草图上的线创建线体，根据线的连接关系可以创建一个或多个线体，可以同时选择多个草图。

（3）从边生成线体 Lines From Edges：基于已有的 2D 和 3D 几何体边创建线体。

（4）3D 曲线 3D Curve：基于现有点或坐标文件创建曲线形状线体，点可以是任意 2D 草图点、三维模型顶点和点特征点。

### 2. 横截面

需要将横截面属性赋给线体，以模拟梁。步骤如下：

（1）从概念建模菜单中选择横截面类型，如图 3-50（a）所示。

（2）编辑横截面尺寸，如图 3-50（b）所示。

（3）将横截面赋给线体，如图 3-50（c）所示。

用户也可以自定义横截面。

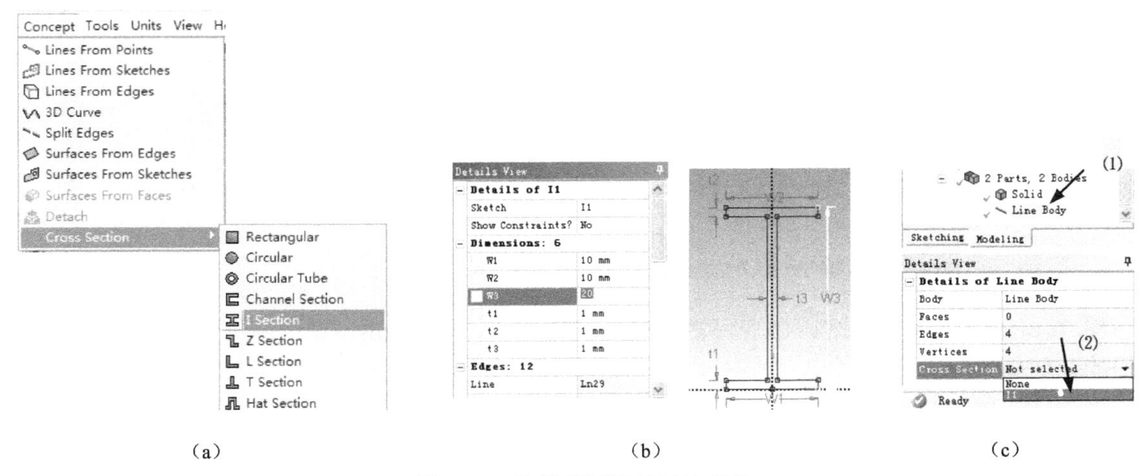


（a） （b） （c）

图 3-50 将横截面属性赋给线体

### 3. 横截面对齐

如图 3-51（a）所示，在 DM 中横截面位于线体局部坐标系的 *XY* 平面上。如图 3-51（b）所示，默认情况下，横截面的+*Y* 方向与线体局部坐标系的+*Y* 方向对齐，横截面法线方向与局部坐标系的 *Z* 方向一致。当默认对齐导致非法时，横截面的+*Y* 方向与线体局部坐标系的+*Z* 方向对齐。

在图形窗口选择线体所属边后，可以修改其对齐方向。如图 3-52 所示，修改线体对齐方向的方式有两种。Selection（选择）方式选择现有的边、点作为对齐的参照；Vector（矢量）方式通过输入各轴向坐标定义一个矢量，线体按此矢量对齐。

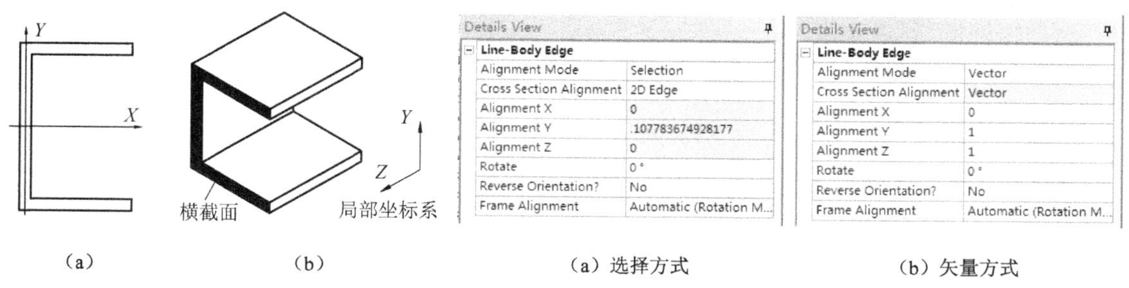


（a）　（b）

图 3-51　横截面的对齐

（a）选择方式　（b）矢量方式

图 3-52　修改横截面的对齐

### 4. 横截面偏移

将横截面特性赋给线体后，一般要对横截面进行偏移，以确定横截面与线体的相对位置。如图 3-53 所示，偏移类型有 Centroid（质心，默认）、Shear Center（剪切中心）、Origin（原点）、User Defined（自定义）等。选择偏移类型后，横截面相应的点（如质心）偏移后将落在线体上。

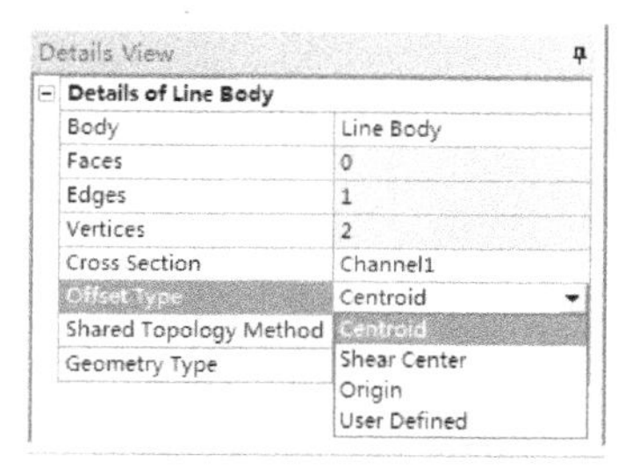


图 3-53　横截面的偏移

## 3.4.2　面体

如图 3-54 所示，可以用拉伸（Extrude）、旋转（Revolve）、扫略（Sweep）、薄体/面体（Thin/Surface）等特征创建面体，也可用如图 3-48 所示的菜单项 Concept 下特征创建。

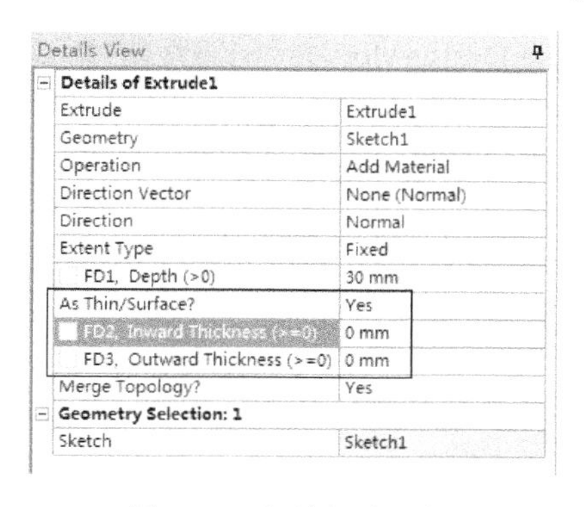


图 3-54　拉伸创建面体

（1）从边创建面体 Surfaces From Edges：用边作边界创建冻结面体，选择的边必须构成无交叉的闭合回路，闭合回路可以是一个或多个。

（2）从草图创建面体 Surfaces From Sketches：由草图作边界创建面体，草图图形必须构成无交叉的闭合回路，草图可以是一个或多个。

（3）从面创建面体 Surfaces From Faces：从已有几何体的面创建面体。

# 3.5 复杂几何体的创建实例——相交圆柱体

## 3.5.1 相交圆柱体的视图

用 DesignModeler 创建图 3-55 所示的相交圆柱体。

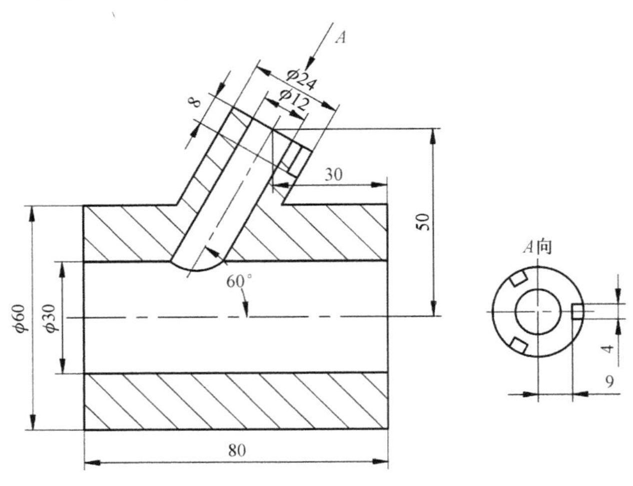


图 3-55 相交圆柱体

## 3.5.2 创建步骤

步骤 1：在 Windows“开始”菜单执行 ANSYS →Workbench。
步骤 2：创建项目 A，并启动 DesignModeler 创建几何体，如图 3-56 所示。
步骤 3：选择长度单位为 mm，如图 3-57 所示。

图 3-56 创建项目并启动 DM

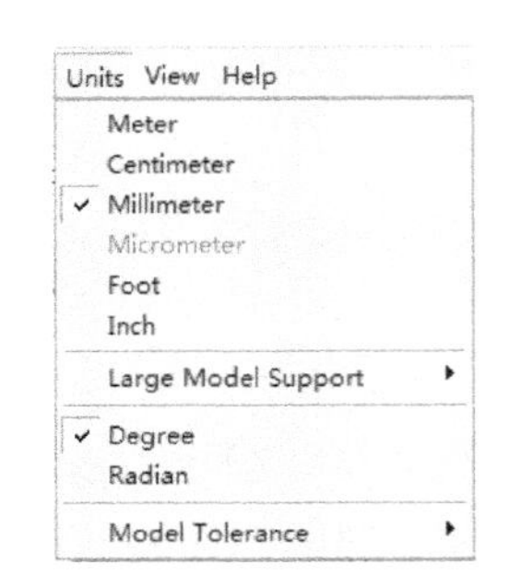


图 3-57 选择长度单位

步骤4：在XYPlane上创建草图，创建两个同心圆并标注尺寸，如图3-58和图3-59所示。

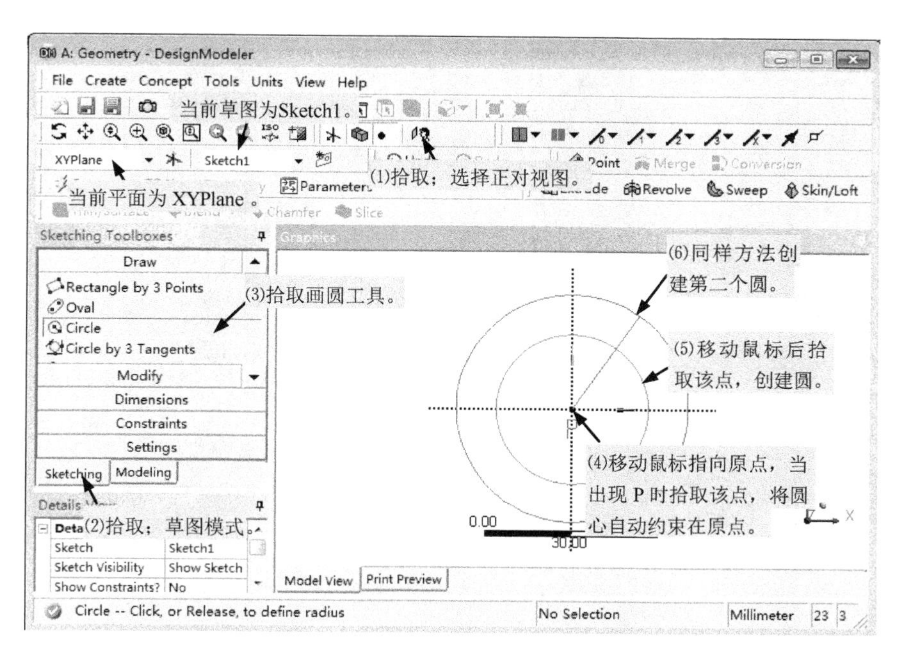


图3-58　在XYPlane上画圆

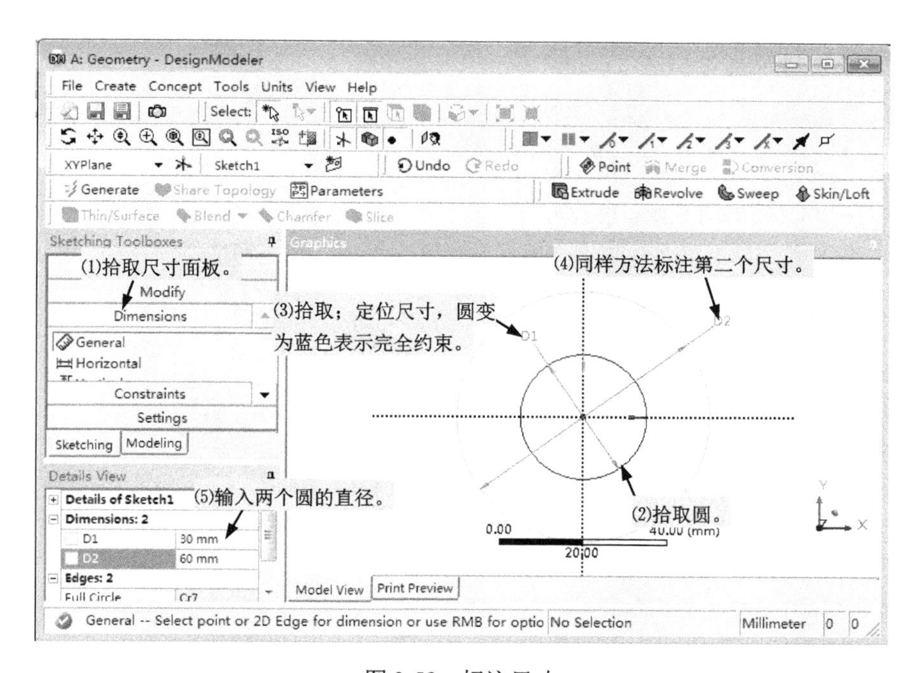


图3-59　标注尺寸

步骤5：拉伸草图Sketch1形成空心圆柱体，如图3-60所示。

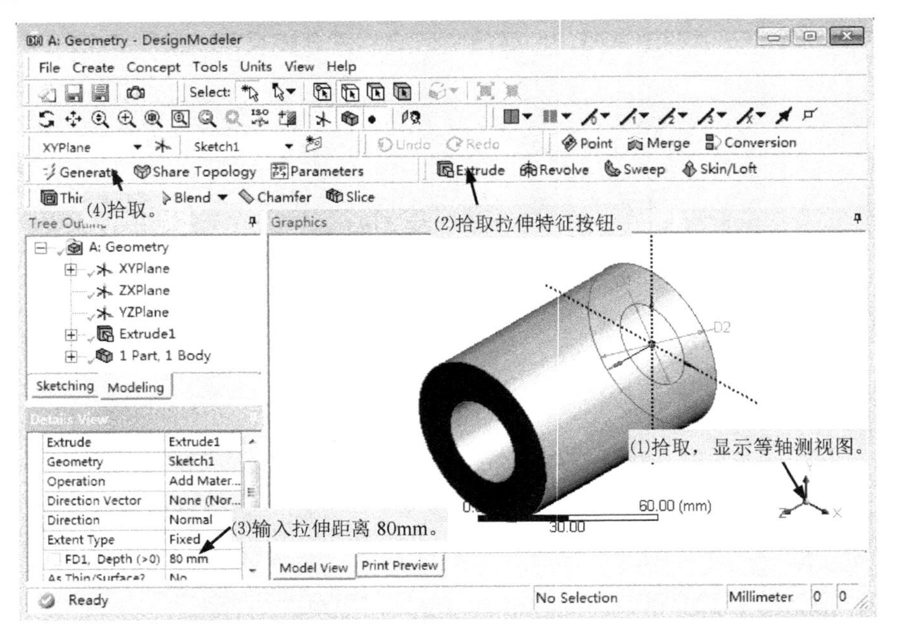


图 3-60　拉伸特征

步骤 6：在欲创建的小圆柱体上方底面处创建新平面 Plane4，如图 3-61 所示。

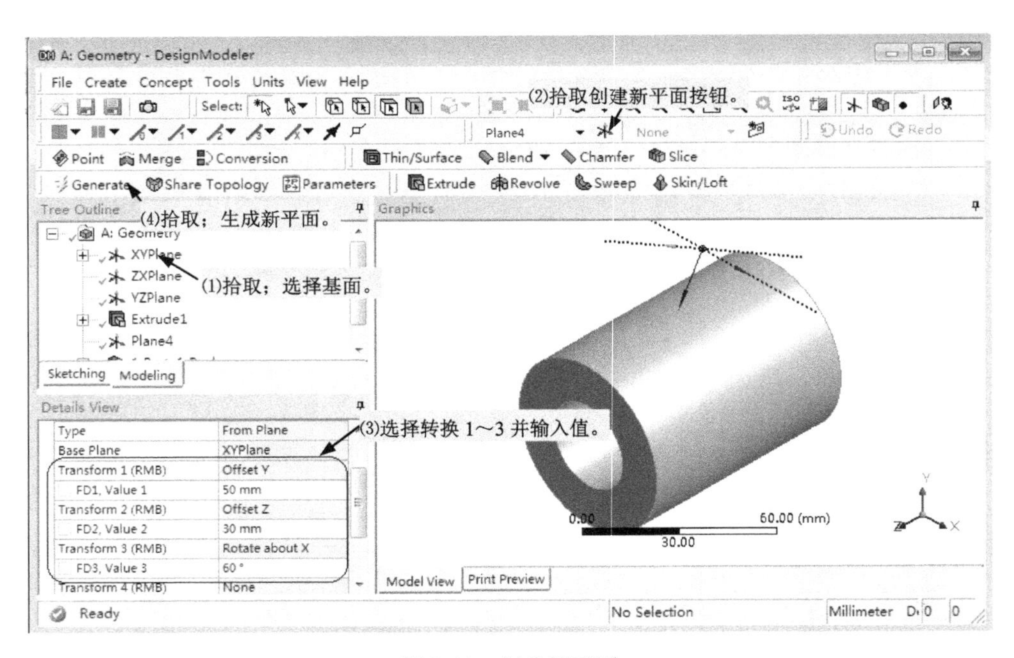


图 3-61　创建新平面

步骤 7：在 Plane4 上创建草图 Sketch2，创建圆，如图 3-62 所示。

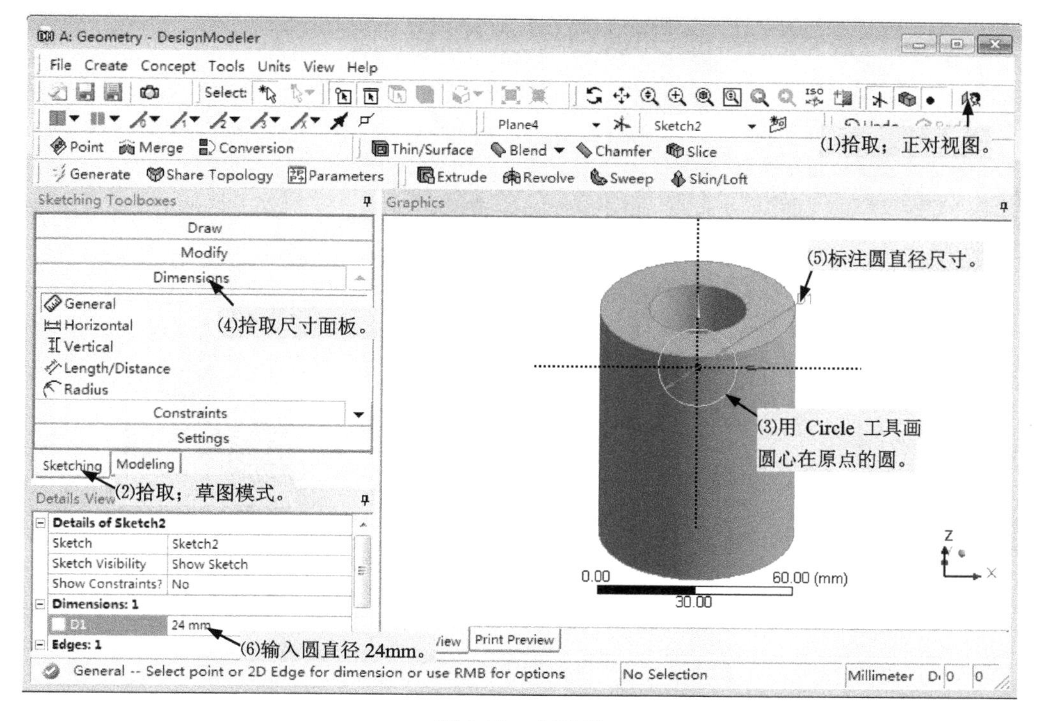


图 3-62 创建圆

步骤 8：拉伸草图 Sketch2 形成圆柱体，如图 3-63 所示。

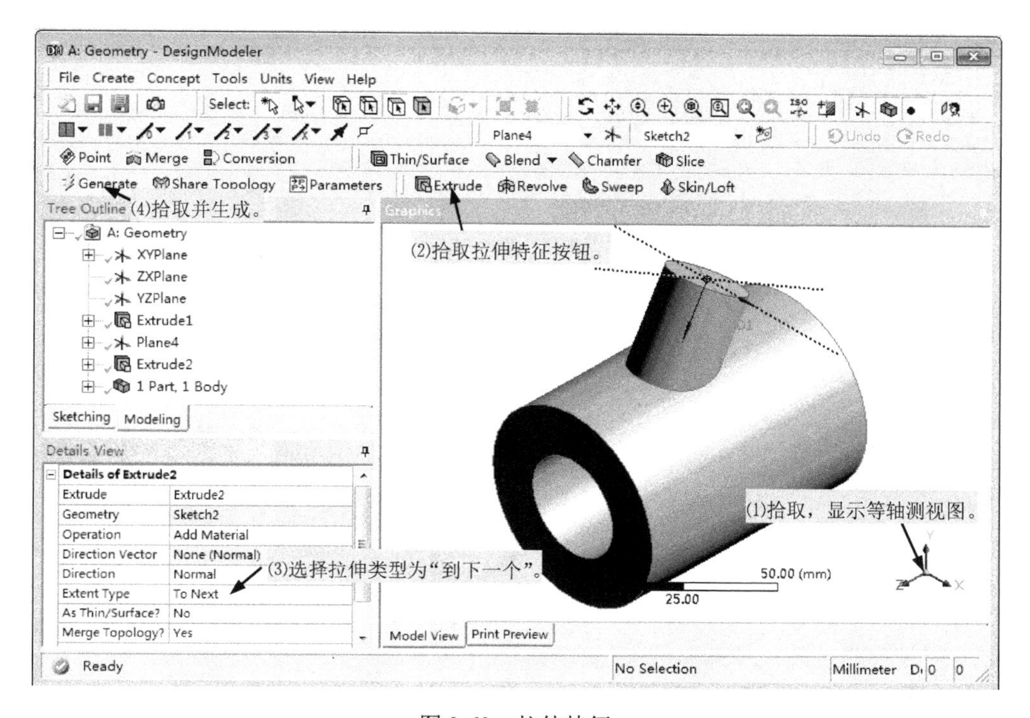


图 3-63 拉伸特征

步骤 9：在 Plane4 上创建草图 Sketch3，创建圆，如图 3-64 所示。由于上一步骤和本步骤两个圆执行的是不同的拉伸特征操作，所以不能将他们绘制在同一个草图上。

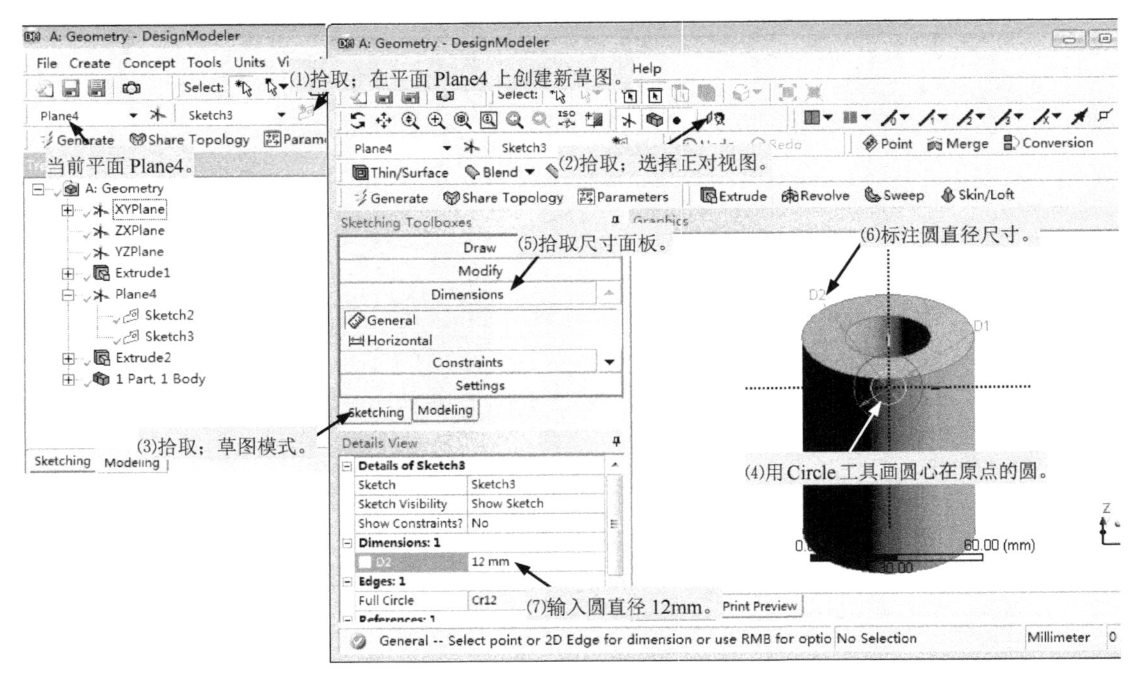


图 3-64　创建新草图并创建圆

步骤 10：拉伸草图 Sketch3 形成圆柱内孔，如图 3-65 所示。

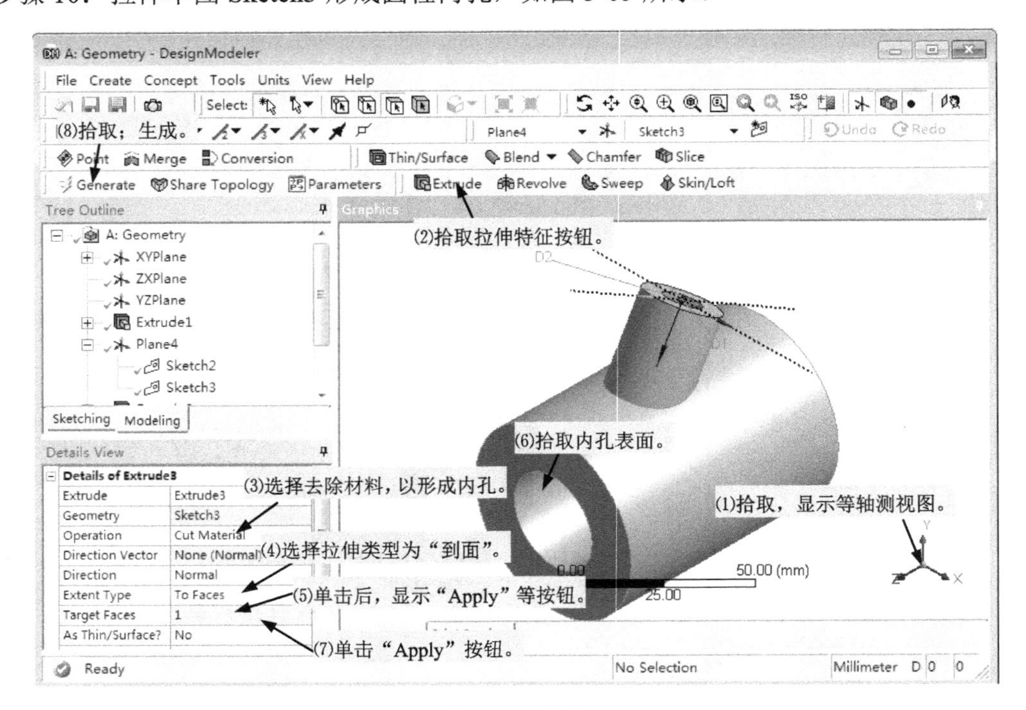


图 3-65　拉伸

步骤 11：在 Plane4 上创建草图 Sketch4，创建矩形，如图 3-66 所示。

步骤 12：复制矩形，共得三个沿圆周均匀分布的矩形，如图 3-67 所示。

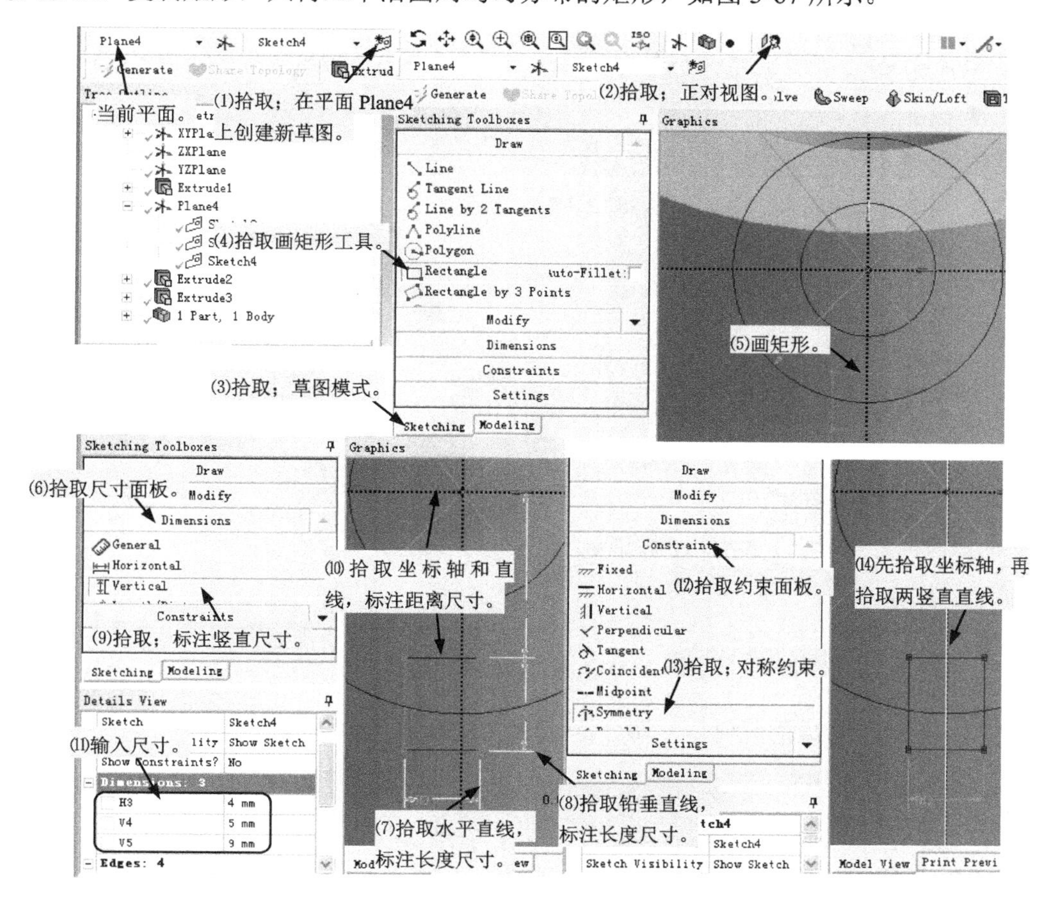


图 3-66 创建矩形

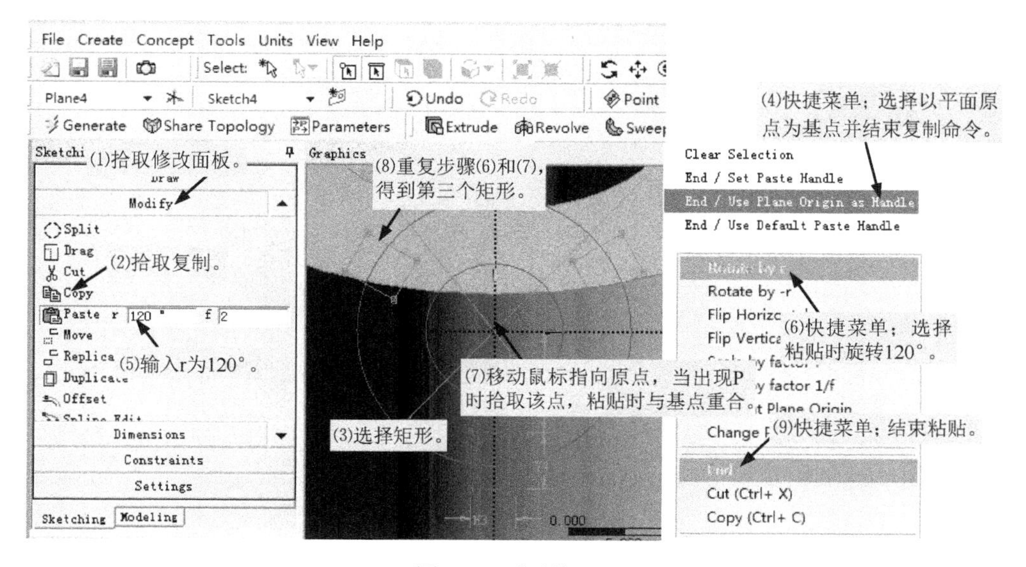


图 3-67 复制矩形

步骤 13：拉伸草图 Sketch4 形成矩形槽，拉伸特征如图 3-68 所示。

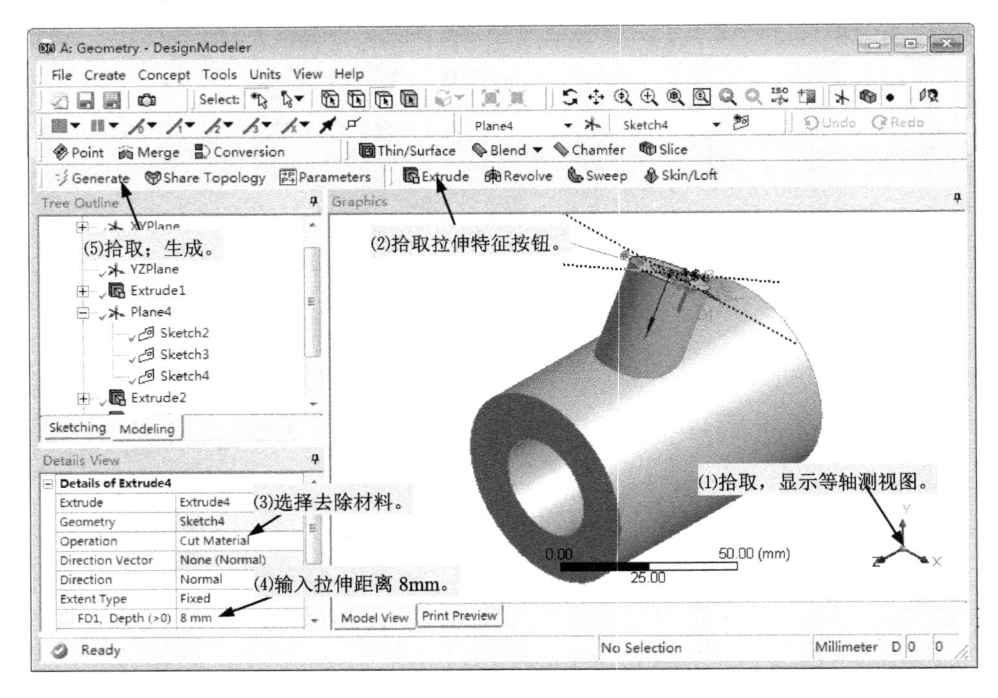


图 3-68　拉伸特征

步骤 14：切分已形成的几何体，切分特征如图 3-69 所示。

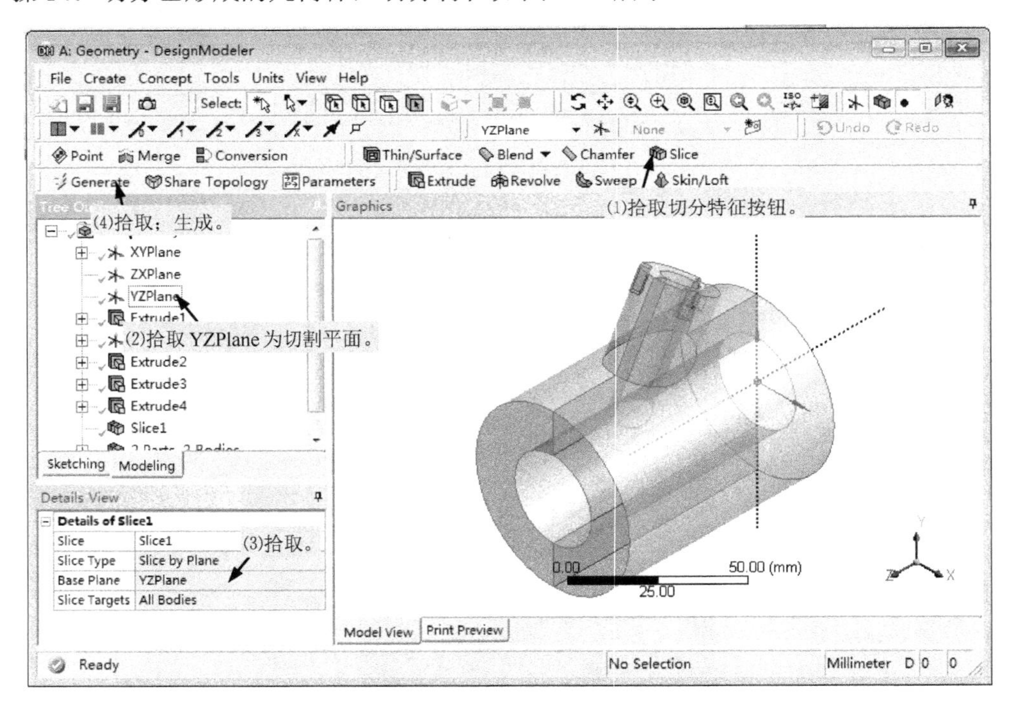


图 3-69　切分特征

步骤 15：删除几何体，如图 3-70 所示。

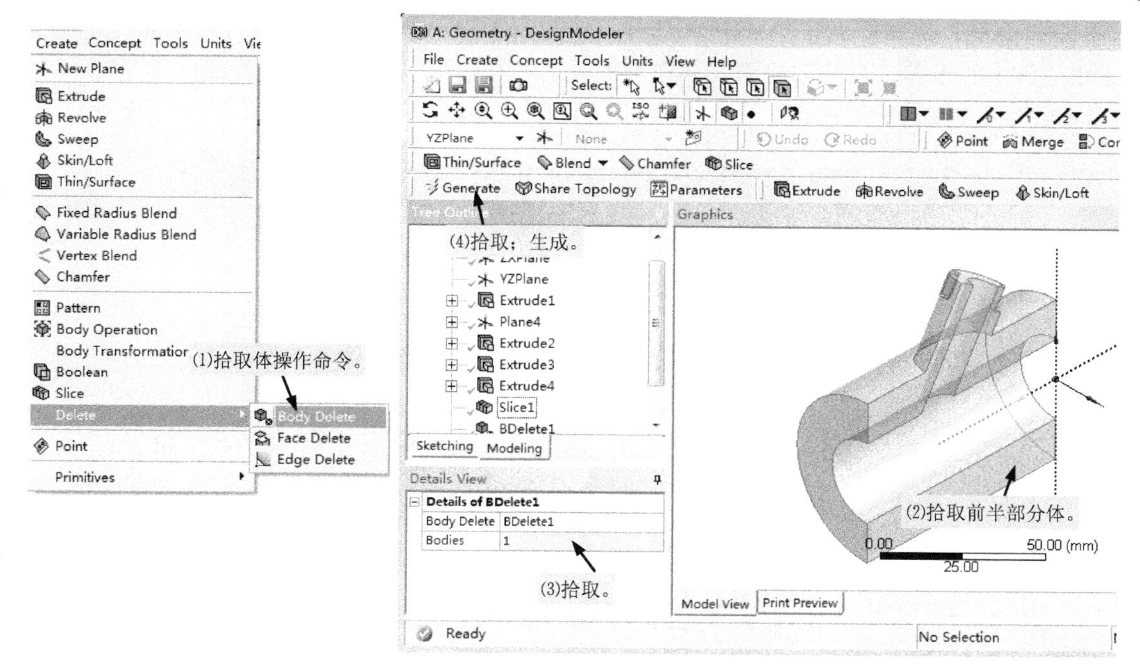


图 3-70　删除几何体

步骤 16：解冻几何体，如图 3-71 所示。相交圆柱体创建完毕，读者可以使用各种显示控制命令观察相交圆柱体。

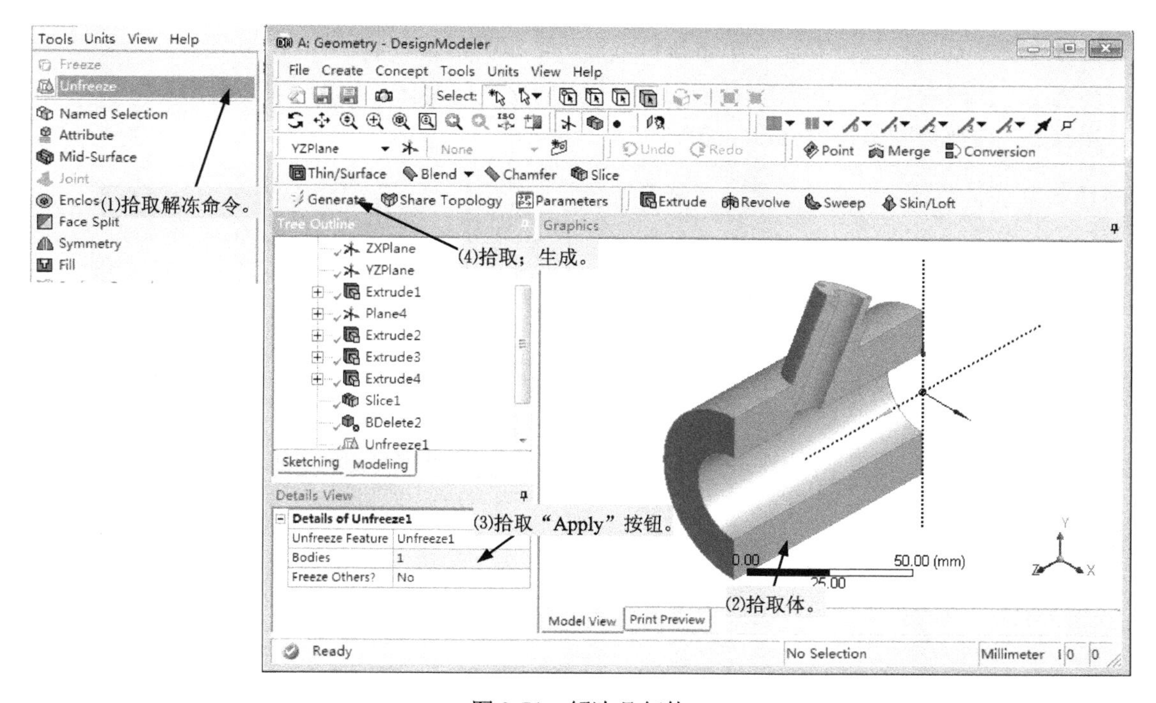


图 3-71　解冻几何体

步骤 17：退出 DesignModeler。

步骤 18：在 ANSYS Workbench 界面保存项目。

**[本例小结]** 简单介绍了 DesignModeler 的基础知识，通过实例介绍了 DesignModeler 创建草图和几何体的步骤、方法和应用，并在不同应用场合使用了不同的拉伸特征。

# 3.6 复杂几何体的创建实例——螺栓

## 3.6.1 螺栓的视图

根据螺纹标准，普通螺纹 M16 的螺距 $P$=2 mm，其他尺寸如图 3-72 所示。

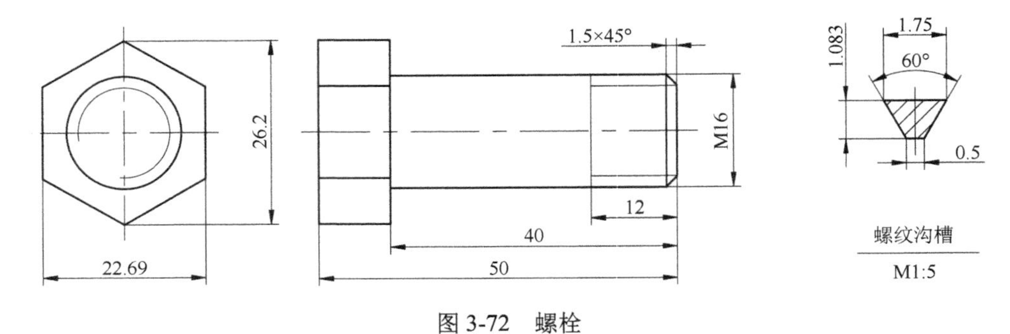


图 3-72 螺栓

## 3.6.2 创建步骤

步骤 1：在 Windows“开始”菜单执行 ANSYS →Workbench。
步骤 2：创建项目 A，并启动 DesignModeler 创建几何实体，如图 3-73 所示。
步骤 3：选择长度单位为 mm，如图 3-74 所示。

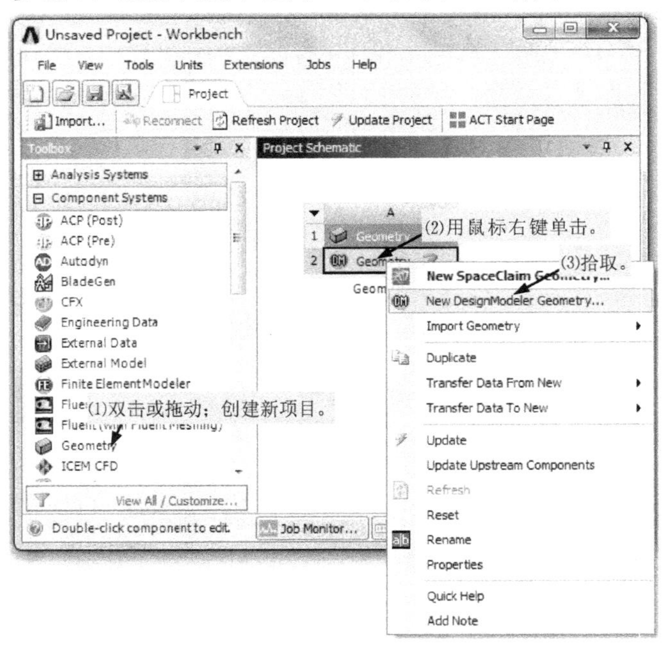


图 3-73 创建项目并启动 DM

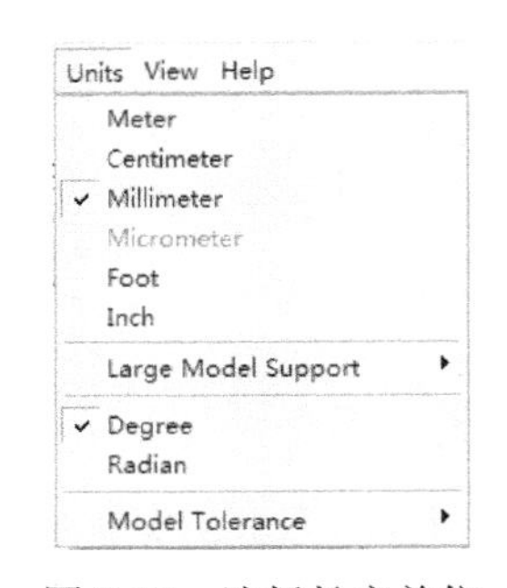


图 3-74 选择长度单位

步骤4：在XYPlane上创建草图，创建正六边形，标注尺寸，分别如图3-75和图3-76所示。

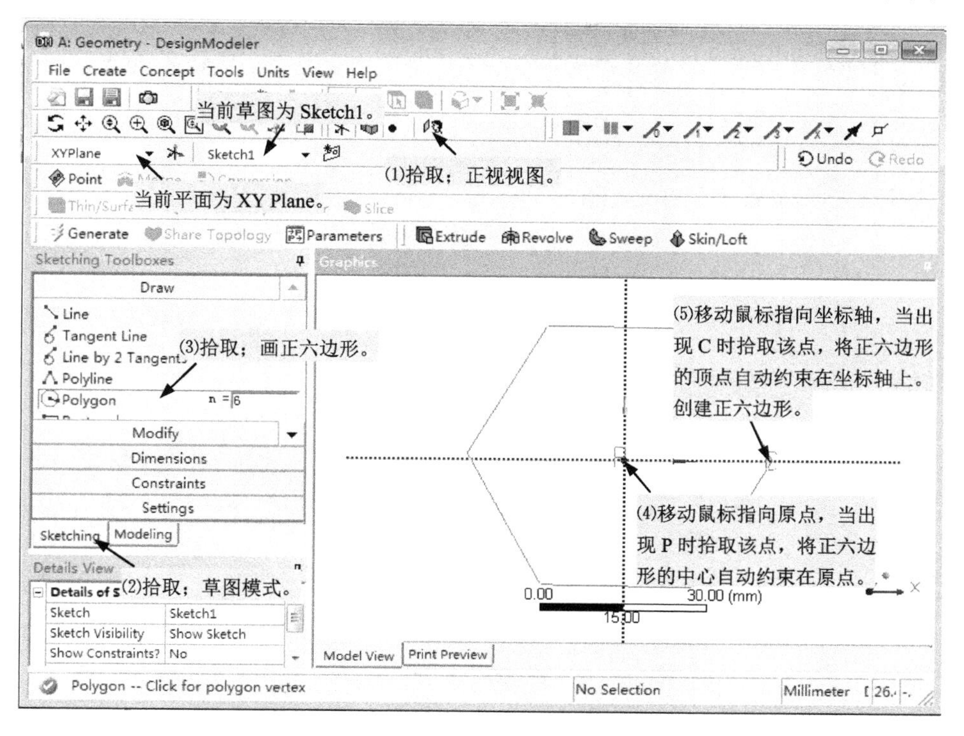


图3-75　创建正六边形

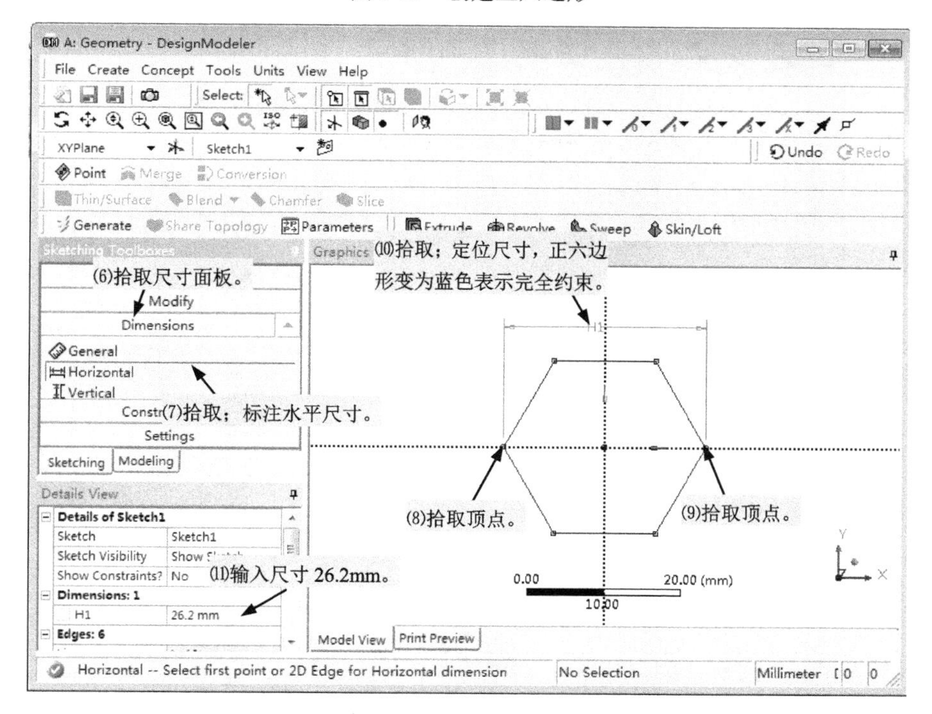


图3-76　标注尺寸

步骤5：拉伸草图Sketch1形成螺栓头部，如图3-77所示。

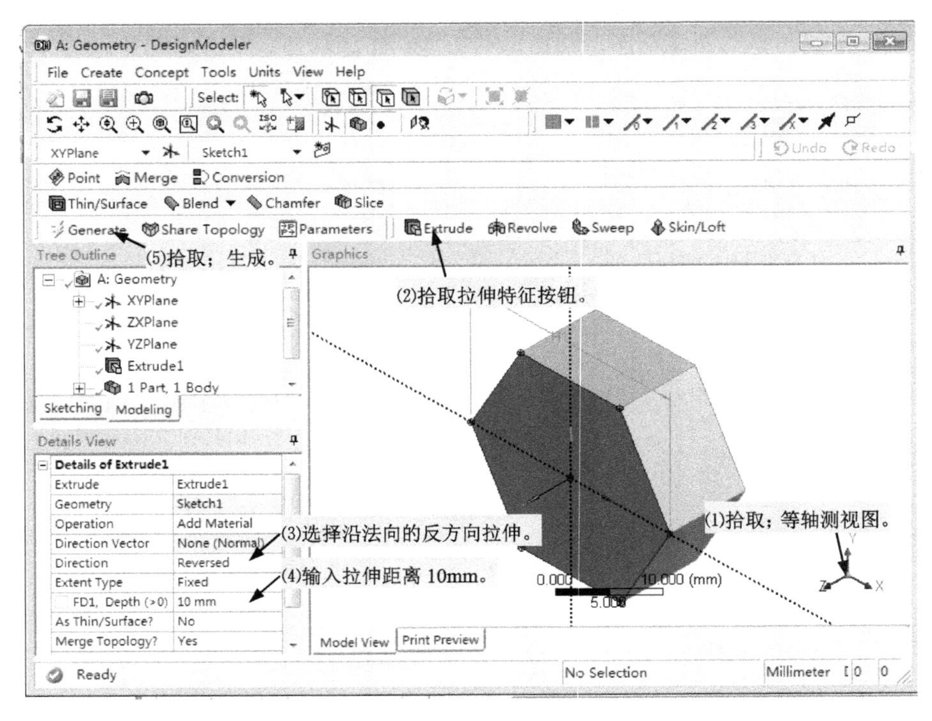


图 3-77 拉伸

步骤 6：在 ZXPlane 上创建草图 Sketch2，画四边形并标注尺寸，分别如图 3-78 和图 3-79 所示。

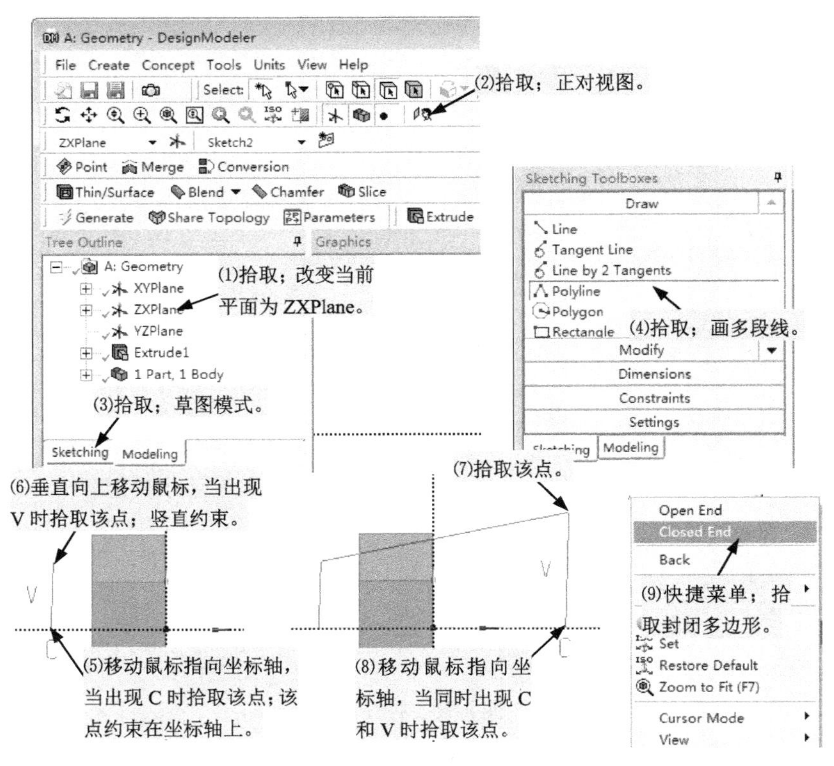


图 3-78 画四边形

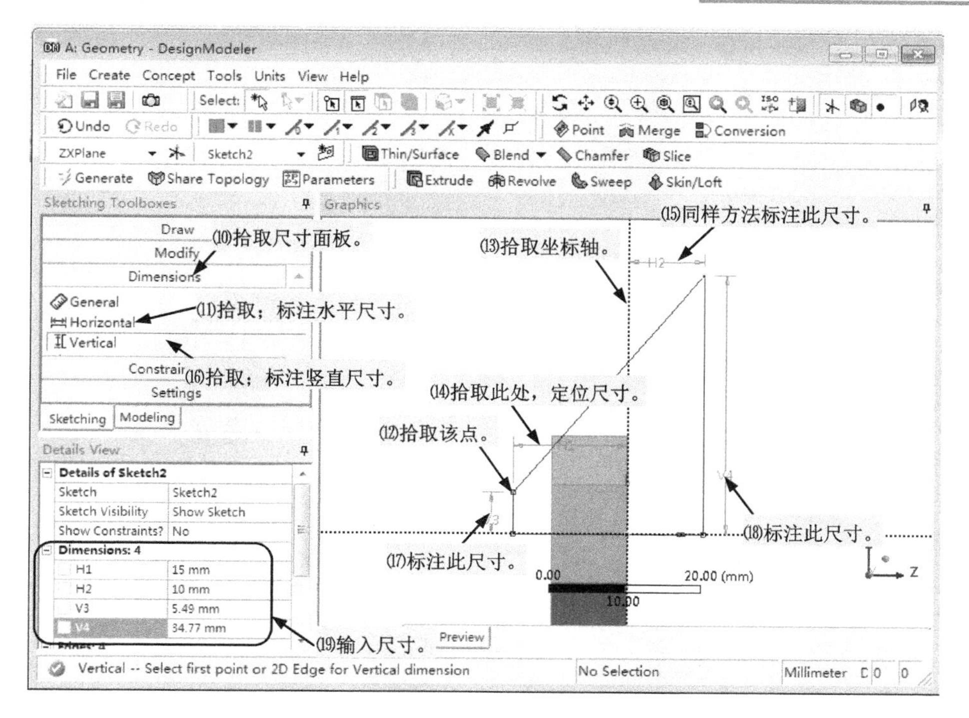


图 3-79　标注尺寸

步骤 7：旋转草图 Sketch2 形成截锥体，如图 3-80 所示。为进行布尔交运算，新创建的几何体被冻结。

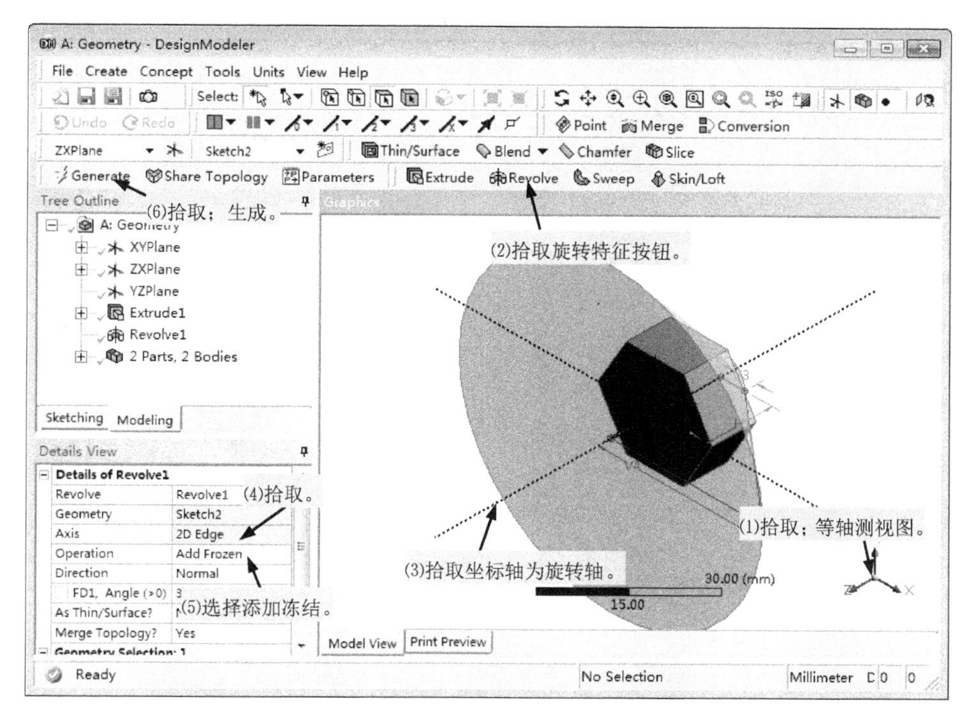


图 3-80　旋转

步骤 8：进行布尔交运算，形成螺栓头部倒角，如图 3-81 所示。

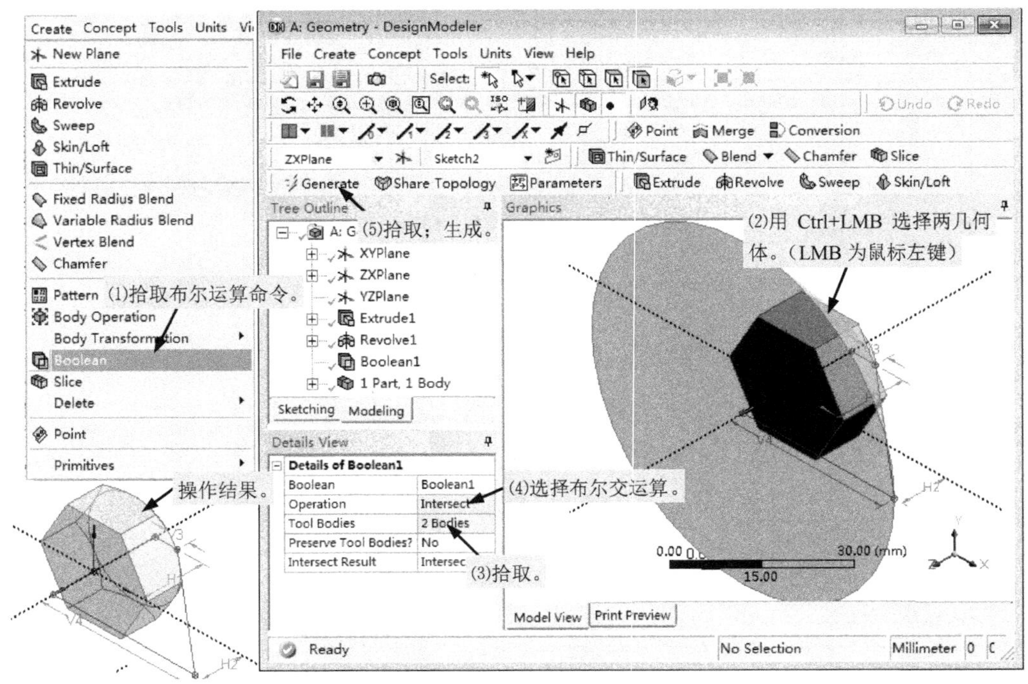


图 3-81　布尔交运算

步骤 9：解冻几何体，如图 3-82 所示。后续生成的特征与螺栓头部将组成整体。

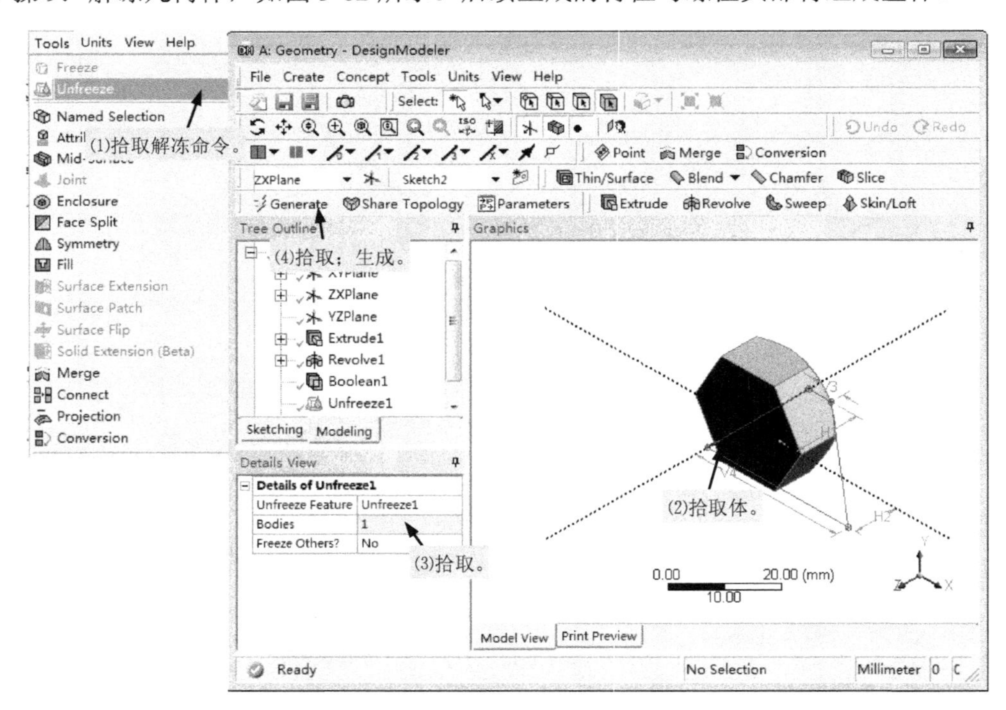


图 3-82　解冻几何体

步骤 10：在 XYPlane 上创建草图 Sketch3，画圆，如图 3-83 所示。

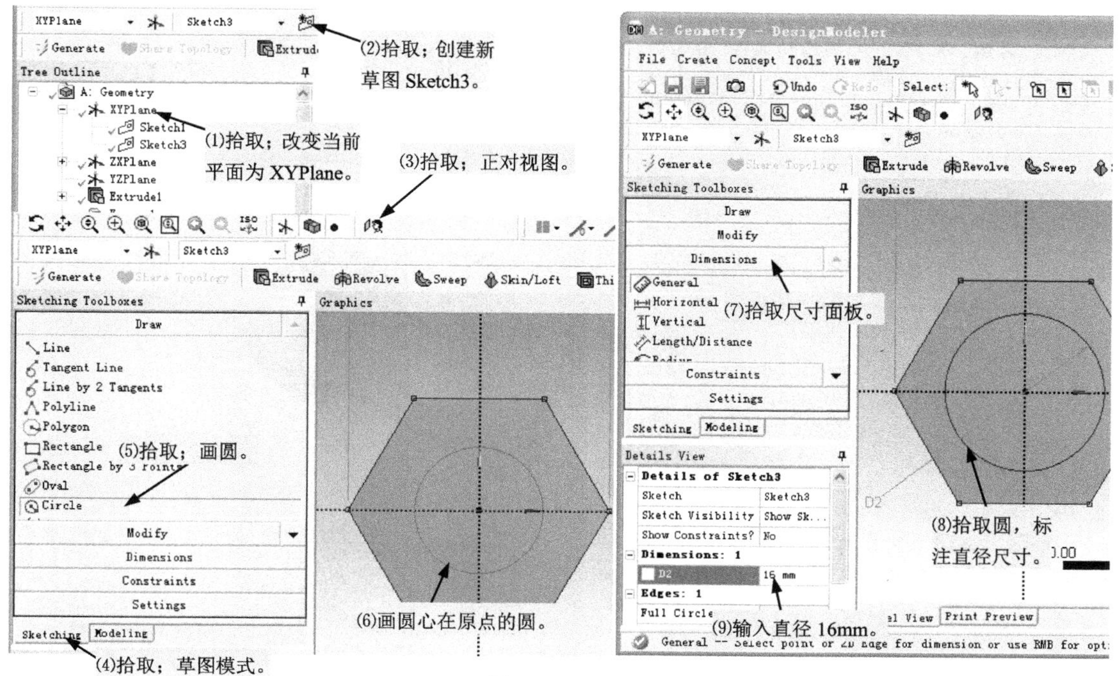


图 3-83　画圆

步骤 11：拉伸草图 Sketch3 形成圆柱体，如图 3-84 所示。

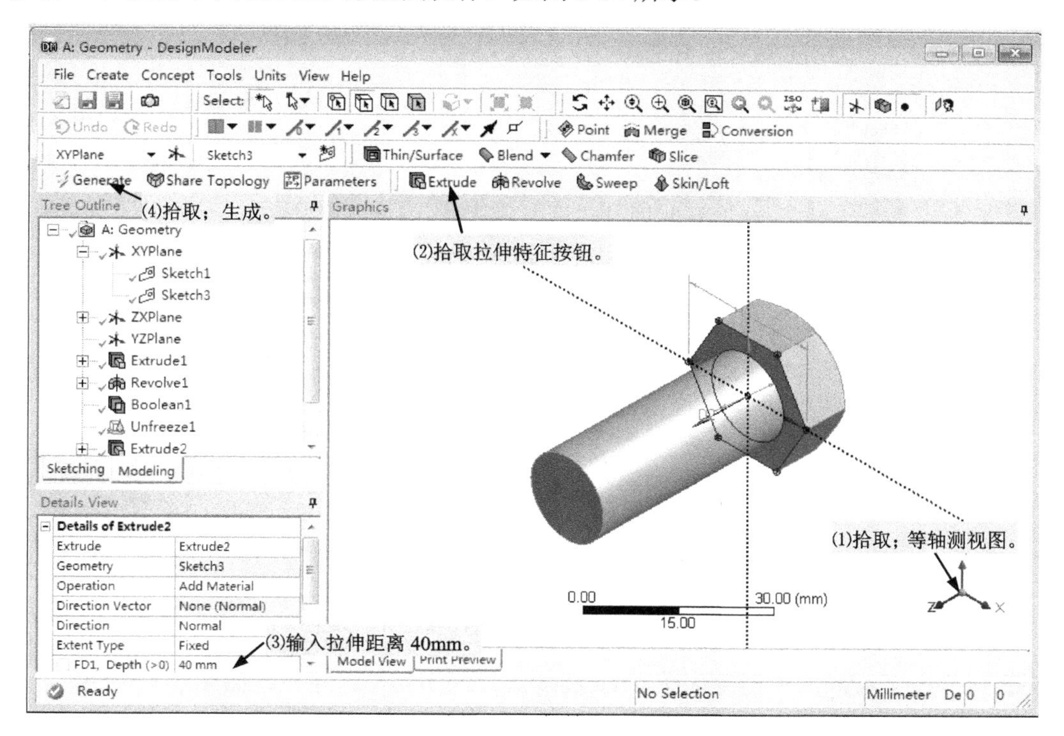


图 3-84　拉伸特征

步骤 12：形成螺杆端部倒角，如图 3-85 所示。

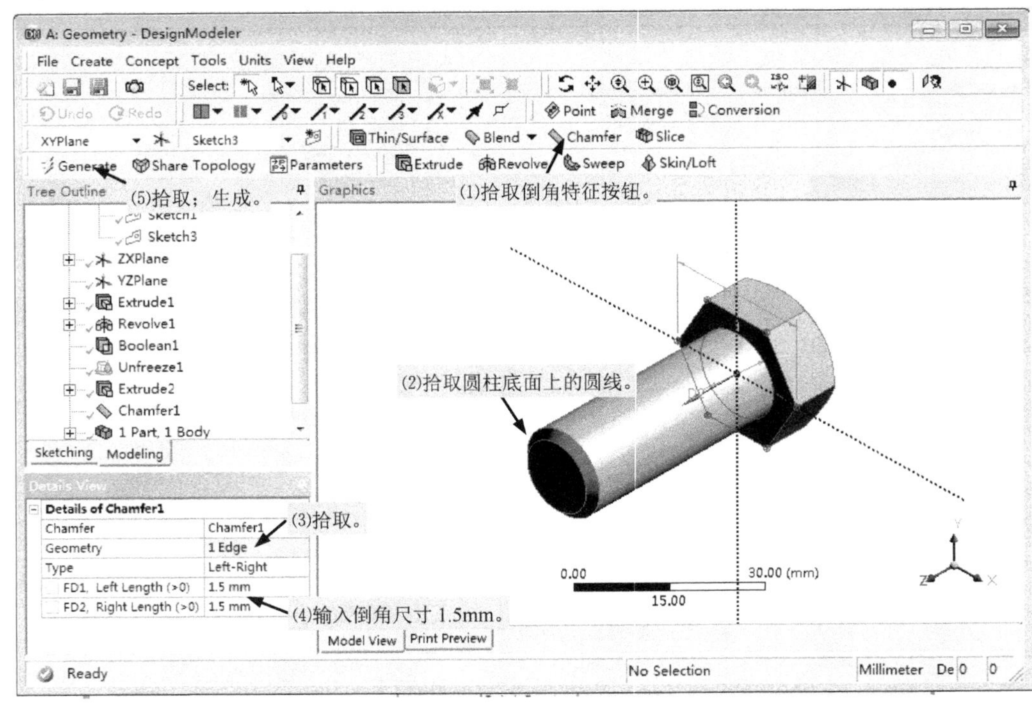


图 3-85　倒角

步骤 13：在 ZXPlane 上创建草图 Sketch4，画螺纹沟槽，如图 3-86 所示。

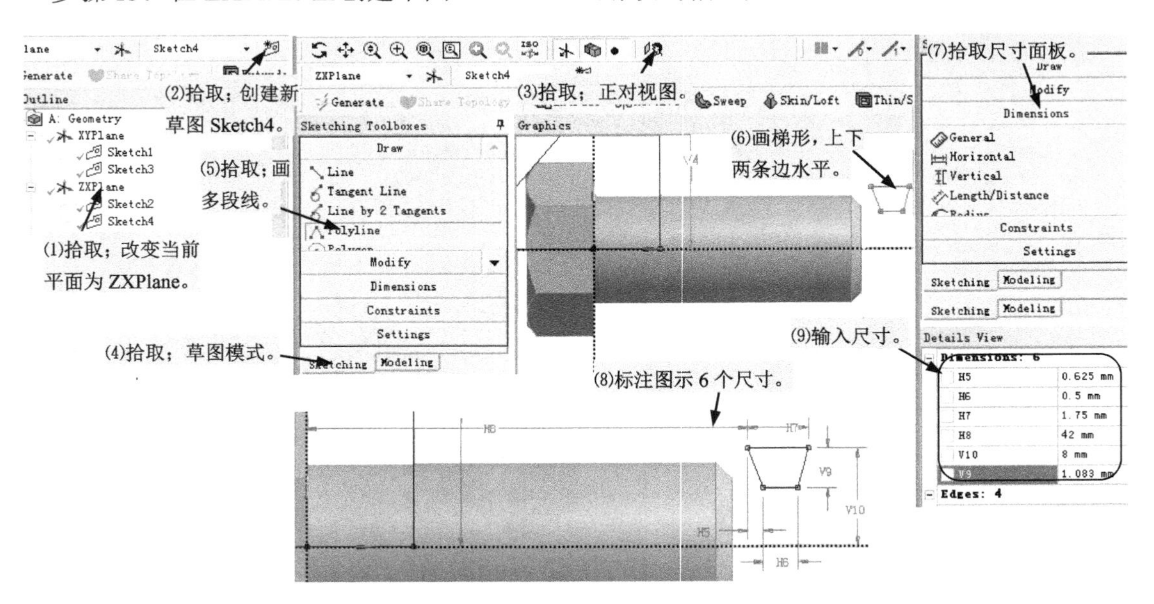


图 3-86　画螺纹沟槽

步骤 14：在 ZXPlane 上创建草图 Sketch5，画直线作为扫略路径，如图 3-87 所示。

步骤 15：扫略形成螺纹沟槽，如图 3-88 所示。

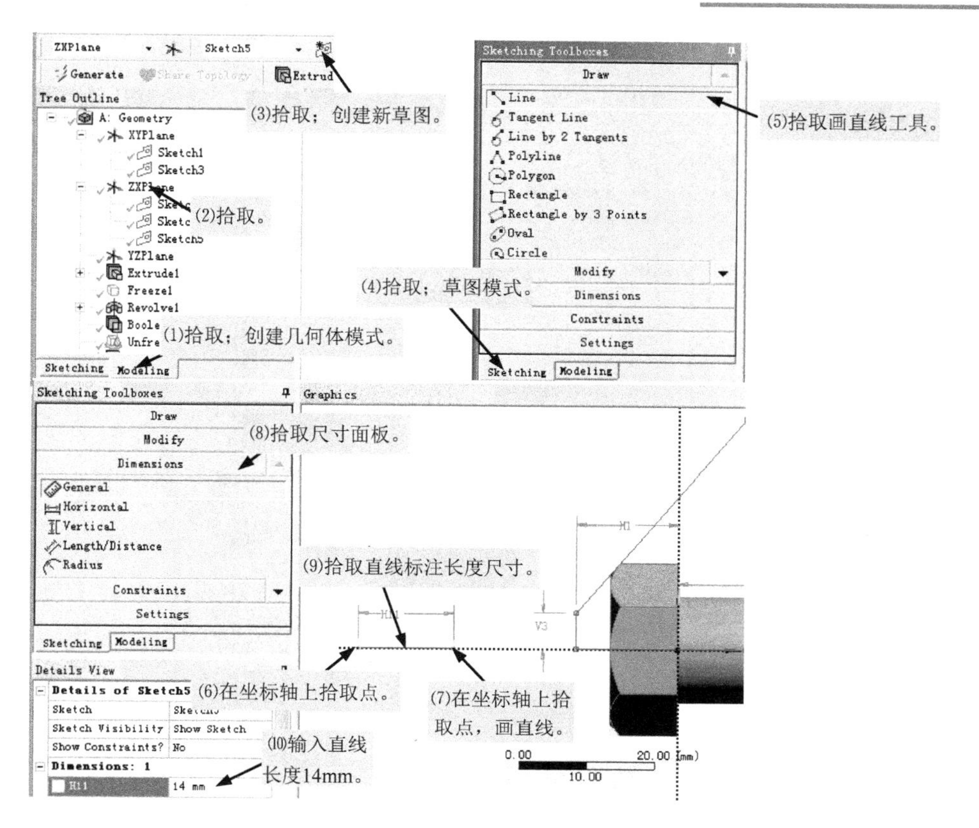


图 3-87　画直线

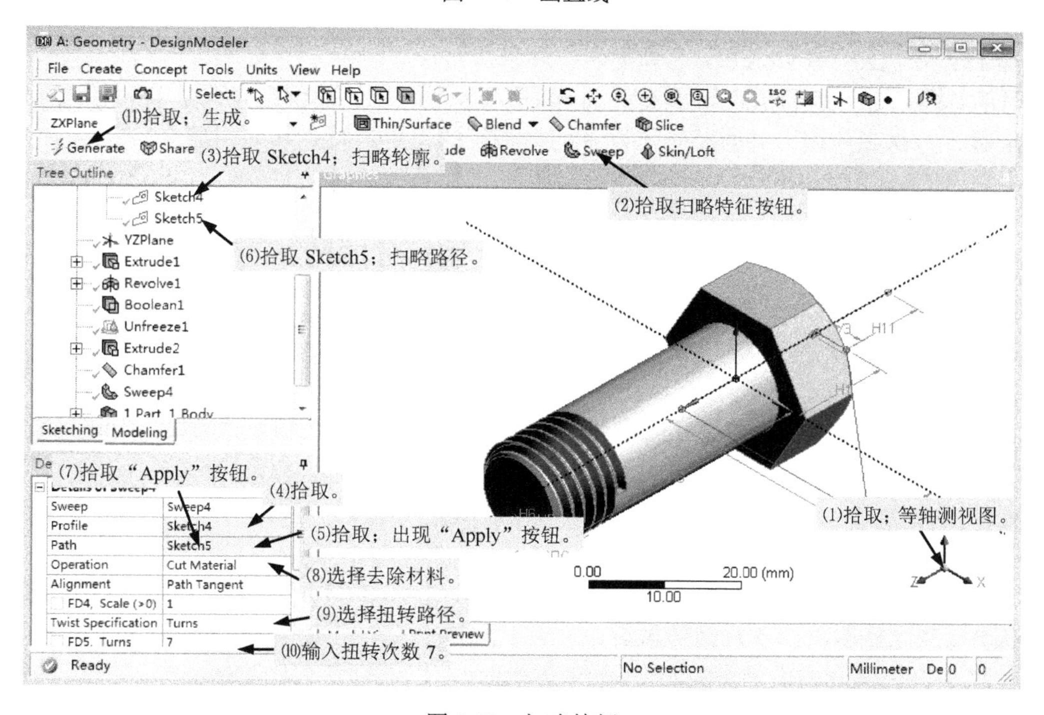


图 3-88　扫略特征

步骤 16：在螺栓头部和螺杆过渡处倒圆角，如图 3-89 所示。螺栓创建完毕，读者可以使用

各种显示控制命令观察螺栓。

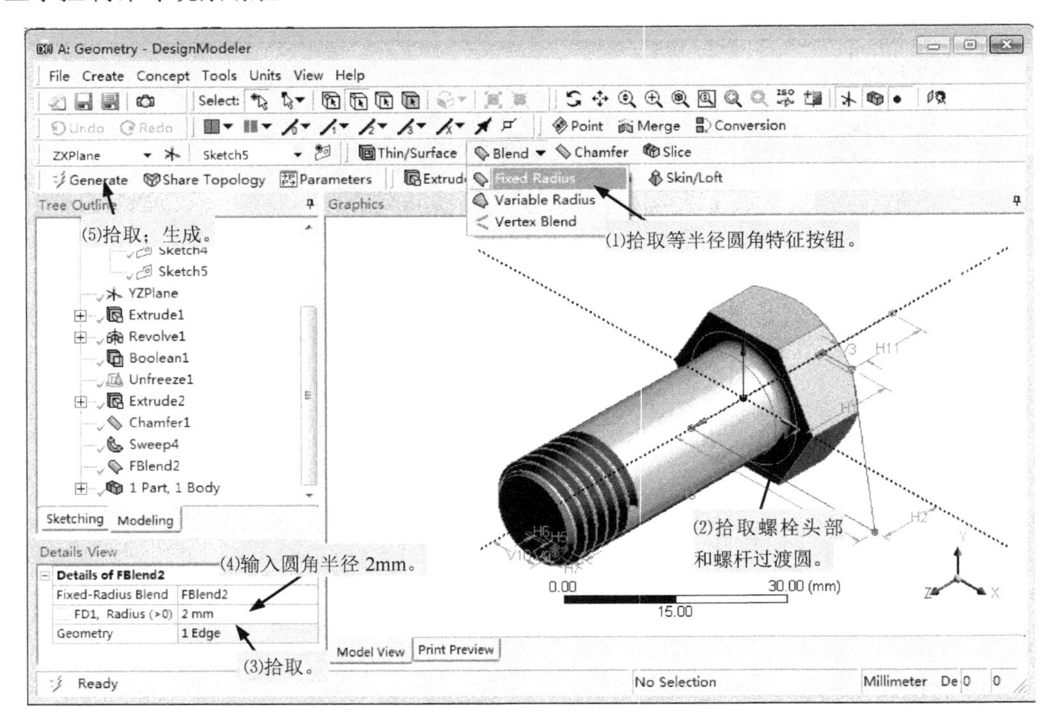


图 3-89　倒圆角

步骤 17：退出 DesignModeler。

步骤 18：在 ANSYS Workbench 界面保存项目。

**[本例小结]** 进一步简单介绍了 DM 的基础知识，通过螺栓的创建介绍了 DM 创建草图和几何体的步骤、方法和应用，并介绍了不同几何体特征的使用、特点和应用场合。

# 3.7　参数化建模实例——斜齿圆柱齿轮的创建

## 3.7.1　参数化建模基础

参数化建模是用参数驱动模型，可以通过变更参数来修改模型和设计意图，同时又是优化设计的关键步骤。

### 1. 尺寸引用和设计参数

创建草图和特征时，它们的特征由尺寸引用控制，如图 3-90 所示的圆的直径 D1、拉伸距离 FD1，修改这些尺寸即可修改几何体模型。

可将尺寸引用提升为设计参数（Design Parameter），以进行参数化数据交换。如图 3-91 所示，在细节窗口尺寸引用前的方框中拾取，出现“D”后即将该尺寸提升为设计参数。设计参数可以使用默认的名称，也可以重定义一个有意义的名称，例如 Cylinder_D，后续操作将用该名称引用此设计参数。设计参数只能由参数管理器（Parameter Manager）修改，在细节窗口中为只读。

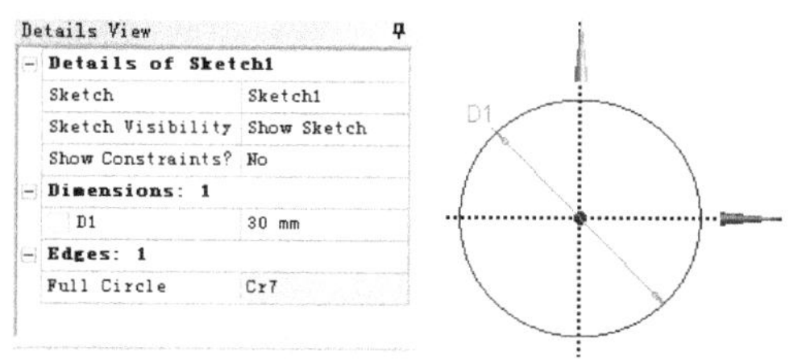


（a）草图的细节窗口

| Details View | |
|---|---|
| Details of Extrude1 | |
| Extrude | Extrude1 |
| Geometry | Sketch1 |
| Operation | Add Material |
| Direction Vector | None (Normal) |
| Direction | Normal |
| Extent Type | Fixed |
| FD1, Depth (>0) | 30 mm |
| As Thin/Surface? | No |
| Merge Topology? | Yes |
| Geometry Selection: 1 | |
| Sketch | Sketch1 |

（b）拉伸特征的细节窗口

图 3-90 尺寸引用

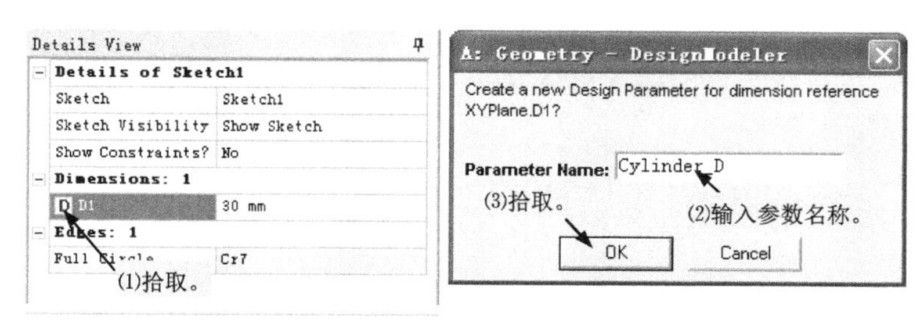


图 3-91 提升尺寸引用为设计参数

尺寸引用包括草图尺寸和特征尺寸两类。草图尺寸提升为设计参数时的默认名称为“参考平面.尺寸类型和顺序号”，例如 XYPlane.D1；特征尺寸的默认名称为“特征类型及顺序号.尺寸顺序号”，例如 Extrude1.FD1 表示特征 Extrude1 的拉伸距离 Depth（见图 3-90b），FD 为 Feature Dimension 的缩写。

## 2. 参数管理器

DM 用参数管理器对参数进行管理。如图 3-92 所示，拾取 3D 几何体建模工具条上的 Parameters 按钮，打开参数管理器窗口。参数管理器窗口有两个标签用于参数管理。

如图 3-93（a）所示，Design Parameters 标签用于设计参数的浏览、赋值和注释。设计参数是用于驱动其他参数和尺寸的参数，可以将尺寸引用提升为设计参数，也可以另行指定其他辅助参数为设计参数。在 Design Parameters 标签中，每一行定义一个设计参数，每一个参数需要输入参数的名称、值、类型和注释。参数的类型包括长度（Length）、角度（Angle，单位为°）和无量纲参数（Dimensionless）。在每一个参数行最前一列显示参数的状态，共五种：

- ✓：Okay，参数没有错误并且没有被修改。
- #：Comment，注释行。
- ⚡：Modified，已被修改，需要单击“Check”按钮检查。
- ×：Suppressed，抑制。
- ❶：Error，错误。

如图 3-93（b）所示，Parameter/Dimension Assignments 标签用于为参数和尺寸赋值，以实现用设计参数驱动几何体模型尺寸。在该标签中，每一行定义一个草图尺寸、特征尺寸或辅助参数，每一个参数或尺寸需要输入参数的名称、表达式、类型和注释。表达式（expression）是由+、−、*、/、()、数值常量、草图尺寸、特征尺寸或辅助参数等构成的数学运算表达式，引用设计参数时需用前缀@。

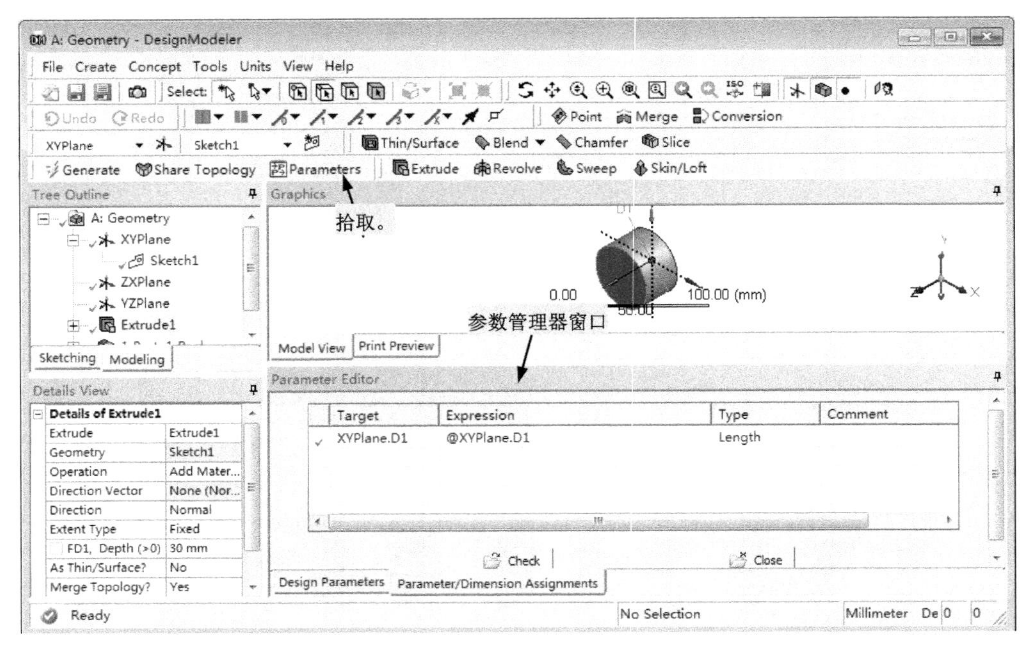


图 3-92　参数管理器

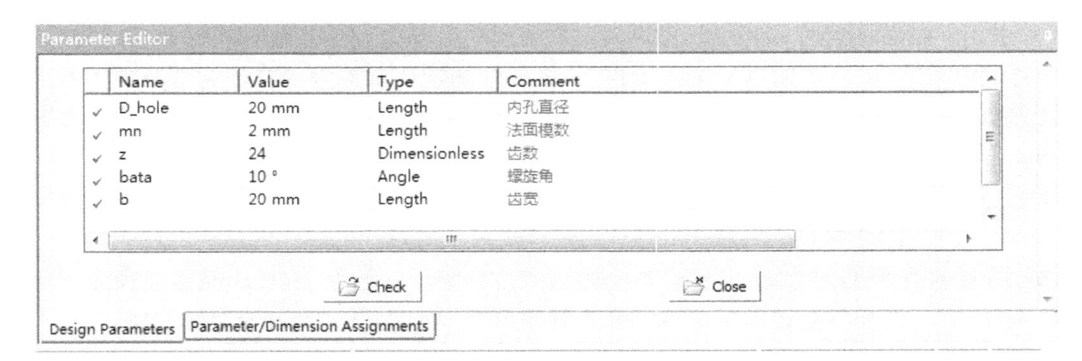

Parameter Editor

| Name | Value | Type | Comment |
|---|---|---|---|
| D_hole | 20 mm | Length | 内孔直径 |
| mn | 2 mm | Length | 法面模数 |
| z | 24 | Dimensionless | 齿数 |
| bata | 10 ° | Angle | 螺旋角 |
| b | 20 mm | Length | 齿宽 |

Check　Close

Design Parameters　Parameter/Dimension Assignments

（a）

Parameter Editor

| Target | Expression | Type | Comment |
|---|---|---|---|
| mt | @mn/cos(@bata) | Length | 端面模数 |
| alft | atan(tan(20)/cos(@bata)) | Angle | 端面压力角 |
| r | mt*@z/2 | Length | 分度圆半径 |
| ra | r+@mn | Length | 齿顶圆直径 |
| rb | mt*@z*cos(alft)/2 | Length | 基圆半径 |
| qqq | 90/@z-(tan(alft)-alft*3.14159/180)*180/3.14159 | Angle | 角度增量 |
| dr | (ra-rb)/3 | Length | 半径增量 |

Check　Close

Design Parameters　Parameter/Dimension Assignments

（b）

图 3-93　参数管理器标签

辅助变量指的是不直接定义草图或特征尺寸的参数，主要用于系数或常量，如图 3-93（a）所示的 mn，辅助变量也可以作为设计参数使用。

数学表达式用符号^表示指数运算、用符号%表示求模（$a/b$ 的余数）。

数学表达式可以使用的数学函数有：绝对值函数 abs($x$)、指数函数（即 $e^x$）exp($x$)、对数函数（即 $\log_e x$）ln($x$)、开平方函数 sqrt($x$)、正弦函数 sin($x$)（$x$ 用角度）、余弦函数 cos($x$)、正切函数 tan($x$)、反正弦函数 asin($x$)、反正切函数 atan($x$)、反余弦函数 acos($x$)等，数学函数更具体的使用方法请查看 ANSYS Workbench Help。

单击参数管理器窗口的“Check”按钮时，对 Parameter/Dimension Assignments 标签的参数和尺寸进行赋值，进行语法检查，但不更新模型。更新模型需要单击 Generate 按钮。单击“Close”按钮关闭参数管理器窗口。

## 3.7.2 问题描述

图 3-94 为一实心式标准渐开线斜齿圆柱齿轮，已知：齿轮的模数 $m_n$=2mm，齿数 $z$=24，螺旋角 $\beta$=10°，其他尺寸如图所示。以该齿轮为初始参数建立斜齿圆柱齿轮的参数化几何模型。

图 3-94 斜齿圆柱齿轮

## 3.7.3 创建步骤

步骤 1：在 Windows“开始”菜单执行 ANSYS→Workbench。

步骤 2：创建项目 A，并启动 DesignModeler 创建几何实体，如图 3-95 所示。

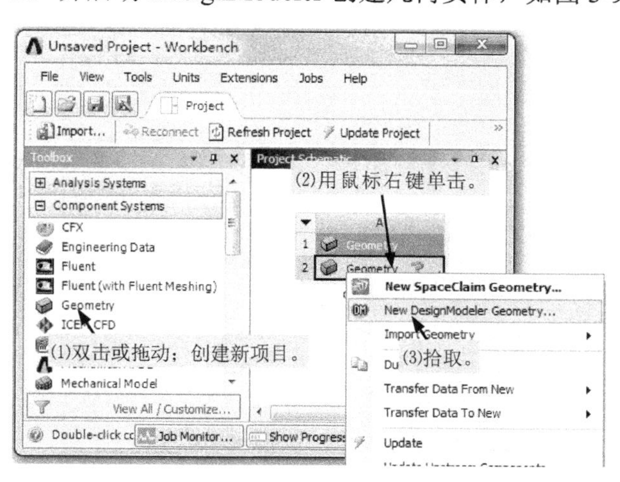


图 3-95 创建项目并启动 DM

步骤 3：拾取菜单命令 Units →Millimeter，选择长度单位为 mm。

步骤 4：在 XYPlane 上创建草图 Sketch1，画多段线近似渐开线齿廓并标注尺寸，如图 3-96 所示。

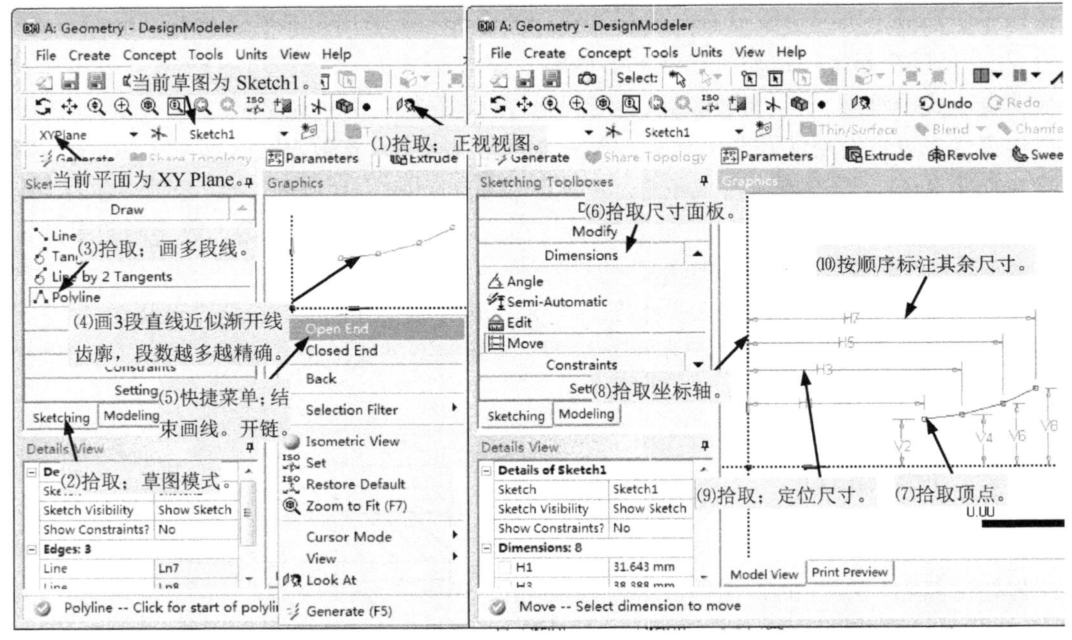


图 3-96　画多段线和标注尺寸

步骤 5：复制并镜像直线，如图 3-97 所示。

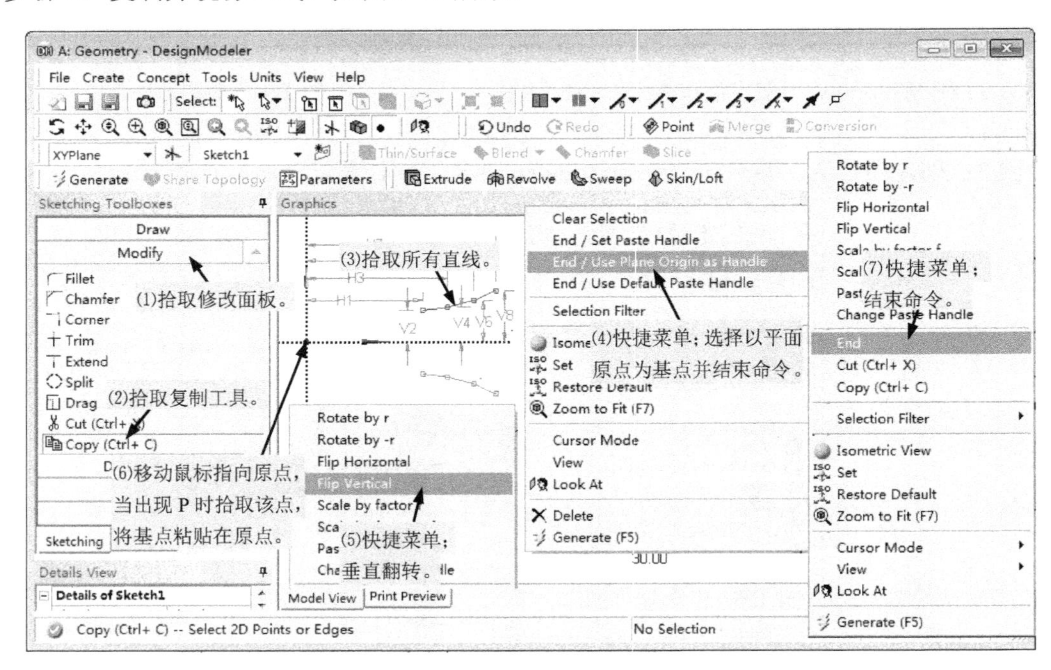


图 3-97　复制并镜像直线

步骤 6：对直线进行对称约束，保证参数化模型的齿槽两齿廓始终对称，如图 3-98 所示。
步骤 7：绘制齿顶圆弧和齿根圆弧，如图 3-99 所示。

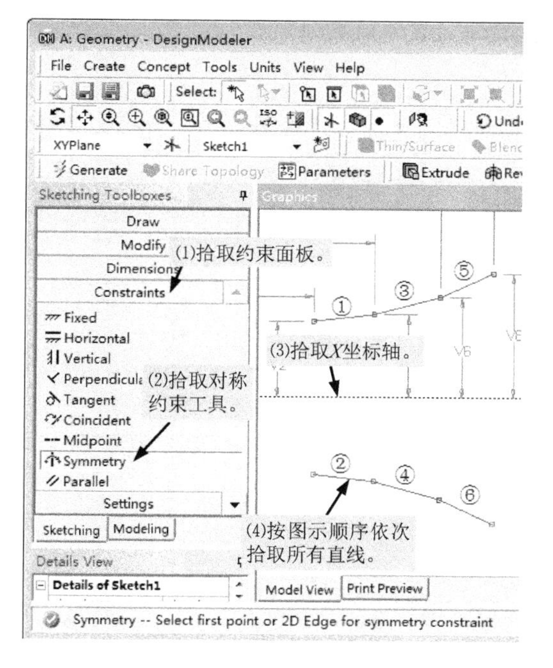


图 3-98　对称约束

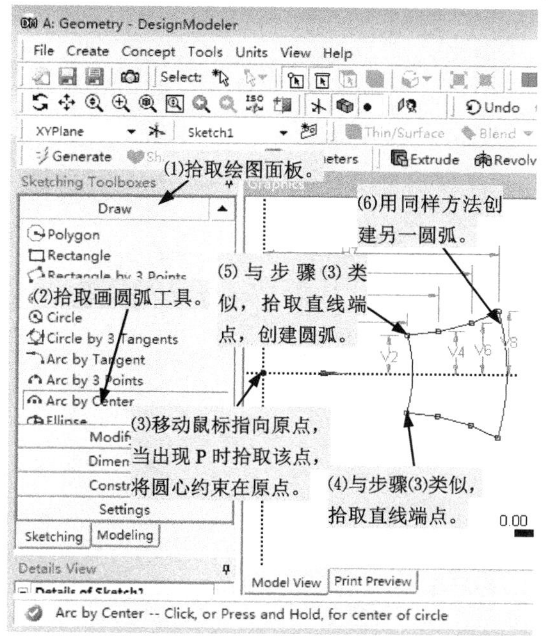


图 3-99　绘制圆弧

步骤 8：在 XYPlane 上创建新草图 Sketch2，绘制圆和矩形，如图 3-100 所示。基于 Sketch1 和 Sketch2 将进行不同的拉伸特征，前者扩展类型为 Add Material，后者扩展类型为 Cut Material。

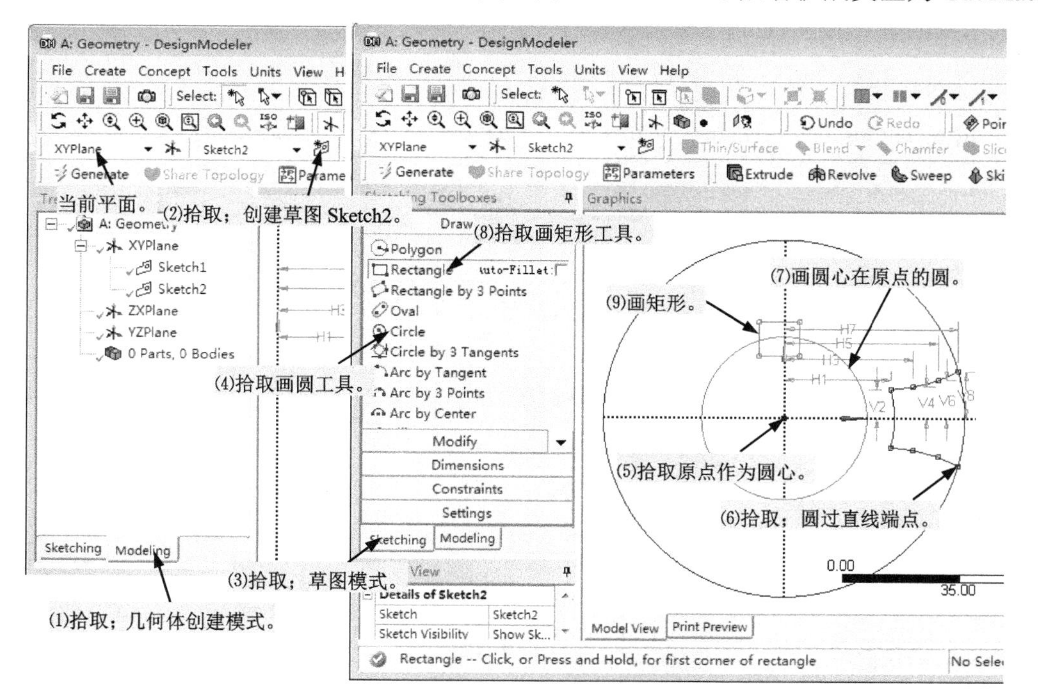


图 3-100　绘制圆和矩形

步骤 9：对直线进行对称约束，使键槽左右对称于平面 $Y$ 轴，如图 3-101 所示。

步骤 10：修剪掉图形中多余部分，形成内孔和键槽形状，如图 3-102 所示。

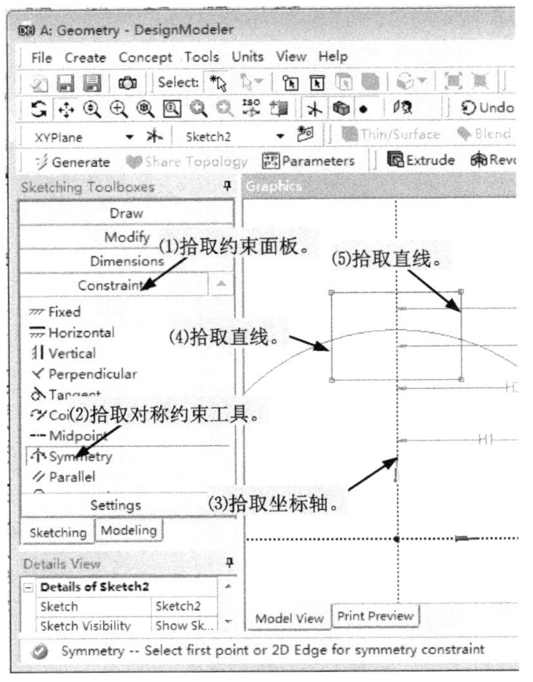


图 3-101　对称约束

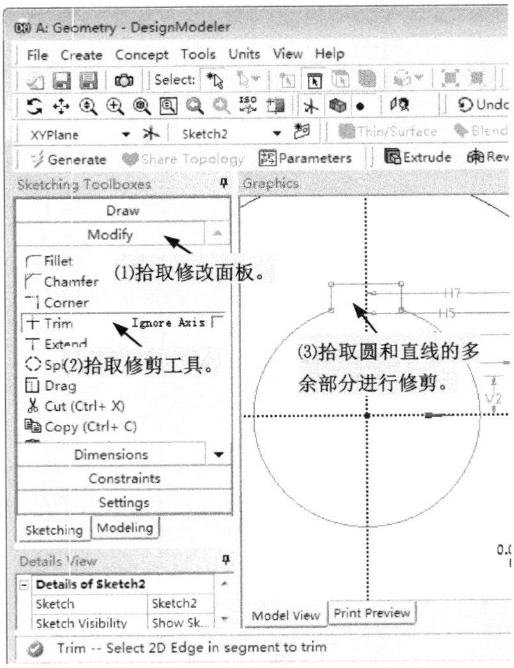

图 3-102　修剪

步骤 11：标注尺寸，如图 3-103 所示。为保证参数化建模时正确引用尺寸，应按图示顺序标注，而且尺寸名称也必须符合。

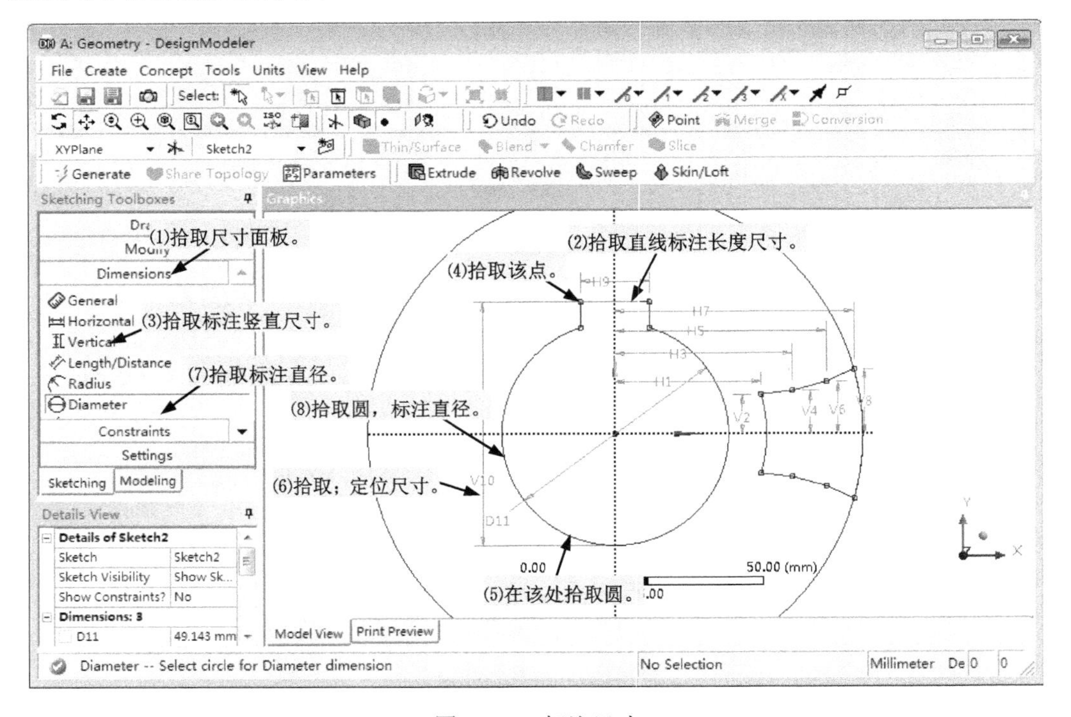


图 3-103　标注尺寸

步骤 12：在 ZXPlane 上创建新草图 Sketch3，画直线并标注尺寸，如图 3-104 所示，将该直

线作为扫略路径。

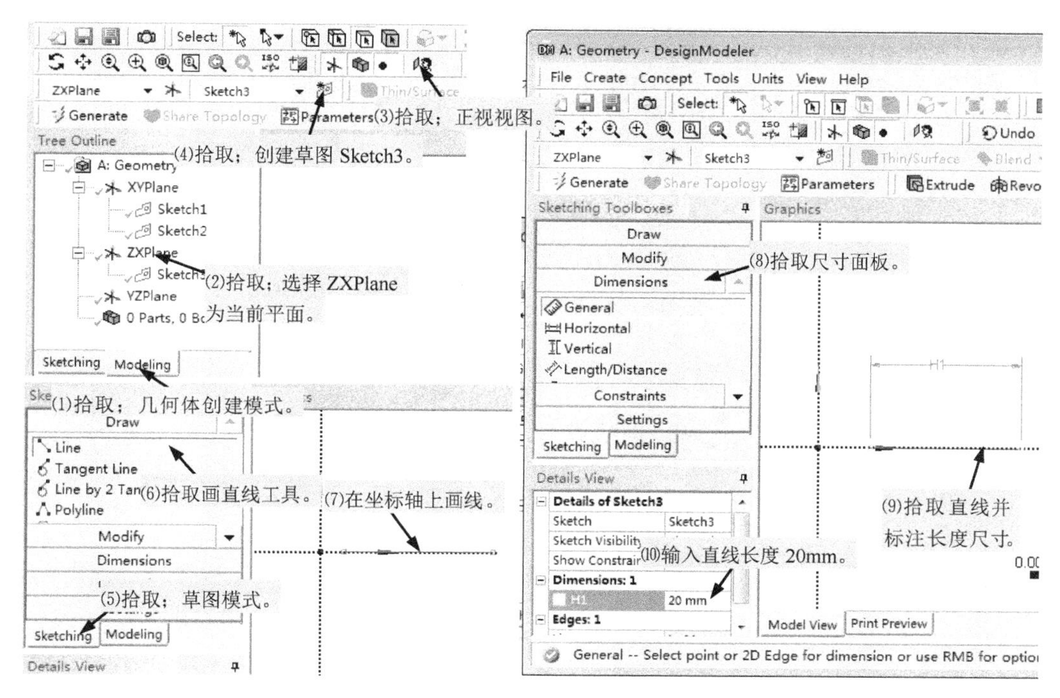


图 3-104 画直线并标注尺寸

步骤 13：拉伸草图 Sketch2，形成柱体，如图 3-105 所示。

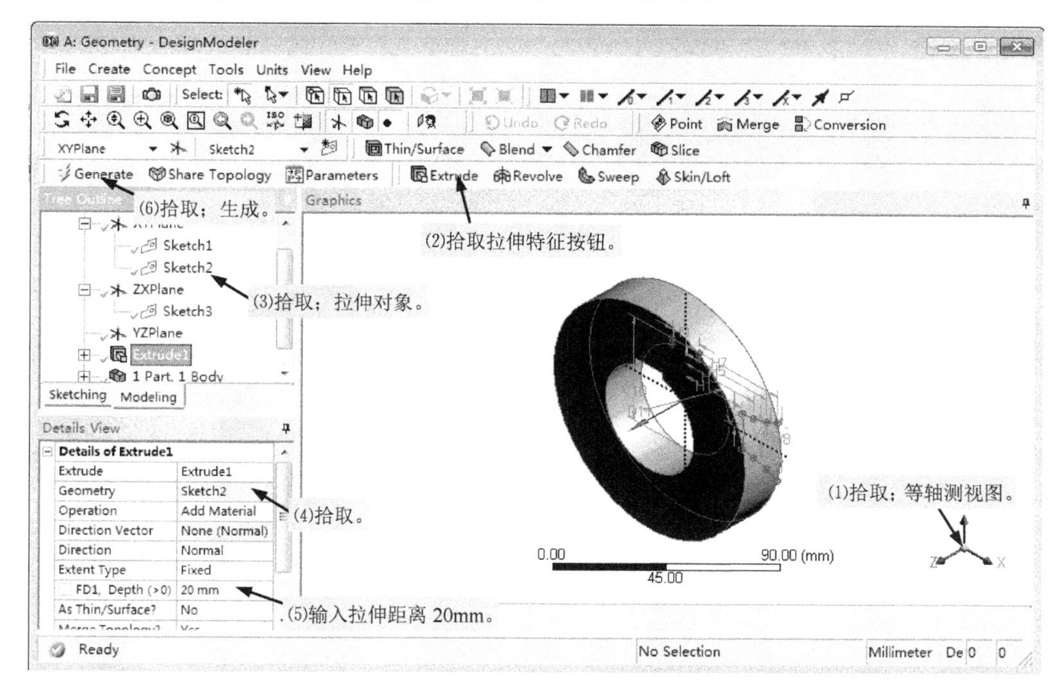


图 3-105 拉伸特征

步骤 14：扫略草图 Sketch1 成齿槽，如图 3-106 所示。

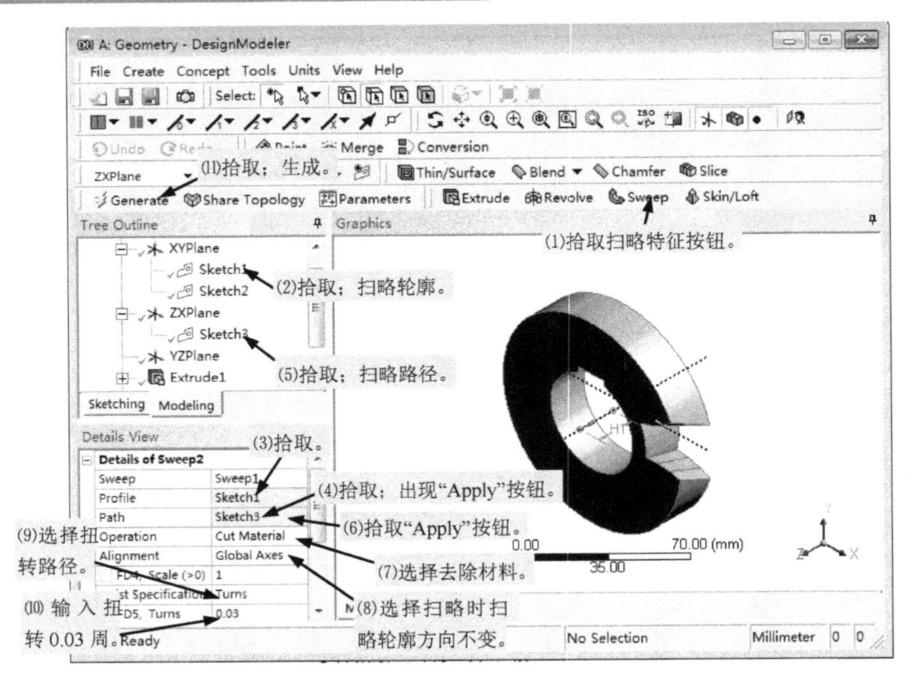


图 3-106　扫略

步骤 15：阵列齿槽成齿轮，如图 3-107 所示。

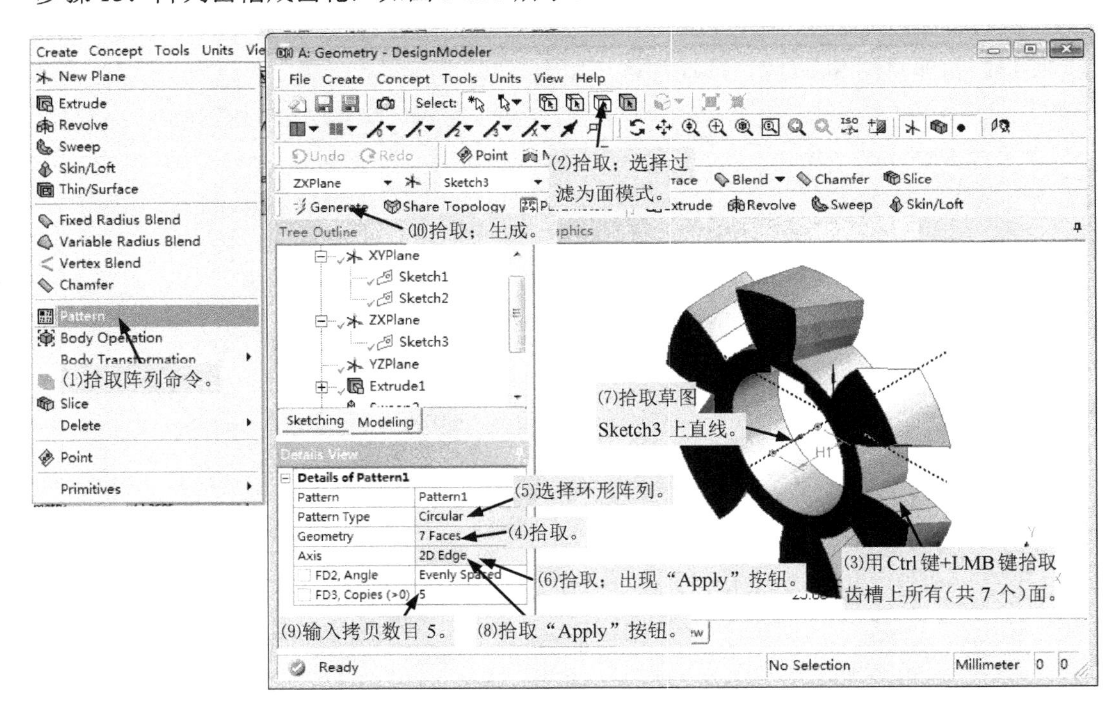


图 3-107　阵列

步骤 16：提取孔的直径作为设计参数，如图 3-108 所示。

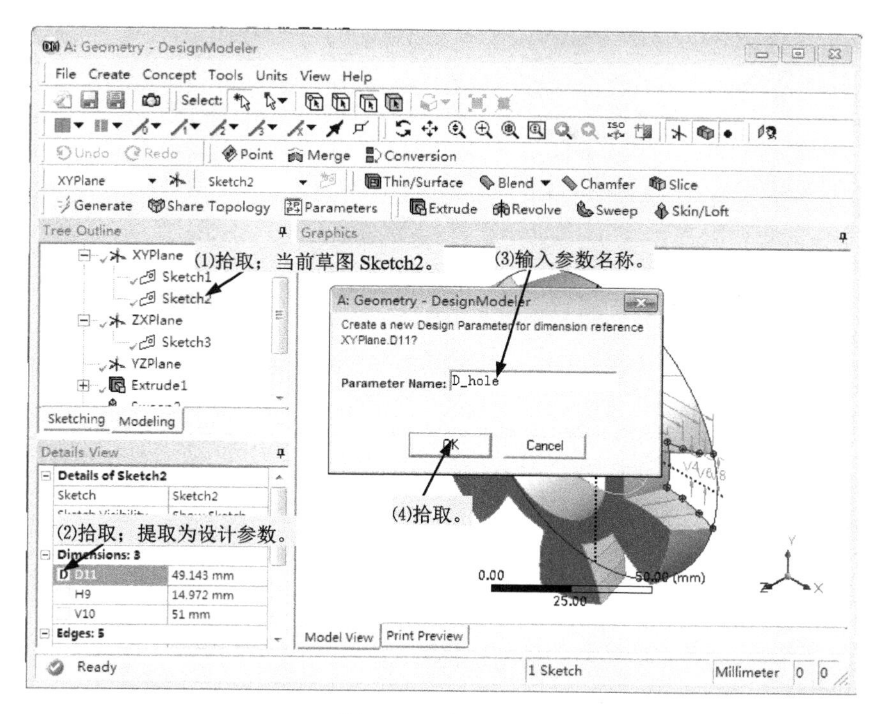


图 3-108　提取参数

步骤 17：指定设计参数并赋初值，如图 3-109 所示。设计参数包括提取的草图尺寸 D_hole 和其他四个辅助变量。

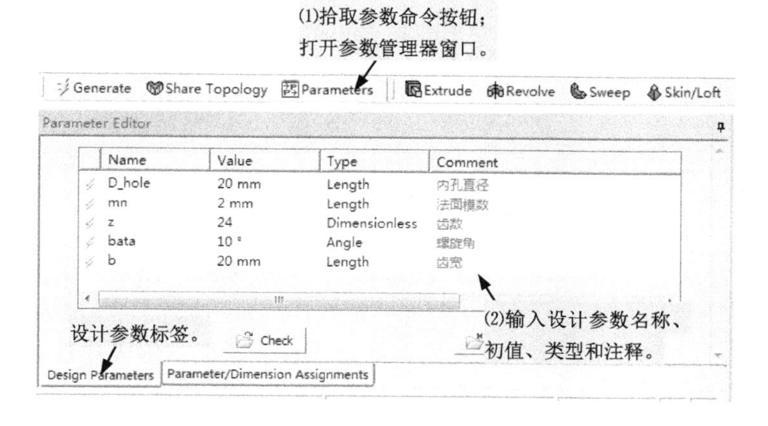


图 3-109　指定设计参数

步骤 18：指定其他参数/尺寸值，如图 3-110 所示。

如果读者实际操作的参数/尺寸名称与图 3-110 不符，应按实际操作对 Parameter/Dimension Assignments 标签中的参数/尺寸名称情况修改。

步骤 19：单击“Check”按钮，检查参数/尺寸值。

如果没有提示存在问题，进入下一步。否则需要查找原因，进行修改。最后单击“Close”按钮，关闭参数管理器窗口。

Parameter Editor

(2)输入图示所有参数/尺寸的名称、赋值表达式、类型、注释。

| Target | Expression | Type | Comment |
|---|---|---|---|
| mt | @mn/cos(@bata) | Length | 端面模数 |
| alft | atan(tan(20)/cos(@bata)) | Angle | 端面压力角 |
| r | mt*@z/2 | Length | 分度圆半径 |
| ra | r+@mn | Length | 齿顶圆直径 |
| rb | mt*@z*cos(alft)/2 | Length | 基圆半径 |
| qqq | 90/@z-(tan(alft)-alft*3.14159/180)*180/3.14159 | Angle | 角度增量 |
| dr | (ra-rb)/3 | Length | 半径增量 |
| rk1 | rb+0.001 | Length | 齿廓上第一点半径 |
| alfk1 | acos(rb/rk1) | Angle | 齿廓上第一点压力角 |
| sitk1 | (tan(alfk1)-alfk1*3.14159/180)*180/3.14159+qqq | Angle | 齿廓上第一点展角 |
| xyplane.h1 | rk1*cos(sitk1) | Length | 齿廓上第一点x坐标 |
| xyplane.v2 | rk1*sin(sitk1) | Length | 齿廓上第一点y坐标 |
| rk2 | rb+dr | Length | 齿廓上第二点 |
| alfk2 | acos(rb/rk2) | Angle | |
| sitk2 | (tan(alfk2)-alfk2*3.14159/180)*180/3.14159+qqq | Angle | |
| xyplane.h3 | rk2*cos(sitk2) | Length | |
| xyplane.v4 | rk2*sin(sitk2) | Length | |
| rk3 | rb+2*dr | Length | 齿廓上第三点 |
| alfk3 | acos(rb/rk3) | Angle | |
| sitk3 | (tan(alfk3)-alfk3*3.14159/180)*180/3.14159+qqq | Angle | |
| xyplane.h5 | rk3*cos(sitk3) | Length | |
| xyplane.v6 | rk3*sin(sitk3) | Length | |
| rk4 | rb+3*dr | Length | 齿廓上第四点 |
| alfk4 | acos(rb/rk4) | Angle | |
| sitk4 | (tan(alfk4)-alfk4*3.14159/180)*180/3.14159+qqq | Angle | |
| xyplane.h7 | rk4*cos(sitk4) | Length | |
| xyplane.v8 | rk4*sin(sitk4) | Length | |
| xyplane.h9 | @D_hole/3.5 | Length | 键槽宽度 |
| xyplane.v10 | 1.1*@D_hole | Length | 键槽底部到孔距离 |
| xyplane.d11 | @D_hole | Length | 内孔直径 |
| zxplane.h1 | @b | Length | 齿宽 |
| Extrude1.fd1 | @b | Length | 拉伸长度 |
| Sweep1.fd5 | @bata/360 | Angle | 扫略扭曲周数 |
| Pattern1.fd3 | @z-1 | Dimensionless | 阵列数量 |

Check Close

(1)拾取分配参数/尺寸标签。

Design Parameters | Parameter/Dimension Assignments

图 3-110 指定其他参数/尺寸值

步骤 20：单击“Generate”按钮，生成模型，如图 3-111 所示。

步骤 21：改变设计参数值，生成并查看几何体模型。

步骤 22：退出 DesignModeler。

步骤 23：在 ANSYS Workbench 界面保存项目。

**[本例小结]** 首先简单介绍了 ANSYS Workbench 进行参数化建模的方法和过程，然后通过斜齿圆柱齿轮的创建，介绍了参数化建模的具体应用。

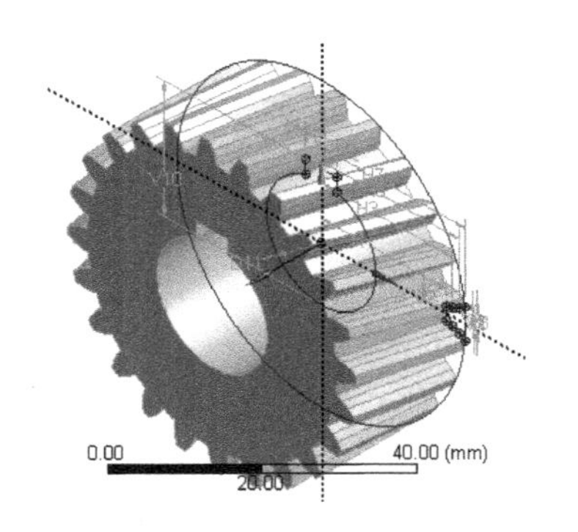


图 3-111 生成模型

# 第 4 章　网格划分

**[本章提示]**本章将介绍 ANSYS Workbench 进行网格划分的方法、步骤等基础知识，通过实例介绍 ANSYS Workbench 网格划分的应用。

创建几何体模型后，必须对其进行网格划分以得到包括节点和单元的有限元模型，才能进行有限元分析。

ANSYS Meshing（网格划分）在高版本的 ANSYS Workbench 中是一个独立的工作平台，它可以为不同求解器提供对应的网格文件。网格文件有两类，一类是用于结构分析、电磁场分析的 FEM 网格，另一类是用于流体动力学分析的 CFD 网格。

网格划分的好坏，影响着分析计算的准确度和计算速度。一般情况下，节点和单元数目越多，越有利于提高计算精度，但也会使计算花费的 CPU 时间和存储空间相应地加大。ANSYS Workbench 的网格划分技术有了较大提高，采用了分解与克服（Divide & Conquer）的策略，在几何体的不同部分可以采用不同的划分方法，将世界顶级的前后处理软件 ICEM CFD 集成到了 ANSYS Workbench 平台上。

## 4.1　网格划分方法

如图 4-1（a）所示，在 ANSYS Workbench 中可以将网格划分方法插入到几何体上。针对 3D 几何体的方法有自动划分法（Automatic）、四面体单元划分法（Tetrahedrons）、六面体单元为主法（Hex Dominant）、扫略划分法（Sweep）和多域扫略法（MultiZone）。针对 2D 几何体的方法有四边形单元为主法（Quadrilateral Dominant）、三角形单元（Triangles）和多域法（MultiZone Quad/Tri）。

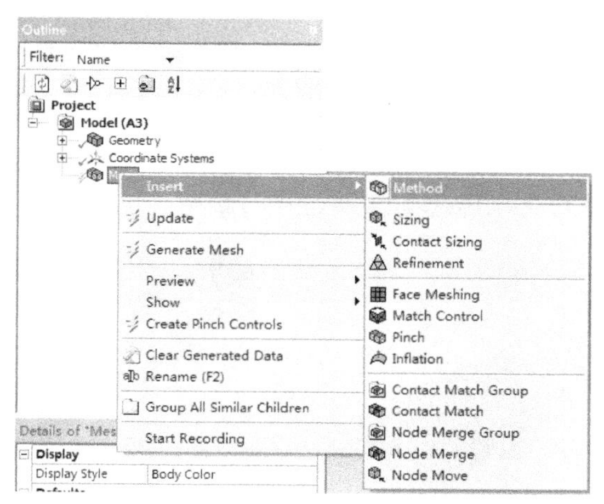


（a）插入划分方法

图 4-1　网格划分方法

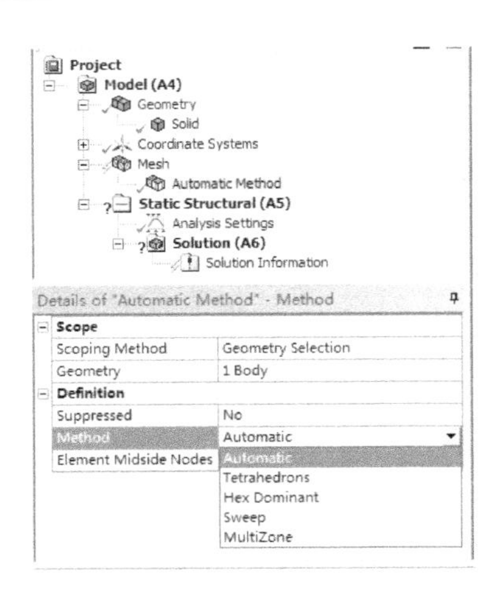


（b）针对 3D 几何体的方法

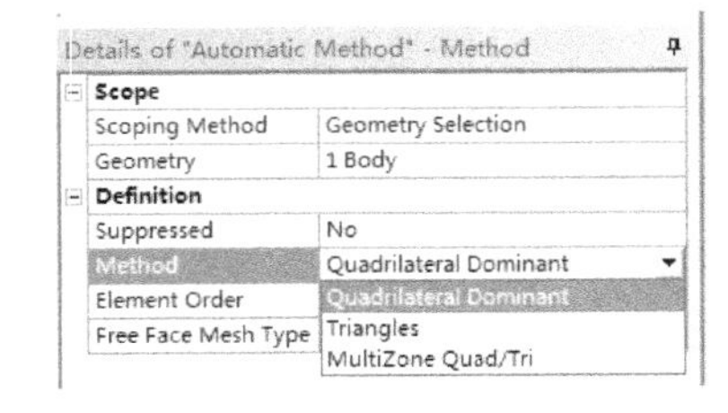


（c）针对 2D 几何体的方法

图 4-1　网格划分方法（续）

## 4.1.1　针对 3D 几何体的方法

### 1. 自动划分法（Automatic）

自动划分法是默认的网格划分方法，会自动在四面体单元划分法和扫略划分法间切换。当几何体形状规则、可被扫略时，软件自动优先使用扫略划分法；否则，自动使用基于 Patch Conforming 算法的四面体单元划分法。

### 2. 四面体单元划分法（Tetrahedrons）

这是最简单、最常用的一种划分方法，因为四面体单元划分法具有突出的优点：可以适用任意形状的几何体，可以快速、自动生成，可使用曲度和近似尺寸功能自动细化网格，可用膨胀来细化几何体边界附近的网格，等等。其缺点是：在网格密度近似相同时，单元和节点数目多于六面体单元划分；一般不能使网格在同一方向上排列；不适合薄几何体和环形体。四面体单元划分法使用两种算法：基于 TGRID 的协调分片算法（Patch Conforming）和基于 ICEM CFD Tetra 的独立分片算法（Patch Independent）。

Patch Conforming 算法可进行生长和平滑控制，用膨胀系数控制几何体内部的增长率，可与其他方法混用，得到一致的网格，如图 4-2（a）所示。Patch Independent 算法先生成体单元再映射产生面网格，在划分网格时可以考虑面及其边界的影响，也可以不考虑，如图 4-2（b）所示。

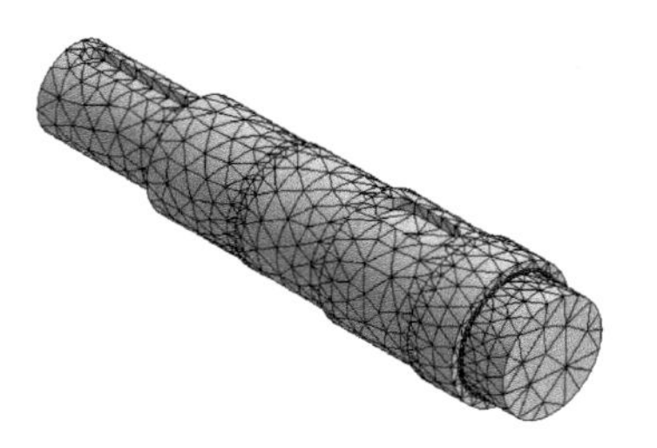

（a）Patch Conforming 算法

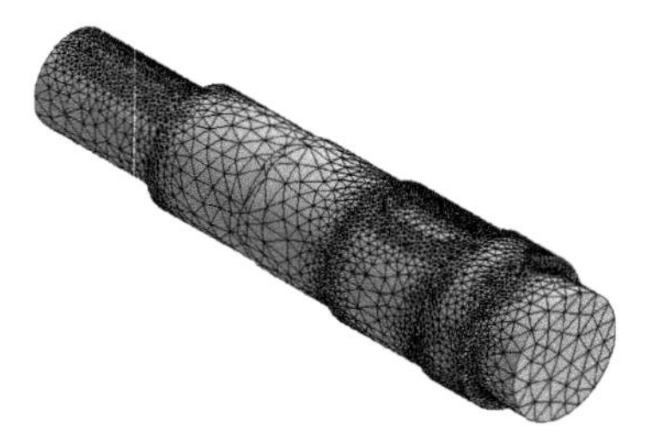

（b）Patch Independent 算法

图 4-2　四面体单元划分法

### 3. 六面体单元为主法（Hex Dominant）

先在几何体的外表面生成四边形为主的面网格，然后向内拉伸生成六面体或棱锥单元，最后在几何体内部填充棱锥或四面体单元，如图 4-3 所示。该方法适合块状的几何体，而对细长的几何体适用性较差。

### 4. 扫略划分法（Sweep）

扫略划分网格时，先划分源面，然后再映射到目标面，如图 4-4 所示，这种方法主要产生六面体单元或棱柱形单元。这种方法对几何体形状的要求较高，几何体必须是形状规则、可扫略的，且有形状一致、单一的源面和目标面。

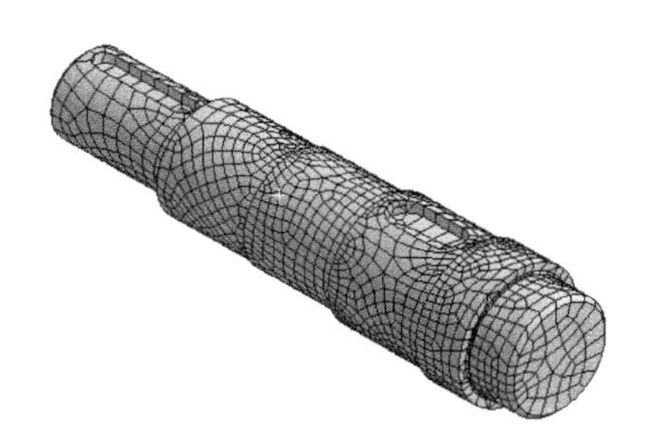

图 4-3　六面体单元为主法

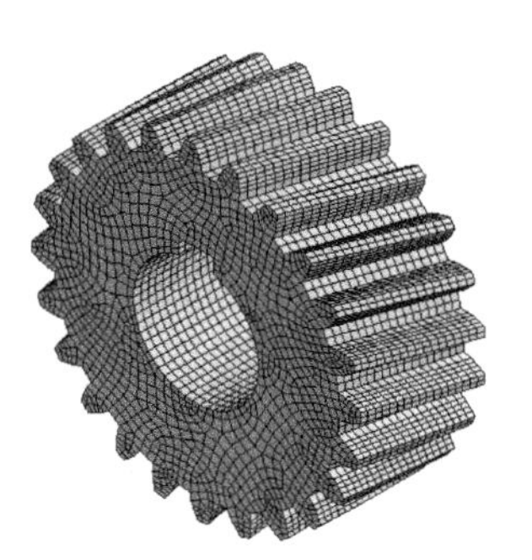

图 4-4　扫略划分法

### 5. 多域扫略法（MultiZone）

将几何体自动分解成几个部分，在每个部分进行扫略划分网格，如图 4-5 所示。

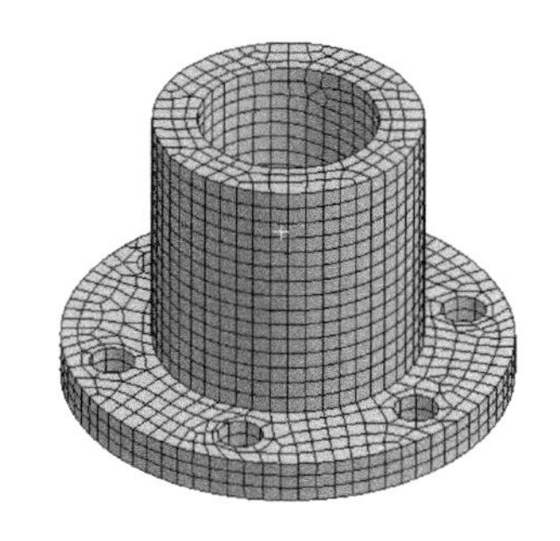

图 4-5　多域扫略法

## 4.1.2　针对 2D 几何体的方法

对于面体的网格划分方法有：

（1）四边形单元为主法（Quadrilateral Dominant）。

（2）三角形单元（Triangles）。

（3）多域法（MultiZone Quad/Tri）。

# 4.2　网格划分整体控制

进行网格划分时，可以采用默认的参数设置，但要得到高质量的网格，用户必须自行合理地设置这些参数。如图 4-6 所示，Mesh 分支细节窗口属性参数控制整个模型的网格划分，包括 Defaults（默认设置）、Sizing（尺寸控制）、Quality（质量）、Inflation（膨胀设置）、Advanced（高级设置）、Statistics（统计信息），具体选项如表 4-1 所示。

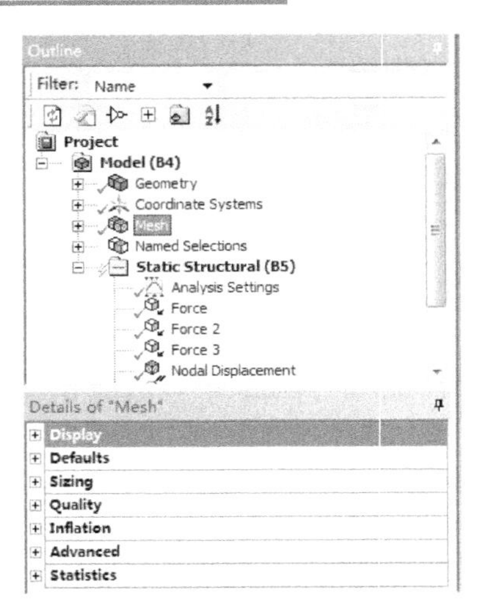


图 4-6　网格划分的整体控制

**表 4-1　Mesh 属性参数**

| 属性参数 | 说　　明 | 属性参数 | 说　　明 |
|---|---|---|---|
| **1. Defaults**（默认设置） | | **4. Inflation**（膨胀设置） | |
| Physics Preference | 选择物理场 | Use Automatic Inflation | 使用自动膨胀 |
| Relevance | 相关性 | Inflation Option | 膨胀选项 |
| Element Order | 单元阶次 | Transition Ratio | 过渡比 |
| **2. Sizing**（尺寸控制） | | Maximum Layers | 最大层数 |
| Size Function | 尺寸功能 | Growth Rate | 生长率 |
| Relevance Center | 相关性中心 | Inflation Algorithm | 膨胀算法 |
| Element Size | 单元尺寸 | View Advanced Options | 查看高级选项 |
| Mesh Defeaturing | 单元简化 | **5. Advanced**（高级设置） | |
| Defeature Size | 特征尺寸 | Number of CPUs for Parallel Part Meshing | CPU 数量 |
| Transition | 过渡 | Straight Sided Elements | 直边单元 |
| Initial Size Seed | 初始尺寸种子 | Number of Retries | 重试次数 |
| Span Angle Center | 跨度角中心 | Rigid Body Behavior | 刚性体行为 |
| Bounding Box Diagonal | 边界框对角线 | Mesh Morphing | 单元变形 |
| Minimum Edge Length | 最小单元边长度 | Triangle Surface Mesher | 三角形面网格 |
| **3. Quality**（质量） | | Topology Checking | 拓扑检查 |
| Check Mesh Quality | 检查单元质量 | Pinch Tolerance | 分片公差 |
| Error Limits | 错误界限 | Generate Pinch on Refresh | 刷新时重新生成分片 |
| Target Quality | 目标质量 | **6. Statistics**（统计信息） | |
| Smoothing | 平滑 | Node | 节点数 |
| Mesh Metric | 单元检查准则 | Element | 单元数 |

### 1. Defaults（默认设置）

由 Physics Preference 选项选择物理环境，以确定相应的特性默认选项。

Relevance 控制几何体总体网格密度，取值在-100 和 100 之间，如图 4-7 所示，数值越小网格越粗糙。

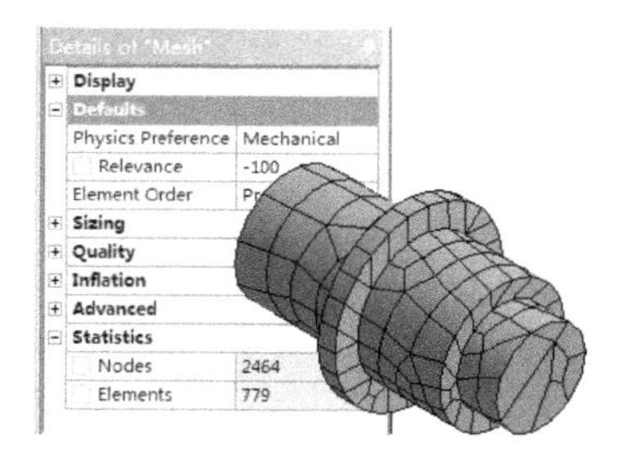


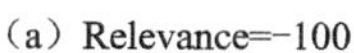

（a）Relevance=-100

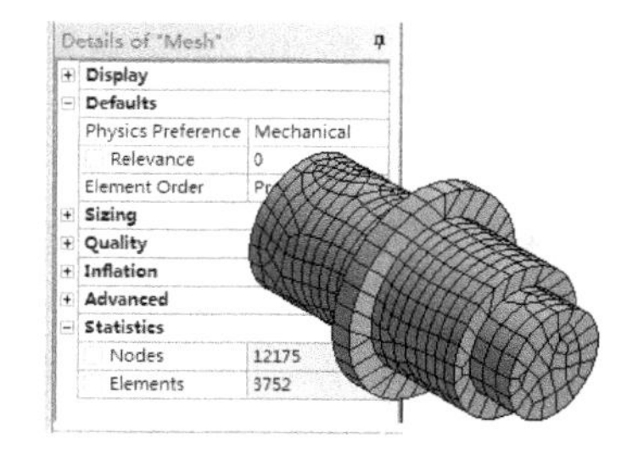


（b）Relevance=0

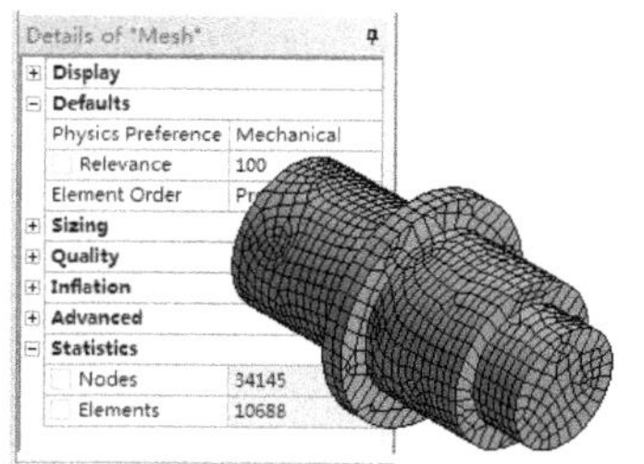


（c）Relevance=100

图 4-7 Relevance 值对网格划分的影响

## 2. Sizing（尺寸控制）

Size Function（尺寸功能）用于指定网格划分功能，有 Adaptive（适应）、Proximity and Curvature（邻近和曲率）、Curvature（曲率）、Proximity（邻近）和 Uniform（一致）5 个选项。

Relevance Center（相关性中心）用于控制几何体总体网格密度，有 Coarse（粗糙）、Medium（中等）、Fine（精细）三个选项，它们对几何体网格密度的影响如图 4-8 所示。

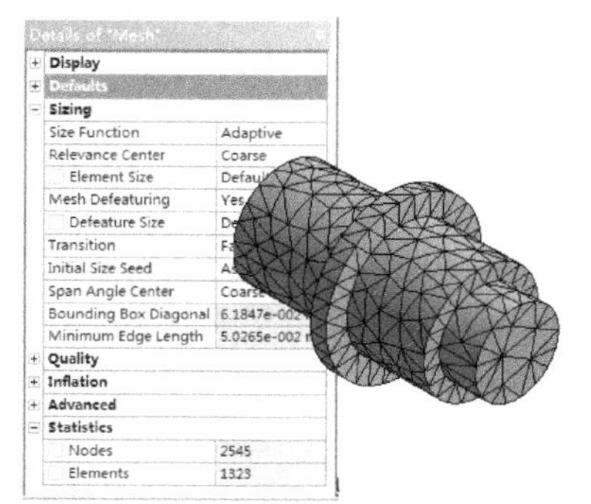


（a）Relevance Center 为 Coarse

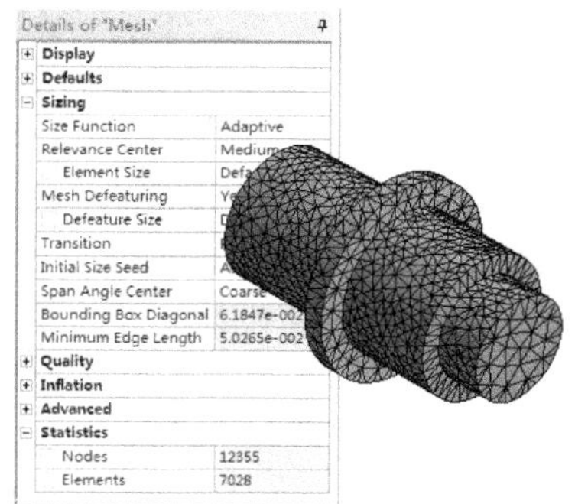


（b）Relevance Center 为 Medium

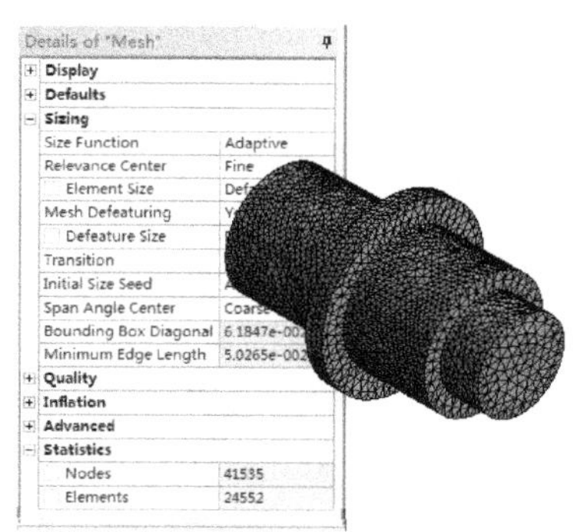


（c）Relevance Center 为 Fine

图 4-8 Relevance Center 设置对网格划分的影响

Element Size 设置单元边平均长度。

Mesh Defeaturing 为“Yes”（默认）时，将自动删除小于或等于 Defeature Size 值的特征。

Transition 控制相邻单元尺寸的生长比率，有 Fast、Slow 两个选项。

Initial Size Seed 用于控制各部件的初始网格种子，若已指定 Element Size，则会被忽略。有 Assembly、Part 两个选项。

Span Angle Center 设置以目标曲率为基础细化网格时，使用自适应尺寸函数。对于弯曲区域，网格将沿着曲率细分，直到各单元跨越这个角度。三个选项 Coarse 、Medium、Fine 的角度范围分别为-91° ～ 60° 、- 75° ～ 24° 、- 36° ～ 12° ，它们对几何体网格密度的影响如图 4-9 所示。

Bounding Box Diagonal 用于指定边界框对角线。

Minimum Edge Length 用于指定模型中最小单元边长度的只读指示。

## 3. Quality（单元质量）

Check Mesh Quality 用于检查网格质量。选项为 No 时不检查；选项为 Yes, Errors and Warnings

时检查单元错误和警告；选项为 Yes, Errors（默认）时检查单元错误。

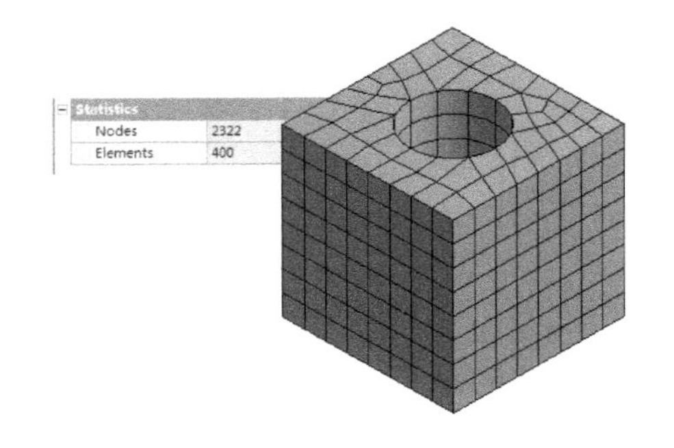


（a）Span Angle Center 为 Coarse

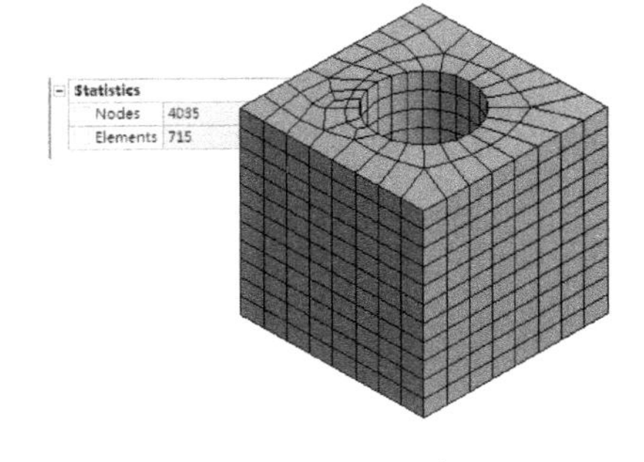


（b）Span Angle Center 为 Fine

图 4-9 Span Angle Center 设置对网格划分的影响

Error Limits 用于在网格生成过程中计算单元质量，网格算法使用 Error Limits（错误极限）获得有效的网格。选项 Standard Mechanical 对线性、模态、应力和热分析较有效，选项 Aggressive Mechanical 比选项 Standard Mechanical 限制性更强，但划分单元容易失败，花费时间更长。

Target Quality 选项用于设置目标元素质量。

Smoothing 通过改变节点的位置来改变单元质量，三个选项 Low、Medium、High 得到的平滑效果依次增加。

Mesh Metric 选项用于设定单元检查准则并查看其值，以评估网格质量。常用的检查准则有：

（1）Element Quality（单元质量）：除线单元和点单元外，Element Quality 基于 2D 单元面积与边长平方和的比值，以及 3D 单元体积与边长平方和的立方的平方根的比值计算单元质量，范围为 0～1，1 为完美的正方形或正方体，0 表示单元具有零或负的体积。

（2）Aspect Ratio（纵横比）：纵横比表示三角形、四边形的长宽比。当纵横比较大时，单元呈细长形状。纵横比理想值为 1，三角形、四边形的最佳形状分别是等边三角形和正方形，结构分析时应不大于 20。

（3）Jacobian Ratio（雅可比比值）：大的比值会导致从物理模型空间向有限元空间的映射无法实现，雅可比比值应小于等于 40。

（4）Warping Factor（翘曲因子）：对一些四边形壳单元和六面体、楔形、金字塔单元的四边形面进行计算。其值越大，形状越翘曲，意味着单元生成得不好或有缺陷。

（5）Parallel Deviation（对边平行偏差）：对所有二维四边形单元和三维有四边形表面或截面的单元都进行对边平行偏差检查。理想值为 0°。

（6）Maximum Corner Angle（最大角度检查）：是单元相邻两边夹角的最大值，当该值较大时，可能会影响到单元性能。三角形的最佳值是 60°，四边形的最佳值是 90°。

#### 4. Inflation（膨胀）

Use Automatic Inflation 用于设置是否使用自动控制膨胀层。

Inflation Option 用于设置膨胀层选项。

Transition Ratio 用于设置平滑比率，默认值为 0.272。

Maximum Layers 用于设置最大层数，默认值为 5。

Growth Rate 用于设置生长速率，即相邻两层单元内层与外层的比率，默认值为 1.2。

Inflation Algorithm 用于设置膨胀算法。
View Advanced Options 用于查看高级选项。

### 5. Advanced（高级设置）

Straight Sided Elements 用于控制单元边形状是直线还是曲线。
Number of Retries 用于设置重试次数。
Rigid Body Behavior 用于设置刚体行为。
Mesh Morphing 选项打开时，在几何体更改后生成变形网格，而不是重新划分网格。
Triangle Surface Mesher 选项用于指定三角形表面网格划分方法。
Topology Checking 选项用于指定拓扑检查。
Pinch Tolerance 选项用于指定收缩公差。
Generate Pinch on Refresh 选项用于指定刷新时产生收缩。

### 6. Statistics（统计信息）

Node 显示节点数。
Element 显示单元数。

# 4.3 局部网格控制

如图 4-10 所示，可以进行局部网格控制的方法有 Sizing（尺寸）、Contact Sizing（接触尺寸）、Refinement（改善）、Face Meshing（映射面网格）、Match Control（匹配控制）、Pinch（收缩）和 Inflation（膨胀）。

Sizing：设置选择对象的平均单元边长，或者边被划分的段数。

Contact Sizing：允许在接触面上产生大小一致的网格。

Refinement：对已划分好的网格进行细化，但细化网格可能会产生不平滑的过渡。

Face Meshing：在面上产生映射网格。

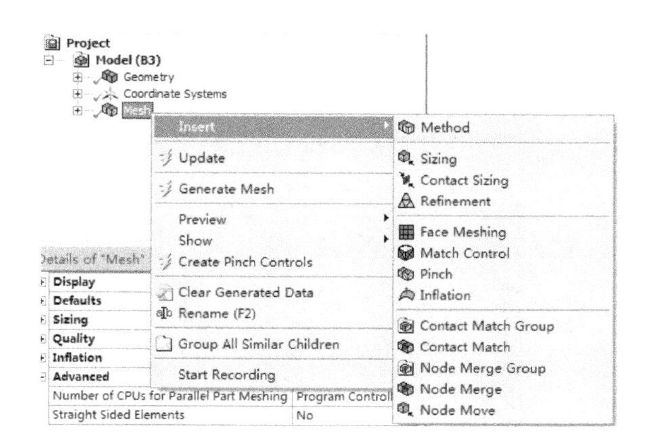


图 4-10 局部网格控制

# 4.4 网格划分实例

## 4.4.1 四面体单元及六面体单元为主划分法实例——轴

步骤 1：在 Windows“开始”菜单执行 ANSYS →Workbench。

步骤 2：为进行网格划分创建项目 A，并输入以*.x_t 文件格式存储的几何体，如图 4-11 所示。

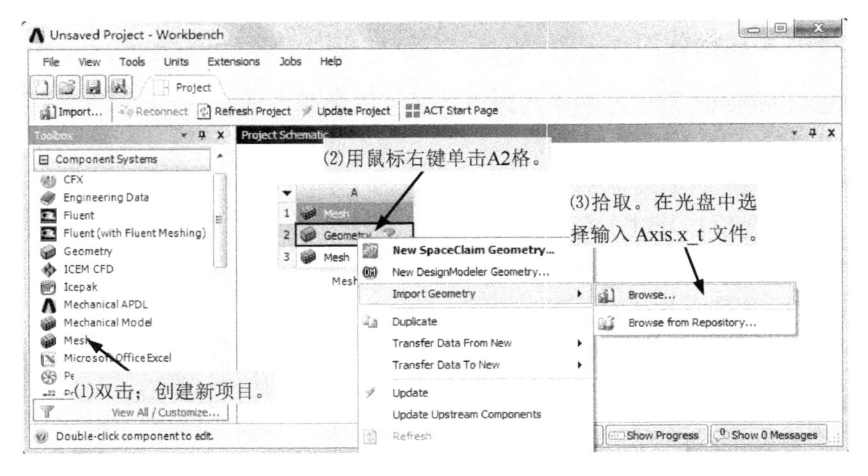


图 4-11　创建项目

步骤 3：用鼠标右键单击如图 4-11 所示项目流程图 A2 格“Geometry”项，在快捷菜单中拾取命令 Edit Geometry in DesignModeler，启动 DM 编辑几何体。

步骤 4：单击 Generate 按钮，生成几何体。

步骤 5：拾取菜单命令 Create→Delete→Face Delete，删除倒角面，然后退出 DM，如图 4-12 所示。有些几何体细节如倒角、小孔等对分析结果没有太大影响，但会大量增加单元和节点数目，因此划分网格前要删除它们。

步骤 6：因上格数据（A2 格 Geometry）发生变化，需要对 A3 格数据进行刷新，如图 4-13 所示。

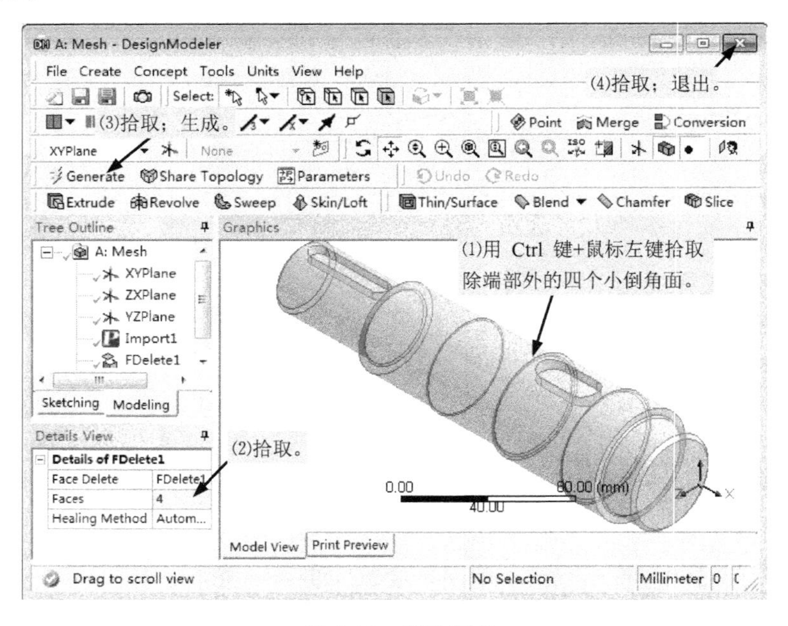


图 4-12　删除倒角

图 4-13　刷新数据

步骤7：双击如图4-11所示项目流程图A3格“Mesh”项，启动Meshing划分网格。

步骤8：对网格划分进行整体控制，设定Relevance和Element Size，如图4-14所示。

步骤9：指定四面体单元划分法和Patch Conforming算法，如图4-15所示。

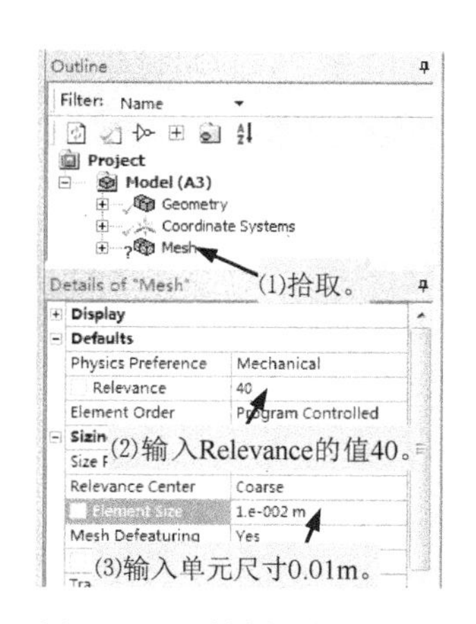


图4-14　网格划分整体控制

图4-15　指定划分方法

步骤10：生成网格，如图4-16所示。

步骤11：指定Patch Independent算法，重新划分网格，如图4-17所示。

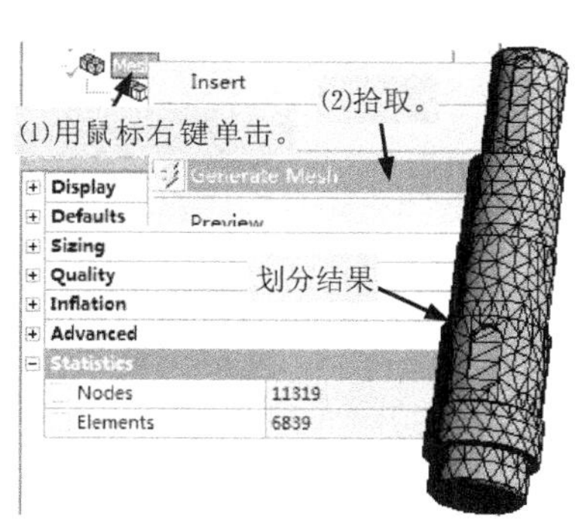


图4-16　生成网格

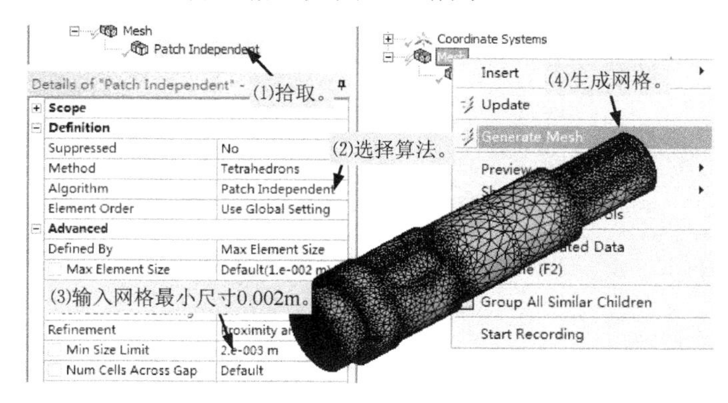


图4-17　重新生成单元

步骤12：指定六面体单元为主划分法，重新划分网格，如图4-18所示。

步骤13：拾取🔍按钮，然后拖动鼠标，对网格进行局部放大显示，如图4-19所示。

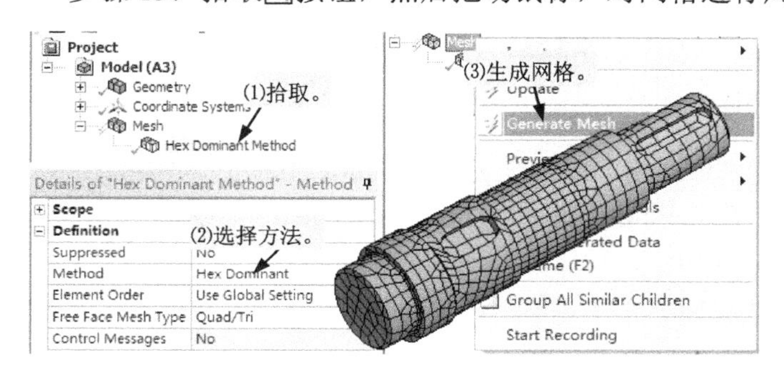


图4-18　六面体单元为主法划分网格

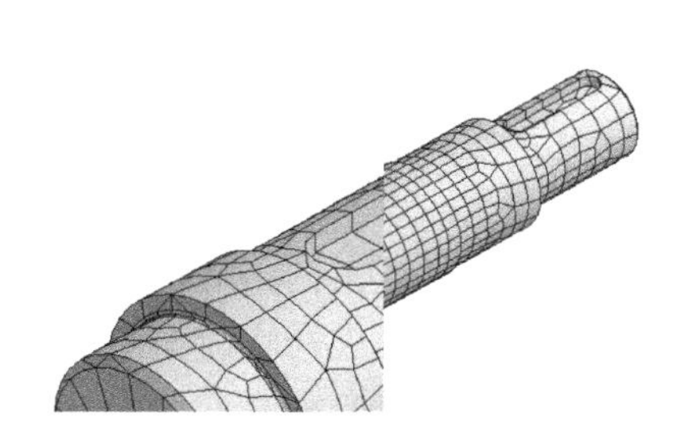

图4-19　局部放大显示

步骤 14：检查单元质量，如图 4-20 所示。

步骤 15：退出 Meshing。

步骤 16：在 ANSYS Workbench 界面保存项目。

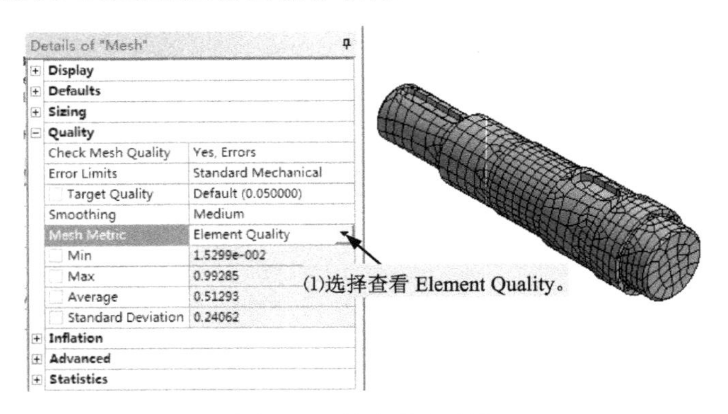


图 4-20　检查单元质量

## 4.4.2　扫略划分网格实例——斜齿圆柱齿轮

步骤 1：在 Windows“开始”菜单执行 ANSYS →Workbench。

步骤 2：为网格划分创建项目 A，并输入以*.x_t 文件格式存储的几何体，如图 4-21 所示。

步骤 3：因上格数据（A2 格 Geometry）发生变化，需要对 A3 格数据进行刷新，如图 4-22 所示。

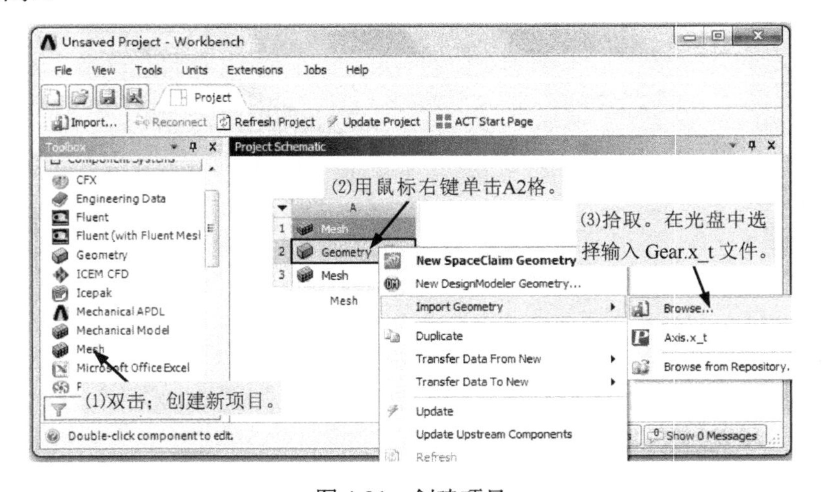


图 4-21　创建项目

图 4-22　刷新数据

步骤 4：双击如图 4-21 所示项目流程图 A3 格“Mesh”项，启动 Meshing 划分网格。

步骤 5：对网格划分进行整体控制，设定 Relevance 和 Relevance Center，如图 4-23 所示。

步骤 6：指定扫略网格方法，如图 4-24 所示。

步骤 7：生成网格，如图 4-25 所示。

步骤 8：拾取按钮，显示剖切视图，如图 4-26 所示。

步骤 9：退出 Meshing。

步骤 10：在 ANSYS Workbench 界面保存项目。

图 4-23　整体控制

图 4-24　指定扫略网格

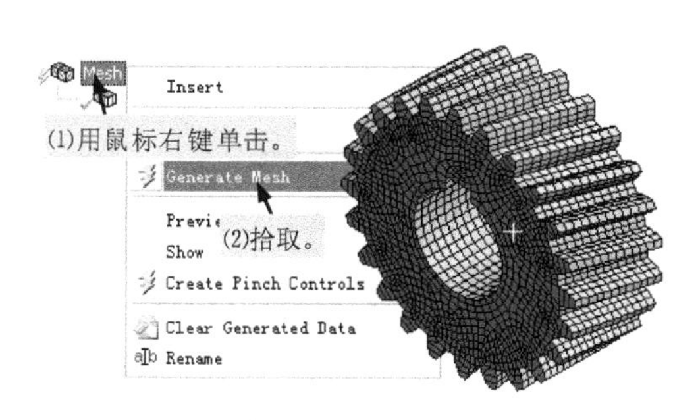


图 4-25　生成网格

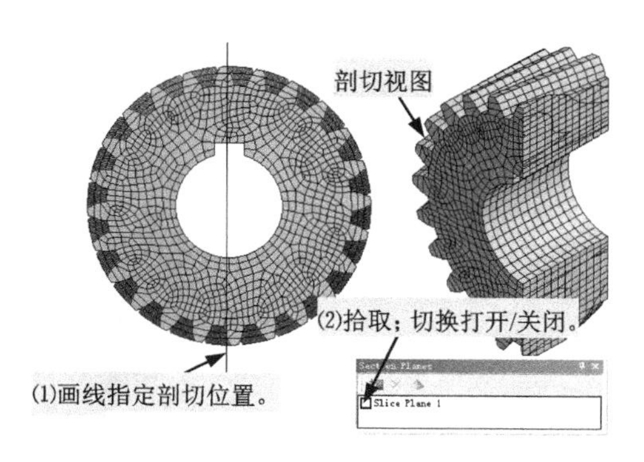


图 4-26　剖切视图

## 4.4.3　多区划分网格实例——支座

步骤 1：在 Windows“开始”菜单执行 ANSYS →Workbench。

步骤 2：为进行网格划分创建项目 A，并输入以*.x_t 文件格式存储的几何体，如图 4-27 所示。

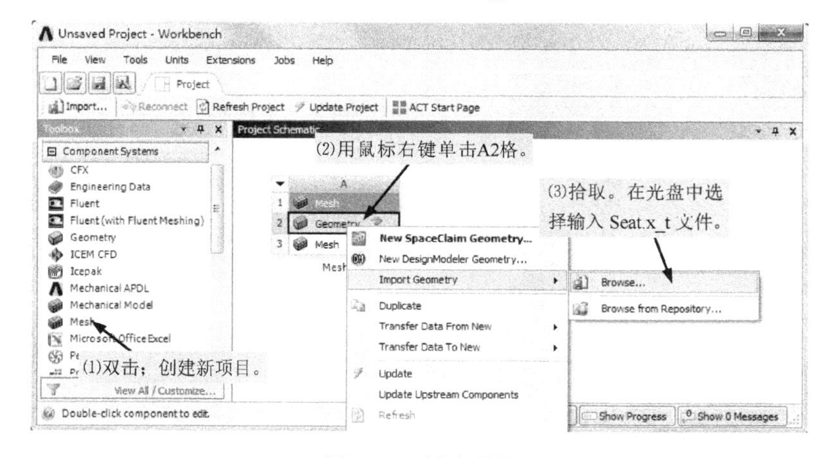


图 4-27　创建项目

步骤 3：用鼠标右键单击如图 4-27 所示项目流程图 A2 格“Geometry”项，在快捷菜单中拾取命令 Edit Geometry in DesignModeler，启动 DM 编辑几何体。

步骤 4：单击 Generate 按钮，生成几何体。

步骤 5：拾取菜单命令 Create→Delete→Face Delete，删除倒角面，然后退出 DM，如图 4-28 所示。使得几何体的形状符合扫略的要求。

步骤 6：因上格数据（A2 格 Geometry）发生变化，需要对 A3 格数据进行刷新，如图 4-22 所示。

步骤 7：双击如图 4-27 所示项目流程图 A3 格“Mesh”项，启动 Meshing 划分网格。

步骤 8：对网格划分进行整体控制，设定 Relevance，如图 4-29 所示。

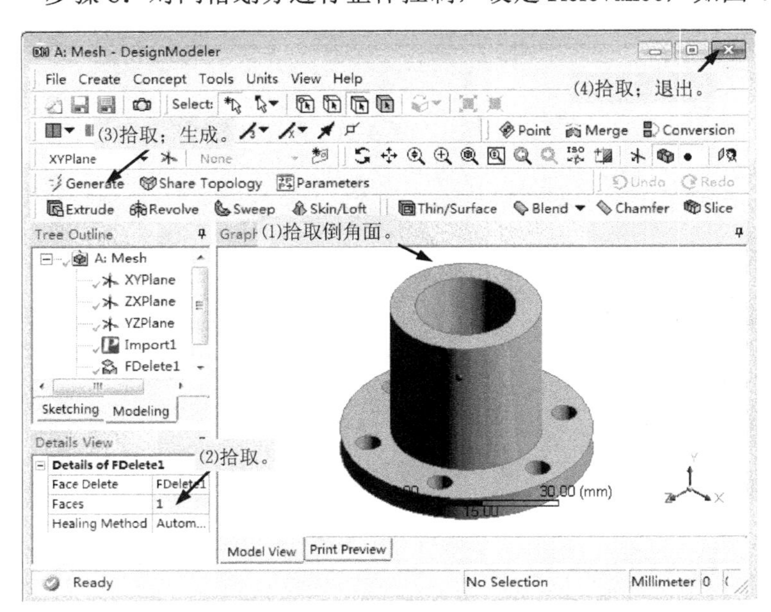


图 4-28　删除倒角面

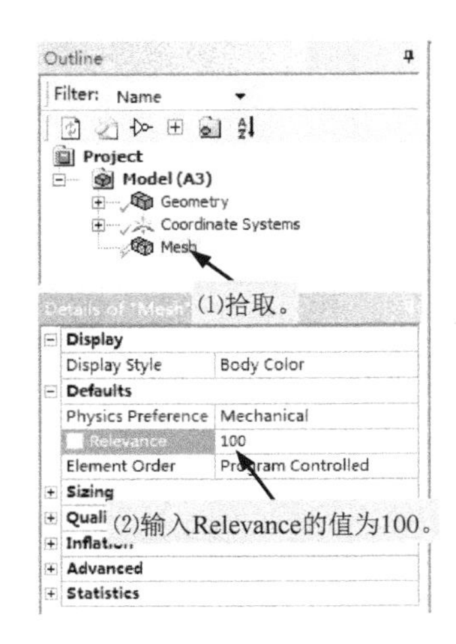


图 4-29　设定 Relevance

步骤 9：指定多区划分网格，如图 4-30 所示。

步骤 10：生成网格，如图 4-31 所示。

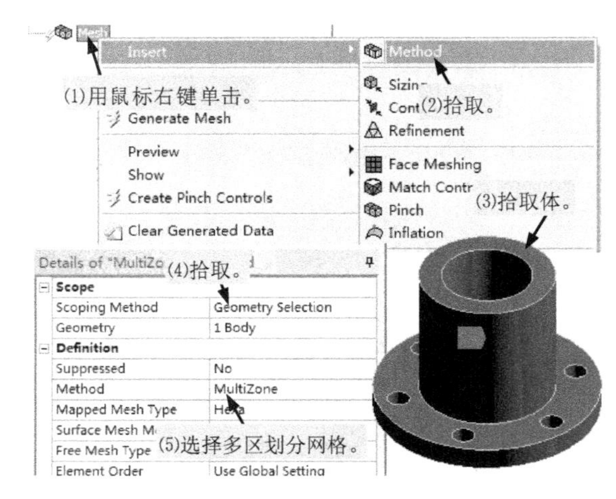


图 4-30　指定多区划分网格

图 4-31　生成网格

步骤 11：检查单元质量，如图 4-32 所示。

步骤 12：退出 Meshing。

步骤 13：在 ANSYS Workbench 界面保存项目。

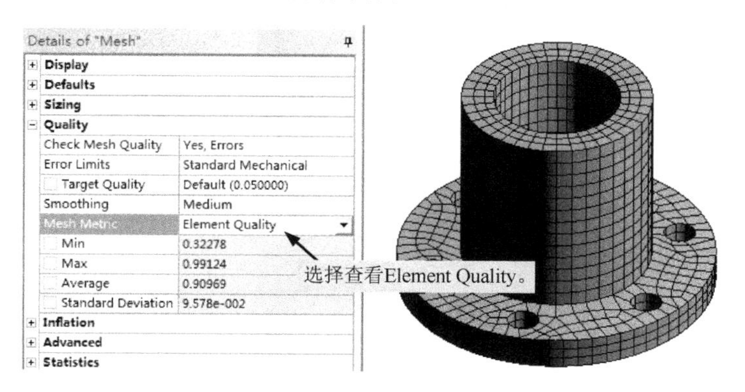


图 4-32　检查单元质量

## 4.4.4　将有限元模型导出到经典 ANSYS 中

接续 4.4.3 节的操作。

步骤 1：新创建项目 B，用 Mechanical APDL 进行分析计算，如图 4-33（a）所示。如图 4-33（b）所示，项目 B 的 B2 格与项目 A 的 A3 格共享数据，即 Mechanical APDL 使用 Meshing 创建的有限元模型。

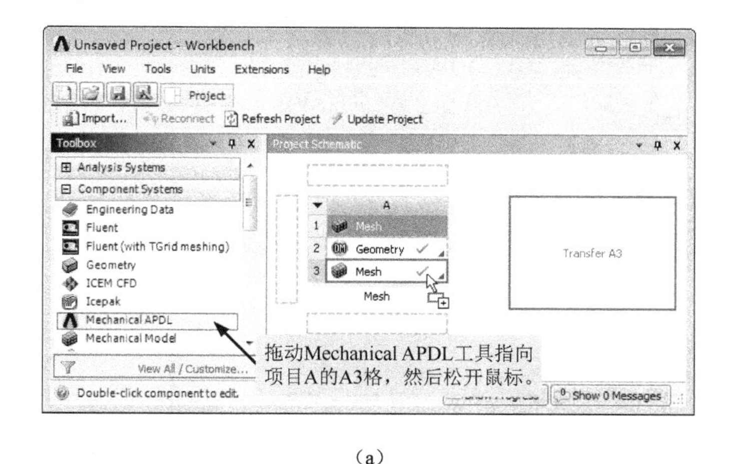


（a）

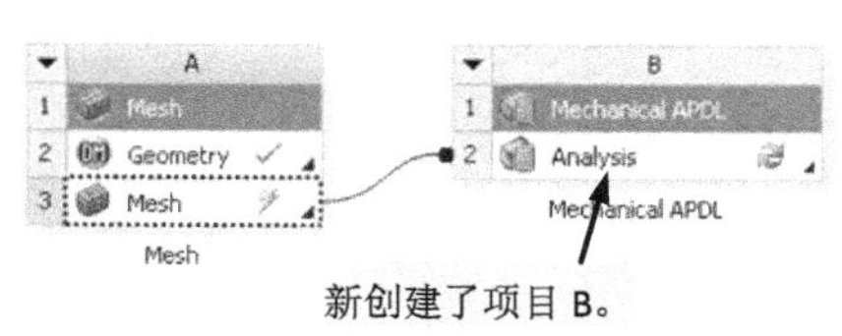


（b）

图 4-33　创建项目 B

步骤 2：更新 A3 格输出数据，如图 4-34 所示。

步骤 3：刷新 B2 格数据，如图 4-35 所示。

步骤 4：启动 Mechanical APDL，编辑有限元模型、进行分析处理，如图 4-36 所示。

步骤 5：在 Mechanical APDL 窗口显示有限元模型，如图 4-37 所示。

步骤 6：执行菜单命令 File→Save as，将有限元模型保存为 Mechanical APDL 的数据库文件 Seat.DB，于是就可以在 Mechanical APDL 下直接使用该有限元模型了。

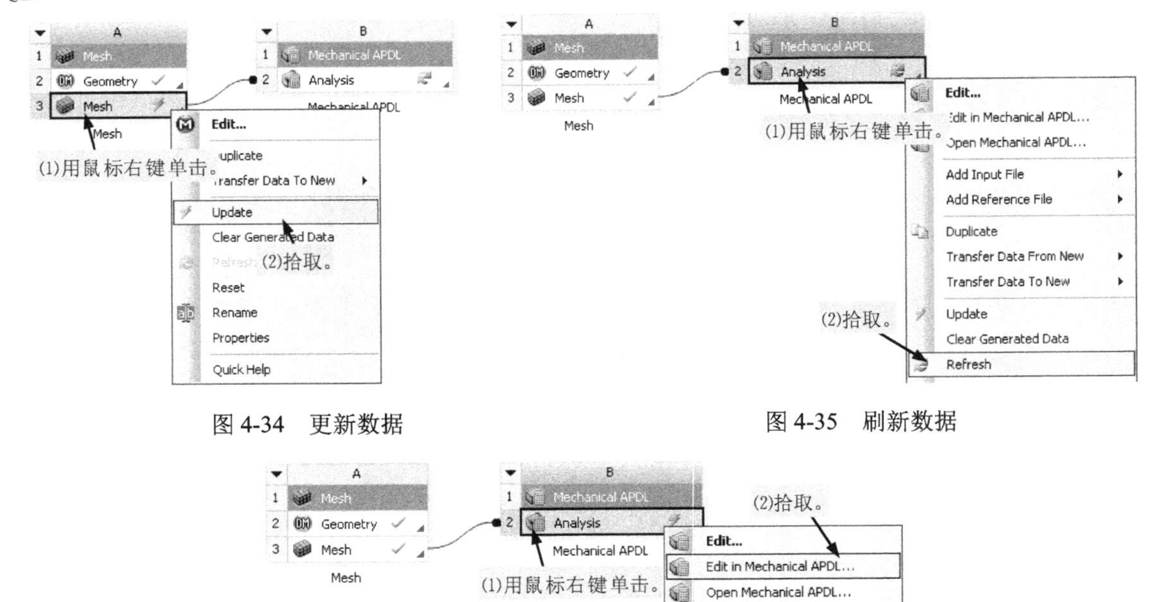


图 4-34　更新数据　　　　图 4-35　刷新数据

图 4-36　打开 Mechanical APDL

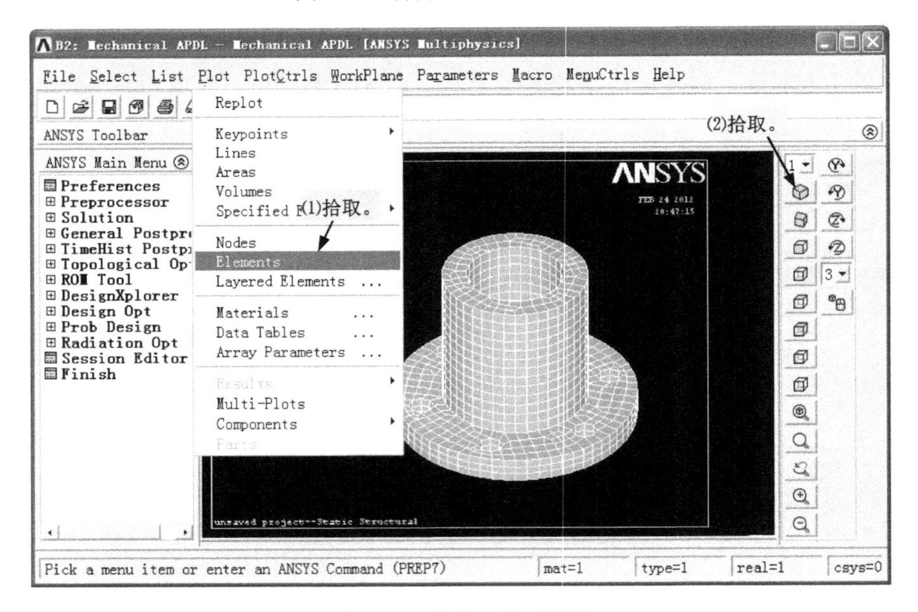


图 4-37　显示有限元模型

步骤 7：退出 Mechanical APDL。

步骤 8：在 ANSYS Workbench 界面保存项目，退出 ANSYS Workbench。

**[本例小结]** 首先简单介绍了 ANSYS Workbench 网格划分的方法、步骤等基础知识，然后通过实例介绍了 ANSYS Workbench 网格划分的具体应用。

# 第 5 章　线性结构静力学分析

**[本章提示]**介绍了 Mechanical 的基础知识、使用方法，通过实例介绍了对 2D/3D 几何体、面体进行结构静力学分析的方法和步骤，介绍了各种载荷和约束的施加方法，并对空间问题简化为平面问题的条件、方法进行了简单的介绍。

## 5.1　Mechanical 概述

### 5.1.1　Mechanical 的用户界面及使用

Mechanical 利用 ANSYS 求解器进行有限元分析，其支持的分析类型有：

- 结构静力学分析。
- 结构动力学分析。包括模态分析、谐响应分析、瞬态动力学分析、谱分析等。
- 稳态和瞬态热分析。
- 电磁场分析。
- 其他分析。包括线性屈曲分析、显式动力学分析、优化设计、疲劳分析等。

在 Workbench 项目管理区双击项目流程图中 Model 项，或在 Model 项上执行快捷菜单项 Edit，即可启动 Mechanical 软件，进入 Mechanical 的用户界面。

如图 5-1 所示，Mechanical 的用户界面由图形窗口、菜单栏、工具条、提纲树、细节窗口、信息/曲线图窗口、表格数据窗口、状态/提示行组成。图形窗口主要用于显示几何体、有限元模型和结果图形；菜单栏和工具条用于执行命令；提纲树为用户提供了一个求解问题的大纲；细节窗口显示的信息内容与选择的对象种类有关，包括几何体、载荷、其他对象的特征、尺寸等信息；信息/曲线图窗口用于显示软件运行信息，或者显示曲线图信息、结果等；表格数据窗口用于列表显示或输入数据。

#### 1. 菜单栏（Main Menus）

菜单栏包括 File、Edit、View、Units、Tools、Help 6 种菜单项。

- File 菜单：包括了基本的文件操作命令，如图 5-2 所示。
- Edit 菜单：包括了编辑对象命令，如图 5-3 所示。
- View 菜单：用于设置模型显示方式、界面组成等，如图 5-4 所示。
- Units 菜单：用于选择物理量单位，如图 5-5 所示。
- Tools 菜单：用于系统设置，如图 5-6 所示。
- Help 菜单：用于获得帮助信息，如图 5-7 所示。

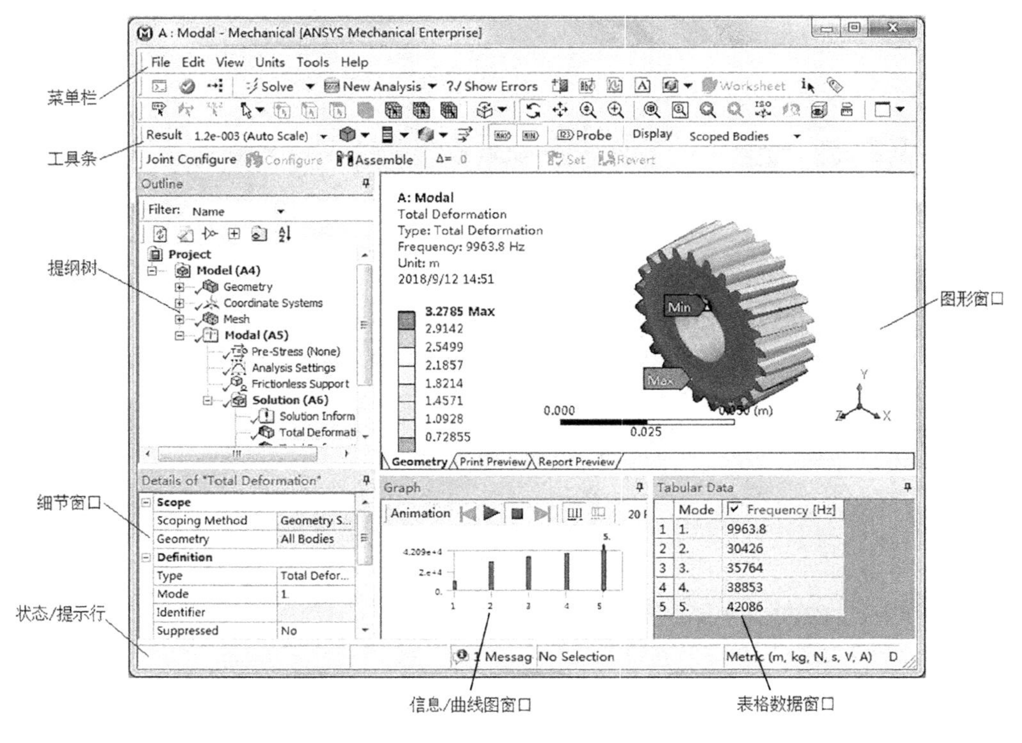


图 5-1 Mechanical 的用户界面

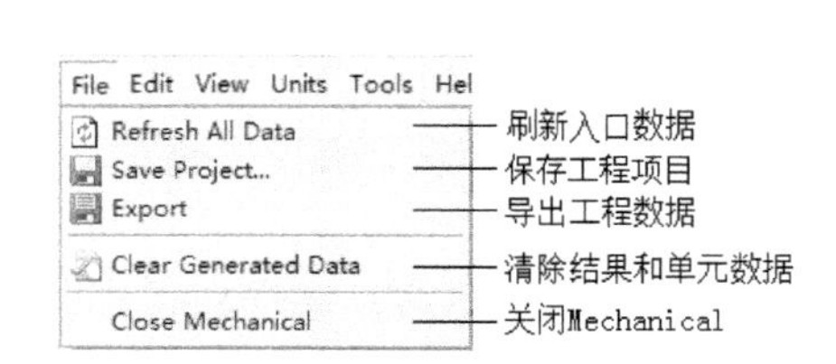


图 5-2 File 菜单

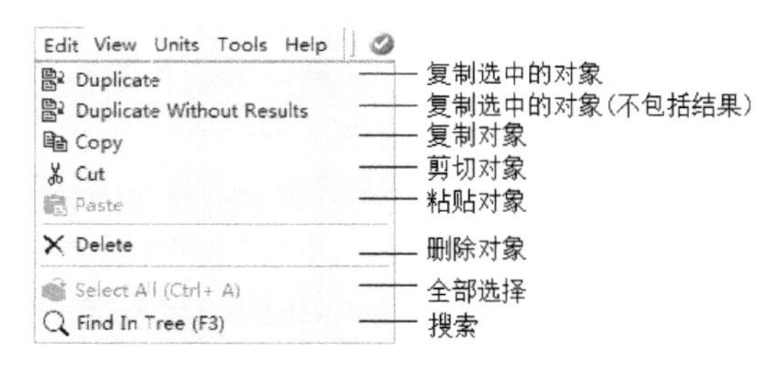


图 5-3 Edit 菜单

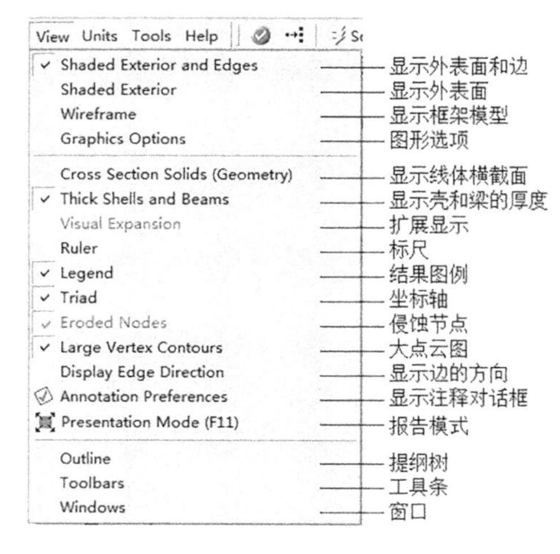


图 5-4 View 菜单

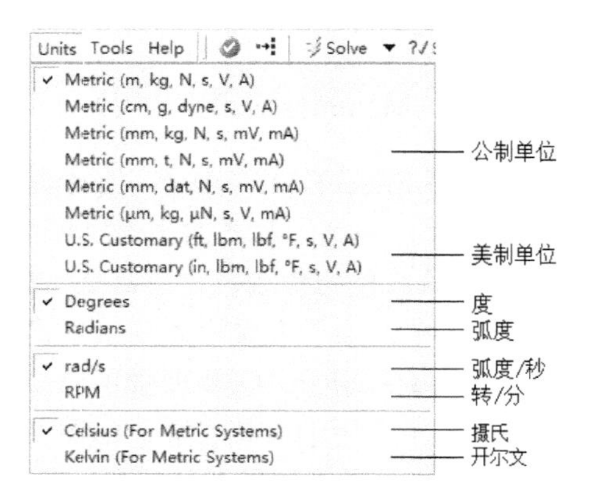


图 5-5 Units 菜单

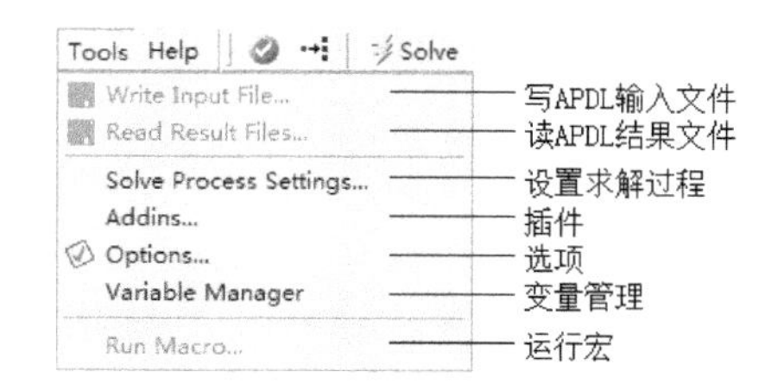


图 5-6　Tools 菜单

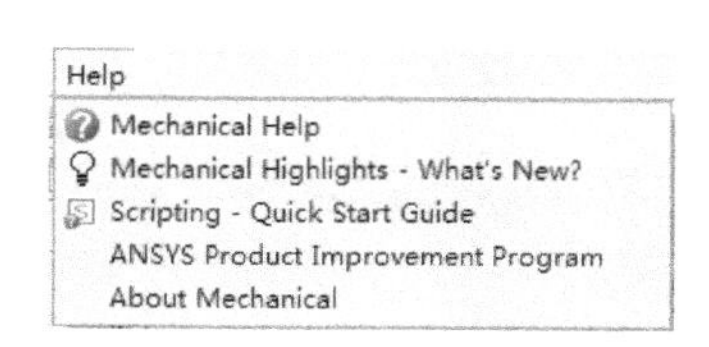


图 5-7　Help 菜单

## 2. 工具条（Toolbar）

如图 5-8 所示，Mechanical 常用的工具条包括标准工具条、图形工具条、图形选项工具条等。上下文工具条（Context Toolbar）显示的按钮由提纲树（Outline）被选择的分支决定，如图 5-9 所示为网格上下文工具条和坐标系上下文工具条，Mechanical 共有 19 个上下文工具条，其具体组成和使用方法将与关联对象一并介绍。

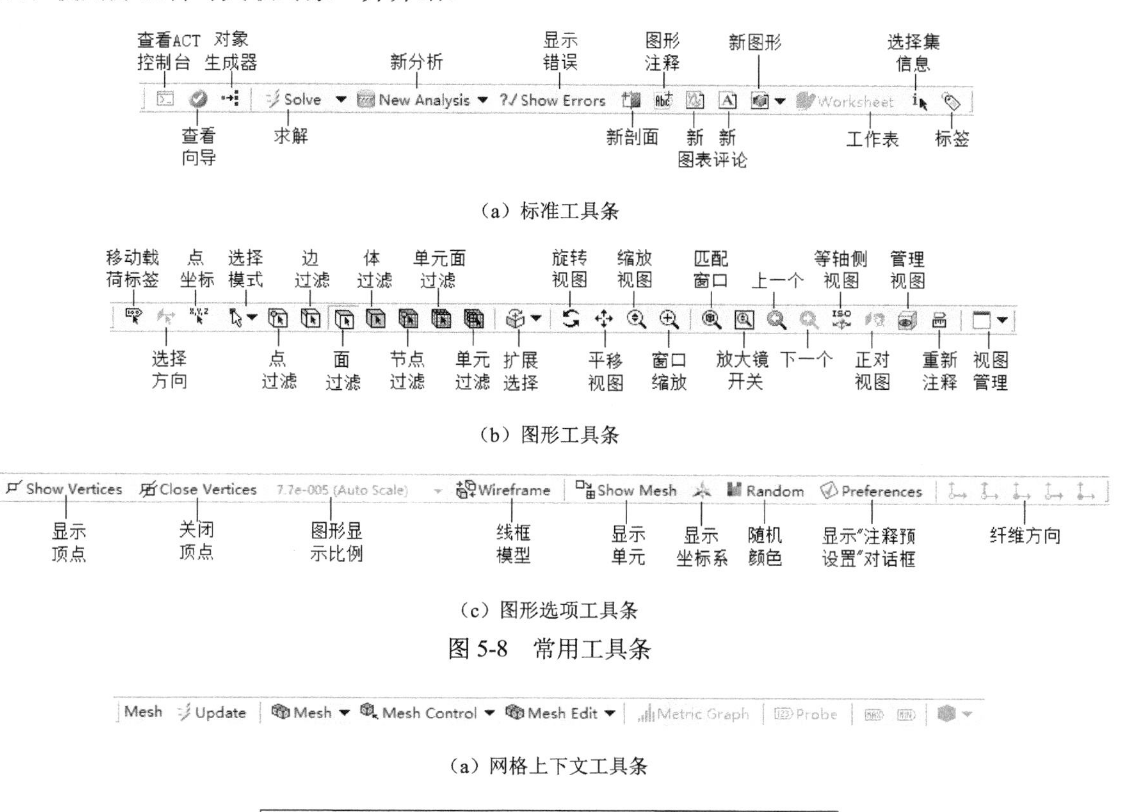


（a）标准工具条

（b）图形工具条

（c）图形选项工具条

图 5-8　常用工具条

（a）网格上下文工具条

（b）坐标系上下文工具条

图 5-9　上下文工具条

## 3. 提纲树（Outline）

如图 5-10 所示，提纲树为用户提供了一个求解问题的大纲，提纲树中各项目的位置与求解步骤的顺序相匹配。Workbench 用显示在项目名称左边的图标标识对象的性质，以快速、可视化地引用该项目，例如图标表示载荷，图标表示结果等。各项目名称前面还用图标标识该对象的状态，提纲树中状态图标的含义如表 5-1 所示。

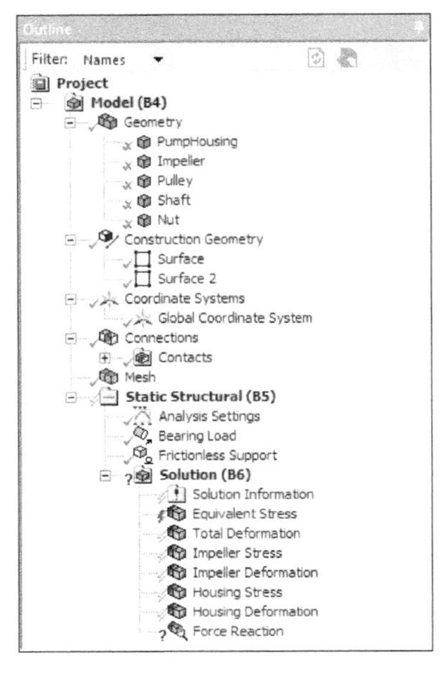


图 5-10 提纲树

表 5-1 状态图标的含义

| 状态图标 | 含 义 |
|---|---|
| ✓ | 准备就绪 |
| ? | 需要输入完整数据 |
| ⚡ | 需要更新数据 |
| ❶ | 错误 |
| ✓ | 隐藏 |
| ✗ | 已经划分网格 |
| × | 对象被抑制 |
| ⚡ | 求解 |

显示在项目图标左侧的符号“+”，表明项目包含相关的子项，单击该符号可以展开该项并显示其内容。若要折叠所有已展开的子项目，可双击顶部的项目名称。

在提纲树上用鼠标右键单击项目，可使用快捷菜单对该项目进行复制、剪切和删除操作。可以用鼠标右键在提纲树树上单击项目，打开与该项目相关的上下文菜单。

### 4. 细节窗口（Details View）

细节窗口显示的信息内容与选择的对象种类有关，包括几何体、载荷、其他对象的特征、尺寸等信息，以及需要输入或选择的参数、选项等，细节窗口颜色的含义如表 5-2 所示。

表 5-2 细节窗口颜色的含义

| 背景颜色 | 含 义 |
|---|---|
| 白色 | 输入数据 |
| 灰色 | 信息显示区域，不能编辑 |
| 黄色 | 数据未定义或无效 |

### 5. 上下文窗口（Contextual Windows）

有些上下文窗口是在特定工具被激活时打开的，有些则是在执行菜单命令 View→Windows 时打开的。共有 8 个上下文窗口：消息窗口（Messages Window）、Mechanical 向导窗口（Mechanical Wizard Window）、图形注释窗口（Graphics Annotation Window）、剖面视图窗口（Section Planes Window）、选择集信息窗口（Selection Information Window）、管理视图窗口（Manage Views Window）、标签窗口（Tags Window）、图线和表格数据窗口（Graph and Tabular Data Windows）。

1）选择集信息窗口（Selection Information Window）

如图 5-11 所示，选择集信息窗口提供了一种查询和查找被选择几何体信息的快捷方法。可以单击图 5-8（a）所示标准工具条上的选择集信息按钮，或者执行菜单命令 View→Windows→Selection Information，或者双击 Mechanical 窗口状态栏选择集信息区域，都可以激活选择信息窗口。

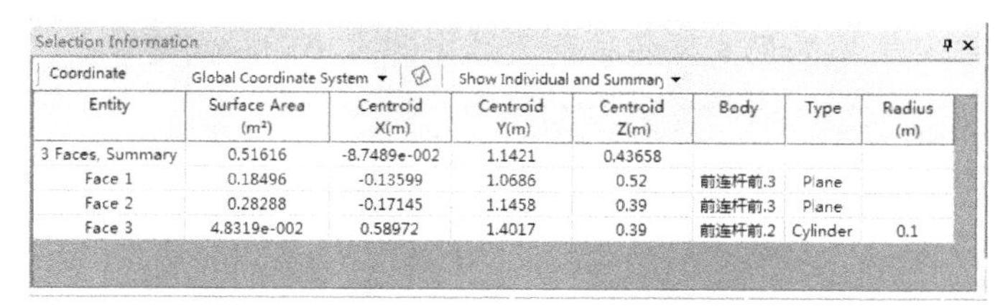


图 5-11　选择集信息窗口

除了查询被选择几何体信息外，还可以在选择集信息窗口内进行再选择、导出信息到文本文件或 Excel 文件中、排序等操作，如图 5-12 所示。

(1)在列表中选择一组几何体。

(2)快捷菜单，拾取。

（a）再选择

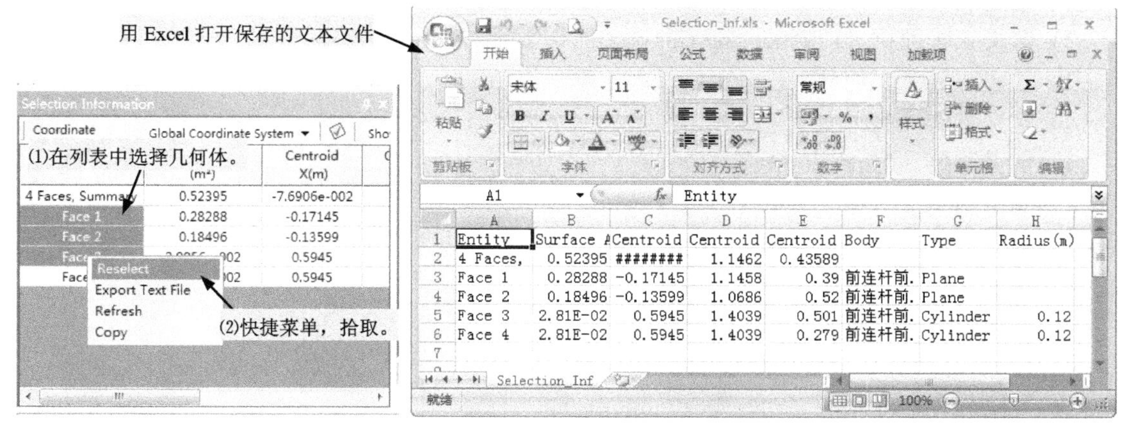


（b）导出

两次单击列标题

（c）排序

图 5-12　选择集信息窗口操作

2）图线和表格数据窗口（Graph and Tabular Data Windows）

在 Mechanical 提纲树上选择某些对象时，图线和表格数据窗口就会出现在几何窗口（Geometry Window）下面。这些对象包括：Analysis Settings（分析设置）、Loads（载荷）、Contour Results（结果云图）、Probes（探测）、Charts（曲线图）。如图 5-13 所示，Graph 窗口和 Tabular 数据窗口分别用曲线图和表格的形式显示载荷或结果的大小随时间变化。

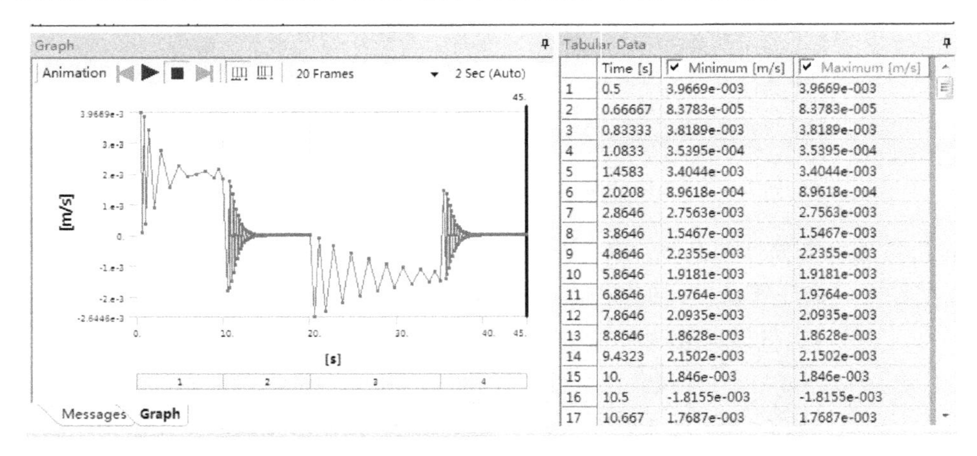


| | Time [s] | Minimum [m/s] | Maximum [m/s] |
|---|---|---|---|
| 1 | 0.5 | 3.9669e-003 | 3.9669e-003 |
| 2 | 0.66667 | 8.3783e-005 | 8.3783e-005 |
| 3 | 0.83333 | 3.8189e-003 | 3.8189e-003 |
| 4 | 1.0833 | 3.5395e-004 | 3.5395e-004 |
| 5 | 1.4583 | 3.4044e-003 | 3.4044e-003 |
| 6 | 2.0208 | 8.9618e-004 | 8.9618e-004 |
| 7 | 2.8646 | 2.7563e-003 | 2.7563e-003 |
| 8 | 3.8646 | 1.5467e-003 | 1.5467e-003 |
| 9 | 4.8646 | 2.2355e-003 | 2.2355e-003 |
| 10 | 5.8646 | 1.9181e-003 | 1.9181e-003 |
| 11 | 6.8646 | 1.9764e-003 | 1.9764e-003 |
| 12 | 7.8646 | 2.0935e-003 | 2.0935e-003 |
| 13 | 8.8646 | 1.8628e-003 | 1.8628e-003 |
| 14 | 9.4323 | 2.1502e-003 | 2.1502e-003 |
| 15 | 10. | 1.846e-003 | 1.846e-003 |
| 16 | 10.5 | -1.8155e-003 | -1.8155e-003 |
| 17 | 10.667 | 1.7687e-003 | 1.7687e-003 |

图 5-13　图线和表格数据窗口

## 5.1.2　Mechanical 分析步骤

在 Mechanical 中执行分析任务时所采用的步骤大致如下：

（1）创建工程（Project）。

（2）定义工程数据（Engineering Data）。

（3）创建或导入几何体（Geometry）。

（4）定义零件（Part）行为。

（5）定义连接（Connections）。

（6）应用网格（Mesh）控制和预览网格。

（7）建立分析设置（Analysis Settings）。

（8）定义初始条件（Initial Conditions）。

（9）应用隐式分析预应力效应。

（10）应用显式分析预应力效应的。

（11）施加载荷（Loads）和约束（Supports）。

（12）求解。

（13）查看结果（Results）。

（14）创建报表（Report）。

但请注意：不是所有分析都包括以上步骤。

## 5.1.3　Mechanical 通用前处理

通用前处理用于建立有限元模型，包括定义工程数据、创建或导入几何体、定义零件行为、定义连接、应用网格控制和预览网格等步骤。

### 1. 创建或导入几何体（Geometry）

Mechanical 本身没有几何体创建工具，需要从外部导入几何体或网格，方法包括：① 用 Workbench 支持的 DesignModeler 等组件创建几何体；② 导入 Workbench 支持的外部 CAD 系统创建的几何体文件；③ 使用 Workbench 支持的 External Model 组件创建 ANSYS 网格文件（*.cdb）。

把几何体添加到分析之前，需要指定实体、曲面体、线体、参数、属性、命名选择、材料性能、分析类型（2D 或 3D）、与 CAD 结合性、引入坐标系等选项来确定的几何体特性。

Mechanical 可以处理四种类型的几何体：Solid、Surface Body、Line Body、Point Mass。Solid 为 3D 几何体，用四面体单元或六面体单元划分网格，结构分析时每个节点有三个平动自由度。在全局坐标系 *XY* 坐标平面创建的 Surface Body，当在 Workbench 界面下指定其几何体选项为 2D 时，可以作为 2D 几何体使用，用以解决平面应力、平面应变和轴对称问题，可用平面单元划分网格，结构分析时每个节点有两个平动自由度。Surface Body 在 3D 分析时，用于模拟壳体，需要输入其厚度值，且用壳单元划分网格，结构分析时每个节点有三个平动自由度和三个转动自由度。Line Body 是指几何形状是一维、空间位置为 3D 的结构，一般用梁单元划分网格，结构分析时每个节点有三个平动自由度和三个转动自由度。在 Mechanical 中可以分析多体零件，多体零件中公共边界上的节点是共享的，不需要定义接触。

### 2. 定义零件（Part）行为

添加几何体后，在提纲树上选择零件或几何体后，可以在如图 5-14 所示的细节窗口内对零件行为进行定义。

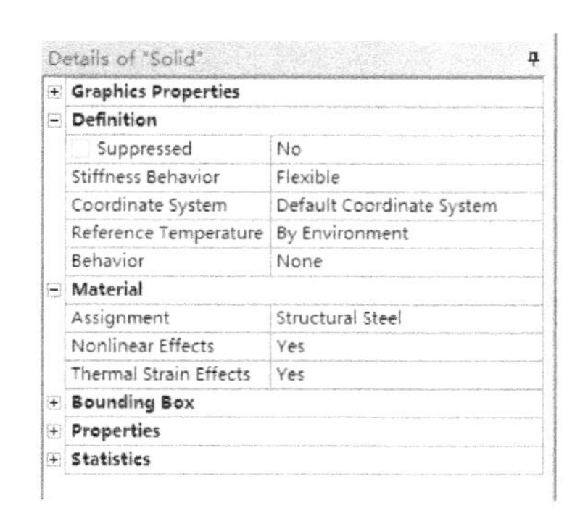


图 5-14　定义零件行为

（1）刚度行为（Stiffness Behavior）：设置零件为变形体、刚性体或垫片。设置零件为刚性体时，可采用集中质量来减少求解时间。

（2）坐标系（Coordinate System）：设置零件的坐标系。零件和所属几何体可分别设置坐标系，可以使用全局坐标系，也可以使用用户自定义的局部坐标系。添加几何体后，创建几何体时所采用的全局坐标系将与 Mechanical 的全局坐标系重合。

（3）参考温度（Reference Temperature）：设置参考温度。选择 By Environment 时，参考温度由软件根据物理环境在求解时自动确定，所有几何体的参考温度是相同的，但不同的求解类型参考温度是不同的。选择 By Body 时，可以为各几何体单独指定参考温度。

（4）分配材料（Assignment）：为几何体指定材料模型。

（5）非线性材料效应（Nonlinear Effects）：默认为 Yes，包括材料的非线性特性。

（6）热应变效应（Thermal Strain Effects）：默认为 Yes，结构分析时计算结构热应变结果。

（7）厚度（Thickness）：为面体指定厚度。

### 3. 定义连接（Connections）

将模型各部分连接起来作为一个整体来承受载荷，可用的连接有：

（1）接触（Contact）：定义不同几何体间的接触行为。

（2）运动副（Joints）：定义不同几何体间的可动连接。

（3）网格连接（Mesh Connections）：用来连接位于不同体上的拓扑分离的面上的网格。

（4）弹簧（Springs）：定义连接几何体的弹性元件。

（5）轴承（Bearings）：限制旋转零件的相对运动和转动。

（6）梁连接（Beam Connections）：用于建立体—体或体—机架间的连接。

（7）端点释放（End Releases）：用于在一个或多个直线体的两个或多个边共享的顶点处释放自由度。

（8）点焊（Spot Welds）：通过点焊进行固定连接。

### 4. 命名选择（Named Selections）

命名选择可以将一组几何体组合起来构造选择集，以便进行统一的操作。创建命名选择的方法如图 5-15 所示。如图 5-16 所示，新生成的命名选择会出现在提纲树上，可以在提纲树上选择命名选择。在网格划分控制、施加载荷和约束时，也可在细节窗口的输入项中选择命名选择。

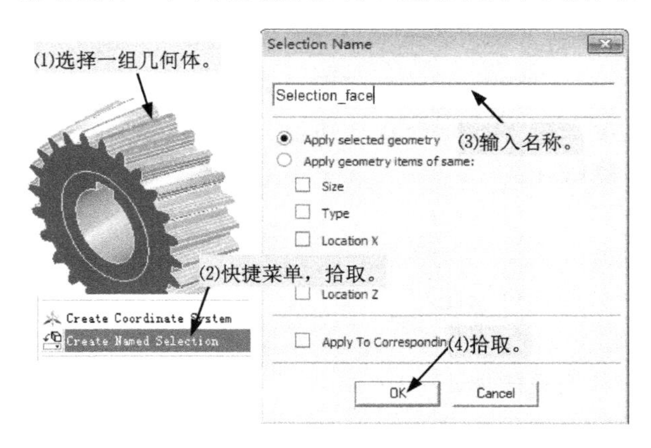


图 5-15　创建命名选择

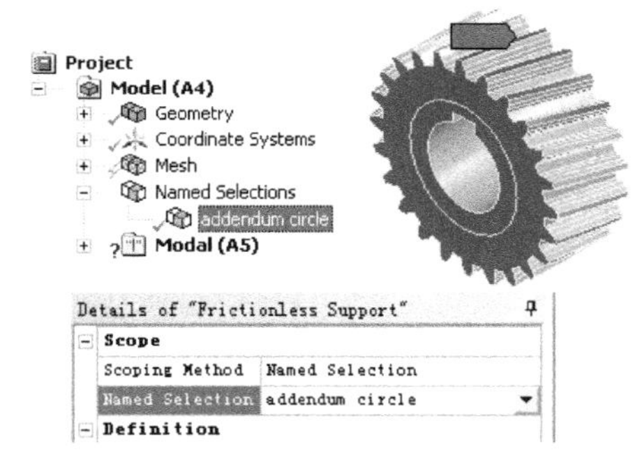


图 5-16　选择命名选择

在一个命名选择中，只能有一种类型的几何体，例如，边和面不能同在一个命名选择中。

### 5. 坐标系统（Coordinate Systems）

坐标系用于确定几何体位置和尺寸、载荷、支撑和结果的方向等。Workbench 默认使用全局坐标系（Global Coordinate System），其由系统定义，类型为笛卡儿坐标系（Cartesian）。用户可以根据需要定义局部坐标系（Local Coordinate System）。

定义局部坐标系的步骤如下：

（1）单击图 5-17 所示坐标系工具条上按钮，创建局部坐标系。在提纲树上拾取局部坐标系分支，在图 5-18 所示的细节窗口下设置局部坐标系的类型、原点、坐标轴方向。

（2）在 Definition 项中选择坐标系类型，可以是笛卡儿坐标系（Cartesian）或圆柱坐标系（Cylindrical）。

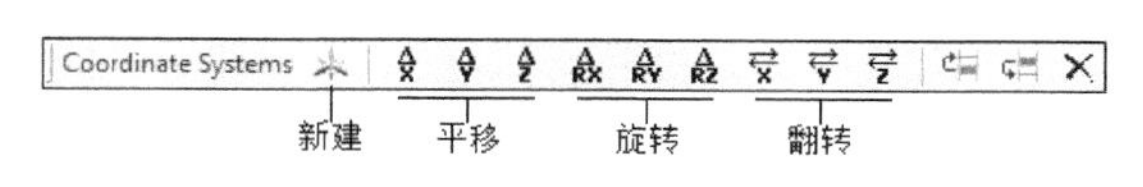


图 5-17　坐标系工具条

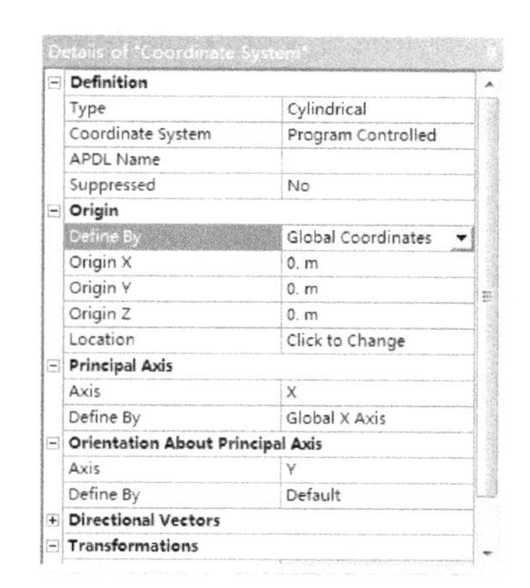


图 5-18　局部坐标系的细节窗口

（3）在 Origin 项中确定坐标系原点位置。

当选择 Define By 为 Geometry Selection 时，拾取“Click to Change”后，在图形窗口拾取几何体，局部坐标系原点被定义在几何体中心处。当选择 Define By 为 Global Coordinate 时，需要输入原点在全局坐标系下的三个坐标值。当选择 Define By 为 Named Geometry 时，局部坐标系原点被定义在该组几何体的中心处。

通过选择几何体、命名选择定义的局部坐标系，与几何体关联，当几何体尺寸和位置改变时，局部坐标系也做相应改变。

（4）在 Principal Axis 项和 Orientation About Principal Axis 项中定义坐标轴方向。

也可以使用图 5-17 所示坐标系工具条中的命令按钮，通过平移、旋转和翻转等变换方式，来定义坐标系原点和坐标轴方向。

### 6. 构造几何（Construction Geometry）

在提纲树上拾取 Model 分支，会显示如图 5-19 所示的 Model 上下文工具条，单击 Construction Geometry 按钮，创建 Construction Geometry 对象。用鼠标右键单击 Construction Geometry 或单击 Construction Geometry 上下文工具条上按钮，可以创建路径（Path）、表面（Surface）和实体（Solid）对象。创建构造几何的目的是将结果映射到路径（Path）、表面（Surface）和实体（Solid）等对象上，以便于结果查看，具体应用见后面实例。

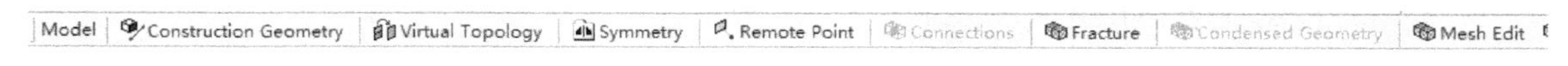


图 5-19　Model 上下文工具条

## 5.1.4　分析设置（Analysis Settings）

在不同分析类型下，都有相应的分析设置选项。如图 5-20 所示，分析设置用于设置求解器和求解选项，包括 Step Controls（求解步控制）、Solver Controls（求解控制）、Rotordynamics Controls（转子动力学控制）、Restart Controls（重启控制）、Nonlinear Controls（非线性控制）、Output Controls（输出控制）、Analysis Data Management（分析数据管理）等。

在提纲树上拾取 Analysis Settings 对象，即可以在该对象的细节窗口中进行分析设置。

### 1. 求解步控制（Step Controls）

如图 5-21 所示，用于指定求解步数和时间，或者定义多载荷步求解。

### 2. 求解控制（Solver Controls）

如图 5-21 所示，Solver Type（求解器类型）有 Direct（直接法）和 Iterative（迭代法）两种，不过由 Program Controlled 时可以获得最佳选择。在变形或应力分析时，将 Weak Springs（弱弹簧）项打开时，会提高数值计算的稳定性，有利于计算收敛。Large（大变形）选项打开时，分析计算考虑大应变、大扭转和大位移等大变形。Inertia Relief（惯性释放）选项打开时，计算时将考虑惯性释放效应。

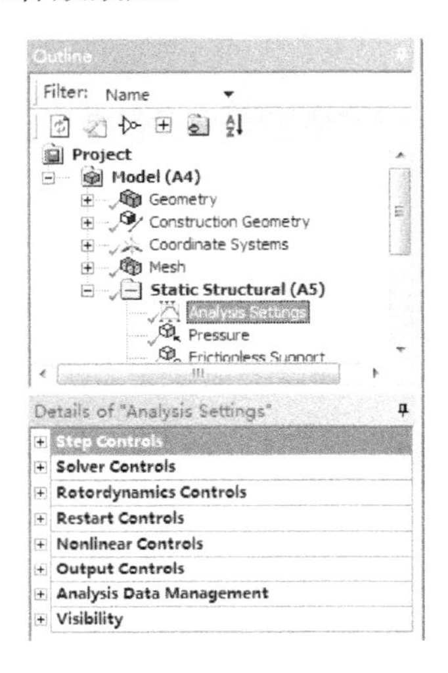


图 5-20 分析设置

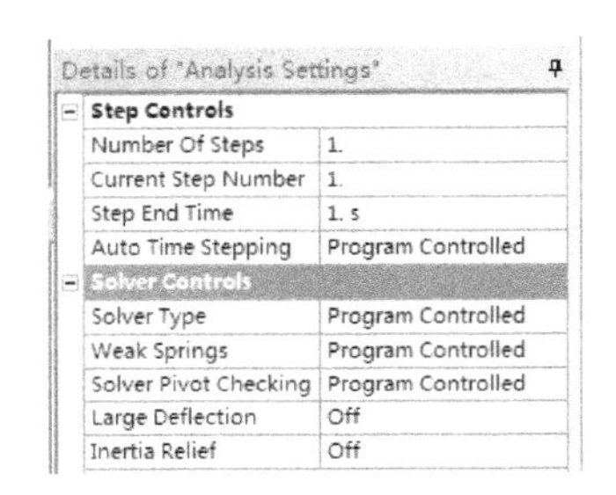


图 5-21 求解步控制和求解控制

### 3. 转子动力学控制（Rotordynamics Controls）

设置计算中是否考虑科里奥利效应。

### 4. 重启控制（Restart Controls）

可以在静力学分析中设置若干个重启点，用于后续的线性屈曲分析、带预应力的模态分析。

### 5. 非线性控制（Nonlinear Controls）

用于设置非线性分析时非线性求解方法、收敛控制、迭代选项等。

### 6. 输出控制（Output Controls）

用于设置写入结果文件的数据类型和时间点。

### 7. 分析数据管理（Analysis Data Management）

该选项用于对分析数据进行管理。

## 5.1.5 边界条件

### 1. 概述

载荷和约束是有限元分析计算的边界条件，Mechanical 可以使用五种类型的边界条件。

（1）惯性边界条件。包括加速度、标准重力加速度、角速度和角加速度，惯性载荷作用在模型的所有几何体上。因为要进行惯性力计算，所以必须输入材料的密度。

（2）载荷型边界条件。包括结构载荷、热载荷、电载荷、静磁载荷、交互载荷、爆炸载荷。

（3）支撑型边界条件。

（4）条件型边界条件。包括自由度耦合、约束方程 、管的理想化。

（5）直接施加在有限元模型上的边界条件（Direct FE）。

可使用图 5-22 所示的 Environment Context Toolbar 上的命令按钮施加边界条件。施加边界条件时，可以如图 5-23（a）所示，先拾取几何体，再在 Environment Context Toolbar 上选择边界条件施加。也可以如图 5-23（b）所示，先在 Environment Context Toolbar 上选择边界条件类型，然后选择几何体，再在细节窗口拾取“Apply”按钮进行施加。施加边界条件后，有时需要在细节窗口输入其数值，如图 5-23（c）所示。

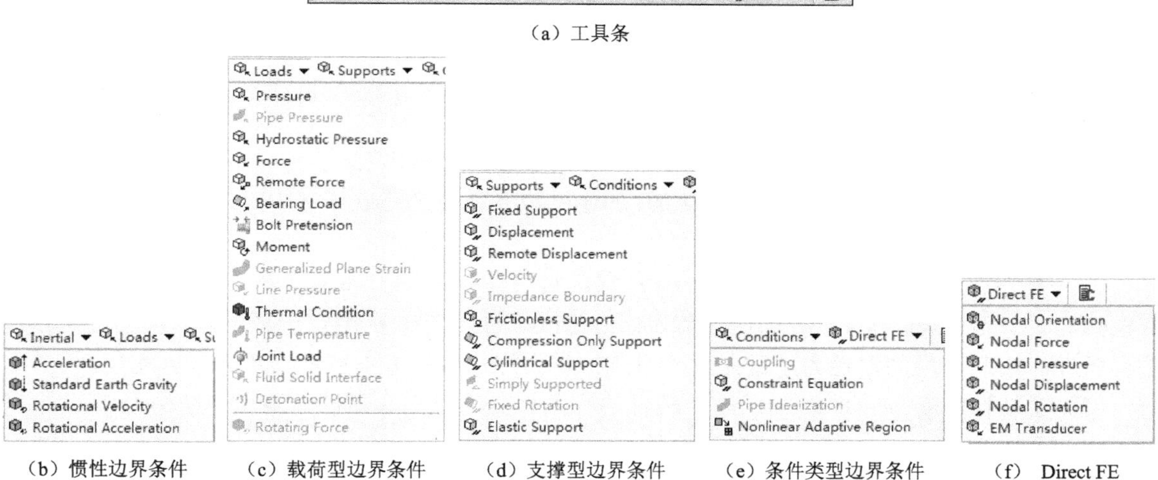


（a）工具条

（b）惯性边界条件　（c）载荷型边界条件　（d）支撑型边界条件　（e）条件类型边界条件　（f） Direct FE

图 5-22 Environment Context Toolbar

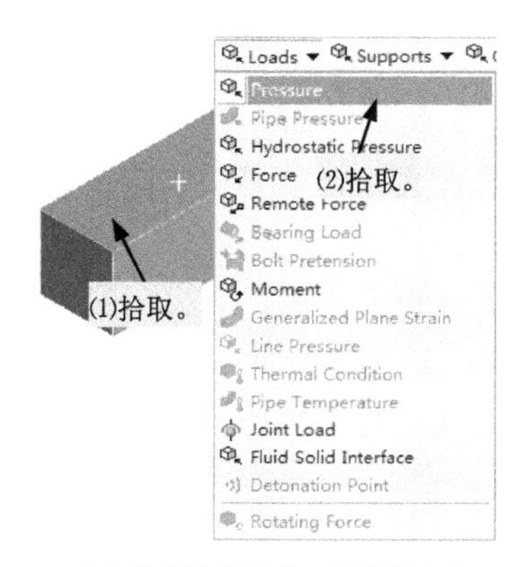


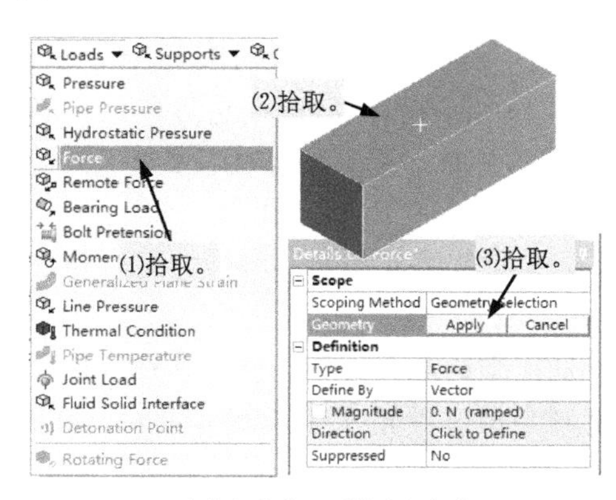


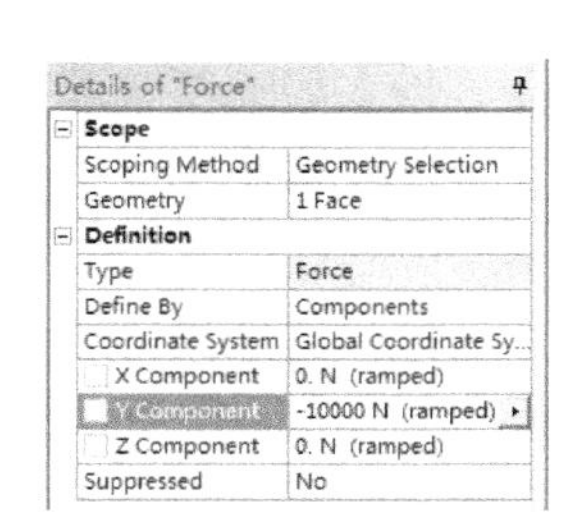


（a）先拾取几何体、再执行命令　（b）先执行命令、再拾取几何体　（c）输入数值

图 5-23 施加载荷和约束

定义结构载荷和约束的方法有两种：分量（Components）形式和矢量（Vector）形式。

如图 5-23（c）所示，按分量形式定义时，要输入结构载荷 *X*、*Y*、*Z* 方向分量的数值，由三个分量确定载荷的大小与方向。使用的坐标系可以是全局坐标系，也可以是用户根据需要创建的局部坐标系。

如图 5-24 所示，按矢量形式定义时，要先选择几何体，施加载荷的方向由几何体决定，大小在 Magnitude 项中输入，拾取 Direction 项后可以在图形窗口用图标改变矢量的朝向。选择几何体为平面时，载荷矢量方向垂直于平面。几何体为圆柱面时，载荷矢量沿圆柱面的轴线方向。几何体为直边时，载荷矢量沿直边方向。几何体为圆柱面边缘时，载荷矢量垂直于圆柱面边缘。选择两个角点时，载荷矢量沿两点连线方向。

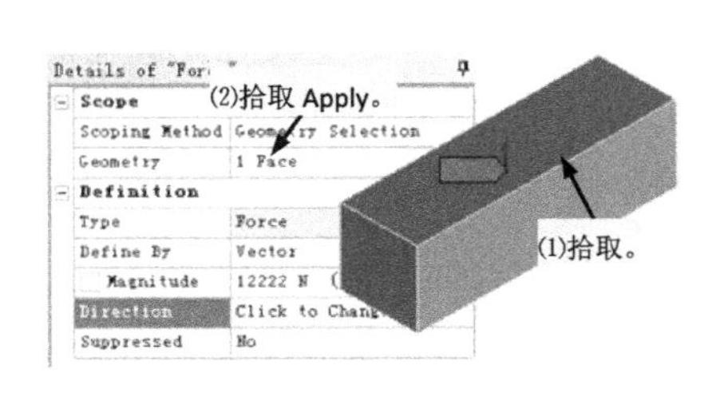


图 5-24　按矢量形式定义载荷

结构分析中的压强（Pressure）、节点力（Nodal Force）、节点位移（Nodal Displacement）、节点压强（Nodal Pressure）、温度（Temperature）、作用在面/边/顶点的位移载荷（Displacement）等，以及热分析中的温度（Temperature ）、对流（Convection）是可以定义为随位置变化的。

边界条件的数值可以是用数值或表达式定义的常量，也可以是随时间、空间或频率变化的表格数据，也可以是随时间、空间变化的数值函数。

## 2. 结构载荷类型

（1）加速度 Acceleration：惯性边界条件。加速度边界条件定义了全局笛卡儿坐标系各个坐标轴方向上的加速度，加速度可以是变化的。加速度边界条件是通过惯性力施加到整个结构上的，而惯性力的方向与加速度的方向相反。

（2）重力加速度 Standard Earth Gravity：惯性边界条件。重力加速度是一个特殊的加速度边界条件。大小为 $9.8066m/s^2$，方向在细节窗口的 Direction 项中，由用户选择。重力加速度是惯性边界条件，由此产生的惯性力是重力，所以施加重力加速度的方向应该与重力方向相反。

（3）旋转速度 Rotational Velocity：惯性边界条件。通过离心惯性力施加到结构上。

（4）压力 Pressure：结构载荷边界条件。只能施加在面上。当按沿面的法线方向（Normal To）施加压力时，指向面内为正，反之为负，且具有随动效应。也可按分量（Components）形式施加压力，使用的坐标系可以是全局坐标系或用户创建的局部坐标系，坐标系的类型可以为直角坐标系或圆柱坐标系。也可按矢量（Vector）形式施加压力。

（5）静水压力 Hydrostatic Pressure：结构载荷边界条件。静水压力为施加在面上的沿坐标轴方向线性变化的压力，用于模拟流体质量对容器的压力作用。施加静水压力时，需要指定流体密度、静水加速度、流体液面位置。

（6）集中力 Force：结构载荷边界条件。集中力可以施加在几何体的点、边、面上，它将均匀分布在所选对象上。

（7）远端力 Remote Force：结构载荷边界条件。即在几何体的点、边、面上施加一个远离的集中力载荷，相当于施加一个同样大小的集中力和一个因力偏置产生的力矩。该载荷需要指定力作用点位置。

（8）轴承载荷 Bearing Load：结构载荷边界条件。如图 5-25（a）所示，轴承载荷以集中力的形式施加在圆柱表面上，求解时软件将该载荷分解为径向分布力。径向分布力在集中力

方向上的分量按投影面积分布在压缩边上，如图 5-25（b）所示，受轴承载荷后圆柱面变形情况如图 5-25（c）所示。一个圆柱面只能施加一个轴承载荷。如果一个圆柱面被拆分为几部分，施加轴承载荷时需要选择所有部分。

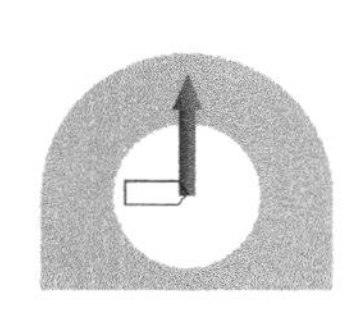

（a）施加载荷

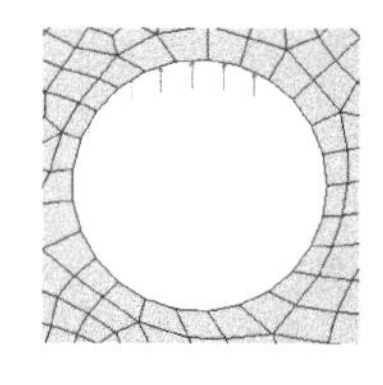

（b）载荷分布

（c）孔变形

图 5-25　轴承载荷

（9）螺栓预紧载荷 Bolt Pretension：结构载荷边界条件。在结构上施加预紧载荷以模拟螺栓连接。

（10）力矩 Moment：结构载荷边界条件。可以施加在点、线或面上。

（11）线压力 Line Pressure：结构载荷边界条件。线压力只用于 3D 分析中，它是以载荷密度的形式在边上施加一个分布载荷。

### 3. 约束类型

（1）固定约束 Fixed Support：约束点、线、面的所有自由度为零。

（2）位移约束 Displacement：在选择的点、线、面上施加已知线性位移。

（3）远端位移约束 Remote Displacement：即在几何体的点、边、面上施加一个远离的位移约束，相当于施加一个线性位移约束和一个转动位移约束。该约束需要指定远端的定位点。

（4）无摩擦约束 Frictionless Support：在几何体表面上施加法向约束。

（5）只有压缩的约束 Compression Only Support：只在几何体表面施加法向压缩的约束，用以模拟光滑接触表面的约束，求解时需要进行迭代（非线性）。

（6）圆柱面约束 Cylindrical Support：通常施加在圆柱面上，可约束圆柱面径向、轴向或切向位移。

（7）简单支撑 Simply Supported：施加在壳或梁的表面、边或角点上，约束所有线性位移自由度，但所有旋转自由度是自由的。

（8）固定转动约束 Fixed Rotation：施加在壳或梁的表面、边或角点上，约束所有旋转自由度，但所有线性位移自由度是自由的。

（9）弹性支撑 Elastic Support：施加在 3D 面或 2D 边上，根据基础刚度而产生变形或位移。

## 5.1.6　结果后处理

求解结束后，即可进行结果查看。

### 1. 概述

在 Mechanical 中，欲查看的导出结果一般是在求解前指定的，但也可以在求解后指定。如果求解后指定了查看的结果，则需要执行快捷菜单命令 Evaluate All Results（评估所有结果），即可查看结果而无须重新进行求解。

Workbench 提供了丰富的结果查看方法。如图 5-26 所示，结果可以用云图和矢量图显示。如图 5-27 所示，也可按下 Probe 按钮后，在图形窗口查询结果。如图 5-28 所示，有时也在细节窗口显示结果。还可以用路径图、剖面图、动画、历程曲线、表格查看结果。

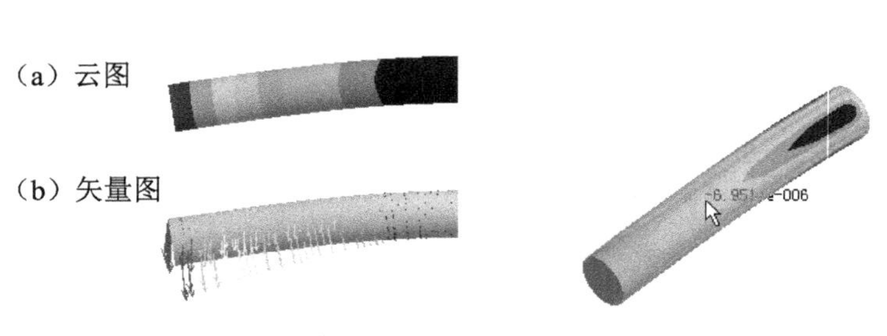


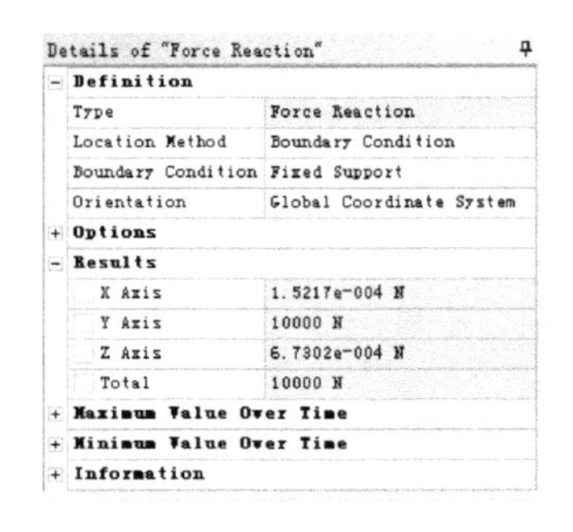


图 5-26　结果图形　　　图 5-27　查询结果　　　图 5-28　在细节窗口显示结果

利用图 5-29 所示的结果显示工具条（Result Context Toolbar），可以控制显示位移比例、云图类型等。

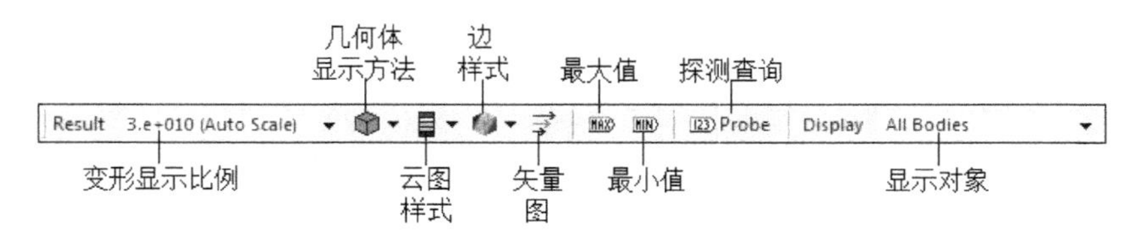


图 5-29　结果显示工具条

图 5-30 所示为结构分析时的 Solution Context Toolbar，可使用该工具条上的命令按钮指定计算结果。

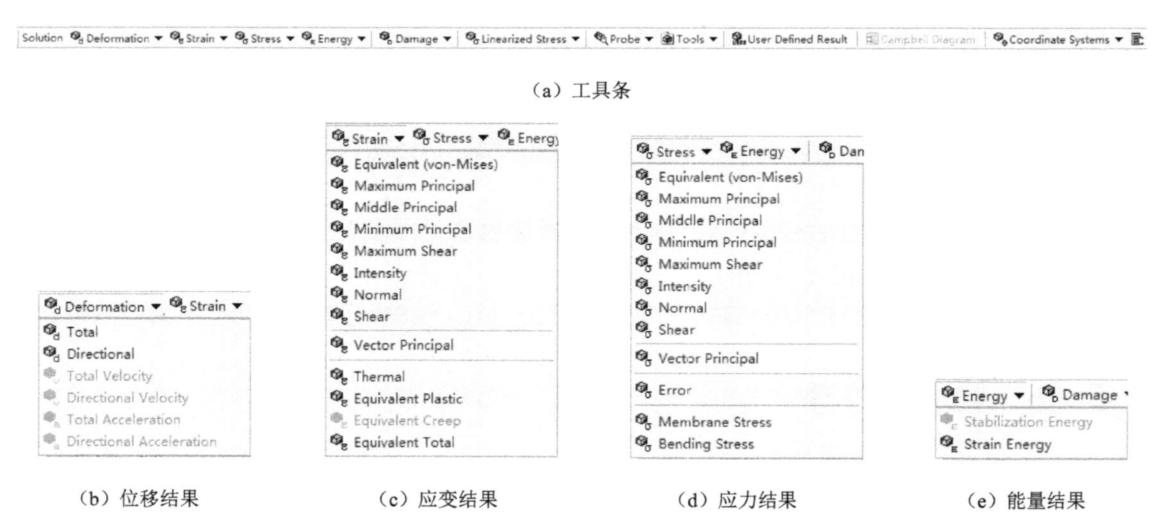


图 5-30　Solution Context Toolbar

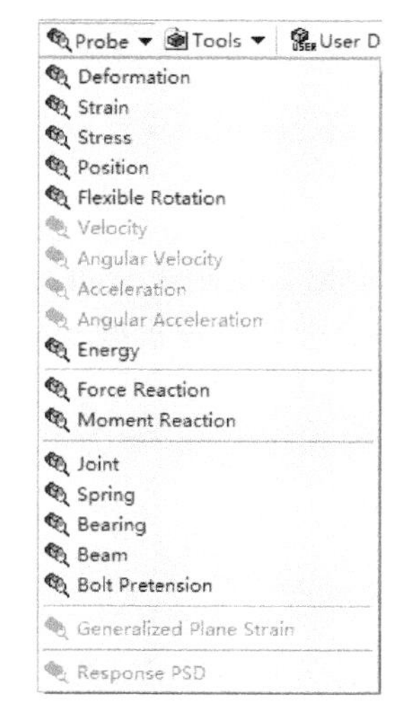


（f）探测结果

（g）结果工具

图 5-30　Solution Context Toolbar（续）

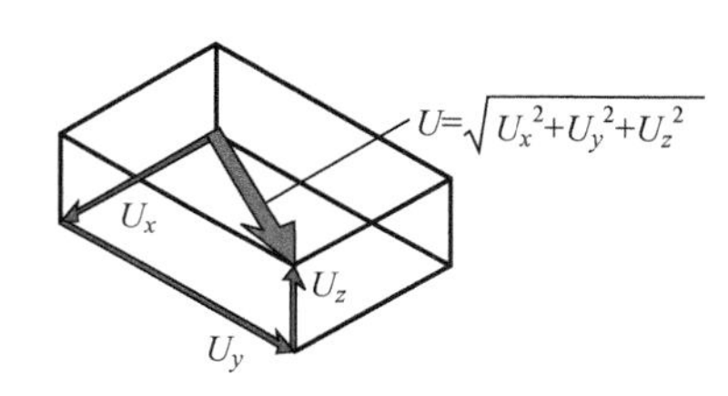


图 5-31　位移结果

## 2. 结果类型

1）变形（Deformation）

方向变形 Directional：沿 $X$、$Y$、$Z$ 坐标轴方向的变形 $U_x$、$U_y$、$U_z$，可以使用全局坐标系，也可以使用局部坐标系。

总体变形 Total：总体变形是一个标量，大小按式（5-1）计算。

$$U=\sqrt{U_x^2+U_y^2+U_z^2} \tag{5-1}$$

总体变形和各方向变形的关系如图 5-31 所示。

2）应力（Stress）

主应力 Maximum Principal、 Middle Principal、 Minimum Principal：即 $\sigma_1$、$\sigma_2$、$\sigma_3$。

等效应力 Equivalent (von-Mises)：von Mises 等效应力即第四强度理论的等效应力，大小按式（5-2）计算。

$$\sigma_e=\sqrt{\left[\left(\sigma_1-\sigma_2\right)^2+\left(\sigma_2-\sigma_3\right)^2+\left(\sigma_3-\sigma_1\right)^2\right]/2} \tag{5-2}$$

应力强度 Intensity：应力强度为第三强度理论的等效应力，大小按式（5-3）计算。

$$\sigma_e=\sigma_1-\sigma_3 \tag{5-3}$$

正应力 Normal：沿法线方向的应力。

切应力 Shear：沿截面方向的应力。

### 5.1.7 结构静力学分析简介

结构是建筑结构和机械结构的统称，结构静力学分析是用来分析结构在静载荷作用下的应力、应变、位移、支反力等响应，结构静力学分析是有限元法在机械专业中最常用、最重要的应用之一。

结构静力学分析需要求解总体刚度方程

$$\boldsymbol{K}\boldsymbol{\delta}=\boldsymbol{R} \tag{5-4}$$

式中，$\boldsymbol{\delta}$——结构的总体位移矩阵。

$\boldsymbol{K}$——结构的总体刚度矩阵。

$\boldsymbol{R}$——结构的总体载荷列阵，结构静力学分析时为常量矩阵。

如果总体刚度矩阵 $\boldsymbol{K}$ 为常量，则式（5-4）可以直接求解，那么问题是线性的。否则，问题是非线性的。

在线性结构静力学分析时，材料属性必须输入杨氏模量（即弹性模量）和泊松比。如果施加了惯性载荷，还必须输入材料的密度。如果施加了温度载荷，还必须输入材料的线膨胀系数。可以施加的载荷有：惯性载荷可以使用的是加速度及旋转速度，以及所有的结构载荷、结构约束和温度载荷。

## 5.2 平面问题的求解实例——厚壁圆筒问题

### 5.2.1 平面问题

平面问题有两类：平面应力问题和平面应变问题。

#### 1. 平面应力问题

如图 5-32（a）所示的均匀薄板，作用在板上的所有面力和体力的方向都与板面平行，且不沿厚度方向发生变化。

由于没有垂直板面方向的外力，而且板的厚度很小，载荷和厚度沿 $Z$ 轴方向均匀分布，所以，可以近似认为在整个薄板上所有各点都有 $\sigma_Z=0$，$\tau_{YZ}=\tau_{ZY}=0$，$\tau_{ZX}=\tau_{XZ}=0$。于是只有平行于 $XY$ 平面的三个应力分量 $\sigma_X$、$\sigma_Y$、$\tau_{XY}$ 不为零，如图 5-32（b）所示，所以这种问题就被称为平面应力问题。分析时只取板面进行研究即可。

#### 2. 平面应变问题

如图 5-33（a）所示的设有横截面的无限长柱状体，作用在柱状体上的面力和体力的方向都与横截面平行，且不沿长度方向发生变化。

取任一横截面为 $XY$ 面，长度方向任一纵线为 $Z$ 轴，则所有应力分量、应变分量和位移分量都不沿 $Z$ 轴方向变化，它们只是 $X$、$Y$ 的函数。因为任一横截面都可以看作是对称面，所以柱状体上各点 $Z$ 方向的位移均为零。

根据弹性力学理论，有 $\varepsilon_Z=\gamma_{YZ}=\gamma_{ZX}=0$，于是只有平行于 $XY$ 平面的三个应变分量 $\varepsilon_X$、$\varepsilon_Y$、$\gamma_{XY}$ 不为零，如图 5-33（b）所示，所以这种问题就被称为平面应变问题。分析时只取横截面进行研究即可。

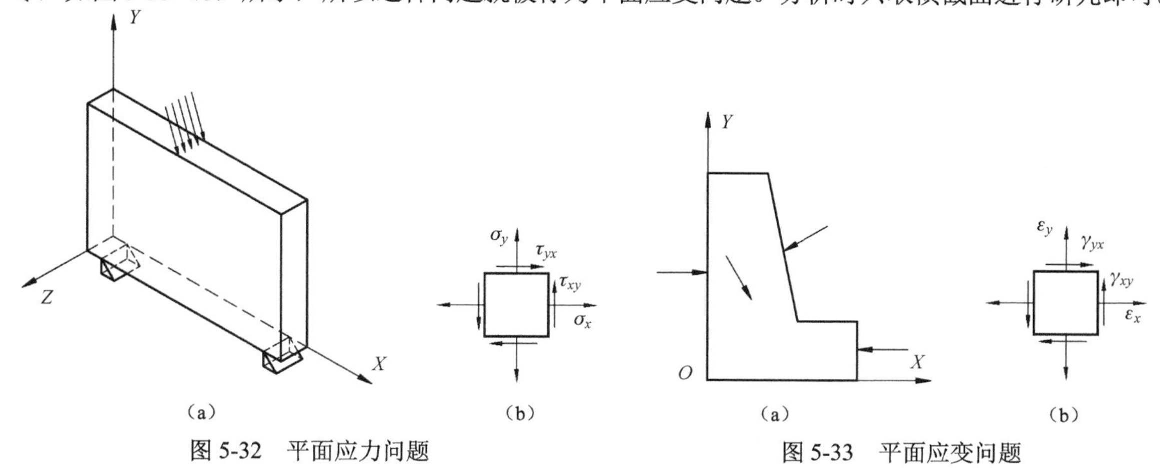


图 5-32　平面应力问题

图 5-33　平面应变问题

## 5.2.2　对称性

当结构的形状和载荷具有性质相同的对称性时，则结构的变形、应力、应变等也具有同样的对称性。这时，只取结构的局部进行分析即可得出全部的结果，从而大大地减少了计算工作量。对称性适用于有对称面、循环对称、轴对称等的结构。

本例的厚壁圆筒具有水平和竖直两个对称面，因此可取结构的四分之一进行分析，分析要约束对称面法线方向的位移。

## 5.2.3　问题描述及解析解

图 5-34 所示为一厚壁圆筒，内半径 $r_1$=50 mm，外半径 $r_2$=100 mm，作用在内孔上的压力 $p$=10MPa，无轴向力，轴向长度可视为无穷。欲计算径向应力 $\sigma_{\mathrm{r}}$ 和切向应力 $\sigma_{\mathrm{t}}$ 沿圆筒半径 $r$ 方向的分布。

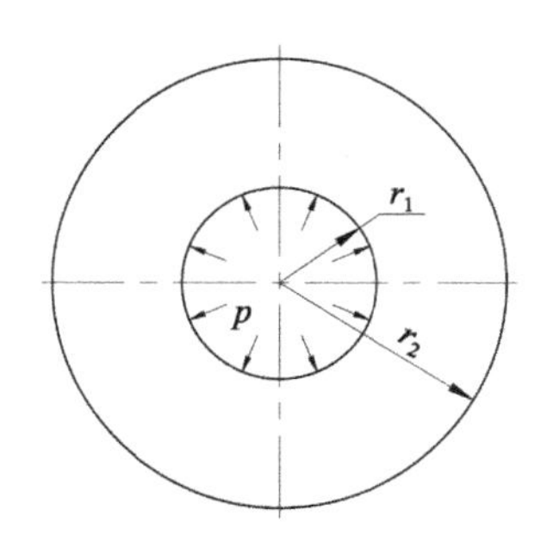


图 5-34　厚壁圆筒

根据材料力学的知识，$\sigma_{\mathrm{r}}$、$\sigma_{\mathrm{t}}$ 沿 $r$ 方向的分布的解析解为

$$\left.\begin{aligned}\sigma_{\mathrm{r}} &= \frac{r_1^2 p}{r_2^2 - r_1^2}\left(1-\frac{r_2^2}{r^2}\right)\\ \sigma_{\mathrm{t}} &= \frac{r_1^2 p}{r_2^2 - r_1^2}\left(1+\frac{r_2^2}{r^2}\right)\end{aligned}\right\} \tag{5-5}$$

该问题符合平面应变问题的条件，故可以简化为平面应变问题，分析时取厚壁圆筒的横截面即可。

## 5.2.4　分析步骤

步骤 1：在 Windows“开始”菜单执行 ANSYS →Workbench。

步骤 2：创建项目 A，进行结构静力学分析，如图 5-35 所示。

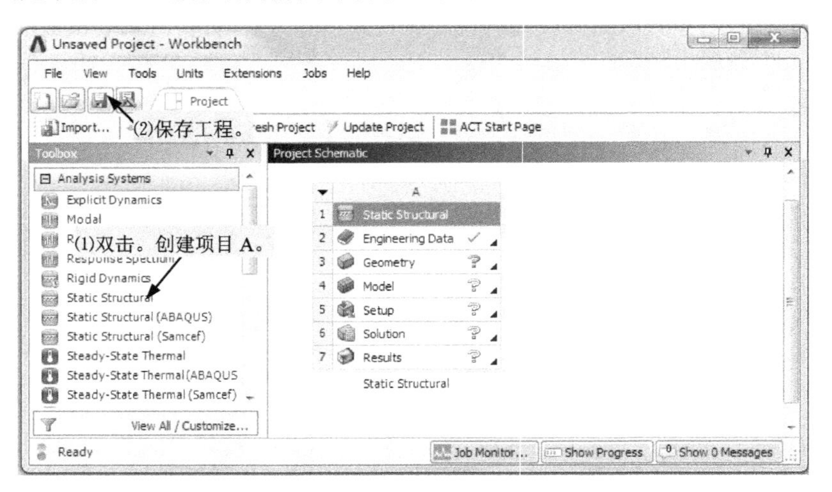


图 5-35　创建项目

步骤 3：将材料库中已有材料添加到当前分析项目中。

（1）双击图 5-35 所示项目流程图 A2 格的“Engineering Data”项。

（2）从 Workbench 材料库中选择材料模型，如图 5-36 所示。

注：如果已将 Structural Steel 选择为默认材料，该步骤可以略过。如果没有选择，当步骤 2 拾取图标后，才会在后面 C 格中显示图标。

步骤 4：创建几何体。

（1）用鼠标右键单击如图 5-35 所示项目流程图 A3 格“Geometry”项，在快捷菜单中拾取命令 New DesignModeler Geometry，启动 DM 创建几何体。

（2）选择长度单位为 mm，如图 5-37 所示。

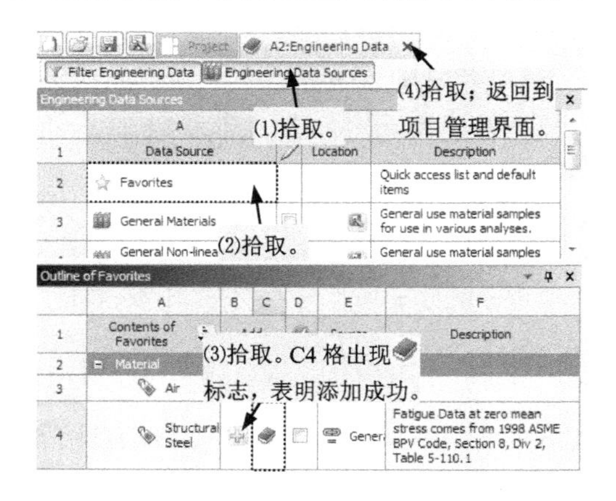


图 5-36　选择材料模型

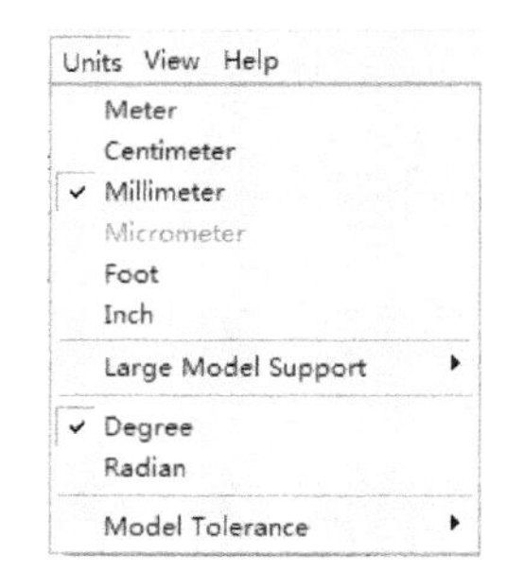


图 5-37　选择长度单位

（3）在 XYPlane 的 Sketch1 上画圆弧和直线，如图 5-38 所示。

（4）标注尺寸，如图 5-39 所示。

（5）拾取菜单 Concept→Surfaces From Sketches，创建面体，如图 5-40 所示。

（6）退出 DesignModeler。

（7）指定几何体属性，进行 2D 分析，如图 5-41 所示。

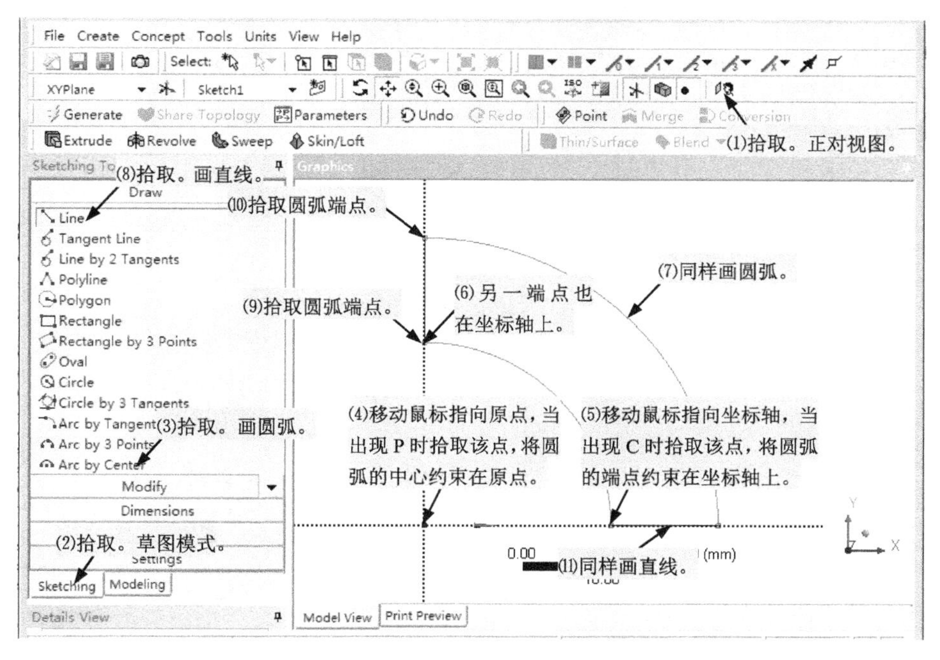


图 5-38　画圆弧和直线

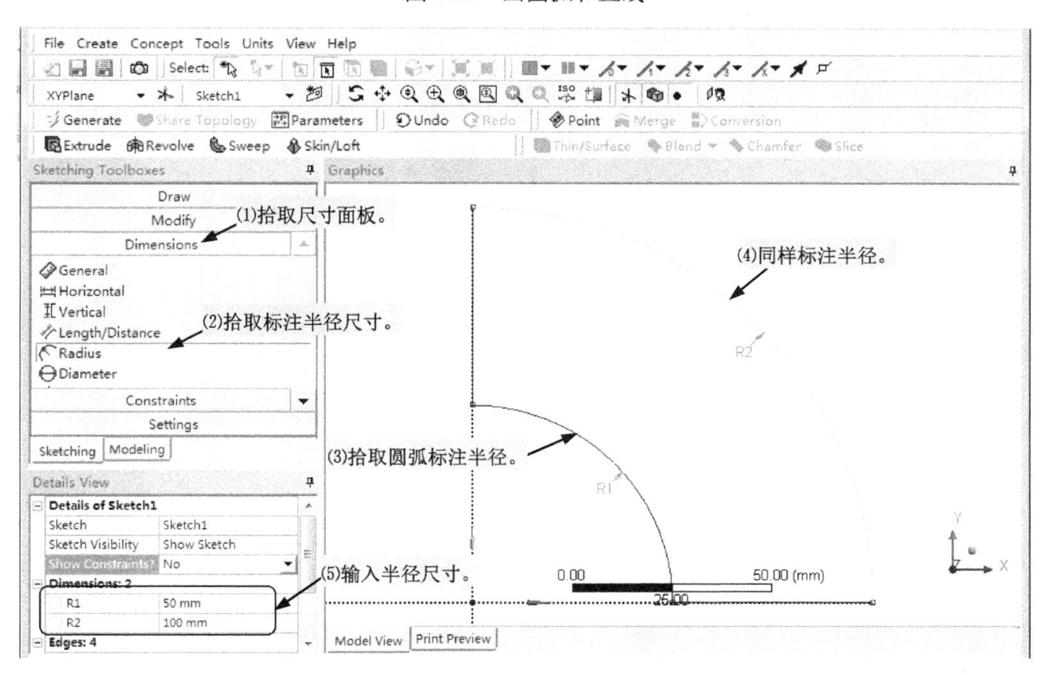


图 5-39　标注尺寸

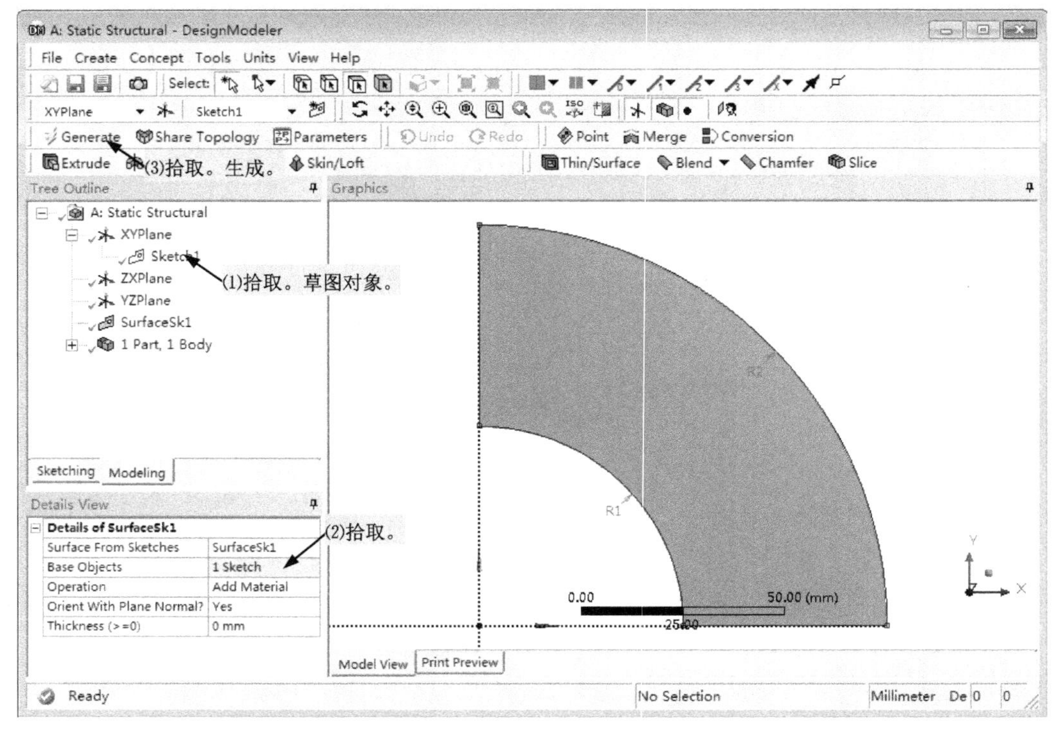


图 5-40 创建面体

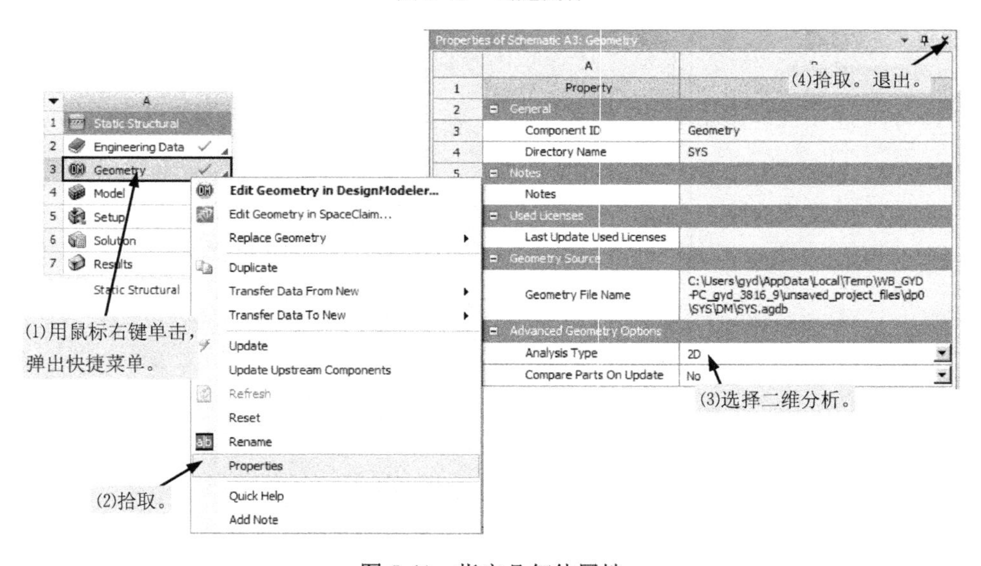


图 5-41 指定几何体属性

步骤 5：建立有限元模型，施加载荷和约束，求解，查看结果。

（1）因上格数据（A3 格 Geometry）发生变化，需刷新数据，如图 5-42 所示。

（2）双击图 5-42 所示项目流程图 A4 格的“Model”项，启动 Mechanical。

（3）指定几何体的 2D 行为为平面应变，如图 5-43 所示。

（4）为几何体分配材料，如图 5-44 所示。

（5）创建局部坐标系 CSYS1，类型为圆柱坐标系，原点在全局坐标系的原点，*X* 轴为全局

坐标系的 *X* 轴，如图 5-45 所示。

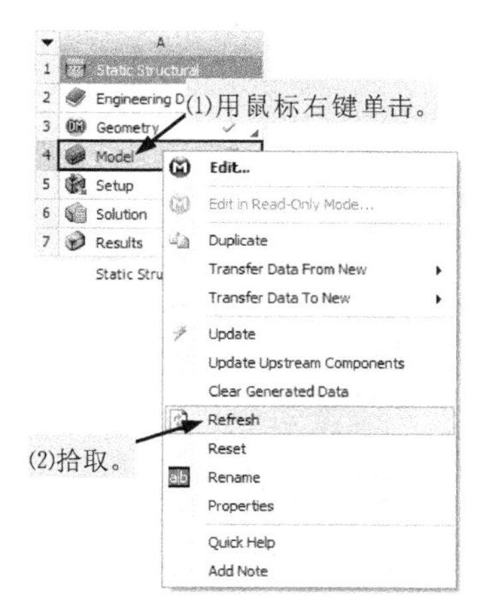


图 5-42　刷新数据

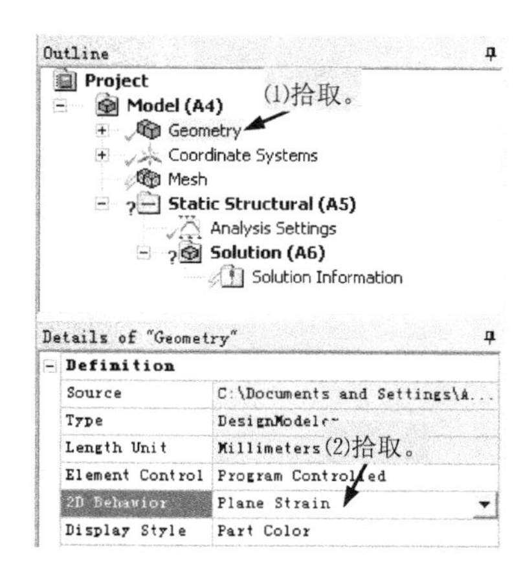


图 5-43　指定几何体的 2D 行为

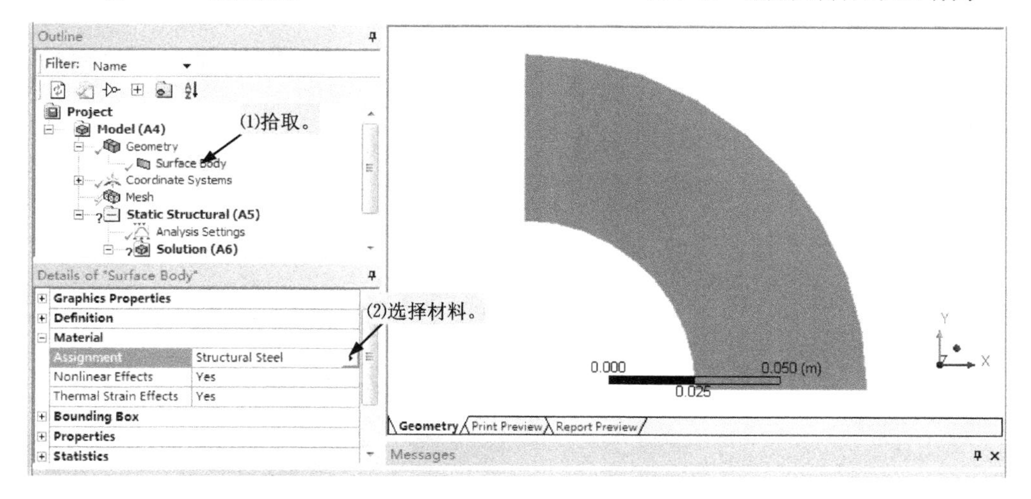


图 5-44　指定材料

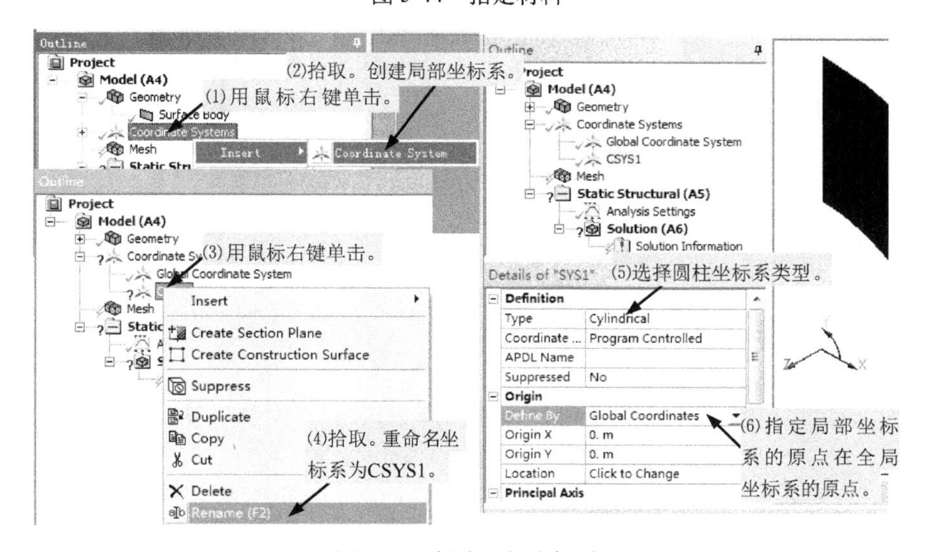


图 5-45　创建局部坐标系

（6）划分网格，如图 5-46 所示。

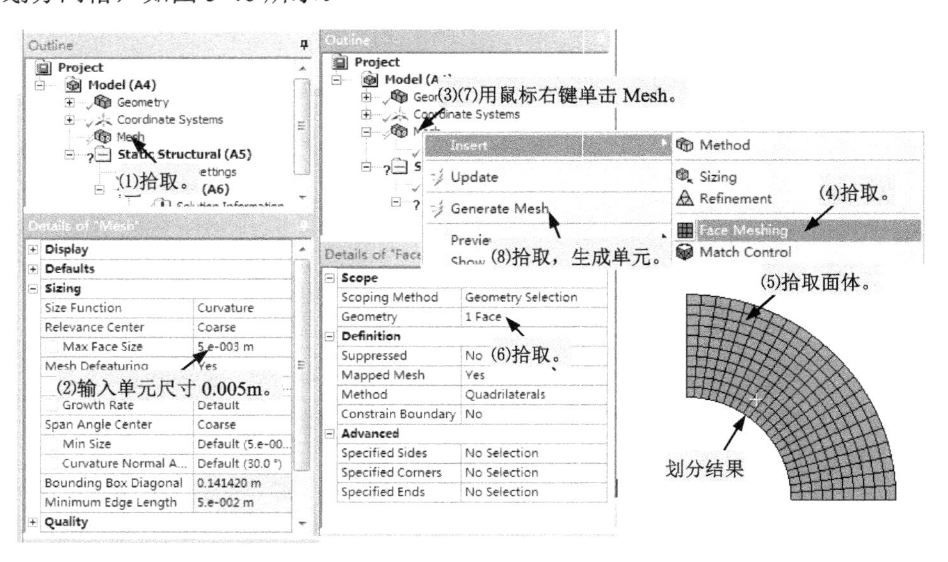


图 5-46　划分网格

（7）在内孔表面施加压力载荷，如图 5-47 所示。

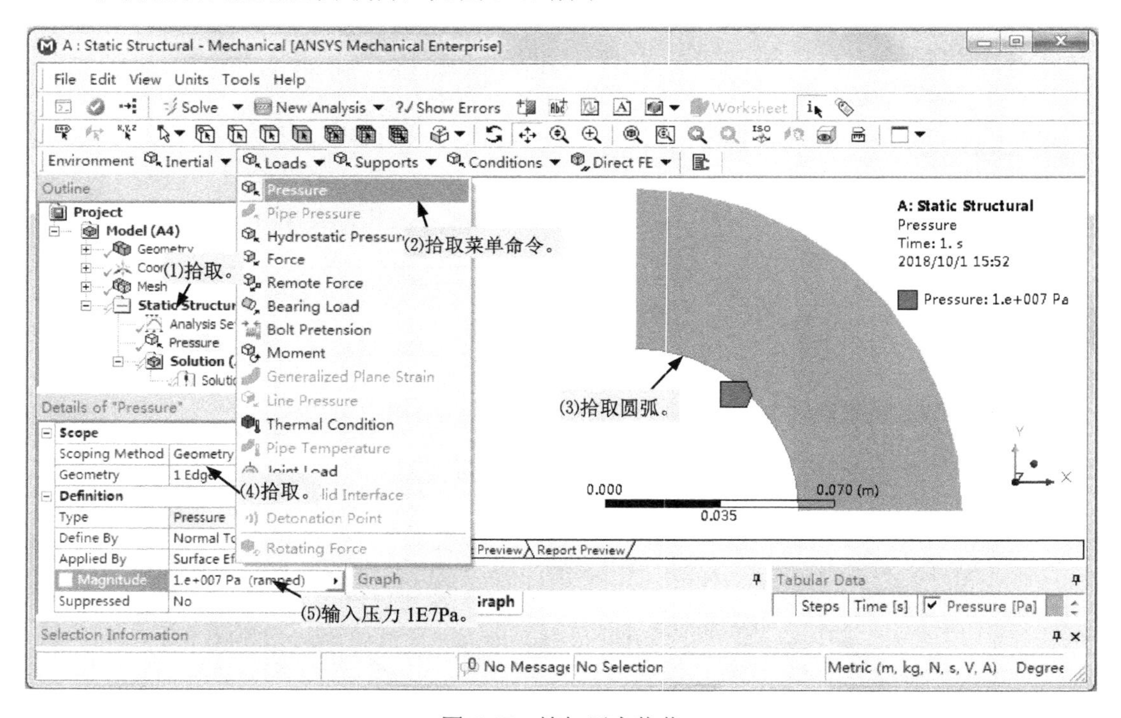


图 5-47　施加压力载荷

（8）施加无摩擦约束（即对称面约束，约束对称面法线方向的位移），如图 5-48 所示。

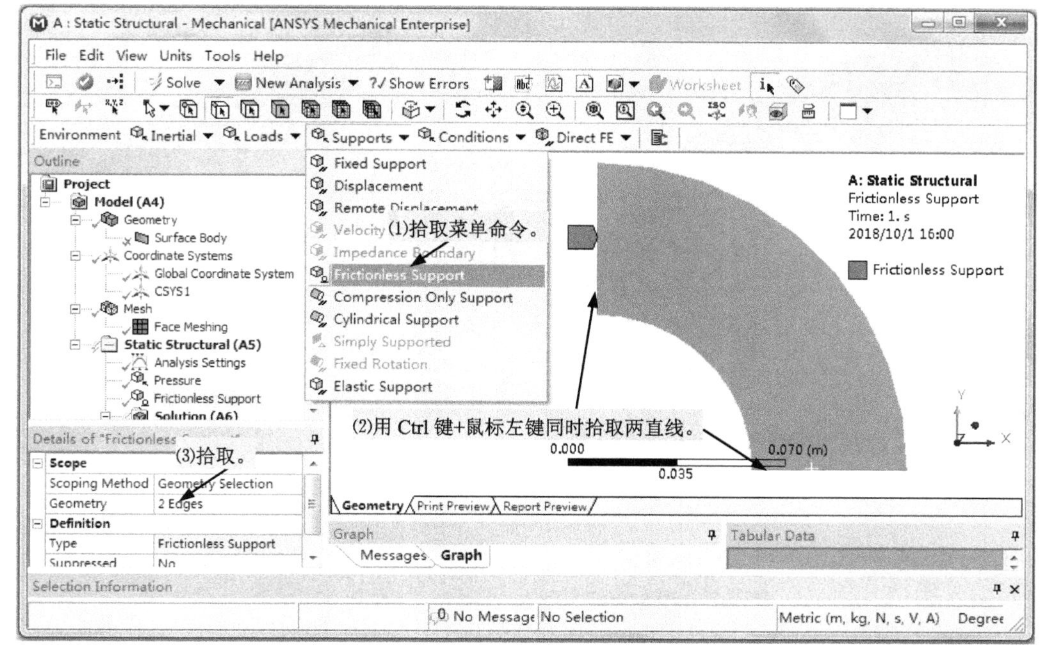


图 5-48 施加无摩擦约束

（9）指定查看总变形、径向应力和切向应力等计算结果，如图 5-49 所示。

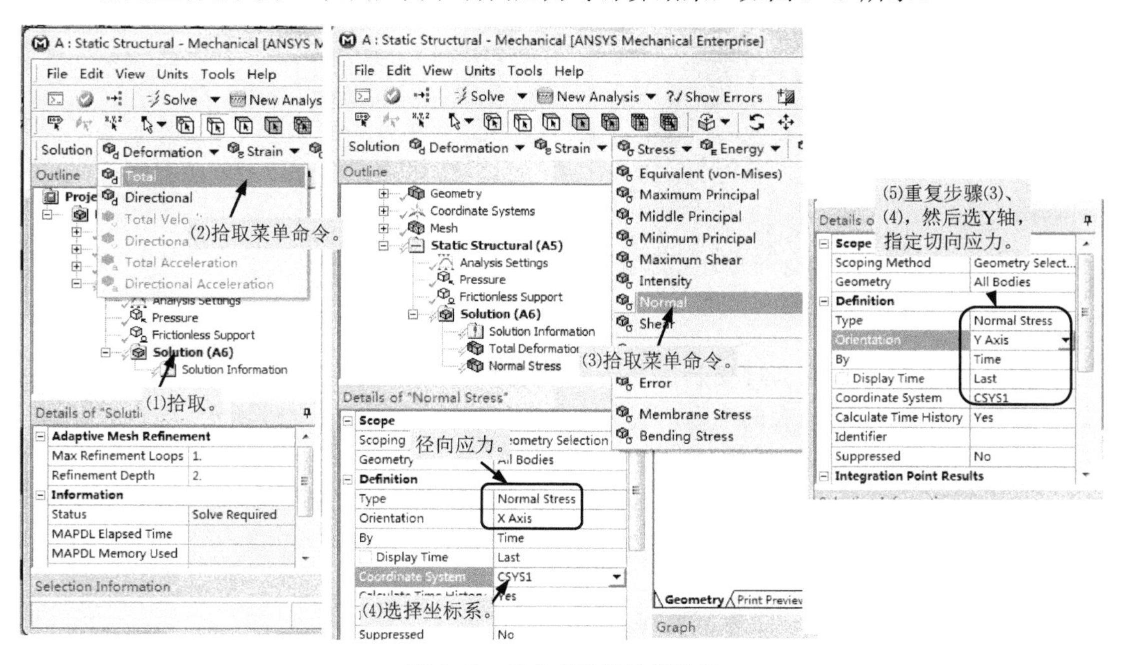


图 5-49 指定查看的计算结果

（10）单击 Solve 按钮，求解。

（11）在提纲树（Outline）上选择结果类型，进行结果查看，厚壁圆筒的总变形、径向应力和切向应力分别如图 5-50、图 5-51 和图 5-52 所示。对比由式（5-5）得出的理论解，有限元分析结果与之完全一致。

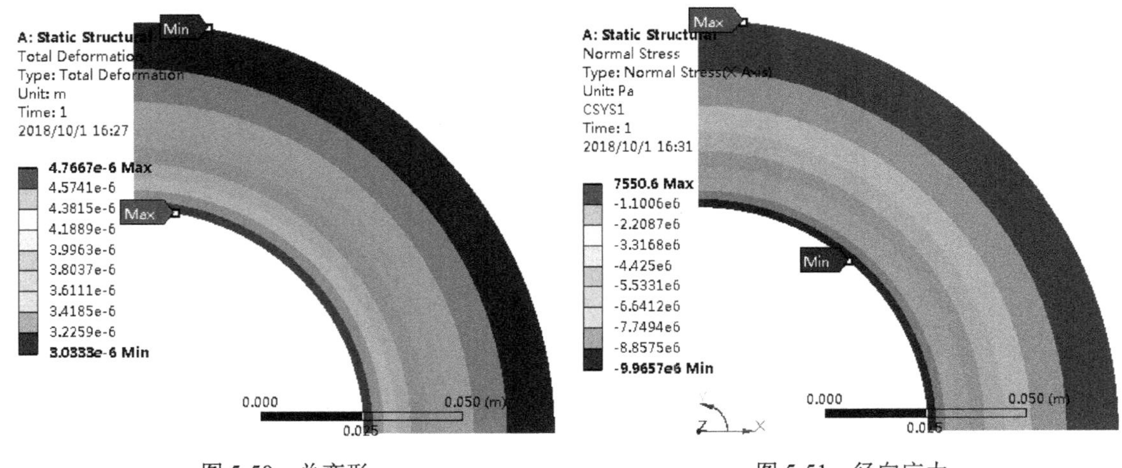


图 5-50　总变形　　　　图 5-51　径向应力

步骤 6：定义路径、作路径图查看结果。

（1）插入构造几何（Construction Geometry）对象，如图 5-53 所示。

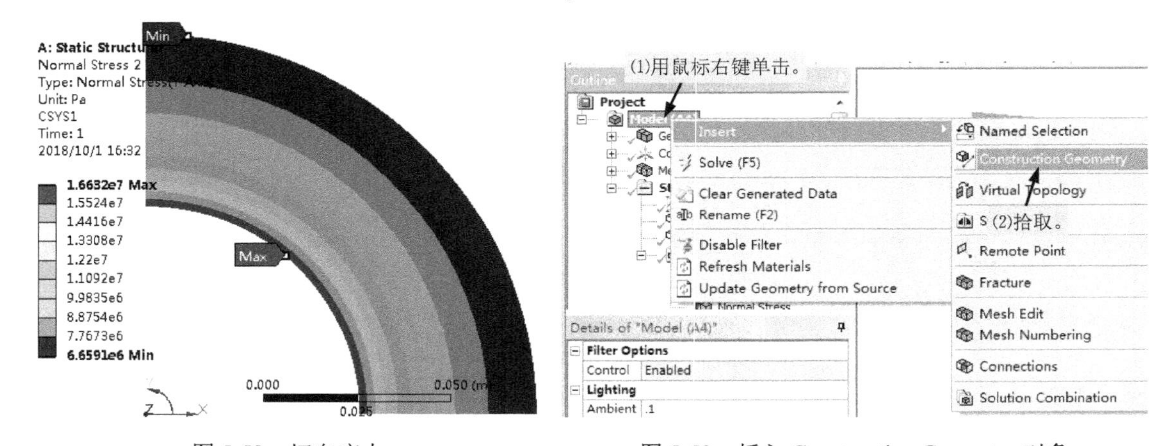


图 5-52　切向应力　　　　图 5-53　插入 Construction Geometry 对象

（2）定义路径 P1，如图 5-54 所示。

（3）指定路径 P1 上各点径向应力、切向应力为计算结果，如图 5-55 所示。

（4）单击 Solve 按钮，求解。

（5）在提纲树（Outline）上选择结果类型，在 Graph 窗口显示路径图，如图 5-56 和图 5-57 所示。

步骤 7：退出 Mechanical。

步骤 8：在 ANSYS Workbench 界面保存工程。

**[本例小结]** 通过厚壁圆筒实例介绍了 Mechanical 的使用方法，介绍了用结构静力学分析求解平面问题的方法、步骤和过程。

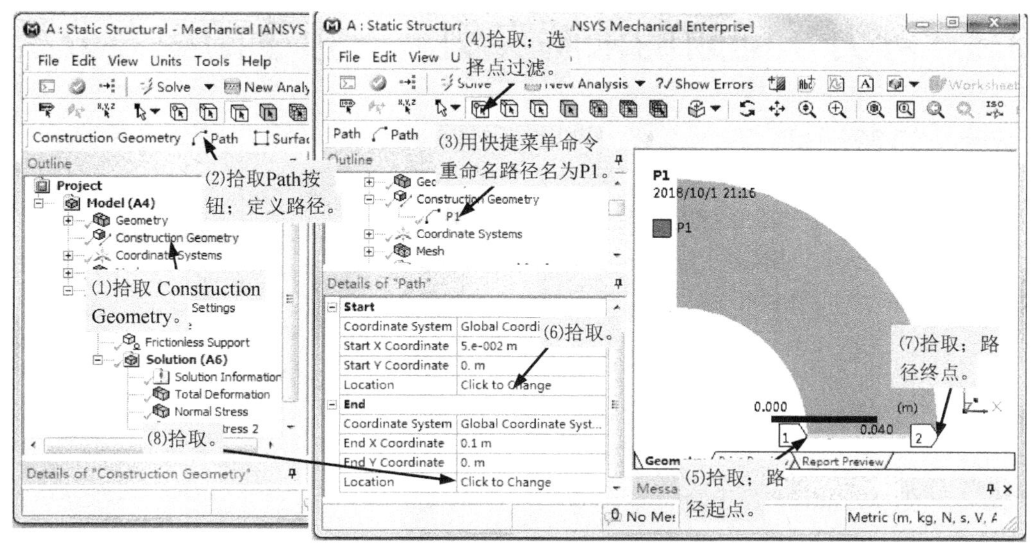


图 5-54　定义路径

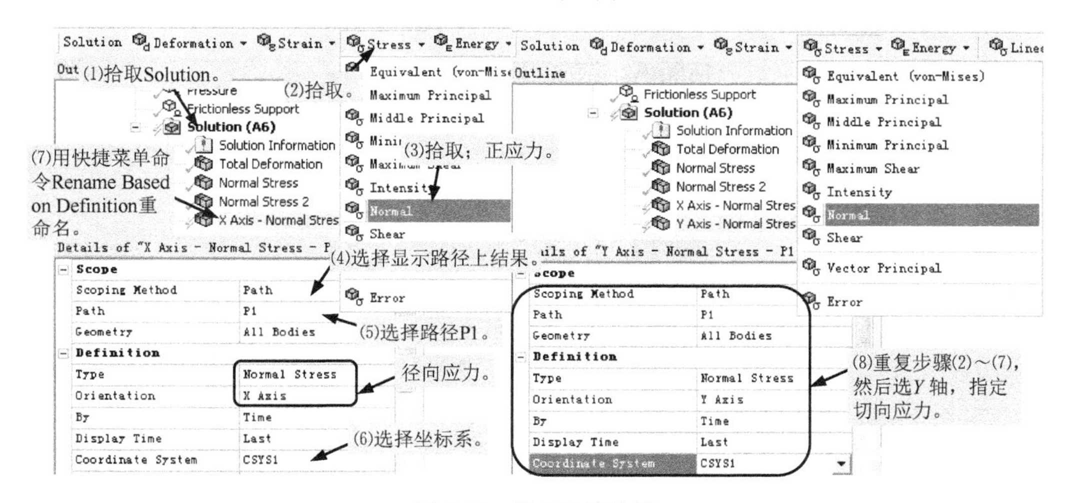


图 5-55　指定计算结果

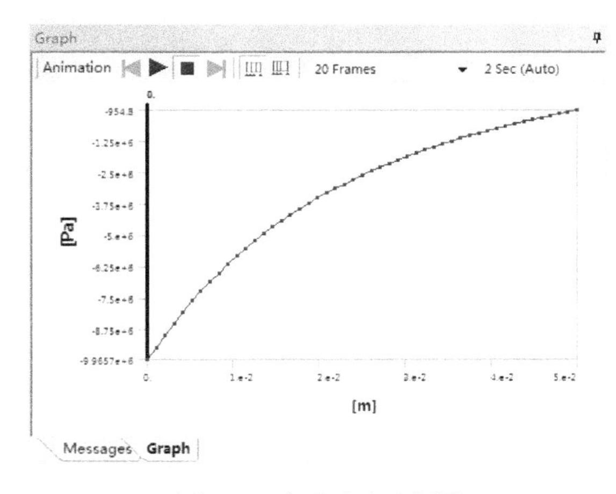

图 5-56　径向应力路径图

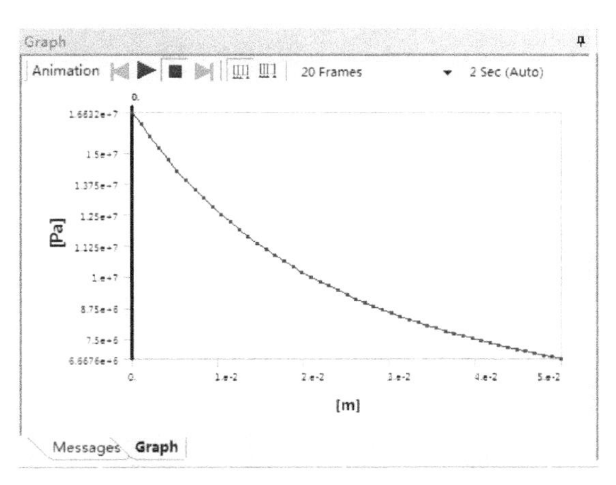

图 5-57　切向应力路径图

# 5.3 静力学问题的求解实例——扳手的受力分析

## 5.3.1 问题描述

图 5-58（a）所示为一内六角螺栓扳手，其轴线形状和尺寸如图 5-58（b）所示，横截面为一外接圆半径为 10 mm 的正六边形，拧紧力 $F$ 为 600 N，计算扳手拧紧时的应力分布。

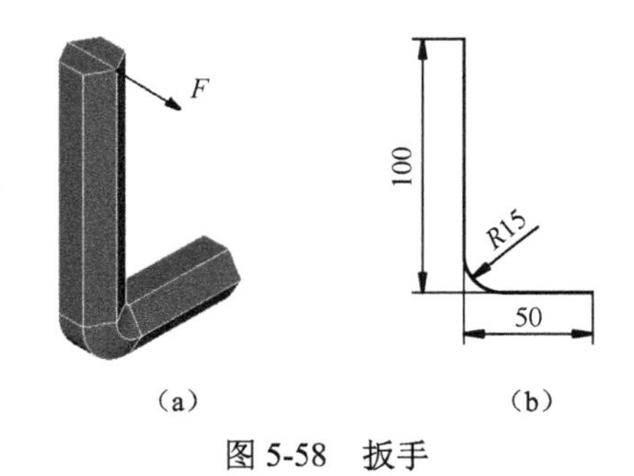


图 5-58 扳手

## 5.3.2 分析步骤

步骤 1：在 Windows“开始”菜单执行 ANSYS→Workbench。

步骤 2：创建项目 A，进行结构静力学分析，如图 5-59 所示。

步骤 3：修改材料库中已有材料模型并添加到当前分析项目中。

（1）双击图 5-59 所示项目流程图 A2 格的“Engineering Data”项。

（2）输入材料特性，选择材料 Structural Steel 并修改杨氏模量，如图 5-60 所示。如果不显示“Outline of General Materials”对话框或者“Properties of Outline”对话框，可拾取菜单 View→Outline 或 View→Properties。

图 5-59 创建项目

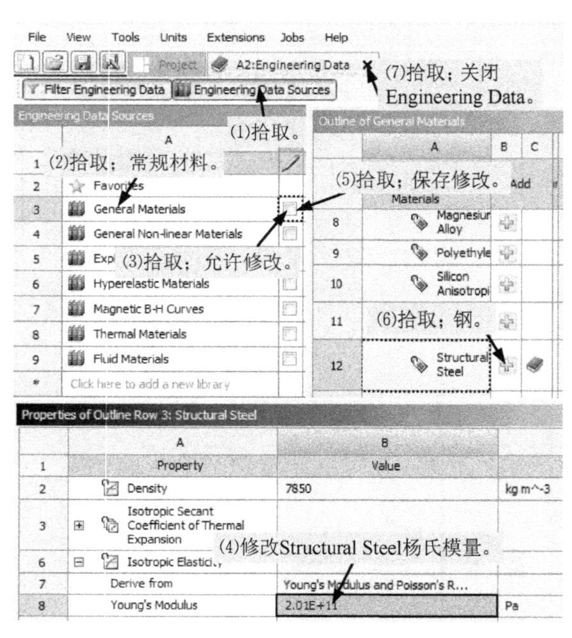


图 5-60 输入材料特性

步骤 4：创建几何体。

（1）用鼠标右键单击如图 5-59 所示项目流程图 A3 格“Geometry”项，在快捷菜单中拾取命令 New DesignModeler Geometry，启动 DM 创建几何体。

（2）拾取菜单命令 Units→ Millimeter，选择长度单位为 mm。

（3）创建正六边形，并标注尺寸，如图 5-61 所示。

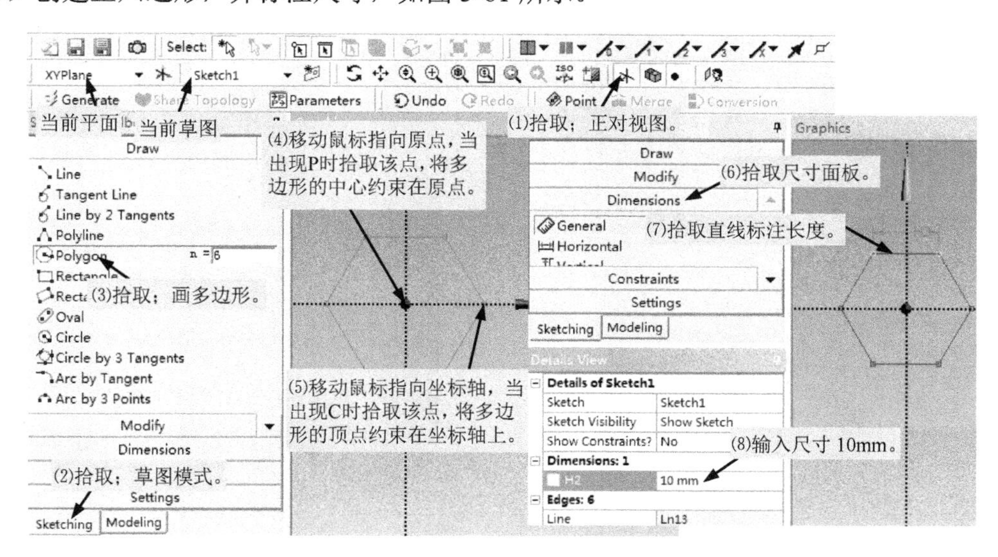


图 5-61　创建正六边形

（4）画路径线，在 YZPlane 上创建草图 Sketch2，画两条直线，标注尺寸并倒圆角，如图 5-62 所示。

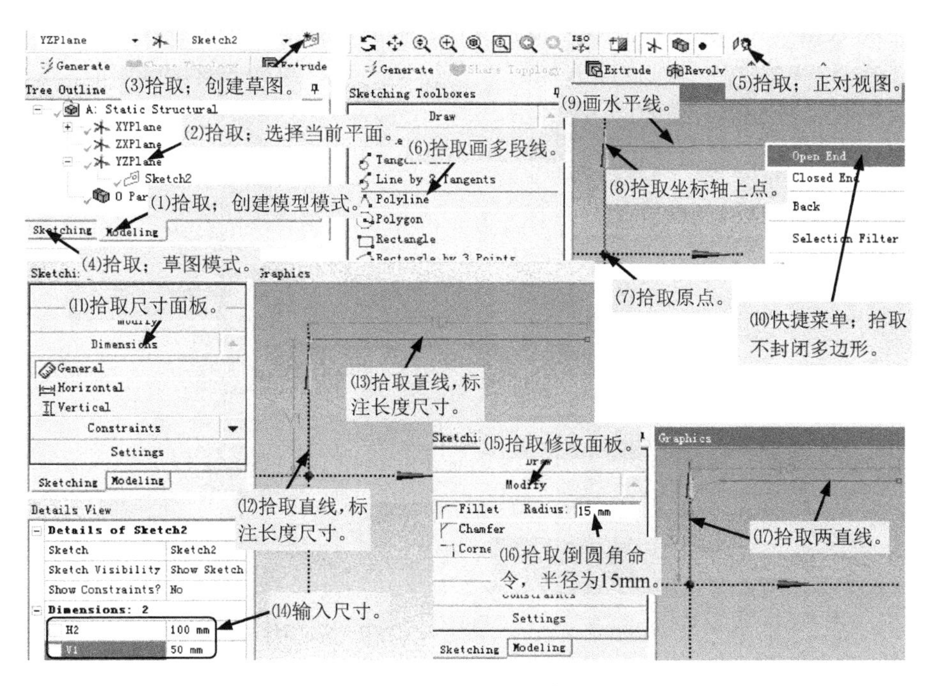


图 5-62　画路径线

（5）扫略成扳手 3D 几何体，退出 DM，如图 5-63 所示。

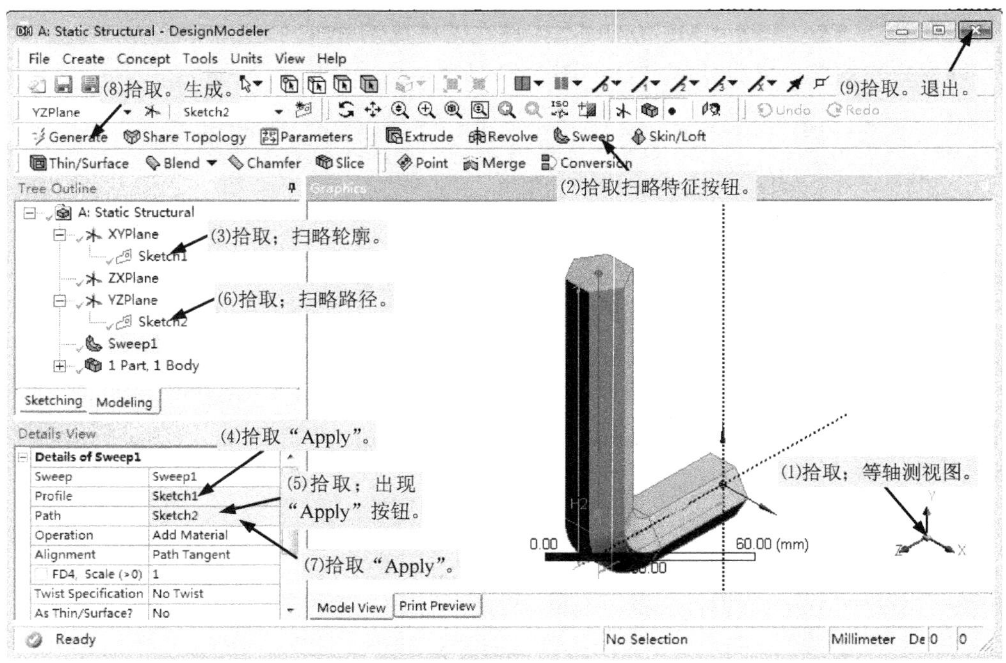


图 5-63　扫略

步骤 5：建立有限元模型，施加载荷和约束，求解，查看结果。

（1）因上格数据（A3 格 Geometry）发生变化，需刷新数据，如图 5-64 所示。

（2）双击图 5-64 所示项目流程图 A4 格的“Model”项，启动 Mechanical。

（3）为几何体分配材料，如图 5-65 所示。

图 5-64　刷新数据

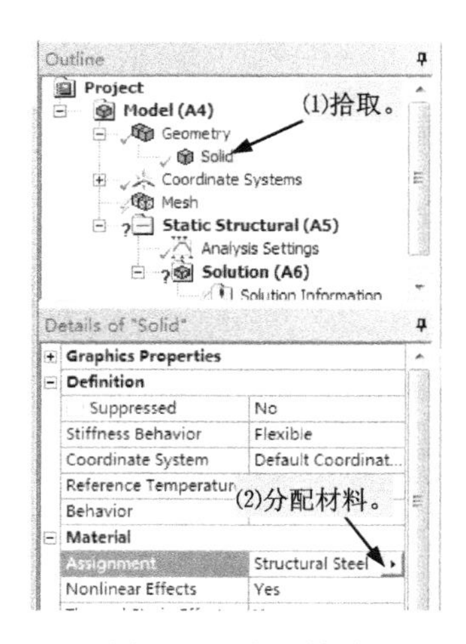


图 5-65　分配材料

（4）划分单元，如图 5-66 所示。

（5）在扳手长臂端面施加集中力载荷，如图 5-67 所示。

（6）在扳手短臂端面施加固定约束，如图 5-68 所示。

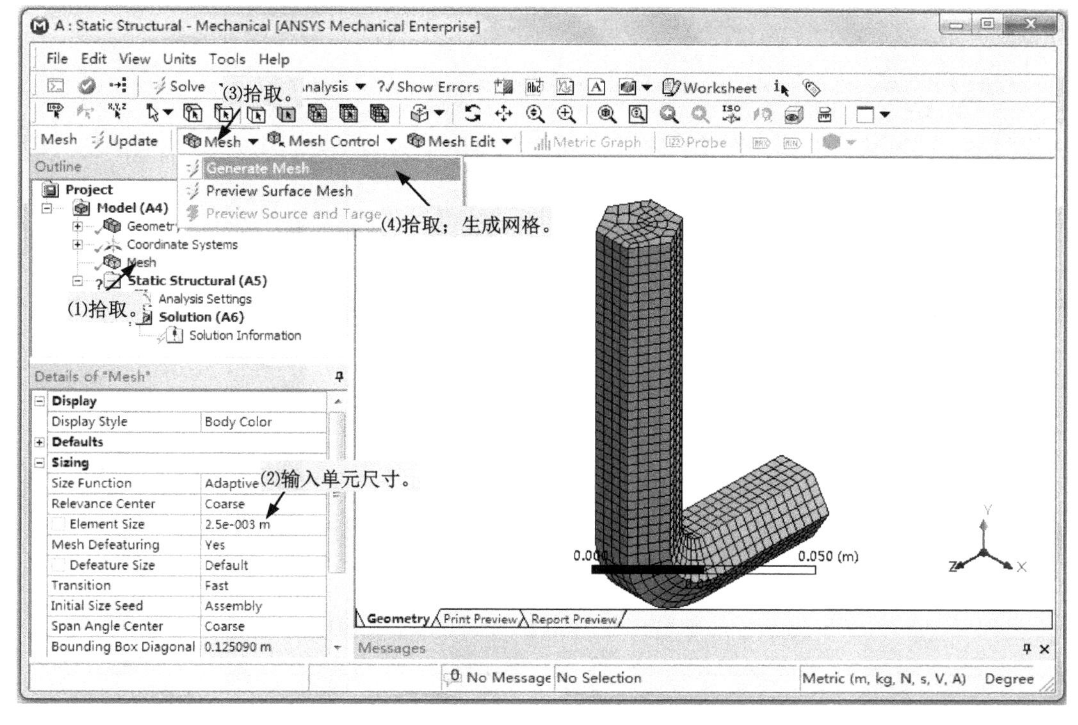


图 5-66　划分单元

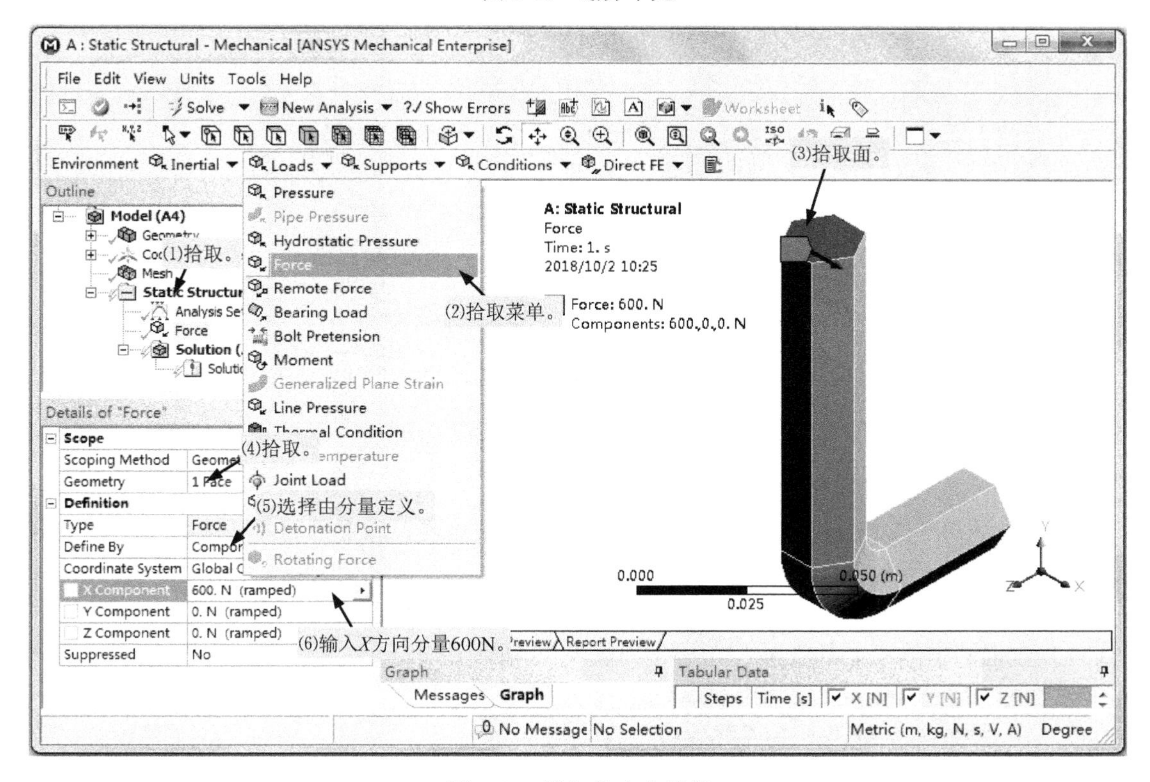


图 5-67　施加集中力载荷

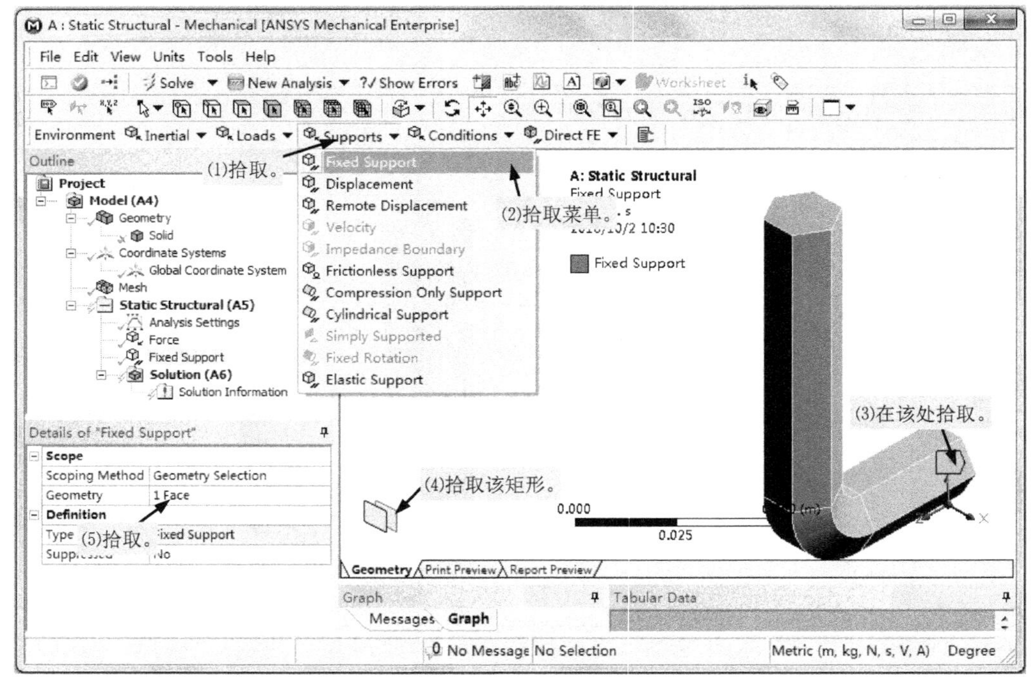


图 5-68　施加固定约束

（7）指定总变形和等效应力为计算结果，如图 5-69 所示。

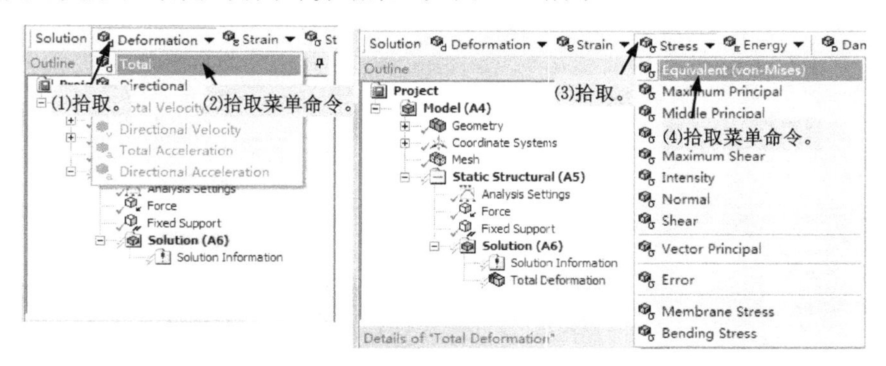


图 5-69　指定计算结果

（8）单击 Solve 按钮，求解。

（9）在提纲树（Outline）上选择结果类型，进行结果查看。总变形和等效应力计算结果分别如图 5-70、图 5-71 所示。

（10）作切片图观察模型内部的结果情况，如图 5-72 所示。

（11）查询固定约束处的支反力大小，如图 5-73 所示。

（12）退出 Mechanical。

（13）在 ANSYS Workbench 界面保存工程。

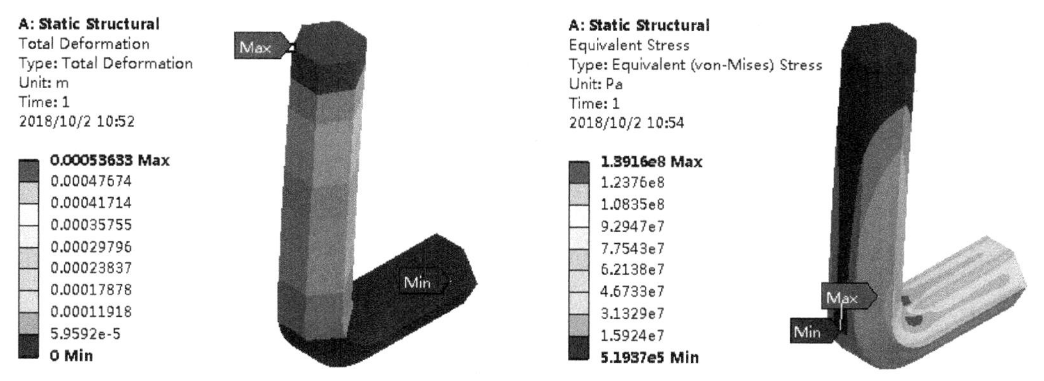


图 5-70　总变形计算结果　　　　图 5-71　等效应力计算结果

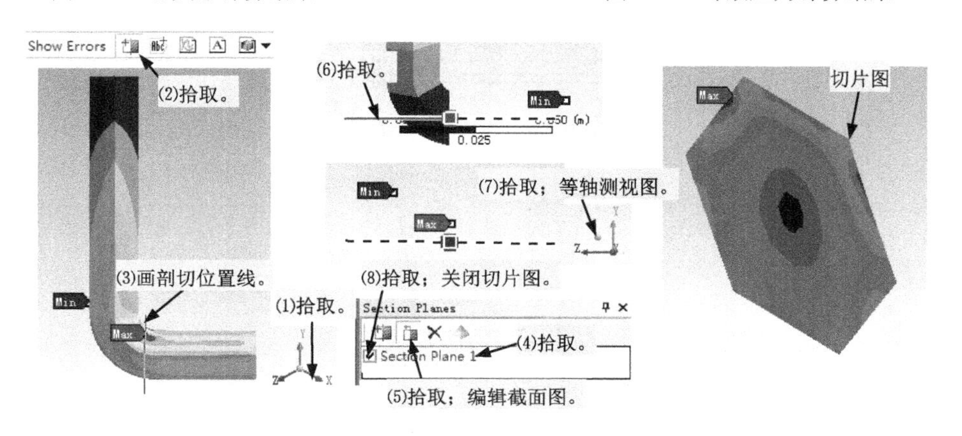


图 5-72　作切片图

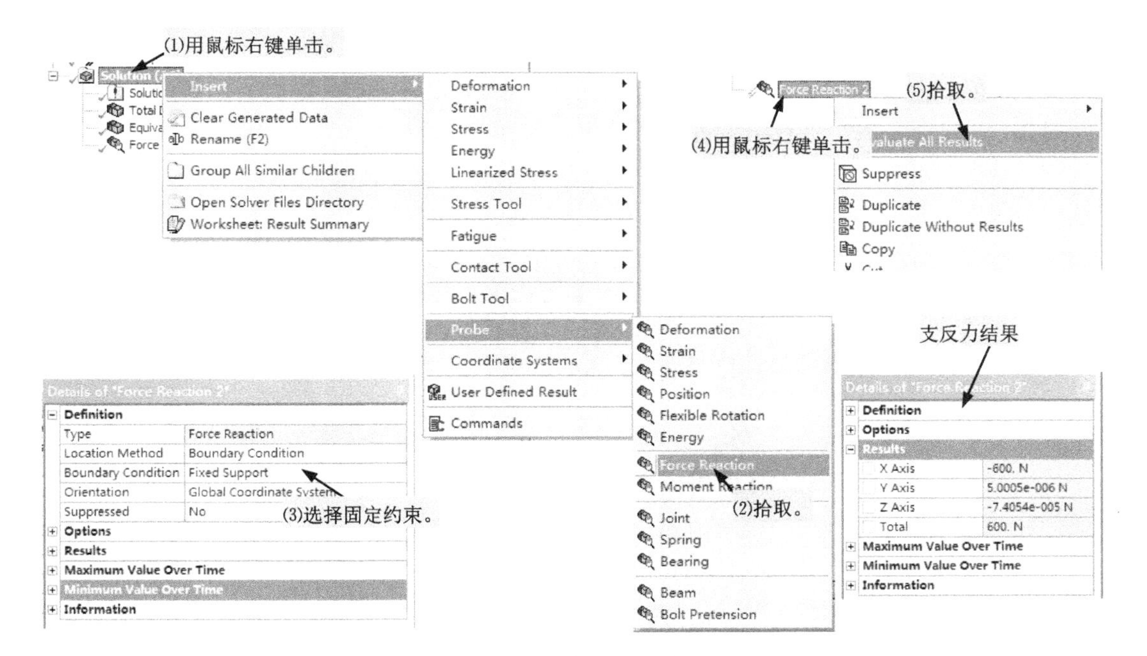


图 5-73　查询支反力

**[本例小结]** 通过扳手受力实例介绍了 Mechanical 的使用方法，以及进行空间结构静力学分

析的方法、步骤和过程，介绍了使用云图和切片图显示结果、查询支反力结果的方法。

# 5.4 概念建模及静力学问题的求解实例——水杯变形分析

## 5.4.1 问题描述

图 5-74 所示为纸制水杯，纸板厚度为 0.267mm，分析其在装满水后倾翻 30° 时的变形和应力分布情况。已知纸板的弹性模量为 $10^{10}$Pa，泊松比为 0.32。

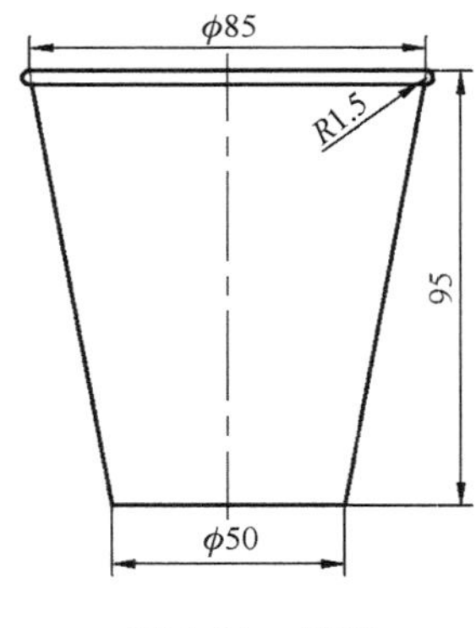


图 5-74 纸杯

## 5.4.2 分析步骤

步骤 1：在 Windows“开始”菜单执行 ANSYS →Workbench。

步骤 2：创建项目 A，进行结构静力学分析，如图 5-75 所示。

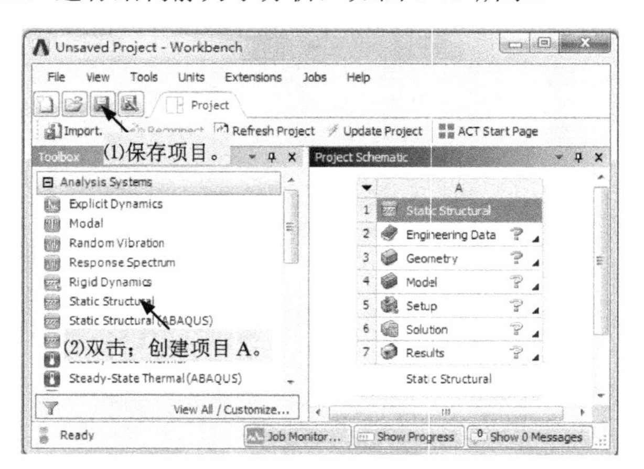


图 5-75 创建项目

步骤 3：在 Workbench 材料库中创建新材料模型 paper，并添加到当前分析项目中。

（1）双击图 5-75 所示项目流程图 A2 格的“Engineering Data”项。

（2）定义新材料模型、并添加到当前分析项目中，如图 5-76 所示。图中对话框的显示由下拉菜单 View 项控制。

步骤 4：创建几何体。

（1）用鼠标右键单击如图 5-76 所示项目流程图 A3 格“Geometry”项，在快捷菜单中拾取命令 New DesignModeler Geometry，启动 DM 创建几何体。

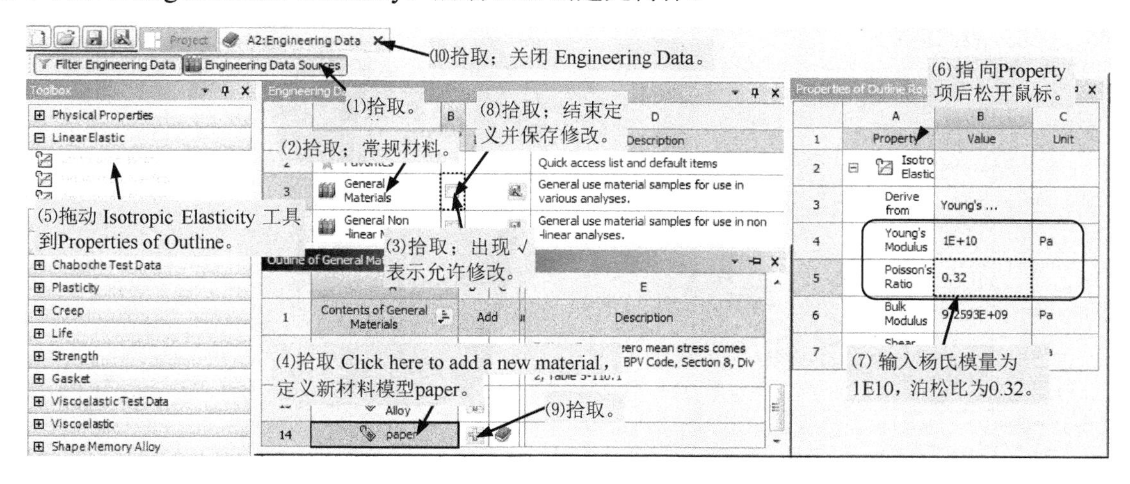


图 5-76 定义材料模型

（2）拾取菜单命令 Units→ Millimeter，选择长度单位为 mm。

（3）在 XYPlane 平面 Sketch1 上画多段线，并标注尺寸，如图 5-77 所示。

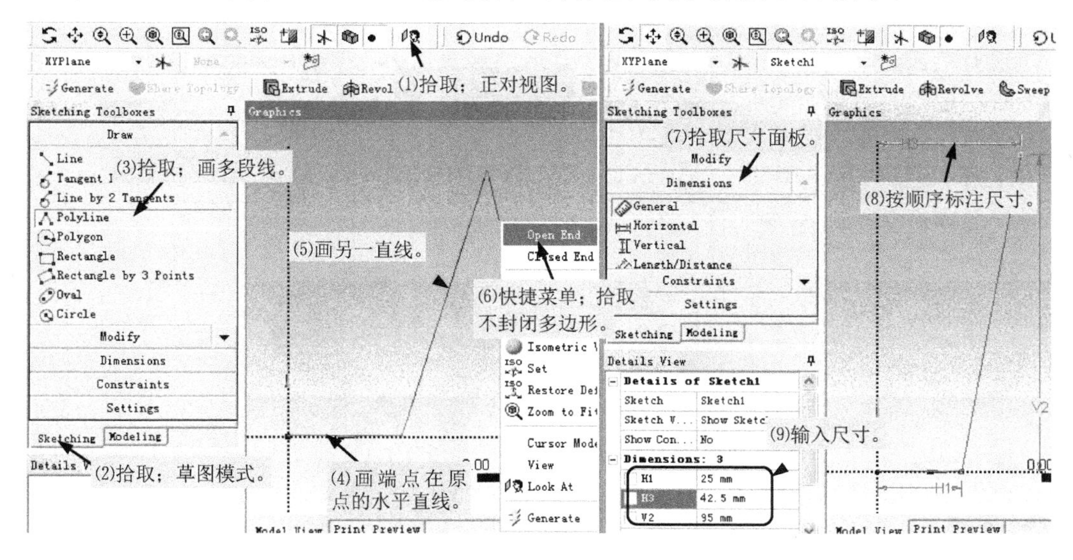


图 5-77 画多段线

（4）旋转形成面体，如图 5-78 所示。

（5）在纸杯口部创建线体，如图 5-79 所示。

（6）创建半径为 1.5mm 的圆形横截面，并为线体指定横截面属性，如图 5-80 所示。

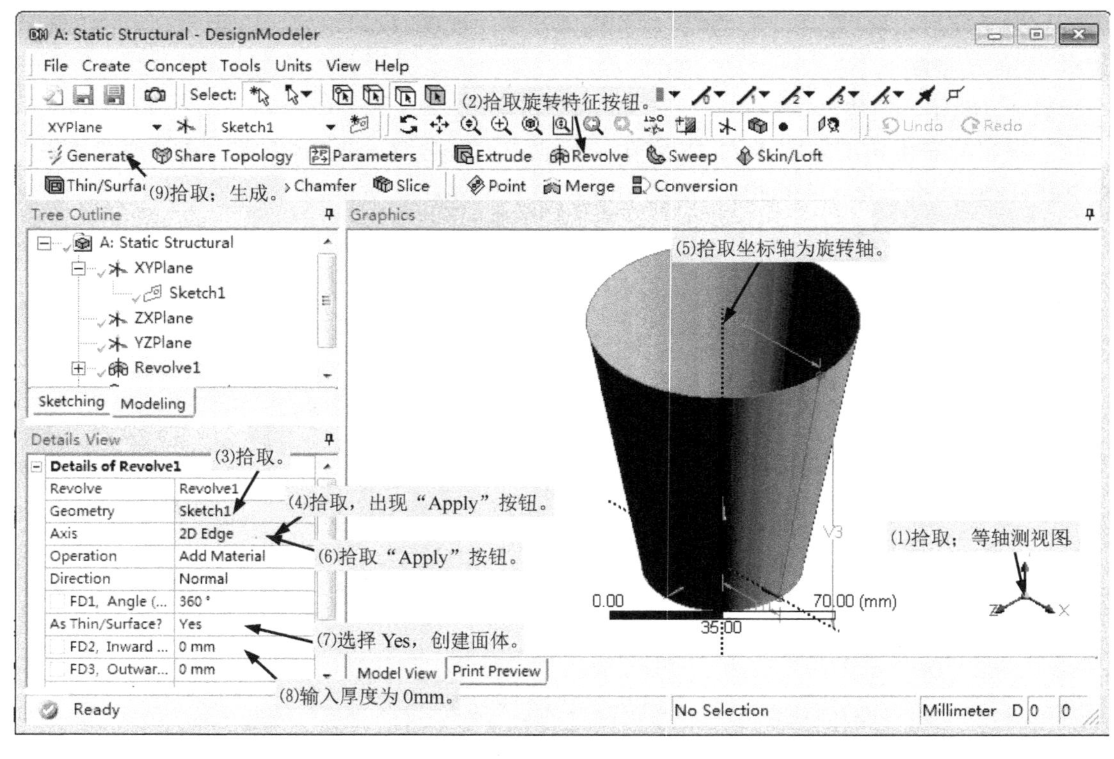


图 5-78　旋转形成面体

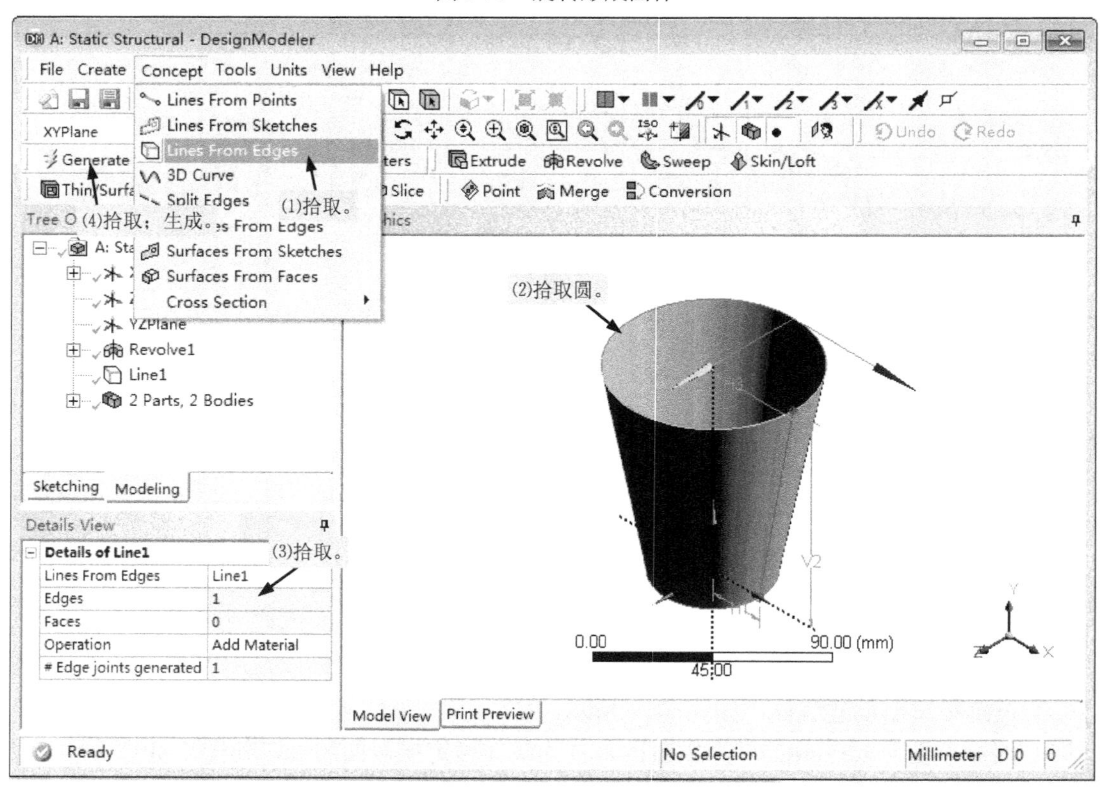


图 5-79　创建线体

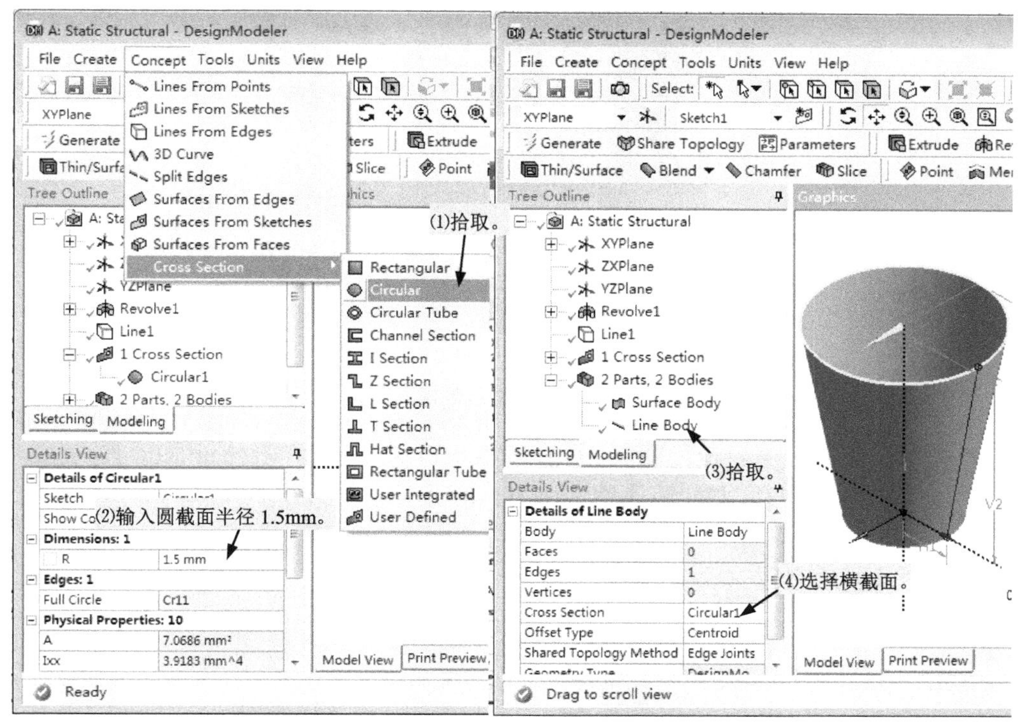


图 5-80 为线体指定横截面属性

（7）创建多几何体零件，然后退出 DesignModeler，如图 5-81 所示。

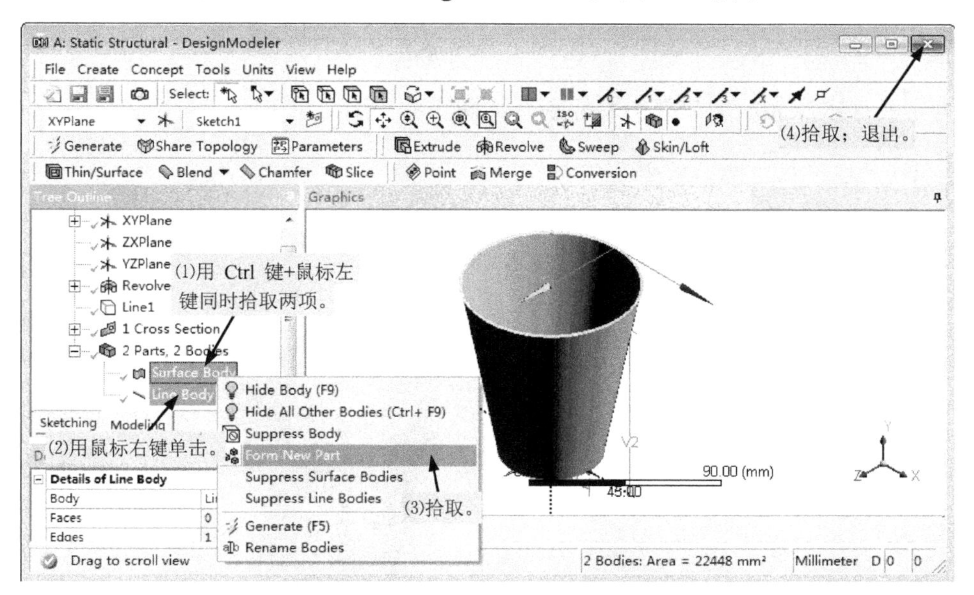


图 5-81 创建零件

步骤 5：划分网格，施加载荷和约束，求解，查看结果。

（1）因上格数据（A3 格 Geometry）发生变化，需刷新数据，如图 5-82 所示。

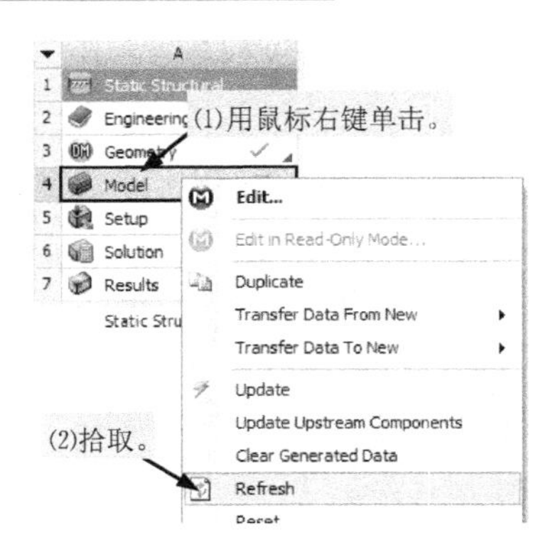


图 5-82　刷新数据

（2）双击图 5-82 所示项目流程图 A4 格的“Model”项，启动 Mechanical。

（3）为几何体指定厚度、材料等属性，如图 5-83 所示。

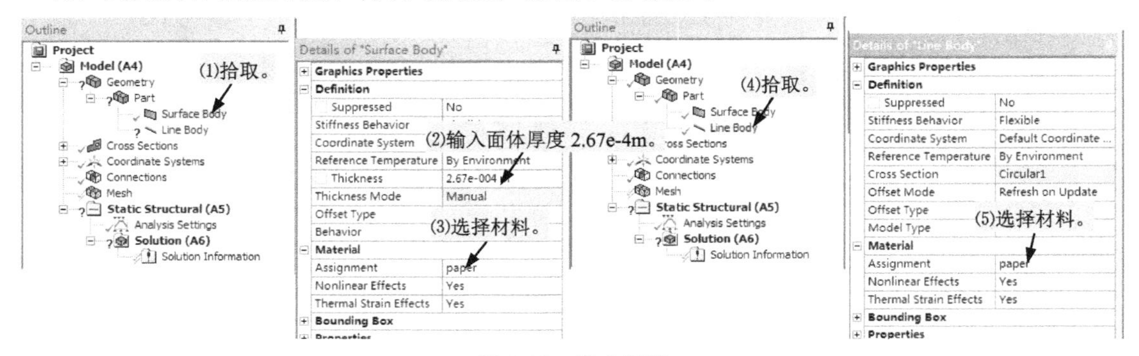


图 5-83　指定属性

（4）为定义静水压力，创建局部坐标系，如图 5-84 所示。

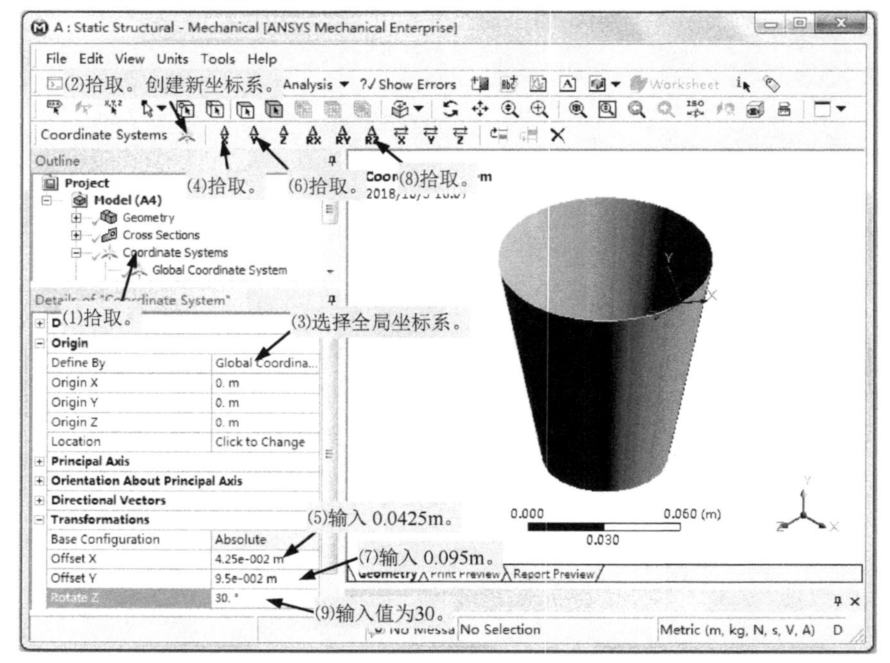


图 5-84　创建新坐标系

（5）划分单元，如图 5-85 所示。

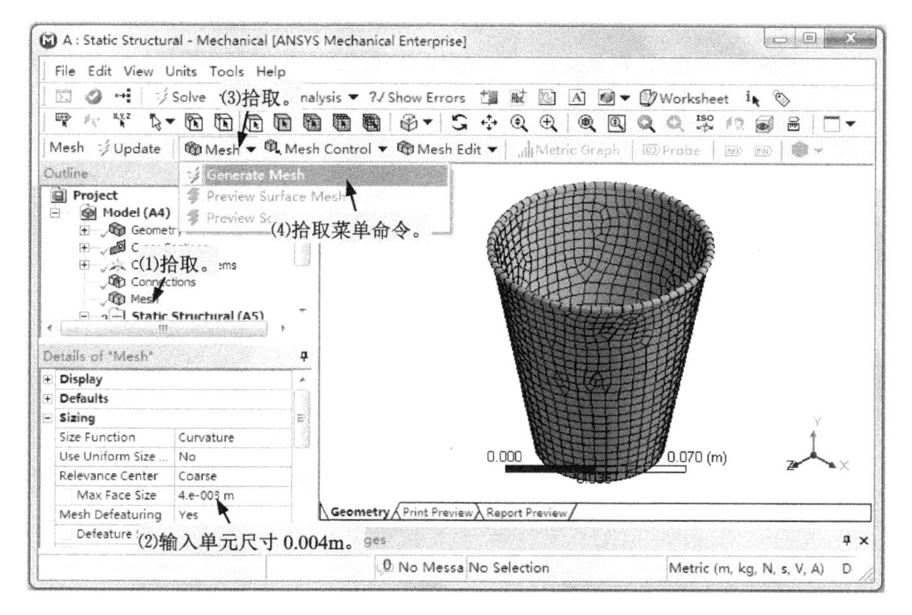


图 5-85　划分单元

（6）在面体的里面施加静水压力，如图 5-86 所示。

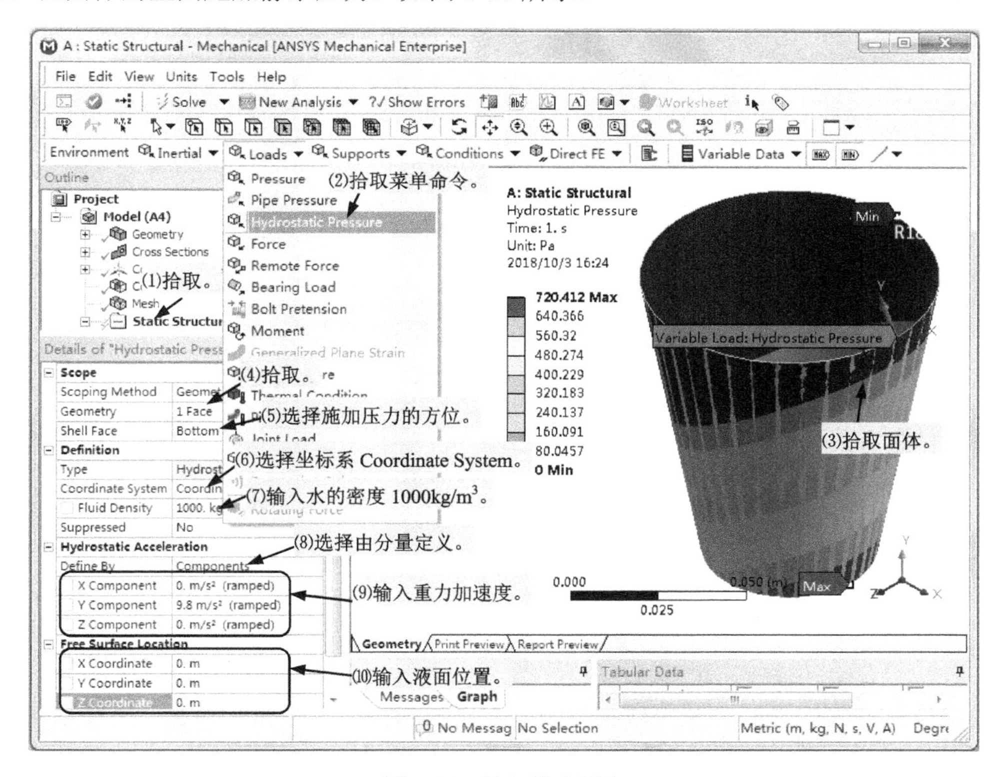


图 5-86　施加静水压力

（7）在纸杯底部施加固定约束，如图 5-87 所示。

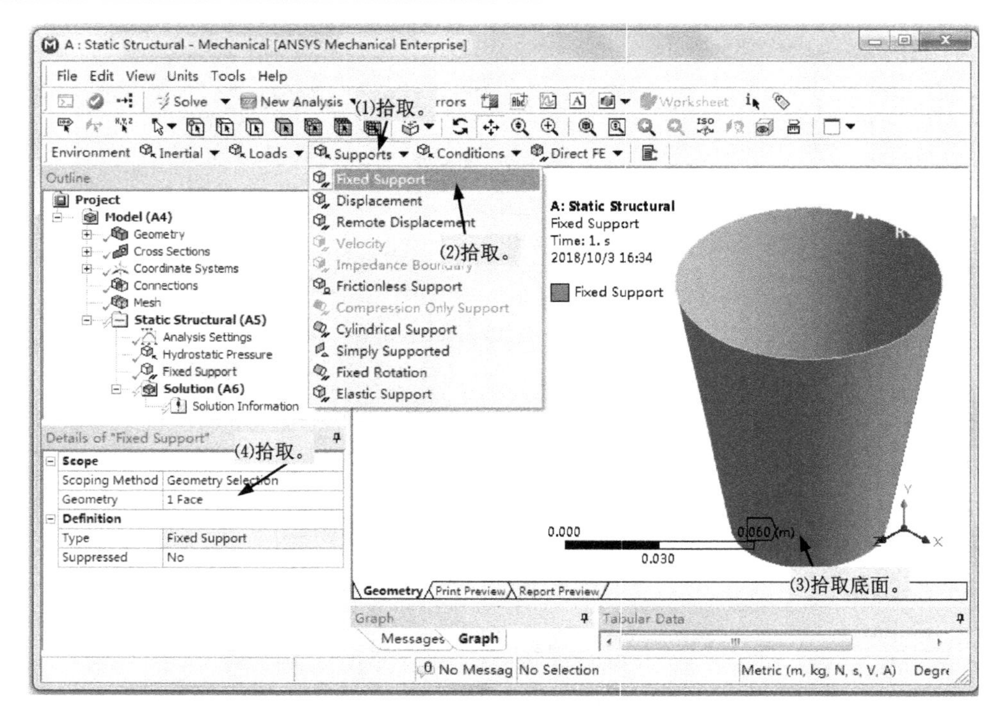


图 5-87　施加固定约束

（8）指定总变形和等效应力等计算结果，如图 5-88 所示。

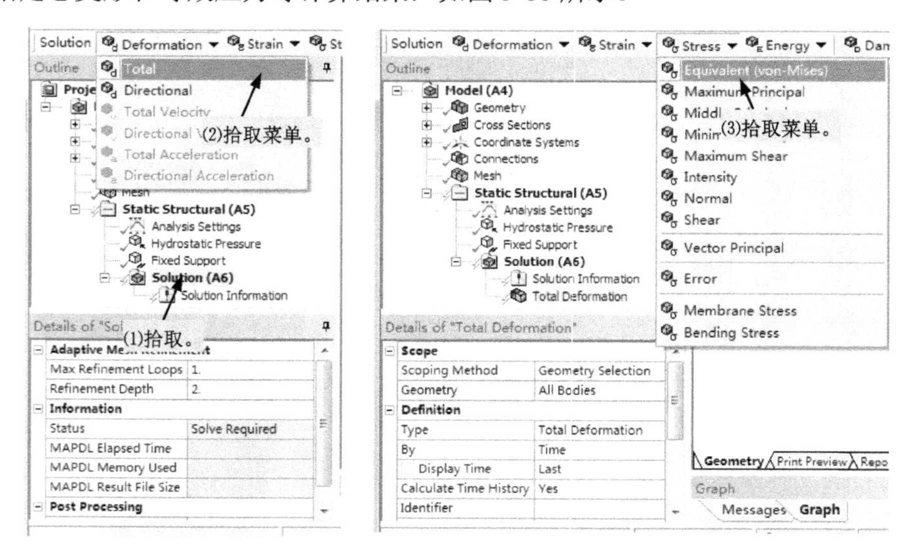


图 5-88　指定计算结果

（9）单击 Solve 按钮，求解。

（10）在提纲树（Outline）上选择结果类型，进行结果查看，总变形和等效应力分别如图 5-89、图 5-90 所示。

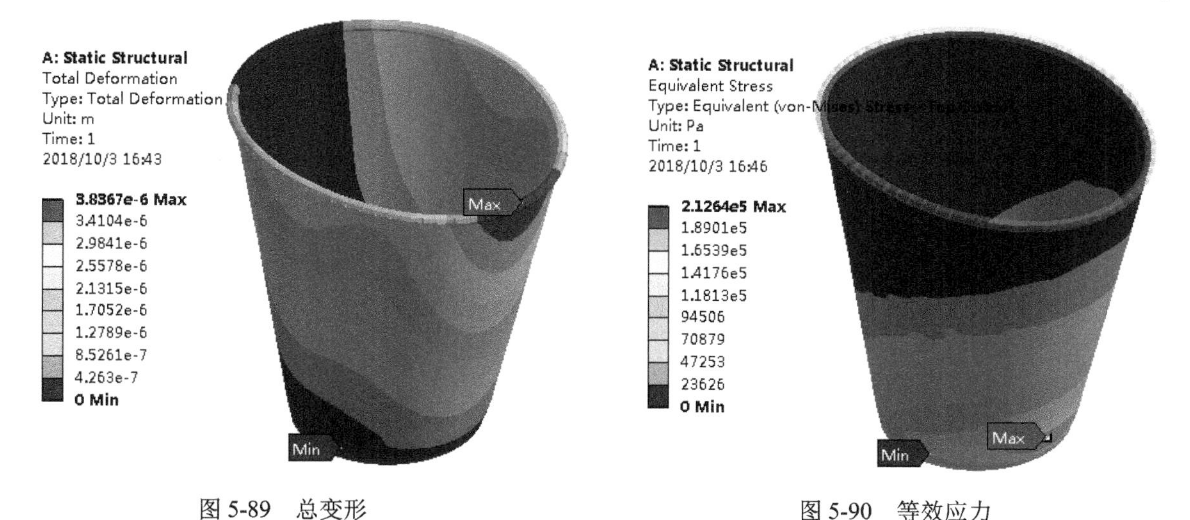


图 5-89 总变形　　　　图 5-90 等效应力

（11）退出 Mechanical。

步骤 6：在 ANSYS Workbench 界面保存工程。

**[本例小结]** 介绍了 DM 概念建模的基础知识，通过纸杯变形分析实例介绍了 DM 概念建模的方法、过程，介绍了对包括有面体、线体的多几何体零件进行结构静力学分析的方法、步骤和过程，介绍了创建新材料、创建局部坐标系、施加静水压力的方法。

# 5.5 复杂问题的求解实例——液压支架顶梁刚度和强度分析

## 5.5.1 问题描述

将如图 5-91 所示的液压支架顶梁模型导入到 ANSYS 中，分析其刚度和强度。要求在立柱上柱窝（球面）施加无摩擦约束，在掩护梁销孔（圆柱孔）上施加径向约束，在顶梁上表面作用有顶板施加的大小沿长度方向线性分布的压力，压力大小在前端为 2.6MPa，在后端为 3.4MPa。

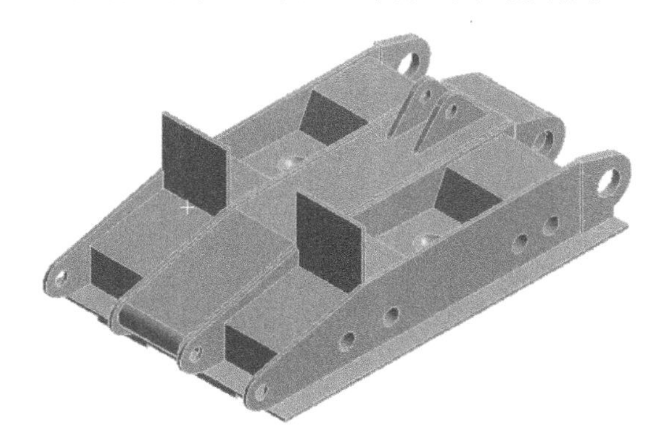

图 5-91 液压支架顶梁

## 5.5.2 分析步骤

步骤 1：在 Windows“开始”菜单执行 ANSYS →Workbench。

步骤 2：创建项目 A，进行结构静力学分析，如图 5-92 所示。

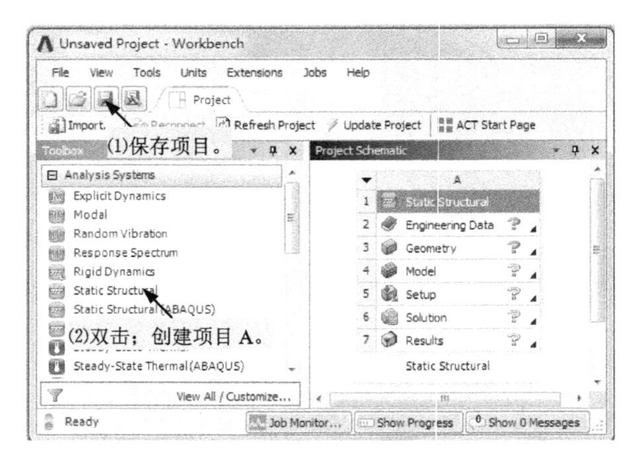


图 5-92 创建项目

步骤 3：将材料库中已有材料 Structural Steel 添加到当前分析项目中。

（1）双击图 5-92 所示项目流程图 A2 格的“Engineering Data”项。

（2）从 Workbench 材料库中选择材料模型，如图 5-93 所示。

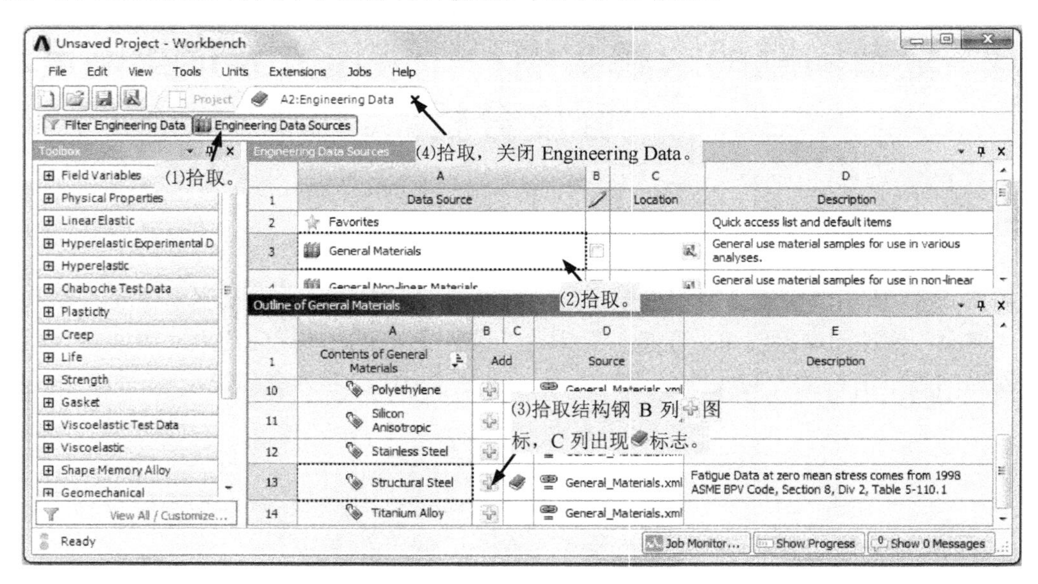


图 5-93 选择材料模型

注：如果已将 Structural Steel 选择为默认材料，该步骤可以略过。如果没有选择，当步骤（2）拾取图标后，才会在后面 C 格中显示图标。

步骤 4：导入几何模型，如图 5-94 所示。

步骤 5：划分网格，施加载荷和约束，求解，查看结果。

（1）因上格数据（A3 格 Geometry）发生变化，需刷新数据，如图 5-95 所示。

图 5-94 导入几何模型

图 5-95 刷新数据

（2）双击图 5-94 所示项目流程图 A4 格的“Model”项，启动 Mechanical。

（3）为几何体指定材料属性，如图 5-96 所示。

（4）创建命名选择，如图 5-97 所示。

图 5-96 指定材料属性

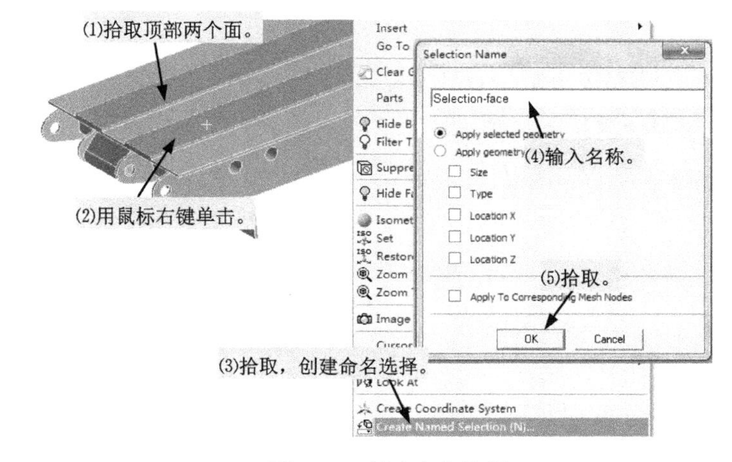


图 5-97 创建命名选择

（5）创建局部坐标系，为施加线性变化压力载荷做准备，如图 5-98 所示。局部坐标系原点在两个面的质心处，方向与全局坐标系相同。

（6）划分单元，如图 5-99 所示。读者可用前文所述方法自行检查单元和节点的数量，以及单元的质量。如果不满足要求，可改变设置，重新划分。

（7）在立柱上柱窝施加无摩擦约束，如图 5-100 所示。

（8）在掩护梁销孔上施加径向约束，如图 5-101 所示。

（9）在顶梁上表面施加按函数分布的压力，如图 5-102 所示。

（10）指定总变形和等效应力等计算结果，如图 5-103 所示。

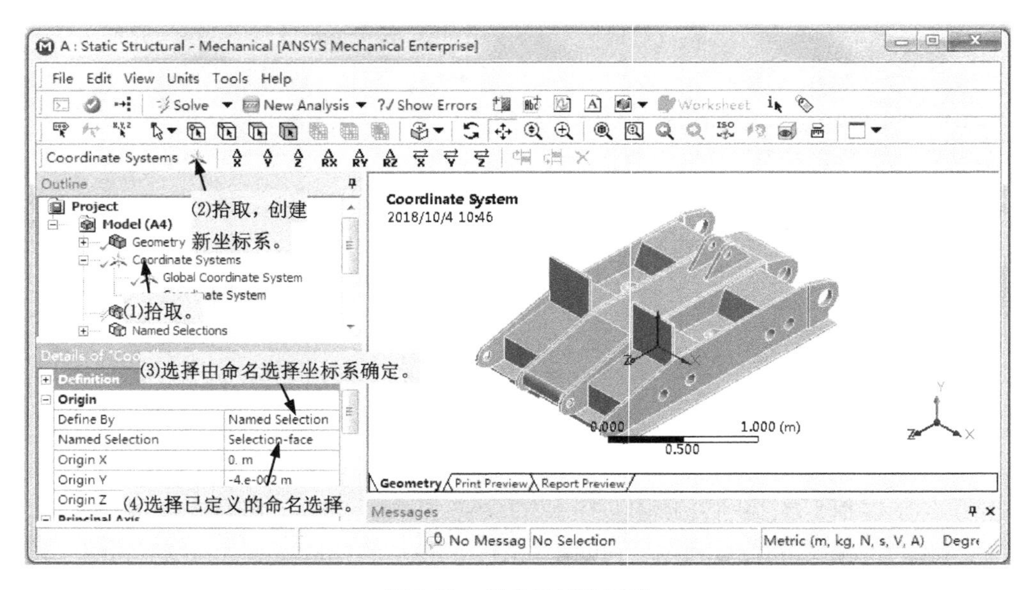


图 5-98　创建局部坐标系

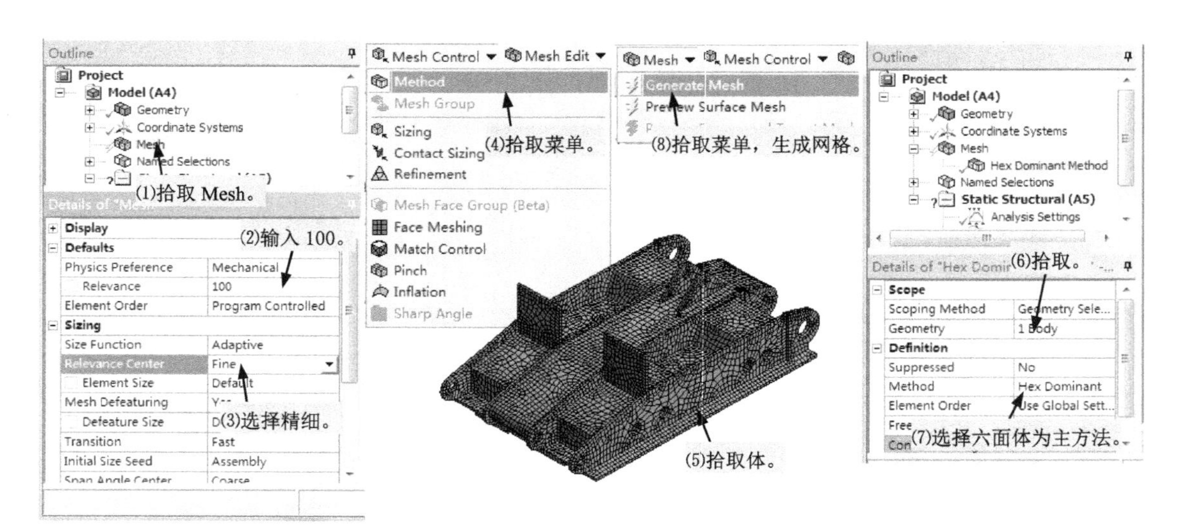


图 5-99　划分单元

（11）单击 Solve 按钮，求解。

（12）在提纲树（Outline）上选择结果类型，进行结果查看，顶梁的变形云图和等效应力云图分别如图 5-104、图 5-105 所示。

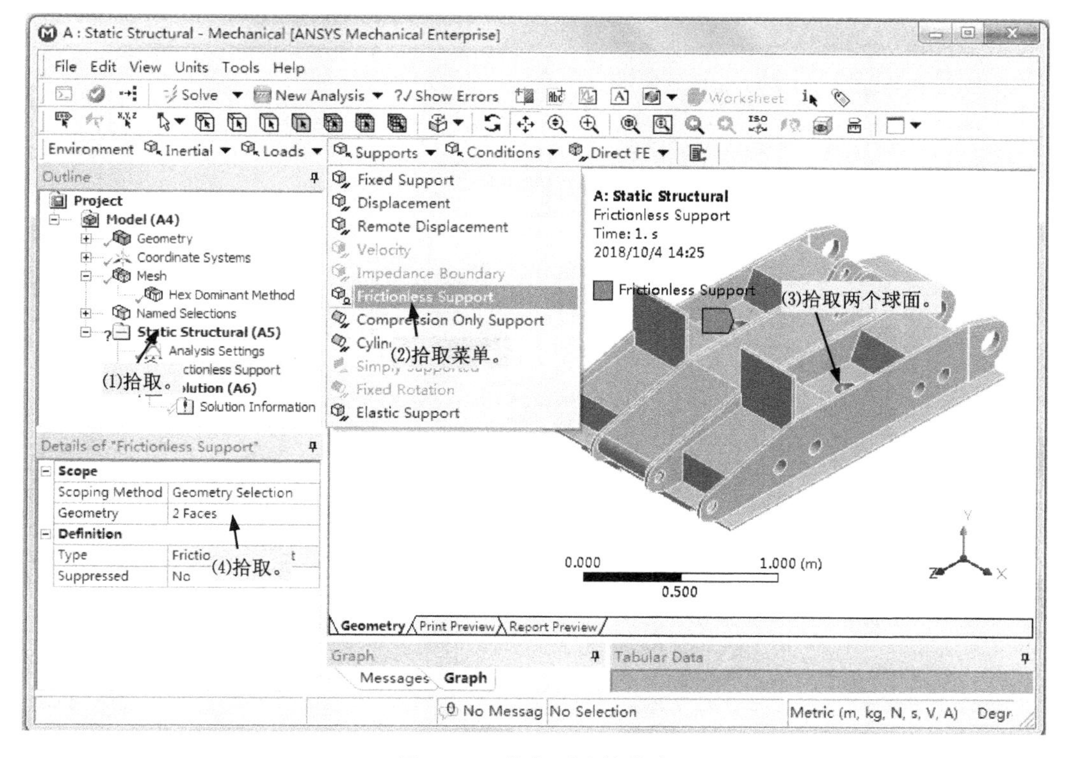


图 5-100　施加无摩擦约束

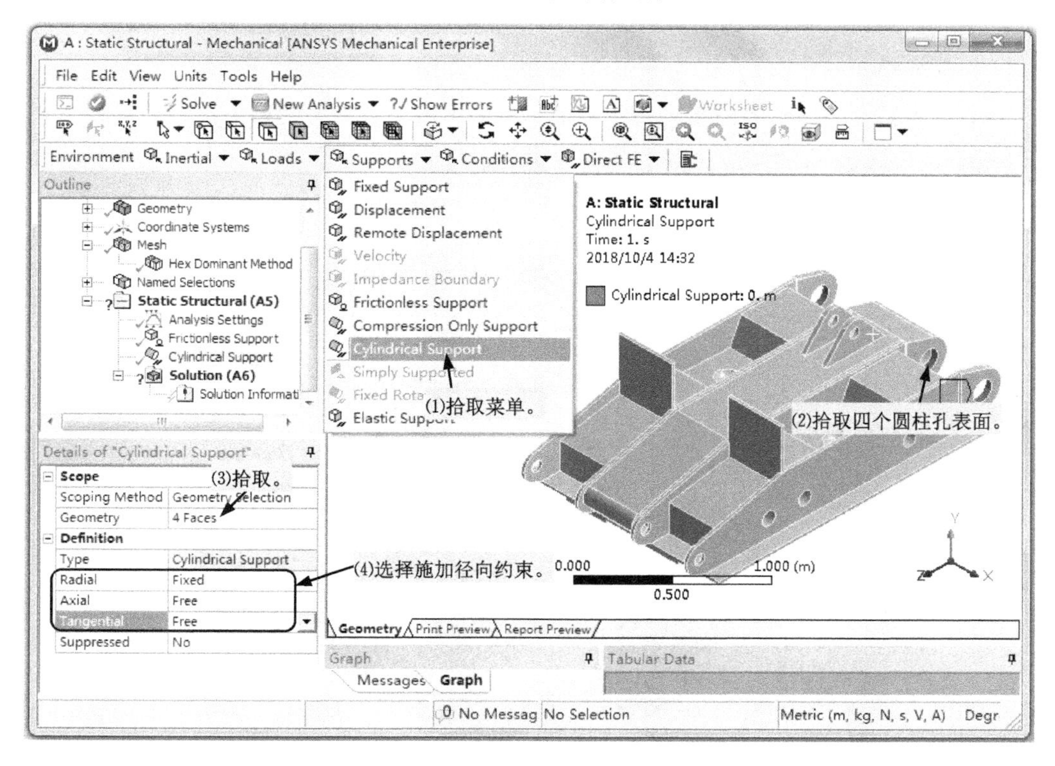


图 5-101　施加径向约束

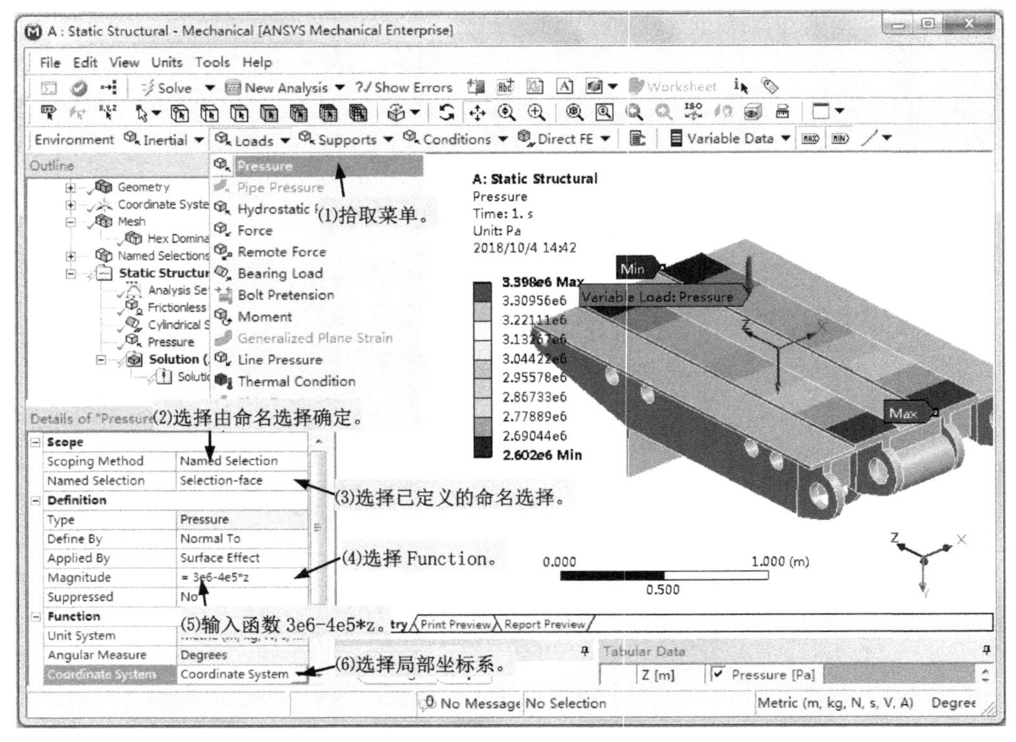


图 5-102 施加按函数分布的压力

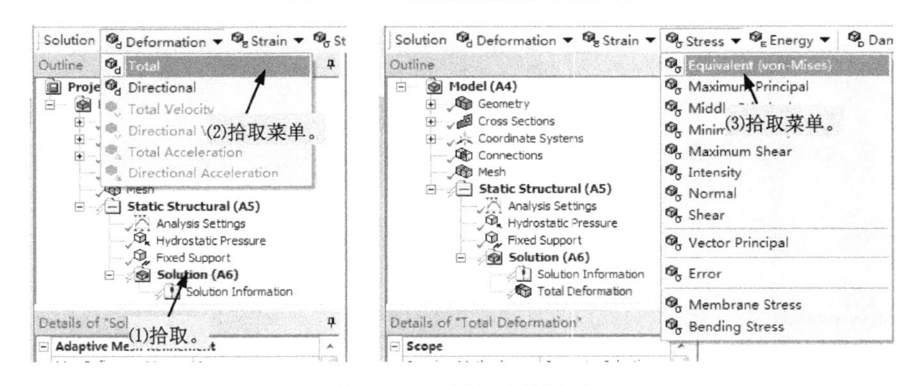


图 5-103 指定计算结果

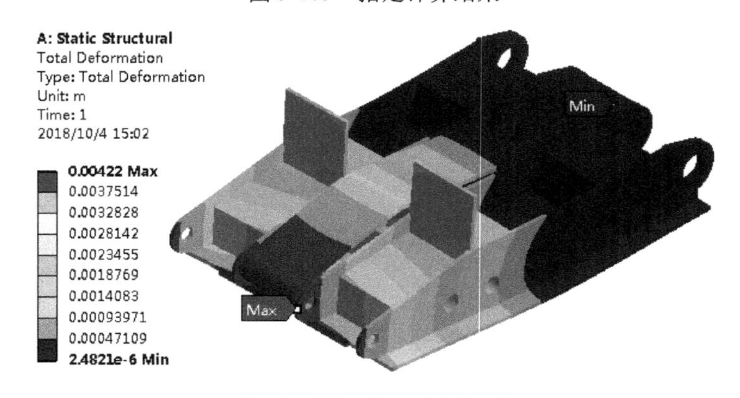


图 5-104 顶梁的变形云图

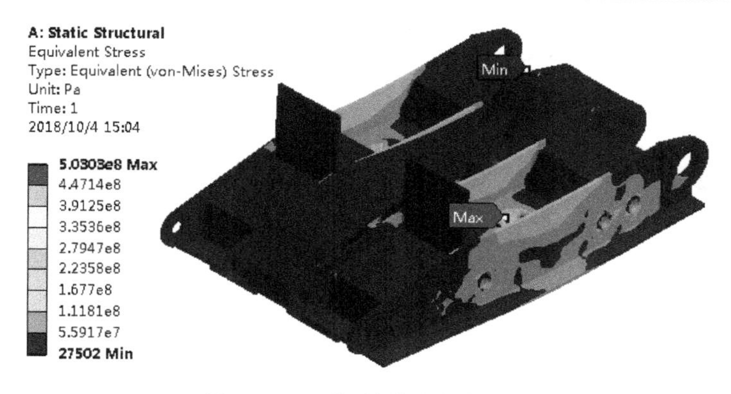


图 5-105　顶梁的等效应力云图

（13）退出 Mechanical。

步骤 6：在 ANSYS Workbench 界面保存工程。

**[本例小结]** 介绍了一个复杂的、与实际问题相近的实例，介绍了随位置按函数规律变化载荷的施加方法。

# 第 6 章　结构动力学分析

[本章提示]通过实例对模态分析、谐响应分析、结构瞬态动力学分析、响应谱分析等结构动力学分析类型进行详细介绍，包括材料特性确定、几何模型创建、网格划分、约束施加、求解及设置和结果后处理，全面地介绍了结构动力学分析的各种应用和特点。

## 6.1　概述

结构在随时间变化的载荷作用下的响应分析称为结构动力学分析，其与结构静力学分析不同，必须考虑载荷的时间效应和结构的惯性效应。在 ANSYS Workbench 中，可以进行的结构动力学分析类型有：模态分析（Modal）、谐响应分析（Harmonic Response）、结构瞬态动力学分析（Transient Structural）、响应谱分析（Response Spectrum）、随机振动分析（Random Vibration）等。

模态分析用于分析结构的固有频率和振型；谐响应分析用于分析结构在正弦载荷作用下的响应；结构瞬态动力学分析用于分析结构在随时间呈任意规律变化载荷作用下的响应；响应谱分析是一种将模态分析结果和已知谱联系起来的计算结构位移和应力的分析方法，主要用于确定结构对随机载荷或随时间变化载荷（如地震载荷）的动力响应；随机振动分析用于分析结构对随机载荷的响应。

结构动力学分析要求解系统的动力方程式

$$\boldsymbol{M}\boldsymbol{u}'' + \boldsymbol{C}\boldsymbol{u}' + \boldsymbol{K}\boldsymbol{u} = \boldsymbol{f}(t) \tag{6-1}$$

式中：$\boldsymbol{u}$——结构的总体位移列阵；

$\boldsymbol{M}$——结构的质量矩阵；

$\boldsymbol{C}$——结构的阻尼矩阵；

$\boldsymbol{K}$——结构的总体刚度矩阵；

$\boldsymbol{f}(t)$——结构的总体载荷列阵，为时间的函数。

对于模态分析，$\boldsymbol{f}(t)=\boldsymbol{0}$，结构的阻尼 $\boldsymbol{C}$ 可以忽略不计，其动力方程式为

$$\boldsymbol{M}\boldsymbol{u}'' + \boldsymbol{K}\boldsymbol{u} = \boldsymbol{0} \tag{6-2}$$

对于谐响应分析，载荷和位移都随时间按正弦规律变化，$\boldsymbol{f}(t)=\boldsymbol{f}_0\sin(\omega t+\varphi_0)$，其动力方程式为

$$\boldsymbol{M}\boldsymbol{u}'' + \boldsymbol{C}\boldsymbol{u}' + \boldsymbol{K}\boldsymbol{u} = \boldsymbol{f}_0\sin(\omega t + \varphi_0) \tag{6-3}$$

# 6.2 模态分析

## 6.2.1 模态分析基础

模态分析用于分析结构的固有频率和振型等特性，由于自由振动是正弦规律的，式（6-2）变化为

$$(\boldsymbol{K}-\omega^2\boldsymbol{M})\boldsymbol{u}_0=\boldsymbol{0} \tag{6-4}$$

式中，$\boldsymbol{u}_0$为自由振动总体振幅列阵即振型，$\omega$为固有频率。为求解式（6-4），结构必须是线性的，即模态分析是线性分析。

## 6.2.2 模态分析步骤

在 ANSYS Workbench 中创建一个模态分析项目，然后按以下步骤进行分析：

（1）创建分析系统。

（2）定义工程数据。

（3）附着几何体。

（4）定义零件行为。

（5）定义连接（如果存在）。

（6）设置网格控制，划分网格。

（7）进行分析设置。

（8）定义初始条件。

（9）施加载荷和约束（如果存在）。

（10）求解。

（11）结果后处理，查看固有频率和振型结果。

## 6.2.3 模态分析特点

必须输入的材料特性参数除杨氏模量和泊松比以外，还有材料密度，而任何的非线性材料特性将被忽略，可以使用各向异性，以及随温度变化的材料属性。

模态分析支持所有类型的几何体。但对于线体，只能得到振型、位移结果（普通分析还有应力解等）。由于质点只添加质量、不改变刚度，所以质点的存在会降低结构的频率。

由于模态分析是线性分析，所以不能使用非线性接触类型。

模态分析仍使用 Mechanical 软件。如图 6-1 所示，进入 Mechanical 后，在提纲树（Outline）上的 Analysis Settings 分支中进行模态阶次和频率范围等的设置。Max Modes to Find 用于设置提取模态阶次，限制在 1～200 次之间，默认值为 6。Limit Search to Range 用于设置提取模态的频率范围。

不包括预紧力的模态分析不能施加结构约束以外的其他载荷。当结构没有约束或约束不全、存在刚体位移时，刚体模态将被提取，这些模态的频率在 0Hz 附近。这一点与结构静力学分析不同，模态分析并不要求没有刚体运动。结构约束的正确施加，直接影响着频率和振型的计算。另外，压缩约束是非线性的，在模态分析中不能使用。

如图 6-2 所示，求解结束后，可以在 Graph 窗口和 Tabular Data 窗口查看频率结果，可以在图形窗口通过变形云图、动画查看振型结果。

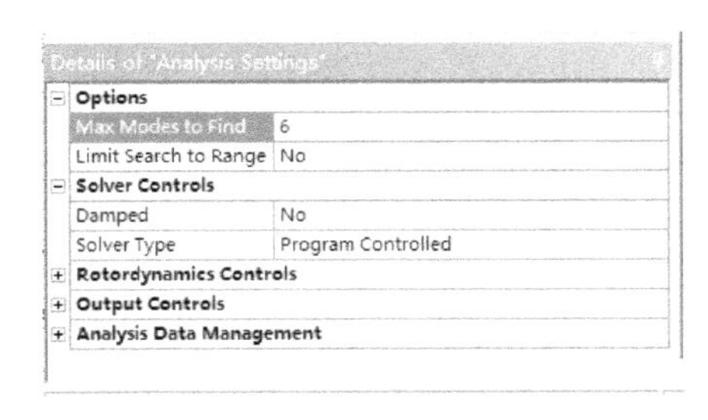


图 6-1　分析设置

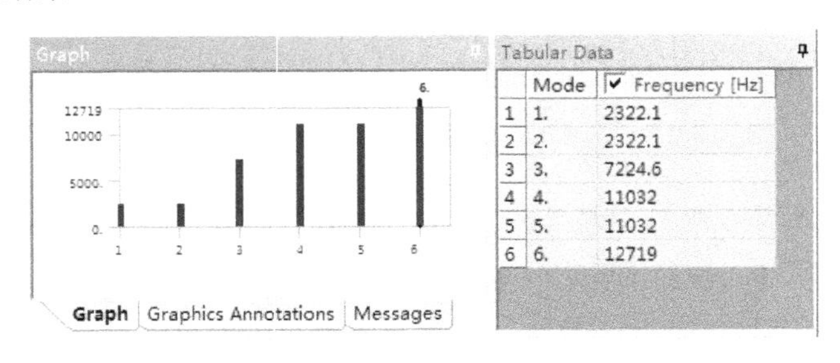


图 6-2　模态结果

## 6.2.4　模态分析实例——均匀直杆的固有频率分析

### 1. 问题描述

图 6-3 所示为一根长度为 $L$ 的等截面直杆，一端固定，一端自由。已知直杆材料的弹性模量 $E=2\times10^{11}\text{N/m}^2$，密度 $\rho=7850\text{kg/m}^3$，杆长 $L=0.1\text{m}$。要求计算直杆纵向振动的固有频率。

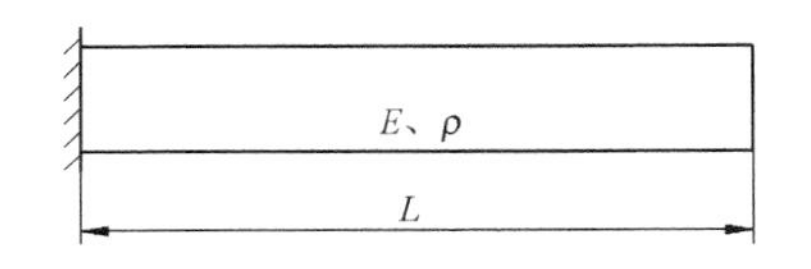


图 6-3　均匀直杆

根据振动学理论，假设直杆均匀伸缩，图 6-3 所示等截面直杆纵向振动第 $i$ 阶固有频率为

$$\omega_i=\frac{(2i\text{-}1)\pi}{2L}\sqrt{\frac{E}{\rho}}\quad \text{rad/s}\qquad (i=1, 2, \dots)\tag{6-5}$$

将角频率 $\omega_i$ 转化为频率 $f_i$，并将已知参数代入，可得

$$f_i=\frac{\omega_i}{2\pi}=\frac{2i-1}{4L}\sqrt{\frac{E}{\rho}}=\frac{2i-1}{4\times0.1}\sqrt{\frac{2\times10^{11}}{7850}}=12619(2i-1)\ \text{Hz}\tag{6-6}$$

按式（6-6）计算出均匀直杆的固有频率，如表 6-1 所示。

表 6-1　均匀直杆的固有频率

| 阶　次 | 1 | 2 | 3 | 4 | 5 |
|---|---|---|---|---|---|
| 频率（Hz） | 12619 | 37857 | 63094 | 88332 | 113570 |

### 2. 分析步骤

步骤 1：在 Windows“开始”菜单执行 ANSYS →Workbench。

步骤 2：创建项目 A，进行结构模态分析，如图 6-4 所示。

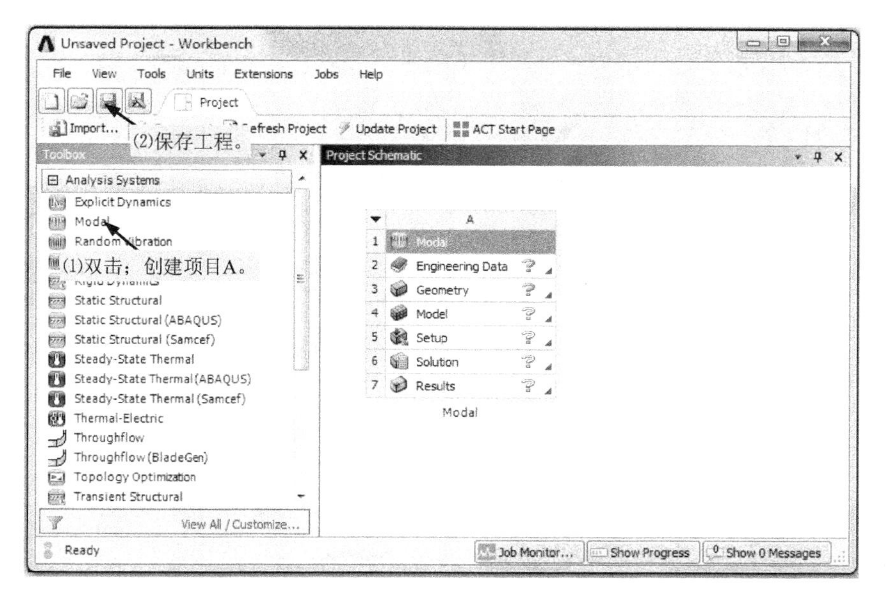


图 6-4　创建项目 A

步骤 3：从 ANSYS 材料库选择材料模型，添加到当前分析项目中。

（1）双击图 6-4 所示项目流程图 A2 格的“Engineering Data”项。

（2）选择材料模型，如图 6-5 所示。图中对话框的显示由下拉菜单 View 项控制。

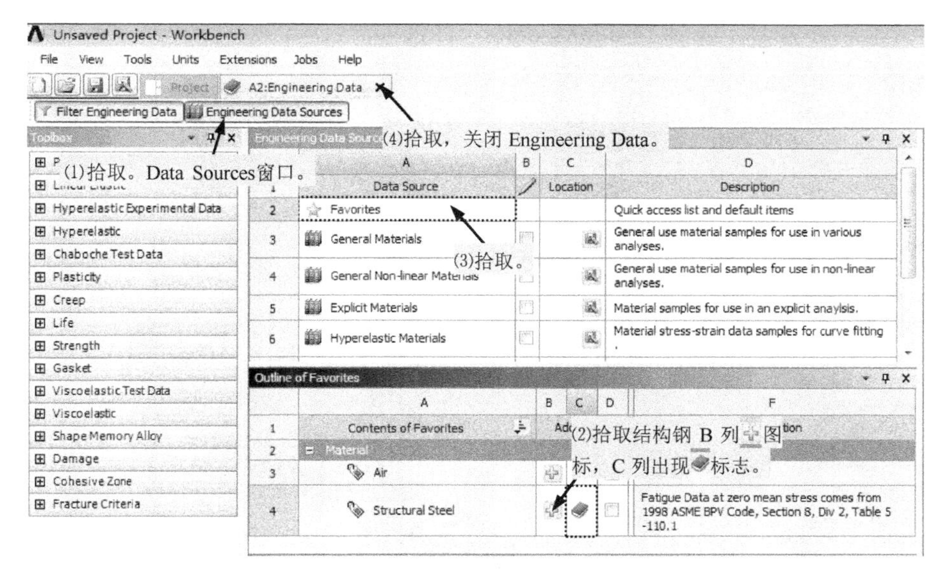


图 6-5　选择材料模型

步骤 4：创建几何体。

（1）用鼠标右键单击如图 6-4 所示项目流程图 A3 格“Geometry”项，在快捷菜单中拾取命令 New DesignModeler Geometry，启动 DM 创建几何体。

（2）拾取菜单命令 Units→ Millimeter，选择长度单位为 mm。

（3）在 XYPlane 的 Sketch1 上画矩形，并标注尺寸，如图 6-6 所示。

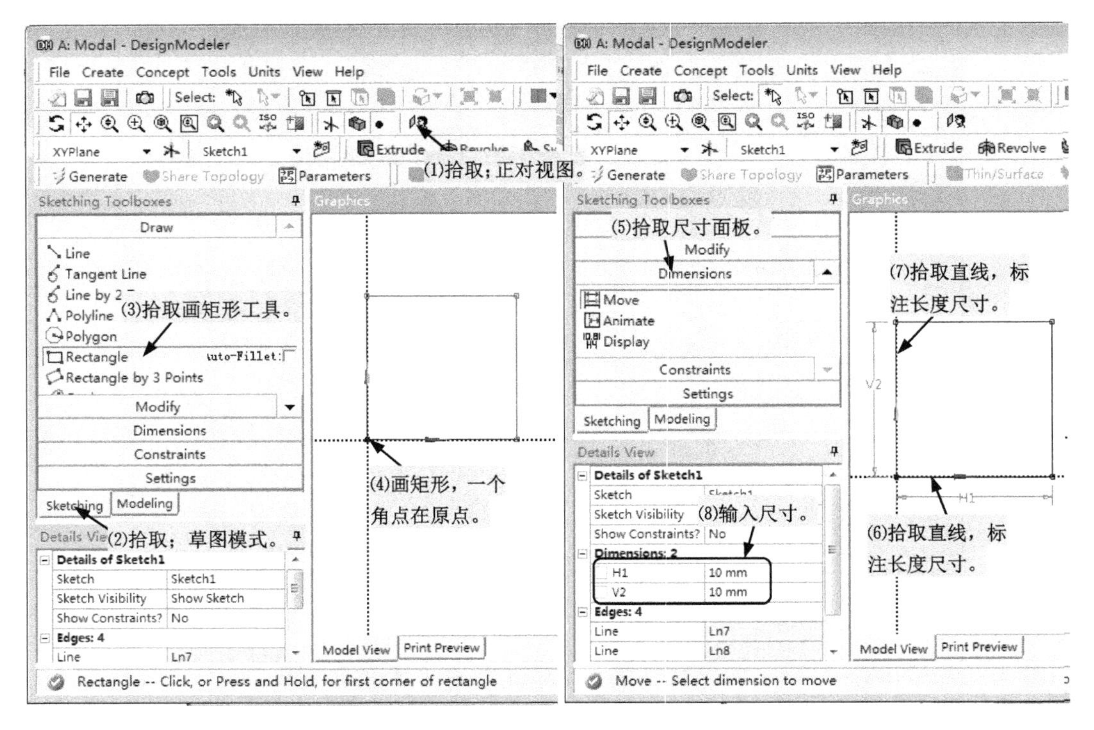


图 6-6　画矩形

（4）拉伸形成长方体，退出 DesignModeler，如图 6-7 所示。

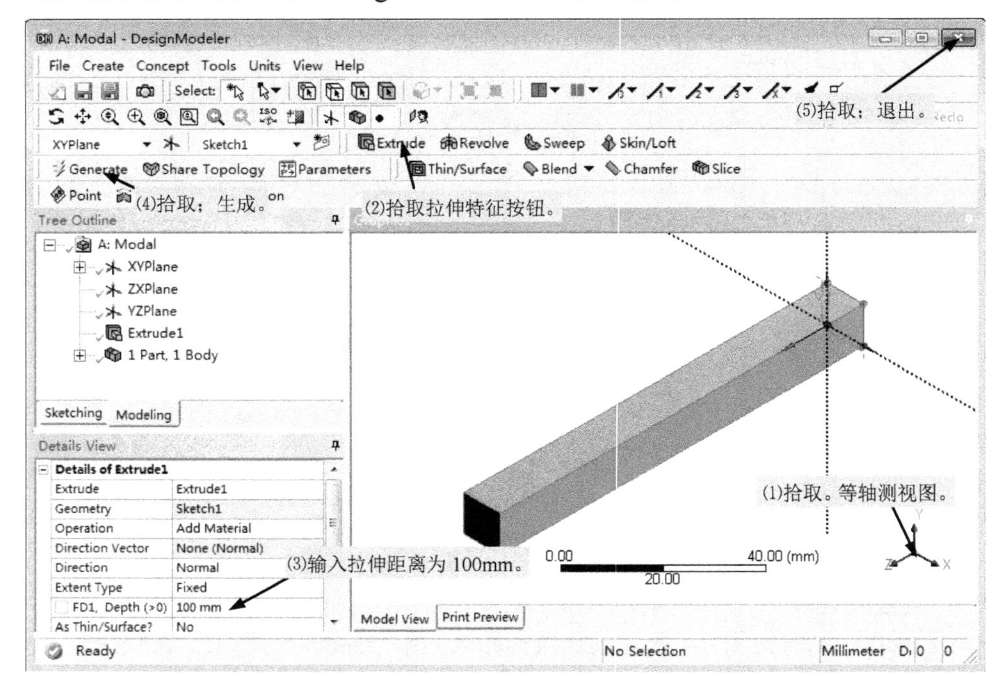


图 6-7　拉伸

步骤 5：划分网格，施加载荷和约束，求解，查看结果。

（1）因上格数据（A3 格 Geometry）发生变化，需刷新数据，如图 6-8 所示。

（2）双击图 6-8 所示项目流程图 A4 格的“Model”项，启动 Mechanical。

（3）为几何体指定材料，如图 6-9 所示。

图 6-8　刷新数据

图 6-9　指定材料

（4）划分网格，建立有限元模型，如图 6-10 所示。

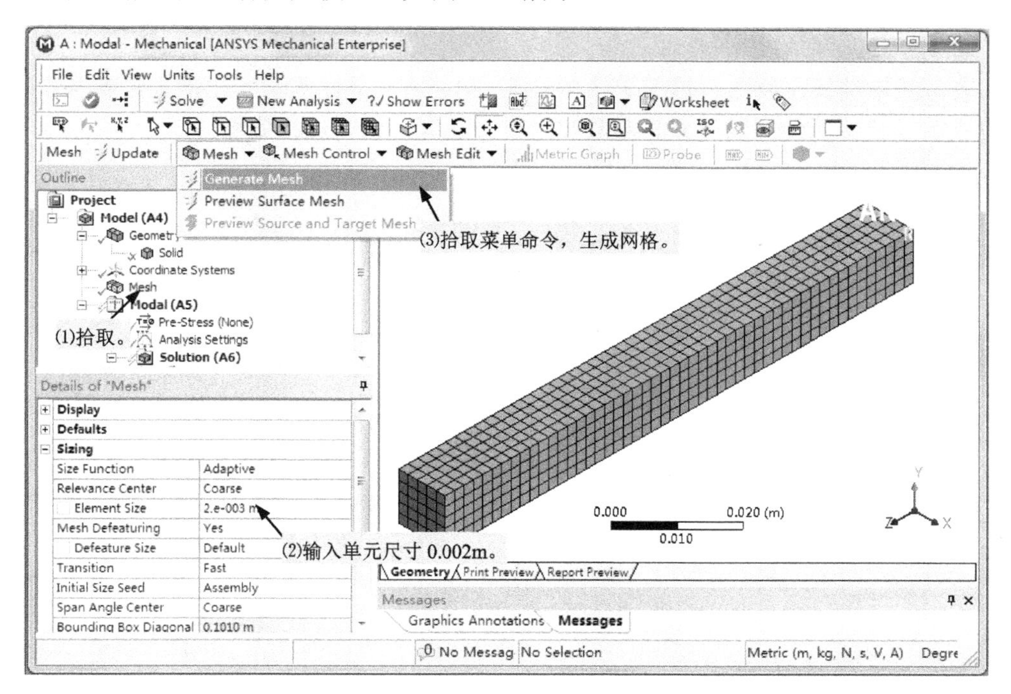


图 6-10　划分网格

（5）施加无摩擦约束，如图 6-11 所示。所加约束的方法与推导式（6-5）所做的轴向振动假设一致。约束施加正确与否，对结构模态分析的影响十分显著。

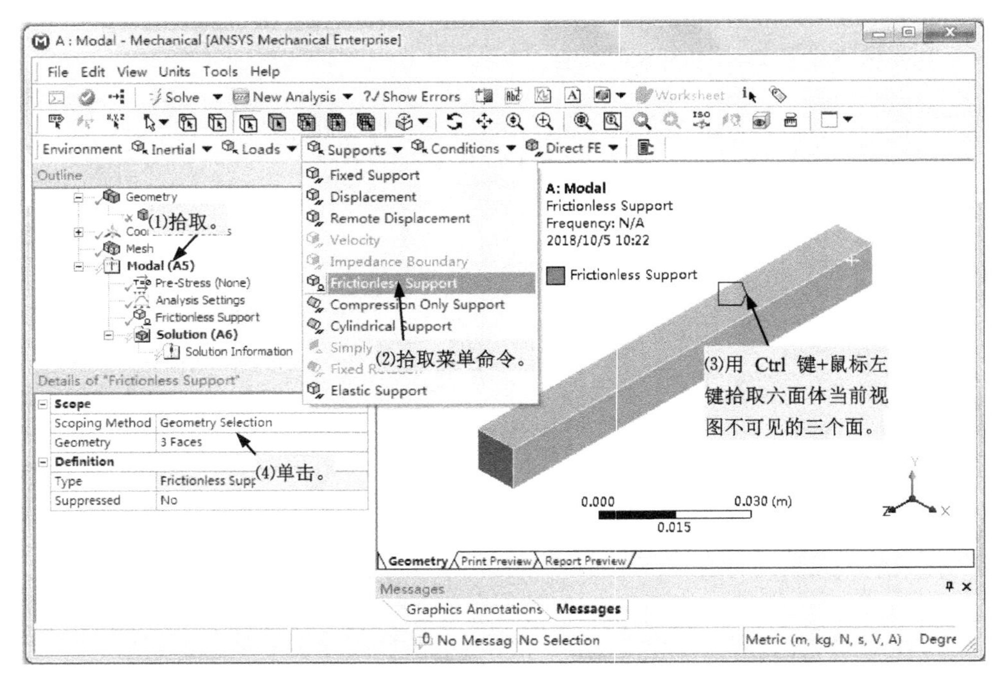


图 6-11　施加无摩擦约束

（6）指定提取频率阶次，如图 6-12 所示。

（7）单击 Solve 按钮，求解。

（8）查看频率结果，如图 6-13 所示。对比表 6-1，有限元结果与给出的理论解基本一致。读者可以尝试改变分析所使用的尺寸、参数和约束方法等，重新进行分析。

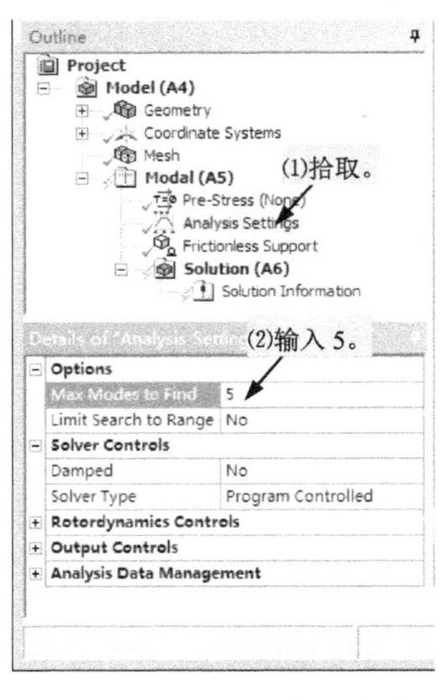


图 6-12　指定提取频率阶次

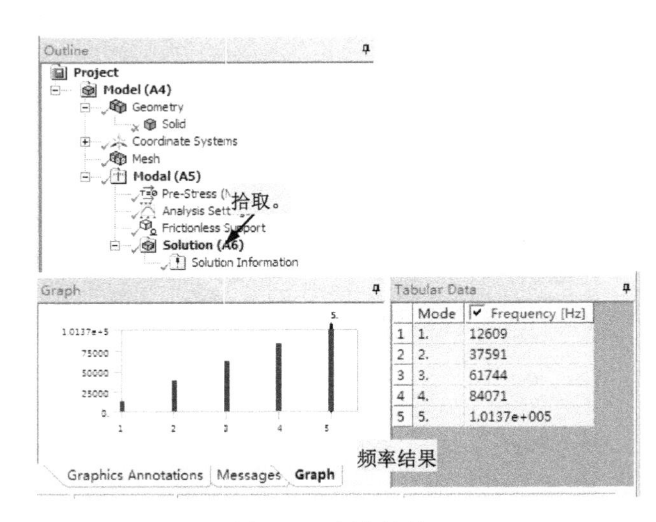


图 6-13　频率结果

（9）计算并查看模态变形结果，如图 6-14 所示。

（10）退出 Mechanical。

步骤 6：在 ANSYS Workbench 界面保存工程。

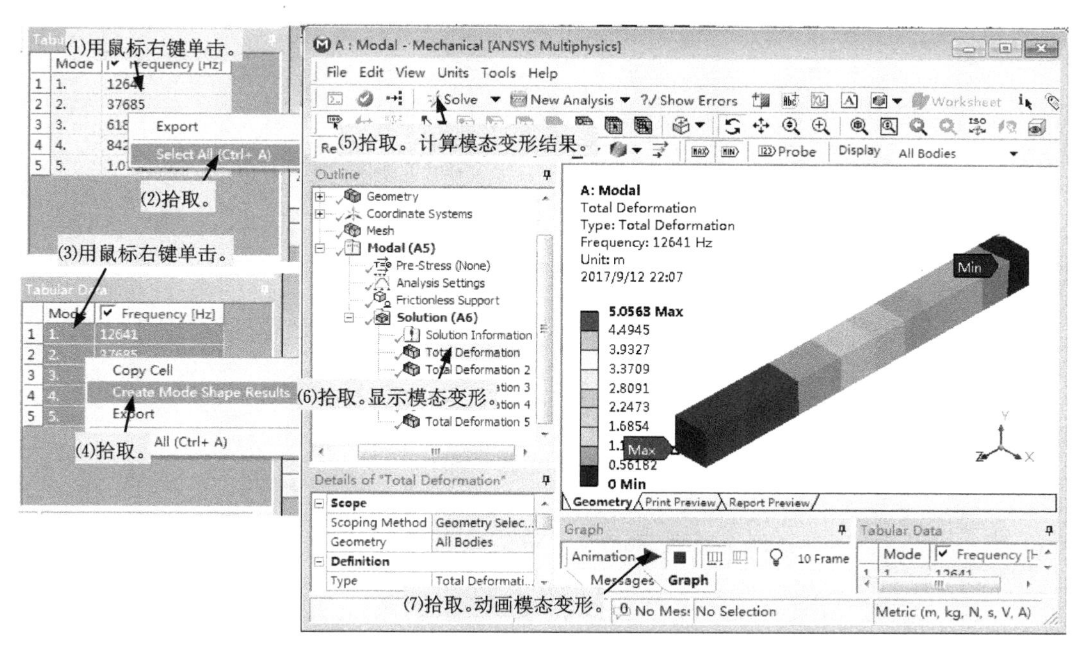


图 6-14 模态变形结果

**[提示]**本例使用了最简单的几何体——六面体，主要是基于以下两点考虑：

（1）模型虽然简单，但分析采用的方法、步骤却是同样的。使用简单模型，可以使读者在学习相关模型的操作时花费较少的时间，专注于对方法的掌握。

（2）简单的模型可以很容易得到理论解，便于用理论解检验有限元分析结果，而去除读者对有限元法的疑惑。

本书很多实例也有类似情况，请读者理解。

**[本例小结]** 通过实例介绍了利用 ANSYS Workbench 进行结构模态分析的方法、步骤和过程。

## 6.2.5 模态分析实例——齿轮的固有频率分析

### 1. 问题描述

图 6-15 为一钢制标准渐开线斜齿圆柱齿轮。已知：齿轮的模数 $m_n$=2mm，齿数 $z$=24，螺旋角$\beta$=10°，其他尺寸如图所示，建立其几何模型并分析其固有频率。

### 2. 分析步骤

步骤 1：在 Windows“开始”菜单执行 ANSYS→Workbench。

步骤 2：创建项目 A，进行结构模态分析，如图 6-16 所示。

步骤 3：从 ANSYS 材料库选择材料模型，添加到当前分析项目中。

（1）双击图 6-16 所示项目流程图 A2 格的“Engineering Data”项。

（2）从 ANSYS 材料库选择材料模型添加到当前分析项目中，如图 6-17 所示。图中对话框的显示由下拉菜单 View 项控制。

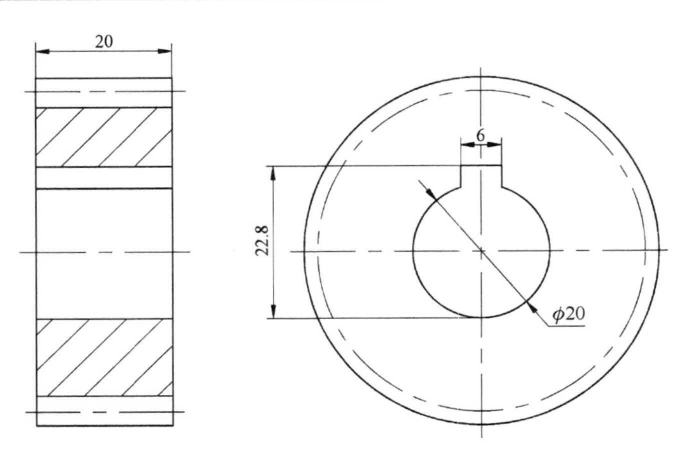


图 6-15　斜齿圆柱齿轮

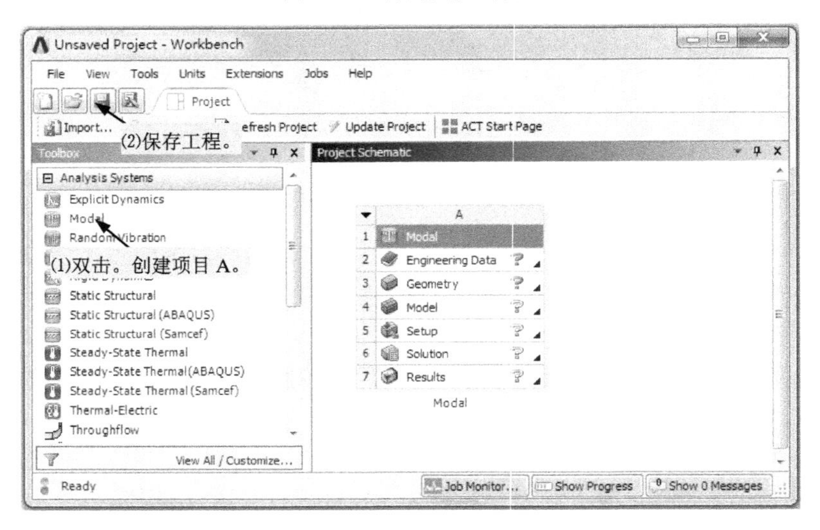


图 6-16　创建项目

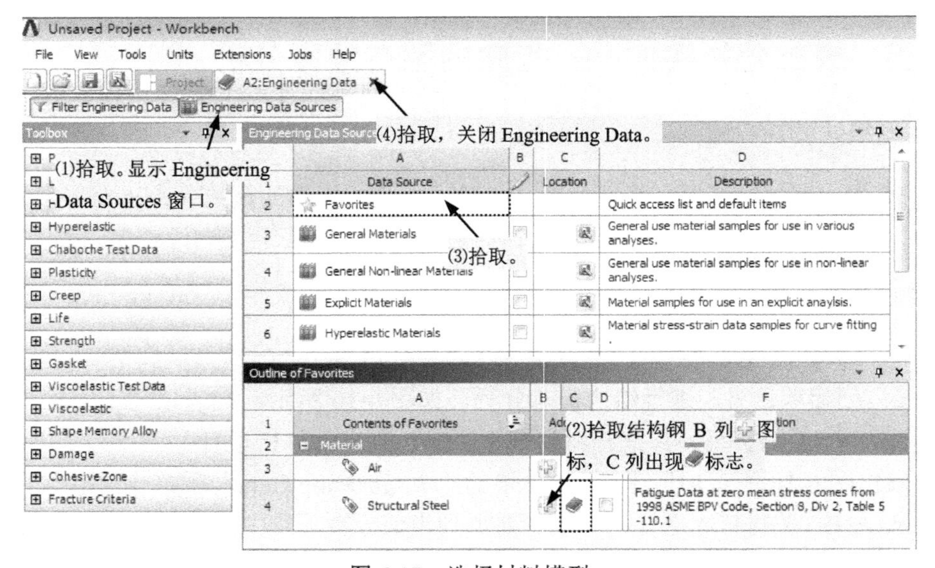


图 6-17　选择材料模型

步骤4：导入并编辑几何体。

（1）导入以*.x_t 文件格式存储的几何体，如图 6-18 所示。

（2）用鼠标右键单击如图 6-16 所示项目流程图 A3 格“Geometry”项，在快捷菜单中拾取命令 Edit Geometry in DesignModeler，启动 DM 编辑几何体。

（3）生成几何体，如图 6-19 所示。

图 6-18 导入几何体

图 6-19 生成几何体

（4）在 XYPlane 的草图 Sketch1 上画圆，并标注尺寸，如图 6-20 所示。

（5）在齿轮的两端面刻印记，为施加约束做准备，如图 6-21 所示。

（6）退出 DM，如图 6-21 所示。

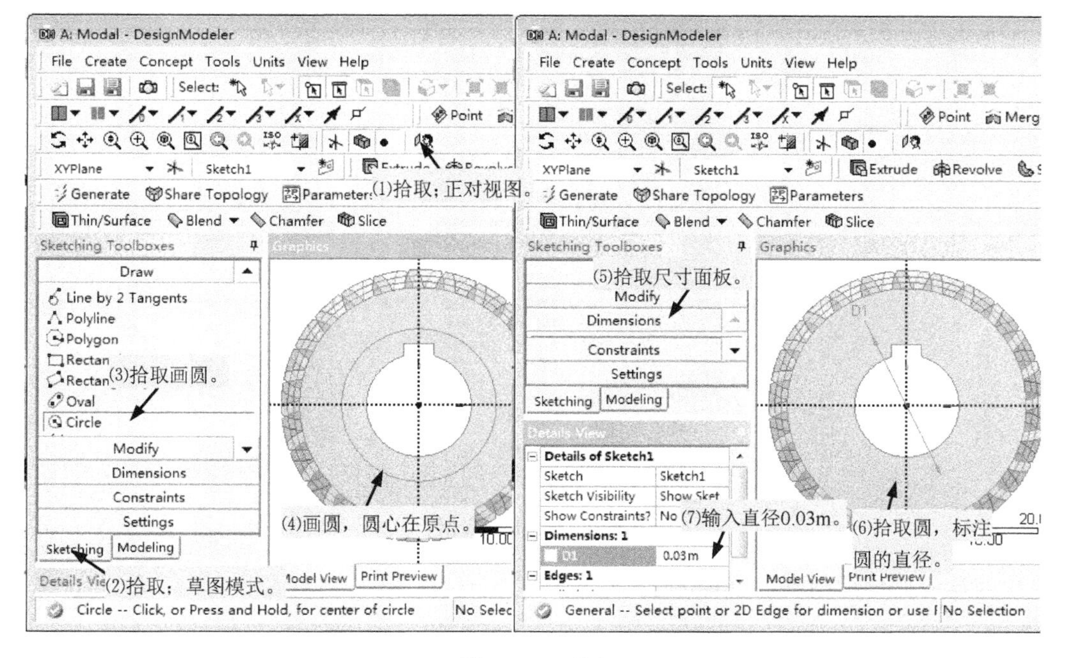


图 6-20 画圆

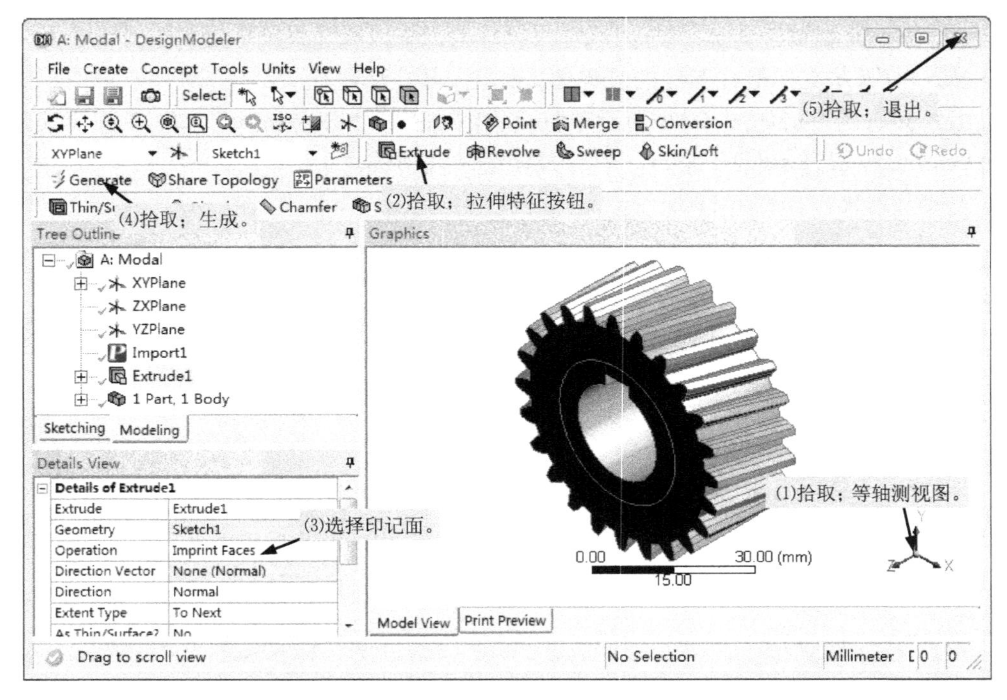


图 6-21　刻印记

步骤 5：划分网格，施加载荷和约束，求解，查看结果。

（1）因上格数据（A3 格 Geometry）发生变化，需刷新数据，如图 6-22 所示。

（2）双击图 6-22 所示项目流程图 A4 格的“Model”项，启动 Mechanical。

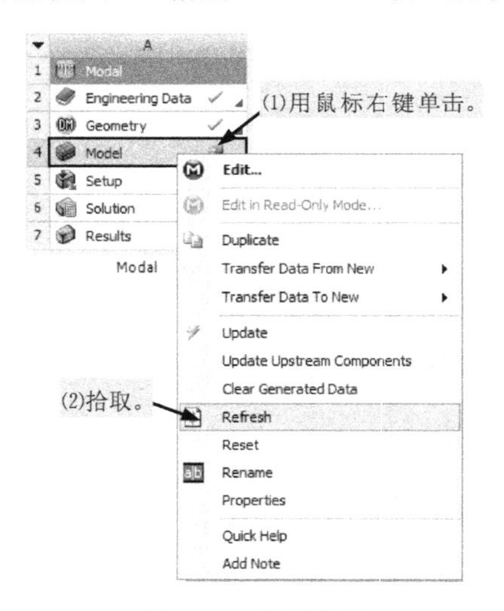


图 6-22　刷新数据

（3）为几何体分配材料，如图 6-23 所示。

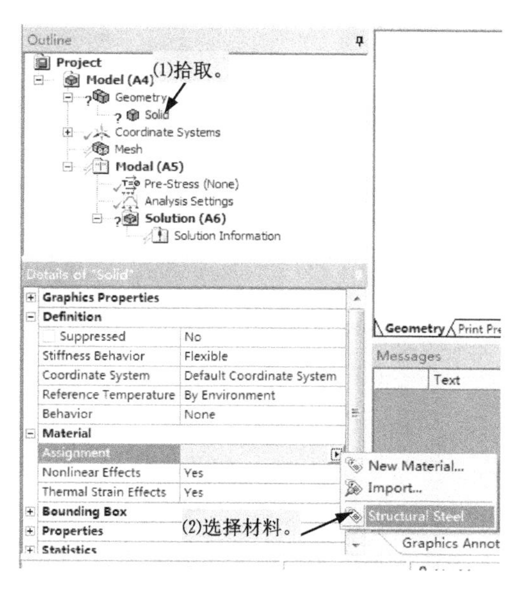


图 6-23　分配材料

（4）划分网格，建立有限元模型，如图 6-24 所示。

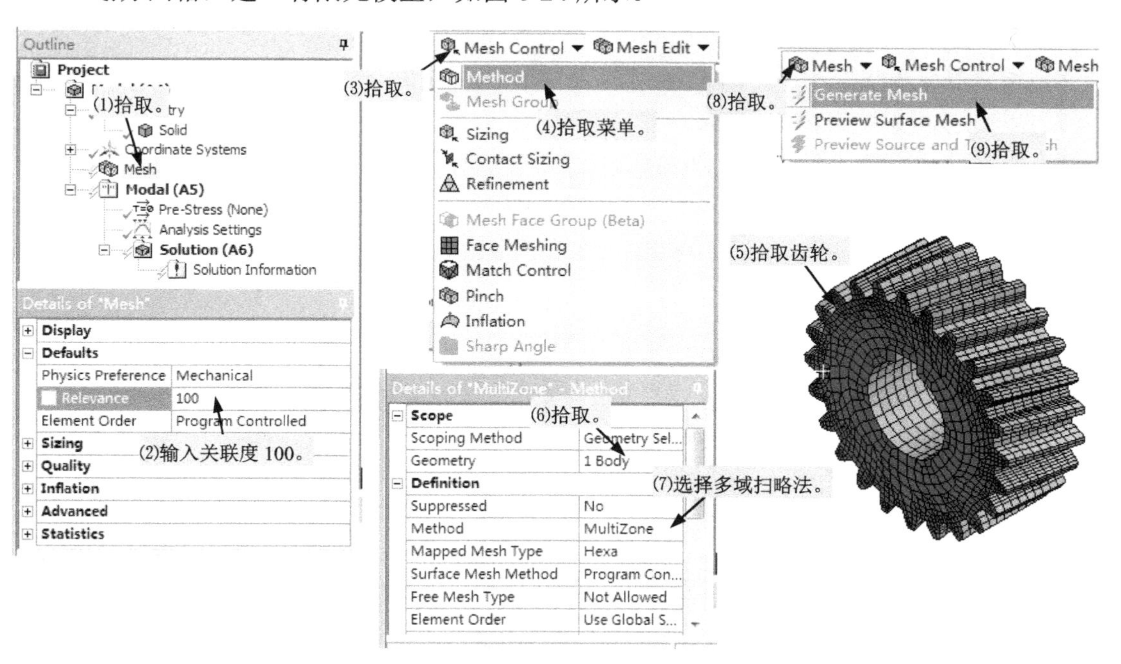


图 6-24　划分网格

（5）施加无摩擦约束，如图 6-25 所示。由于约束施加正确与否，对结构模态分析的影响十分显著，所以约束应尽量与实际情况相符合。

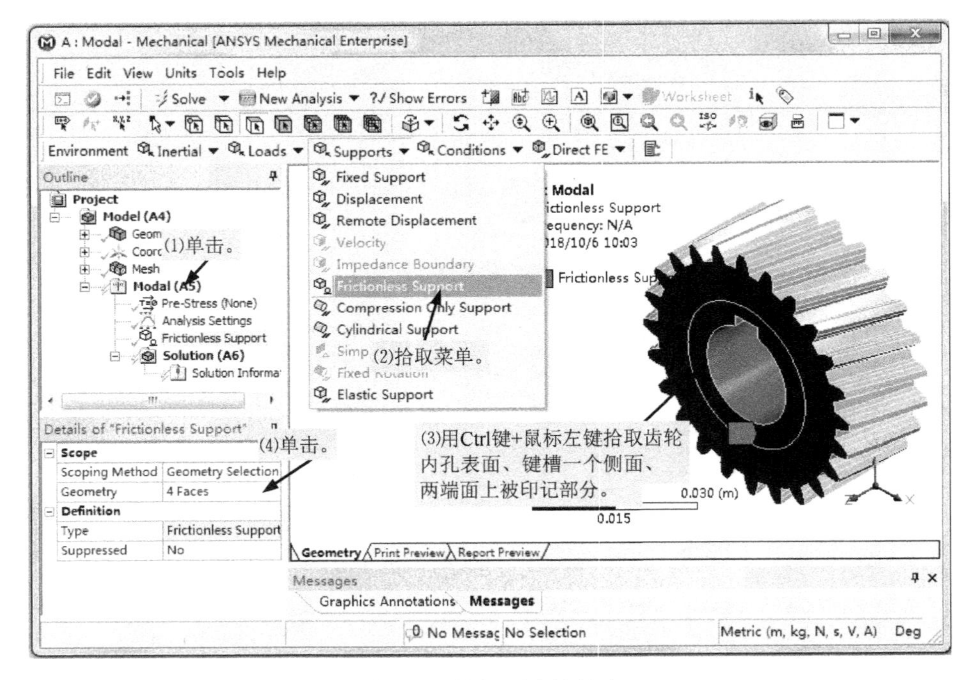


图 6-25　施加无摩擦约束

（6）指定提取频率阶次，如图 6-26 所示。

（7）单击 Solve 按钮，求解。

（8）查看频率结果，如图 6-27 所示。

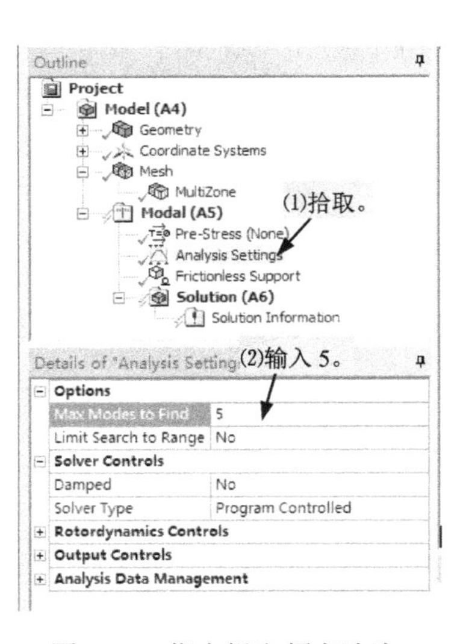


图 6-26　指定提取频率阶次

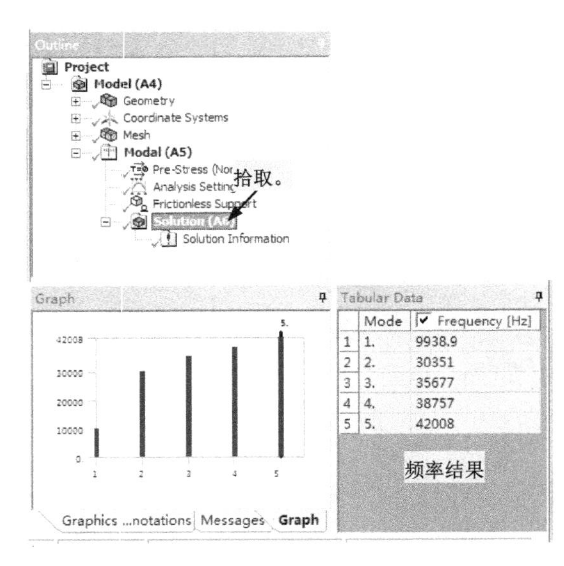


图 6-27　频率结果

（9）计算并查看模态变形结果，如图 6-28 所示。

（10）退出 Mechanical。

步骤 6：在 ANSYS Workbench 界面保存工程。

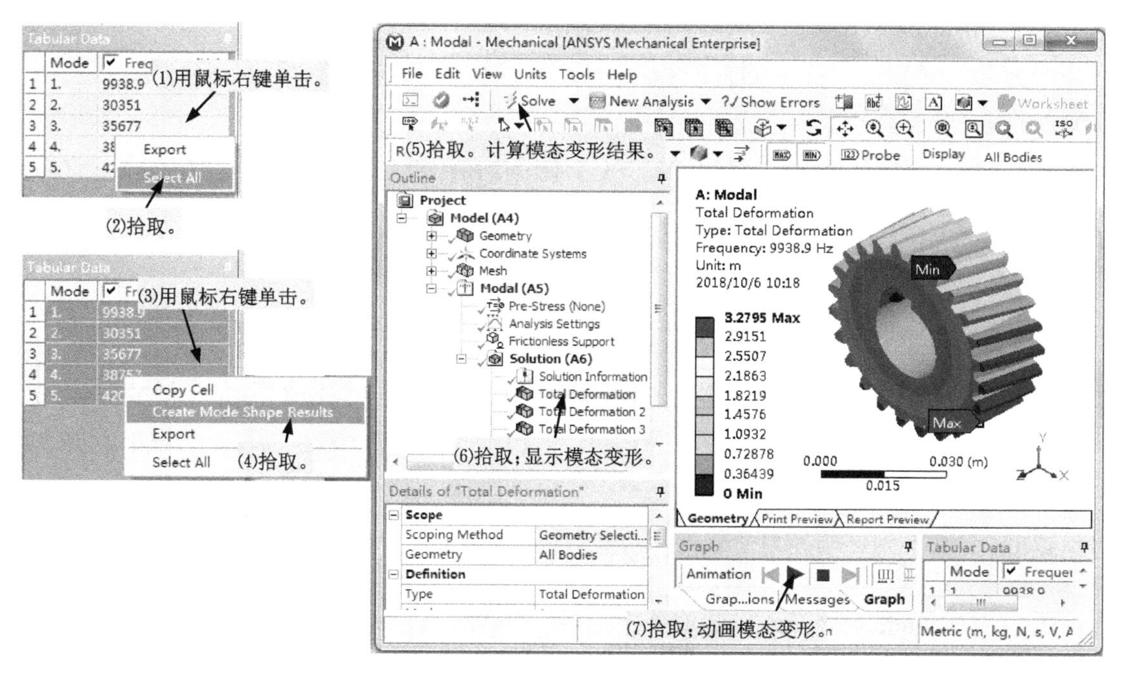


图 6-28　模态变形结果

**[本例小结]** 介绍了一个利用 ANSYS Workbench 进行结构模态分析的更复杂、更接近实际的实例。

## 6.2.6　带预应力的模态分析实例——弦的横向振动研究

### 一、概述

在某些场合，结构在静载荷作用下的应力状态会影响结构的固有频率。这时进行模态分析，必须考虑预应力效果。

进行带预应力的模态分析时，首先需要进行结构静力学分析（Static Structural Analysis），即求解有限元方程 $\boldsymbol{Ku}=\boldsymbol{f}$ ，并且基于静力学分析的应力状态得到应力硬化矩阵 $\boldsymbol{S}$，即 $\boldsymbol{\sigma}_0\rightarrow\boldsymbol{S}$；然后进行模态分析（Modal Analysis），即求解方程 $([\boldsymbol{K}+\boldsymbol{S}]-\omega^2\boldsymbol{M})\boldsymbol{u}_0=\boldsymbol{0}$ 。

这里的静力学分析过程与标准的静力学分析完全一致，而模态分析过程与标准的模态分析基本一致。

### 二、问题描述及解析解

图 6-29 所示为一被张紧的琴弦，已知琴弦的横截面面积 $A=10^{-6}\text{m}^2$，长度 $L=1\text{m}$，琴弦材料密度 $\rho=7850\text{kg/m}^3$，张紧力 $T=2000\text{N}$，计算其固有频率。

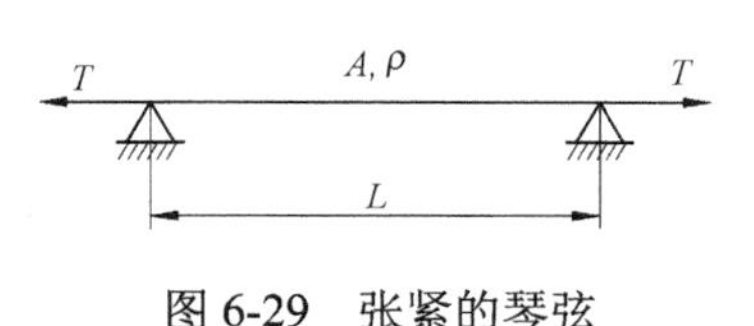


图 6-29　张紧的琴弦

根据振动学理论，琴弦的固有频率计算过程如下

琴弦单位长度的质量为

$$\gamma=\rho A=7850\times10^{-6}=7.85\times10^{-3}\text{kg/m} \tag{6-7}$$

波速为

$$a=\sqrt{\frac{T}{\gamma}}=\sqrt{\frac{2000}{7.85\times10^{-3}}}=504.8\ \text{m/s} \tag{6-8}$$

琴弦的第 $i$ 阶固有频率为

$$f_i=\frac{ia}{2L}=\frac{i\times504.8}{2\times1}=252.4i\ \text{Hz}\quad (i=1, 2, \ldots) \tag{6-9}$$

按式（6-9）计算出琴弦的前 10 阶频率，如表 6-2 所示。

**表 6-2　琴弦的固有频率**

| 阶　次 | 1 | 2 | 3 | 4 | 5 | 6 | 7 | 8 | 9 | 10 |
|---|---|---|---|---|---|---|---|---|---|---|
| 频率（Hz） | 252.4 | 504.8 | 757.2 | 1009.6 | 1262.0 | 1514.4 | 1766.8 | 2019.2 | 2271.6 | 2524.0 |

## 三、分析步骤

步骤 1～步骤 5 为结构静力学分析，以得到预应力效果。从步骤 6 开始，进行带预应力的模态分析。

步骤 1：在 Windows“开始”菜单执行 ANSYS→Workbench。

步骤 2：创建项目 A，进行结构静力学分析，如图 6-30 所示。

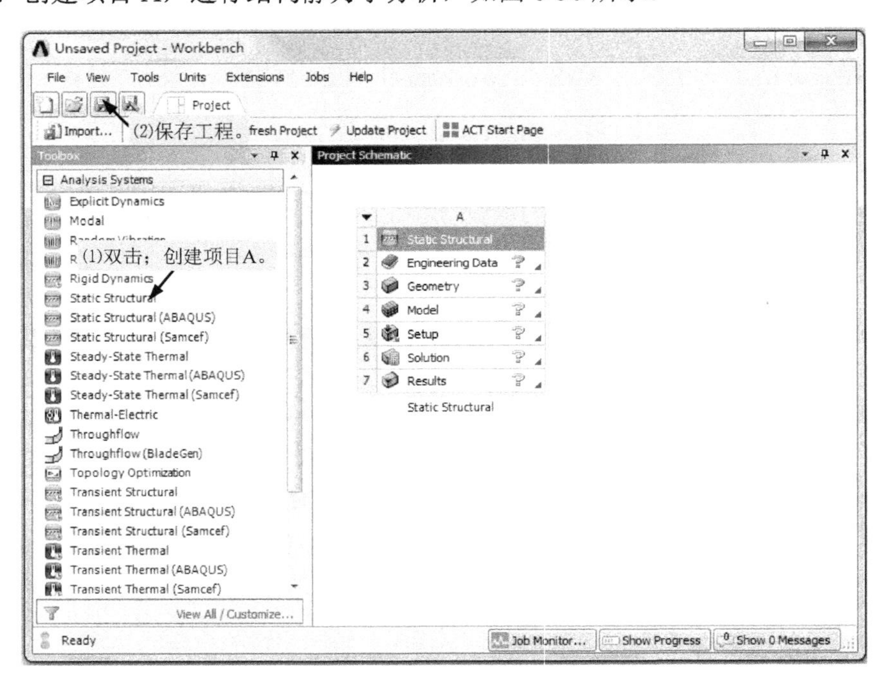


图 6-30　创建项目 A

步骤 3：从 ANSYS 材料库中选择材料模型，添加到当前分析中。

（1）双击图 6-30 所示项目流程图 A2 格的“Engineering Data”项。

（2）选择材料模型，如图 6-31 所示。图中各窗口的显示由下拉菜单 View 项控制。

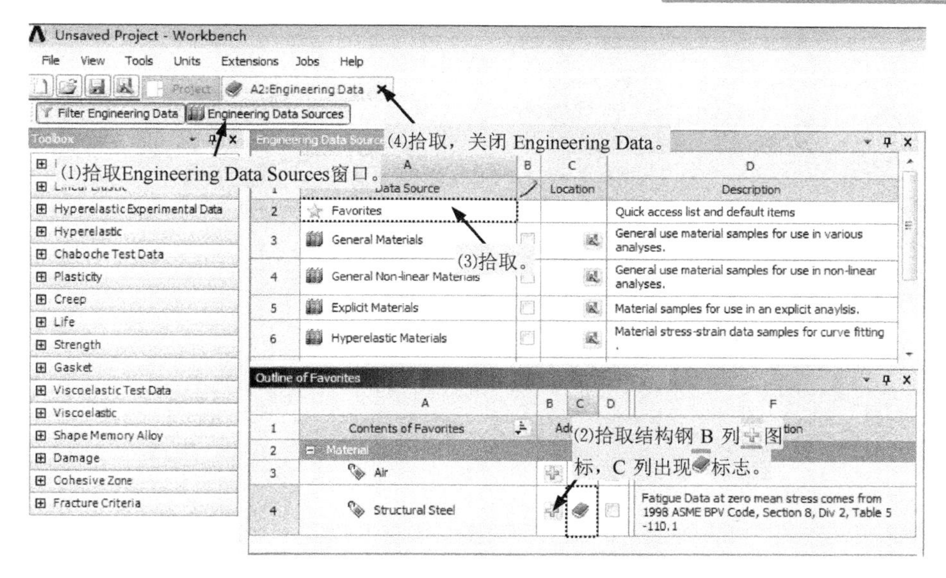


图 6-31　选择材料模型

步骤 4：创建几何体。

（1）用鼠标右键单击如图 6-30 所示项目流程图 A3 格“Geometry”项，在快捷菜单中拾取命令 New DesignModeler Geometry，启动 DM 创建几何体。

（2）拾取菜单命令 Units→ Millimeter，选择长度单位为 mm。

（3）在 XYPlane 的 Sketch1 上画直线，并标注尺寸，如图 6-32 所示。

（4）拾取菜单命令 Concept→ Lines From Sketches，创建线体，如图 6-33 所示。

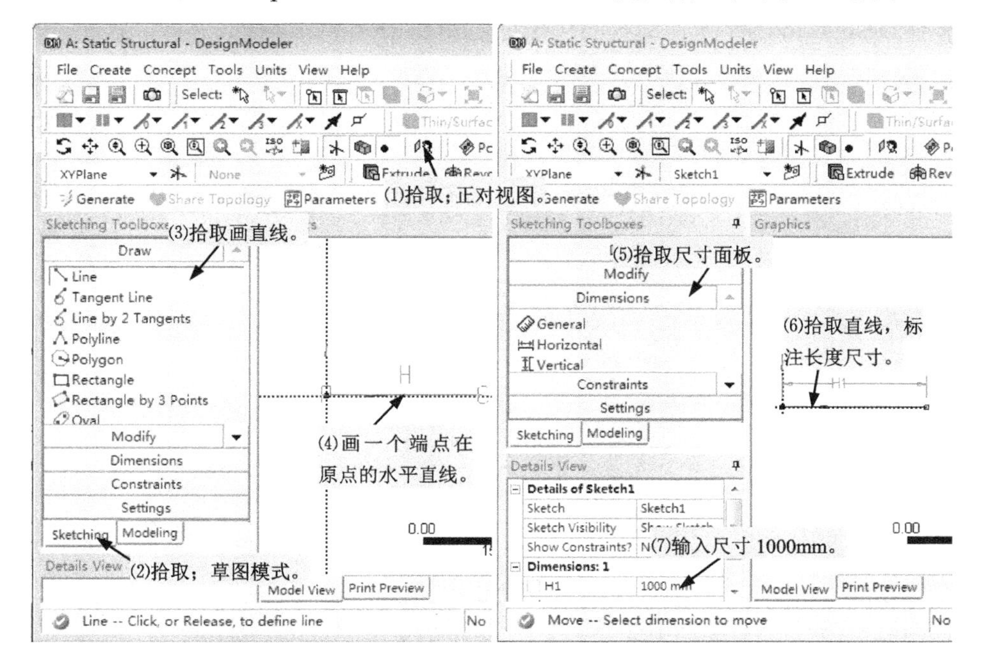


图 6-32　画直线

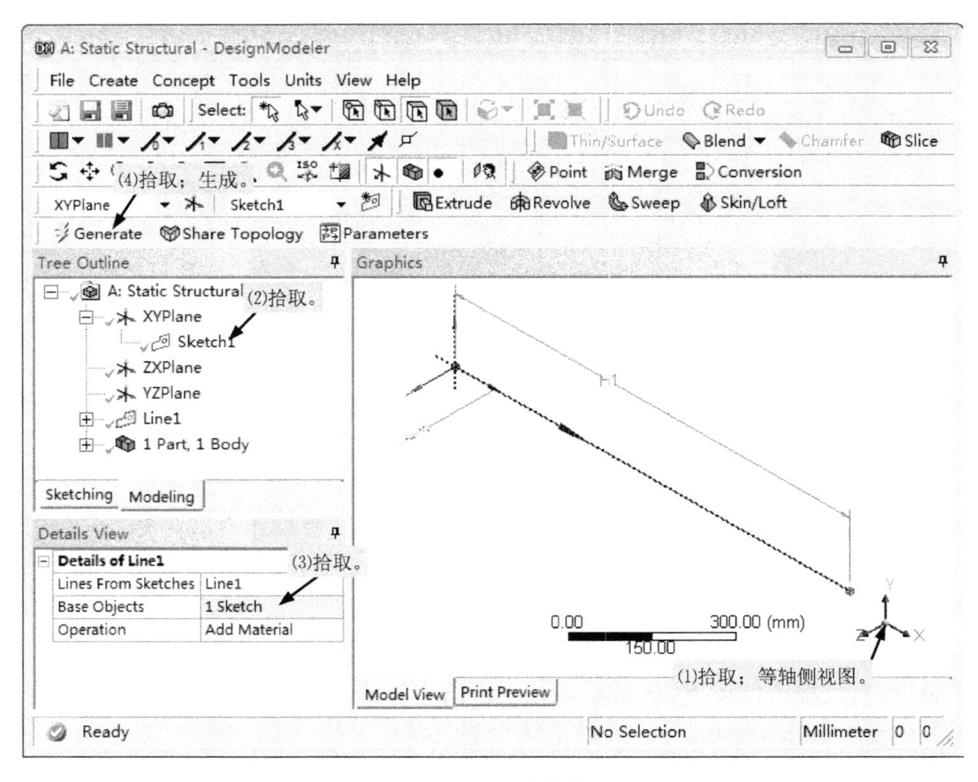


图 6-33　创建线体

（5）为线体指定横截面属性，如图 6-34 所示。

（6）拾取 DesignModeler 窗口的关闭按钮☒，退出 DesignModeler。

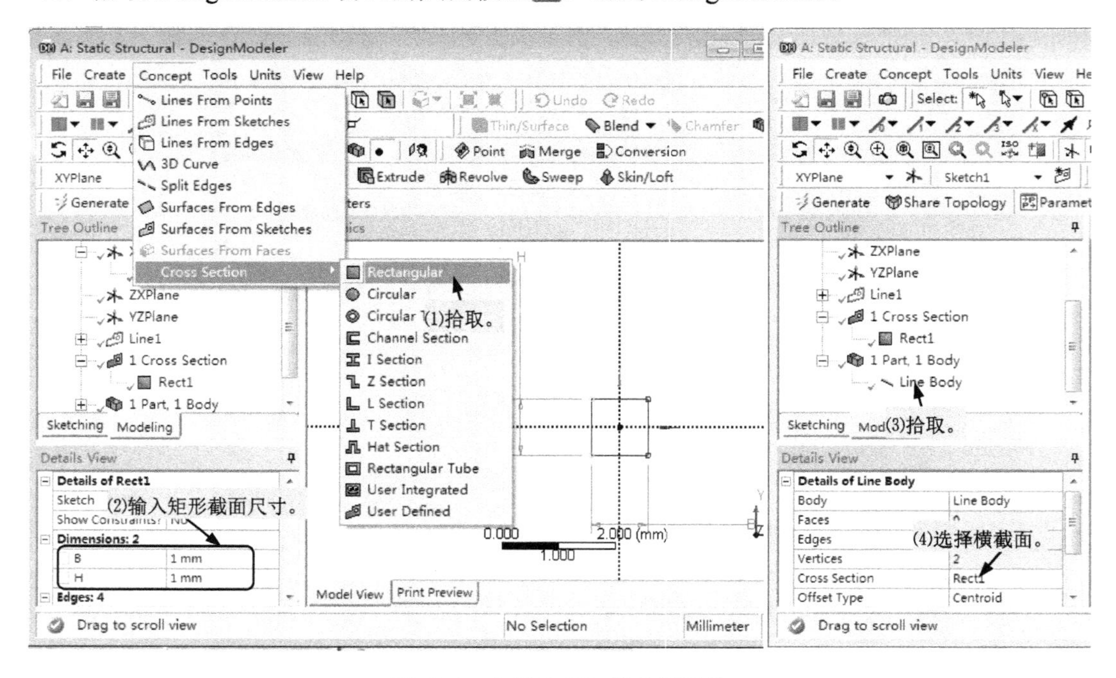


图 6-34　为线体指定横截面属性

步骤5：建立有限元模型，施加载荷和约束，求解。

（1）因上格数据（A3格Geometry）发生变化，需刷新数据，如图6-35所示。

（2）双击图6-35所示项目流程图A4格的“Model”项，启动Mechanical。

（3）为几何体分配材料，如图6-36所示。

图6-35　刷新数据

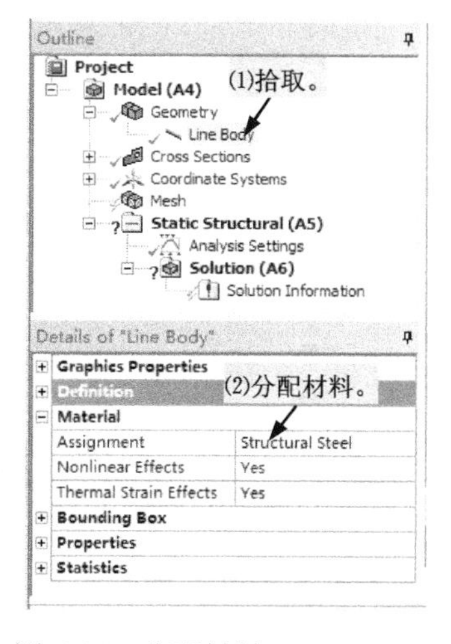


图6-36　分配材料

（4）指定网格控制，划分网格，如图6-37所示。

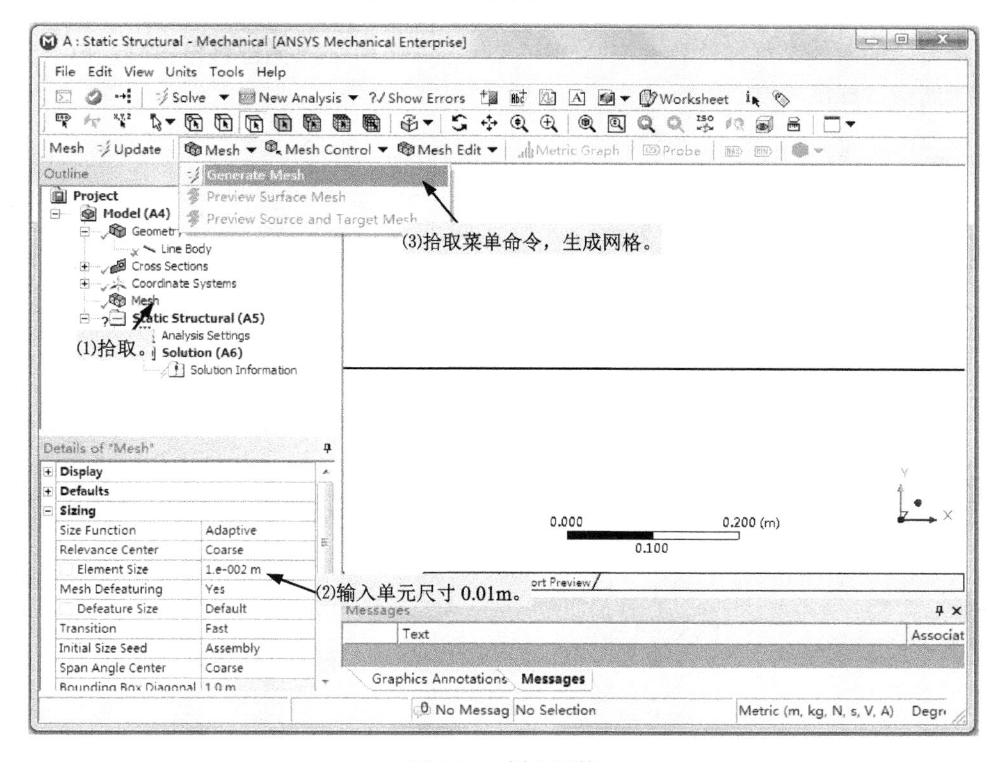


图6-37　划分网格

（5）在琴弦的右端部施加集中力载荷，方向为$X$轴正向，大小2000N，如图6-38所示。

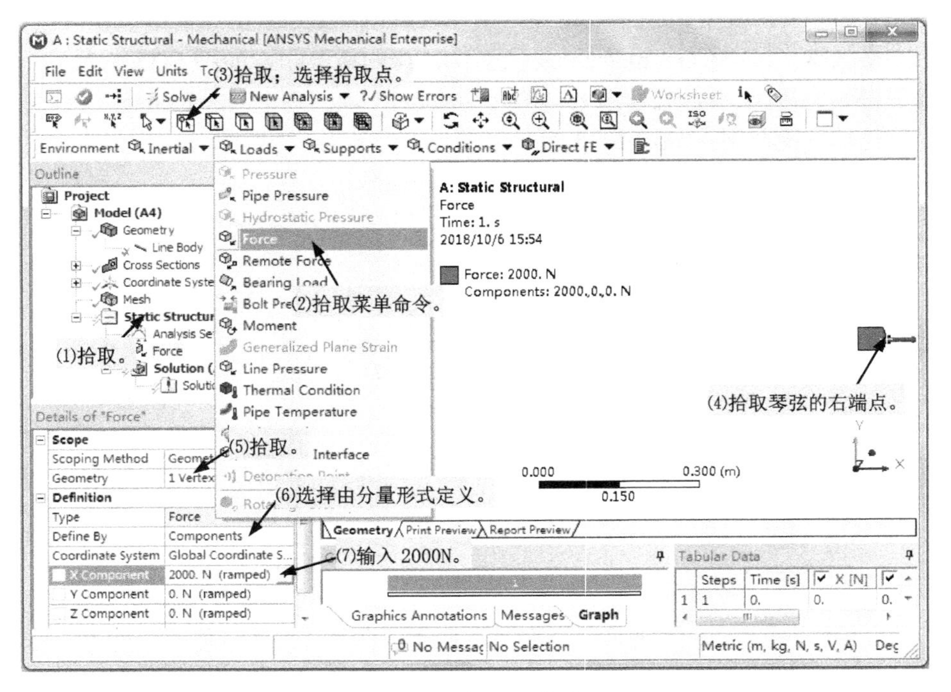


图 6-38　施加力载荷

（6）在琴弦的左端部施加固定约束，约束该点所有位移自由度，如图 6-39 所示。

（7）在琴弦的右端部施加位移约束，约束该点 $Y$ 方向和 $Z$ 方向位移自由度，但 $X$ 方向位移自由，不受约束，如图 6-40 所示。

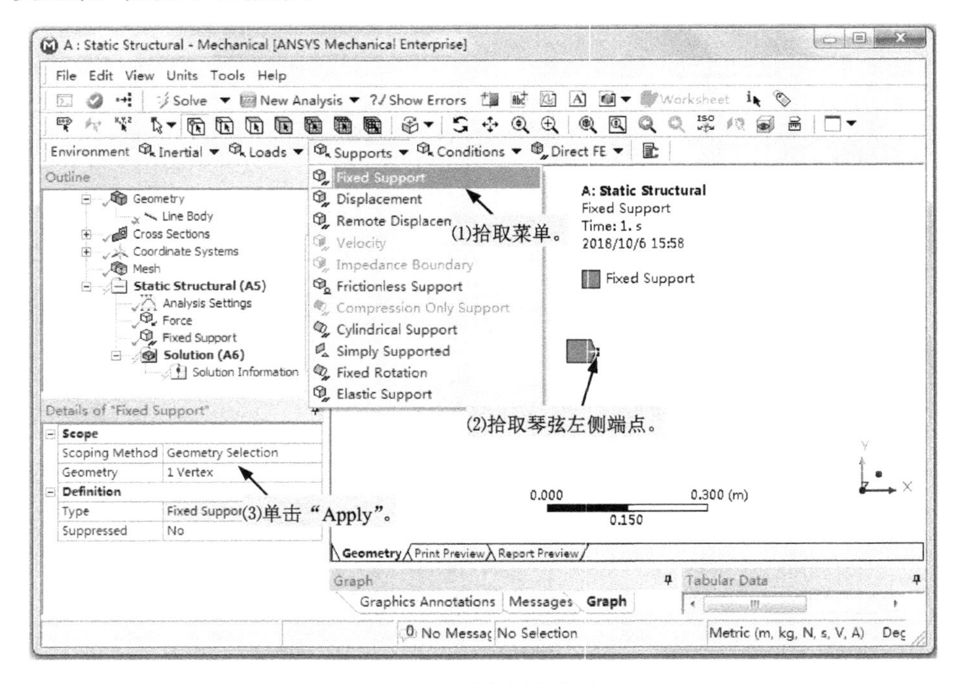


图 6-39　施加固定约束

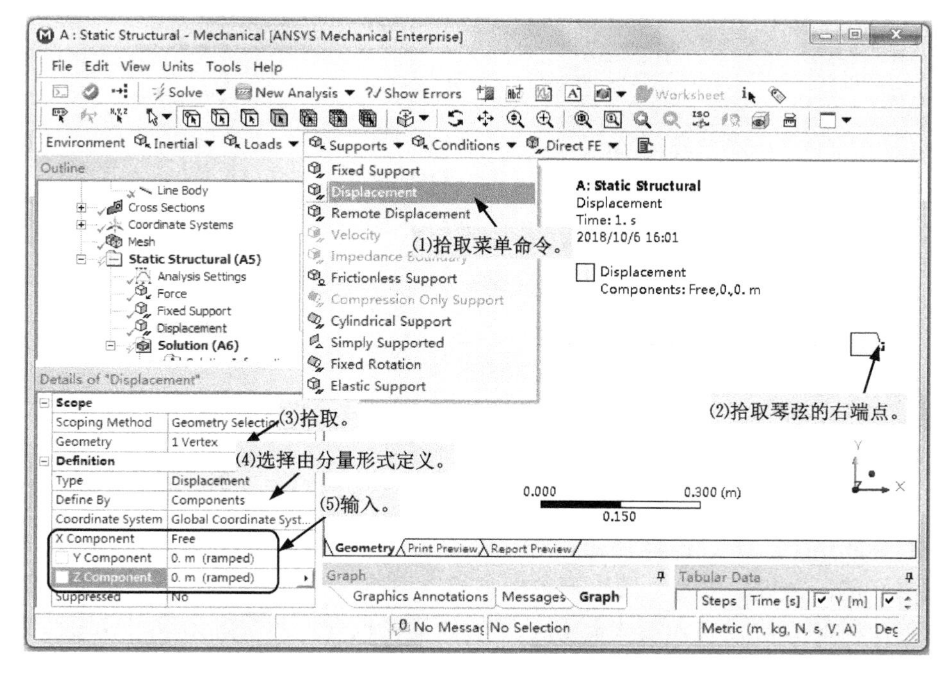


图 6-40　施加位移约束

（8）单击 Solve 按钮，进行结构静力学分析求解。

（9）拾取 Mechanical 窗口的关闭按钮，退出 Mechanical。

步骤 6：创建关联项目 B，进行带预应力的模态分析。

（1）创建关联项目 B，如图 6-41 所示。

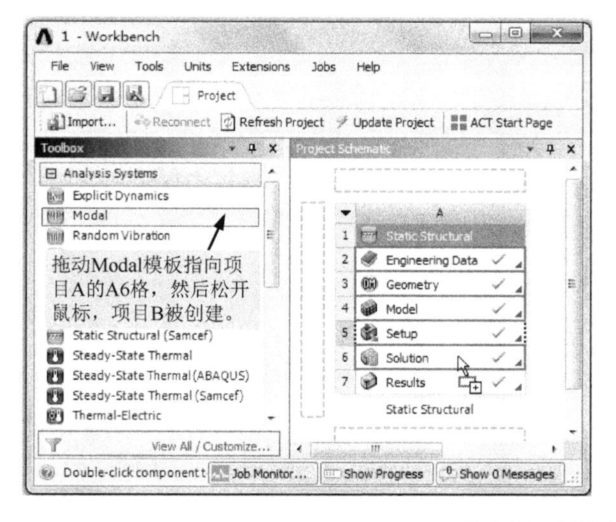


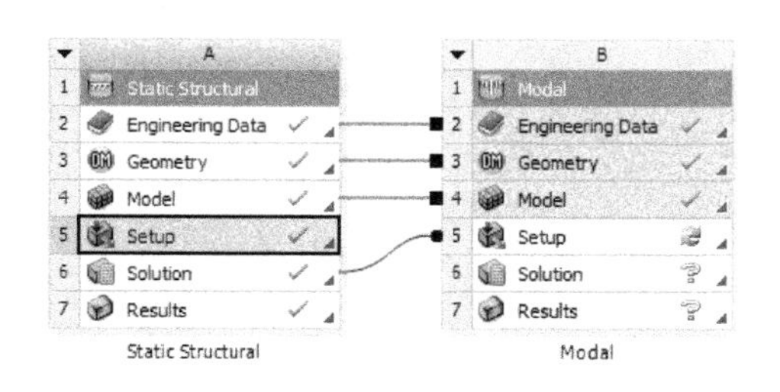


图 6-41　创建项目 B

（2）刷新数据，如图 6-42 所示。

（3）双击图 6-42 所示项目流程图 B5 格的“Setup”项，启动 Mechanical。

（4）指定计算频率阶次，如图 6-43 所示。

（5）单击 Solve 按钮，进行模态分析求解。

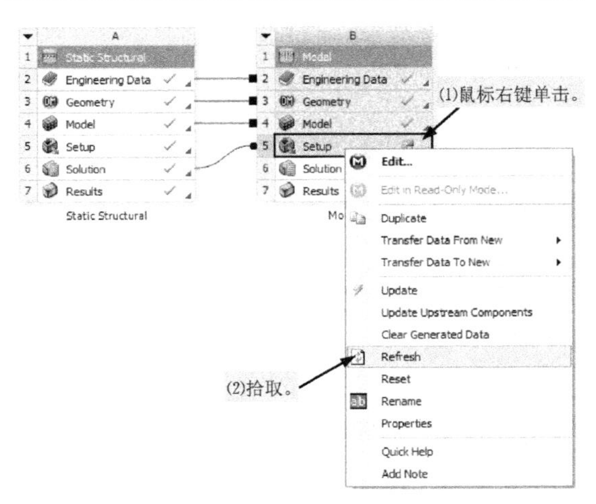


图 6-42　刷新数据

图 6-43　指定计算频率阶次

（6）查看频率结果，如图 6-44 所示。对比表 6-2，可见有限元结果和理论结果基本符合，有限元分析结果正确。需说明的是，因为琴弦模型沿 *X* 轴和沿 *Y* 轴方向形状、尺寸相同，而分析得到的琴弦的 1 阶和 2 阶模态为沿 *X* 轴和沿 *Y* 轴的横向振动，故二者频率相等均为 253.11Hz，该值与表 6-2 的 1 阶频率值对应；其余类似。

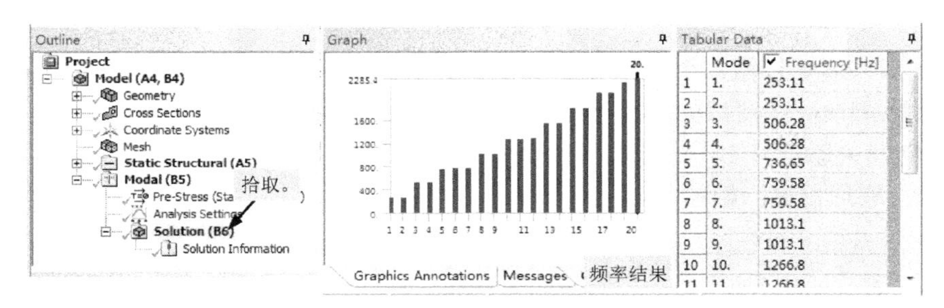


图 6-44　频率结果

（7）计算并查看模态变形结果，如图 6-45 所示。

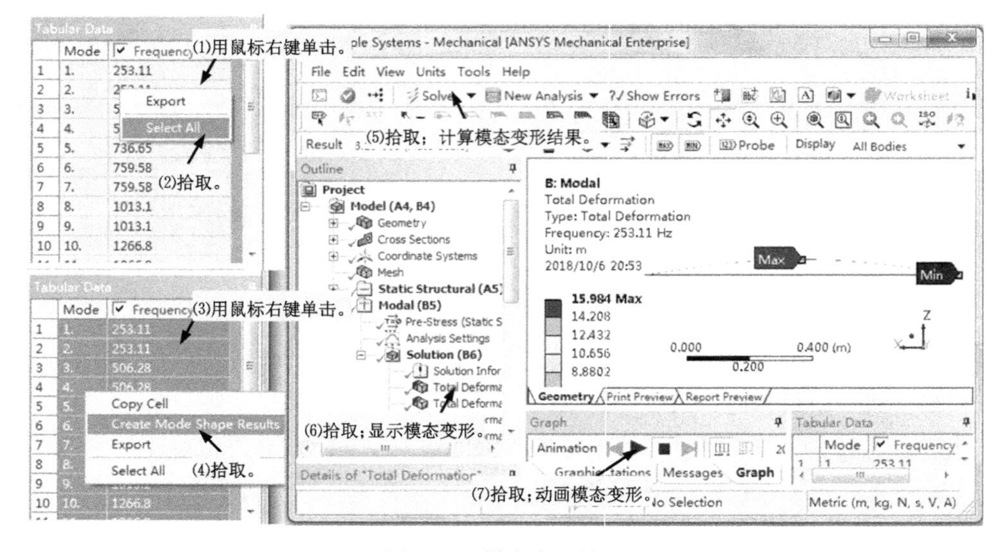


图 6-45　模态变形结果

（8）拾取 Mechanical 窗口的关闭按钮☒，退出 Mechanical。

步骤 7：在 ANSYS Workbench 界面保存工程。

**[本例小结]** 介绍了利用 ANSYS Workbench 进行带预应力的结构模态分析的步骤、方法。

## 6.2.7　循环对称结构的模态分析实例——转子的固有频率分析

### 1. 概述

对于像直齿轮、涡轮、叶轮等具有循环对称性（Cyclic Symmetry）的结构，可以通过仅分析结构的一个扇区来计算整个结构的固有频率和振型，这样可以极大地节省计算容量，提高计算效率。

要掌握 ANSYS Workbench 循环对称结构的模态分析，必须了解一些基本概念。

1）基本扇区

基本扇区是整个结构沿圆周的任意一个重复部分，整个结构可看作由基本扇区沿圆周重复若干次得到。

2）节径（Nodal Diameter）

节径指的是结构的振型中贯穿整个结构的零位移线，节径如图 6-46 所示。

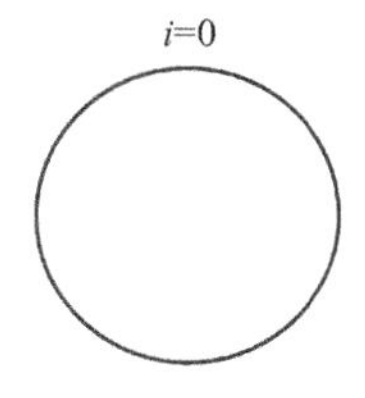

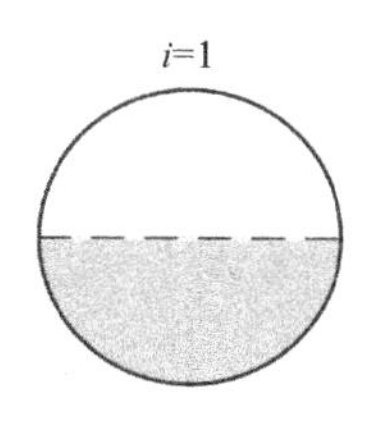

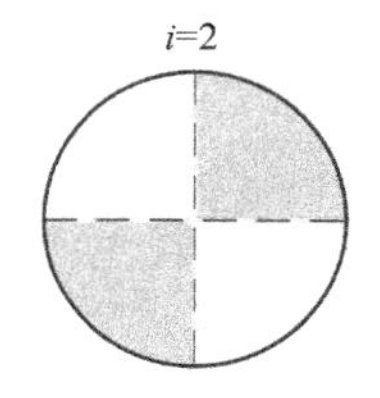


图 6-46　节径

3）谐波指数（Harmonic Index）

谐波指数等于振型中的节径数目。

4）分析类型

ANSYS Workbench 中可以使用循环对称结构的分析类型有结构静力学分析、模态分析、热分析。

### 2. 循环对称结构模态分析的步骤

（1）用工程数据确定材料特性参数。

（2）在 DesignModeler 中创建基本扇区的几何体模型，但不能使用质点。

（3）在 Mechanical 中进行模态分析。

a. 在提纲树（Outline）中插入对称对象。用鼠标右键单击 Model 项，拾取快捷菜单 Insert→Symmetry。

b. 在提纲树（Outline）中插入循环对称区域对象，即基本扇区。用鼠标右键单击 Symmetry 项，拾取快捷菜单 Insert→Cyclic Region。

c. 创建一个新的圆柱坐标系。

d. 选择基本扇区的低角度边界（Low Boundary）和高角度边界（High Boundary）。从低角度边界到高角度边界的方向必须与使用的圆柱坐标系 *Y* 轴方向一致。对于 3D 几何体，可在一个或多个零件上选择一个或多个面作为低角度边界或高角度边界，但需要互相匹配，低角度边界和高角度边界对应面的形状和尺寸必须相同。

e. 划分网格。软件会自动匹配低角度边界和高角度边界面的网格。

f. 施加载荷和约束。只有压缩的约束、弹性约束和约束方程是不可用的，不能在已选择为低角度边界和高角度边界的面上施加约束。

g. 求解设置。

h. 求解。

i. 查看频率、振型等计算结果。由菜单项 View→Visual Expansion 控制在图形窗口显示一个基本扇区或整个模型的计算结果。

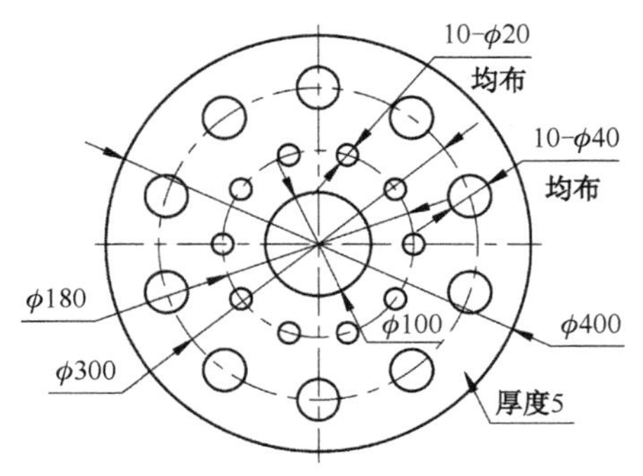


图 6-47 刚性转子尺寸

### 3. 问题描述

形状对称循环的刚性转子尺寸如图 6-47 所示，已知其内孔全约束，现对其进行模态分析。

### 4. 分析步骤

步骤 1：在 Windows“开始”菜单执行 ANSYS → Workbench。

步骤 2：创建项目 A，进行结构模态分析，如图 6-48 所示。

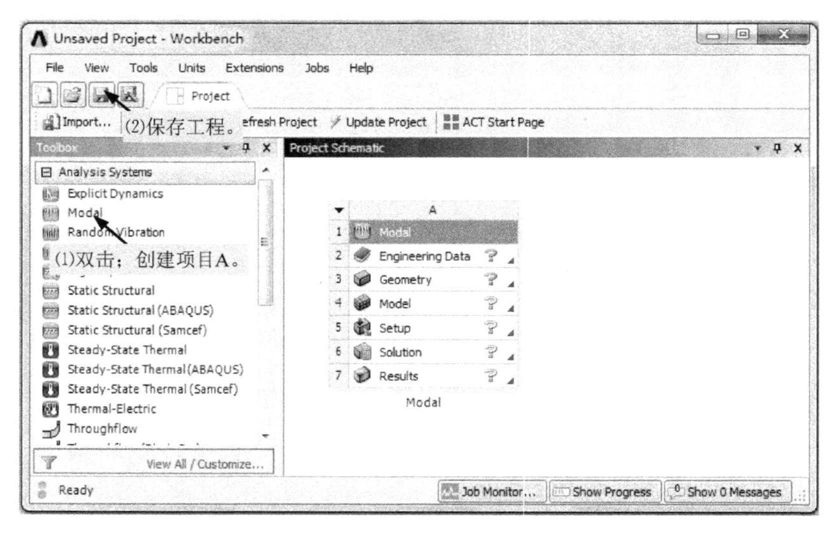


图 6-48 创建项目 A

步骤 3：从 ANSYS 材料库选择材料模型，添加到当前分析项目中。

（1）双击图 6-48 所示项目流程图 A2 格的“Engineering Data”项。

（2）选择材料模型，如图 6-49 所示。图中对话框的显示由下拉菜单 View 项控制。

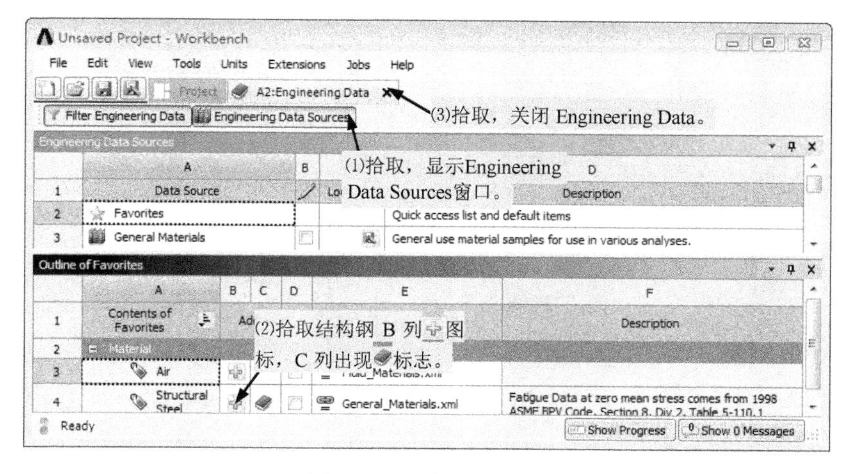


图 6-49　选择材料模型

步骤 4：创建几何体。

（1）用鼠标右键单击如图 6-48 所示项目流程图 A3 格“Geometry”项，在快捷菜单中拾取命令 New DesignModeler Geometry，启动 DM，创建几何体。

（2）拾取菜单命令 Units → Millimeter，选择长度单位为 mm。

（3）在 XYPlane 的 Sketch1 上画图形，如图 6-50 所示。

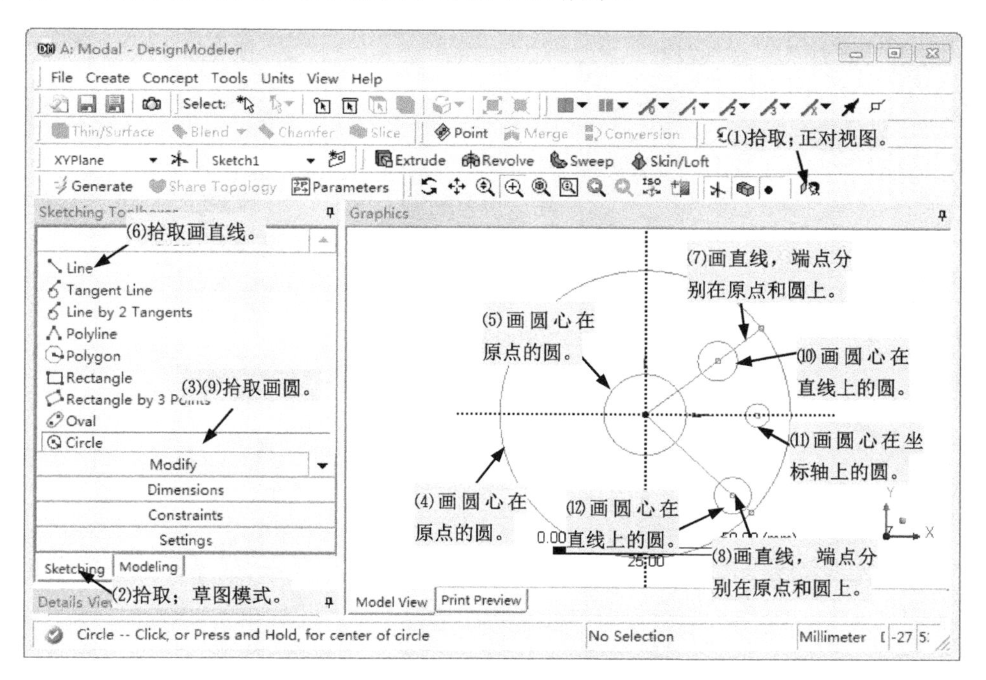


图 6-50　画图形

（4）在图形上添加约束，如图 6-51 所示。

（5）修剪图形为实际形状，如图 6-52 所示。

（6）标注尺寸，如图 6-53 所示。

图 6-51 添加约束

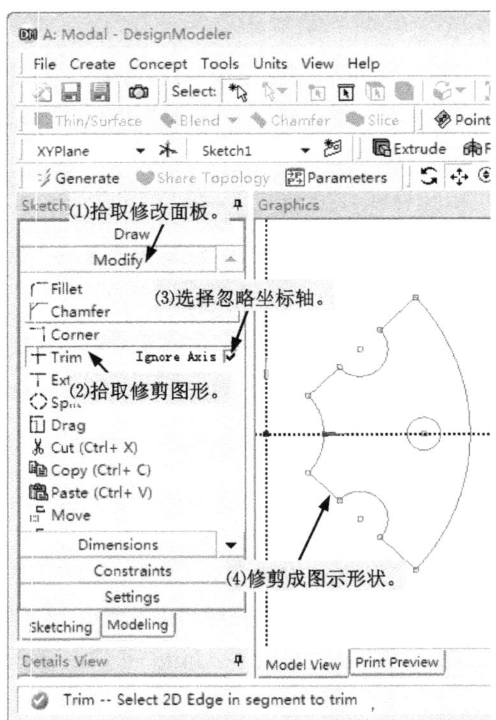


图 6-52 修剪图形

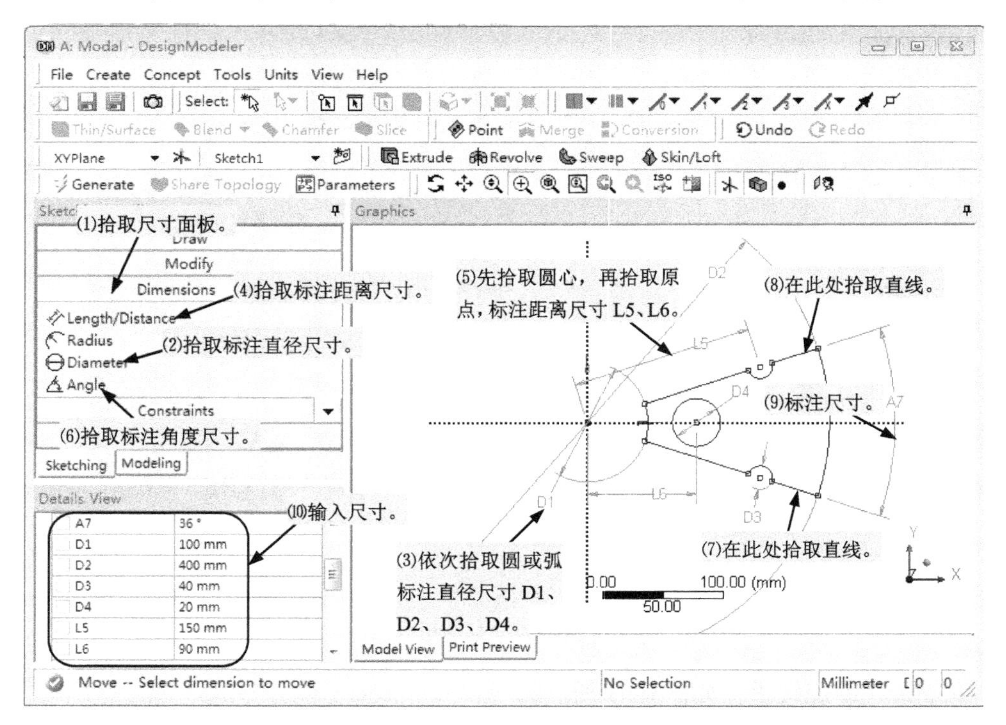


图 6-53 标注尺寸

（7）拉伸形成 3D 几何体，即为基本扇区，如图 6-54 所示。

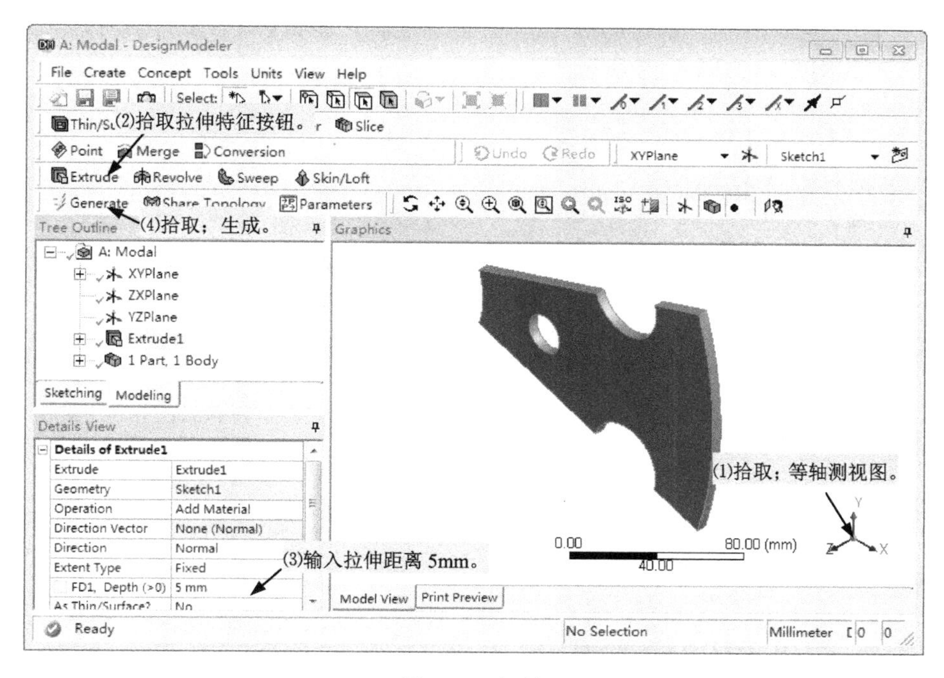


图 6-54　拉伸

（8）拾取 DesignModeler 窗口的关闭按钮，退出 DesignModeler。

步骤 5：建立有限元模型，施加载荷和约束，求解。

（1）因上格数据（A3 格 Geometry）发生变化，需刷新数据，如图 6-55 所示。

（2）双击图 6-55 所示项目流程图 A4 格的“Model”项，启动 Mechanical。

（3）为几何体分配材料，如图 6-56 所示。

图 6-55　刷新数据

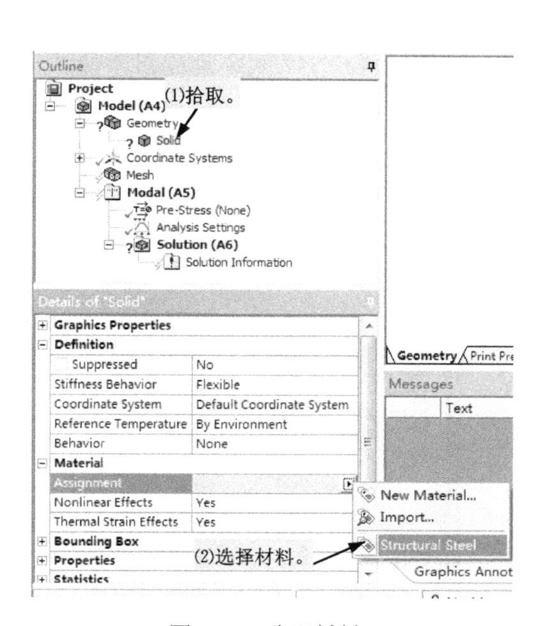


图 6-56　分配材料

（4）创建局部坐标系。局部坐标系为圆柱坐标系，原点在全局坐标系的原点，$X$ 轴为全局坐

标系的 $X$ 轴，如图 6-57 所示。创建局部坐标系为创建循环对称区域对象时使用。

（5）插入对称对象，如图 6-58 所示。

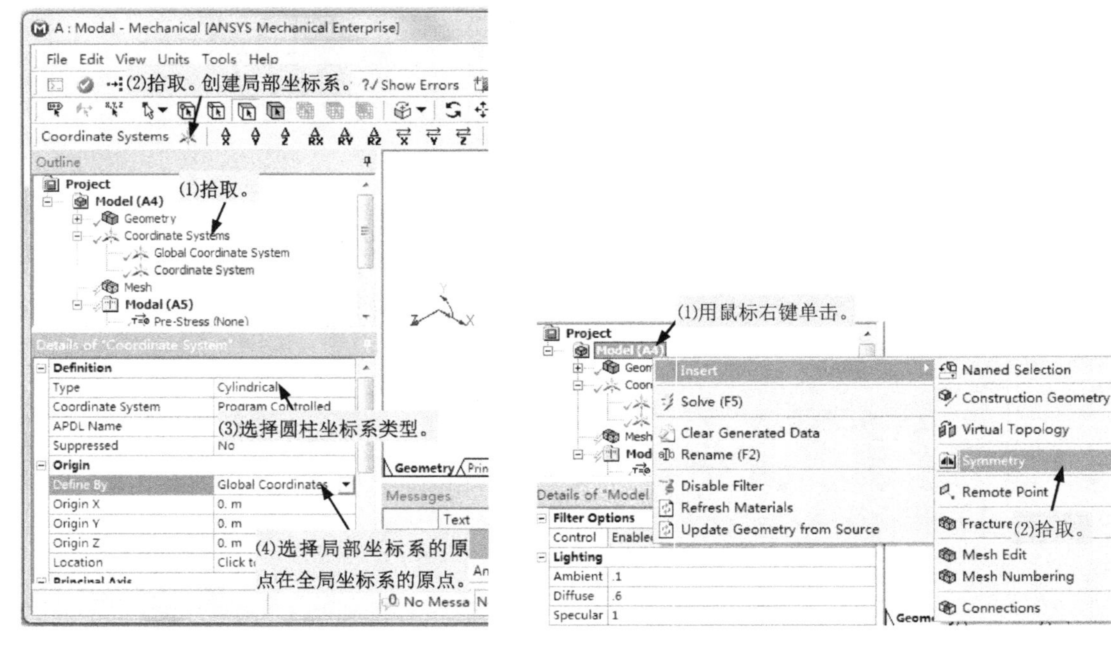


图 6-57　创建圆柱坐标系　　　　图 6-58　插入对称对象

（6）插入循环对称区域对象，并指定低角度边界和高角度边界，如图 6-59 所示。

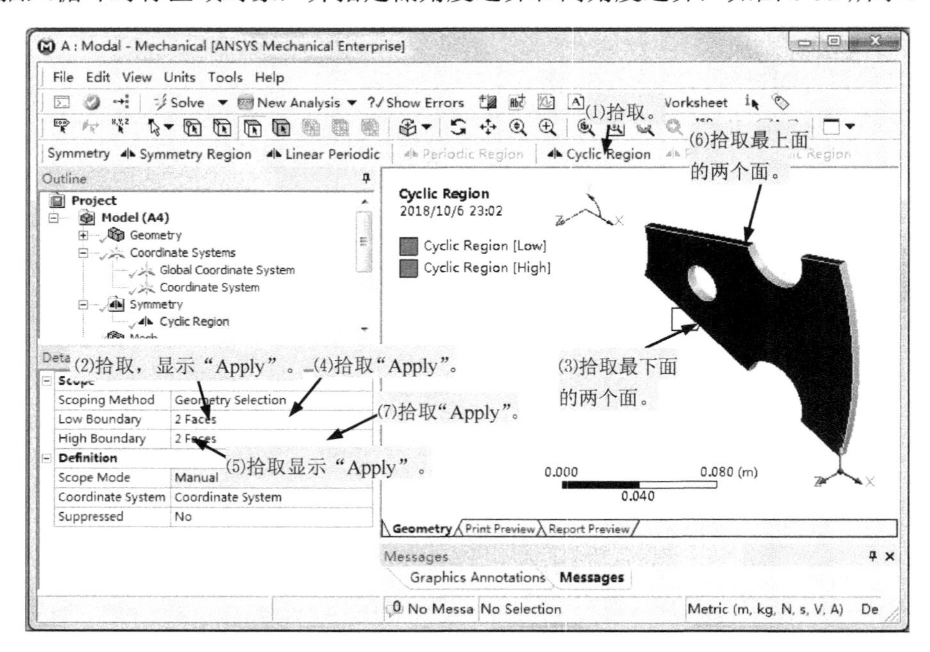


图 6-59　插入循环对称区域对象

（7）指定网格控制，划分网格，如图 6-60 所示。

（8）在内孔表面施加固定约束，约束该面所有位移自由度，如图 6-61 所示。

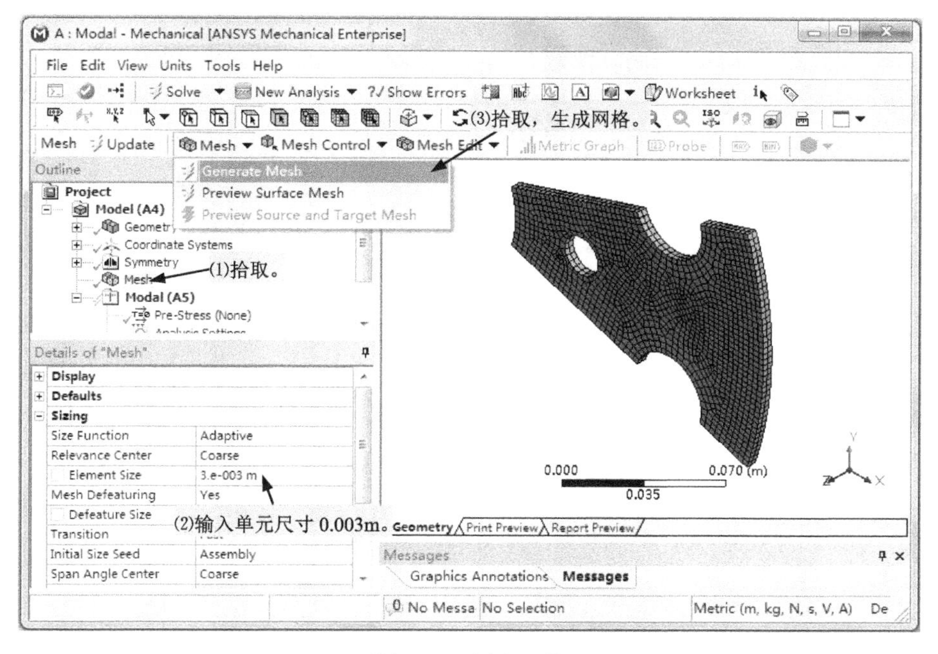


图 6-60　划分网格

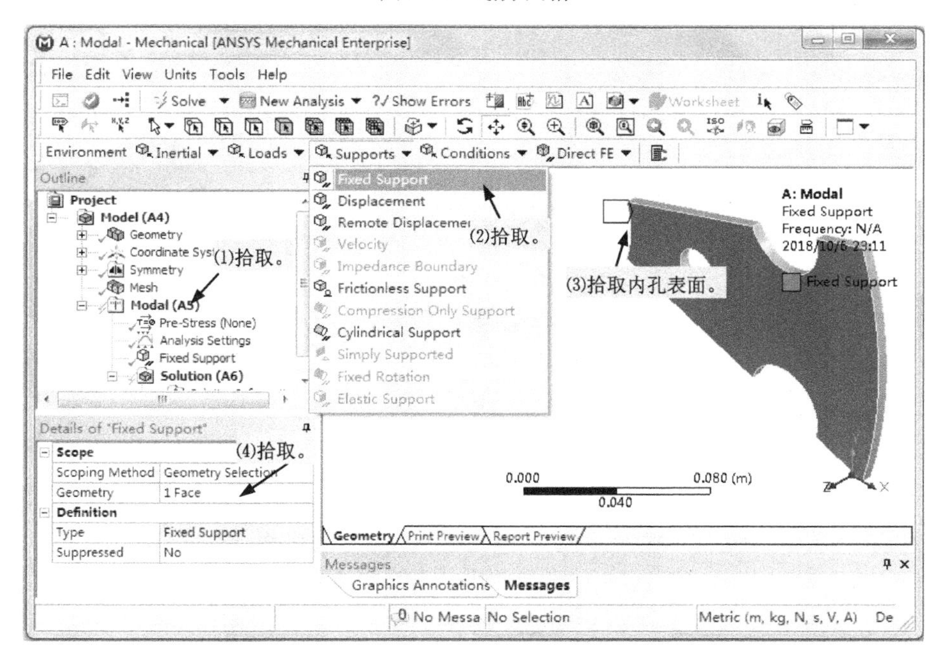


图 6-61　施加约束

（9）指定计算频率阶次，如图 6-62 所示。

（10）单击 Solve 按钮，进行模态分析求解。

（11）查看频率结果，如图 6-63 所示。

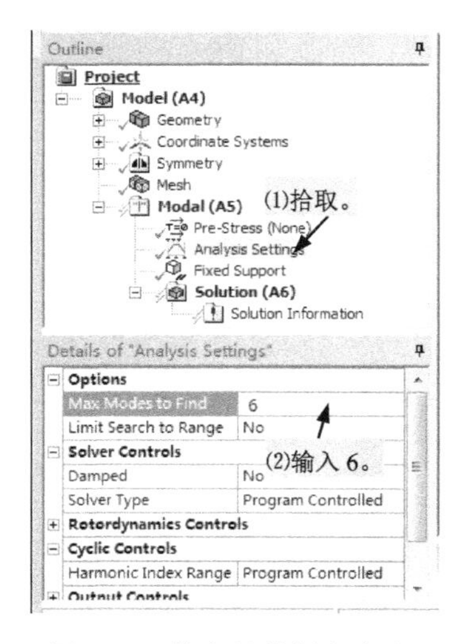


图 6-62　指定计算频率阶次

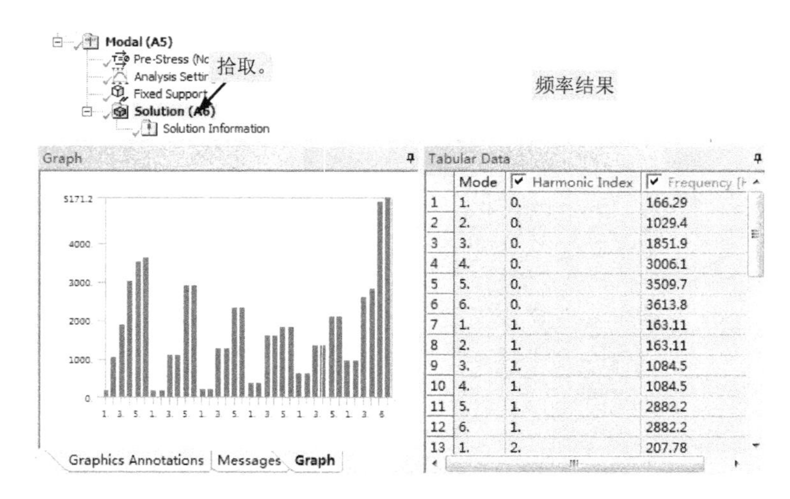


图 6-63　频率结果

（12）计算并查看模态变形结果，如图 6-64 所示。

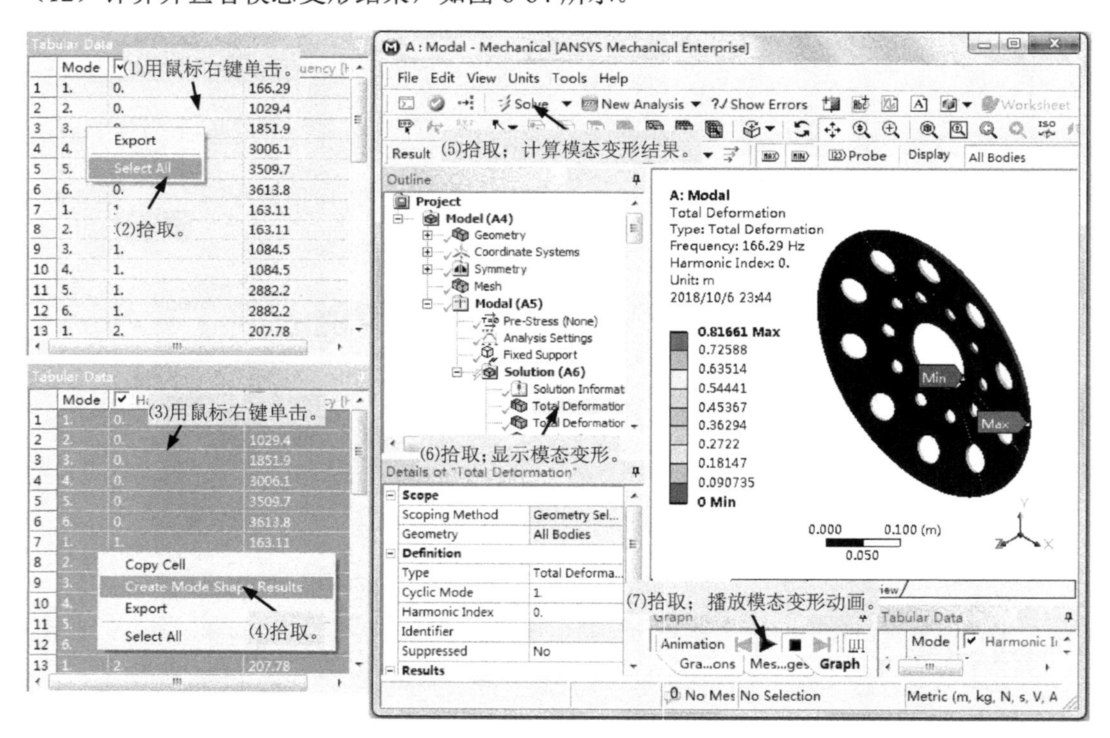


图 6-64　模态变形结果

（13）拾取 Mechanical 窗口的关闭按钮，退出 Mechanical。

步骤 6：在 ANSYS Workbench 界面保存工程。

**[本例小结]** 通过实例介绍了利用 ANSYS Workbench 进行循环对称结构模态分析的步骤、方法。

# 6.3　谐响应分析

## 6.3.1　概述

谐响应分析（Harmonic Response Analysis）主要用于确定线性结构承受随时间按正弦规律变化的载荷时的稳态响应。其目的是计算结构在一系列频率下的响应，并得到响应值对频率的曲线，从这些曲线上确定峰值响应。谐响应分析是线性分析，会忽略掉所有非线性特性。

### 1. 谐响应分析步骤

（1）创建分析系统。

将 Harmonic Response 模板从 Toolbox 中拖动到项目管理区。

（2）定义工程数据。

需要定义的材料特性包括弹性模量、泊松比和密度。材料特性必须是线性的，如果定义了非线性特性则将被忽略。材料特性可以是各向同性或正交各向异性，可以是恒定的或随温度变化的。

（3）附着几何体。

（4）定义零件行为。

（5）定义连接。

非线性接触将被忽略。

（6）设置网格控制，划分网格。

（7）进行分析设置。

分析设置包括四类：Options 用于指定频率范围和计算点，以及使用的求解方法和相关控制；Output Controls 用于控制结果类型；Damping Controls 用于指定谐响应分析中的结构阻尼；Analysis Data Management 用于设置结果文件的保存。

（8）定义初始条件。

（9）施加载荷和约束。

Workbench 谐响应分析支持所有线性支撑，谐响应分析边界条件如表 6-3 所示。

表 6-3　谐响应分析边界条件

| 边界条件类型 | 相位角输入 | 求解方法 |
|---|---|---|
| 加速度载荷 Acceleration | 不支持 | 完全法或模态叠加法 |
| 压力载荷 Pressure | 支持 | 完全法或模态叠加法 |
| 集中力载荷 Force | 支持 | 完全法或模态叠加法 |
| 力矩载荷 Moment | 支持 | 完全法或模态叠加法 |
| 远端载荷 Remote Force | 支持 | 完全法或模态叠加法 |
| 轴承载荷 Bearing Load | 不支持 | 完全法或模态叠加法 |
| 给定位移载荷 Displacement | 支持 | 完全法 |
| 约束方程 Constraint Equation | 支持 | 完全法或模态叠加法 |
| 节点力 Nodal Force | 支持 | 完全法或模态叠加法 |
| 节点位移 Nodal Displacement | 支持 | 完全法或模态叠加法 |

（10）求解。

（11）结果后处理。

### 2. 简谐载荷

一个简谐载荷由幅值、频率和相位角三个参数定义，图 6-65 所示为施加一个力载荷（Force）时参数的输入情况。定义频率时需要输入频率范围和求解间隔，如图 6-65 所示的频率范围为 0～100Hz，间隔为 10Hz，计算时将求解频率为 10、20、30、…、100Hz 的响应。另外，还要求所有载荷必须具有相同的频率。

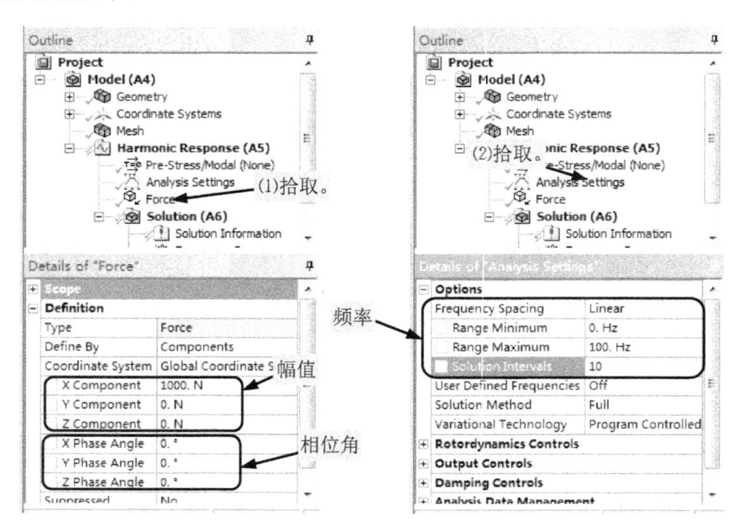


图 6-65 施加一个力载荷时参数的输入情况

Mechanical 支持的载荷类型如表 6-3 所示，不支持的载荷类型有重力加速度、温度、旋转速度和螺栓载荷。不支持相位角输入的载荷相位角为 0°。

### 3. 求解方法

进行谐响应分析时，Mechanical 采用模态叠加法（Mode Superposition）、完全法（Full）对有限元方程进行求解。

模态叠加法通过对模态分析得到的振型乘以因子并求和来计算结构的响应。对于许多问题，其计算量比完全法少。该方法可以考虑预应力效果，允许考虑阻尼，但不能施加非零位移。由于先进行了模态分析，得到了结构的固有频率，模态叠加法能够将结果聚敛到固有频率附近。

完全法直接求解有限元方程，是最简单的一种方法。它采用完整的系数矩阵计算谐响应，系数矩阵可以是对称的，也可以是不对称的。可以施加给定位移载荷，其缺点是预应力选项不可用，有时计算量比较大。

## 6.3.2 谐响应分析实例——横梁

### 1. 问题描述

图 6-66 所示为一钢制横梁，两端固定，梁的中点上方处作用有一个离心载荷 $P$，其大小为 200N，方向绕其作用点整周匀速转动，现分析结构对该载荷的响应情况。

将 $P$ 向水平和垂直方向分解，得两个分力 $P_X$、$P_Y$，则 $P_X$、$P_Y$ 随时间呈正弦规律变化，幅值均为 200N，相位角相差 90°，即

$$\begin{cases} P_X = 200\cos\omega t = 200\sin\left(\omega t + \dfrac{\pi}{2}\right) \\ P_Y = 200\sin\omega t \end{cases} \tag{6-10}$$

## 2. 分析步骤

步骤 1：在 Windows“开始”菜单执行 ANSYS→Workbench。

步骤 2：创建项目 A，进行结构谐响应分析，如图 6-67 所示。

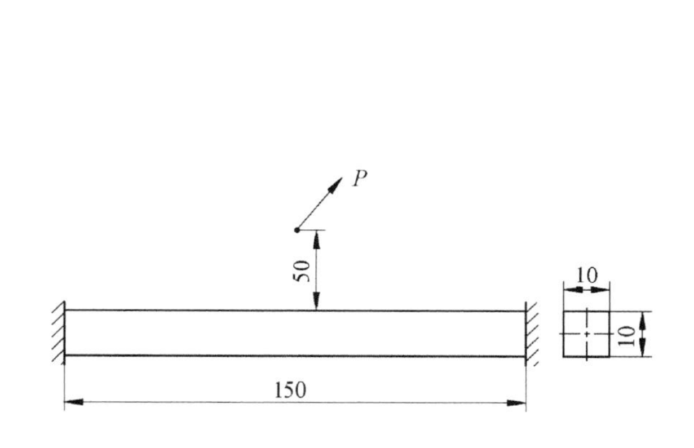


图 6-66　横梁

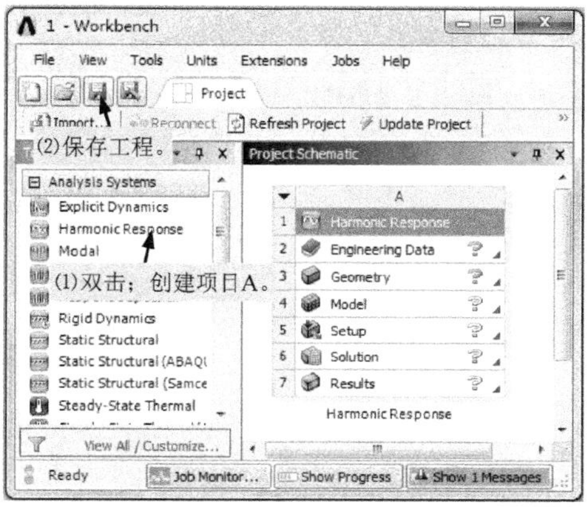

图 6-67　创建项目 A

步骤 3：从 ANSYS 材料库选择材料模型，添加到当前项目中。

（1）双击图 6-67 所示项目流程图 A2 格的“Engineering Data”项。

（2）选择材料模型，如图 6-68 所示。图中对话框的显示由下拉菜单 View 项控制。

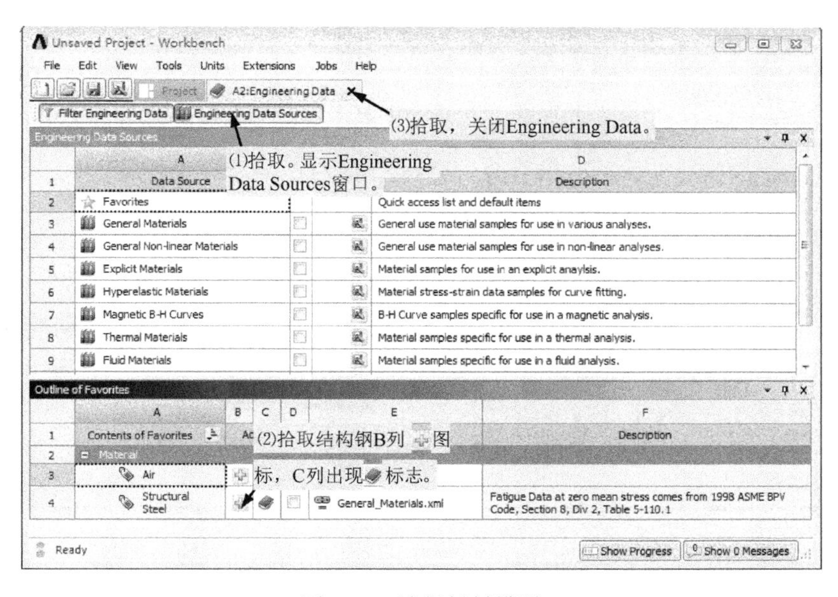


图 6-68　选择材料模型

步骤 4：创建几何体。

（1）用鼠标右键单击如图 6-67 所示项目流程图 A3 格“Geometry”项，在快捷菜单中拾取命令 New DesignModeler Geometry，启动 DM 创建几何体。

（2）拾取菜单命令 Units→ Millimeter，选择长度单位为 mm。

（3）画矩形，如图 6-69 所示，并标注尺寸。

（4）拉伸，如图 6-70 所示，生成长方体。

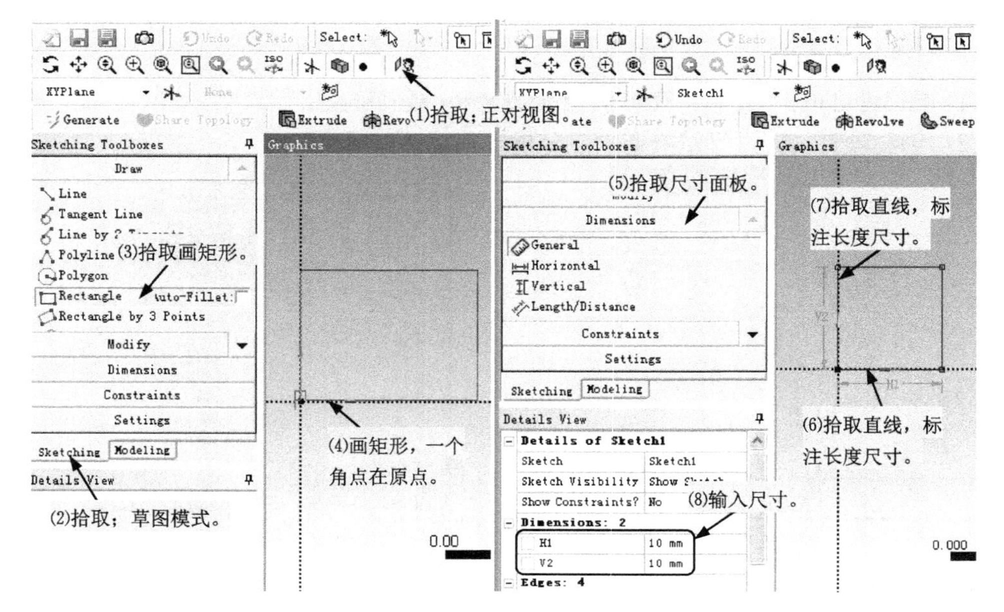


图 6-69　画矩形

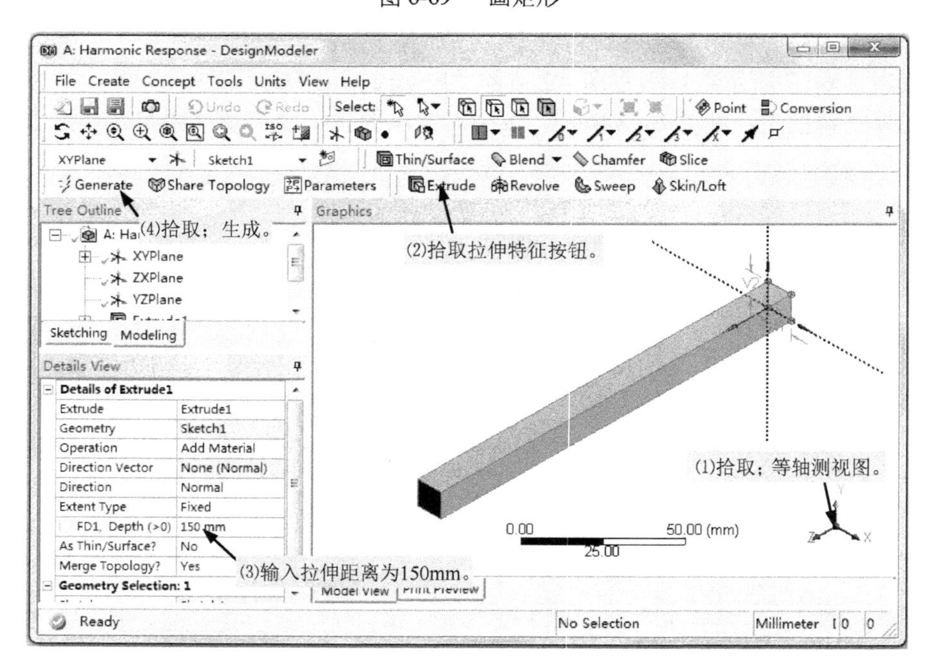


图 6-70　拉伸

（5）创建新平面 Plane4，如图 6-71 所示。

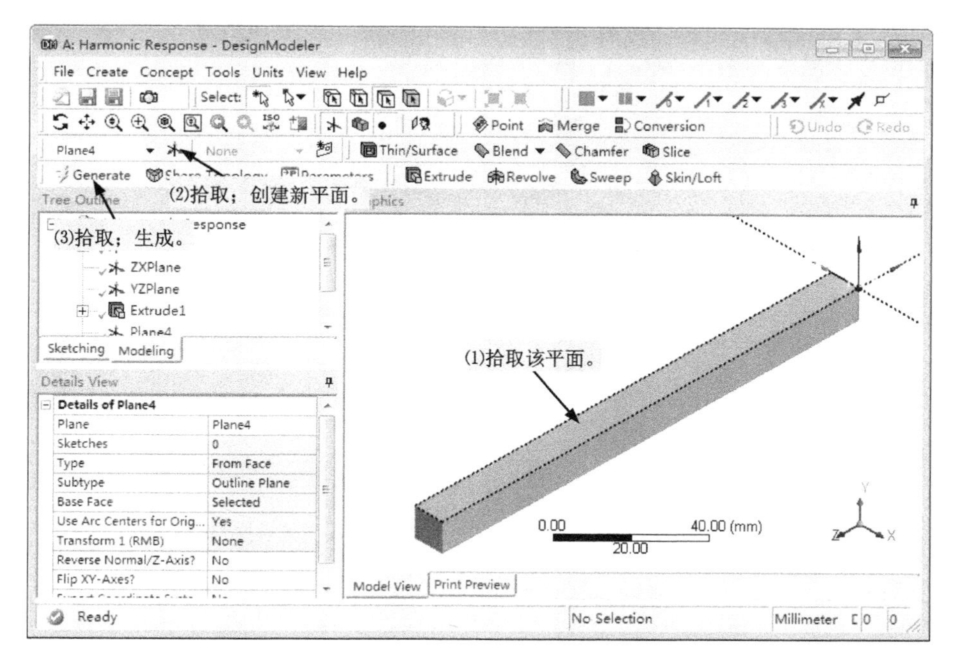


图 6-71　创建新平面

（6）画矩形，如图 6-72 所示，并标注尺寸。

（7）在梁表面刻印记，如图 6-73 所示，以便施加载荷。

（8）退出 DesignModeler。

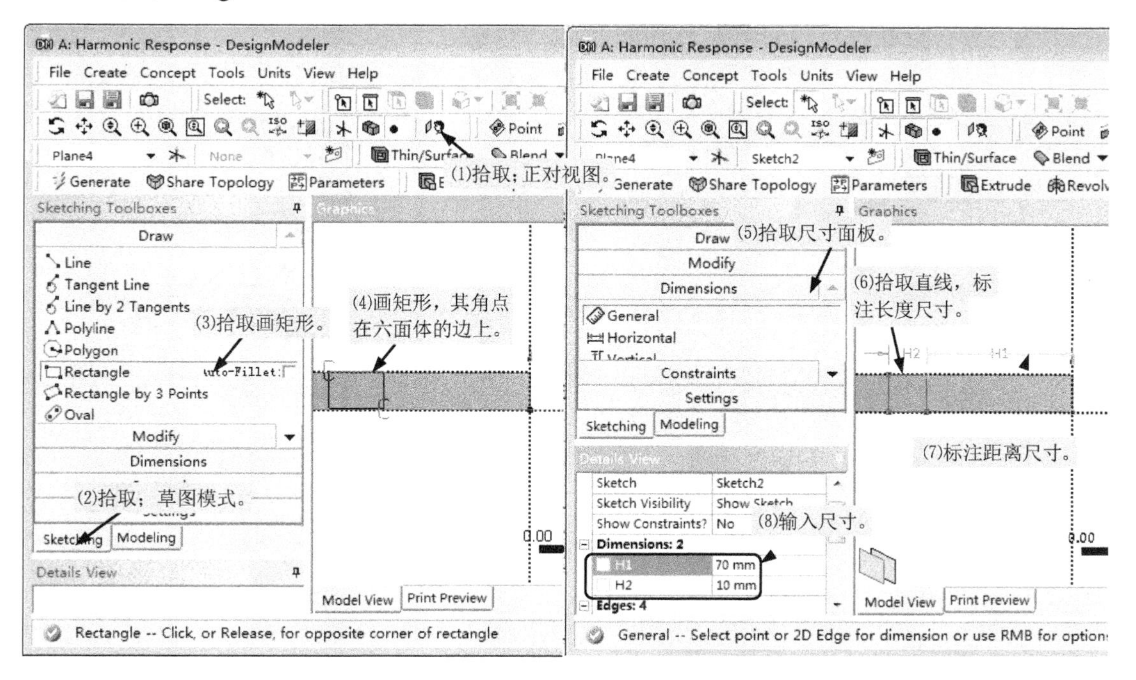


图 6-72　画矩形

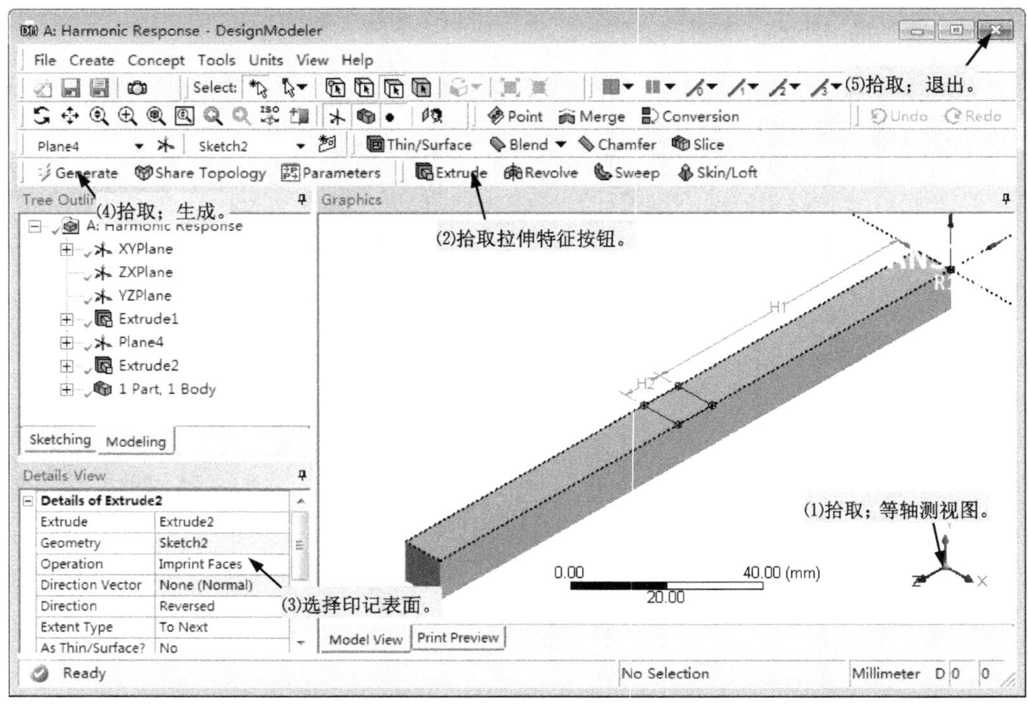


图 6-73　在梁表面刻印记

步骤 5：建立有限元模型，施加载荷和约束，求解，查看结果。

（1）因上格数据（A3 格 Geometry）发生变化，需刷新数据，如图 6-74 所示。

（2）双击图 6-74 所示 A4 格的“Model”项，启动 Mechanical。

（3）为几何体分配材料，如图 6-75 所示。

图 6-74　刷新数据

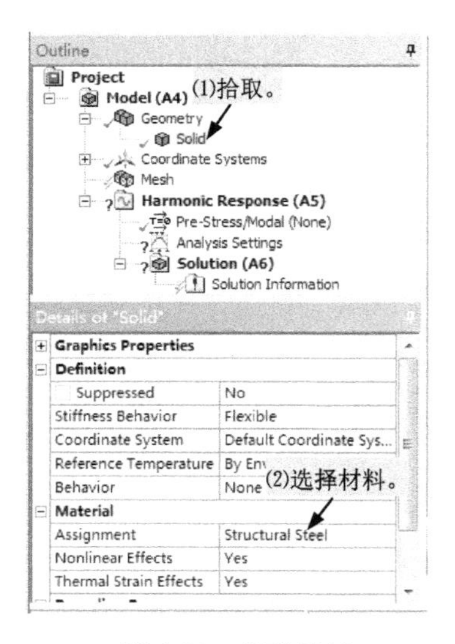


图 6-75　分配材料

（4）指定网格控制，划分网格，如图 6-76 所示。

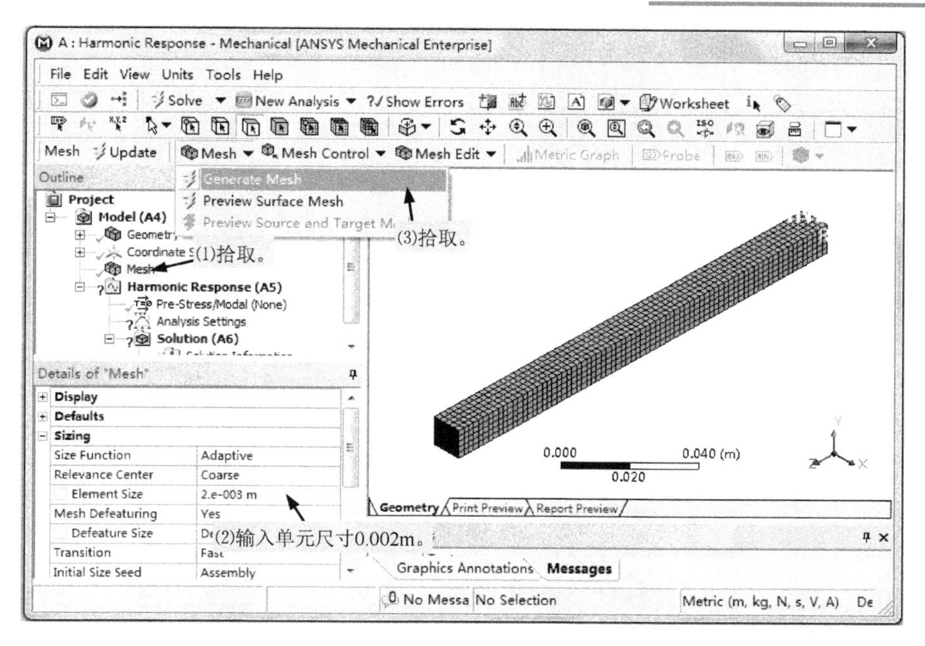


图 6-76　划分网格

（5）施加集中力载荷，如图 6-77 所示。

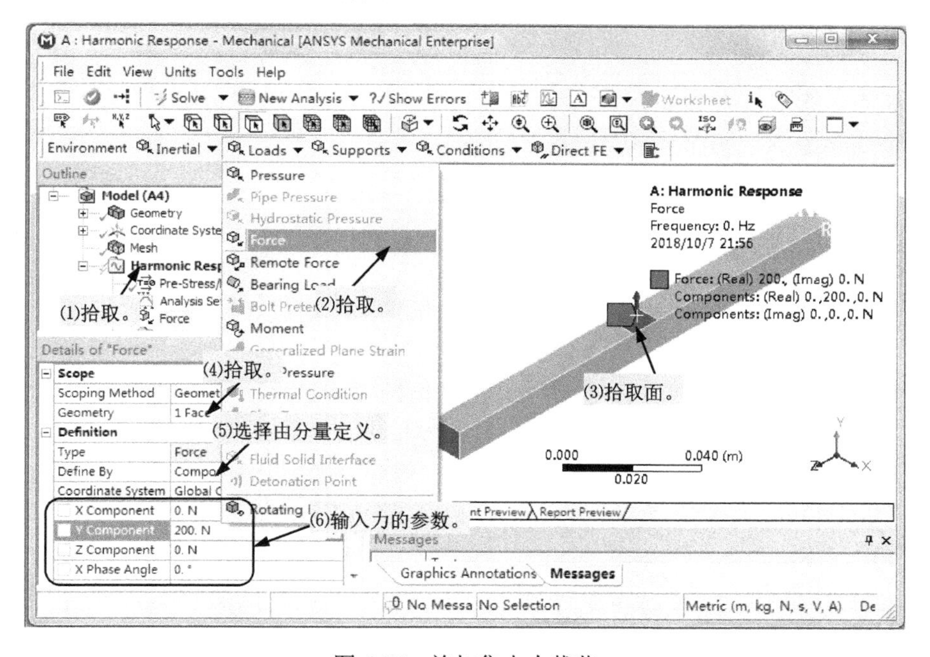


图 6-77　施加集中力载荷

由于式（6-10）所示力 $P_Y$ 方向垂直于梁的上表面，所以可以用作用在梁中点处的 $Y$ 方向集中力载荷（Force）模拟。而力 $P_X$ 方向与梁的上表面平行，且作用线距梁的上表面有一定距离，所以用远端载荷（Remote Force）模拟。

由于力 $P_X$ 相位角比力 $P_Y$ 超前 90°，所以输入集中力载荷（Force）的相位角为 0°，远端载荷的相位角为 90°。

（6）施加远端载荷，如图 6-78 所示。

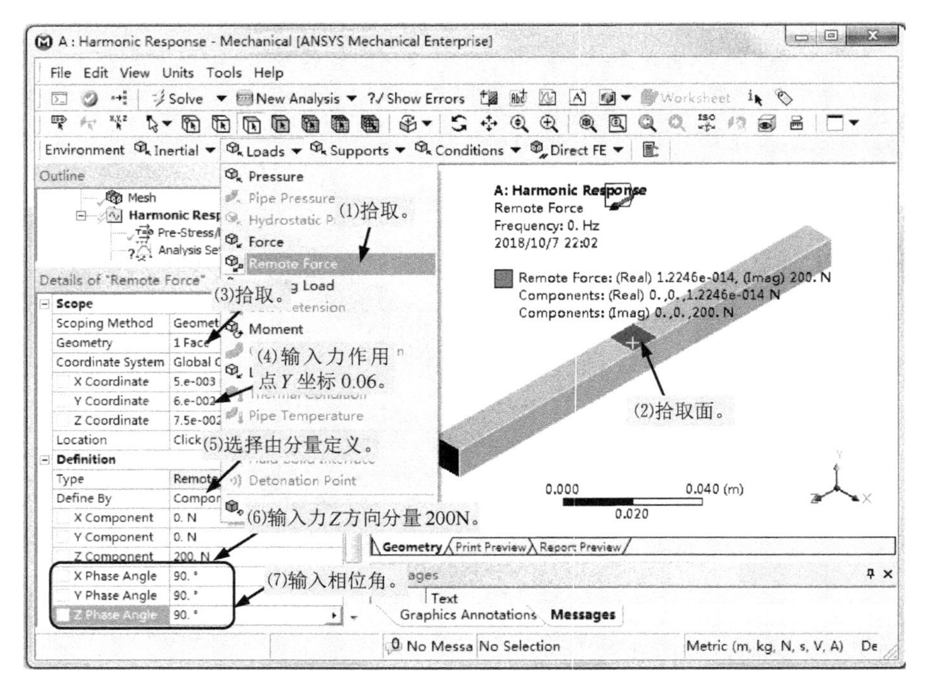


图 6-78　施加远端载荷

（7）施加固定约束，如图 6-79 所示。

（8）指定频率范围，如图 6-80 所示。

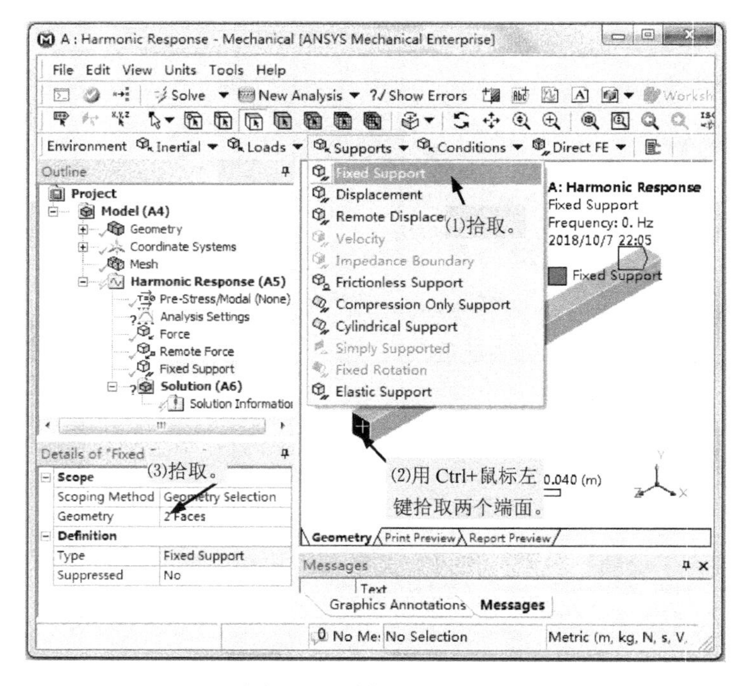


图 6-79　施加固定约束

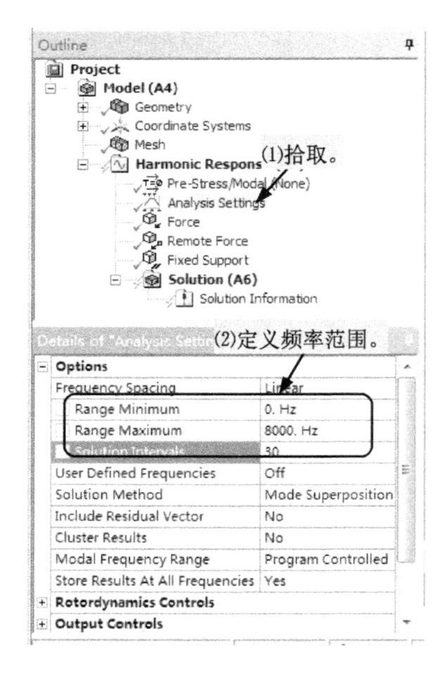


图 6-80　指定频率范围

（9）指定计算结果，如图 6-81 所示。

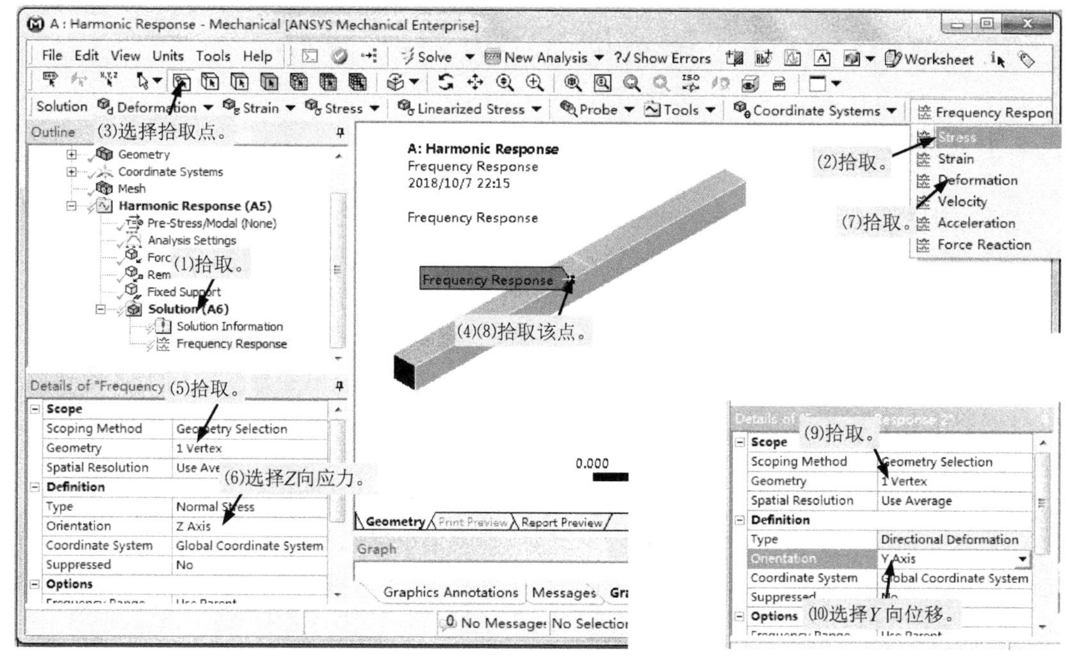


图 6-81　指定计算结果

（10）单击 Solve 按钮，求解。

（11）在提纲树（Outline）上选择结果类型，进行结果查看，应力频率响应和位移频率响应分别如图 6-82、图 6-83 所示。

（12）拾取 Mechanical 窗口的关闭按钮，退出 Mechanical。

步骤 6：在 ANSYS Workbench 界面保存工程。

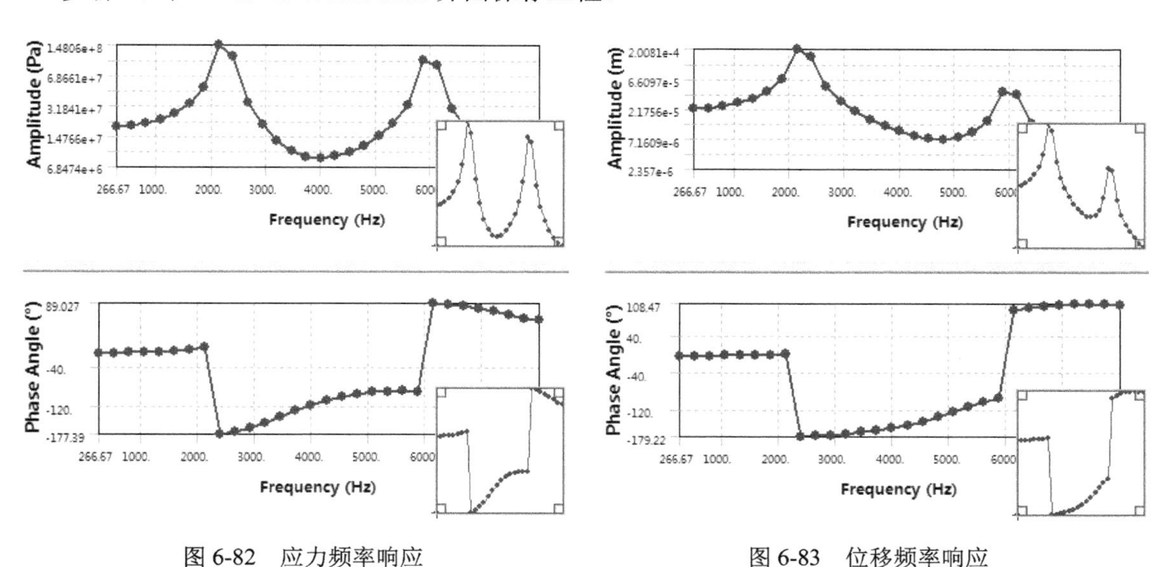

图 6-82　应力频率响应　　　　图 6-83　位移频率响应

**[本例小结]** 介绍了利用 ANSYS Workbench 进行谐响应分析的步骤、方法，并介绍了远端载荷的应用场合、使用方法等技巧。

# 6.4 结构瞬态动力学分析

## 6.4.1 结构瞬态动力学分析概述

结构瞬态动力学分析（Transient Structural Analysis）主要用于确定结构承受随时间按任意规律变化的载荷时的响应。它可以确定结构在静载荷、瞬态载荷和正弦载荷的任意组合作用下随时间变化的位移、应力和应变。瞬态动力学分析可以分析非线性结构。

在 ANSYS Workbench 中，瞬态动力学分析的对象可以是刚体（Rigid），也可以是变形体（Flexible）。对于变形体，可以考虑材料的非线性特征，进而计算出变形体的应力和应变。

瞬态动力学分析用于分析结构随时间的响应，其所需的计算资源比较大，如果满足以下条件，应该用其他的分析类型代替瞬态动力学分析：

（1）如果惯性力和阻尼可以忽略，则可以用结构静力学分析代替瞬态动力学。

（2）如果结构是线性的、载荷是正弦变化的，则应采用谐响应分析。

（3）如果只研究结构的运动特性或力与运动的关系，且结构变形对研究的影响可以忽略，则最好采用刚体动力学分析。

## 6.4.2 瞬态动力学分析步骤

（1）创建分析系统。

将 Transient Structural 模板从 Toolbox 中拖动到项目管理区。

（2）定义工程数据。

需要定义的材料特性包括弹性模量、泊松比和密度。 材料特性可以是线性的或非线性的，可以是各向同性的或正交各向异性的，可以是恒定的或随温度变化的。

（3）附着几何体。

（4）定义零件行为。

（5）定义连接。

接触、运动副和弹簧在结构瞬态动力学分析中都是可用的。

（6）设置网格控制，划分网格。

（7）进行分析设置。

分析设置包括七类：Solver Controls 用于设置大挠度选项等；Step Controls 用于设置载荷步和时间步长；Output Controls 用于控制写入结果文件的数据类型和时间点；Nonlinear Controls 用于设置收敛准则及其他非线性求解控制；Damping Controls 用于指定结构阻尼；Analysis Data Management 用于设置结果文件的保存。

（8）定义初始条件。

瞬态动力学分析要在第一个载荷步建立初始条件，即确定 $t$=0 时的位移和速度。默认状态下初始位移和速度均为零。可以用 Workbench 的 Initial Conditions 对象为选定的实体指定初始速度，而使用载荷步可以指定更复杂的初始条件。

（9）施加载荷和约束。

在瞬态动力学分析中，除了可以使用所有的惯性载荷、结构载荷、输入载荷、交互载荷，以

及所有的结构支撑，还可以使用运动副载荷。载荷的数值可以是常量，也可以是由表格和函数定义的随时间变化的变量。

（10）求解。

（11）结果后处理。

## 6.4.3　瞬态动力学分析特点

### 1. 几何体

结构瞬态动力学分析的几何体可以是刚体（Rigid），也可以是变形体（Flexible），用户可以根据需要自行选择，几何体类型选择如图 6-84 所示。一个结构中可以既有刚体，又有变形体。通常用刚体来模拟有宏观运动且传递载荷，但不关注其详细应力分布的零件，在刚体上只能施加加速度和转速载荷。可以通过运动副载荷把载荷施加到刚体上。

对于变形体，必须输入的材料特性有弹性模量、泊松比和密度，还可以使用塑性等非线性特性。对于刚体，只需要输入密度。由于要计算应力、应变等，变形体需要划分网格，刚体不需要且也不能划分网格。

需要注意的是，线体（Line Body）不能设为刚体。

### 2. 运动副

运动副（Joint）用于连接不同部件或将某个部件固定，如图 6-85 所示，运动副有很多类型。在 Workbench 中能使用的运动副包括：转动副、移动副、球面副等。

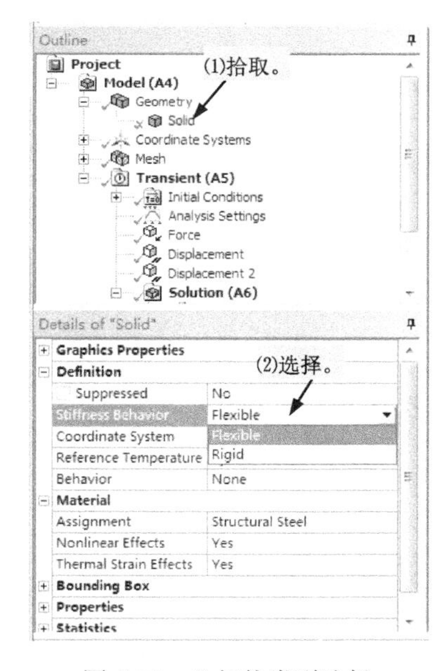


图 6-84　几何体类型选择

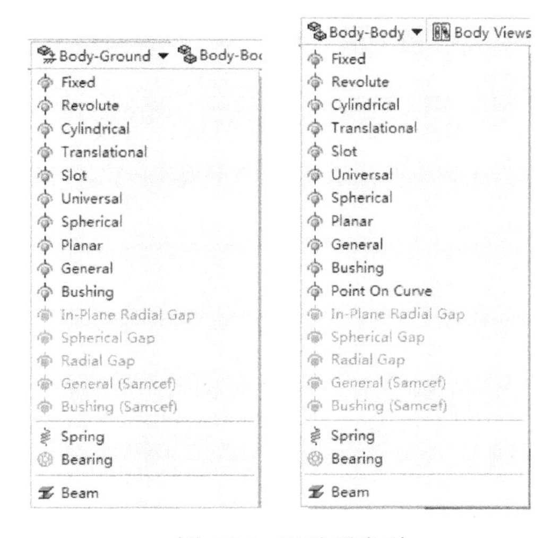


图 6-85　运动副类型

### 3. 弹簧

弹簧（Spring）用于连接不同部件或将部件连接于固定点，使用弹簧时需要输入纵向弹簧刚度和阻尼。

### 4. 阻尼

结构瞬态动力学分析需要定义 $\alpha$ 阻尼和 $\beta$ 阻尼，动力学方程中的阻尼矩阵 $\boldsymbol{C}$ 是用这些常数乘以质量矩阵 $\boldsymbol{M}$ 和刚度矩阵 $\boldsymbol{K}$ 计算得到的。

### 5. 时间步长

步长控制（Step Controls）用于设置载荷步时间和求解时间步长。

求解时间步长对计算效率、计算精度和收敛性都有显著的影响。求解时间步长越小，计算精度越高，收敛性越好，但计算效率越低。太大的求解时间步长会使高阶频率的响应产生较大的误差。

在通常情况下，求解时间步长的确定需要考虑响应频率、施加载荷和时间关系、接触频率、非线性特性等因素。

（1）考虑结构的响应频率。结构的响应可以看作各阶模态响应的叠加，时间步长 $\Delta t$ 应小到能够解出对结构响应有显著贡献的最高阶模态。设 $f$ 是需要考虑的结构最高阶模态的频率（Hz），时间步长 $\Delta t$ 应小于 $1/(20f)$。如果要计算加速度结果，可能需要更小的积分时间步长。

（2）考虑载荷的变化。求解时间步长应足够小，以跟随载荷的变化。对于阶跃载荷，时间步长 $\Delta t$ 应取 $1/(180f)$左右。

（3）考虑接触的影响。当结构中存在接触或发生碰撞时，求解时间步长应足够小到可以捕获在两个接触表面之间的动量传递，否则将出现明显的能量损失，导致碰撞不是完全弹性的。求解时间步长可按下式确定：

$$\Delta t = \frac{1}{Nf_{\mathrm{c}}} \tag{6-11}$$

式中，$f_{\mathrm{c}}$ 为接触频率，$f_{\mathrm{c}} = \frac{1}{2\pi}\sqrt{\frac{k}{m}}$，$k$ 为间隙刚度，$m$ 为在间隙上的有效质量。

$N$ 为每个周期的点数。为了尽量减少能量损耗，$N$ 至少取 30。如果要计算加速度结果，$N$ 可能需要更大的值。对于模态叠加法，$N$ 必须至少为 7。

（4）考虑波的影响。求解波的传播效应，求解时间步长应该足够小到能够捕捉到波。可以使用自动时间步长进行求解，用户输入 $\Delta t_{\mathrm{init}}$、$\Delta t_{\mathrm{min}}$、$\Delta t_{\mathrm{max}}$ 后，Workbench 会据此计算出最佳步长进行求解。

### 6. 定义初始状态

瞬态动力学分析中，几何体的默认初始位移和速度均为零。如图 6-86 所示，可以在 Transient 分支中为选定几何体定义初始速度。

当几何体的初始位移和速度均不为零时，可以在瞬态分析的第一个时间步中定义该非零初始位移和速度，如图 6-87 所示。但需要在初始时间步中将时间积分（Time Integration）关闭，在其余时间步中将时间积分打开。

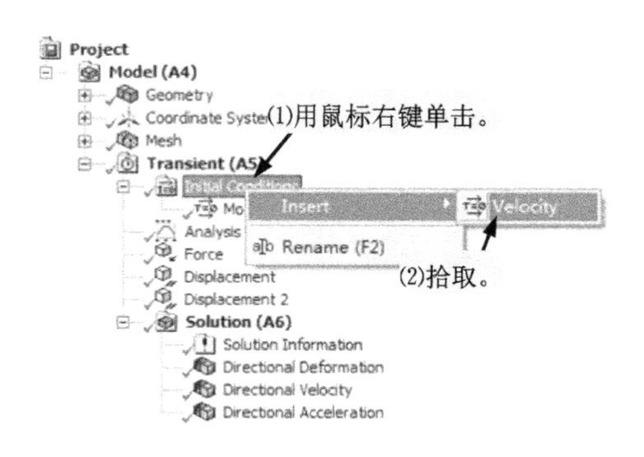


图 6-86　定义初始速度

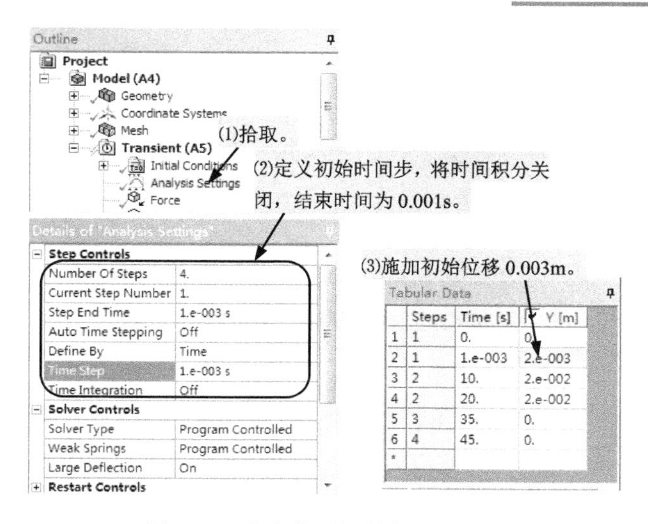


图 6-87　定义非零初始位移和速度

## 6.4.4　瞬态动力学分析实例——凸轮从动件运动分析

### 1. 问题描述

如图 6-88 所示为一对心直动尖顶从动件盘形凸轮机构，从动件位移 $s$ 随时间的变化情况如图 6-89（a）所示，当从动件和凸轮为刚体时，从动件的速度 $v$、加速度 $a$ 如图 6-89（b）、（c）所示。欲分析从动件为变形体时速度 $v$、加速度 $a$ 随时间的变化规律。

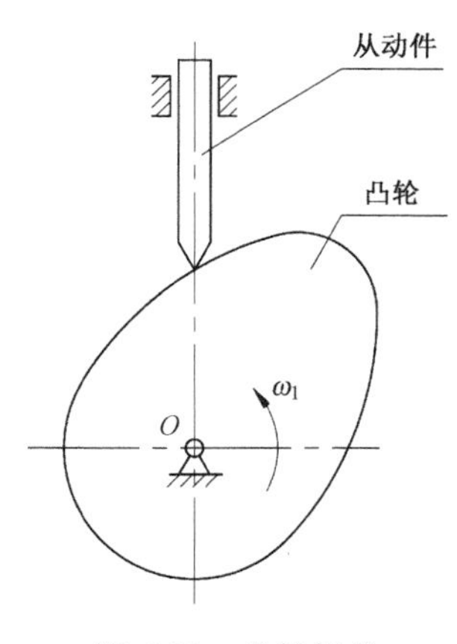


图 6-88　凸轮机构

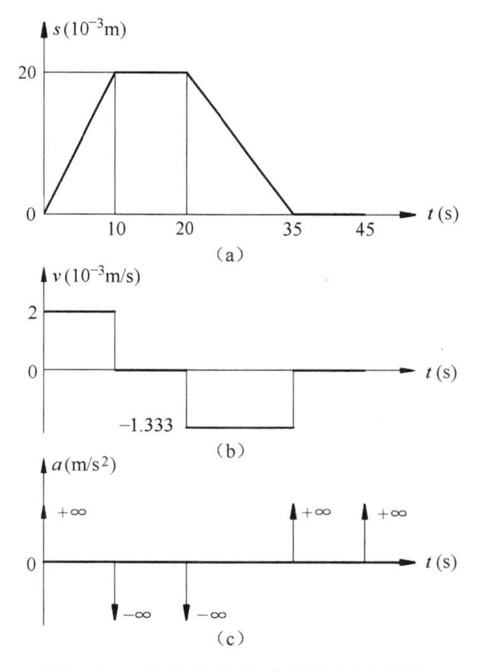


图 6-89　凸轮机构从动件的运动规律

## 2. 分析步骤

步骤 1：在 Windows“开始”菜单执行 ANSYS →Workbench。

步骤 2：创建项目 A，进行结构瞬态动力学分析，如图 6-90 所示。

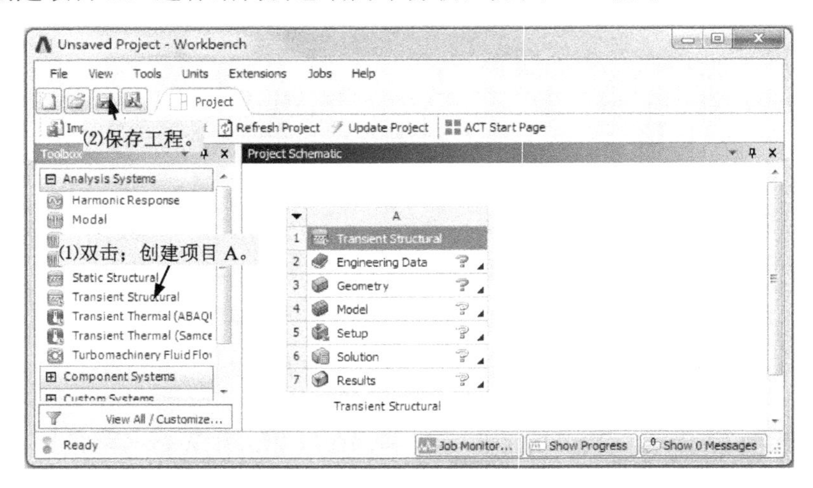


图 6-90　创建项目

步骤 3：从 ANSYS 材料库选择材料模型，添加到当前项目中。

（1）双击图 6-90 所示项目流程图 A2 格的“Engineering Data”项。

（2）选择材料模型，如图 6-91 所示。图中对话框的显示由下拉菜单 View 项控制。

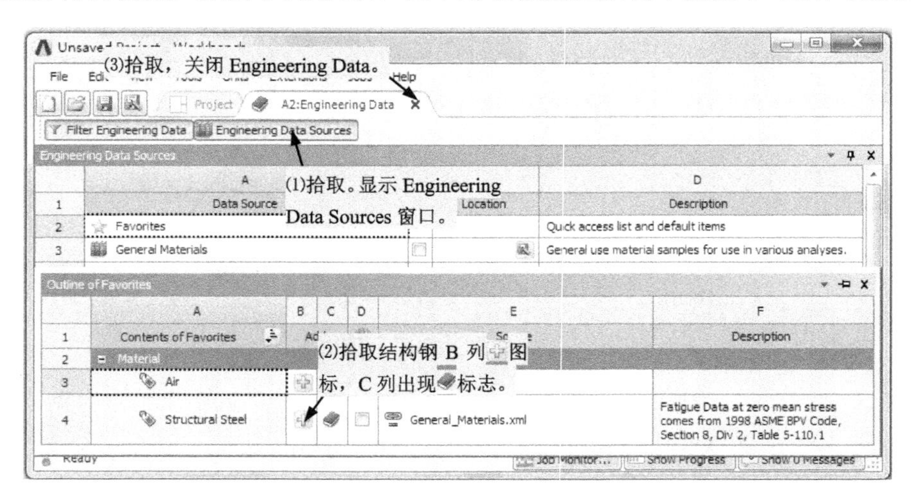


图 6-91　选择材料模型

步骤 4：创建几何体。

（1）用鼠标右键单击如图 6-90 所示项目流程图 A3 格“Geometry”项，在快捷菜单中拾取命令 New DesignModeler Geometry，启动 DM，创建几何体。

（2）拾取菜单命令 Units→ Millimeter，选择长度单位为 mm。

（3）画多边形，并标注尺寸，如图 6-92 所示。

（4）旋转形成从动件，如图 6-93 所示。

（5）拾取 DesignModeler 窗口的关闭按钮☒，退出 DesignModeler。

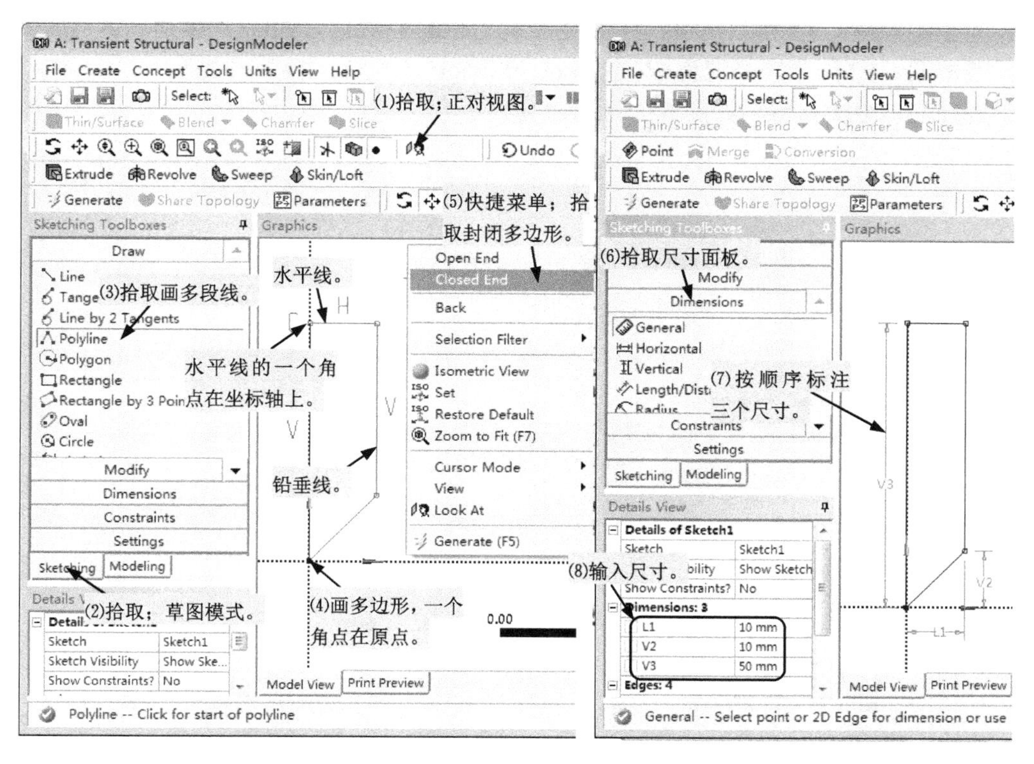


图 6-92　画多边形

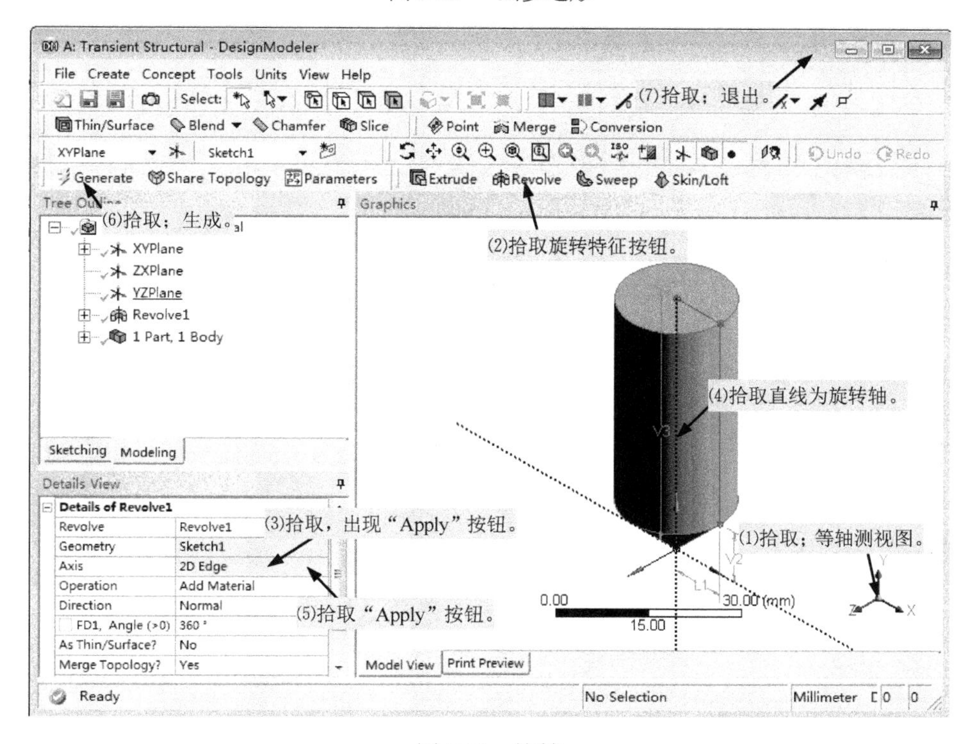


图 6-93　旋转

步骤 5：建立有限元模型，施加载荷和约束，求解，查看结果。

（1）因上格数据（A3 格 Geometry）发生变化，应刷新数据，如图 6-94 所示。

（2）双击图 6-94 所示项目流程图 A4 格的“Model”项，启动 Mechanical。

（3）为几何体分配材料，如图 6-95 所示。

图 6-94　刷新数据

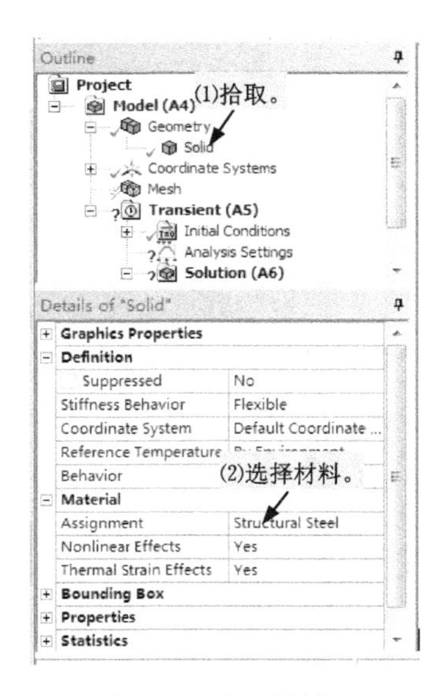


图 6-95　分配材料

（4）指定网格控制，划分网格，如图 6-96 所示。

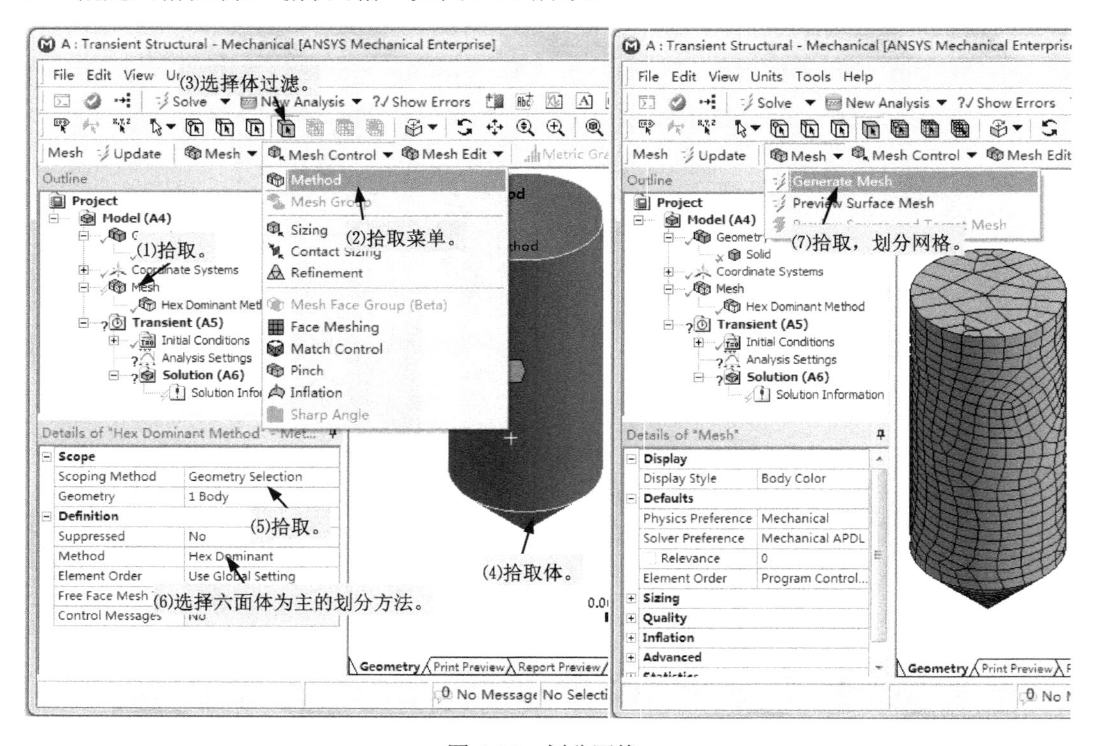


图 6-96　划分网格

（5）设置载荷步，如图 6-97 所示。

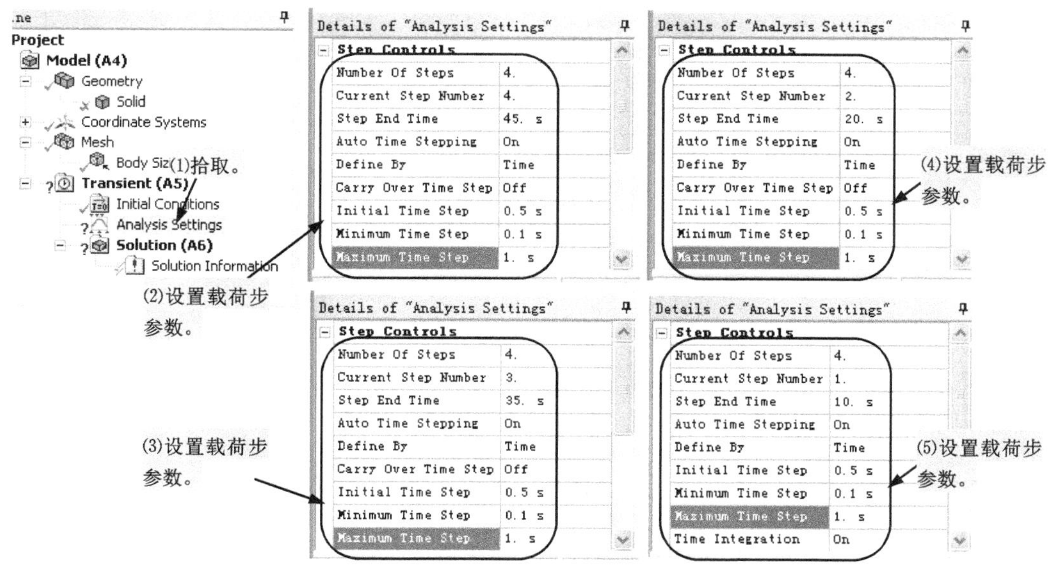


图 6-97　设置载荷步

（6）在顶面施加力载荷，如图 6-98 所示。

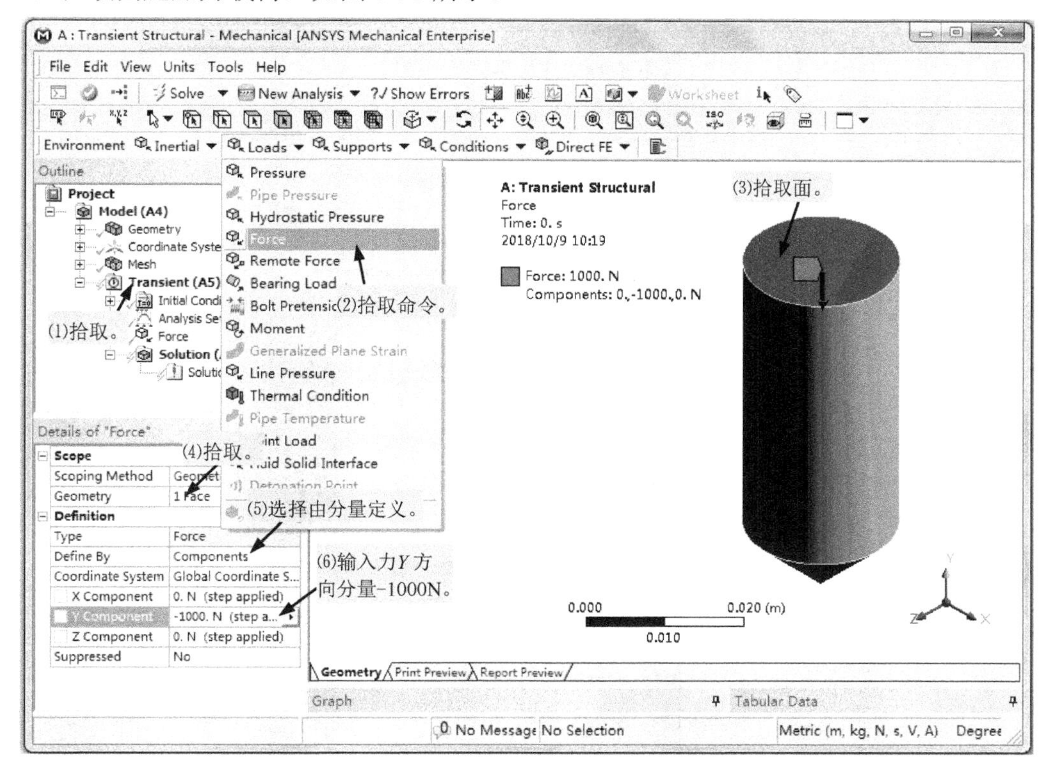


图 6-98　施加力载荷

（7）在从动件的圆柱面上施加零位移约束，如图 6-99 所示。

（8）在从动件尖顶处施加位移载荷，如图 6-100 所示。

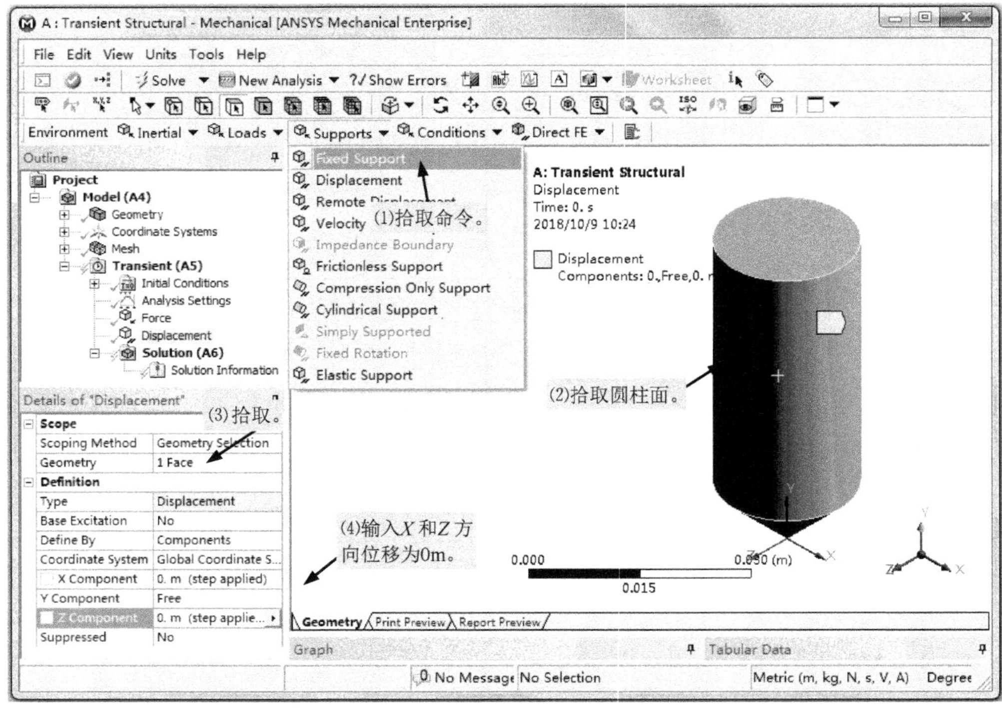


图 6-99　施加零位移约束

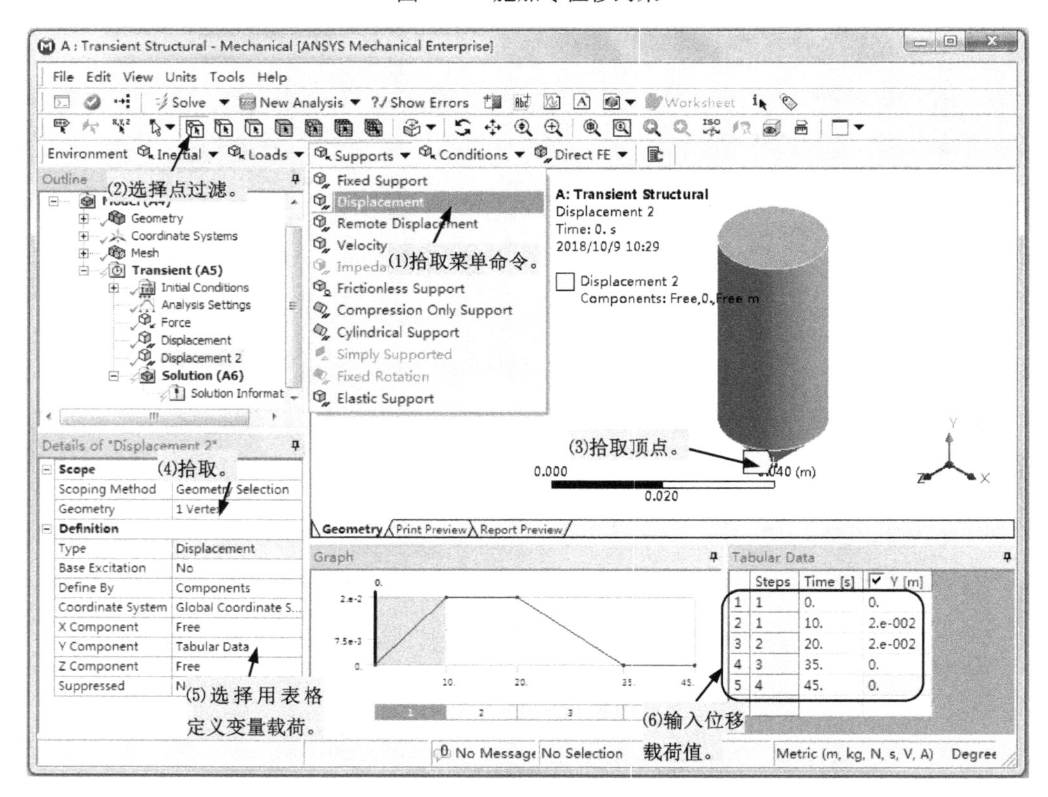


图 6-100　施加位移载荷

（9）指定将进行计算的结果，如图 6-101 所示。

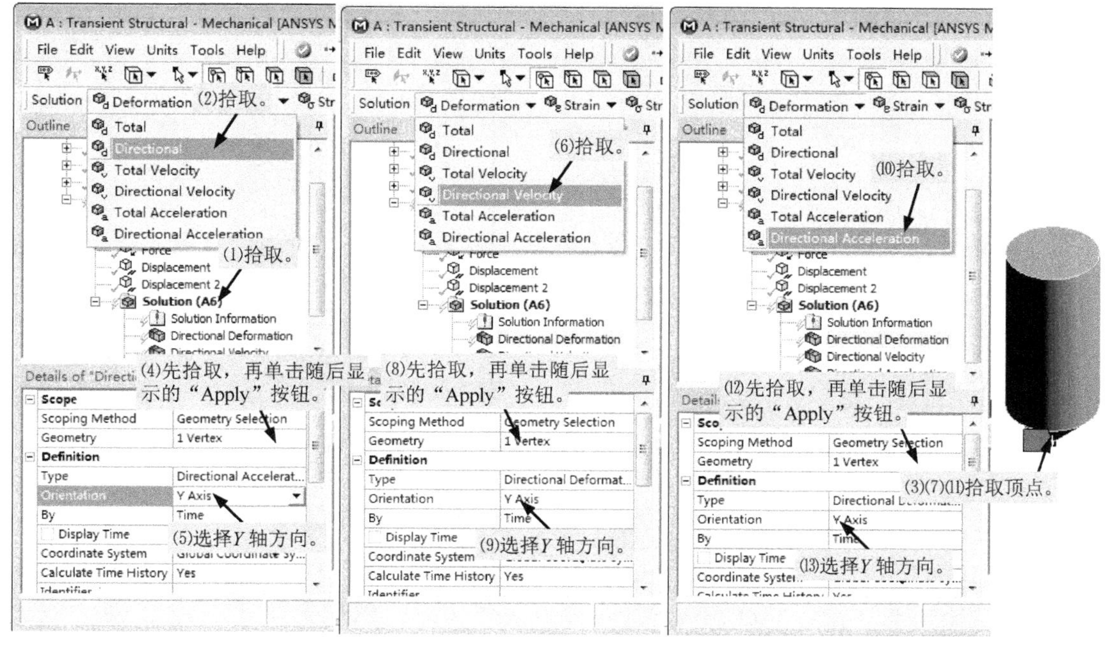


图 6-101 指定计算结果

（10）单击 Solve 按钮，求解。

（11）在提纲树（Outline）上选择结果类型，进行结果查看，位移-时间结果、速度-时间结果和加速度-时间结果分别如图 6-102～图 6-104 所示。

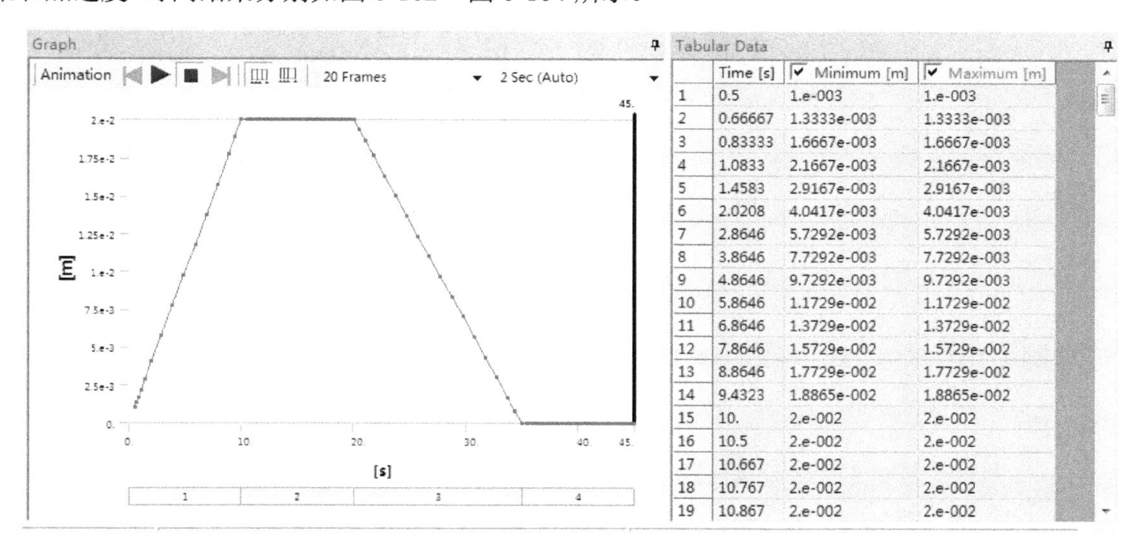


|  | Time [s] | Minimum [m] | Maximum [m] |
|---|---|---|---|
| 1 | 0.5 | 1.e-003 | 1.e-003 |
| 2 | 0.66667 | 1.3333e-003 | 1.3333e-003 |
| 3 | 0.83333 | 1.6667e-003 | 1.6667e-003 |
| 4 | 1.0833 | 2.1667e-003 | 2.1667e-003 |
| 5 | 1.4583 | 2.9167e-003 | 2.9167e-003 |
| 6 | 2.0208 | 4.0417e-003 | 4.0417e-003 |
| 7 | 2.8646 | 5.7292e-003 | 5.7292e-003 |
| 8 | 3.8646 | 7.7292e-003 | 7.7292e-003 |
| 9 | 4.8646 | 9.7292e-003 | 9.7292e-003 |
| 10 | 5.8646 | 1.1729e-002 | 1.1729e-002 |
| 11 | 6.8646 | 1.3729e-002 | 1.3729e-002 |
| 12 | 7.8646 | 1.5729e-002 | 1.5729e-002 |
| 13 | 8.8646 | 1.7729e-002 | 1.7729e-002 |
| 14 | 9.4323 | 1.8865e-002 | 1.8865e-002 |
| 15 | 10. | 2.e-002 | 2.e-002 |
| 16 | 10.5 | 2.e-002 | 2.e-002 |
| 17 | 10.667 | 2.e-002 | 2.e-002 |
| 18 | 10.767 | 2.e-002 | 2.e-002 |
| 19 | 10.867 | 2.e-002 | 2.e-002 |

图 6-102 位移-时间结果

读者可以尝试减小求解时间步长后重新进行求解，以得到较高精度的结果。

（12）拾取 Mechanical 窗口的关闭按钮，退出 Mechanical。

步骤 6：在 ANSYS Workbench 界面保存工程。

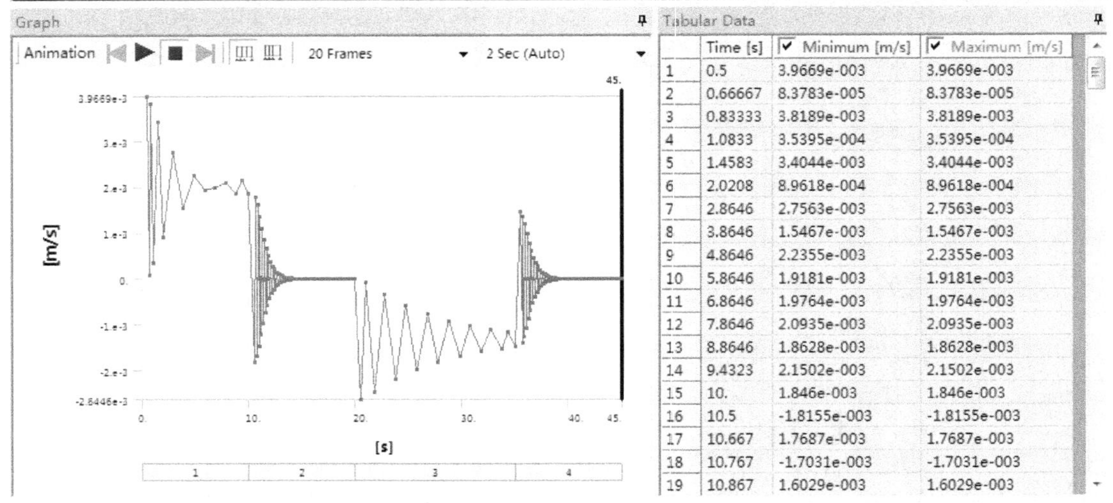


| | Time [s] | Minimum [m/s] | Maximum [m/s] |
|---|---|---|---|
| 1 | 0.5 | 3.9669e-003 | 3.9669e-003 |
| 2 | 0.66667 | 8.3783e-005 | 8.3783e-005 |
| 3 | 0.83333 | 3.8189e-003 | 3.8189e-003 |
| 4 | 1.0833 | 3.5395e-004 | 3.5395e-004 |
| 5 | 1.4583 | 3.4044e-003 | 3.4044e-003 |
| 6 | 2.0208 | 8.9618e-004 | 8.9618e-004 |
| 7 | 2.8646 | 2.7563e-003 | 2.7563e-003 |
| 8 | 3.8646 | 1.5467e-003 | 1.5467e-003 |
| 9 | 4.8646 | 2.2355e-003 | 2.2355e-003 |
| 10 | 5.8646 | 1.9181e-003 | 1.9181e-003 |
| 11 | 6.8646 | 1.9764e-003 | 1.9764e-003 |
| 12 | 7.8646 | 2.0935e-003 | 2.0935e-003 |
| 13 | 8.8646 | 1.8628e-003 | 1.8628e-003 |
| 14 | 9.4323 | 2.1502e-003 | 2.1502e-003 |
| 15 | 10. | 1.846e-003 | 1.846e-003 |
| 16 | 10.5 | -1.8155e-003 | -1.8155e-003 |
| 17 | 10.667 | 1.7687e-003 | 1.7687e-003 |
| 18 | 10.767 | -1.7031e-003 | -1.7031e-003 |
| 19 | 10.867 | 1.6029e-003 | 1.6029e-003 |

图 6-103　速度-时间结果

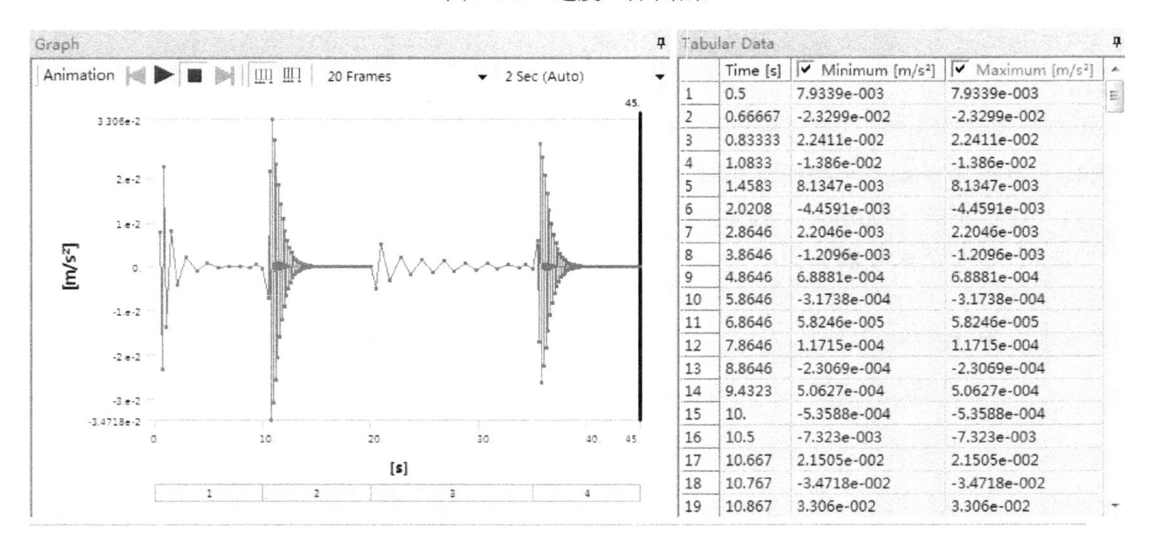


| | Time [s] | Minimum [m/s²] | Maximum [m/s²] |
|---|---|---|---|
| 1 | 0.5 | 7.9339e-003 | 7.9339e-003 |
| 2 | 0.66667 | -2.3299e-002 | -2.3299e-002 |
| 3 | 0.83333 | 2.2411e-002 | 2.2411e-002 |
| 4 | 1.0833 | -1.386e-002 | -1.386e-002 |
| 5 | 1.4583 | 8.1347e-003 | 8.1347e-003 |
| 6 | 2.0208 | -4.4591e-003 | -4.4591e-003 |
| 7 | 2.8646 | 2.2046e-003 | 2.2046e-003 |
| 8 | 3.8646 | -1.2096e-003 | -1.2096e-003 |
| 9 | 4.8646 | 6.8881e-004 | 6.8881e-004 |
| 10 | 5.8646 | -3.1738e-004 | -3.1738e-004 |
| 11 | 6.8646 | 5.8246e-005 | 5.8246e-005 |
| 12 | 7.8646 | 1.1715e-004 | 1.1715e-004 |
| 13 | 8.8646 | -2.3069e-004 | -2.3069e-004 |
| 14 | 9.4323 | 5.0627e-004 | 5.0627e-004 |
| 15 | 10. | -5.3588e-004 | -5.3588e-004 |
| 16 | 10.5 | -7.323e-003 | -7.323e-003 |
| 17 | 10.667 | 2.1505e-002 | 2.1505e-002 |
| 18 | 10.767 | -3.4718e-002 | -3.4718e-002 |
| 19 | 10.867 | 3.306e-002 | 3.306e-002 |

图 6-104　加速度-时间结果

**[本例小结]** 本例介绍了利用 ANSYS Workbench 进行瞬态动力学分析的方法、步骤和过程。

# 6.5　响应谱分析

## 6.5.1　概述

### 1. 基本概念

实际中有些问题存在以下特点：（1）模型规模大，有较多的自由度；（2）时间历程较长；（3）结构是线性的；（4）计算只关心响应的最大值，而不关心出现最大值的时刻。这类问题可以用结构瞬态动力学分析方法求解，但计算时间较长，对计算机硬件要求较高。而响应谱分析是瞬

态动力学分析的一种可以快速进行的替代方法。

响应谱分析（Response Spectrum Analyses）是一种将模态分析结果和已知谱联系起来计算结构位移、速度、加速度、力、应力的分析方法，用于计算当结构受到时间-历程载荷（如地震载荷、风载荷、海洋波浪、火箭发动机振动等）作用时产生的最大响应。响应谱分析广泛应用于土木建筑结构的设计中，例如，分析高层建筑在风载荷作用下的响应，分析核电站在地震载荷下的响应等。

谱是谱值和频率的关系曲线，反映了时间-历程载荷的强度和频率之间的关系。响应谱是结构对输入激励谱的总响应，由各阶模态响应叠加得到，激励总响应的最大值一般由各阶模态响应的最大值组合得到。由于各阶模态响应的最大值不会在同一时刻出现，所以不能将各阶模态响应直接求和。ANSYS Workbench 提供了多种组合方法，其中，SRSS（Square Root of the Sum of the Squares，振动组合）方法应用最普遍，该方法先求各阶模态响应的最大值的平方和，再求平方根作为总响应的最大值。

### 2. 响应谱分析的类型

响应谱分为单点响应谱（SPRS）和多点响应谱（MPRS）。单点响应谱指在模型的一个点集上定义一条响应谱，例如，在图 6-105（a）所示结构的所有支撑点处。后者指在模型的多个点集上定义多条响应谱如图 6-105（b）所示。

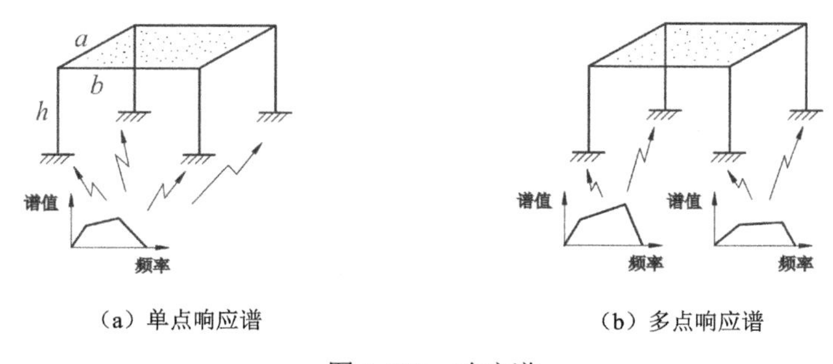


（a）单点响应谱　（b）多点响应谱

图 6-105　响应谱

### 3. 进行响应谱分析应满足的条件

（1）由于响应谱分析是在模态分析的基础上进行的，所以要先进行模态分析，然后才能进行响应谱分析。

（2）响应谱分析是线性分析，非线性特性将被忽略掉。

（3）对于单点响应谱，结构应被已知方向和已知频率分量的谱激励，并且该激励同时发生在所有支持点上。因此，要求结构所有支持点被激励产生的运动必须相同。

## 6.5.2 响应谱分析步骤

（1）创建分析项目。

先建立一个模态分析（Modal）项目，再建立一个响应谱分析（Response Spectrum）项目，两个项目相互关联，共享几何体、模型数据等。

（2）定义工程数据。

材料数据必须在模态分析项目中定义，不允许使用非线性材料特性。

（3）创建几何体。

（4）定义零件行为。

（5）定义连接。

模态分析和响应谱分析均不支持非线性单元类型，不能使用非线性接触。

（6）设置网格控制，进行网格划分。

（7）进行分析设置。

① 指定响应谱分析的选项。包括指定用于响应谱计算的模态数，指定响应谱分析类型是单点响应谱（SPRS）还是多点响应谱（MPRS），指定模态响应的组合方法等。

② 输出控制。默认时，只计算位移响应。如果要计算速度响应、加速度响应，则必须进行指定。

③ 阻尼控制。

④ 分析数据管理。

（8）定义初始条件。

（9）施加载荷和约束。

在模态分析时施加约束。可以使用的位移边界条件类型有：固定支撑（Fixed Support）、位移载荷（Displacement）、远端位移（Remote Displacement）、连接实体和机架的弹簧（Spring）等。如果在模态分析时定义了一个或多个固定支撑，则响应谱分析输入的谱激励就施加在这些固定支撑上。

远端位移不能与其他类型的位移边界条件施加在同一位置上。

为了在单点响应谱分析中施加响应谱载荷（RS Load），必须至少定义一个使自由度固定的位移边界条件，包括固定支撑、位移载荷、远端位移、连接实体和机架的弹簧等。

在单点响应谱分析中，输入的激励谱施加于在模态分析中定义的所有位移边界条件上。在多点响应谱分析中，一个输入激励谱只与一个位移边界条件关联。

输入谱激励有三种类型：位移谱（RS Displacement）、速度谱（RS Velocity）、加速度谱（RS Acceleration）。

单点响应谱分析时，输入激励谱的方向定义在全局坐标系（Global Coordinate System）上。多点响应谱分析时，输入激励谱的方向定义在节点坐标系（Nodal Coordinate Systems）上。

（10）求解。

（11）查看结果。

如果要查看应力、应变结果，必须在模态分析的输出控制中进行选择。

位移、速度、加速度结果是沿 *X*/*Y*/*Z* 方向的，应力结果是法向应力（正应力）、剪切应力和等效应力，应变结果是法向应变（线应变）、剪切应变。

### 6.5.3 响应谱分析实例——地震谱作用下的结构响应分析

#### 1. 问题描述及解析解

图 6-105 所示为一钢制板梁结构，计算其在高度方向地震谱作用下的响应。结构尺寸 $a$=0.5m、$b$=0.5m、$h$=0.3m，板厚度为 5mm，梁横截面为边长 12mm 的正方形。地震谱如表 6-4 所示。

表 6-4 地震谱

| 频率（Hz） | 50 | 100 | 240 | 380 |
|---|---|---|---|---|
| 位移（mm） | 1 | 0.5 | 0.8 | 0.7 |

## 2. 分析步骤

步骤 1：在 Windows“开始”菜单执行 ANSYS →Workbench。

步骤 2：创建项目 A，进行模态分析；创建项目 B，进行响应谱分析。项目 A 和项目 B 相互关联、数据共享，如图 6-106 所示。

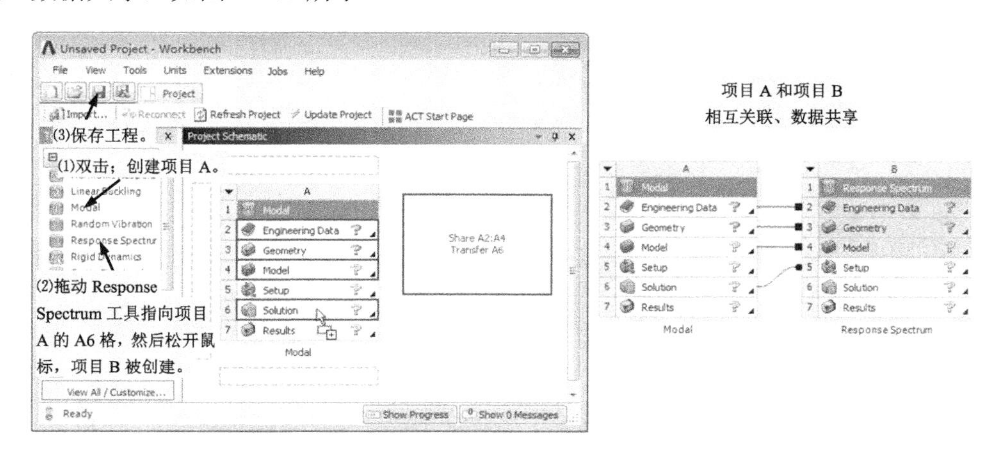


图 6-106 创建项目

步骤 3：从 ANSYS 材料库选择材料模型，添加到当前分析项目中。

（1）双击图 6-106 所示项目流程图 A2 格的“Engineering Data”项。

（2）从 ANSYS 材料库选择材料模型 Structural Steel，如图 6-107 所示。图中对话框的显示由下拉菜单 View 项控制。

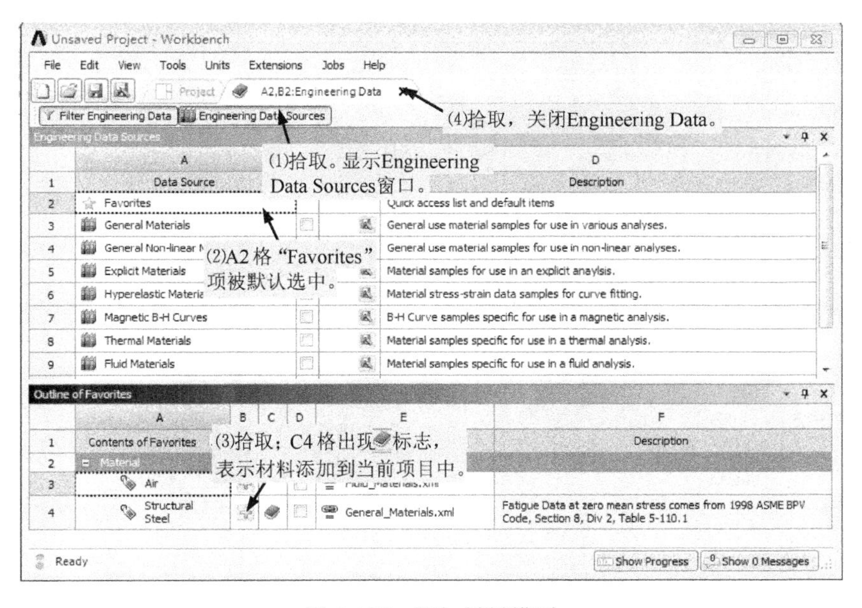


图 6-107 添加材料模型

步骤 4：创建几何体模型。

（1）用鼠标右键单击如图 6-106 所示项目流程图 A3 格“Geometry”项，在快捷菜单中拾取命令 New DesignModeler Geometry，启动 DM 创建几何体。

（2）拾取菜单命令 Units→ Millimeter，选择长度单位为 mm。

（3）在 ZXPlane 上画矩形，并标注尺寸，如图 6-108 所示。

（4）拾取菜单 Concept→Surfaces From Sketches，在草图 Sketch1 上创建面体，如图 6-109 所示。

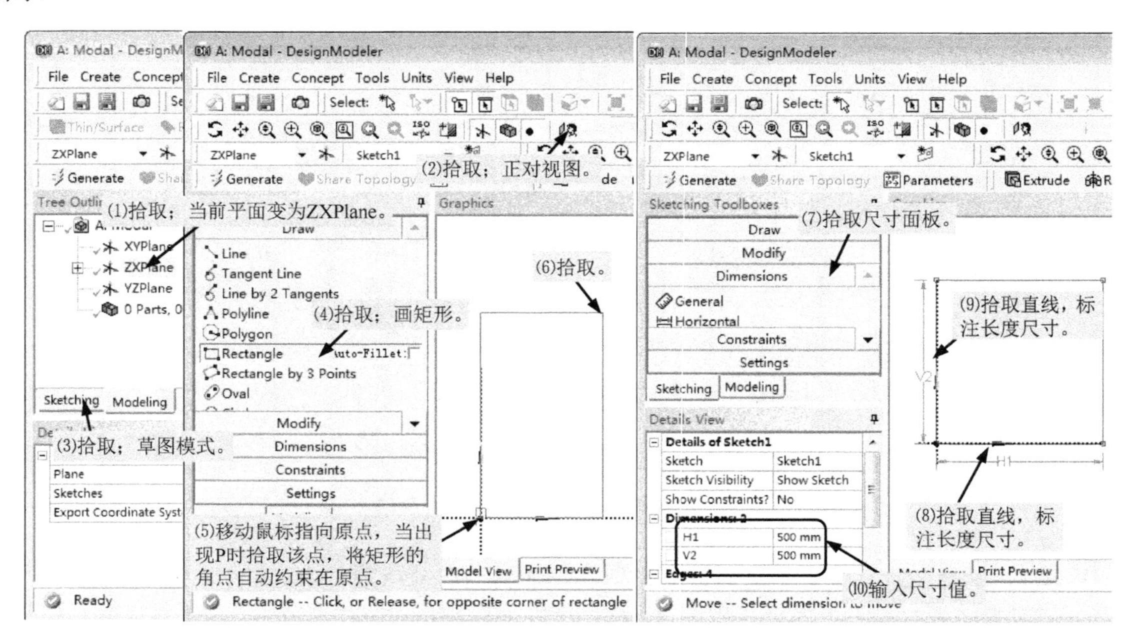


图 6-108　画矩形

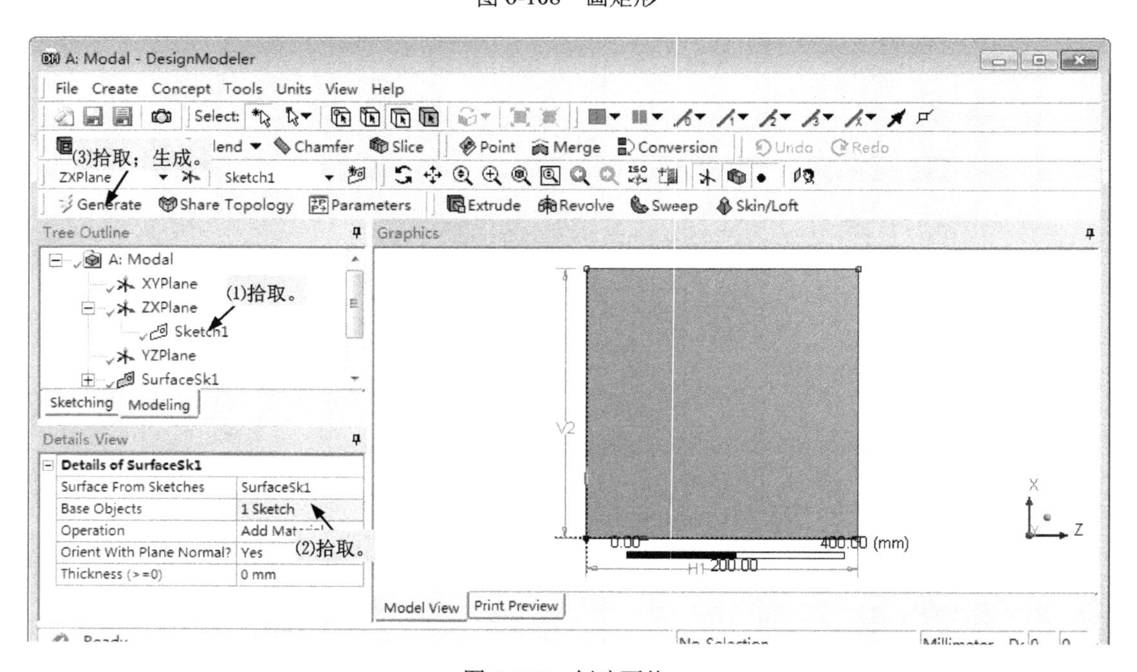


图 6-109　创建面体

（5）在 YZPlane 上创建直线，并标注尺寸，如图 6-110 所示。

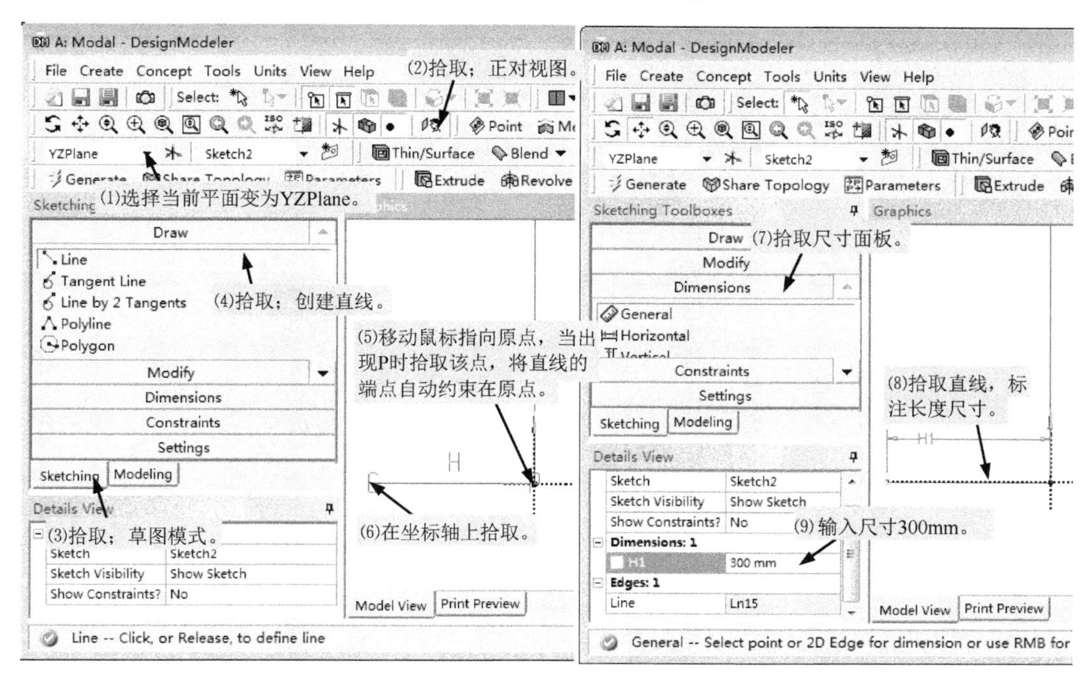


图 6-110　创建直线

（6）拾取菜单 Concept→Lines From Sketches，在草图 Sketch2 上创建线体，如图 6-111 所示。

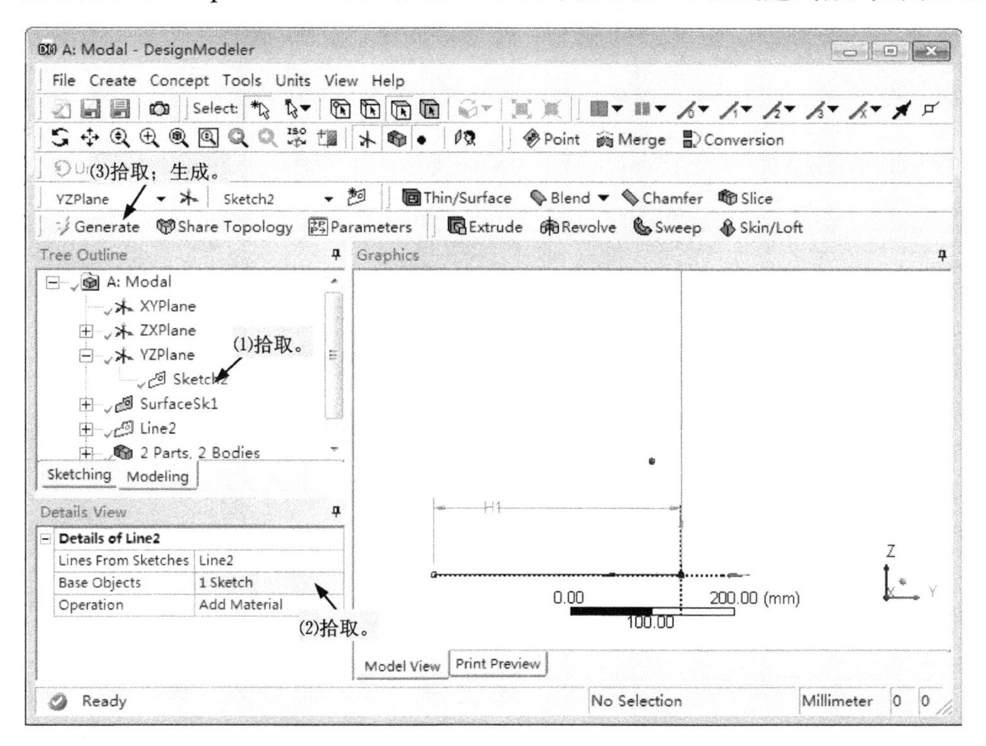


图 6-111　创建线体

（7）拾取菜单 Create→Pattern，阵列线体，如图 6-112 所示。

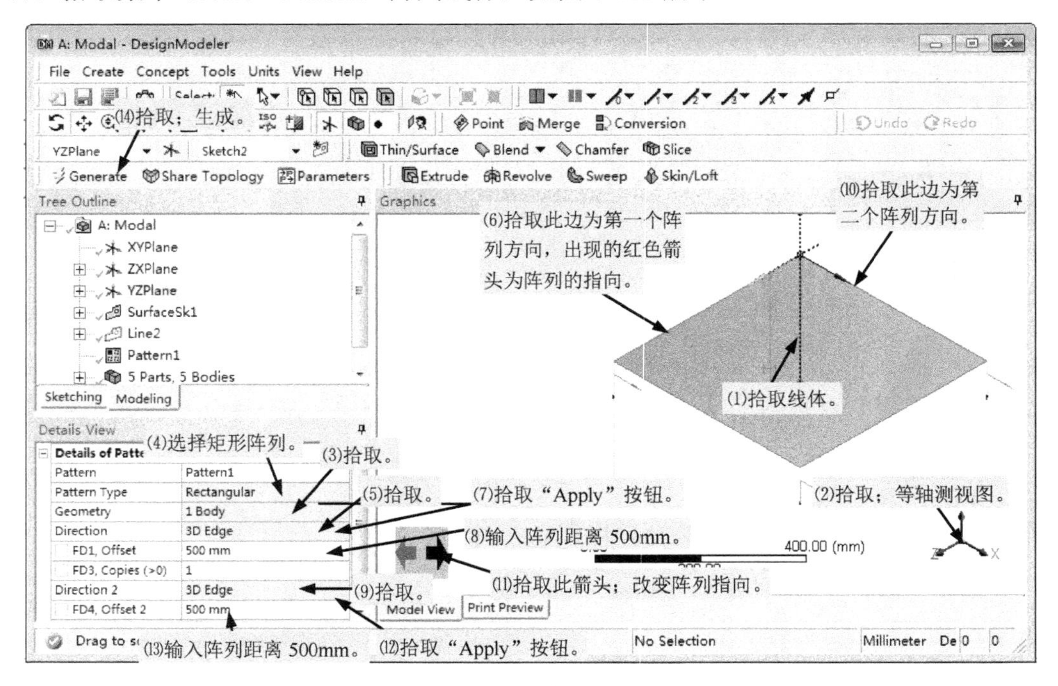


图 6-112　阵列线体

（8）拾取菜单 Concept→Cross Section→Rectangular，定义横截面 Rect1，如图 6-113 所示。

（9）为线体指定截面，为面体指定厚度，指定属性如图 6-114 所示。

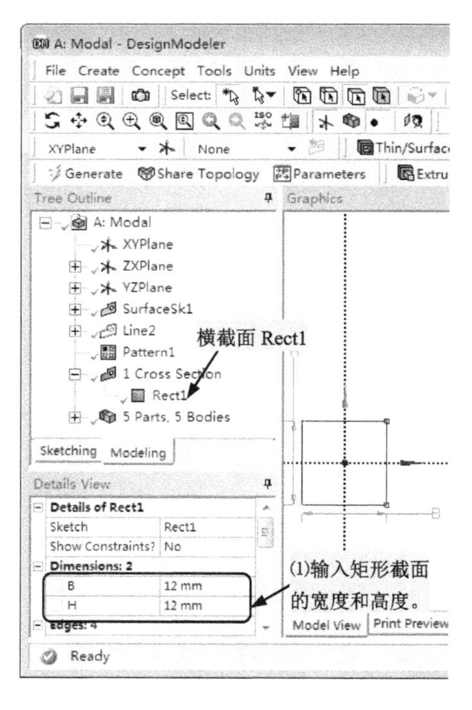


图 6-113　定义横截面

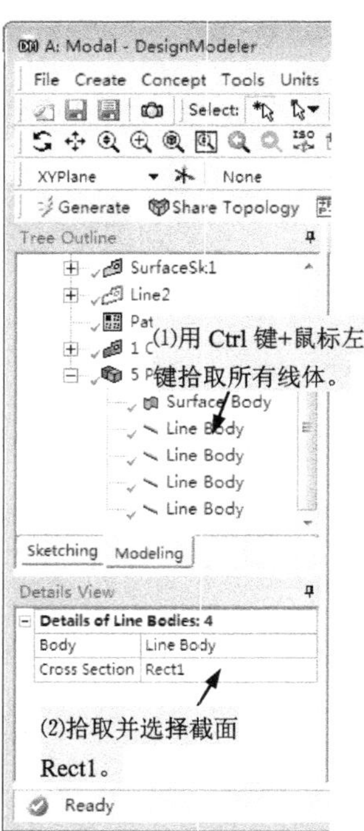

图 6-114　指定属性

（10）创建多体零件，如图 6-115 所示。

（11）退出 DesignModeler。

步骤 5：划分网格，施加载荷和约束，进行模态分析。

（1）因上格数据（A3 格 Geometry）发生变化，需刷新数据，如图 6-116 所示。

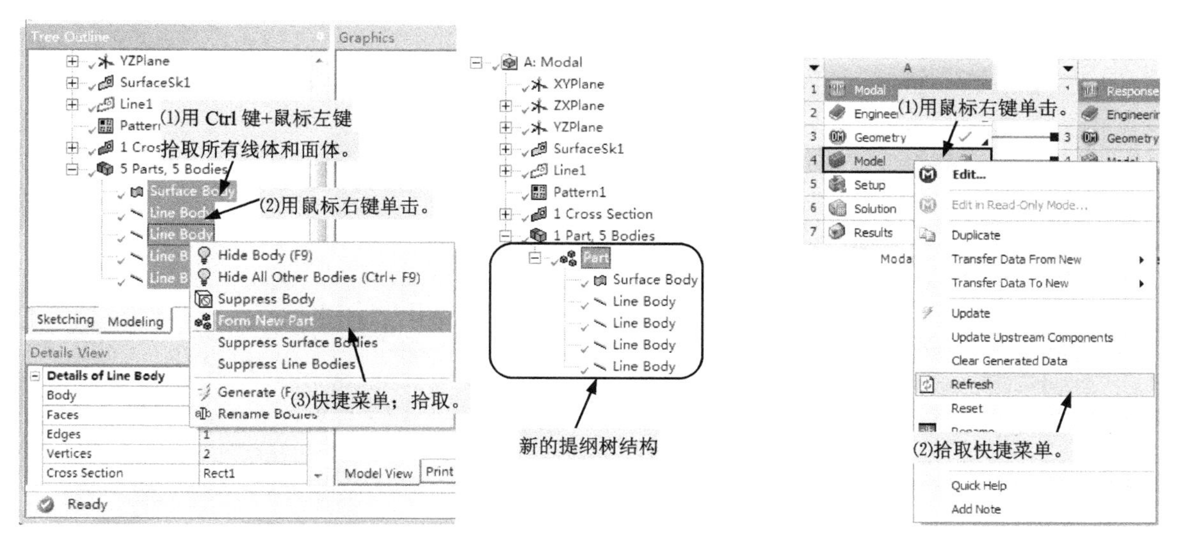


图 6-115 创建多体零件

图 6-116 刷新数据

（2）双击如图 6-116 所示项目流程图 A4 格的“Model”项，启动 Mechanical。

（3）为几何体指定材料属性，如图 6-117 所示。

（4）进行网格控制，划分网格，如图 6-118 所示。

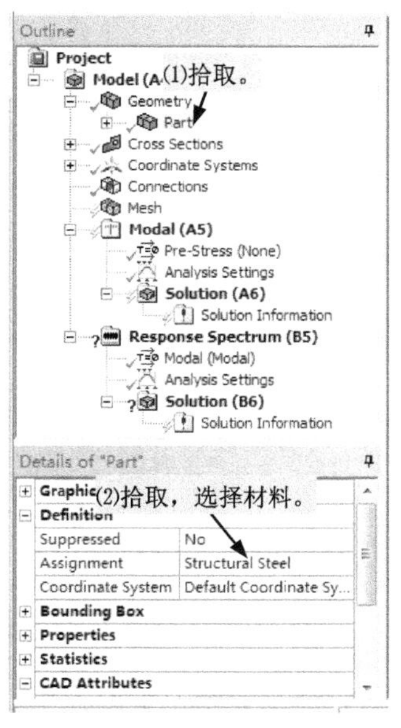


图 6-117 指定材料属性

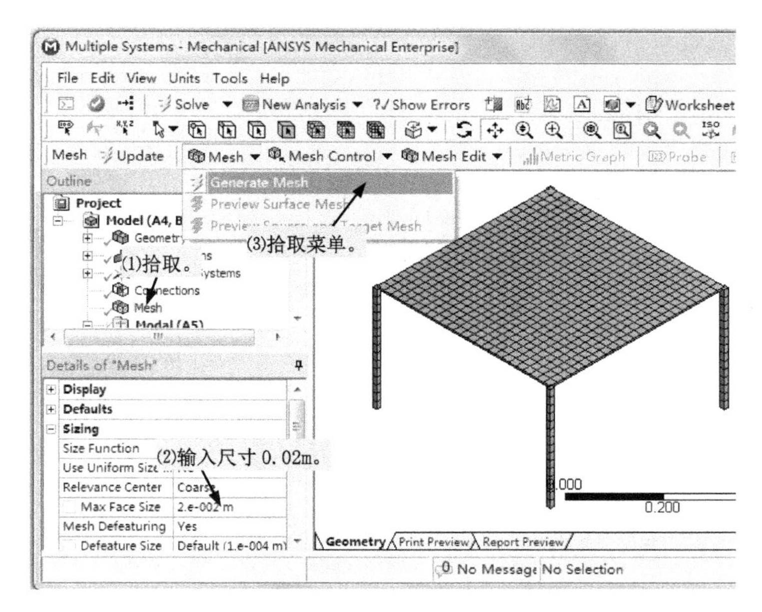


图 6-118 划分网格

（5）在所有线体的下方端点上施加固定约束，如图 6-119 所示。

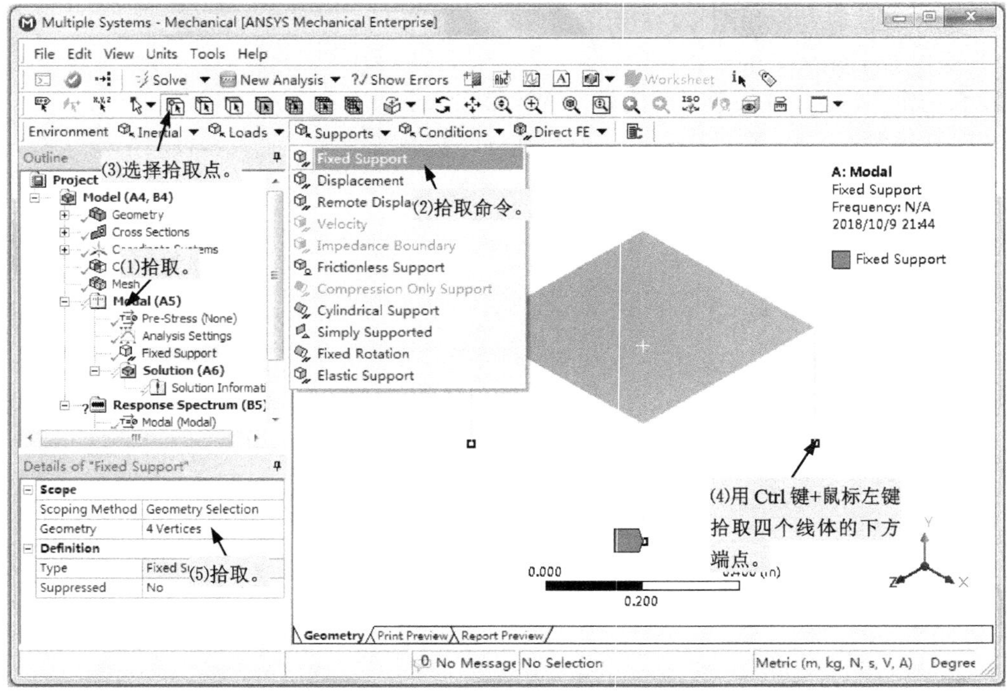


图 6-119　施加固定约束

（6）指定提取频率阶次，如图 6-120 所示。

（7）单击 Solve 按钮，求解模态分析。

（8）查看频率结果，如图 6-121 所示。为得到较准确的谱分析结果，模态分析提取的最高阶次频率值应大于输入激励频率最大值的 1.5 倍。

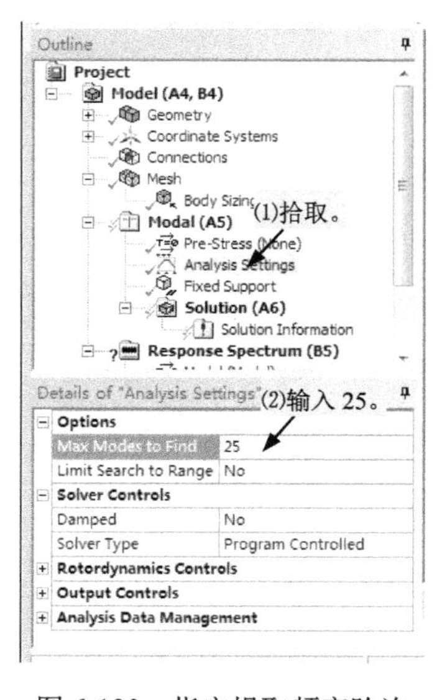


图 6-120　指定提取频率阶次

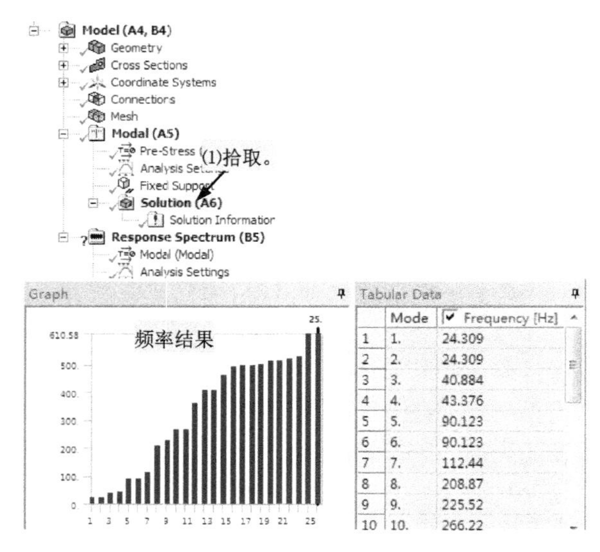


图 6-121　频率结果

（9）计算并查看模态变形结果，如图 6-122 所示。

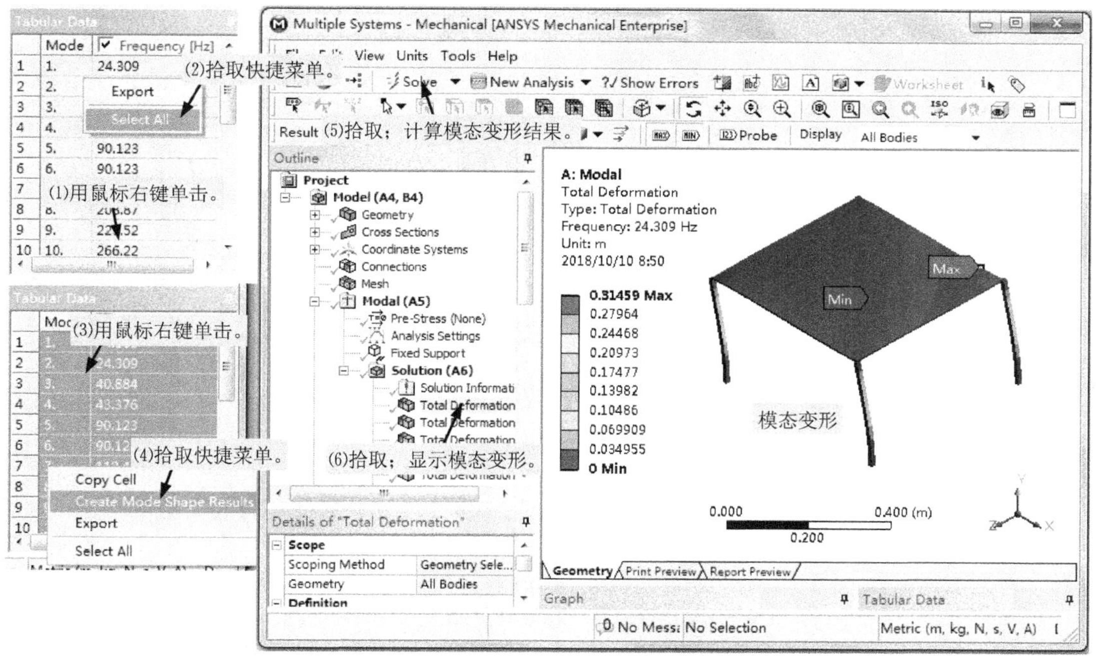


图 6-122　模态变形结果

步骤 6：施加激励谱，进行响应谱分析，查看结果。

（1）定义位移激励谱，如图 6-123 所示。

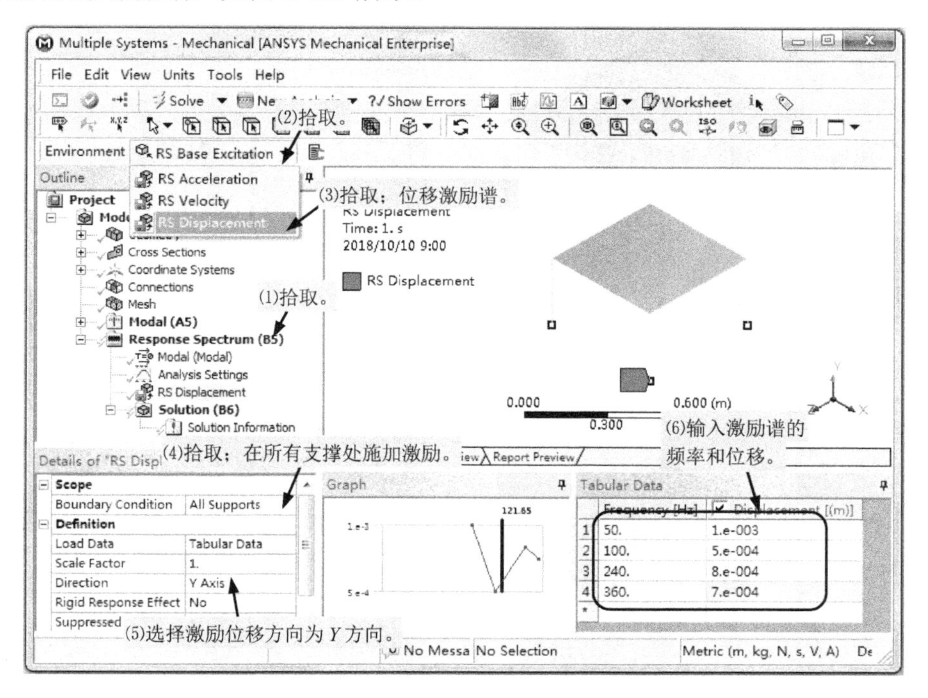


图 6-123　定义位移激励谱

（2）指定 X、Y、Z 方向位移和等效应力为响应谱分析的计算结果，如图 6-124 所示。

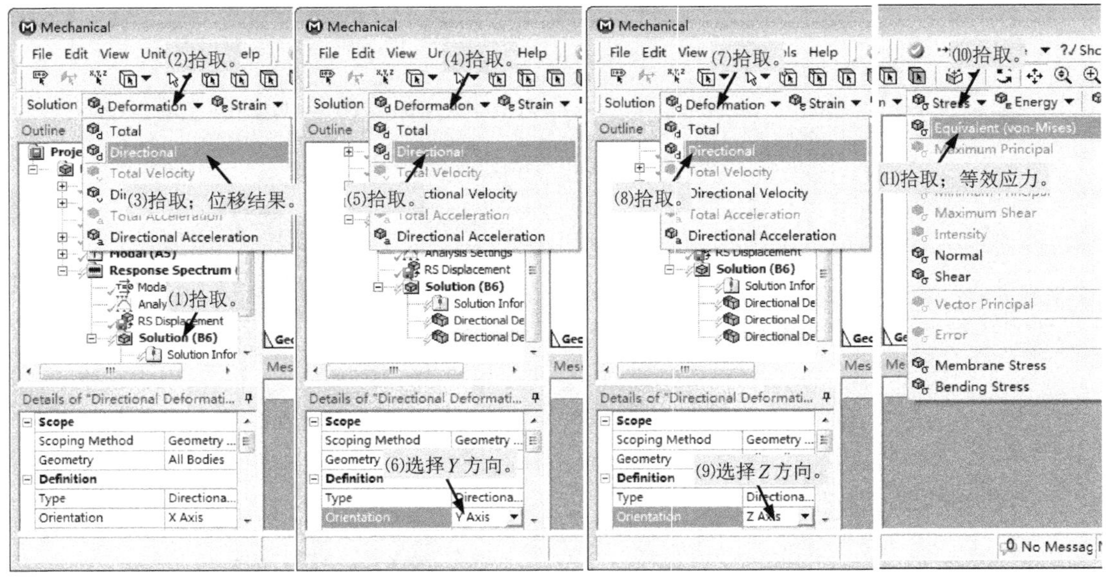


图 6-124 指定计算结果

（3）单击 Solve 按钮，求解响应谱分析。

（4）在提纲树（Outline）上选择结果类型，进行结果查看，各方向的位移结果和等效应力结果如图 6-125、图 6-126、图 6-127、图 6-128 所示。

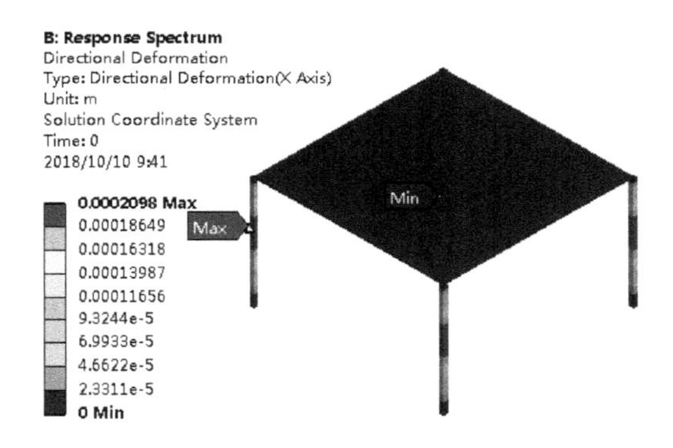


图 6-125 X 方向位移结果

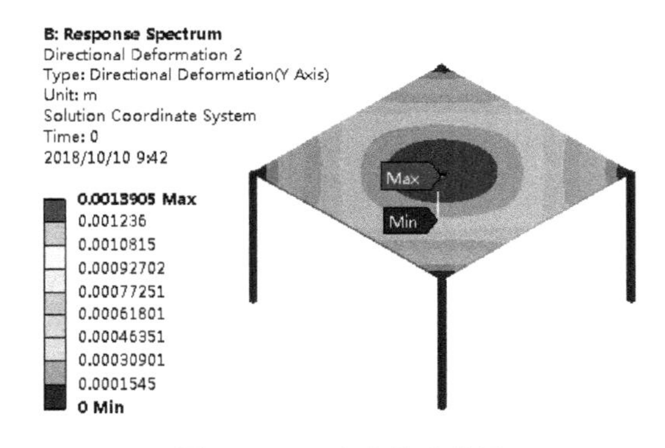


图 6-126 Y 方向位移结果

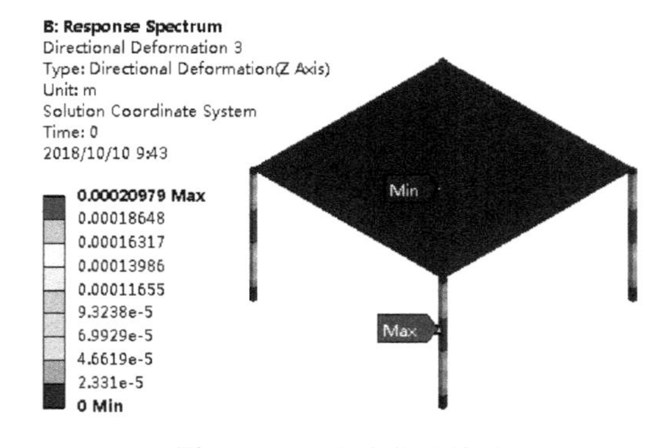


图 6-127 Z 方向位移结果

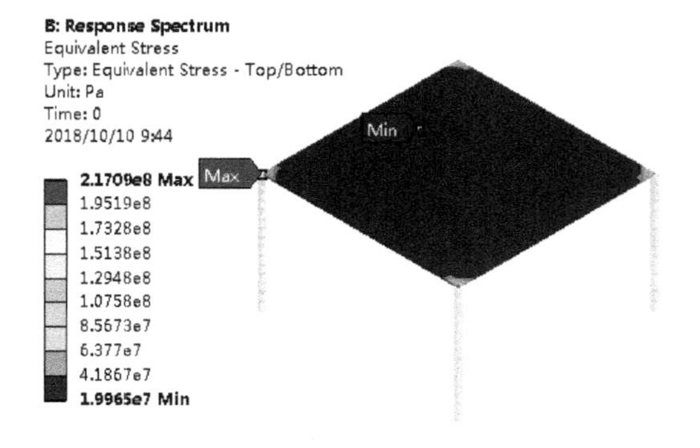


图 6-128 等效应力结果

（5）退出 Mechanical。

步骤 7：在 ANSYS Workbench 界面保存工程。

**[本例小结]** 首先介绍了响应谱分析的基础知识，然后通过实例介绍了利用 ANSYS Workbench 对结构进行单点响应谱分析的方法、步骤和过程。

# 第 7 章　结构非线性分析

## 7.1　非线性分析的基本概念

### 7.1.1　概述

有限元问题归纳为求解有限元方程组 $\boldsymbol{Ku}=\boldsymbol{f}$。如果结构的总体刚度矩阵 $\boldsymbol{K}$ 是不变的，则该方程组是线性的，载荷 $\boldsymbol{f}$ 和位移 $\boldsymbol{u}$ 也呈线性关系，该类分析称为线性分析。但许多问题是非线性的，结构的总体刚度矩阵是变化的，由载荷产生的位移按非线性变化，求解这类问题用线性理论是不准确的，必须用非线性理论求解。

通常按产生非线性的原因不同，将结构非线性问题分为三类：几何非线性问题、材料非线性问题和状态非线性问题。一个实际问题中可能存在某种非线性，也可能存在多种非线性。

#### 1. 几何非线性

几何非线性指的是因为大应变、大位移、应力刚化及旋转软化等现象引起的结构非线性响应。如图 7-1 所示为一钓鱼竿，在初始状态时钓鱼竿很柔软，承受很小载荷就会发生很大的挠曲变形。但是随着变形的增大，力臂明显减小，这时钓鱼竿的刚度明显变大，这就是大变形引起的非线性响应。

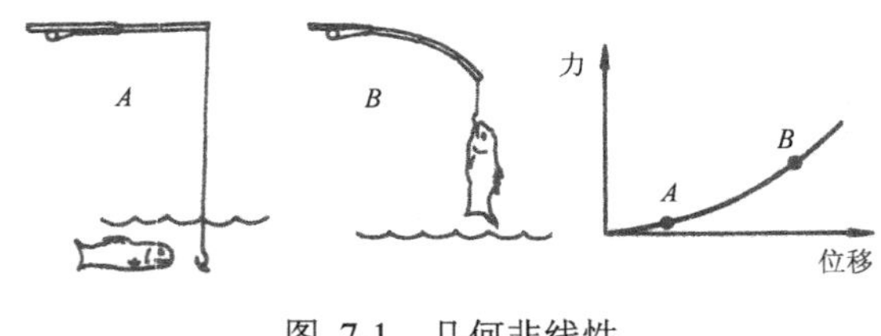


图 7-1　几何非线性

#### 2. 材料非线性

材料非线性指的是材料的应力应变关系呈非线性（图 7-2），主要体现为塑性、超弹性、蠕变等，这些特性往往受加载历史、环境温度、加载时间总量等因素影响。

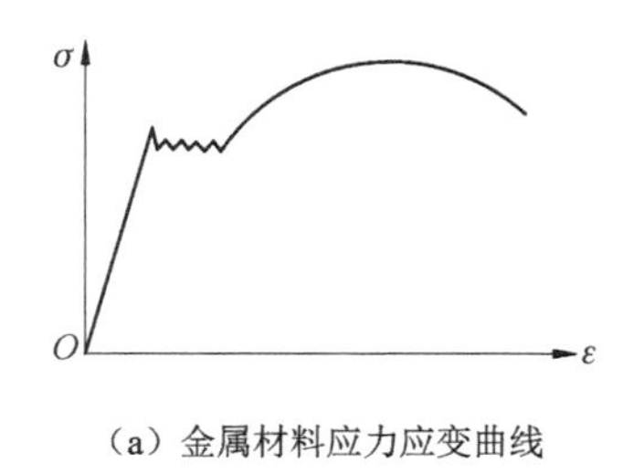


（a）金属材料应力应变曲线

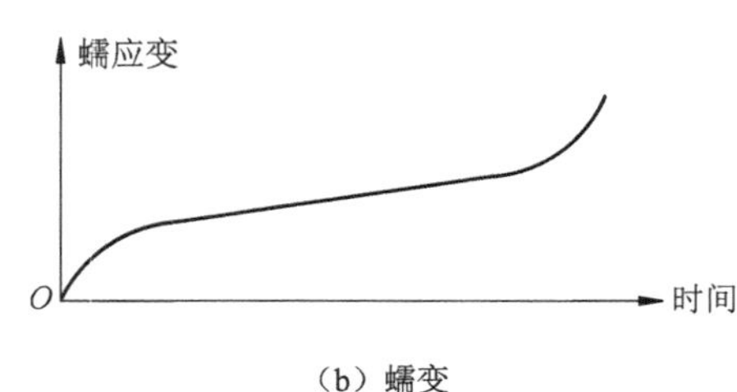


（b）蠕变

图 7-2　材料非线性

3. 状态非线性

状态非线性指的是结构的状态发生突然的变化，如接触、单元生死、结构失稳等。由于接触在机械结构中普遍存在，所以接触是状态非线性中一个特殊和重要的类型。

## 7.1.2 非线性有限元方程的求解方法

1. Newton-Raphson 方法

非线性问题有限元方程组 $\boldsymbol{Ku=f}$ 是非线性的，求解非线性方程一般用 Newton-Raphson 方法（简称为 NR 法）。

Newton-Raphson 方法将一个载荷步划分为若干个子步，经过平衡迭代迫使在每个子步的末端达到平衡收敛（见图 7-3），这实际是用线性方程近似非线性方程的过程。设非线性方程为 $\boldsymbol{K}(\boldsymbol{u})\boldsymbol{u}=\boldsymbol{f}$，已知子步初始位移为 $\boldsymbol{u}_0$，载荷增量为 $\Delta\boldsymbol{f}$，现欲求子步末端位移 $\boldsymbol{u}_1$，用 NR 法求解的迭代公式为

$$\begin{cases}\boldsymbol{K}(\boldsymbol{u}^{(n)})\Delta\boldsymbol{u}^{(n+1)}=\Delta\boldsymbol{F}^{(n+1)}\\ \boldsymbol{u}^{(n+1)}=\boldsymbol{u}^{(n)}+\Delta\boldsymbol{u}^{(n+1)}\end{cases} \tag{7-1}$$

式中，$\Delta\boldsymbol{F}^{(n+1)}$ 为不平衡力，$\Delta\boldsymbol{F}^{(n+1)}=\Delta\boldsymbol{f}-\boldsymbol{K}(\boldsymbol{u}^{(n)})\boldsymbol{u}^{(n)}$；$n$ 为迭代次数，$\boldsymbol{u}^{(0)}=\boldsymbol{u}_0$。迭代过程如图 7-3（a）所示，该方法称为完全 NR 法。

完全 NR 法每次迭代都要修改一次总体刚度矩阵，导致计算量巨大，因此可以采用改进 NR 法。改进 NR 法只在每个子步开始时修改总体刚度矩阵，在子步中每次平衡迭代时保持不变，如图 7-3（b）所示。此时，只需在第一次迭代时计算并存储系数矩阵 $\boldsymbol{K}$ 的逆矩阵 $\boldsymbol{K}^{-1}$，以后每次迭代时代入公式 $\Delta\boldsymbol{u}^{(n+1)}=\boldsymbol{K}^{-1}\Delta\boldsymbol{F}^{(n+1)}$ 计算即可。改进 NR 法每次迭代所用的计算时间较少，但迭代次数变多，收敛速度降低。

NR 法的基本思路是根据指定的载荷增量 $\Delta\boldsymbol{f}$（称为载荷控制）或指定的位移增量 $\Delta\boldsymbol{u}$（称为位移控制），将一个载荷步划分为多个子步，在每个子步内，经过一系列平衡迭代达到收敛，来追踪真实的加载路径，以实现问题的求解。但在接近如图 7-4 所示的极限点时，往往会因为载荷或位移增量无法准确指定而导致计算失败或结果跳跃。这时，单纯载荷（位移）控制无法越过极值点以追踪完整的加载路径。

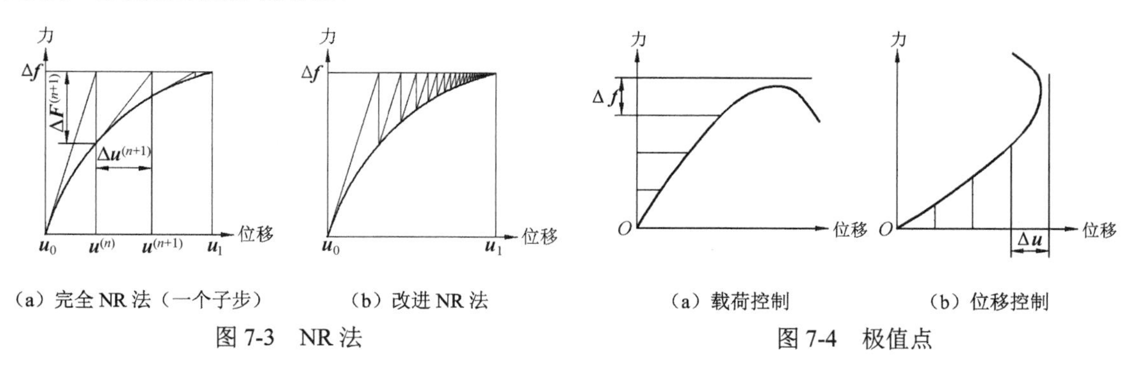


（a）完全 NR 法（一个子步）　（b）改进 NR 法

图 7-3　NR 法

（a）载荷控制　（b）位移控制

图 7-4　极值点

2. 弧长法

弧长法属于双重目标控制方法，即在求解过程中同时控制荷载和位移增量。如图 7-5 所示，

弧长法的迭代路径是一个以($\boldsymbol{u}_0,\boldsymbol{F}(\boldsymbol{u}_0)$)为圆心、半径为 $l$ 的圆弧，即有：

$$(\boldsymbol{u}^{(i)}-\boldsymbol{u}_0)^2+(\lambda^{(i)}\Delta\boldsymbol{f}-\boldsymbol{F}(\boldsymbol{u}_0))^2=l^2 \tag{7-2}$$

式中，$\lambda$ 为载荷因子，$\lambda^{(i)}$、$\boldsymbol{u}^{(i)}$为第 $i$ 次迭代时的载荷因子和位移，$\Delta\boldsymbol{f}$ 为载荷增量。

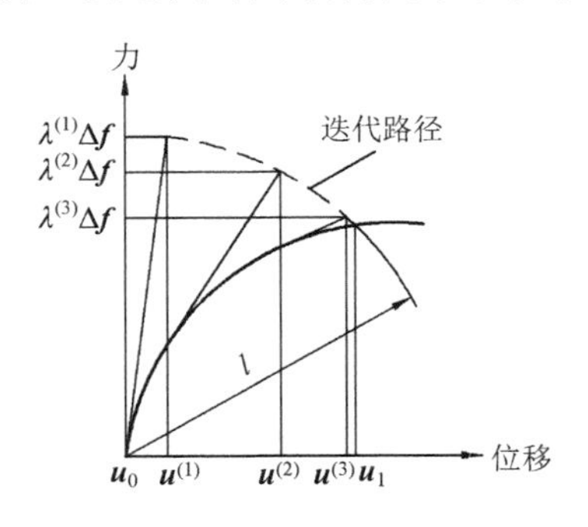


图 7-5 弧长法原理

## 7.1.3 非线性分析的特性

### 1. 非线性求解的组织级别

非线性求解过程分为三个操作级别：载荷步、子步和平衡迭代。

如图 7-6 所示，按载荷随时间变化情况定义载荷步，并假定载荷在载荷步内按线性规律变化。载荷步是顶层，求解选项、载荷和位移边界条件都在载荷步范围内定义。

每个载荷步被划分为多个子步，通过逐步加载以得到较高的计算精度。

在每个子步内，软件通过一系列的平衡迭代在子步的末端达到收敛（见图 7-3、图 7-5）。

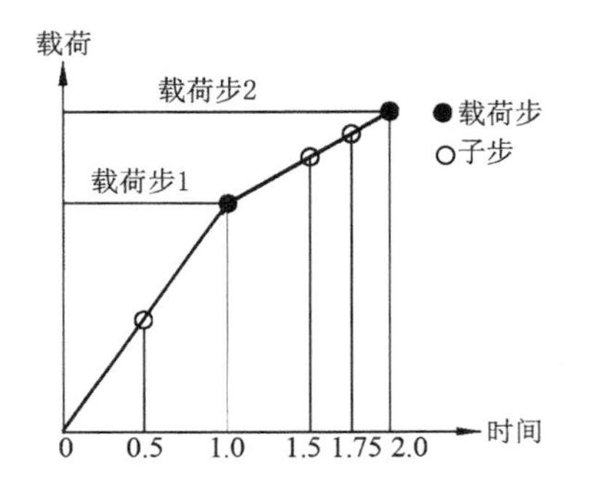


图 7-6 非线性求解的组织级别

### 2. 收敛检查

Newton-Raphson 方法在每次迭代前，都检查不平衡量的大小。当不平衡量小到许可范围内时，迭代收敛，得到平衡解。

ANSYS 默认以力/力矩、位移/转角等不平衡量为收敛判据。力收敛检查是对不平衡力进行绝对度量，而位移收敛检查是相对度量。如图 7-7 所示，只进行位移收敛检查有可能产生错误的结果。所以总是以力收敛检查为主，而位移收敛检查作为辅助手段使用。

默认时，ANSYS 检查不平衡力和力矩的 L2 范数是否小于或等于许可值，双重检查时还检查位移和转角的 L2 范数。L2 范数等于矢量各分量平方和的平方根。

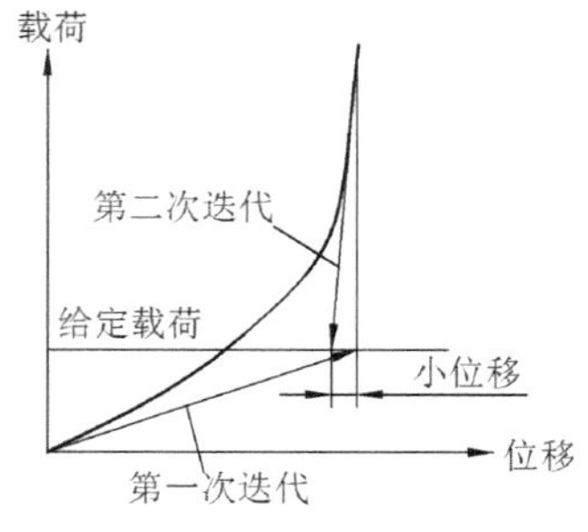


图 7-7 位移判据

### 3. 过程依赖性

如果系统的能量在外载荷卸掉后能复原到外载荷作用以前，

则称系统为保守的。如果因为塑性变形、滑动摩擦等原因能量被系统所消耗，则称系统为非保守的。

保守系统是过程无关的，即系统的结果只与施加载荷的总和有关，而与施加载荷的顺序和增量无关。非保守系统是过程相关的，系统的结果与加载历史是有关的。过程相关时，要求缓慢加载到最终载荷值，以获得精确的结果。

#### 4. 自动时间步长

时间步长越短，子步数越多，计算时间也就越长。可以由用户直接指定时间步长，也可以激活自动时间步长，由软件根据结构特性和系统特性相应自动调整时间步长，以获得精度和成本间的均衡。

使用自动时间步长，可以激活软件的二分法。二分法是一种对迭代收敛失败自动矫正的方法。当平衡迭代不收敛时，二分法将时间步长二等分，然后从最后收敛的子步自动重启动。如果需要的话，软件可在载荷步内反复使用二分法，直到收敛为止。但当时间步长小于设定的最小时间步长时，会自动停止求解。

#### 5. 载荷方向

载荷方向如图7-8所示，在ANSYS软件中，集中力和加速度的载荷方向不随单元的变形而变化，始终保持最初的方向；而表面分布载荷总是沿着变形单元的法向，属于跟随力。

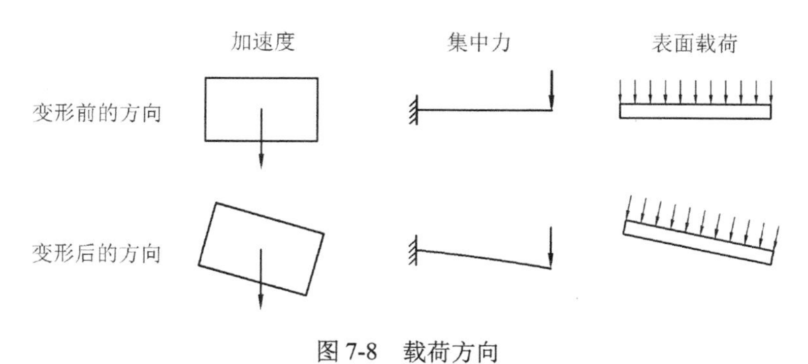


图7-8 载荷方向

## 7.2 几何非线性分析

### 7.2.1 几何非线性概述

因为结构变形而导致结构总体刚度矩阵具有非线性属于几何非线性问题。

在有限元分析过程中，首先要为每个单元创建在局部坐标系下的单元刚度矩阵，然后将其转化为在全局坐标系下的单元刚度矩阵，进而集合为结构总体刚度矩阵。当单元的形状或尺寸发生较大变化时，会导致单元刚度矩阵变化。当单元的方向发生较大的改变时，会导致单元刚度矩阵向全局坐

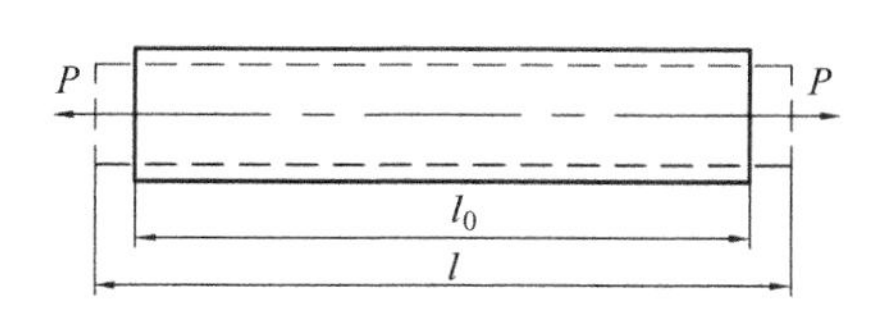


图7-9 单向拉伸

标系转化时发生变化。

当缆索、薄膜等结构承受较大应力时，面内应力对面外刚度有极大的影响，即发生应力刚化。

## 7.2.2 应力和应变

如图 7-9 所示杆件受单向拉伸时，工程应变 $\varepsilon$ 和工程应力 $\sigma$ 分别定义为

$$\varepsilon = \frac{\Delta l}{l_0} \tag{7-3}$$

$$\sigma = \frac{P}{A_0} \tag{7-4}$$

式中，$l_0$、$A_0$ 为杆件原始长度和横截面面积，$\Delta l = l - l_0$。

而真实（对数）应变 $\varepsilon_{\text{true}}$ 和真实应力 $\sigma_{\text{true}}$ 分别定义为

$$\varepsilon_{\text{true}} = \ln\frac{l}{l_0} \tag{7-5}$$

$$\sigma_{\text{true}} = \frac{P}{A} \tag{7-6}$$

工程应变和真实应变的关系为 $\varepsilon_{\text{true}}=\ln(1+\varepsilon)$，工程应力和真实应力的关系为 $\sigma_{\text{true}}=\sigma(1+\varepsilon)$。当工程应变很小时，真实应变等于工程应变，真实应力等于工程应力。

在大应变求解中，所有应力、应变的输入和结果都采用真实应变和真实应力。

## 7.2.3 几何非线性分析的注意事项

（1）根据需要选择具有大应变、大位移分析能力的单元类型。

（2）应使单元形状有适当的纵横比，不能有大的顶角和扭曲单元。

## 7.2.4 结构非线性分析实例——盘形弹簧载荷和变形关系分析

### 1. 问题描述

如图 7-10 所示，已知盘形弹簧的内径 $d$=50mm，外径 $D$=100mm，厚度 $t$=2mm，自由高度 $H_0$=4mm，载荷 $F$=2400N，现研究其载荷和变形的关系。

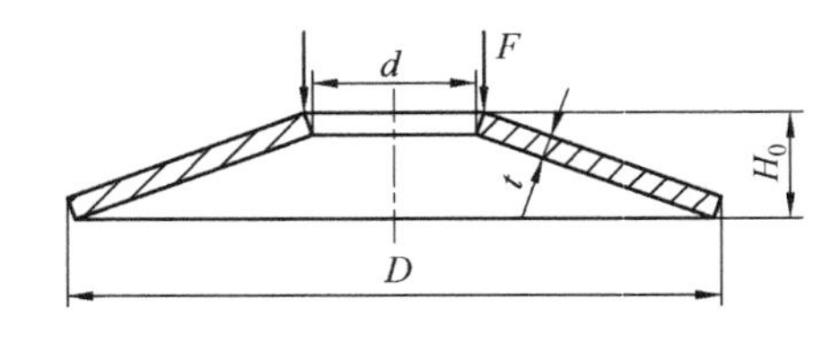


图 7-10 盘形弹簧

### 2. 分析步骤

步骤 1：在 Windows“开始”菜单执行 ANSYS →Workbench。

步骤 2：创建项目 A，进行结构瞬态动力学分析，如图 7-11 所示。

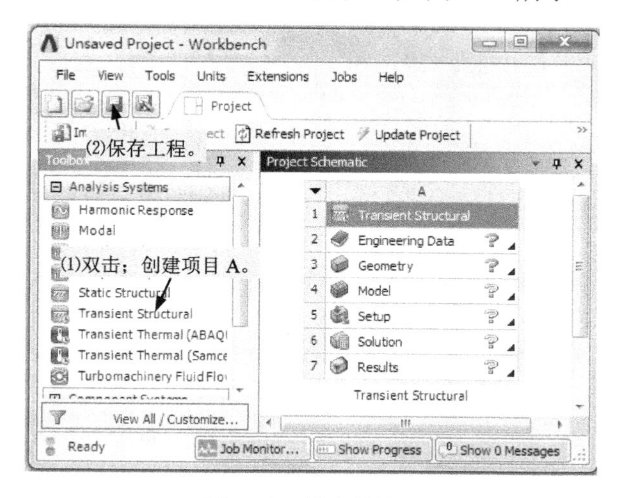


图 7-11　创建项目 A

步骤 3：从 ANSYS 材料库选择材料模型，添加到当前项目中。

（1）双击如图 7-11 所示项目流程图 A2 格的“Engineering Data”项。

（2）选择材料模型，如图 7-12 所示。图中对话框的显示由下拉菜单 View 项控制。

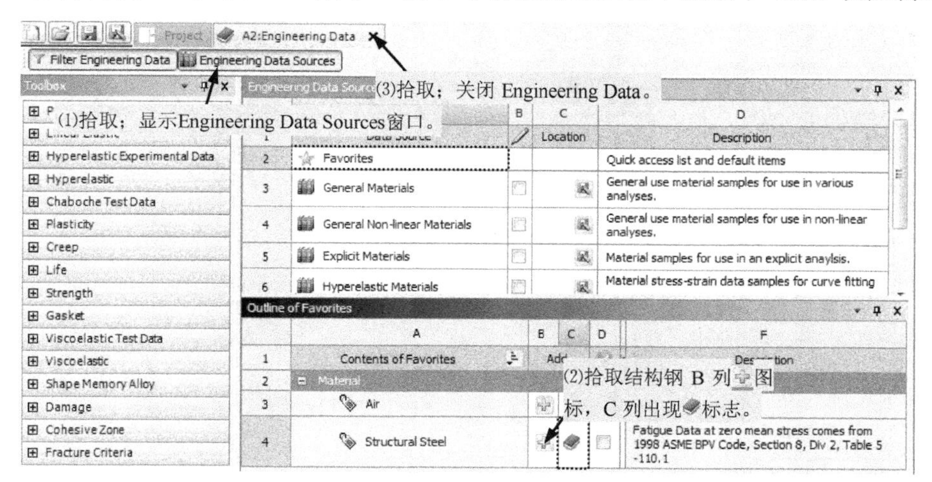


图 7-12　选择材料模型

步骤 4：创建几何体。

（1）用鼠标右键单击如图 7-11 所示项目流程图 A3 格“Geometry”项，在快捷菜单中拾取命令 New DesignModeler Geometry，启动 DM 创建几何体。

（2）拾取菜单命令 Units→ Millimeter，选择长度单位为 mm。

（3）在 XYPlane 的 Sketch1 上画矩形，如图 7-13 所示。

（4）标注尺寸，如图 7-14 所示。

（5）拾取菜单 Concept→Surfaces From Sketches，创建面体，如图 7-15 所示。

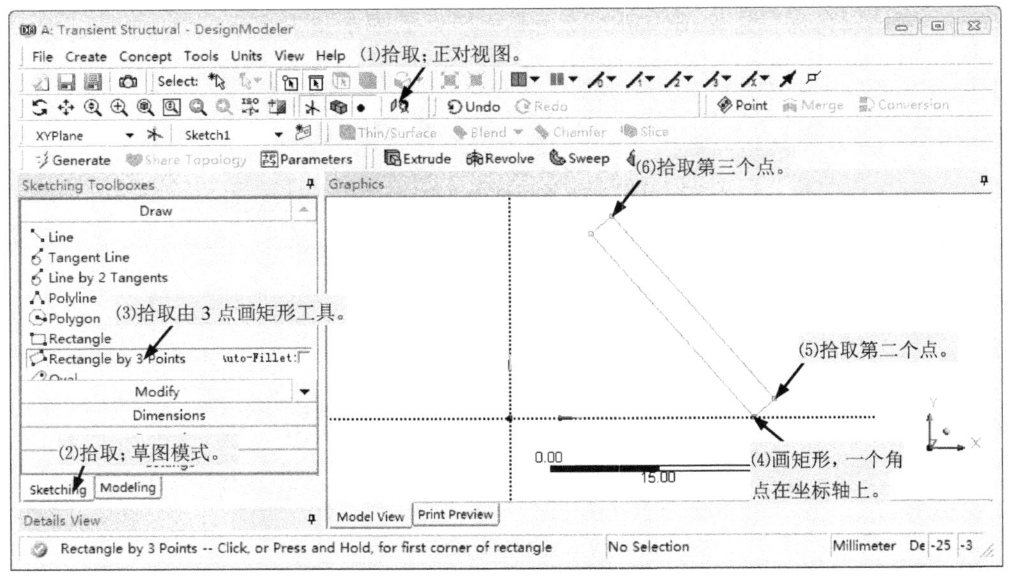


图 7-13　画矩形

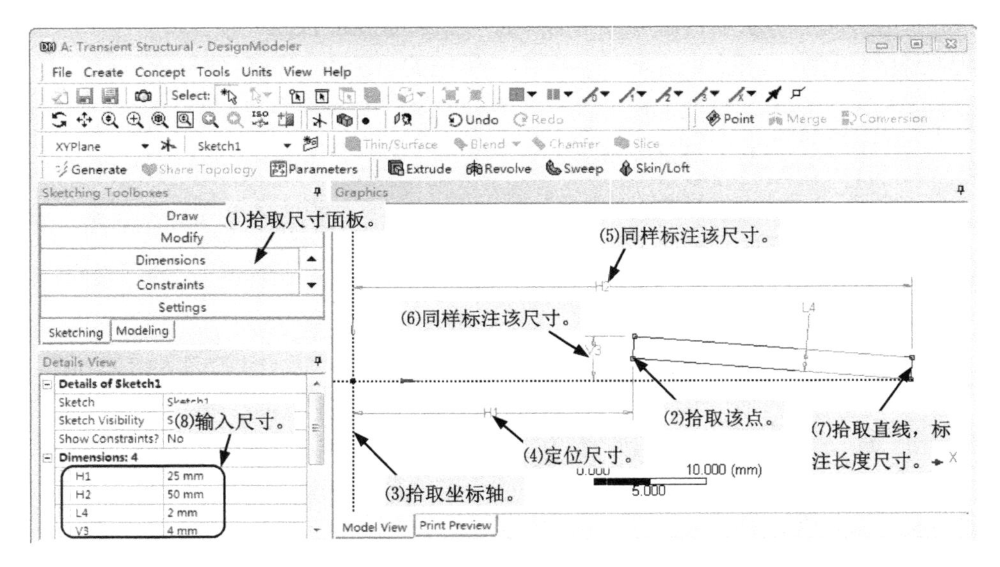


图 7-14　标注尺寸

（6）退出 DesignModeler。

（7）指定几何体属性，进行 2D 分析，如图 7-16 所示。

步骤 5：建立有限元模型，施加载荷和约束，求解，查看结果。

（1）因上格数据（A3 格 Geometry）发生变化，需刷新数据，如图 7-17 所示。

（2）双击如图 7-17 所示项目流程图 A4 格的“Model”项，启动 Mechanical。

（3）指定几何体的 2D 行为为轴对称分析，如图 7-18 所示。

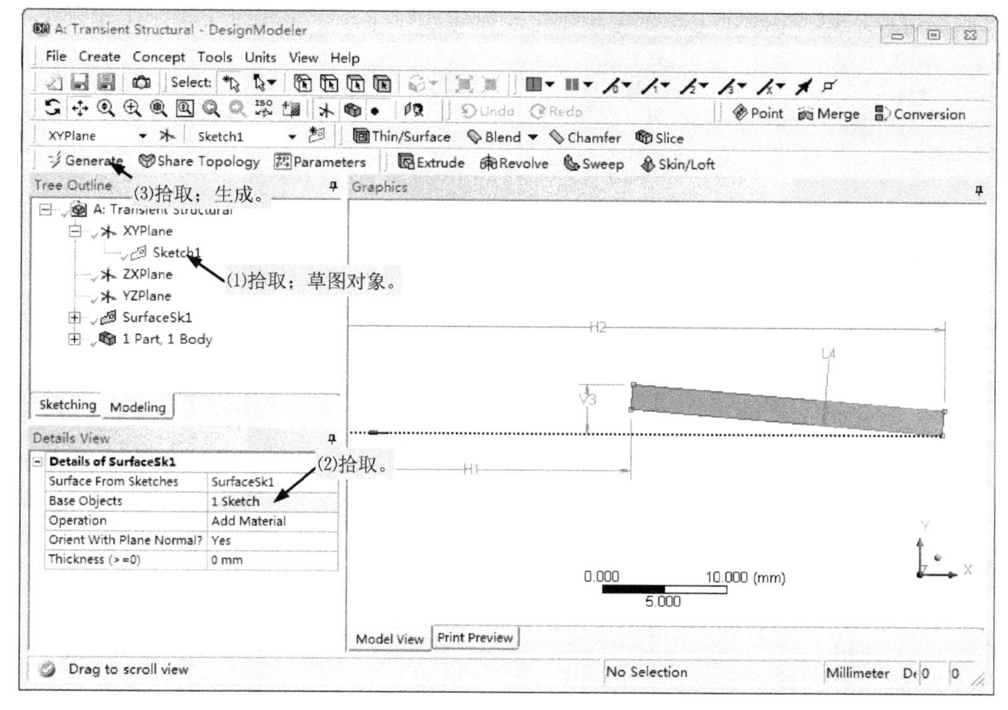


图 7-15　创建面体

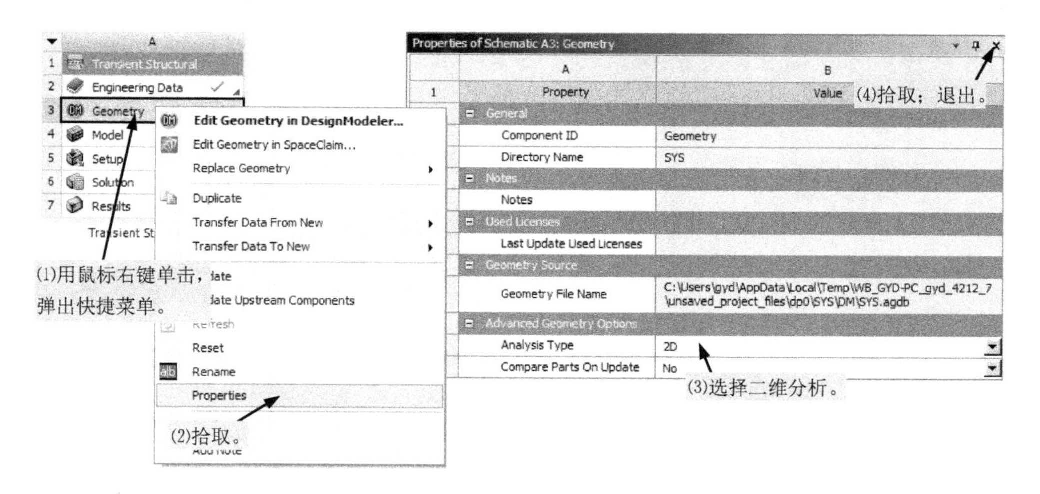


图 7-16　指定几何体属性

（4）为几何体指定材料，如图 7-19 所示。

（5）指定网格控制，划分网格，如图 7-20 所示。

（6）设置载荷步，如图 7-21 所示。

（7）在矩形面下方顶点上施加零位移约束，如图 7-22 所示。

图 7-17 刷新数据

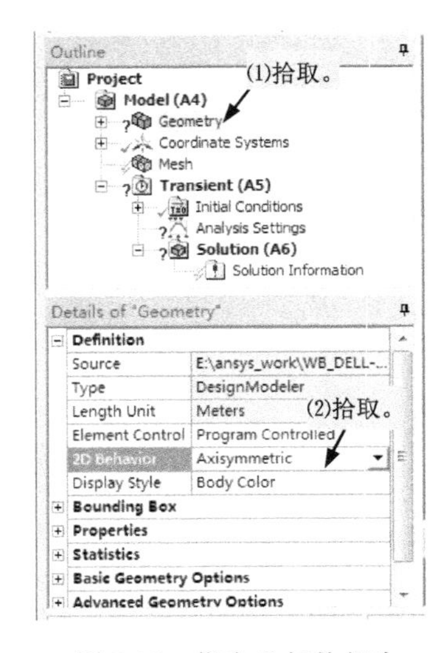


图 7-18 指定几何体行为



图 7-19 指定材料

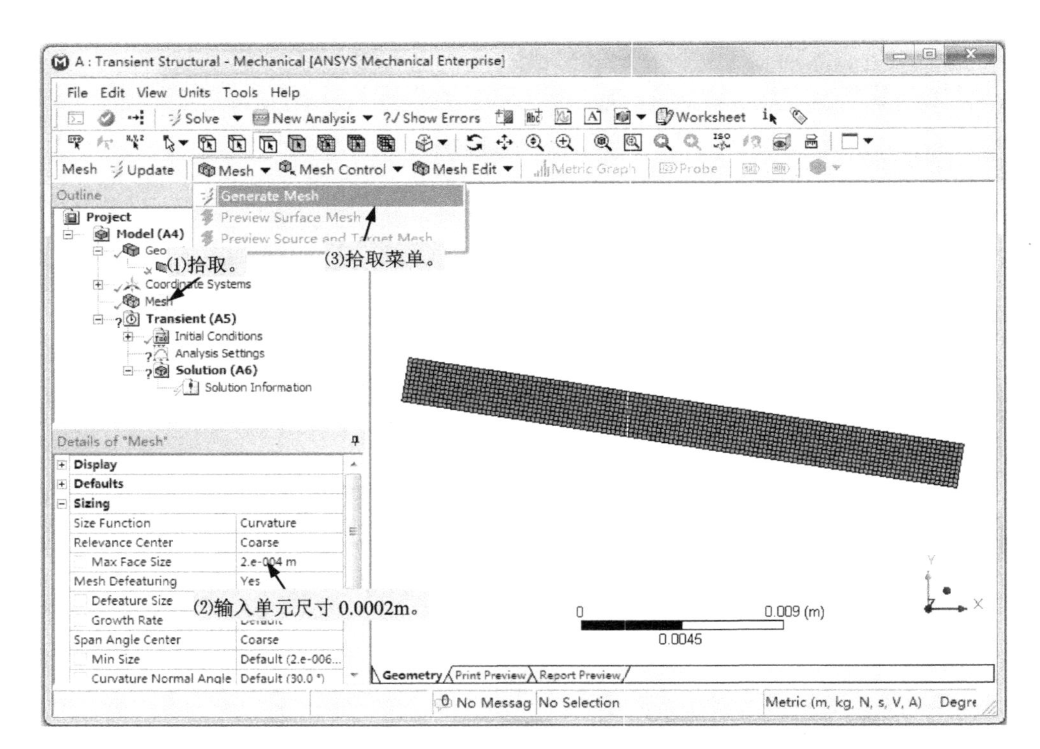


图 7-20 划分网格

（8）在矩形面上方顶点上施加力载荷，如图 7-23 所示。

（9）指定计算结果，如图 7-24 所示。

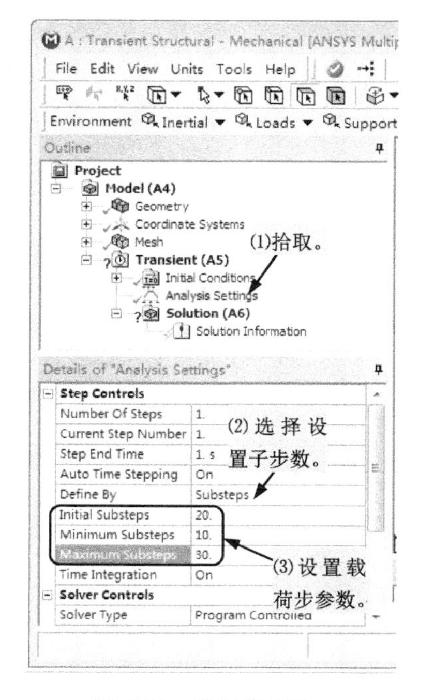


图 7-21　设置载荷步

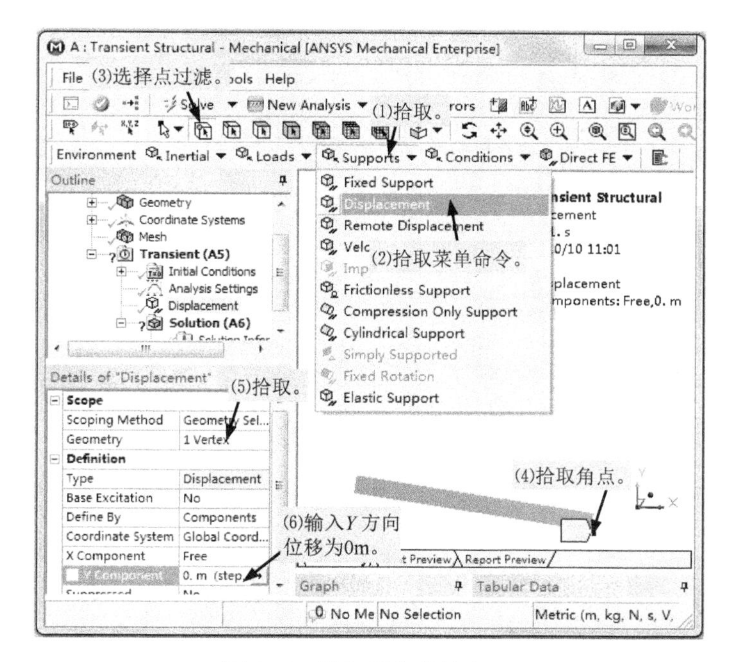


图 7-22　施加零位移约束

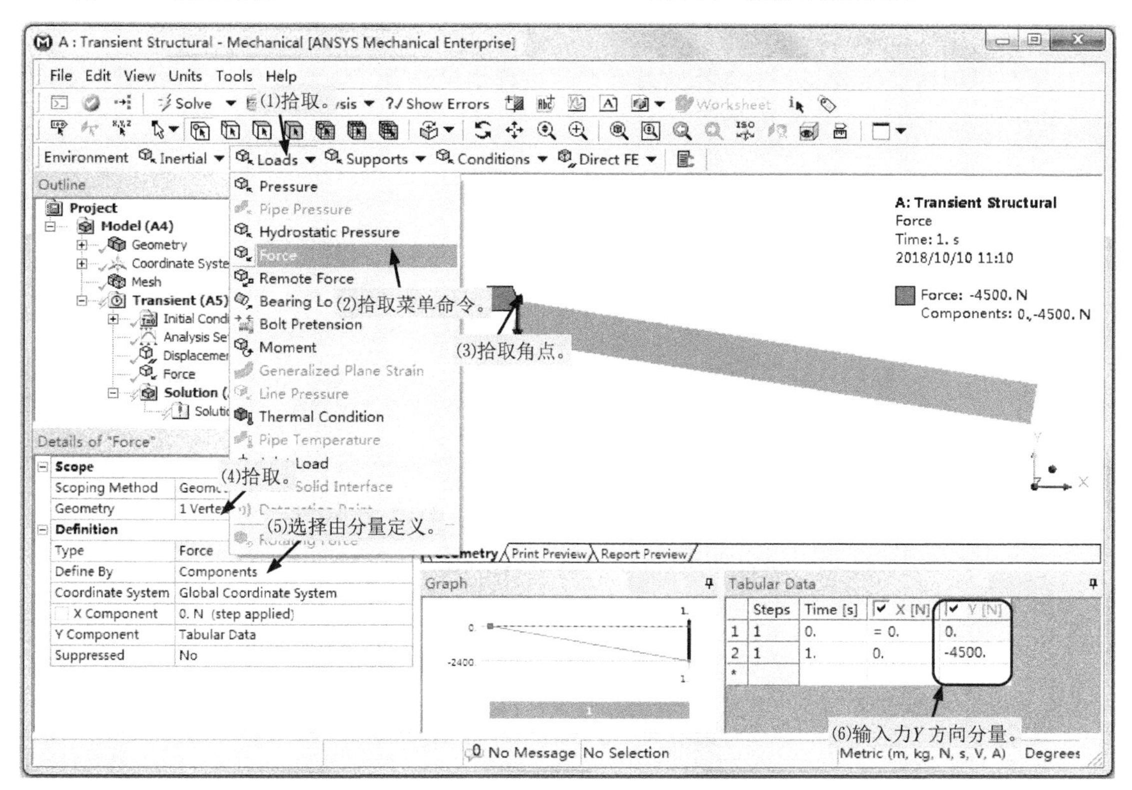


图 7-23　施加力载荷

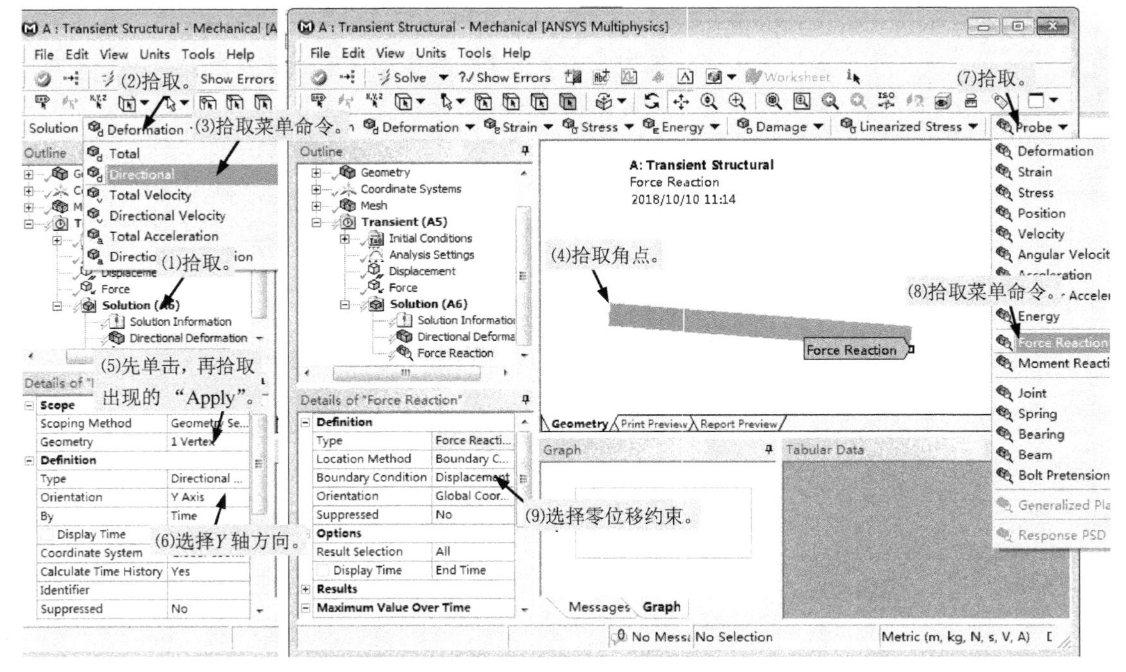


图 7-24　指定计算结果

（10）单击 Solve 按钮，求解。

（11）在提纲树（Outline）上选择结果类型，进行结果查看，触点位移-时间结果、支反力-时间结果分别如图 7-25、图 7-26 所示。

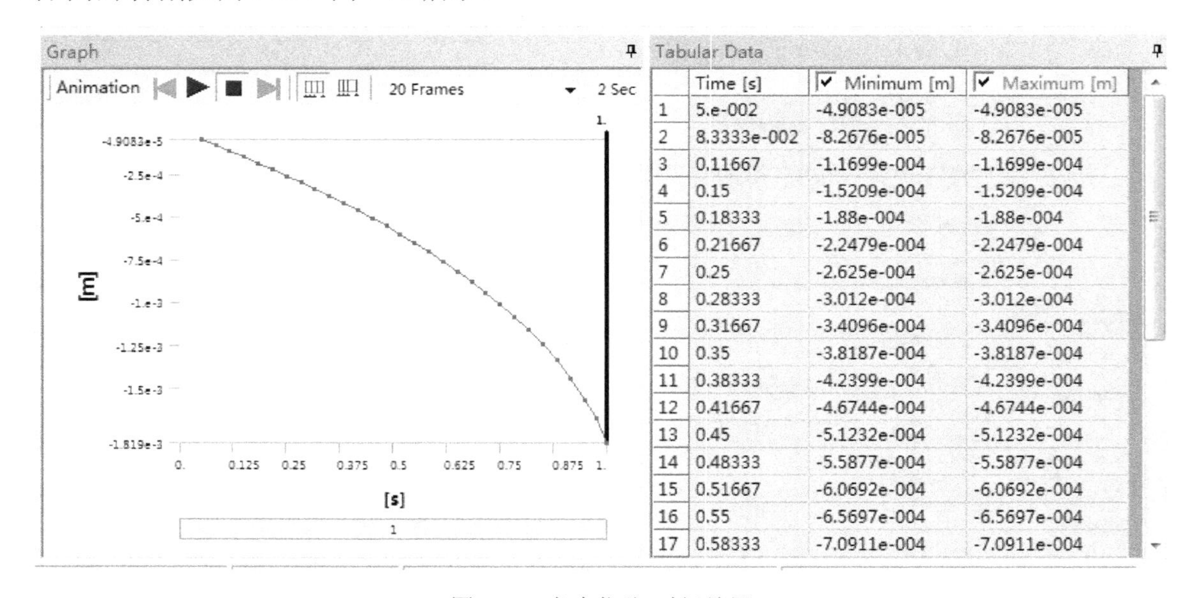

| | Time [s] | Minimum [m] | Maximum [m] |
|---|---|---|---|
| 1 | 5.e-002 | -4.9083e-005 | -4.9083e-005 |
| 2 | 8.3333e-002 | -8.2676e-005 | -8.2676e-005 |
| 3 | 0.11667 | -1.1699e-004 | -1.1699e-004 |
| 4 | 0.15 | -1.5209e-004 | -1.5209e-004 |
| 5 | 0.18333 | -1.88e-004 | -1.88e-004 |
| 6 | 0.21667 | -2.2479e-004 | -2.2479e-004 |
| 7 | 0.25 | -2.625e-004 | -2.625e-004 |
| 8 | 0.28333 | -3.012e-004 | -3.012e-004 |
| 9 | 0.31667 | -3.4096e-004 | -3.4096e-004 |
| 10 | 0.35 | -3.8187e-004 | -3.8187e-004 |
| 11 | 0.38333 | -4.2399e-004 | -4.2399e-004 |
| 12 | 0.41667 | -4.6744e-004 | -4.6744e-004 |
| 13 | 0.45 | -5.1232e-004 | -5.1232e-004 |
| 14 | 0.48333 | -5.5877e-004 | -5.5877e-004 |
| 15 | 0.51667 | -6.0692e-004 | -6.0692e-004 |
| 16 | 0.55 | -6.5697e-004 | -6.5697e-004 |
| 17 | 0.58333 | -7.0911e-004 | -7.0911e-004 |

图 7-25　角点位移-时间结果

（12）创建曲线图，查看支反力-位移结果，如图 7-27 所示，可见两者为非线性关系。

（13）拾取 Mechanical 窗口的关闭按钮，退出 Mechanical。

步骤 6：在 ANSYS Workbench 界面保存工程。

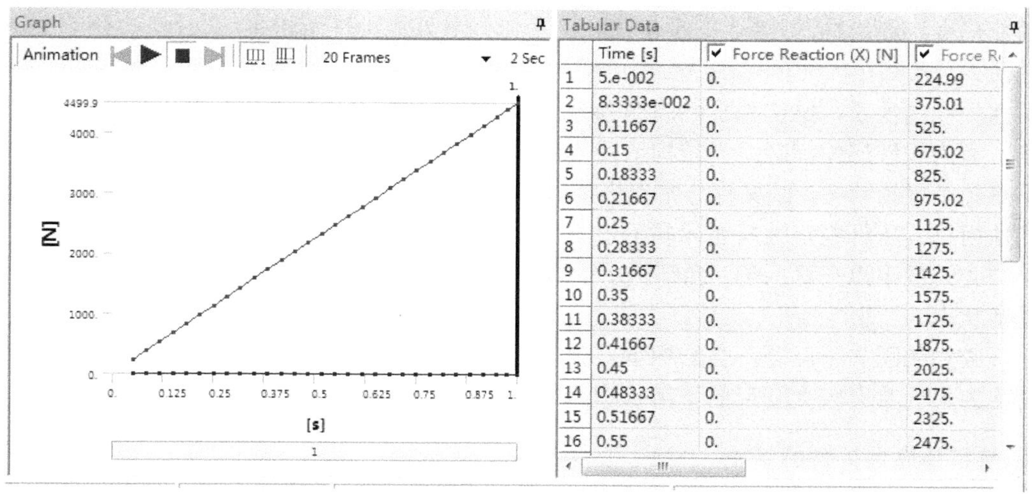


|  | Time [s] | Force Reaction (X) [N] | Force R |
|---|---|---|---|
| 1 | 5.e-002 | 0. | 224.99 |
| 2 | 8.3333e-002 | 0. | 375.01 |
| 3 | 0.11667 | 0. | 525. |
| 4 | 0.15 | 0. | 675.02 |
| 5 | 0.18333 | 0. | 825. |
| 6 | 0.21667 | 0. | 975.02 |
| 7 | 0.25 | 0. | 1125. |
| 8 | 0.28333 | 0. | 1275. |
| 9 | 0.31667 | 0. | 1425. |
| 10 | 0.35 | 0. | 1575. |
| 11 | 0.38333 | 0. | 1725. |
| 12 | 0.41667 | 0. | 1875. |
| 13 | 0.45 | 0. | 2025. |
| 14 | 0.48333 | 0. | 2175. |
| 15 | 0.51667 | 0. | 2325. |
| 16 | 0.55 | 0. | 2475. |

图 7-26　支反力-时间结果

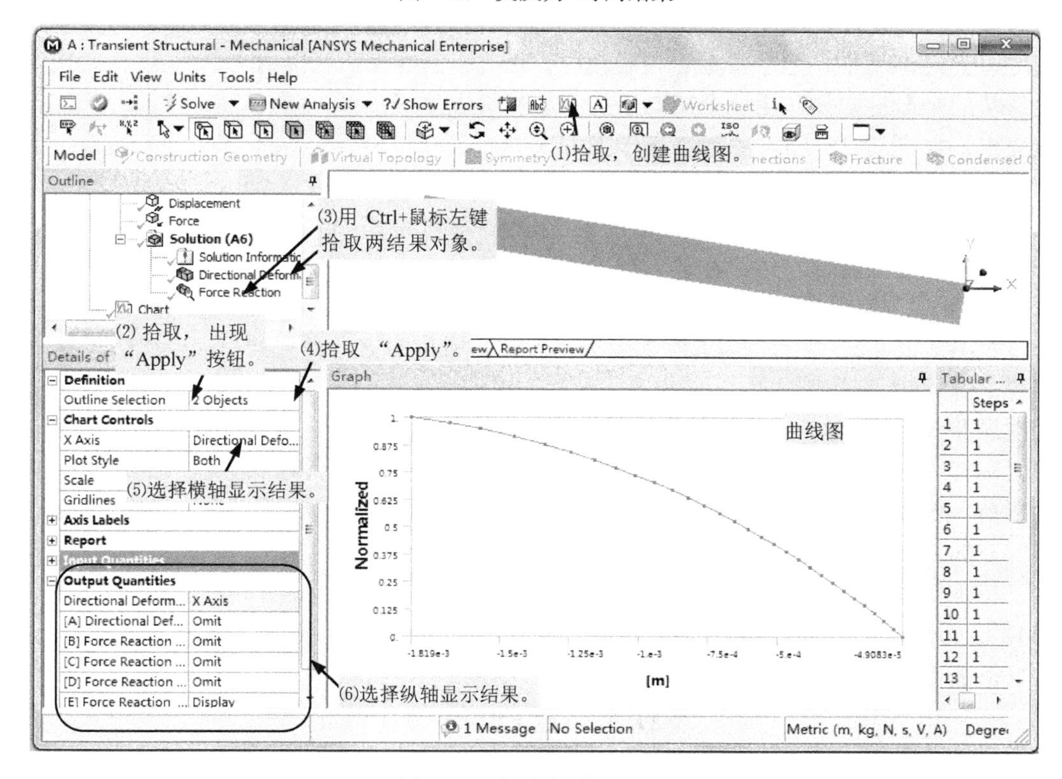


图 7-27　支反力-位移结果

**[本例小结]** 本例介绍了几何非线性分析的特点。

## 7.2.5　屈曲分析

### 1. 屈曲分析的基本知识

当结构的载荷和变形保持平衡时，结构处于稳定平衡状态。而当结构承受载荷达到某个值后，结构的变形会持续增加，或者由一种平衡状态变化为另外一种平衡状态，这时结构处于失稳状态，又称屈曲。

根据失稳的性质，结构稳定性问题分为三类。

第一类为线性屈曲问题。当结构承受载荷达到某个值后，结构原来的平衡状态存在的同时，出现了第二个平衡状态，故又称分岔点失稳。这类问题在数学处理时需要求解特征值，故也称特征值屈曲问题。压杆稳定性问题即属于该类问题。

第二类为极限点失稳问题。当结构承受载荷达到极限值后，变形会持续地增加，但不会出现新的平衡状态。

第三类为跳跃失稳问题。当结构承受载荷达到极限值后，结构的平衡状态发生明显的跳跃，突然变化为另一具有较大变形的平衡状态。

### 2. 特征值屈曲分析的基础

压杆稳定性问题是典型的特征值屈曲问题。如图 7-28 所示为一两端铰支的细长杆，承受压力作用。设压力与杆件轴线重合，当压力 $P$ 逐渐增加，但小于某一极限值时，压杆一直保持其直线形状的平衡；即使作用一个横向干扰力使杆件发生微小的弯曲变形，如图 7-28（a）所示，在干扰力去掉后，杆件仍将会恢复到直线形状，如图 7-28（b）所示，这说明杆件处于稳定平衡状态。当压力 $P$ 增加到某一极限值 $P_{lj}$ 时，这时再作用一个横向干扰力使杆件发生微小的弯曲变形，在干扰力去掉后，杆件将继续保持曲线形状的平衡，而不能恢复到直线形状的平衡，如图 7-28（c）所示，这说明处于失稳状态，而压力 $P$ 的极限值 $P_{lj}$ 被称为临界压力。

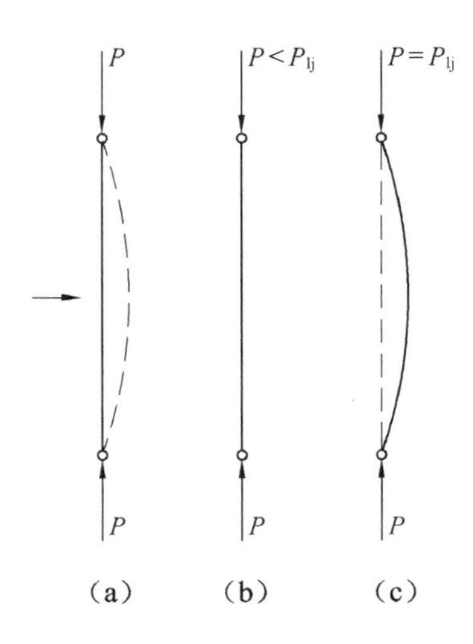

图 7-28　压杆稳定性问题

线性屈曲分析（Linear Buckling Analysis）以特征值为研究对象，也称特征值屈曲问题（Eigenvalue Buckling Analysis），分析得到的是理想线弹性结构的理论极限载荷，然而非理想和非线性行为阻止了实际结构达到该理论极限载荷，故线性屈曲分析会产生非保守的结果。但线性屈曲分析也有很多的优点。

（1）特征值屈曲分析比非线性屈曲分析计算省时。

（2）可以用于预知屈曲模态形状。

特征值屈曲分析要对以下方程进行求解：

$$[\boldsymbol{K}+\lambda \boldsymbol{S}]\boldsymbol{\psi}=\boldsymbol{0} \tag{7-7}$$

式中：$\boldsymbol{K}$ 为结构总体刚度矩阵，$\boldsymbol{S}$ 为应力硬化矩阵，$\boldsymbol{\psi}$ 为屈曲模态位移列阵，$\lambda$ 为特征值。

需要注意的是：

（1）在特征值屈曲分析之前必须进行结构静力学分析（Static Structural Analysis），以计算应力硬化矩阵 $\boldsymbol{S}$。

（2）特征值屈曲分析计算得到的是屈曲载荷因子（Buckling Load Factor），即特征值 $\lambda$，将屈曲载荷因子乘以结构静力学分析时施加的载荷，即得到临界载荷。例如，在结构静力学分析时施加了 10N 的压力载荷，而在特征值屈曲分析计算中得到的屈曲载荷因子值为 2500，则临界载荷为 25000N。为方便计算，一般在结构静力学分析时施加的是单位载荷。

（3）一个结构有无穷多个屈曲载荷因子和相对应的屈曲模态，但一般只对低阶模态感兴趣，这是因为屈曲发生在高阶模态之前。

（4）屈曲载荷因子会应用到所有结构静力学分析时施加的载荷。如果施加的载荷中有的是常量的（例如重量），有的是变化的，那么就需要进行专门的处理以保证准确的结果。一种方法是在结构静力学分析时反复调整变量载荷的大小，直到线性屈曲分析计算得到的屈曲载荷因子值为 1 或接近为 1。这时，结构静力学分析时施加的载荷，即为临界载荷。

（5）屈曲模态不是实际位移。

### 3. 特征值屈曲分析的过程

首先需要进行结构静力学分析，然后才进行特征值屈曲分析。特征值屈曲分析属于线性分析，不能使用非线性特性。

ANSYS Workbench 特征值屈曲分析步骤如下：

（1）创建两个关联项目，分别进行结构静力学分析和特征值屈曲分析。

首先从工具箱（Toolbox）拖动 Static Structural 模板到项目管理区，创建项目 A；再拖动 Eigenvalue Buckling 模板指向项目 A 的 Solution 项，松开鼠标，创建项目 B。

（2）定义工程数据，输入材料特性。

必须定义材料的弹性模量，而且材料特性必须是线性的。

（3）创建或导入几何体模型。

（4）定义零件行为。

（5）定义连接。

由于特征值屈曲分析属于线性分析，所有接触行为不同于非线性接触，线性屈曲分析接触特点如表 7-1 所示。

**表 7-1　线性屈曲分析接触特点**

| 接触类型 | 初始接触 | Pinball 区域内 | Pinball 区域外 |
|---|---|---|---|
| 绑定 | 绑定 | 绑定 | 自由 |
| 不分离 | 不分离 | 不分离 | 自由 |
| 粗糙 | 绑定 | 自由 | 自由 |
| 光滑无摩擦 | 不分离 | 自由 | 自由 |

注意：所有非线性接触类型都会被简化为绑定或不分离接触两种线性接触类型。不分离的接触在分析计算时会提出警告，因为它在切向上没有刚度，将产生很多多余的模态，如果适当的话，可以考虑用绑定接触代替。

（6）设置和划分网格。

（7）施加结构静力学分析的载荷和支撑。

在结构静力学分析时，必须施加至少一个能够引起结构屈曲的载荷，而且所有的载荷都要乘上屈曲载荷因子来决定屈曲载荷。在后续的特征值屈曲分析中，不允许施加任何载荷，支撑也是从前面的结构静力学分析中引入的。

（8）求解结构静力学分析。

（9）设置特征值屈曲分析。

需要指定屈曲模态的阶次，默认情况下只计算第一阶模态，计算较多阶次模态时需要花费较多的计算时间。默认时只计算屈曲载荷因子和屈曲模态，也可以指定计算应力、应变，但应力结果只是相对的应力分布而不是真实值。

（10）指定初始条件。

（11）求解特征值屈曲分析。

（12）查看结果。

可以查看屈曲载荷因子和屈曲模态。屈曲载荷因子乘以结构静力学分析时施加的载荷，即得到临界载荷。可以使用云图或动画的方法查看屈曲模态，屈曲模态是相对形状而不是绝对形状。

#### 4. 非线性屈曲分析过程

非线性屈曲分析属于非线性的结构分析，可以考虑结构的初始缺陷和材料非线性等特性。一般先对结构进行线性屈曲分析以得到临界载荷和屈曲模态，然后将屈曲模态乘以一个很小的系数作为初始缺陷施加到结构上，进行非线性屈曲分析。进行非线性屈曲分析时，要参考线性屈曲分析以得到临界载荷。在后处理时，建立载荷和位移关系曲线，从而确定结构的非线性临界载荷。

### 7.2.6 特征值屈曲分析实例——压杆稳定性问题

#### 1. 问题描述及解析解

某构件的受力可以简化成如图 7-29 所示模型，细长杆件承受压力，两端铰支。根据材料力学的知识，当杆件承受的压力 $P$ 超过临界压力 $P_{lj}$ 时，杆件将丧失稳定性。已知杆的横截面形状为矩形，截面的高度 $h$ 和宽度 $b$ 均为 0.03m，杆的长度 $l$=2m，使用材料为 Q235A，弹性模量 $E=2\times10^{11}$Pa，则杆件的临界压力 $P_{lj}$ 可用如下方法计算：

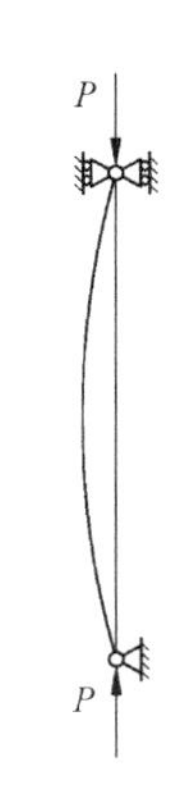

图 7-29　受压杆

杆横截面的惯性矩

$$I=\frac{bh^3}{12}=\frac{(3\times10^{-2})^4}{12}=6.75\times10^{-8}\ \text{m}^4$$

杆横截面的面积

$$A=bh=3\times10^{-2}\times3\times10^{-2}=9\times10^{-4}\ \text{m}^2$$

杆横截面的最小惯性半径

$$i=\sqrt{\frac{I}{A}}=\sqrt{\frac{6.75\times10^{-8}}{9\times10^{-4}}}=8.66\times10^{-3}\ \text{m}$$

杆的柔度

$$\lambda=\frac{\mu l}{i}=\frac{1\times2}{8.66\times10^{-3}}=231$$

式中，$\mu$为受压杆的长度系数，两端铰支时$\mu$=1。

因为受压杆用 Q235A 钢制造，且$\lambda$>100，所以应该用欧拉公式计算其临界压力。根据欧拉公式

$$P_{lj}=\frac{\pi^2EI}{(\mu l)^2}=\frac{\pi^2\times2\times10^{11}\times6.75\times10^{-8}}{(1\times2)^2}=33310\ \text{N}$$

## 2. 分析步骤

步骤 1：在 Windows“开始”菜单执行 ANSYS→Workbench。

步骤 2：创建项目 A，进行结构静力学分析；创建项目 B，进行线性屈曲分析。项目 A 和项目 B 相互关联、数据共享，如图 7-30 所示。

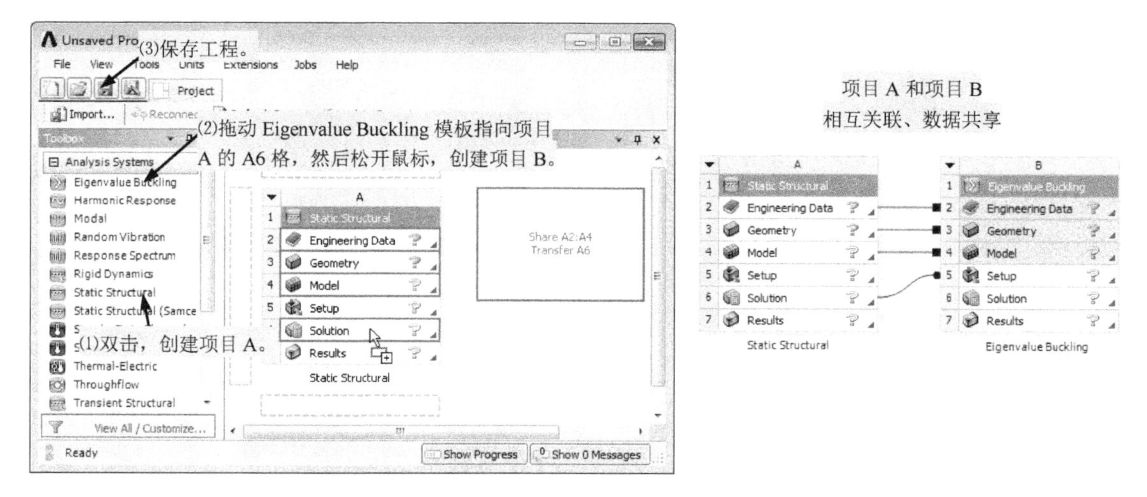


图 7-30 创建项目

步骤 3：从 ANSYS 材料库选择材料模型，添加到当前分析项目中。

（1）双击图 7-30 所示项目流程图 A2 格的“Engineering Data”项。

（2）从 ANSYS 材料库选择材料模型 Structural Steel，如图 7-31 所示。图中对话框的显示由下拉菜单 View 项控制。

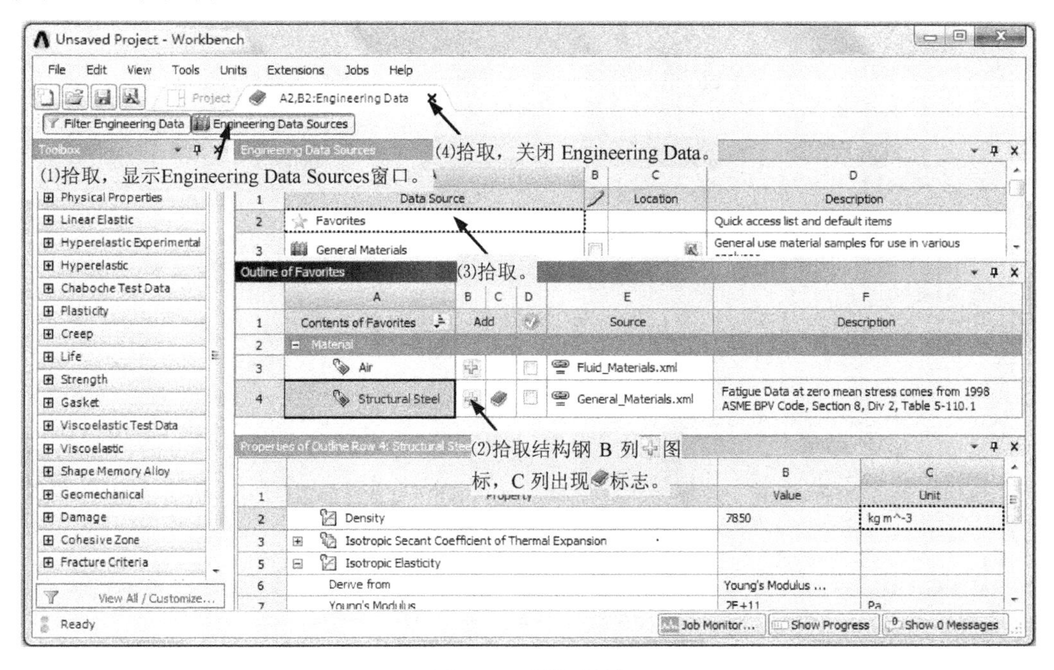


图 7-31 添加材料

步骤 4：创建几何体。

（1）用鼠标右键单击如图 7-30 所示项目流程图 A3 格“Geometry”项，在快捷菜单中拾取命令 New DesignModeler Geometry，启动 DM 创建几何体。

（2）拾取菜单命令 Units→ Millimeter，选择长度单位为 mm。

（3）在 XYPlane 的 Sketch1 上画直线，如图 7-32 所示。

（4）标注尺寸，如图 7-33 所示。

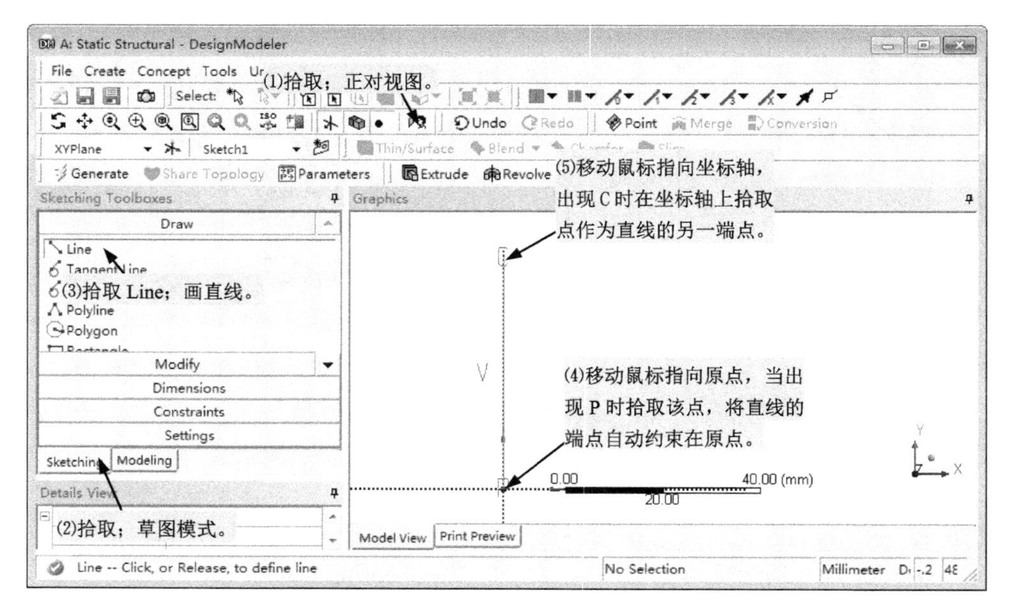


图 7-32　画直线

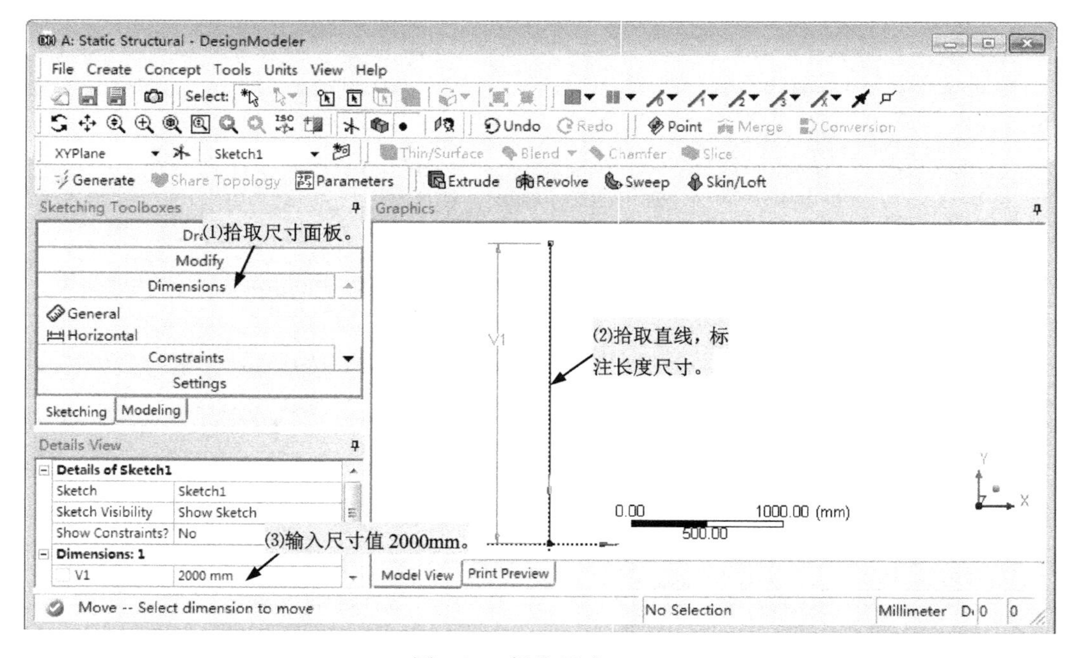


图 7-33　标注尺寸

（5）拾取菜单 Concept→Lines From Sketches，在草图 Sketch1 上创建线体，如图 7-34 所示。

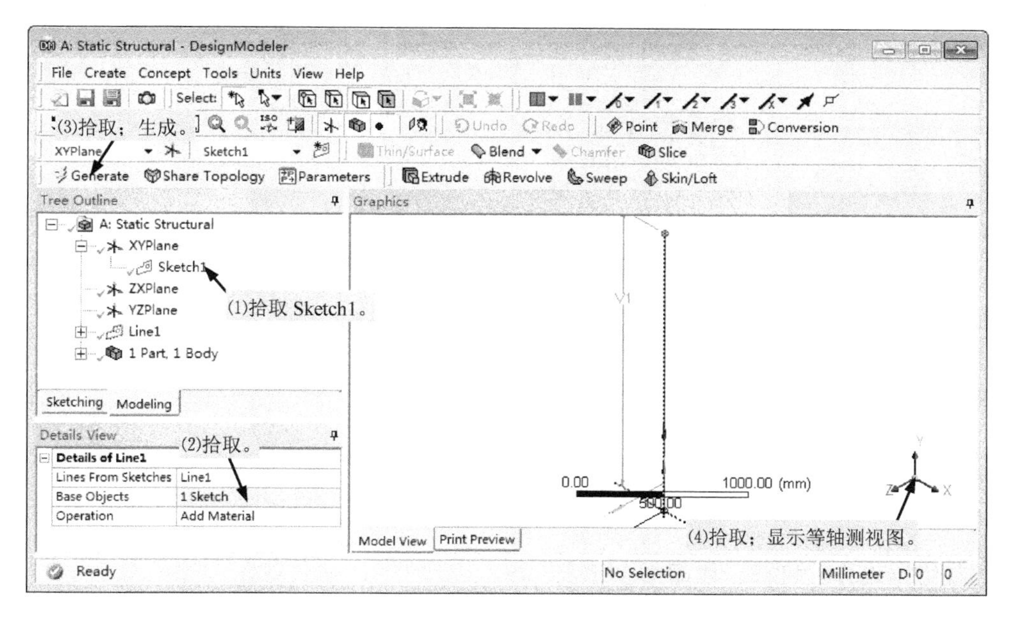


图 7-34　创建线体

（6）拾取菜单 Concept→Cross Section→Rectangular，定义横截面 Rect1，并将该截面赋给线体，如图 7-35 所示。

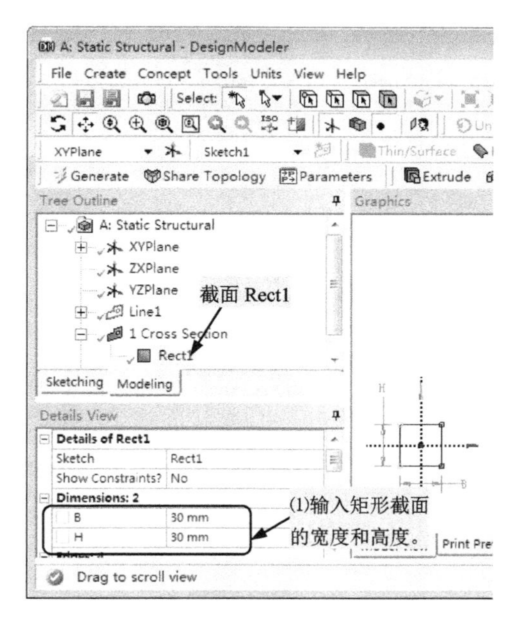


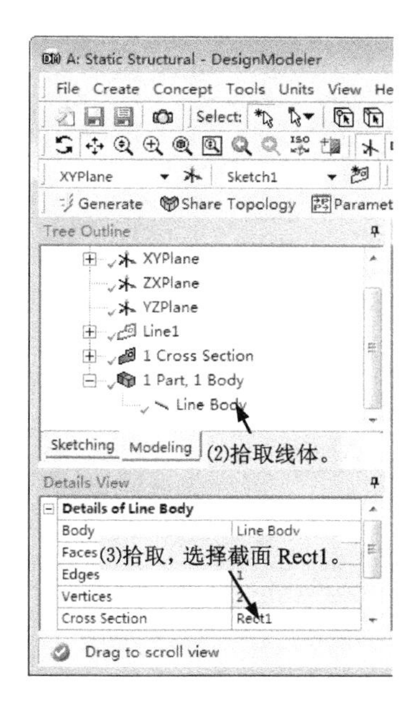


图 7-35　定义横截面

（7）退出 DesignModeler。

步骤 5：施加载荷和约束，求解结构静力学分析，查看结果。

（1）因上格数据（A3 格 Geometry 项）发生变化，需要对 A4 格 Model 项的输入数据进行刷新，如图 7-36 所示。

（2）双击图 7-36 所示项目流程图 A4 格的“Model”项，启动 Mechanical。

图 7-36 刷新数据

（3）为几何体分配材料，如图 7-37 所示。

（4）划分网格，如图 7-38 所示。本例中此步骤并不是必须的，由于网格控制全部采用默认值，所以即使不进行手工划分网格，软件在求解时也会自动进行并得到同样的结果。

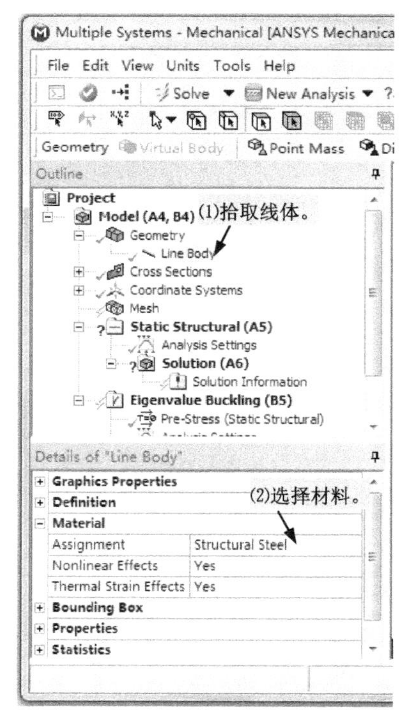


图 7-37 分配材料

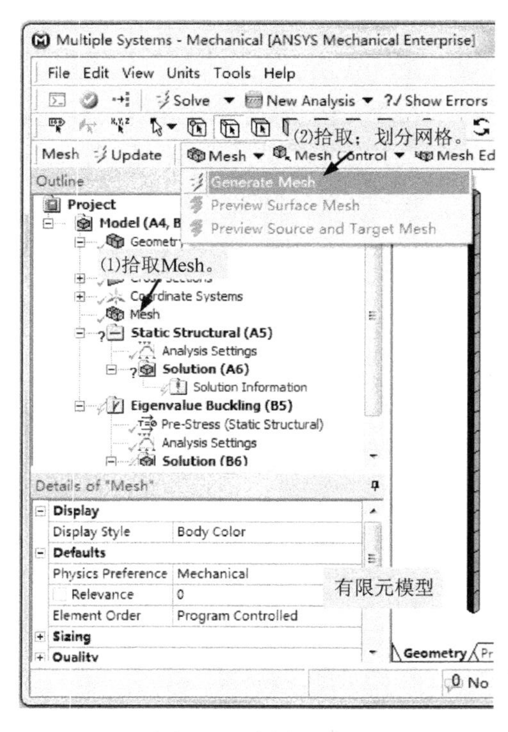


图 7-38 划分网格

（5）在杆的上方端点处施加集中力载荷，如图 7-39 所示。

（6）在杆的上方端点处施加远端位移支撑，模拟可移式铰支座，如图 7-40 所示。

（7）在杆的下方端点处施加简单支撑，模拟固定铰支座，如图 7-41 所示。

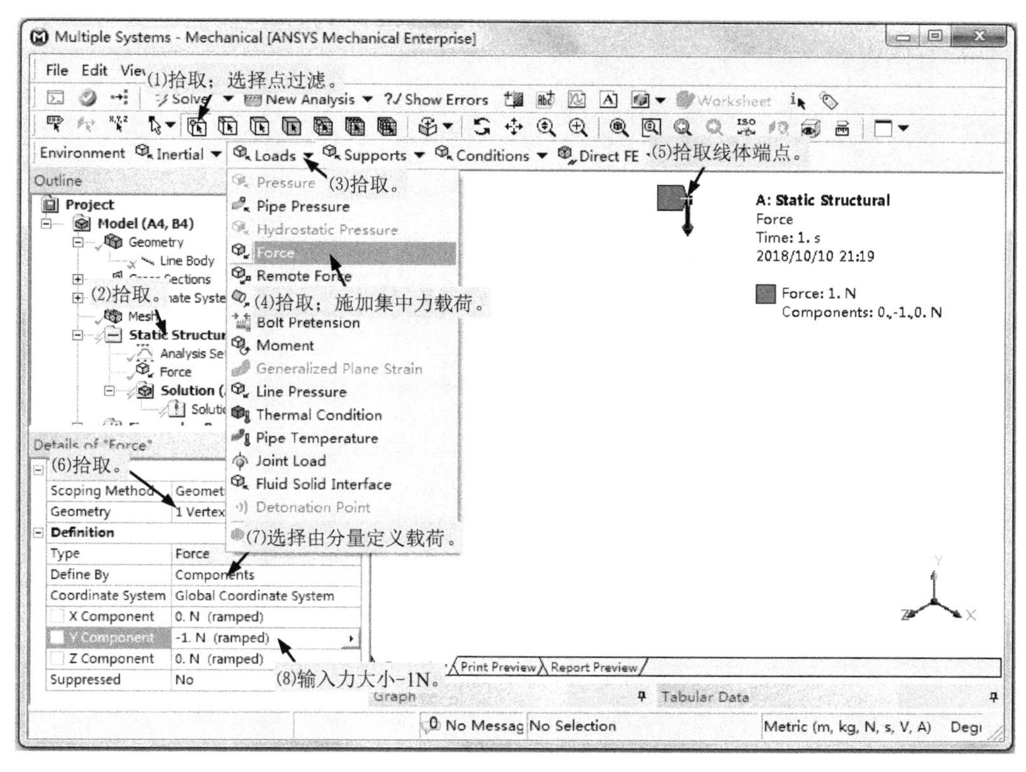


图 7-39　施加集中力载荷

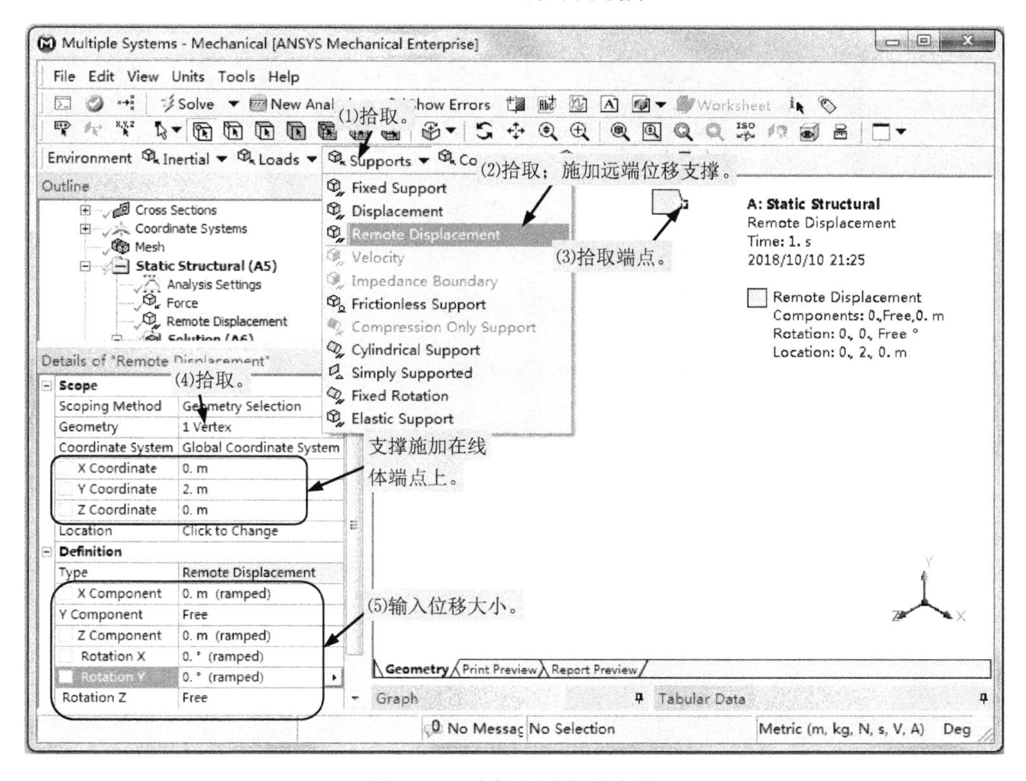


图 7-40　施加远端位移支撑

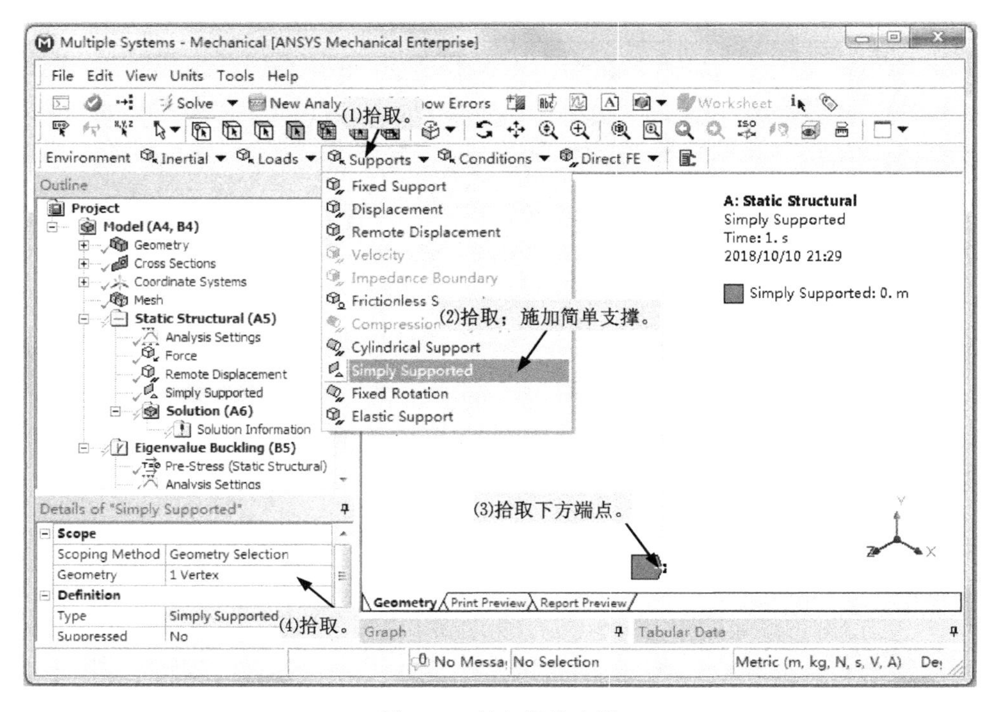


图 7-41　施加简单支撑

（8）指定总变形为计算结果，如图 7-42 所示。

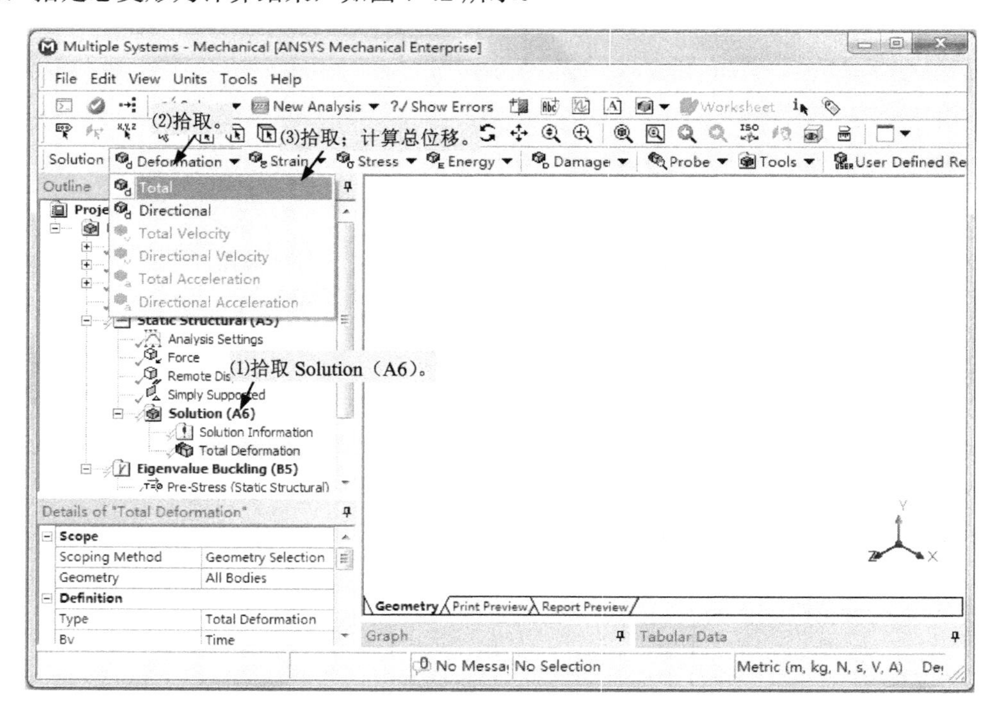


图 7-42　指定计算结果

（9）单击 Solve 按钮，求解结构静力学分析。

（10）在提纲树（Outline）上选择结果类型，查看杆的总变形，如图 7-43 所示。

步骤 6：指定计算结果，求解特征值屈曲分析，查看结果。

（1）指定总变形即屈曲模态为计算结果，如图 7-44 所示。

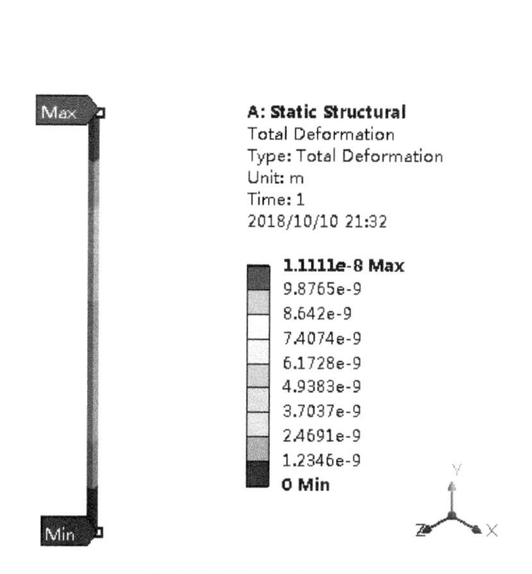


图 7-43　杆的总变形

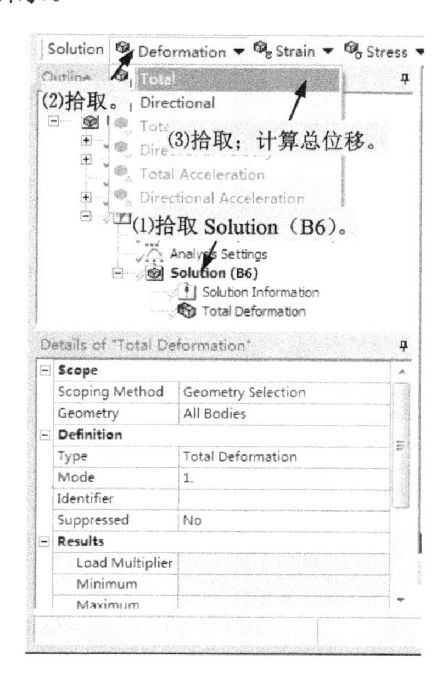


图 7-44　指定计算结果

（2）单击 Solve 按钮，求解线性屈曲分析。

（3）在提纲树（Outline）上选择结果类型，查看屈曲模态结果和屈曲载荷因子，如图 7-45 所示。图中左上方显示的 Load Multiplier 值即屈曲载荷因子，由于结构静力学分析时施加的是单位载荷，所以压杆的临界压力值等于屈曲载荷因子，为 33291N。与解析解对照，有限元结果是相当准确的。

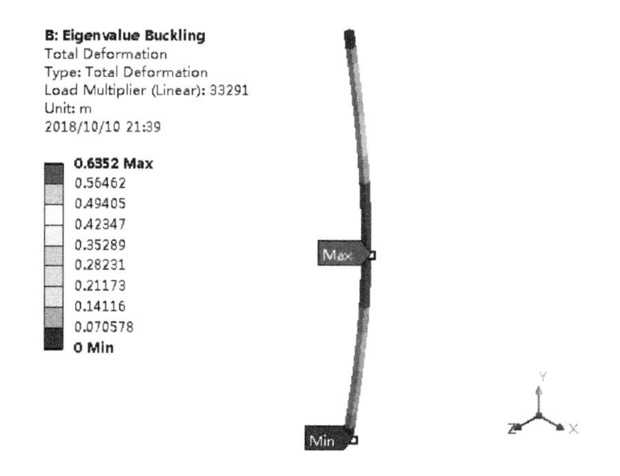


图 7-45　屈曲模态结果和屈曲载荷因子

（4）退出 Mechanical。

步骤 7：在 ANSYS Workbench 界面保存工程。

**[本例小结]** 简单介绍了特征值屈曲分析的基础知识，通过实例介绍了在 ANSYS 特征值屈曲分析的步骤、特点和应用，并使用解析解对有限元分析结果进行了验证。

## 7.2.7　非线性屈曲分析实例——悬臂梁

### 1. 问题描述及解析解

图 7-46（a）所示为一工字悬臂梁，图 7-46(b)为梁的横截面形状，分析其在集中力 $P$ 作用下的临界载荷。已知截面各尺寸 $H$=50mm、$h$=43mm、$B$=35mm、$b$=32mm，梁的长度 $L$=1m。钢的弹性模量 $E=2\times10^{11}\text{N/m}^2$，泊松比$\mu$=0.3。

（a）　　（b）

图 7-46　工字悬臂梁

### 2. 分析步骤

在步骤 1～步骤 6 先进行线性屈曲分析，然后进行非线性屈曲分析。

步骤 1：在 Windows“开始”菜单执行 ANSYS→Workbench。

步骤 2：创建项目 A，进行结构静力学分析；创建项目 B，进行线性屈曲分析。项目 A 和项目 B 相互关联、数据共享，如图 7-47 所示。

步骤 3：从 ANSYS 材料库选择材料模型，添加到当前分析项目中。

（1）双击图 7-47 所示项目流程图 A2 格的“Engineering Data”项。

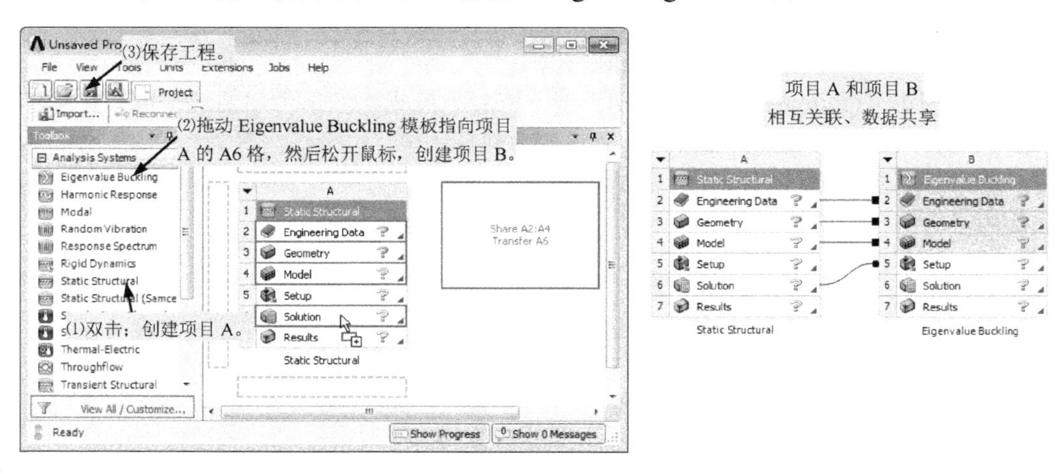


图 7-47　创建项目

（2）从 ANSYS 材料库选择材料模型 Structural Steel，如图 7-48 所示。图中对话框的显示由下拉菜单 View 项控制。

步骤 4：创建几何体。

（1）用鼠标右键单击如图 7-47 所示项目流程图 A3 格“Geometry”项，在快捷菜单中拾取命令 New DesignModeler Geometry，启动 DM 创建几何体。

（2）拾取菜单命令 Units→ Millimeter，选择长度单位为 mm。

（3）在 XYPlane 的 Sketch1 上画直线，如图 7-49 所示。

（4）标注尺寸，如图 7-50 所示。

（5）拾取菜单 Concept→Lines From Sketches，在草图 Sketch1 上创建线体，如图 7-51 所示。

（6）拾取菜单 Concept→Cross Section→I Section，定义工字形横截面 I1，并将该截面赋给线

体，如图 7-52 所示。

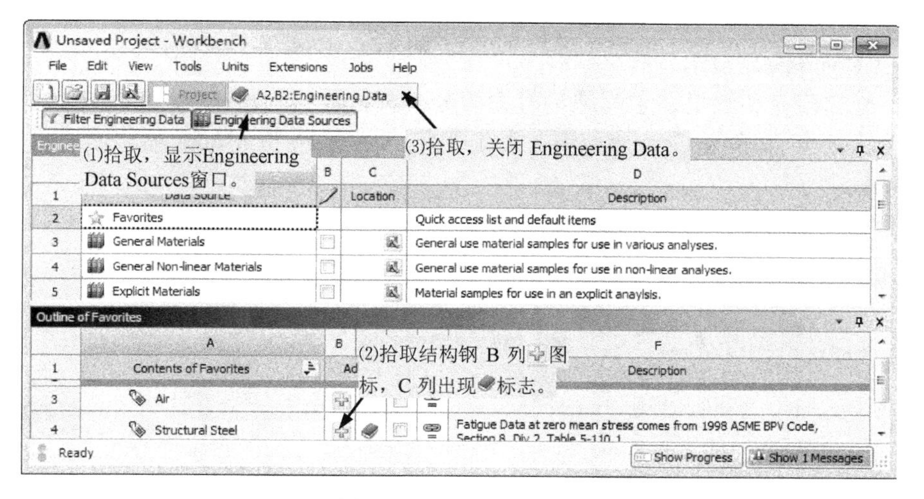


图 7-48　选择材料模型

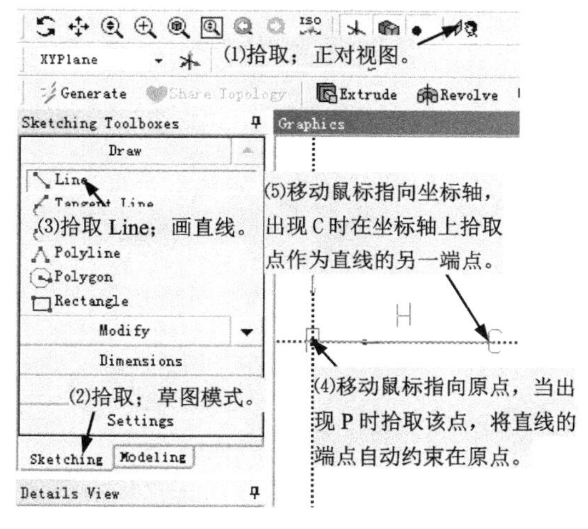


图 7-49　画直线

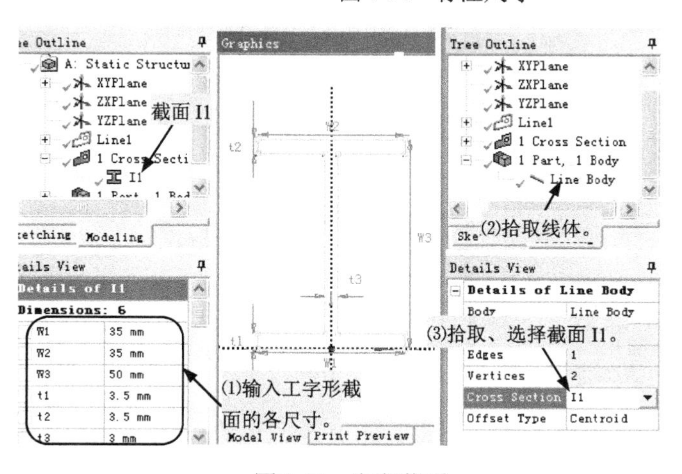


图 7-50　标注尺寸

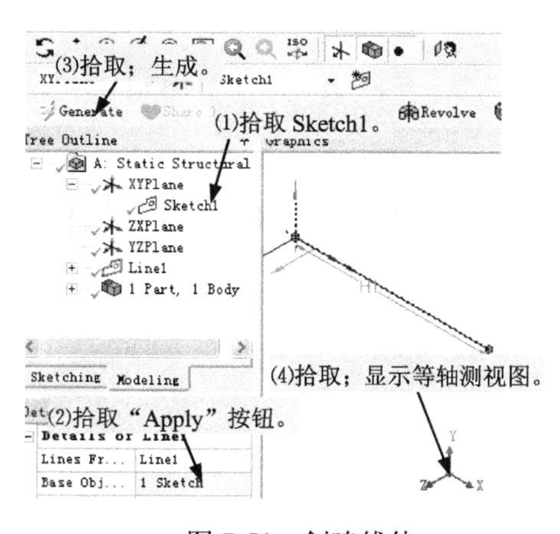


图 7-51　创建线体



图 7-52　定义截面

（7）拾取菜单 View→Cross Section Solids，显示线体截面形状。

（8）为观察方便，调整线体横截面方向，如图 7-53 所示。

（9）退出 DesignModeler。

步骤 5：施加载荷和约束，求解结构静力学分析，查看结果。

（1）因上格数据（A3 格 Geometry 项）发生变化，需对 A4 格 Model 项的输入数据进行刷新，如图 7-54 所示。

（2）双击图 7-54 所示项目流程图 A4 格的“Model”项，启动 Mechanical。

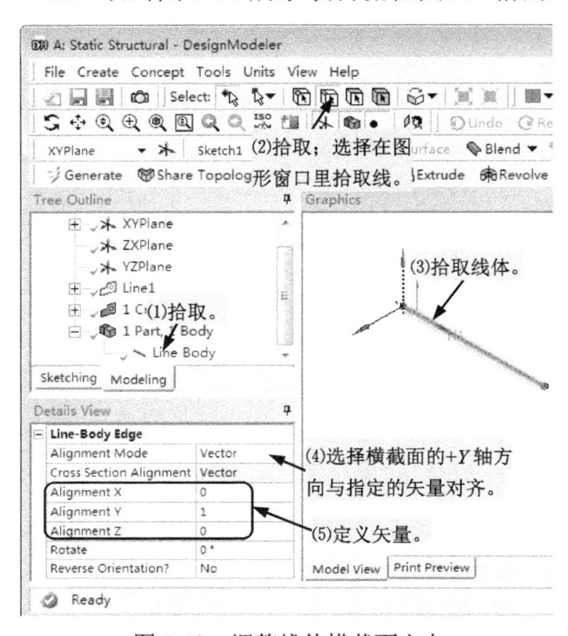


图 7-53　调整线体横截面方向

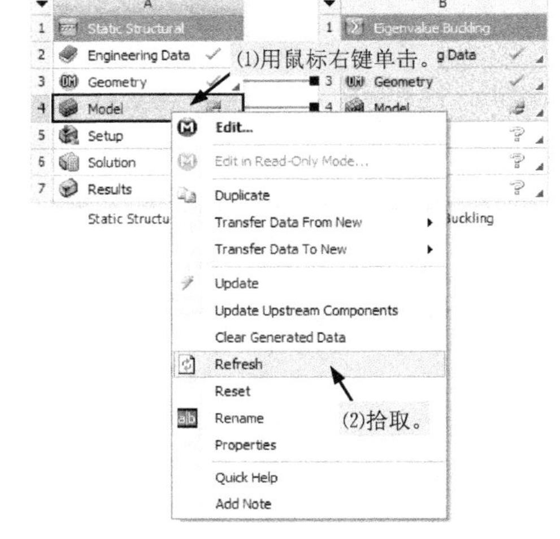


图 7-54　刷新数据

（3）为几何体分配材料，如图 7-55 所示。

（4）指定网格控制，划分网格，如图 7-56 所示。

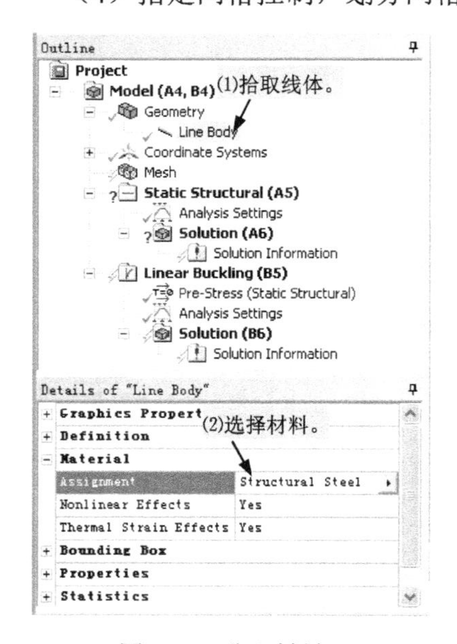


图 7-55　分配材料

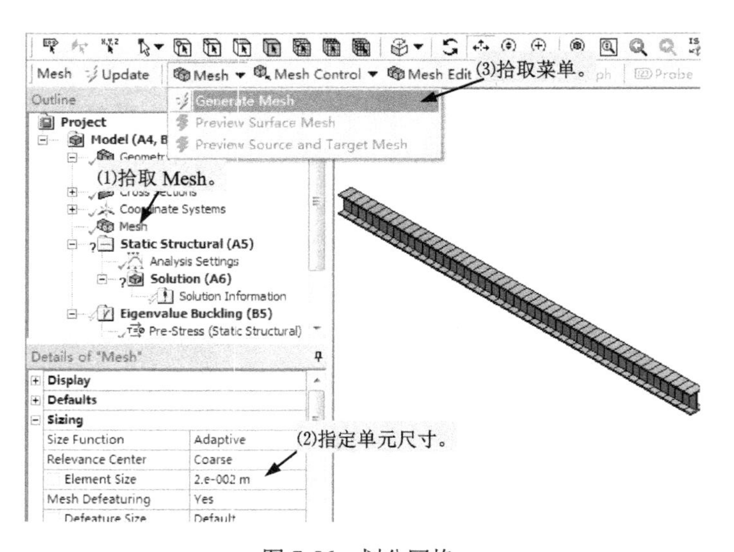


图 7-56　划分网格

（5）在悬臂梁的右侧端点处施加集中力载荷，如图7-57所示。

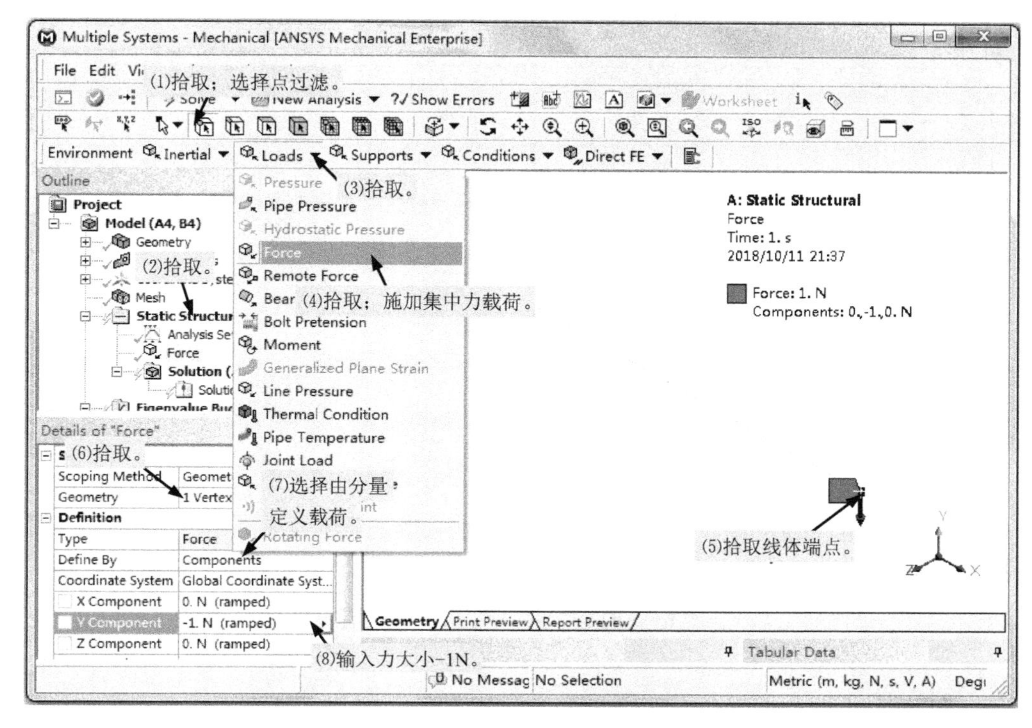


图7-57 施加集中力载荷

（6）在悬臂梁的左侧端点处施加固定支撑模拟悬臂梁的固定端，如图7-58所示。

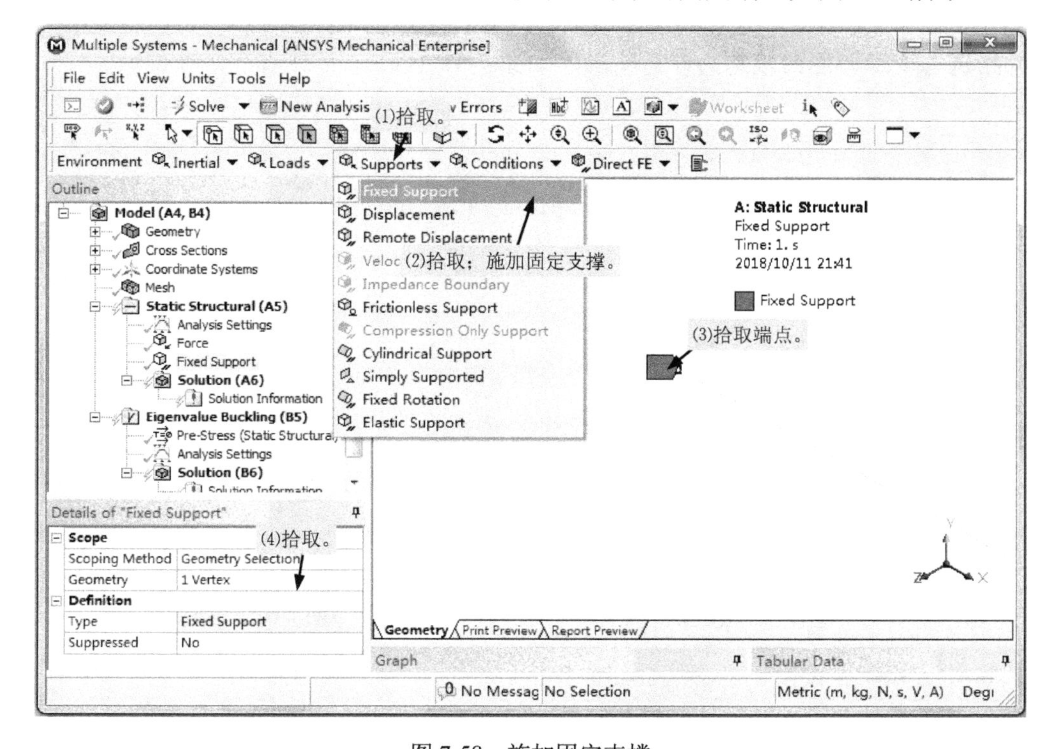


图7-58 施加固定支撑

（7）指定总变形为计算结果，如图 7-59 所示。

（8）单击 Solve 按钮，求解结构静力学分析。

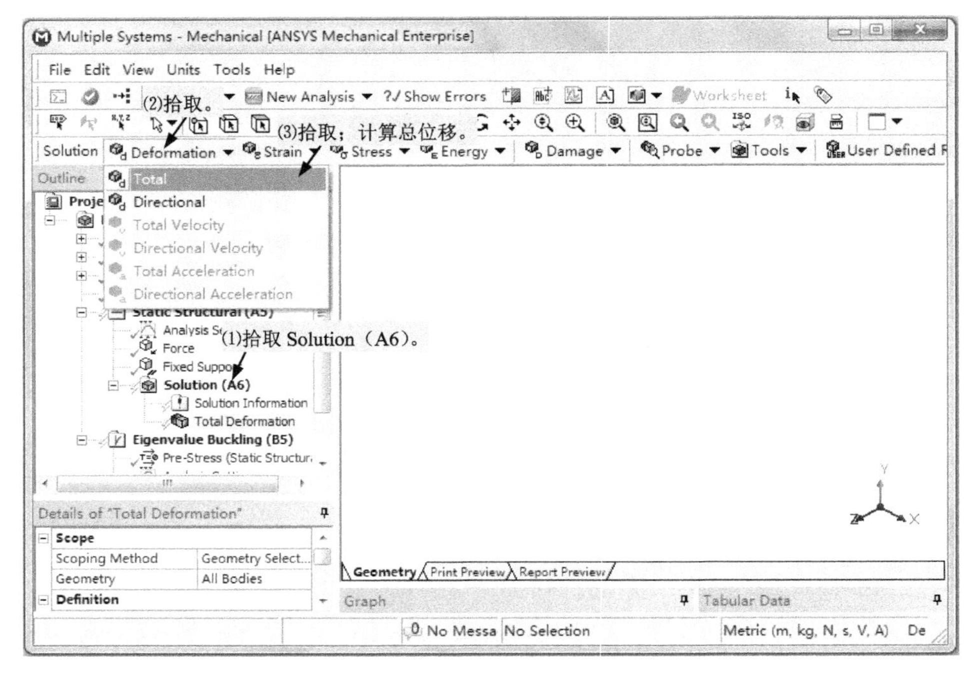


图 7-59　指定计算结果

（9）在提纲树（Outline）上选择结果类型，查看杆的总变形，如图 7-60 所示。

步骤 6：指定计算结果，求解线性屈曲分析，查看结果。

（1）指定总变形即屈曲模态为计算结果，如图 7-61 所示。

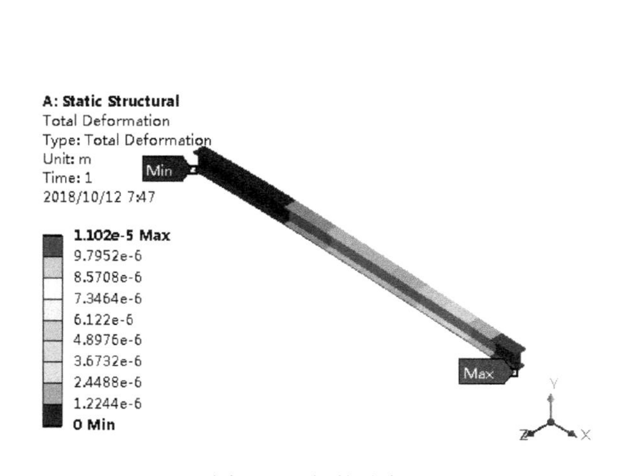


图 7-60　杆的总变形

图 7-61　指定计算结果

（2）单击 Solve 按钮，求解线性屈曲分析。

（3）在提纲树（Outline）上选择结果类型，查看屈曲模态结果和屈曲载荷因子，如图 7-62 所示。图中左上方显示的 Load Multiplier 值即屈曲载荷因子，由于结构静力学分析时施加的是单

位载荷，所以悬臂梁的线性临界压力的值等于屈曲载荷因子，为-3002.6N，负号代表方向。

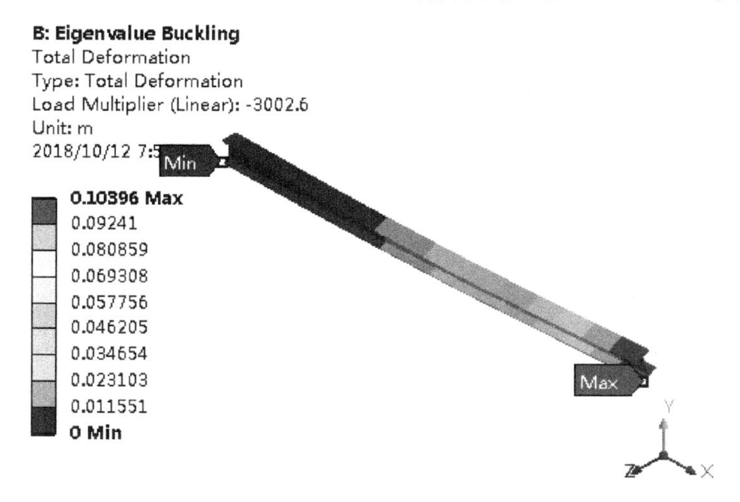


图 7-62　屈曲模态结果和屈曲载荷因子

（4）退出 Mechanical。

（5）在 ANSYS Workbench 界面保存工程。

步骤 7：施加初始缺陷，重新施加载荷，进行求解设置，指定计算结果，求解非线性屈曲分析，查看结果。

（1）复制项目 A，得到新项目 C，进行非线性结构静力学分析，如图 7-63 所示。

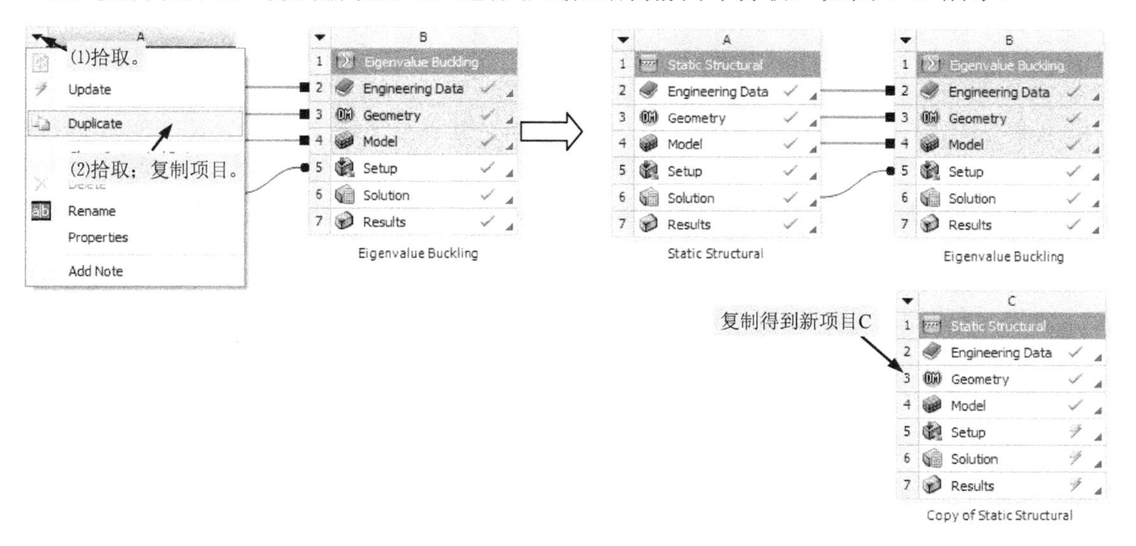


图 7-63　复制项目

（2）双击图 7-63 所示项目 C 项目流程图 C4 格的“Model”项，再次启动 Mechanical。

（3）进行分析设置，打开自动时间步长和大变形选项，如图 7-64 所示。

（4）修改集中力载荷的大小为-3250N，如图 7-65 所示。

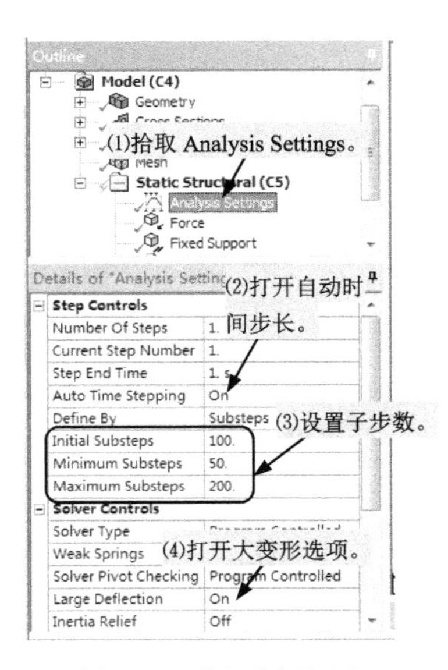


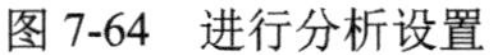
图 7-64 进行分析设置

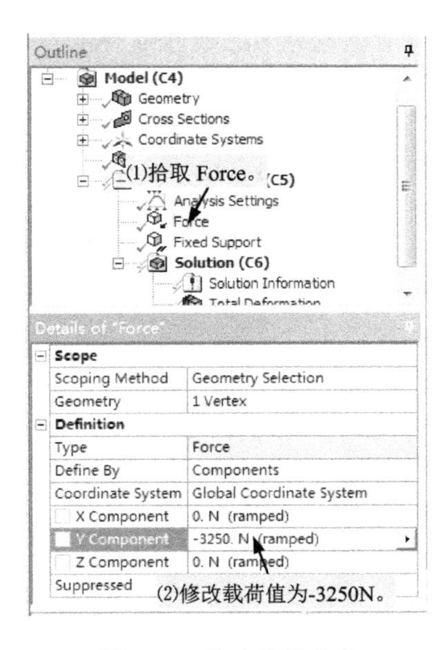


图 7-65 修改载荷大小

（5）插入 Commands 对象，如图 7-66 所示，使用 ANSYS 命令对结构施加初始缺陷。命令流完成任务如下。

```
    /PREP7          !进入预处理器
    UPGEOM,0.001,1,1, 'FILE','RST','E:\ANSYS
Workbench\WbFile\EXAMPLE7-2-7_files\dp0\SYS-1\MECH\'
    FINI            !退出预处理器
    /SOLU           !进入求解器，开始非线性屈曲分析
```

以上命令中，UPGEOM 命令用于施加初始缺陷，其将存储在文件 E:\ANSYS Workbench\WbFile\EXAMPLE7-2-7_files\dp0\SYS-1\MECH\ FILE.RST 中的线性屈曲模态变形乘以因子 0.001 后重新生成悬臂梁的几何形状。其中，E:\ANSYS Workbench\WbFile 为工作文件夹，EXAMPLE7-2-7 为工程文件名。

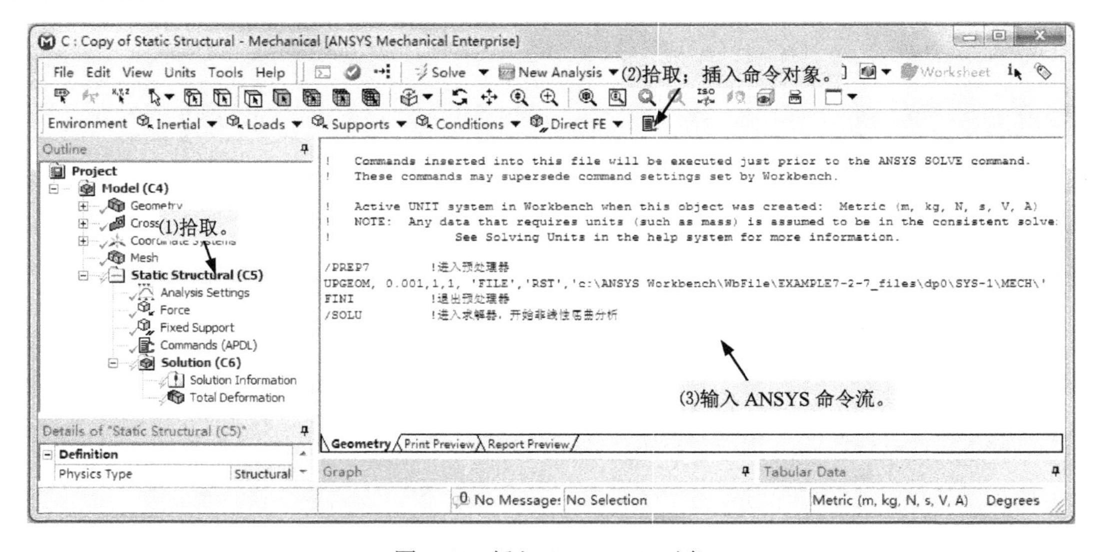


图 7-66 插入 Commands 对象

（6）指定 $Z$ 方向变形，以及固定支撑处的支反力为计算结果，如图 7-67 所示。

（7）单击 Solve 按钮，求解非线性屈曲分析。

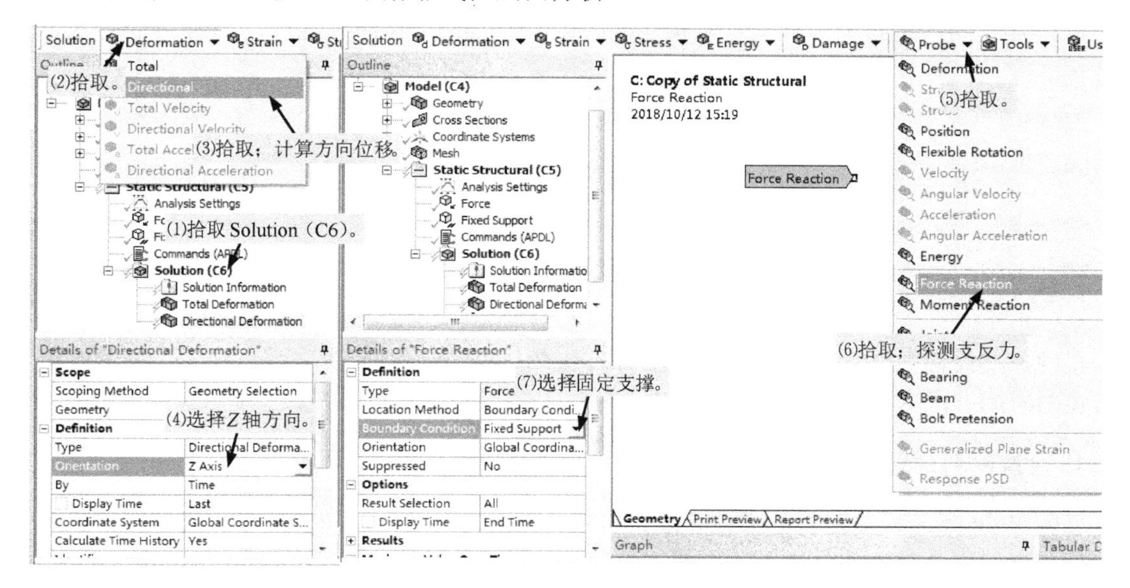


图 7-67　指定计算结果

（8）创建变形-支反力曲线图，如图 7-68 所示。根据受力平衡条件，支反力大小应等于施加在悬臂梁上载荷的大小，所以变形-支反力曲线图等效于变形-载荷曲线图。

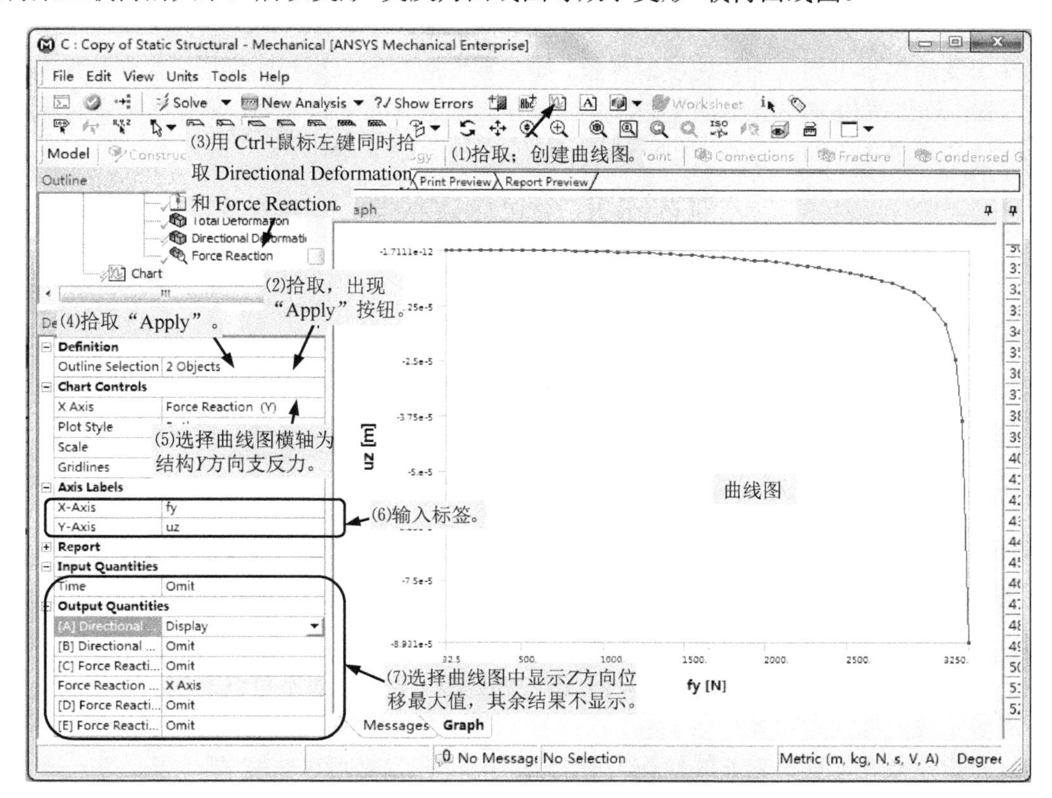


图 7-68　创建曲线图

从曲线图（见图 7-68）中可以看出，当载荷超过 3200N 时，悬臂端 $Z$ 方向位移的数值大小急剧变化，故悬臂梁的临界载荷为 3200N。

**[本例小结]** 通过实例介绍了利用 ANSYS Workbench 进行非线性屈曲分析的方法、步骤和过程。

# 7.3 材料非线性分析

## 7.3.1 材料非线性概述

塑性、非线性弹性、超弹性、混凝土材料具有非线性应力-应变关系，蠕变、黏塑性和黏弹性存在与时间、温度和应力相关的非线性。

### 1. 金属材料的塑性

如图 7-69 所示，在材料的弹性阶段，当卸掉外载荷时，材料的变形是可恢复的。金属材料的弹性变形一般是很小的，通常符合虎克定律：

$$\sigma=E\varepsilon$$

式中，$\sigma$ 为应力，$\varepsilon$ 为应变，$E$ 为弹性模量。

当材料的应力超过其弹性极限时，会产生永久的塑性变形。而应力超过材料的屈服极限 $\sigma_s$ 时，材料进入屈服阶段。

塑性应变的大小可能是加载速度的函数。如果塑性应变的大小与时间无关，则称作率无关性塑性；否则，称作率相关性塑性。大多数材料都有一定程度的率相关性，但在一般的分析中可以忽略，而认为是率无关的。

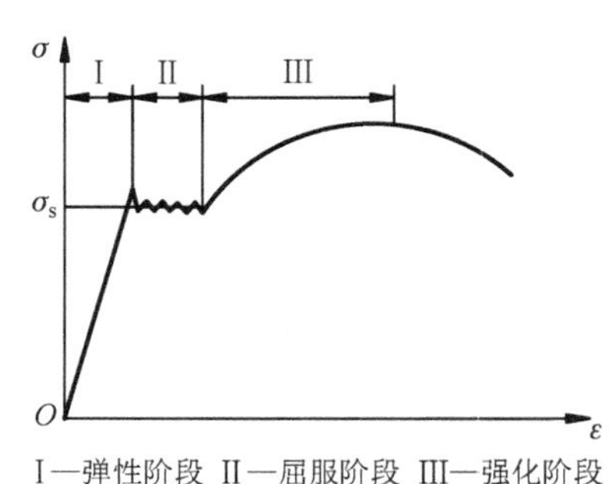


图 7-69 金属材料的应力-应变曲线

### 2. 其他材料非线性特性

（1）率相关塑性也可称为黏塑性，材料的塑性应变大小是加载速度与时间的函数。

（2）材料的蠕变行为也是率相关的，蠕变应变是随时间变化的不可恢复应变，但蠕变的时间尺度要比率相关塑性的大得多。

（3）非线性弹性材料具有非线性应力应变关系，但应变是可以恢复的。

（4）超弹性材料应力应变关系由一个应变能密度函数定义，用于模拟橡胶、泡沫类材料，变

形是可以恢复的。

（5）黏弹性是一种率相关的材料特性，用于模拟塑料对应力的响应，兼有弹性固体和黏性流体的双重特性。

（6）混凝土材料具有模拟断裂和压碎的能力。

（7）膨胀是指材料在中子流作用下的体积扩大效应。

## 7.3.2 塑性力学的基本法则

材料的应力应变曲线及典型特征是通过单向拉伸试验得到的，当材料处于复杂应力状态时，必须基于增量理论的基本法则将单轴应力状态的结果进行推广。

### 1. 屈服准则

屈服准则指的是当应力状态满足一定关系时，材料即开始进入塑性状态。ANSYS Workbench主要使用von Mises屈服准则和Hill屈服准则。

1）von Mises屈服准则

塑性金属材料常用的屈服准则为von Mises屈服准则，其等效应力为

$$\sigma_e=\sqrt{\left[(\sigma_1-\sigma_2)^2+(\sigma_2-\sigma_3)^2+(\sigma_3-\sigma_1)^2\right]/2} \tag{7-8}$$

式中，$\sigma_1$、$\sigma_2$、$\sigma_3$为主应力。当结构某处的等效应力$\sigma_e$超过材料的屈服极限$\sigma_s$时，将会发生塑性变形。屈服面如图7-70所示，在三维空间中，屈服面是一个以$\sigma_1$=$\sigma_2$=$\sigma_3$为轴的圆柱面；在二维图中，屈服面是一个椭圆。在屈服面内部的任意应力状态都是弹性的，而在屈服面外部的是塑性的。

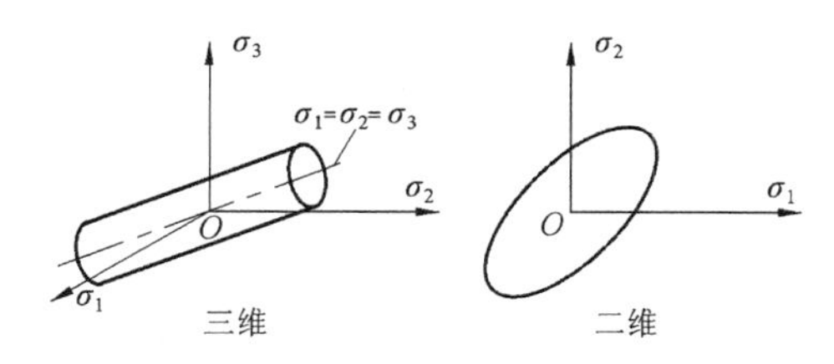


图7-70 屈服面

von Mises屈服准则用于各向同性材料，在ANSYS Workbench中，所有率无关材料模型均采用von Mises屈服准则。常用的非线性材料模型如双线性等向强化（Bilinear Isotropic Hardening）、多线性等向强化（Multilinear Isotropic Hardening）、双线性随动强化（Bilinear Kinematic Hardening）、多线性随动强化（Multilinear Kinematic Hardening）均采用von Mises屈服准则。

2）Hill屈服准则

Hill屈服准则用于各向异性材料，可以考虑材料的弹性参数的各向异性和屈服强度的各向异性。Hill屈服准则是Von Mises屈服准则的延伸，可以用Hill屈服准则确定六个方向的实际屈服应力。

### 2. 流动准则

流动准则定义了塑性应变增量的分量和应力分量，以及应力增量、分量之间的关系，规定了发生屈服时塑性应变的方向。当塑性流动方向与屈服面的外法线方向相同时称为相关流动准则，

如金属材料和其他具有不可压缩非弹性行为的材料；当塑性流动方向与屈服面的法线方向不相同时称为非相关流动准则，如摩擦材料。

在 ANSYS Workbench 中，所有率无关材料模型均采用相关流动准则。

### 3. 强化准则

在单向应力状态下，典型金属材料的应力应变状态分为弹性阶段、屈服阶段、强化阶段和破坏阶段。若在强化阶段卸载后再重新加载，其屈服应力会提高。在复杂应力状态下，强化准则描述在塑性流动过程中屈服面如何变化。常用的强化准则有随动强化、等向强化和混合强化。

随动强化中，屈服面大小保持不变，并沿屈服方向平移，如图 7-71（a）所示。随动强化的应力-应变曲线如图 7-71（b）所示，压缩时的后继屈服极限减小量等于拉伸时屈服极限的增大量，因此这两种屈服极限间总能保持 $2\sigma_s$ 的差值，这种现象称作 Bauschinger 效应。随动强化通常用于小应变、循环加载的情况。

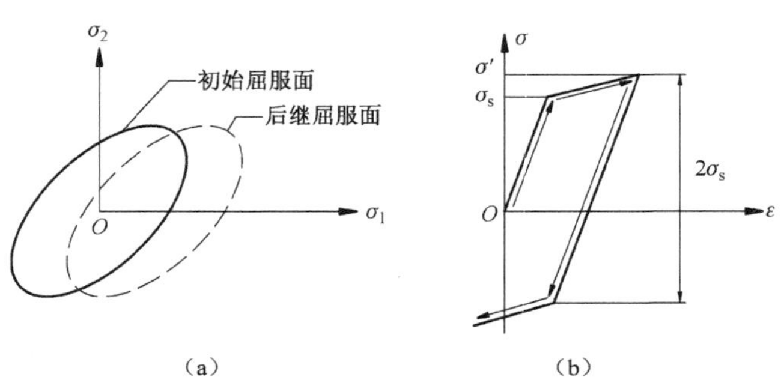


图 7-71　随动强化

等向强化中，对 von Mises 屈服准则来说，屈服面随塑性流动在所有方向均匀膨胀如图 7-72（a）所示。等向强化的应力-应变曲线如图 7-72（b）所示，压缩的后继屈服极限等于拉伸时达到的最大应力。等向强化经常用于大应变或比例（非周期）加载的分析。

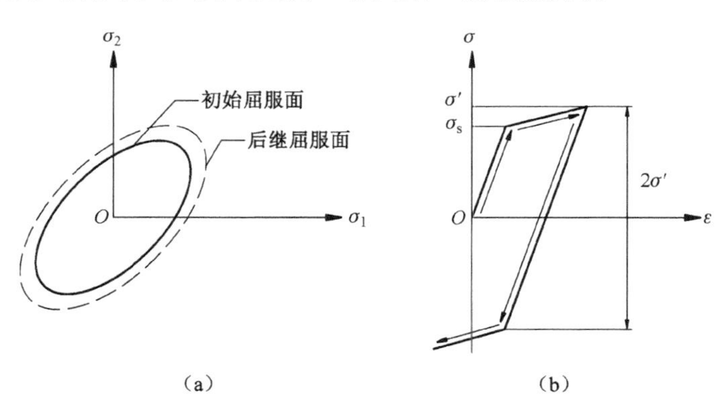


图 7-72　等向强化

## 7.3.3　输入材料数据

如图 7-73（a）所示，双线性等向强化或双线性随动强化材料模型使用两个斜率来定义材料的应力-应变曲线。定义该模型时，需要定义的特性参数包括：弹性模量、泊松比、屈服极限、

切线模量。定义图7-73（b）所示，多线性等向强化或多线性随动强化材料模型使用多个对应的应力-应变值来定义材料曲线。

输入材料数据具体过程请参见实例。

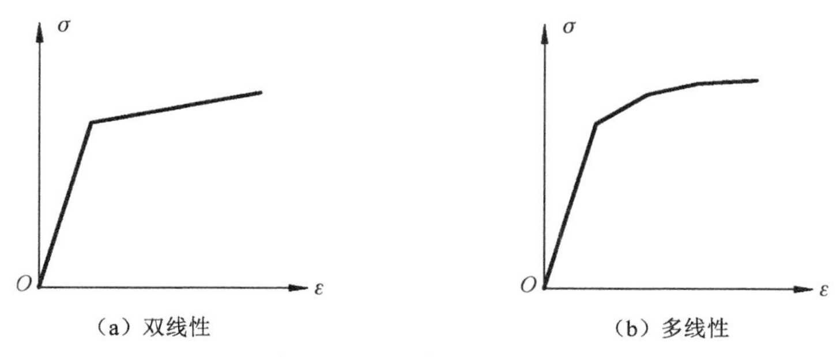


图7-73 应力-应变曲线

## 7.3.4 材料非线性分析实例——自增强厚壁圆筒承载能力研究

### 1. 问题描述及解析解

自增强处理是提高厚壁容器承载能力和疲劳寿命的一种工艺方法，广泛应用于各种高压容器的设计与制造中。厚壁圆筒经自增强处理后之所以能够提高其承载能力和疲劳寿命，是因为在圆筒内表面一定区域内形成了有利的残余应力。因此，控制残余应力的大小，掌握其分布规律，是自增强处理技术的关键。

图7-74所示钢制厚壁圆筒，其内半径 $r_1$=50mm，外半径 $r_2$=100mm，作用在内孔上的自增强压力 $p$=375MPa，工作压力 $p_1$=250MPa，无轴向压力，轴向长度视为无穷。材料的屈服极限 $\sigma_s$=500MPa，无强化。要求计算自增强处理后的厚壁圆筒的承载能力。

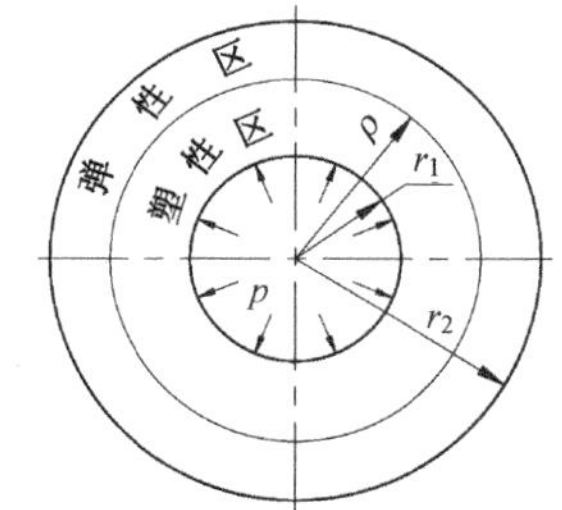


图7-74 钢制厚壁圆筒

根据弹塑性力学理论，圆筒在自增强压力作用下，圆筒内部已发生屈服。根据von Mises屈服准则，弹塑性区分界面半径$\rho$可由下式计算得到：

$$p=\frac{2}{\sqrt{3}}\sigma_s\left(\ln\frac{\rho}{r_1}+\frac{r_2^2-\rho^2}{2r_2^2}\right) \tag{7-9}$$

将上式中各参数的值代入，可解出$\rho$=0.08m。

则加载时，厚壁圆筒的应力分布为

弹性区（$\rho \leqslant r \leqslant r_2$）

$$\begin{cases}\sigma_r=-\dfrac{\sigma_s}{\sqrt{3}}\dfrac{\rho^2}{r_2^2}\left(\dfrac{r_2^2}{r^2}-1\right)\\[2ex]\sigma_t=\dfrac{\sigma_s}{\sqrt{3}}\dfrac{\rho^2}{r_2^2}\left(\dfrac{r_2^2}{r^2}+1\right)\end{cases} \tag{7-10}$$

塑性区（$r_1 \leqslant r \leqslant \rho$）
$$\begin{cases} \sigma_r = \dfrac{2}{\sqrt{3}}\sigma_s \ln\dfrac{r}{r_1} - p \\ \sigma_t = \dfrac{2}{\sqrt{3}}\sigma_s \left(1+\ln\dfrac{r}{r_1}\right) - p \end{cases} \tag{7-11}$$

将两式代入数值，可得 $r=r_1$、$\rho$、$r_2$ 处的切向应力 $\sigma_t$ 分别为 202MPa、473MPa 和 369MPa。卸载后，厚壁圆筒内的残余应力分布为

弹性区（$\rho \leqslant r \leqslant r_2$）
$$\begin{cases} \sigma_r = -\dfrac{\sigma_s}{\sqrt{3}}\dfrac{\rho^2}{r_2^2}\left(\dfrac{r_2^2}{r^2}-1\right) + \dfrac{pr_1^2}{r_2^2-r_1^2}\left(\dfrac{r_2^2}{r^2}-1\right) \\ \sigma_t = \dfrac{\sigma_s}{\sqrt{3}}\dfrac{\rho^2}{r_2^2}\left(\dfrac{r_2^2}{r^2}+1\right) - \dfrac{pr_1^2}{r_2^2-r_1^2}\left(\dfrac{r_2^2}{r^2}+1\right) \end{cases} \tag{7-12}$$

塑性区（$r_1 \leqslant r \leqslant \rho$）
$$\begin{cases} \sigma_r = \dfrac{2}{\sqrt{3}}\sigma_s \ln\dfrac{r}{r_1} - p + \dfrac{pr_1^2}{r_2^2-r_1^2}\left(\dfrac{r_2^2}{r^2}-1\right) \\ \sigma_t = \dfrac{2}{\sqrt{3}}\sigma_s \left(1+\ln\dfrac{r}{r_1}\right) - p - \dfrac{pr_1^2}{r_2^2-r_1^2}\left(\dfrac{r_2^2}{r^2}+1\right) \end{cases} \tag{7-13}$$

将两式代入数值，可得 $r=r_1$、$\rho$、$r_2$ 处的残余应力 $\sigma_t$ 分别为-422MPa、153MPa 和 119MPa。根据对称性，可取圆筒的四分之一并施加垂直于对称面的约束进行分析。

## 2. 分析步骤

步骤 1：在 Windows“开始”菜单执行 ANSYS → Workbench。

步骤 2：创建项目 A，进行结构静力学分析，如图 7-75 所示。

图 7-75 创建项目 A

步骤 3：定义新材料模型并添加到当前分析项目中。

（1）双击图 7-75 所示项目流程图 A2 格的“Engineering Data”项。

（2）定义双线性随动强化材料模型 Steel NL，并添加到当前分析项目中，如图 7-76 所示。图中对话框的显示由下拉菜单 View 项控制。

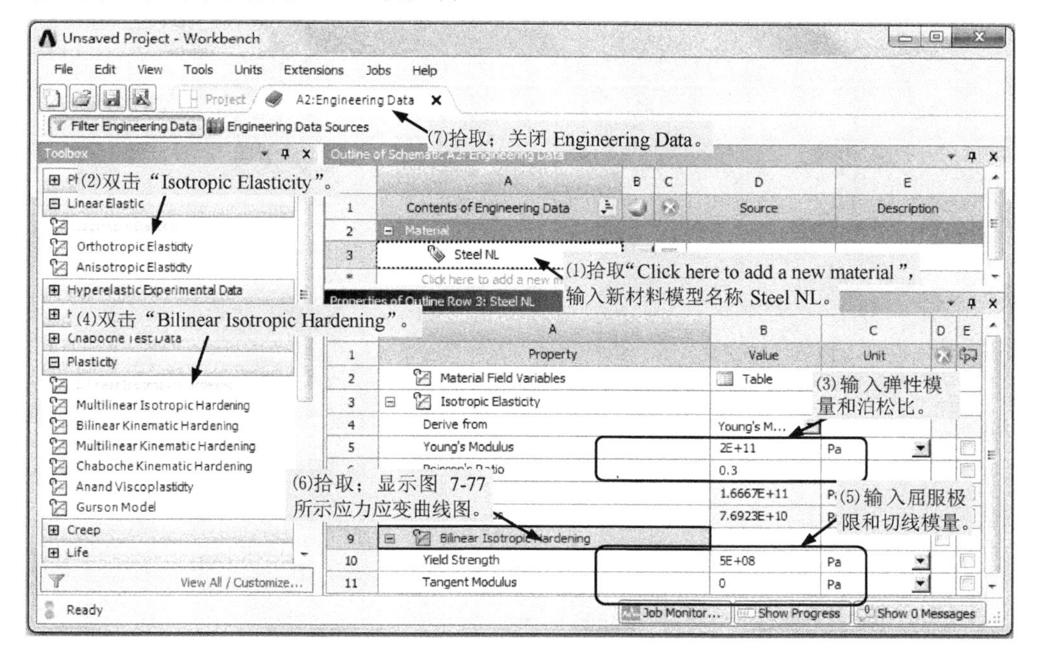


图 7-76　定义新材料模型

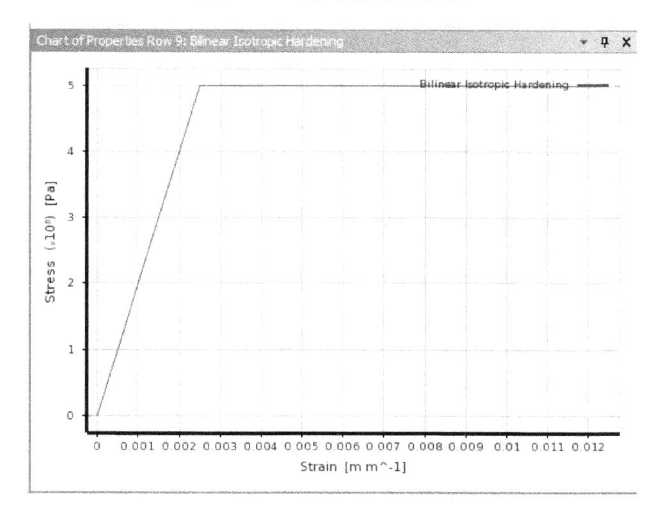


图 7-77　新材料模型的应力应变曲线

步骤 4：创建几何体。

（1）用鼠标右键单击如图 7-75 所示项目流程图 A3 格“Geometry”项，在快捷菜单中拾取命令 New DesignModeler Geometry，启动 DM 创建几何体。

（2）拾取菜单命令 Units→ Millimeter，选择长度单位为 mm。

（3）在 XYPlane 的 Sketch1 上画圆弧和直线，如图 7-78 所示。

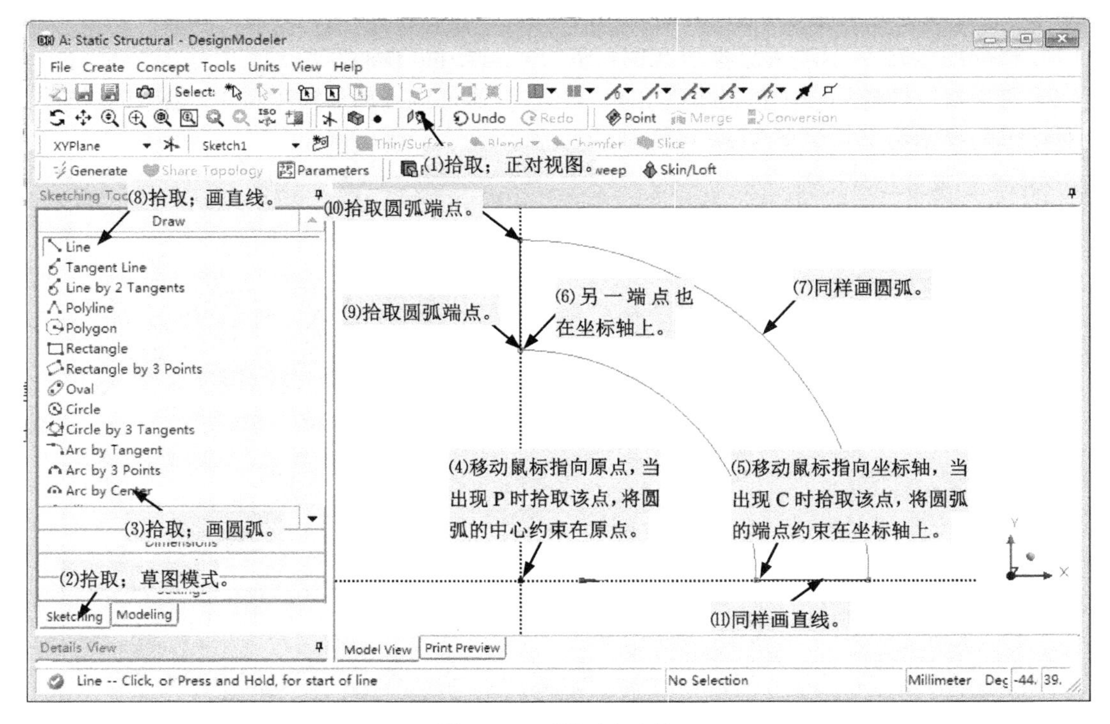


图 7-78 画圆弧和直线

（4）标注尺寸，如图 7-79 所示。

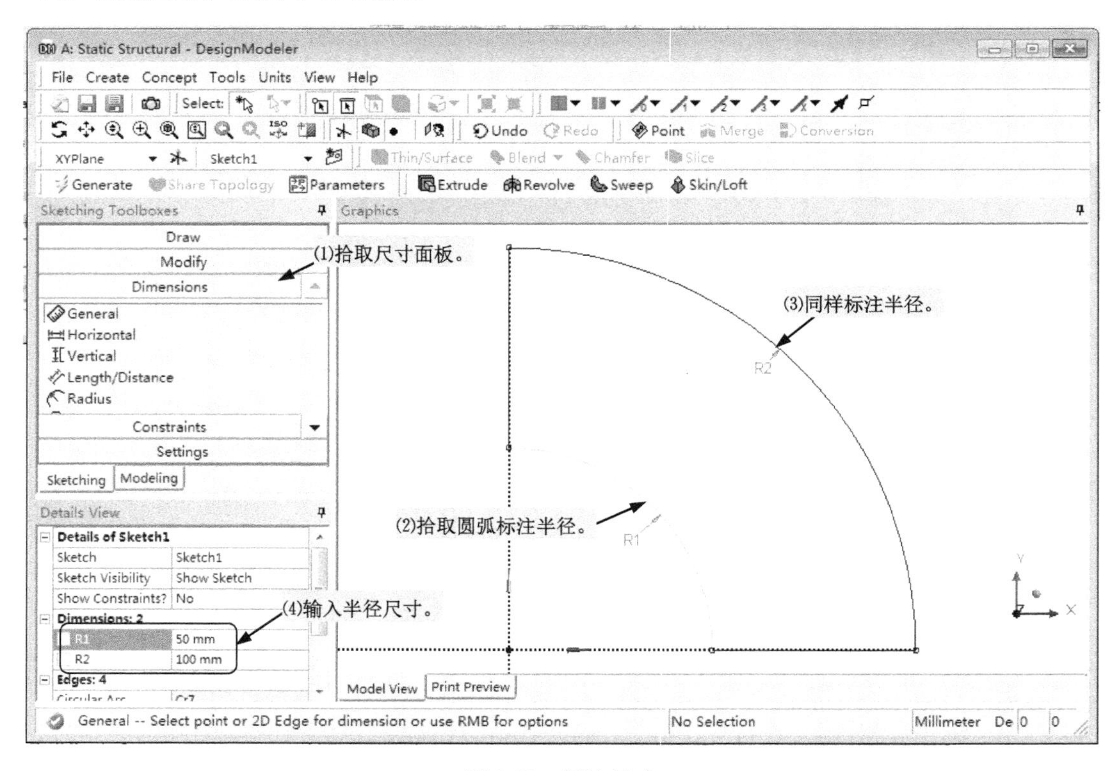


图 7-79 标注尺寸

（5）拾取菜单命令 Concept→Surfaces From Sketches，创建面体，如图 7-80 所示。

（6）退出 DesignModeler。

（7）指定几何体属性，进行 2D 分析，如图 7-81 所示。

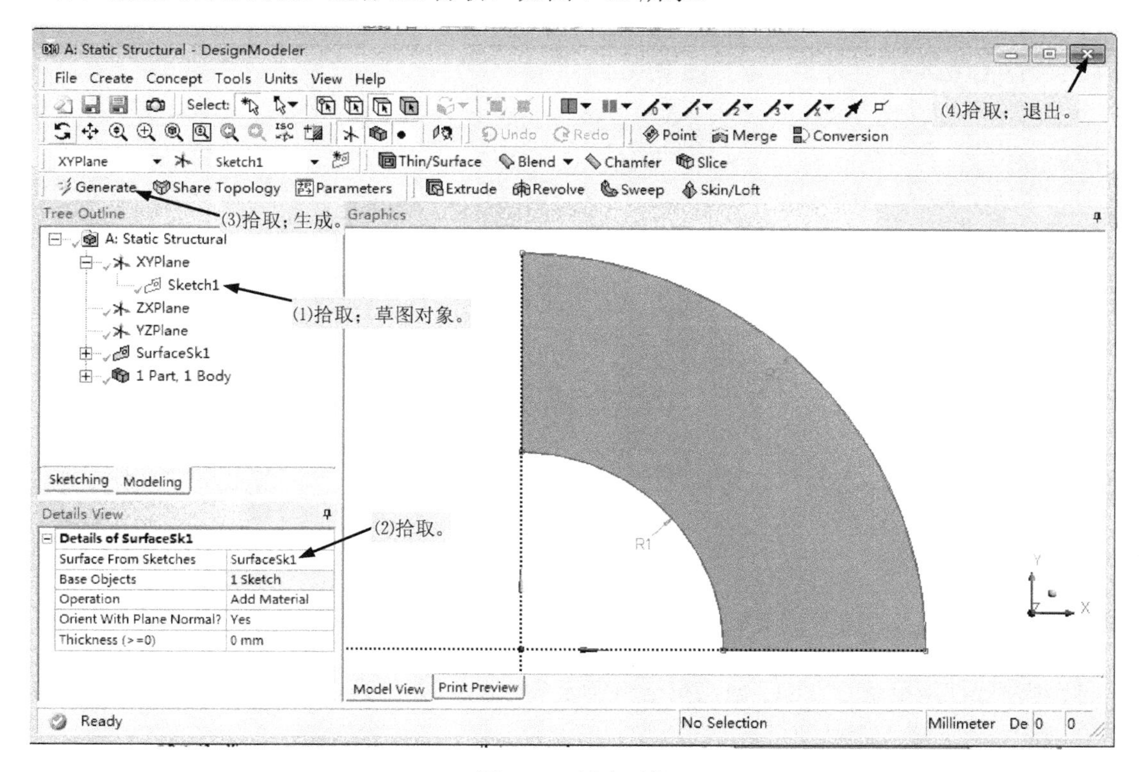


图 7-80　创建面体

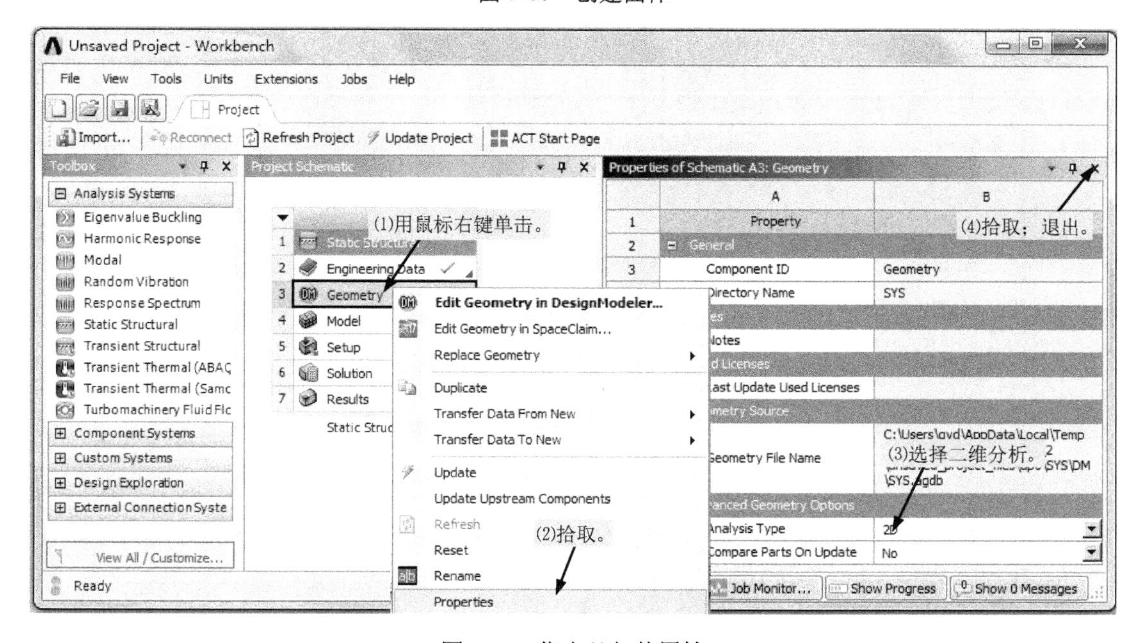


图 7-81　指定几何体属性

步骤 5：建立有限元模型，施加载荷和约束，求解，查看结果。

（1）因上格数据（A3 格 Geometry 项）发生变化，需要对 A4 格 Model 项的输入数据进行刷新，如图 7-82 所示。

（2）双击图 7-82 所示项目流程图 A4 格的“Model”项，启动 Mechanical。

（3）指定几何体的 2D 行为，如图 7-83 所示。

（4）为几何体分配材料，如图 7-84 所示。

图 7-82　刷新数据

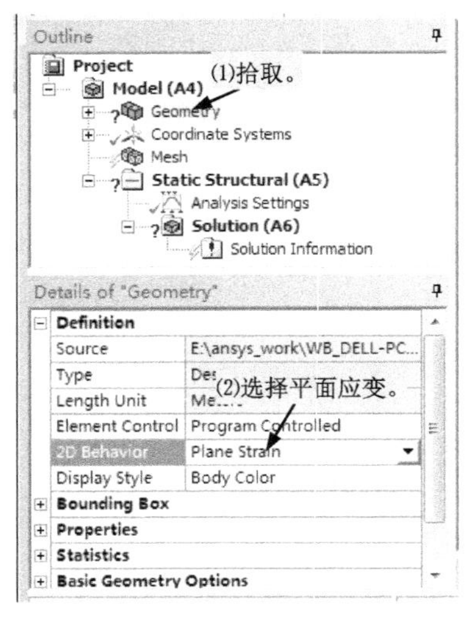


图 7-83　指定几何体的 2D 行为

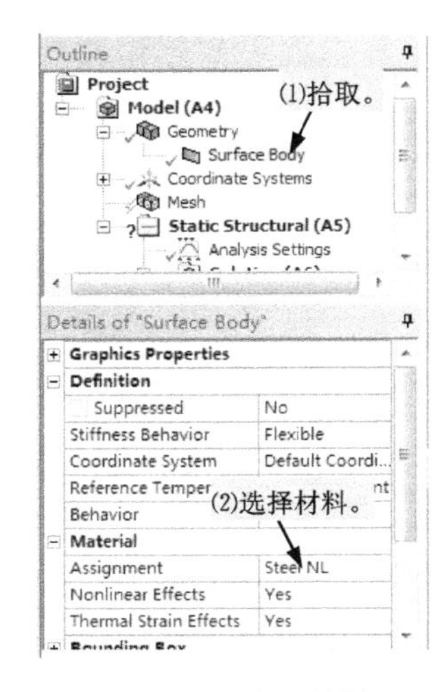


图 7-84　分配材料

（5）创建圆柱坐标系 CSYS1，原点在全局坐标系的原点，$X$ 轴为全球坐标系的 $X$ 轴，如图 7-85 所示。

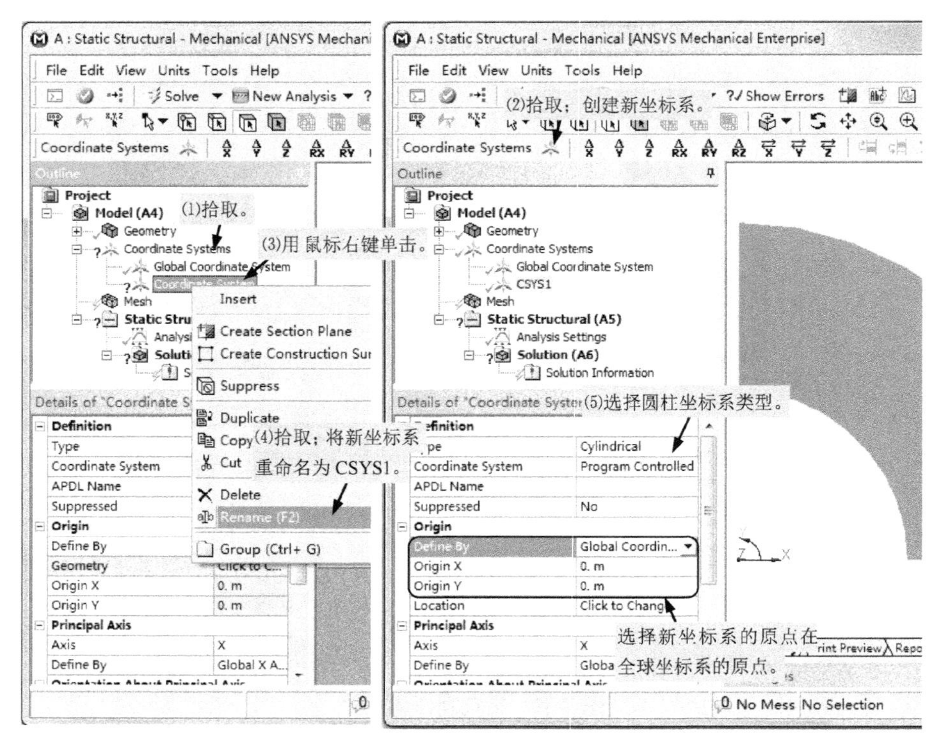


图 7-85　创建圆柱坐标系

（6）划分网格，如图 7-86 所示，得到的有限元模型如图 7-87 所示。

（7）指定 3 个载荷步，如图 7-88 所示，分别模拟自增强、卸载和施加工作载荷三个过程。

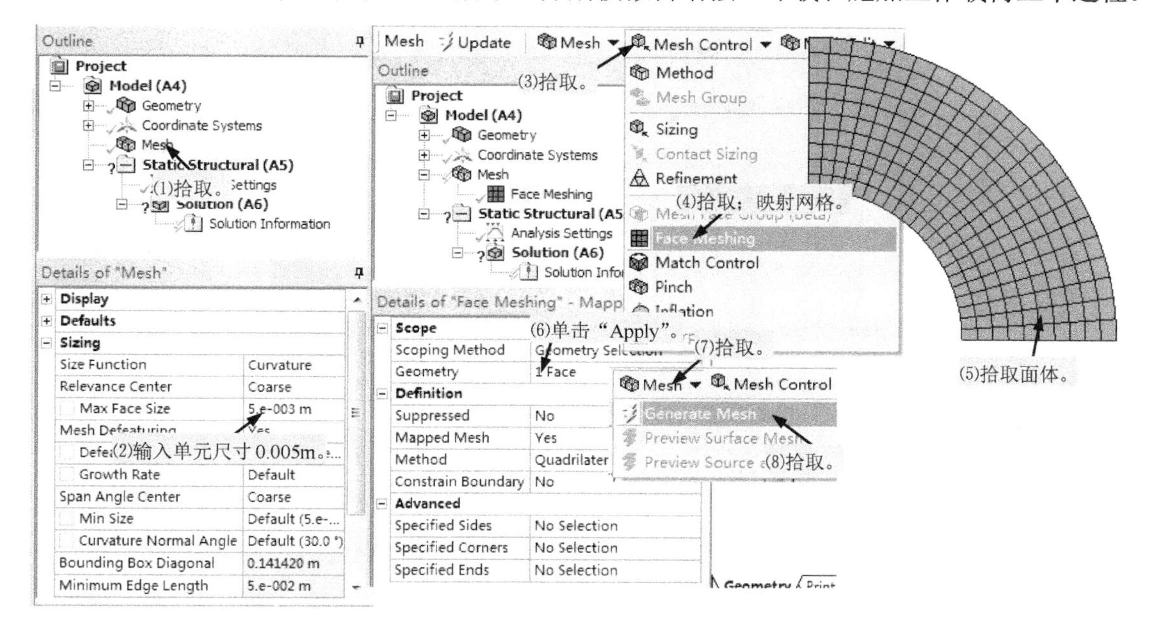


图 7-86　划分网格

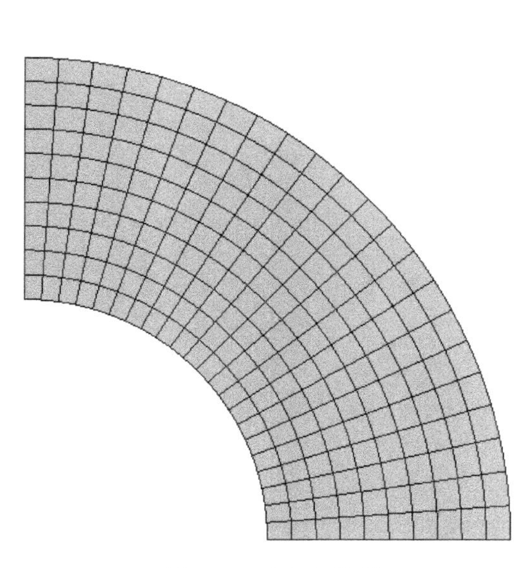

图 7-87　有限元模型

图 7-88　指定载荷步

（8）在内孔表面施加压力载荷，如图 7-89 所示。

（9）施加无摩擦约束（即对称面约束，约束掉对称面法线方向的位移），如图 7-90 所示。

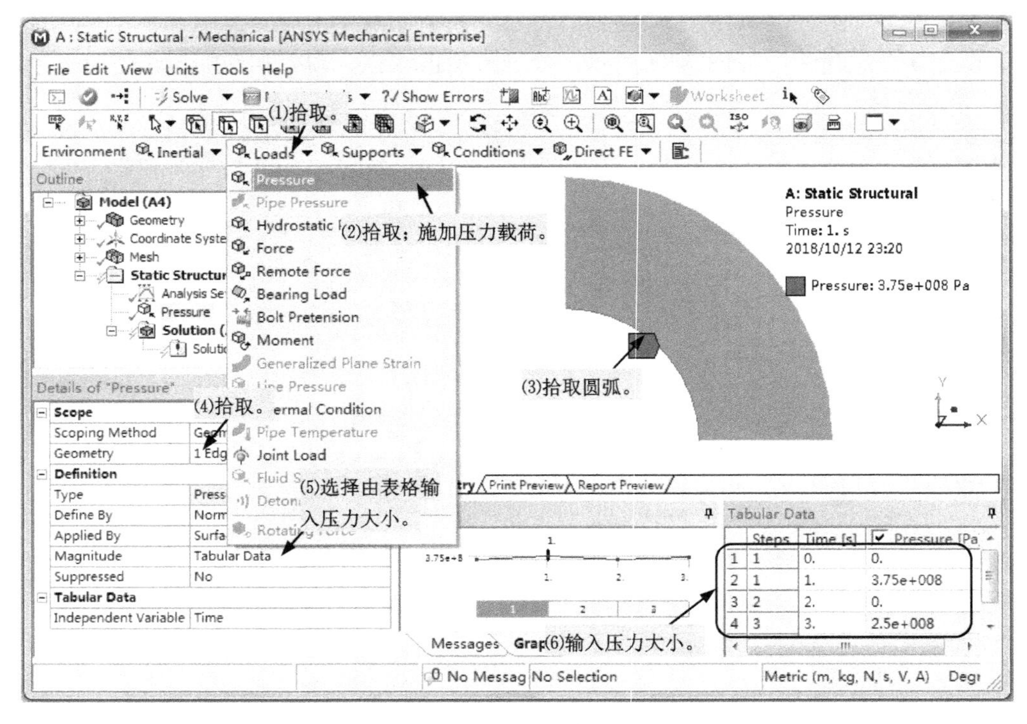


图 7-89　施加压力载荷

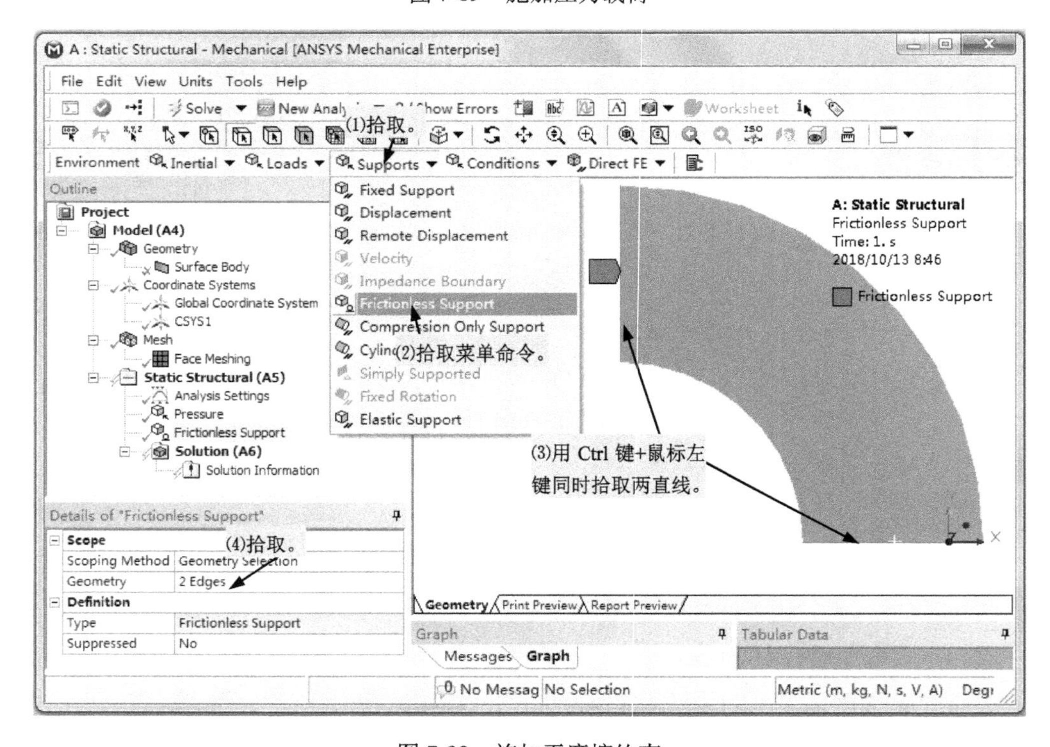


图 7-90　施加无摩擦约束

（10）指定自增强过程（time=1s）的总变形、等效应力、径向应力和切向应力为计算结果，如图 7-91 所示。

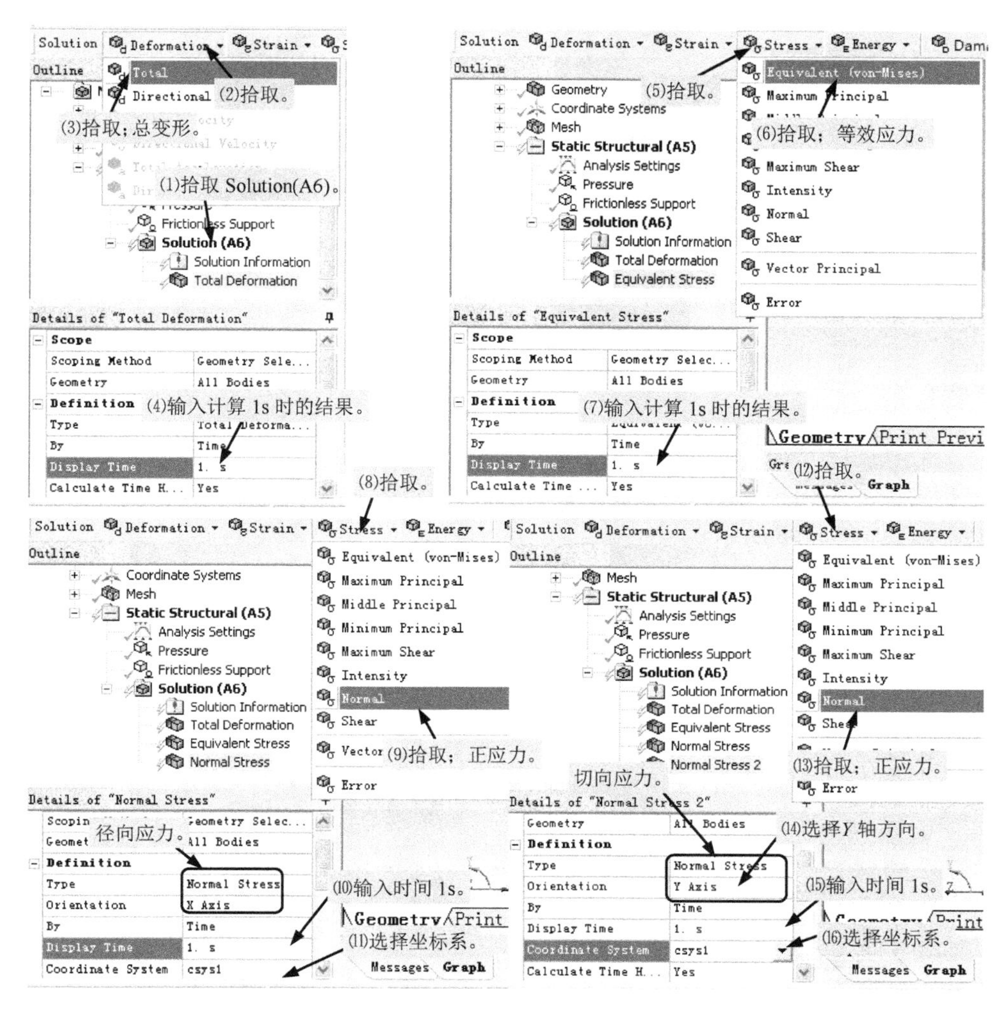


图 7-91　指定计算结果

（11）单击 Solve 按钮，求解。

（12）在提纲树（Outline）上选择结果类型，进行结果查看，自增强时的总变形、等效应力、径向应力和切向应力如图 7-92、图 7-93、图 7-94 和图 7-95 所示。对比由式（7-10）、式（7-11）得出的理论解，有限元结果与之完全一致。

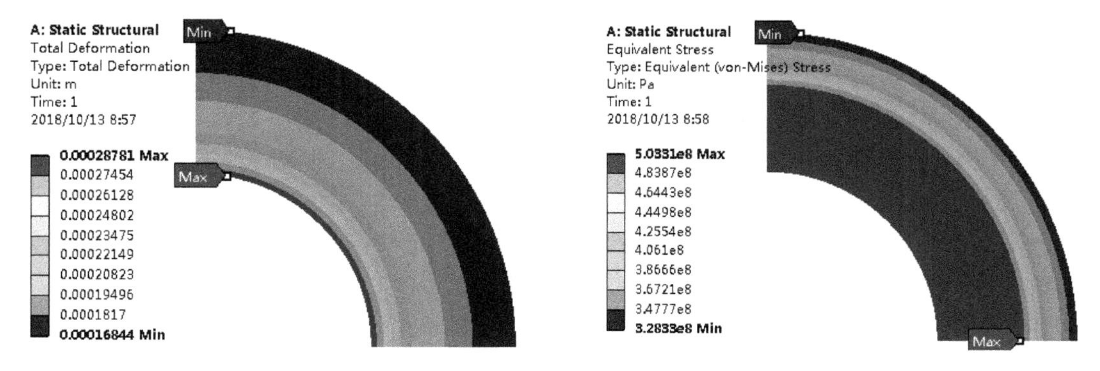


图 7-92　自增强时的总变形　　　　图 7-93　自增强时的等效应力

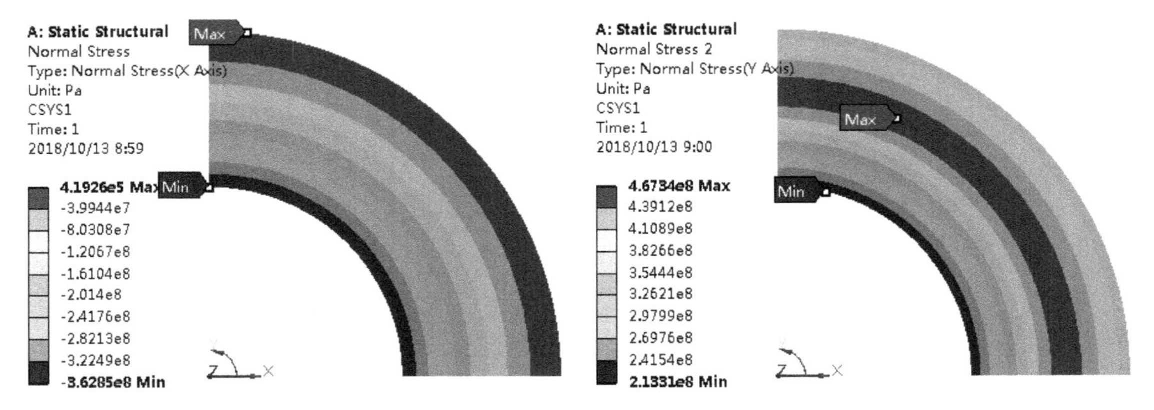


图 7-94　自增强时的径向应力　　　　图 7-95　自增强时的切向应力

（13）指定卸载过程（time=2s）的总残余变形、等效残余应力、残余径向应力和残余切向应力为计算结果，如图 7-96 所示。

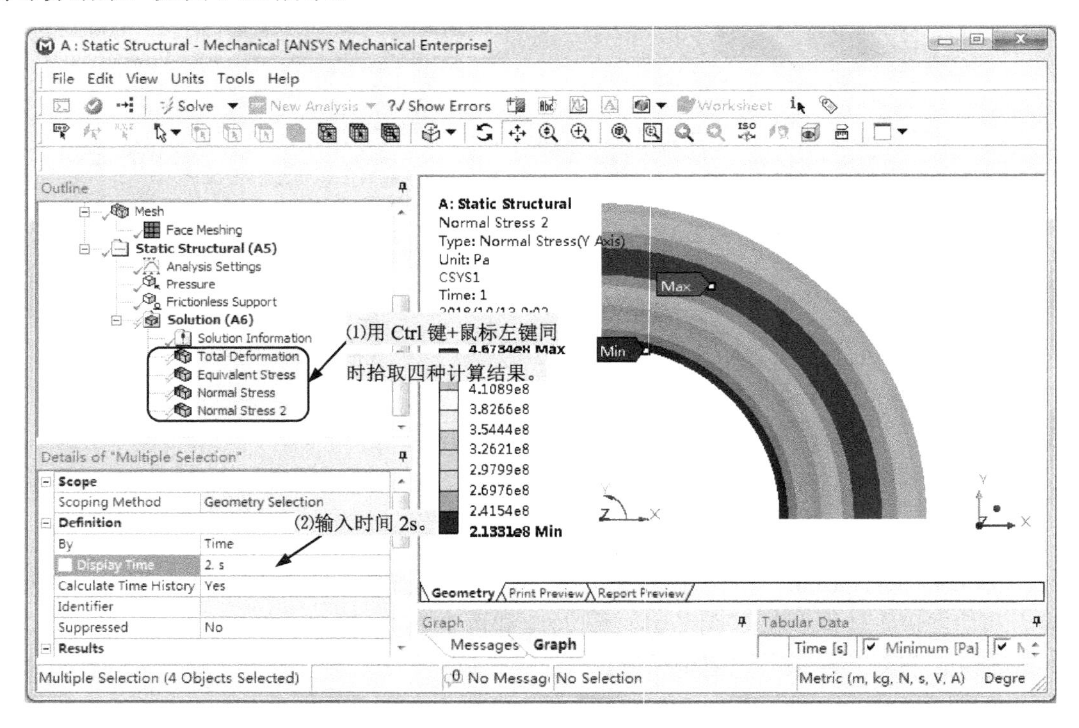


图 7-96　指定计算结果

（14）单击 Solve 按钮，求解。

（15）在提纲树（Outline）上选择结果类型，进行结果查看，卸载后的总残余变形、等效残余应力、残余径向应力和残余切向应力分别如图 7-97、图 7-98、图 7-99 和图 7-100 所示。对比由式（7-12）、式（7-13）得出的理论解，有限元结果与之完全一致。

（16）与图 7-96 所示步骤类似，指定施加工作载荷过程（time=3s）的总变形、等效应力、径向应力和切向应力为计算结果。

（17）单击 Solve 按钮，求解。

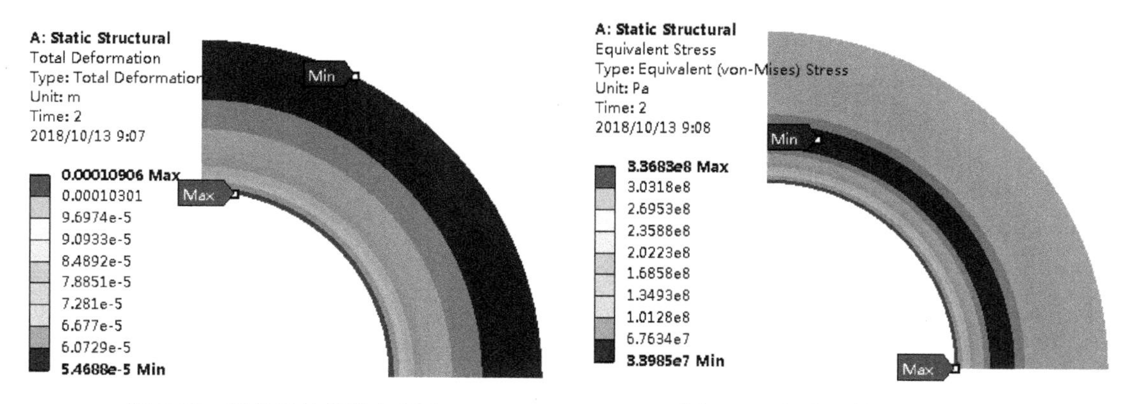


图 7-97 卸载后的总残余变形　　图 7-98 卸载后的等效残余应力

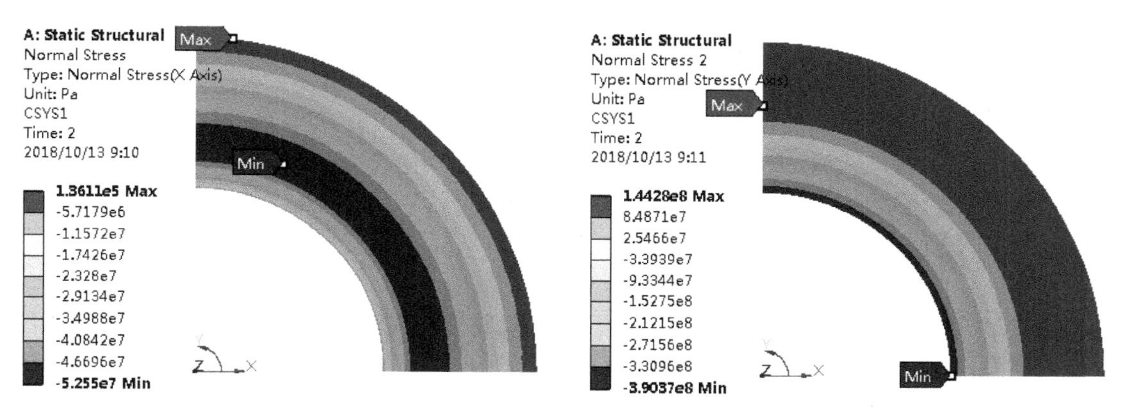


图 7-99 卸载后的残余径向应力　　图 7-100 卸载后的残余切向应力

（18）在提纲树（Outline）上选择结果类型，进行结果查看，承受工作载荷后的总变形、等效应力、径向应力和切向应力分别如图 7-101、图 7-102、图 7-103 和图 7-104 所示。从图中可见，圆筒的承载能力确实是增强了。

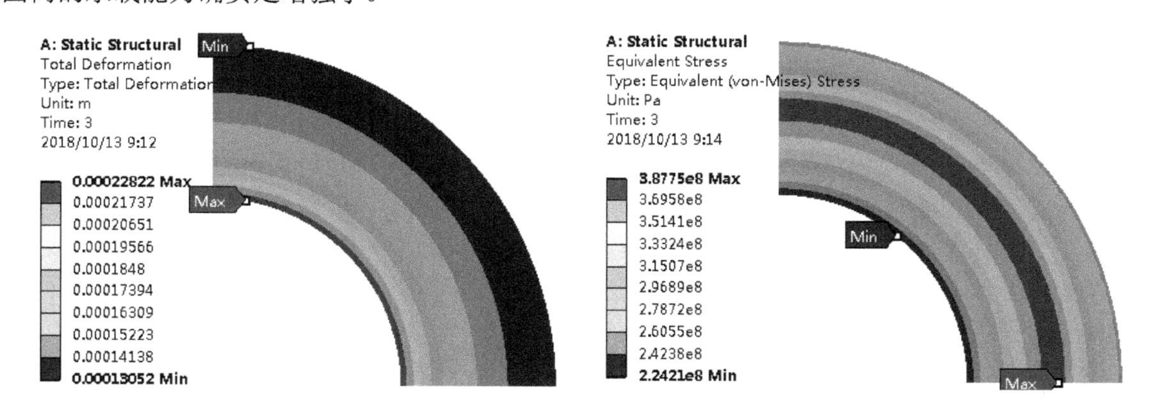


图 7-101 承受工作载荷后的总变形　　图 7-102 承受工作载荷后的的等效应力

（19）退出 Mechanical。

步骤 6：在 ANSYS Workbench 界面保存工程。

**[本例小结]** 简单介绍了塑性及材料非线性的基础知识，介绍了在 ANSYS Workbench 中定

义和使用塑性的方法与步骤，并使用解析解对有限元分析结果进行了验证。

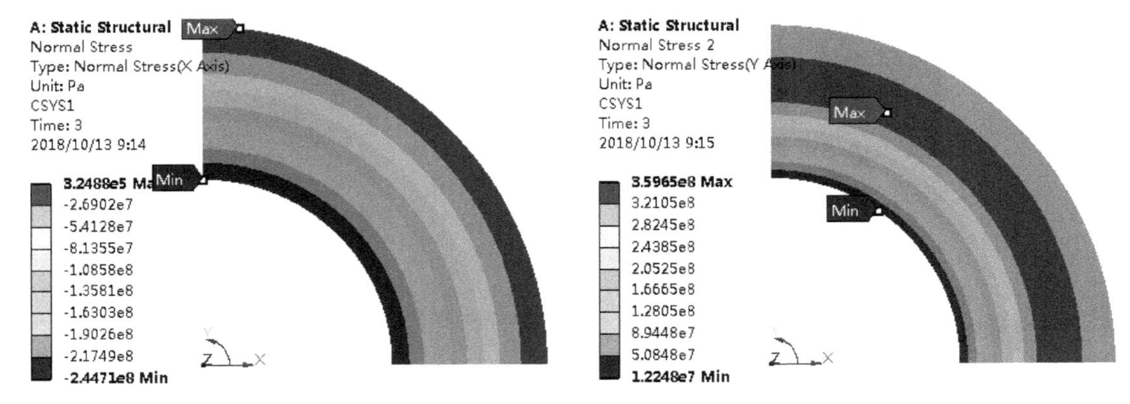


图 7-103　承受工作载荷后的径向应力　　　图 7-104　承受工作载荷后的切向应力

# 7.4　状态非线性分析

## 7.4.1　接触概述

如图 7-105 所示，当两个物体表面相互接触并相切时，二者处于接触状态。在形成接触的不同物体的表面之间，可以沿法向自由分离和沿切向相互移动，但不能发生互相穿透；可以传递法向压缩力和切向摩擦力，但不能传递法向拉伸力。

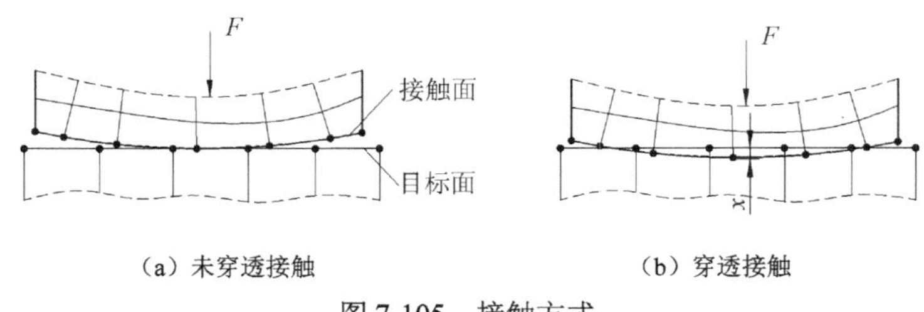


（a）未穿透接触　　　（b）穿透接触

图 7-105　接触方式

接触属于状态非线性，系统的刚度随接触状态而变化。接触问题是最普遍的状态非线性问题，是一种高度非线性行为，需要较多的计算资源。接触问题存在两个较大的难点：其一，在问题求解之前，不清楚接触区域的范围，即表面之间是接触或分离是未知的，并且随载荷、材料、边界条件及其他因素变化；其二，接触问题常需要计算摩擦力，各种摩擦模型都是非线性的，使问题的收敛更加困难。

接触问题有两个基本类型：刚体-柔体的接触，柔体-柔体的接触。在刚体-柔体的接触问题中，有的接触面和与它接触的变形体相比，有较大的刚度，因而可以当作刚体，分析时不计算刚体内的应力。一般情况下，一种软材料和一种硬材料接触时，问题可以被近似为刚体-柔体的接触，许多金属成型问题归为此类接触。而柔体-柔体的接触，是一种更普遍的类型，此时两个接触体具有近似的刚度，都为变形体。

接触是一种高度非线性行为，计算时一般需要较多的计算资源，因此理解问题的实质，建立

合理有效的模型，设置有效的接触参数是至关重要的。

## 7.4.2　接触算法

接触算法用于处理接触体间的相互作用关系，只有满足接触力的传递、两接触面间没有穿透等要求，接触算法才能对接触力学行为进行准确的分析。在 Mechanical 中提供了罚函数法（Pure Penalty）、拉格朗日算法（Normal Lagrange）、扩展拉格朗日算法（Augmented Lagrange）等接触算法，以执行强制接触协调。

### 1. 罚函数法（Pure Penalty）

罚函数法的基本原理是：计算每一载荷子步时先检查接触面和目标面间是否存在穿透，若没有则不做处理。如果有穿透，则在接触面和目标面间引入一个法向接触力 $F_N$

$$F_N=K_N x \tag{7-14}$$

式中，$K_N$ 为法向接触刚度，$x$ 为穿透深度，如图 7-105（b）所示。这相当于在接触面和目标面间沿法向放置一个弹簧，以限制穿透的大小。接触刚度越大，则穿透就越小，理论上在接触刚度为无穷大时，可以实现真实的接触状态，使穿透值等于零。但是，接触刚度过大会导致总体刚度矩阵病态，造成收敛困难。也就是说，接触刚度较大时，计算精度较高，但收敛困难。

### 2. 拉格朗日算法（Normal Lagrange）

拉格朗日算法与罚函数法不同，不是采用力与位移的关系来求接触力，而是把接触力作为一个独立自由度，可以直接实现穿透为零的真实接触条件，是一种精确的接触算法。但由于自由度的增加，会使计算效率降低。在接触状态发生急剧变化时，会产生震颤。

### 3. 扩展拉格朗日算法（Augmented Lagrange）

如式（7-15）所示，扩展拉格朗日算法是在用罚函数法计算的法向接触力的基础上增加额外的接触力 $\lambda$，使得计算对接触刚度的变化不像罚函数法那么敏感。

$$F_N=K_N x+\lambda \tag{7-15}$$

## 7.4.3　接触选项

### 1. 接触类型

如图 7-106 所示，在 Mechanical 中，提供了 5 种不同的接触类型：Bonded（绑定）、No Separation（不分离）、Frictionless（光滑无摩擦）、Rough（粗糙）及 Frictional（摩擦），5 种接触类型的特点如表 7-2 所示。

Bonded 和 No Separation 接触属于线性接触，主要用于连接。其余为非线性接触，属于状态非线性问题。

Frictionless 接触、Rough 接触与 Frictional 接触类似，但 Frictionless 接触的摩擦力为零，Rough 接触的摩擦力为无穷。

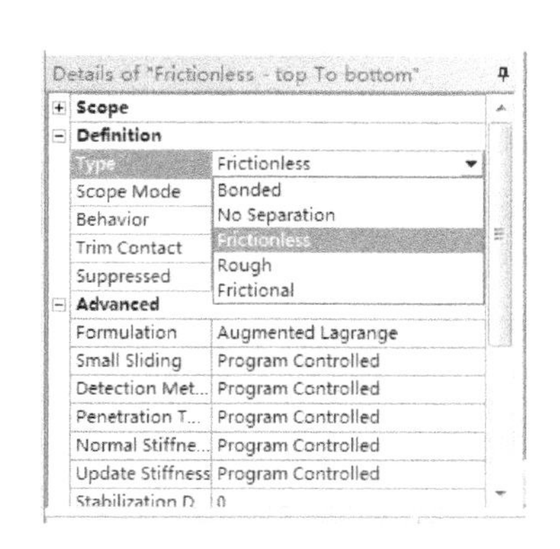


图 7-106　接触类型

采用 Frictional 接触时，当接触面上的剪切应力小于临界值时，接触面间不发生相对滑移，处于粘着（sticking）状态；当剪切应力大于临界值时，接触面间发生相对滑移。

需要注意的是，非线性接触不能使用于模态分析、谐响应分析等线性分析类型，在这些线性分析类型中即使定义了非线性接触，也将会被忽略。

**表 7-2　5 种接触类型的特点**

| 接触类型 | 迭代次数 | 法向分离 | 切向滑移 | 线性特性 |
| --- | --- | --- | --- | --- |
| Bonded（绑定） | 一次 | 无间隙 | 不允许滑移 | 线性接触 |
| No Separation（不分离） | 一次 | 无间隙 | 允许滑移 | 线性接触 |
| Frictionless（光滑无摩擦） | 多次 | 允许有间隙 | 允许滑移 | 非线性接触 |
| Rough（粗糙） | 多次 | 允许有间隙 | 不允许滑移 | 非线性接触 |
| Frictional（摩擦） | 多次 | 允许有间隙 | 允许滑移 | 非线性接触 |

## 2. 接触刚度

使用罚函数法和扩展拉格朗日算法求解接触问题时，需要设置法向接触刚度。法向接触刚度较大时，计算精度较高，但收敛困难。在 Mechanical 中，法向接触刚度默认为自动设定，也可以如图 7-107 所示，手动输入 Normal Stiffness Factor（法向刚度因子 $K_{FN}$）。法向刚度因子是计算法向接触刚度的乘子，法向刚度因子越大，法向接触刚度也越大。

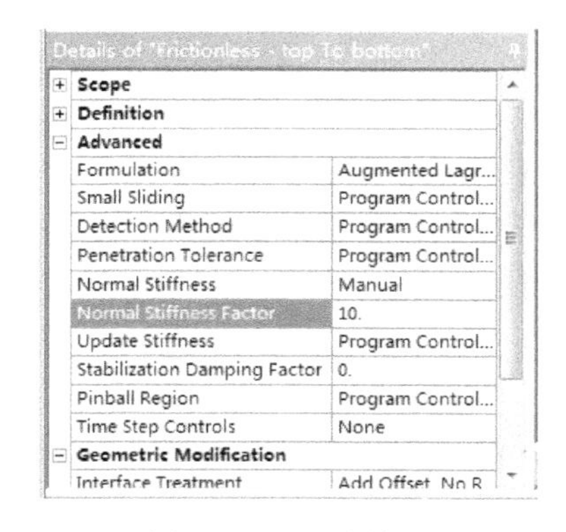


图 7-107　手动输入

法向接触刚度对计算精度和收敛的影响显著，选择一个合适的法向接触刚度对计算至关重要。在数学上为了保持平衡，需要有穿透值，然而物理接触实体是没有穿透的。选择大的法向接触刚度会产生小的穿透和较高的计算精度，但太大的法向接触刚度会导致收敛困难，模型可能会振荡，接触表面可能会互相跳开。

当大面积实体接触时，可取比例因子 $F_{KN} = 1.0$；基体较柔软或弯曲占主导的部分时，可取 $F_{KN} = 0.01 \sim 0.1$。

在分析中，可以先用较小的法向接触刚度值计算前几个子步，以检查穿透量和每一个子步中的平衡迭代次数。如果穿透较大，则需要提高法向接触刚度并重新分析；如果未收敛或收敛迭代次数过多，则需要降低法向接触刚度并重新分析。可以反复改变接触刚度的大小，以观察其对计算结果的影响，直到接触压力、最大等效应力等计算结果不再明显改变。

## 3. 对称/非对称行为

在 Mechanical 中，使用对称接触行为（Symmetric）时，接触面和目标面不能互相穿透；当使用非对称接触行为（Asymmetric）时，接触面不能穿透目标面。对称接触行为容易设置，但需要较大计算量，非对称接触行为需要手工指定接触面和目标面。在默认情况下，Mechanical 将接触行为设为对称，用户也可以改变为非对称，如图 7-108 所示。

对于非对称接触行为，手工选择接触表面时应遵循以下原则：

（1）当凸面与平面或凹面接触时，应选择平面或凹面为目标面。

（2）当硬表面与软表面接触时，应选择硬表面为目标面。

（3）当大表面与小表面接触时，应选择大表面为目标面。

（4）如果结构已划分网格，具有粗糙网格的表面与具有细密网格的表面接触时，应选择粗糙网格表面为目标面。

在 Mechanical 中，只有罚函数法（Pure Penalty）和扩展拉格朗日算法（Augmented Lagrange）才支持对称行为，拉格朗日算法（Normal Lagrange）和 MPC 法需要非对称接触行为。

### 4. 定义接触

当零件缝隙小于接触公差时，Mechanical 会自动探测并产生接触，但为保证定义准确，用户应一一检查自动产生的接触。

手动定义接触时，需要选择接触面、目标面，以及设置相关选项，具体步骤参见实例。

### 5. 接触结果

如图 7-109 所示，在 Mechanical 中使用 Contact Tool 查看接触结果，结果包括摩擦应力（Frictional Stress）、压力（Pressure）、滑移距离（Sliding Distance）、穿透（Penetration）、间隙（Gap）、接触状态（Status）等类型。

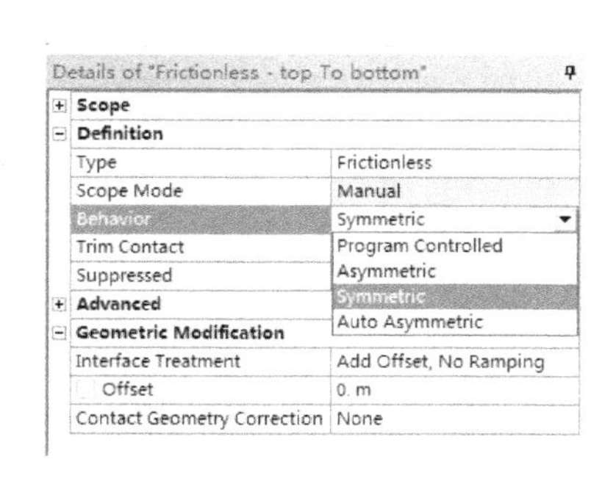


图 7-108　接触行为

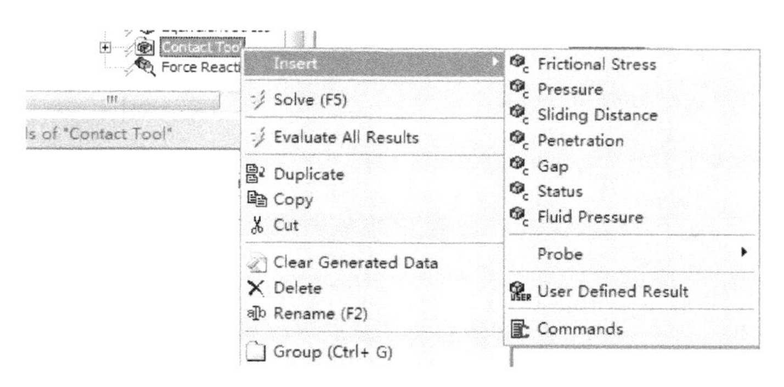


图 7-109　接触结果

对于对称行为，接触面和目标面上的结果都可以显示；对于非对称行为，只能显示接触面上的结果。

## 7.4.4　接触分析实例——平行圆柱体承受法向载荷时的接触应力分析

### 1. 问题描述

两个半径分别为 $r_1$=0.05m、$r_2$=0.1m，长度均为 $L$=0.01m 的平行圆柱体发生正接触，即接触线为两圆柱体的母线，作用在两圆柱体接触线法线方向上的压力总和为 $F_n$=20000N，两圆柱体均为钢制，分析两圆柱体的接触情况。

接触应力 $\sigma_H$ 大小可由弹性力学的赫兹公式求出：

$$\sigma_{\mathrm{H}}=\sqrt{\frac{F_{\mathrm{n}}}{\pi b}\cdot\frac{\frac{1}{\rho_1}+\frac{1}{\rho_2}}{\frac{1-\mu_1^2}{E_1}+\frac{1-\mu_2^2}{E_2}}}=\sqrt{\frac{20000}{3.14\times 0.01}\cdot\frac{\frac{1}{0.05}+\frac{1}{0.1}}{2\times\frac{1-0.3^2}{2\times 10^{11}}}}=1449\ \mathrm{MPa} \tag{7-16}$$

式中，$F_{\mathrm{n}}$——两圆柱体上作用的法向力；

$b$——两圆柱体的接触宽度；

$E_1$、$E_2$——两圆柱体材料的弹性模量；

$\mu_1$、$\mu_2$——两圆柱体材料的泊松比；

$\rho_1$、 $_2$——两圆柱体在接触处的曲率半径。

由于接触的影响只发生于结构的局部，另外圆柱体具有对称性，所以分析时只取两圆柱体的四分之一，以减少计算时间和计算容量。

## 2. 分析步骤

步骤 1：在 Windows“开始”菜单执行 ANSYS→Workbench，启动 Workbench。

步骤 2：创建项目 A，进行结构静力学分析，如图 7-110 所示。

步骤 3：从 ANSYS 材料库选择材料模型，添加到当前分析项目中。

（1）双击图 7-110 所示项目流程图 A2 格的“Engineering Data”项。

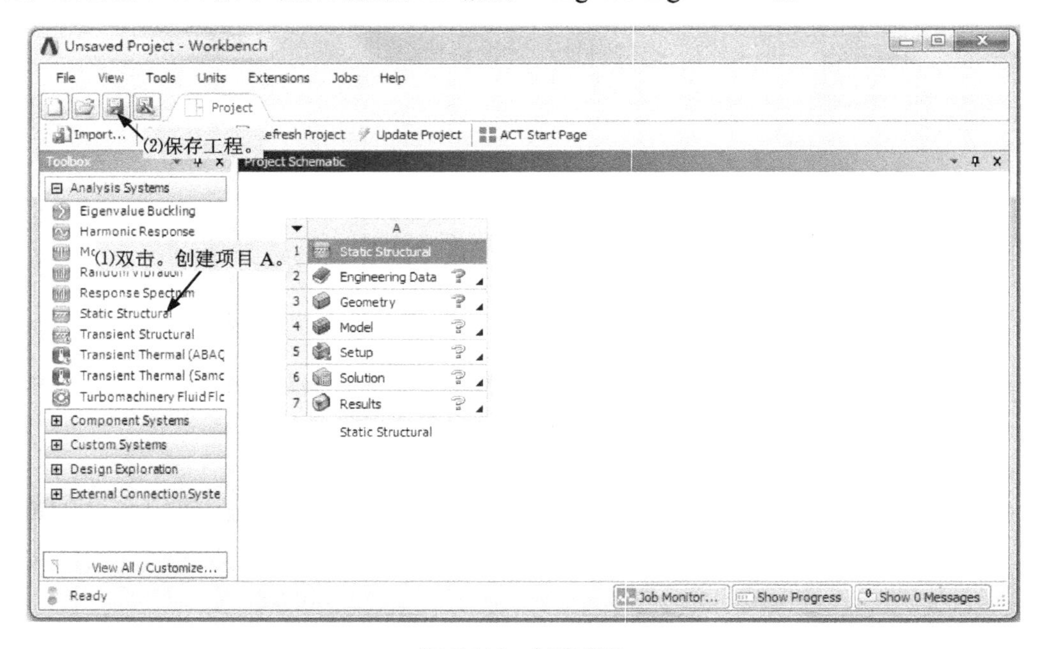


图 7-110 创建项目

（2）从 ANSYS 材料库选择材料模型 Structural Steel，如图 7-111 所示。图中对话框的显示由下拉菜单 View 项控制。

步骤 4：创建几何体模型。

（1）用鼠标右键单击如图 7-110 所示项目流程图 A3 格“Geometry”项，在快捷菜单中拾取命令 New DesignModeler Geometry，启动 DM 创建几何体。

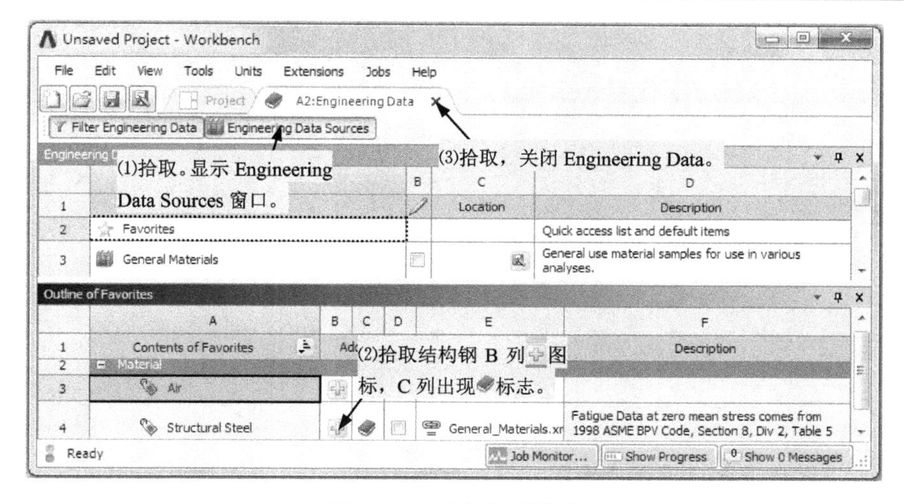


图 7-111　选择材料模型

（2）拾取菜单命令 Units→ Millimeter，选择长度单位为 mm。

（3）在 XYPlane 上画圆弧，圆弧圆心在原点，端点分别在 $X$、$Y$ 轴上，如图 7-112 所示。

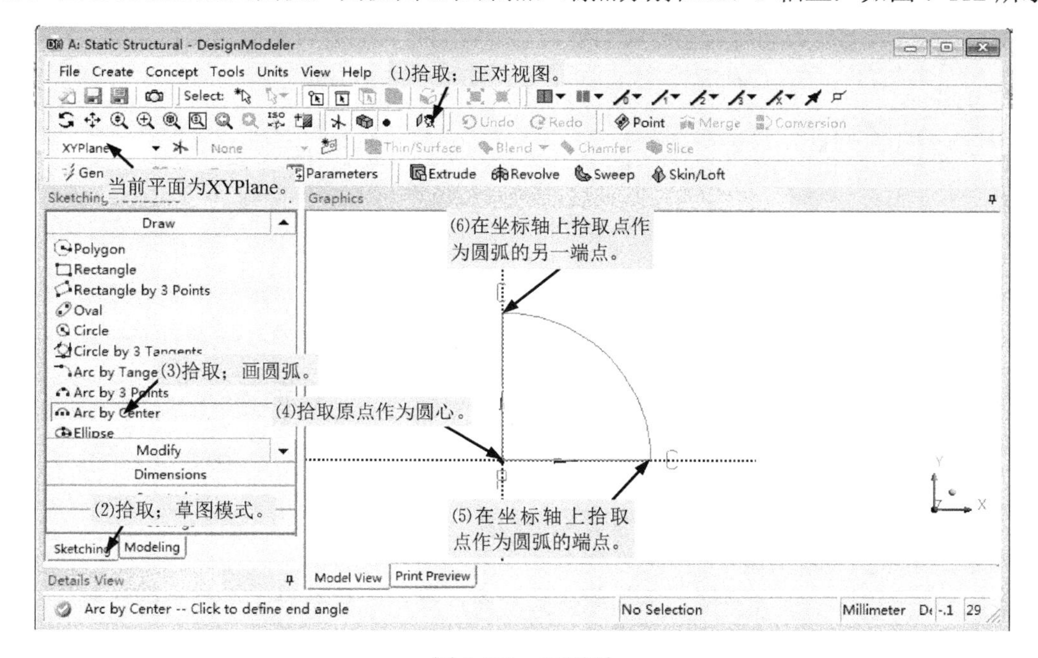


图 7-112　画圆弧

（4）在 XYPlane 上画圆，圆心在 $Y$ 坐标轴上，如图 7-113 所示。

（5）画多段线，如图 7-114 所示。

（6）修剪图形，如图 7-115 所示。

（7）标注尺寸，如图 7-116 所示。由于两圆心距离 150.01mm 大于两圆弧半径之和 150mm，所以圆弧之间存在间隙，这样做的目的是：a. 便于建立几何体。有间隙的话，后续拉伸操作得到的是两个几何体。b. 满足接触的需要。如果初始时几何体间没有间隙，可能会导致初始穿透，使得分析无法进行。但间隙也不要太大，否则会增大计算量。

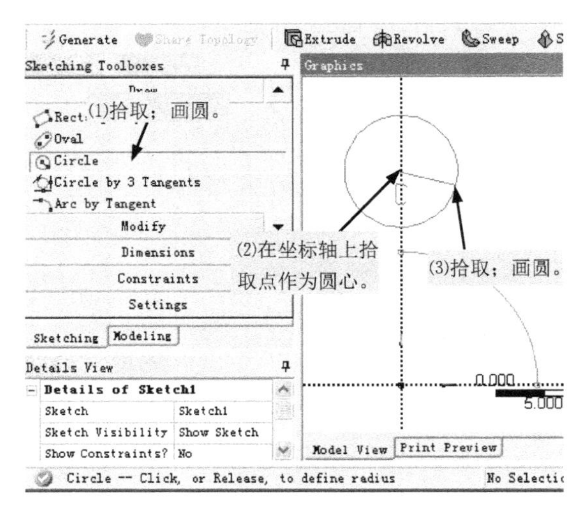


图 7-113　画圆

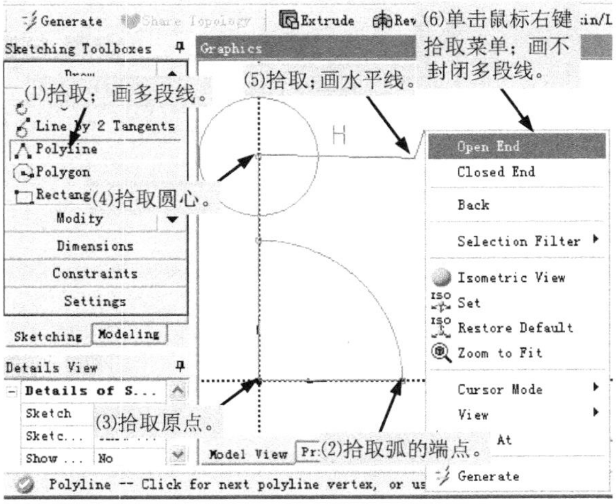

图 7-114　画多段线

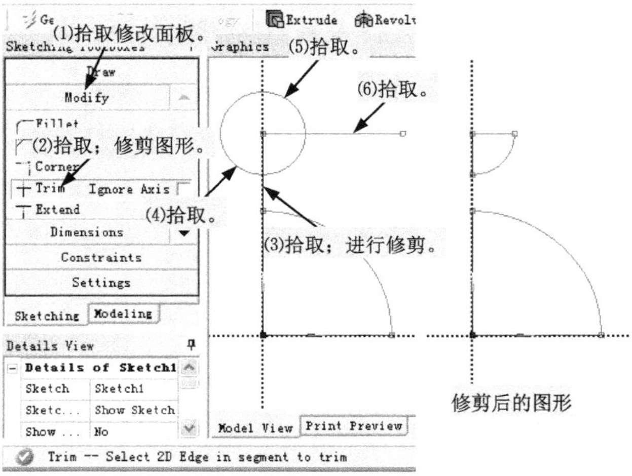

图 7-115　修剪图形

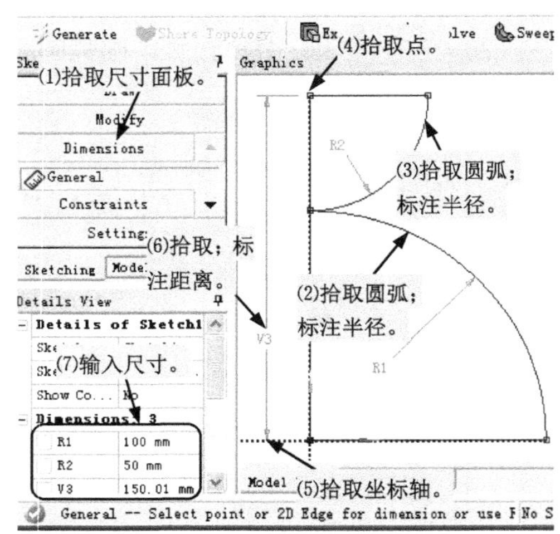


图 7-116　标注尺寸

（8）拉伸 2D 草图成 3D 几何体，如图 7-117 所示。

（9）退出 DesignModeler。

步骤 5：定义接触，划分网格，施加载荷和约束，指定计算结果，进行求解计算。

（1）因上格数据（A3 格 Geometry 项）发生变化，需对 A4 格 Model 项的输入数据进行刷新，如图 7-118 所示。

（2）双击图 7-110 所示项目流程图 A4 格 Model 项，启动 Mechanical。

（3）对几何体重新命名，以方便区分各几何体，如图 7-119 所示。

（4）为几何体分配材料属性，如图 7-120 所示。

（5）删除自动生成的接触，如图 7-121 所示。请读者注意：本例中自动生成的接触稍做修改即是可用的，但为了介绍手动定义接触，特将自动生成的接触删除。

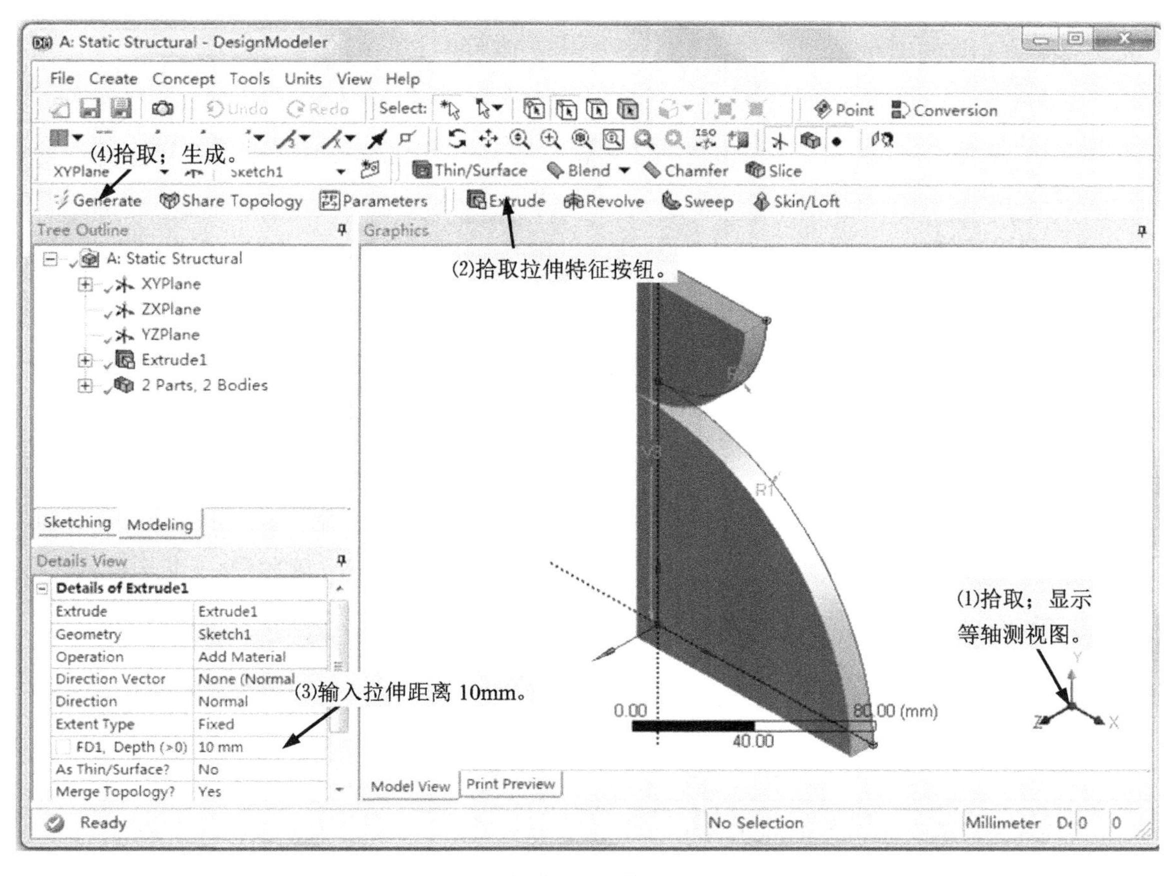


图 7-117　拉伸

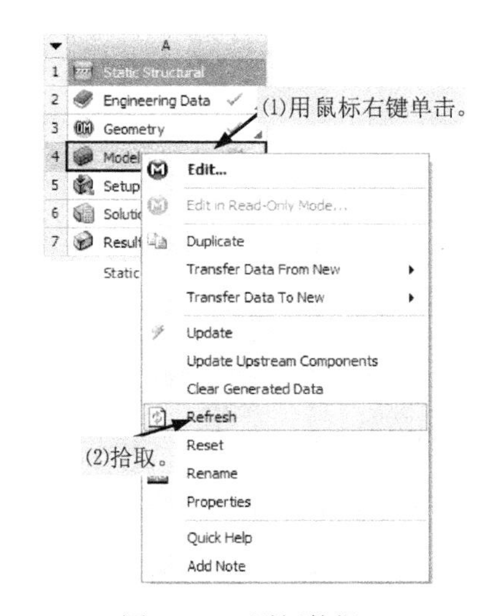


图 7-118　刷新数据

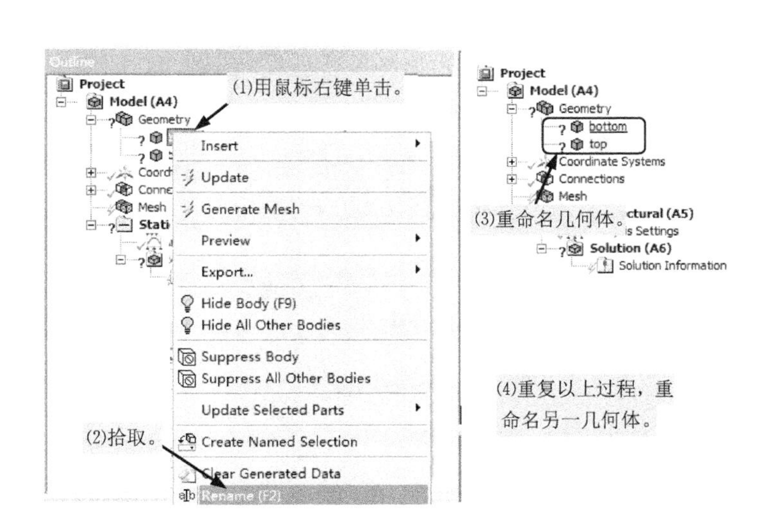


图 7-119　重新命名几何体

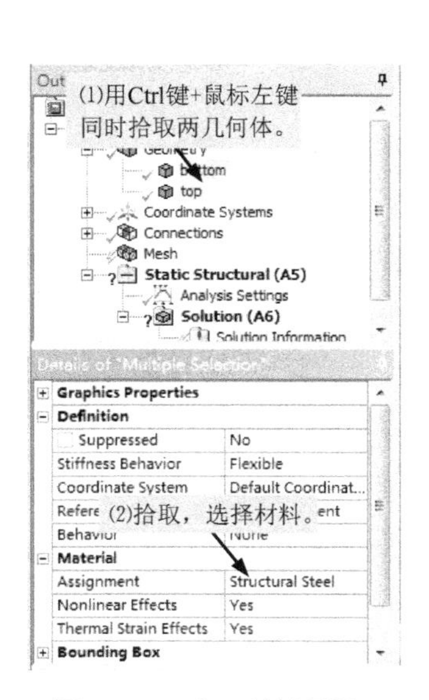


图 7-120　分配材料属性

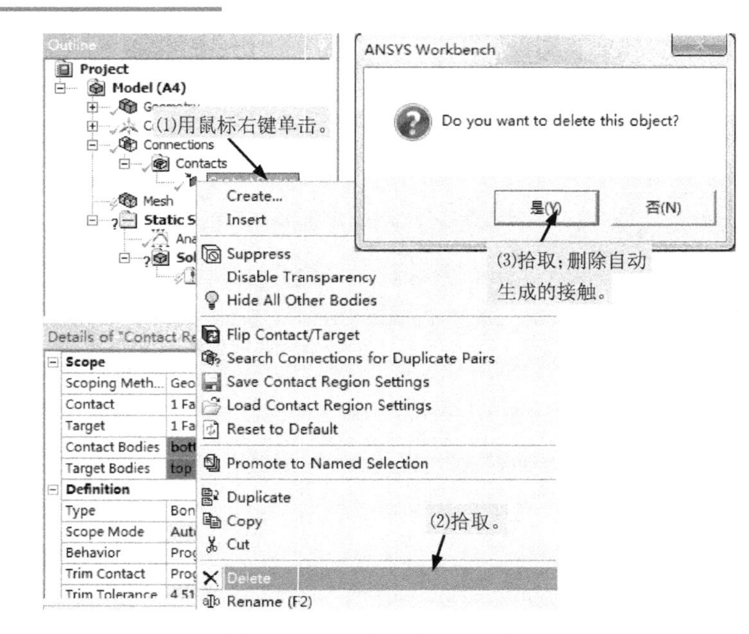


图 7-121　删除自动生成的接触

（6）手动定义两个圆柱体间的接触，如图 7-122 所示。

（7）进行网格控制，划分网格，如图 7-123 所示。

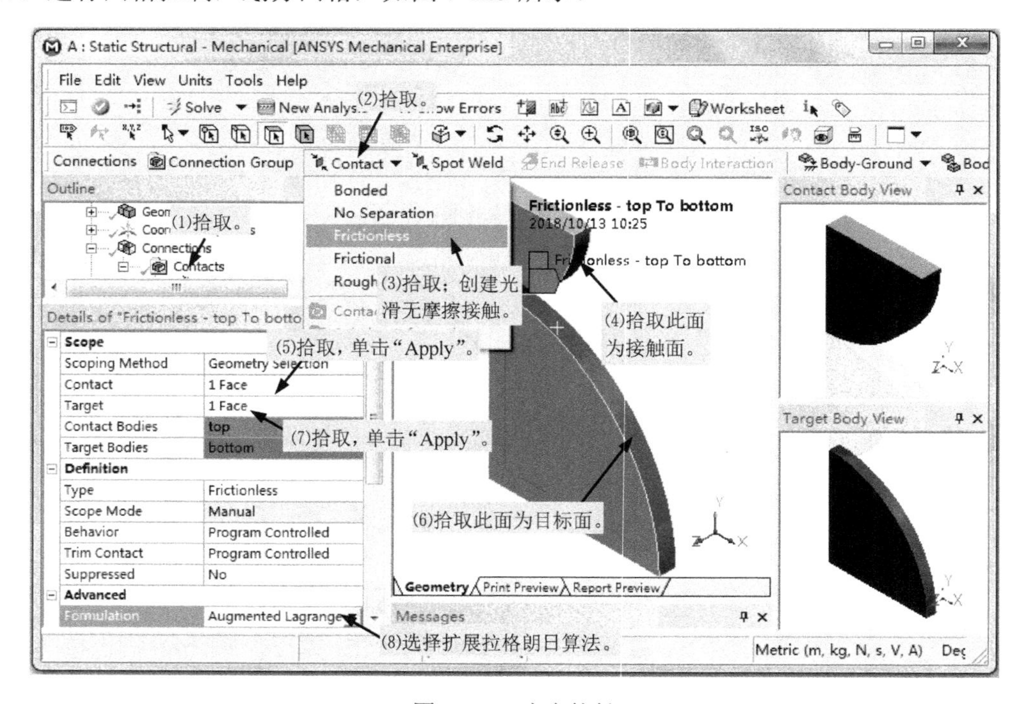


图 7-122　定义接触

（8）在上方圆柱体顶面施加位移载荷，如图 7-124 所示。

（9）在两个圆柱体的前表面、左侧表面，以及下方圆柱体的底面上施加无摩擦约束，即施加沿所选择面法线方向的约束，如图 7-125 所示。

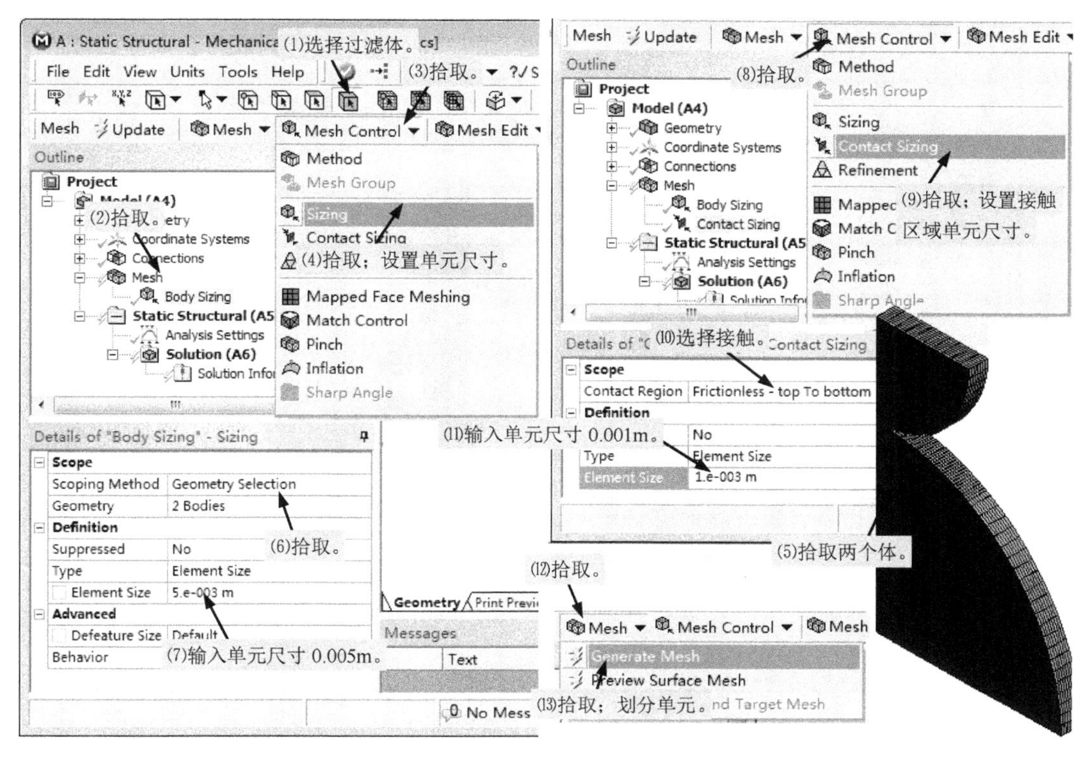


图 7-123　划分网格

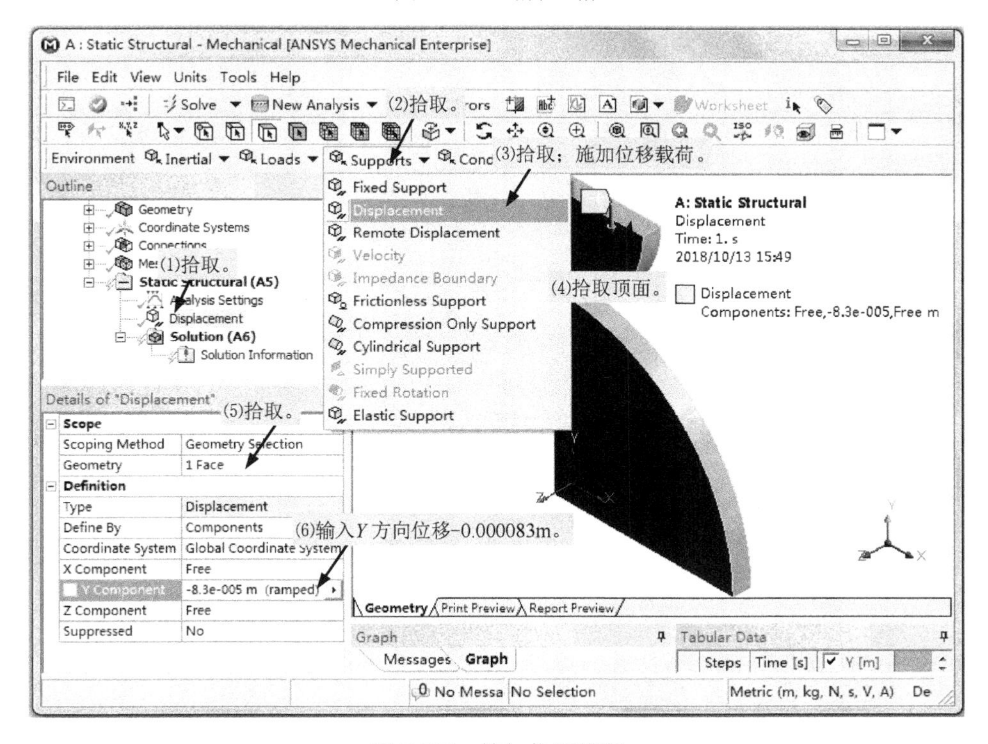


图 7-124　施加位移载荷

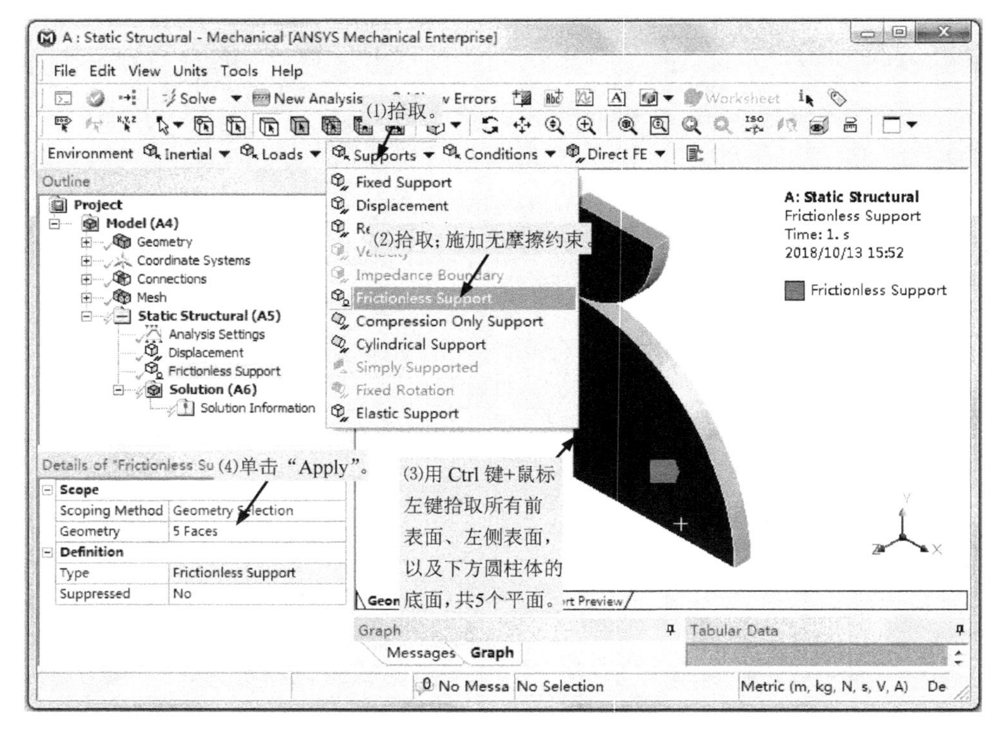


图 7-125　施加无摩擦约束

（10）设置子步数，如图 7-126 所示。

（11）指定顶面处的支反力为计算结果，如图 7-127 所示。

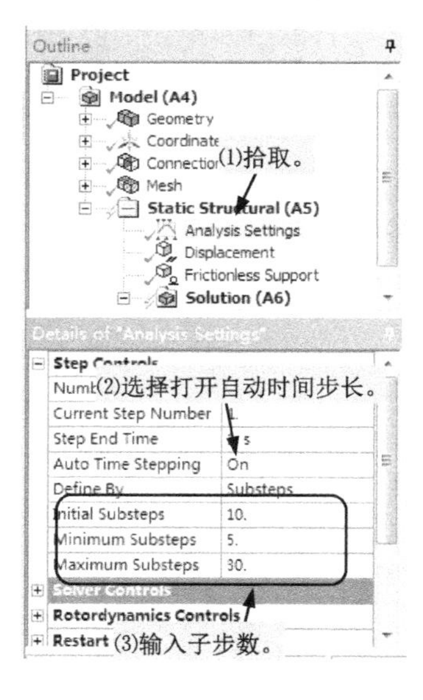


图 7-126　设置子步数

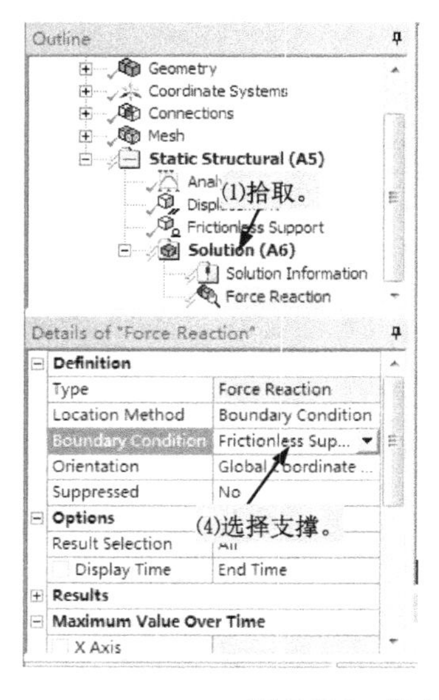


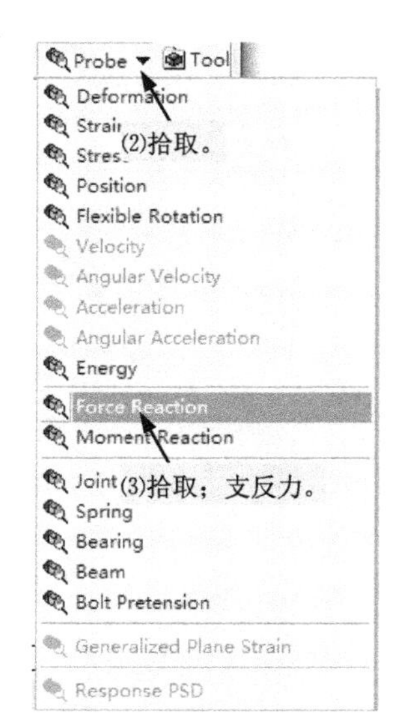


图 7-127　指定计算支反力

（12）单击 Solve 按钮，求解计算。可以在求解过程中查看求解信息和力收敛过程，如图 7-128、图 7-129 所示。

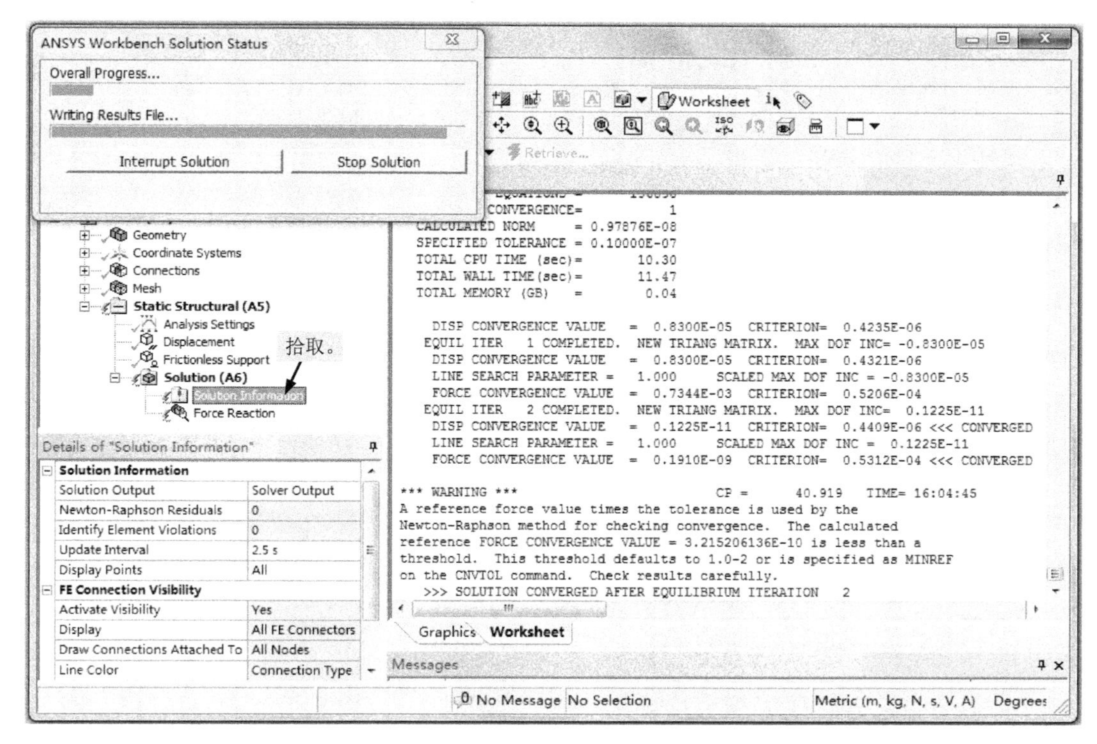


图 7-128　求解信息

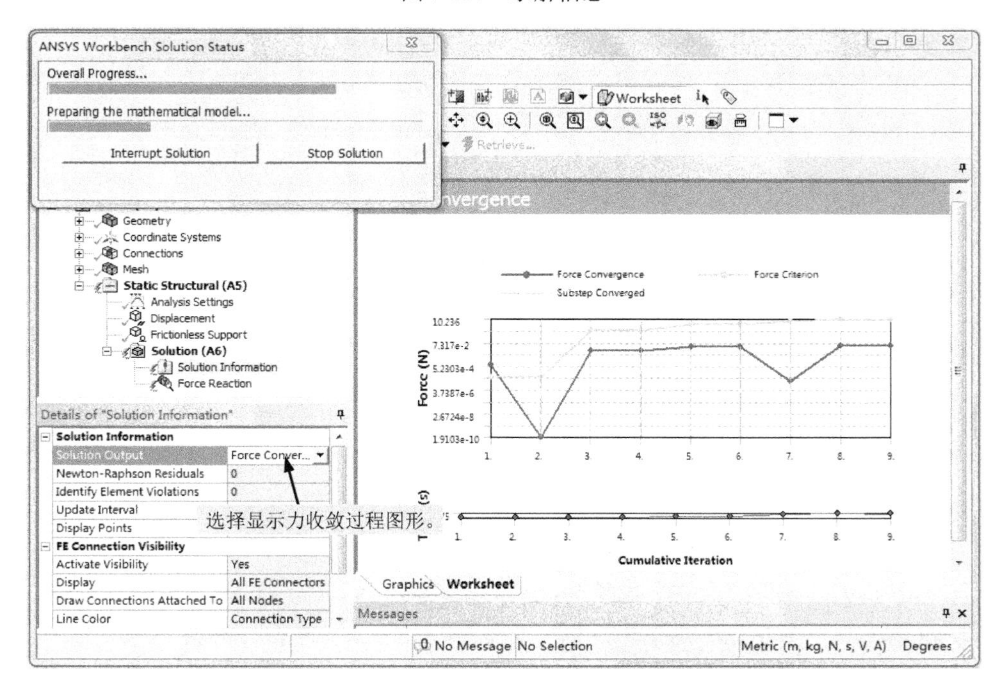


图 7-129　力收敛过程

步骤 6：查看结果。

（1）查询支反力随时间变化情况，如图 7-130 所示。当时间为 1s，即 Last Time 时，*Y* 方向的支反力为 9906.7N，约等于压力总和 20000N 的一半，与已知条件给定的力的大小基本一致。

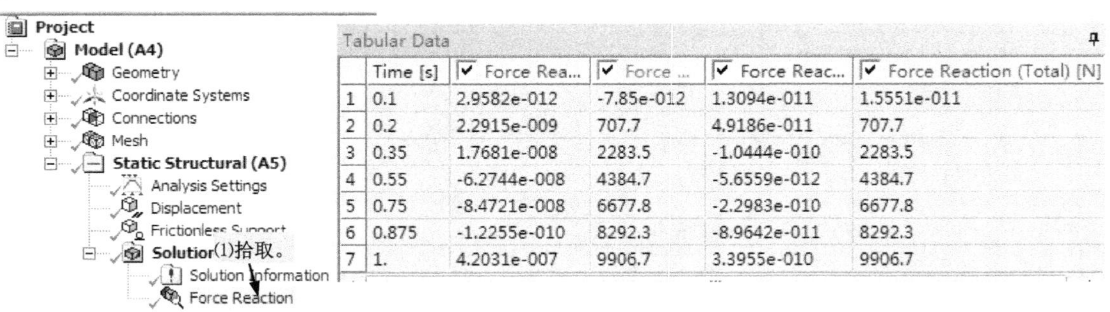


| | Time [s] | Force Rea... | Force ... | Force Reac... | Force Reaction (Total) [N] |
|---|---|---|---|---|---|
| 1 | 0.1 | 2.9582e-012 | -7.85e-012 | 1.3094e-011 | 1.5551e-011 |
| 2 | 0.2 | 2.2915e-009 | 707.7 | 4.9186e-011 | 707.7 |
| 3 | 0.35 | 1.7681e-008 | 2283.5 | -1.0444e-010 | 2283.5 |
| 4 | 0.55 | -6.2744e-008 | 4384.7 | -5.6559e-012 | 4384.7 |
| 5 | 0.75 | -8.4721e-008 | 6677.8 | -2.2983e-010 | 6677.8 |
| 6 | 0.875 | -1.2255e-010 | 8292.3 | -8.9642e-011 | 8292.3 |
| 7 | 1. | 4.2031e-007 | 9906.7 | 3.3955e-010 | 9906.7 |

图 7-130　支反力随时间变化情况

（2）指定计算时间为 Last Time 时，两圆柱体总变形、等效应力、接触状态和接触压力为结果，如图 7-131 所示。

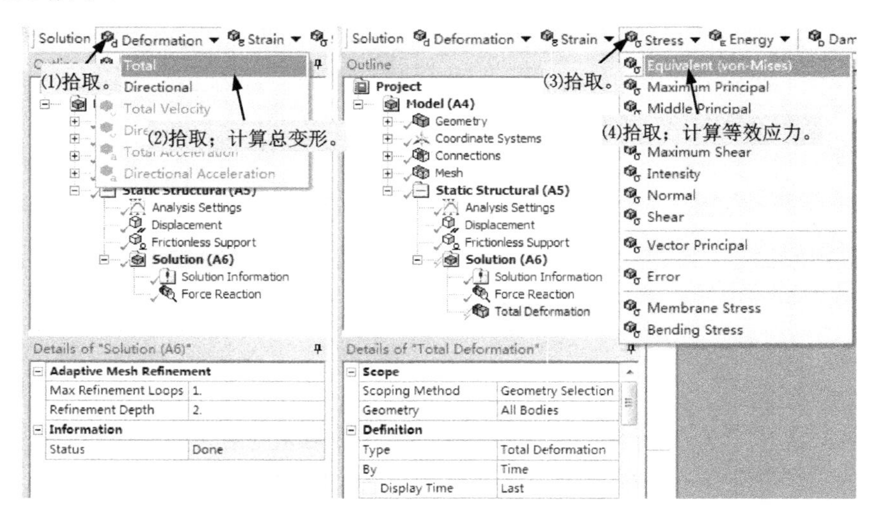


（a）总变形和等效应力

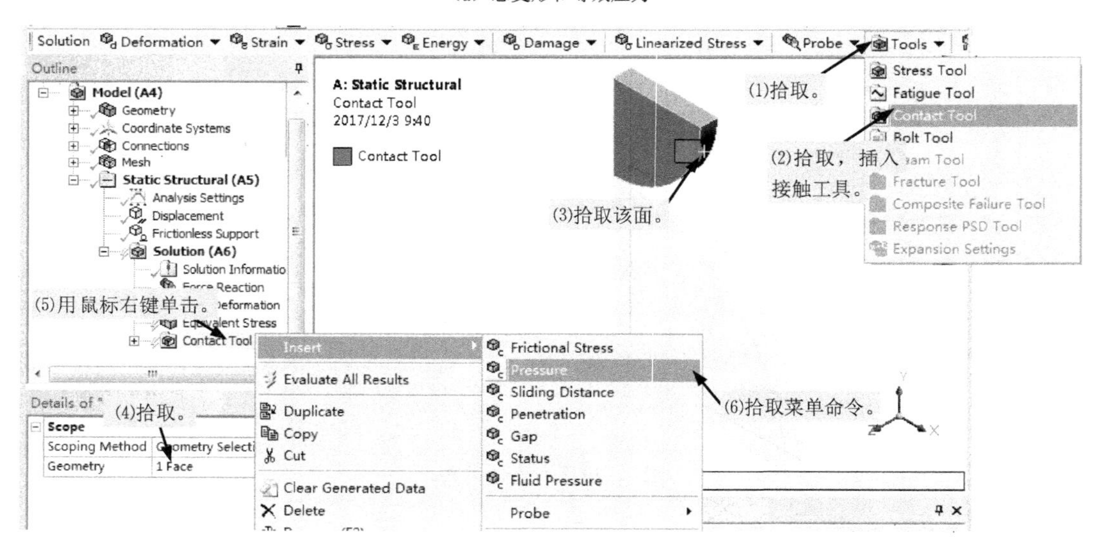


（b）接触状态和接触压力

图 7-131　指定计算结果

（3）单击 Solve 按钮，对上述结果进行计算。

（4）在提纲树（Outline）上选择结果类型，进行结果查看，总变形结果、等效应力结果、接触状态结果和接触压力结果如图7-132、图7-133、图7-134和图7-135所示。可见接触应力最大值1269MPa.与理论结果较接近，更精确的结果可通过减小单元尺寸或增大法向刚度系数获得。

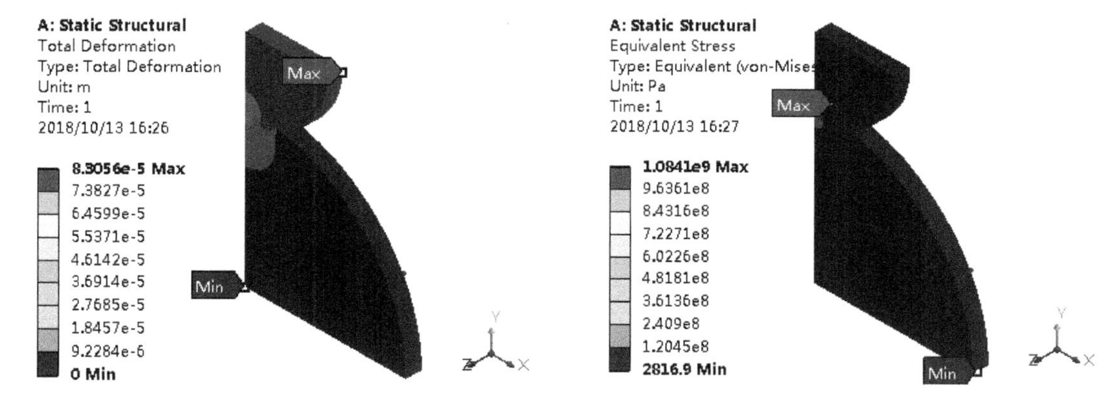


图7-132　总变形结果　　　　图7-133　等效应力结果

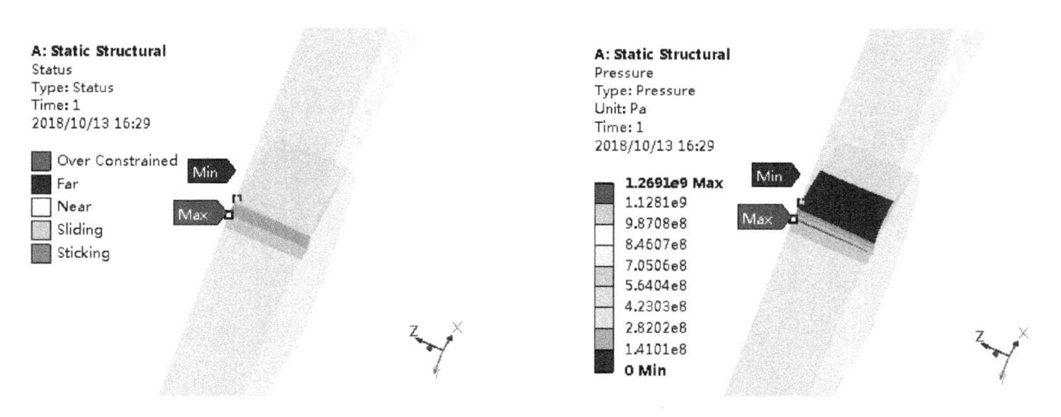


图7-134　接触状态结果　　　　图7-135　接触压力结果

（5）退出Mechanical。

步骤7：在ANSYS Workbench界面保存工程。

**[本例小结]** 在介绍结构非线性分析和接触的基础上，通过实例介绍了在结构分析中存在接触非线性时，ANSYS Workbench几何体和接触的创建、网格的划分、结果处理等步骤的处理方法。

## 7.4.5 接触分析实例——过盈配合连接与组合厚壁圆筒

### 1. 过盈配合连接

由于具有结构简单、对中性好、承载能力大、承受冲击性好、对轴削弱少等优点，过盈配合连接广泛应用轴与毂的连接、轮圈与轮芯的连接，以及滚动轴承与轴或座孔的连接。

如图7-136所示，过盈配合是将两个厚壁圆筒套合在一起，外筒的内半径略小于内筒外半径，即存在过盈量$\delta$。装配后，两圆筒接触面会因为变形而产生相互压紧的装配压力$p$，当连接承受轴向力或转矩时，接触面上便产生摩擦阻力或摩擦力矩以抵抗外载荷。装配压力$p$与过盈量$\delta$

的关系由式（7-17）确定

$$p = \frac{\delta}{r_2\left[\frac{1}{E_i}\left(\frac{r_2^2 + r_1^2}{r_2^2 - r_1^2} - \mu_i\right) + \frac{1}{E_o}\left(\frac{r_3^2 + r_2^2}{r_3^2 - r_2^2} + \mu_o\right)\right]} \tag{7-17}$$

式中，$E_i$、$\mu_i$ ——内筒材料的弹性模量和泊松比；

$E_o$、$\mu_o$ ——外筒材料的弹性模量和泊松比。

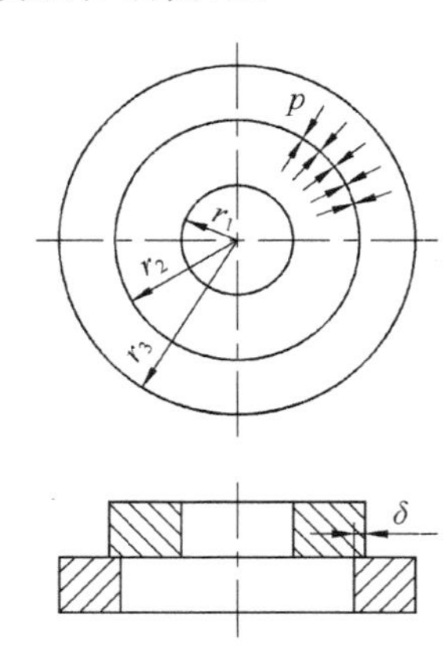


图 7-136　过盈配合连接

当内外筒体为同一种材料时，有 $E_i = E_o = E$、$\mu_i = \mu_o = \mu$，公式（7-17）化为

$$p = \frac{E\delta(r_3^2 - r_2^2)(r_2^2 - r_1^2)}{2r_2^3(r_3^2 - r_1^2)} \tag{7-18}$$

则接触面上能产生的最大摩擦阻力 $F$ 和摩擦力矩 $M$ 分别为

$$F = 2\pi r_2 lfp \tag{7-19}$$

$$M = 2\pi r_2^2 lfp \tag{7-20}$$

式中，$l$ ——配合面长度；

$f$ ——配合面上的摩擦系数。

### 2. 组合厚壁圆筒

火炮身管、人造水晶高压容器等厚壁圆筒，在工作时要承受很高的内压。为提高其承载能力而增加圆筒的壁厚，会因为应力沿壁厚分布得不均匀，往往不能收到预期的效果。这时，可以把两个圆筒以过盈配合方式连接成组合圆筒。如图 7-137（a）所示，装配压力使内筒承受外压、切向应力等压应力，外筒承受内压、切向应力等拉应力。而单一整体厚壁圆筒在内压作用下的切向应力为图 7-137（b）中双点划线所示。组合圆筒在内压作用下的应力分布为上述两种应力的叠加，如图 7-137（b）中实线所示。显然，比单一的整体厚壁圆筒趋于均匀合理，承载能力也相应提高。

### 3. 问题描述

图 7-136 所示为过盈配合连接而成的组合厚壁圆筒，已知：$r_1$=100mm，$r_2$=150mm，$r_3$=200mm，圆筒长度均为 $l$=500mm，过盈量 $\delta$=0.25mm，圆筒均为钢制。试计算装配压力 $p$，以及组合圆筒

在承受工作内压 200MPa 时的应力分布。

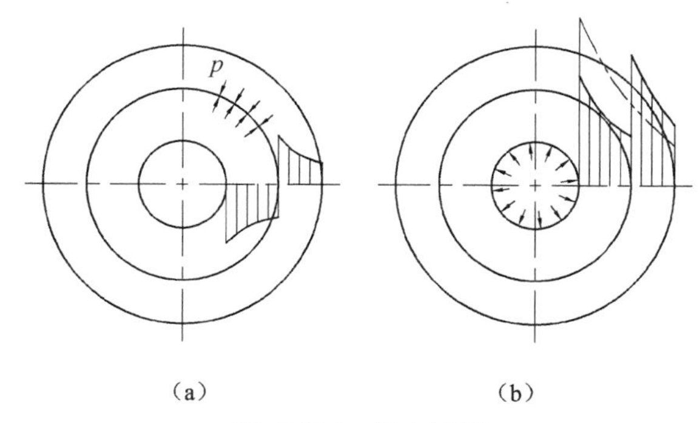


图 7-137　组合圆筒

按式（7-18）可以计算出装配压力 $p$ 的理论解

$$p=\frac{E\delta(r_3^2-r_2^2)(r_2^2-r_1^2)}{2r_2^3(r_3^2-r_1^2)}$$

$$=\frac{2\times10^5\times0.25\times(200^2-150^2)(150^2-100^2)}{2\times150^3(200^2-100^2)}=54.01\text{MPa}$$

**4. 分析步骤**

步骤 1：在 Windows“开始”菜单执行 ANSYS→Workbench。

步骤 2：创建项目 A，进行结构瞬态动力学分析，如图 7-138 所示。

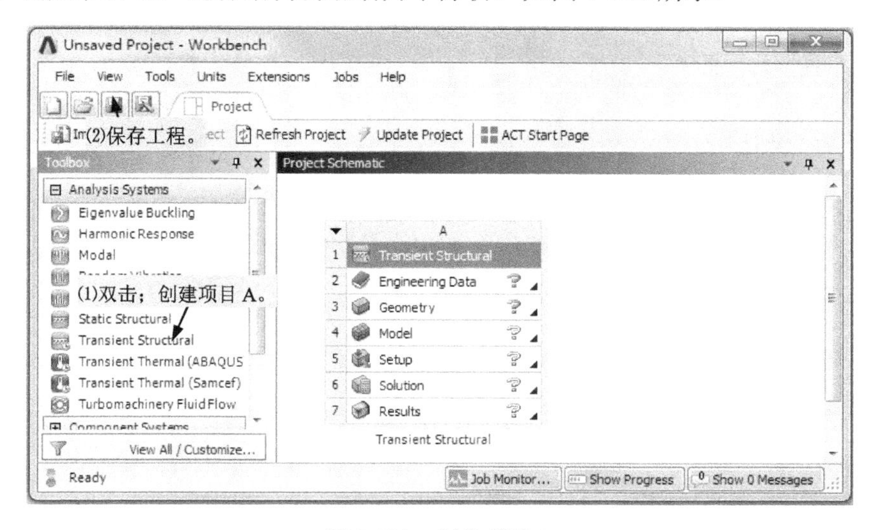


图 7-138　创建项目 A

步骤 3：从 ANSYS 材料库选择材料模型，添加到当前分析项目中。

（1）双击图 7-138 所示项目流程图 A2 格的“Engineering Data”项。

（2）选择材料 Structural Steel，如图 7-139 所示。图中对话框的显示由下拉菜单 View 项控制。

步骤 4：创建几何体。

（1）用鼠标右键单击如图 7-138 所示项目流程图 A3 格“Geometry”项，在快捷菜单中拾取命令 New DesignModeler Geometry，启动 DM 创建几何体。

（2）拾取菜单命令 Units→ Millimeter，选择长度单位为 mm。

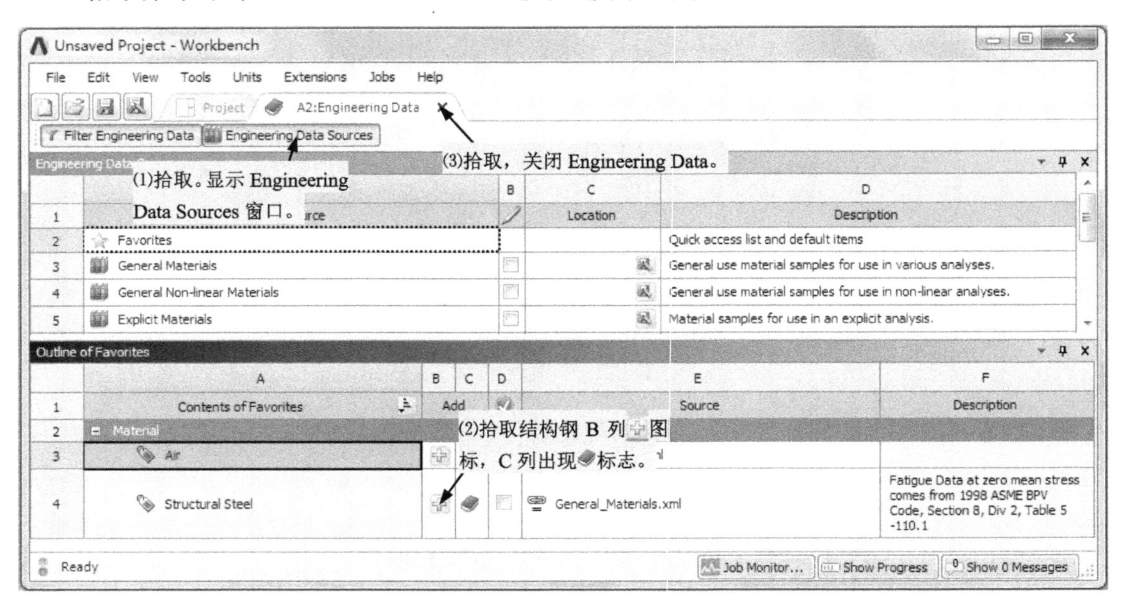


图 7-139　定义材料模型

（3）在 XYPlane 的 Sketch1 上画图形，如图 7-140 所示。两个矩形分别模拟内外筒体，是两筒体的半径平面。

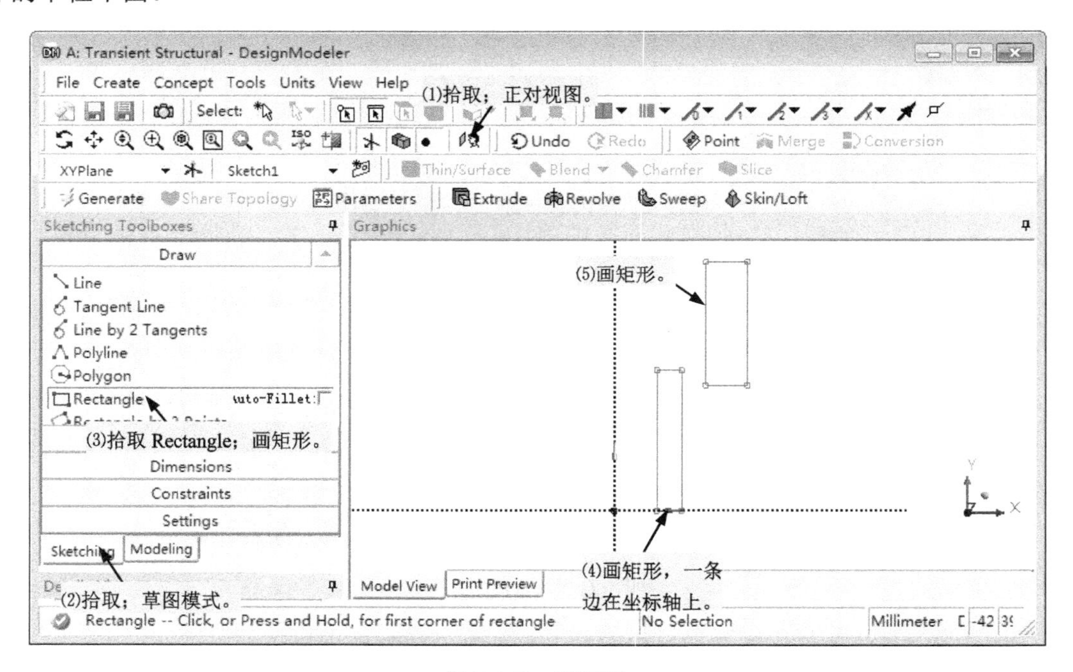


图 7-140　画矩形

（4）标注尺寸，如图 7-141 所示。

（5）创建倒角，如图 7-142 所示。

（6）拾取菜单 Concept→Surfaces From Sketches，在草图 Sketch1 上建面体，如图 7-143 所示。

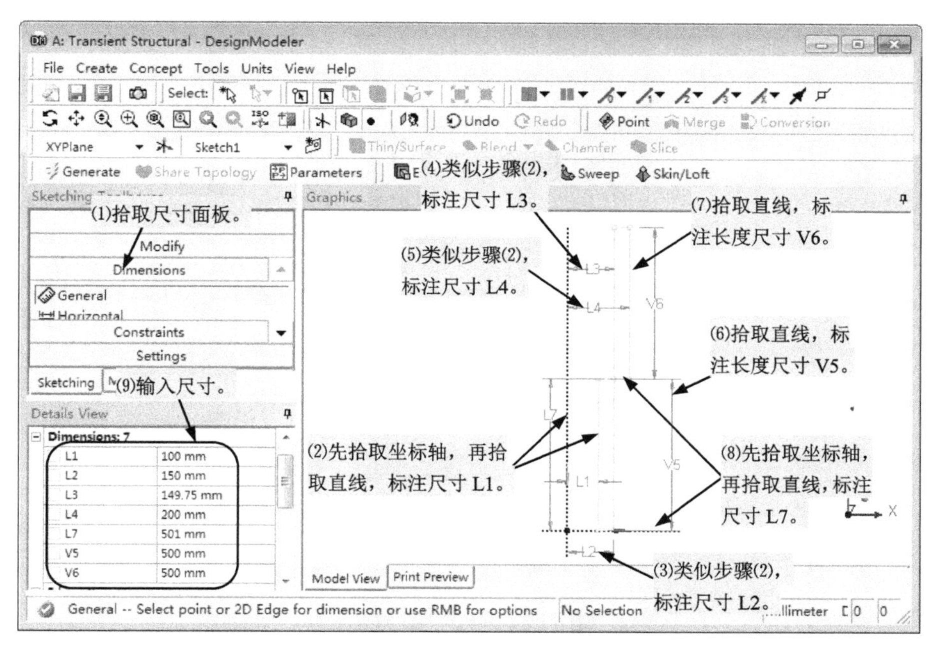


图 7-141　标注尺寸

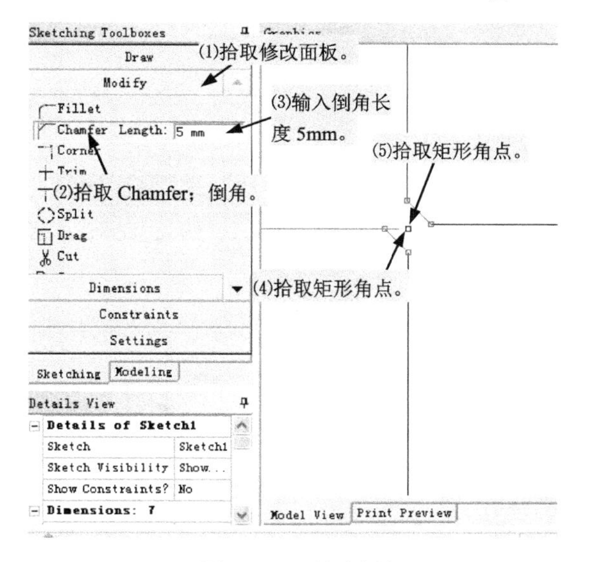


图 7-142　创建倒角

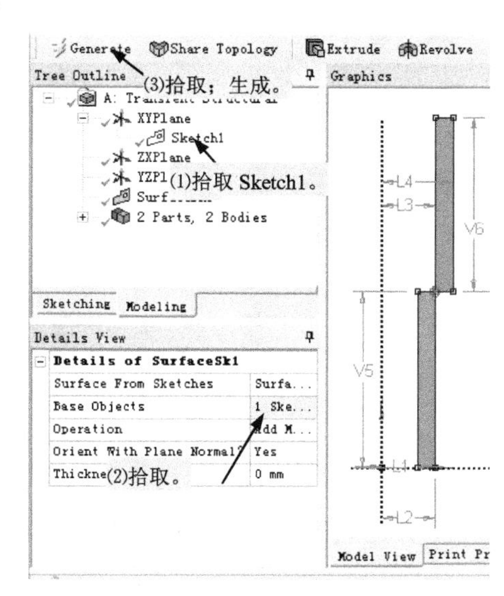


图 7-143　创建面体

（7）退出 DesignModeler。

步骤 5：施加载荷和约束，求解结构瞬态动力学分析，查看结果。

（1）指定几何体属性，进行 2D 分析，如图 7-144 所示。

（2）因上格数据（A3 格 Geometry 项）发生变化，需要对 A4 格 Model 项的输入数据进行刷新，如图 7-145 所示。

（3）双击图 7-145 所示项目流程图 A4 格的“Model”项，启动 Mechanical。

（4）指定几何体的 2D 行为为轴对称，如图 7-146 所示。

（5）为几何体分配材料，如图 7-147 所示。

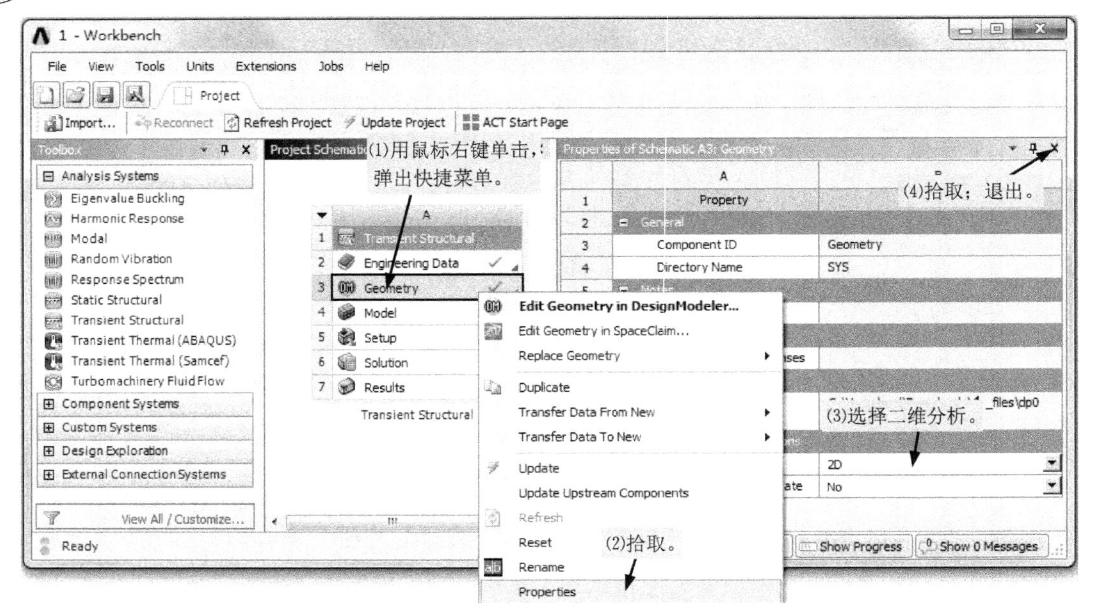


图 7-144　进行 2D 分析

图 7-145　刷新数据

图 7-146　指定几何体的 2D 行为

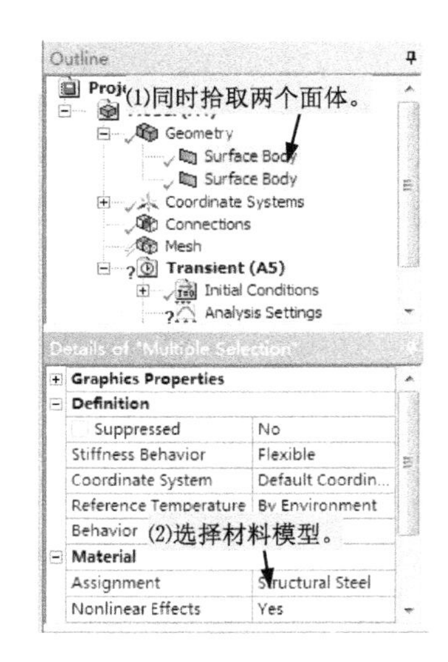


图 7-147　分配材料

（6）创建两个筒体间的接触，如图 7-148 所示。

（7）指定网格控制，划分网格，如图 7-149 所示。

（8）设置时间步长，如图 7-150 所示。

（9）在内筒底面施加无摩擦约束，如图 7-151 所示。

（10）在外筒上表面施加位移载荷，如图 7-152 所示。

（11）在内筒内孔施加压力载荷，如图 7-153 所示。

（12）插入构造几何（Construction Geometry）对象，如图 7-154 所示。

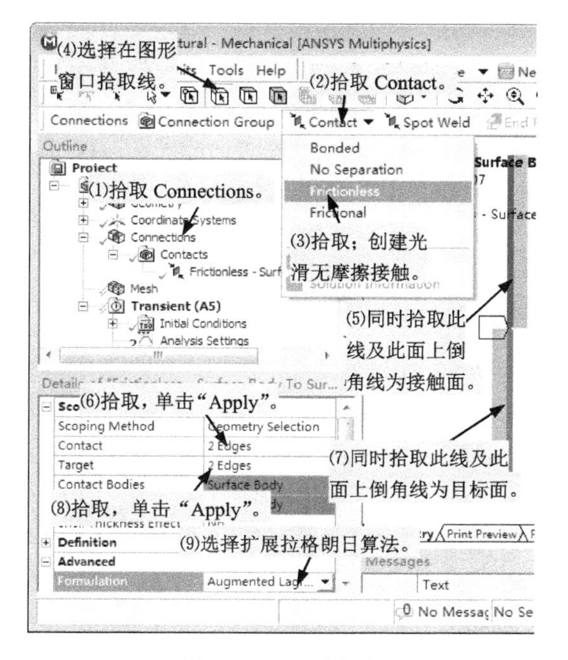


图 7-148　创建接触

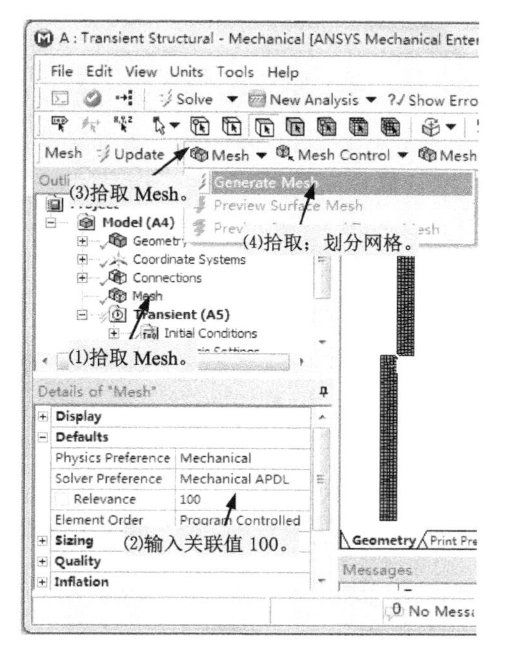


图 7-149　划分网格

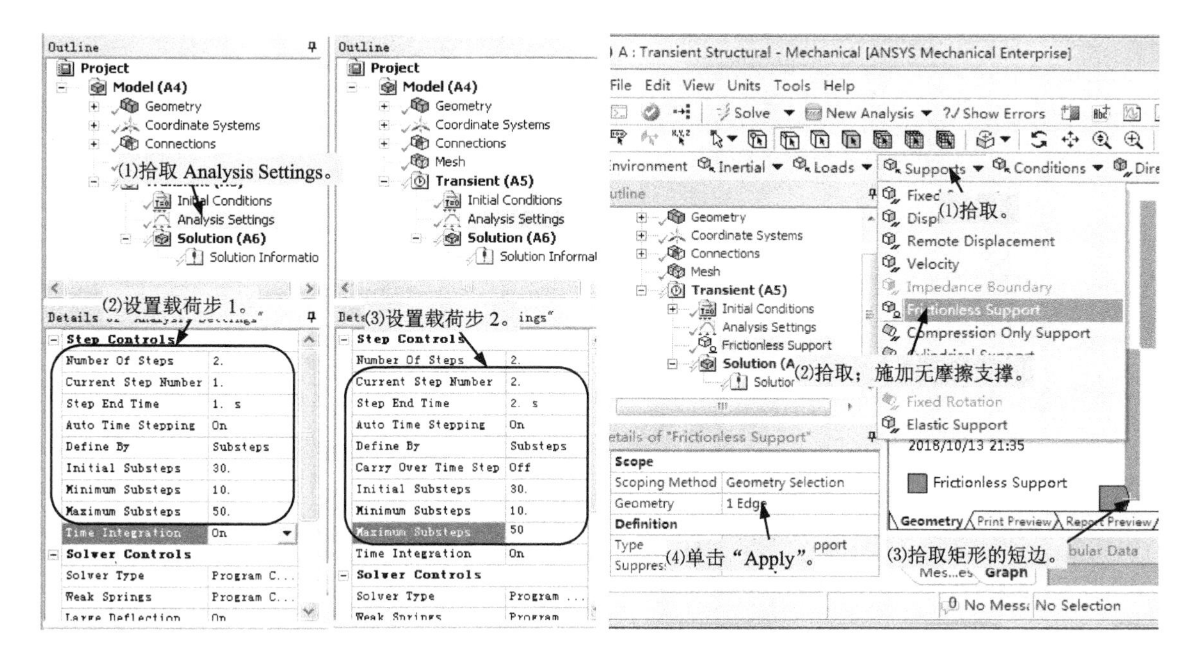


图 7-150　设置时间步长　　　　图 7-151　施加无摩擦约束

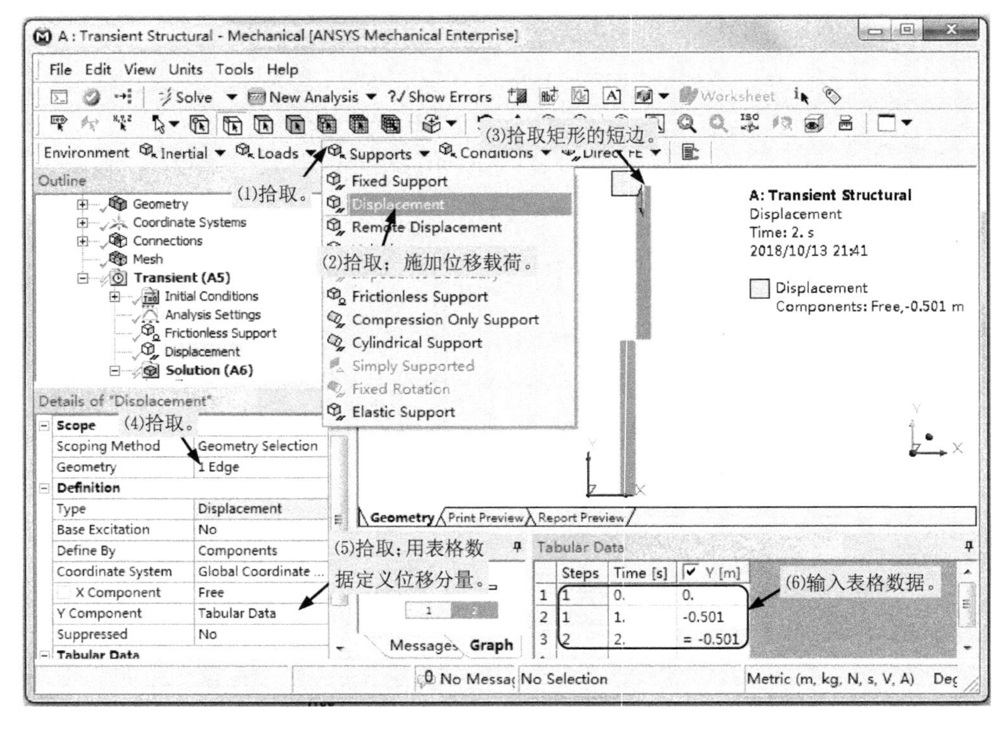


图 7-152　施加位移载荷

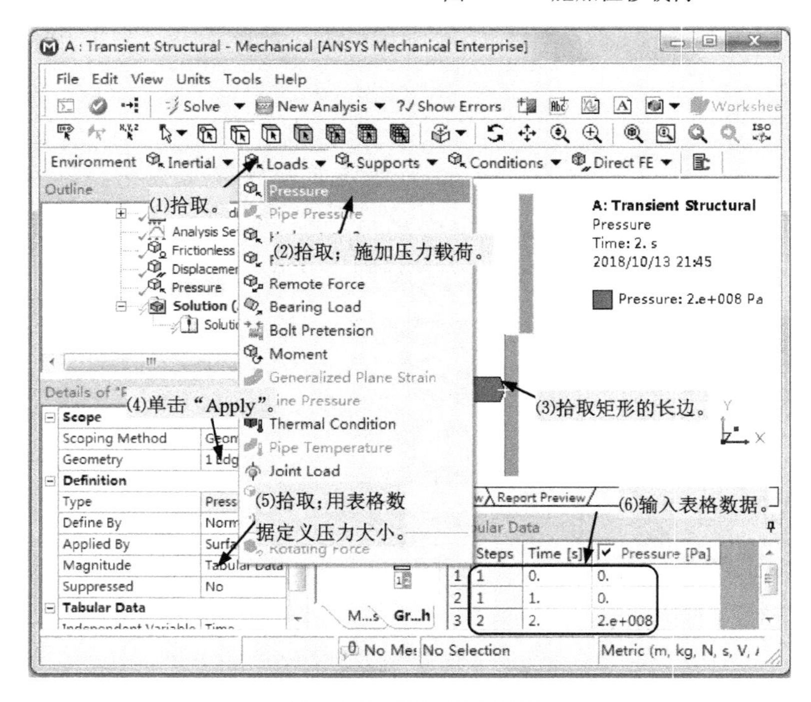


图 7-153　施加压力载荷

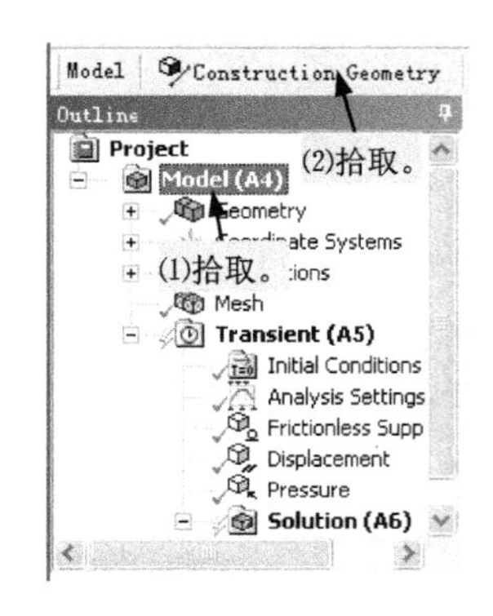


图 7-154　插入构造几何对象

（13）创建路径 Path_IN、Path_OUT、INTERFACE，用于显示结果，如图 7-155 所示。

（14）指定总变形为计算结果，如图 7-156 所示。

（15）指定等效应力为计算结果，如图 7-157 所示。

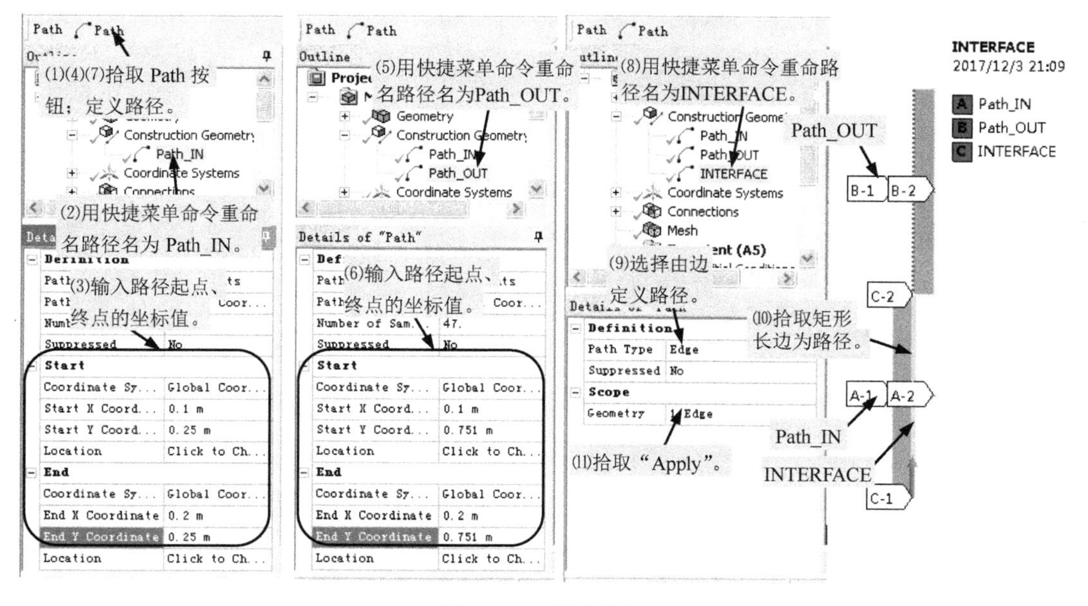


图 7-155　创建路径

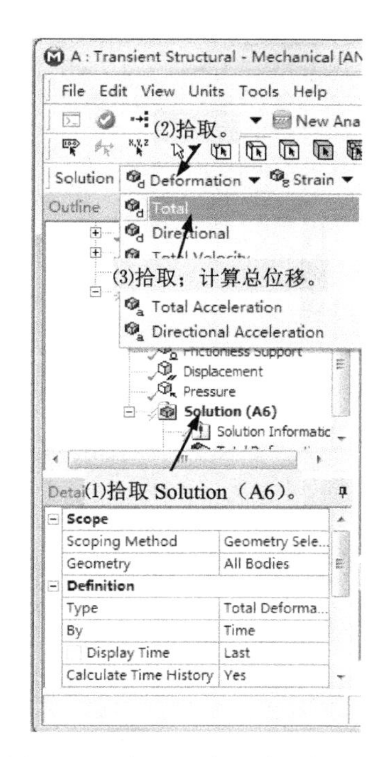


图 7-156　指定总变形为计算结果

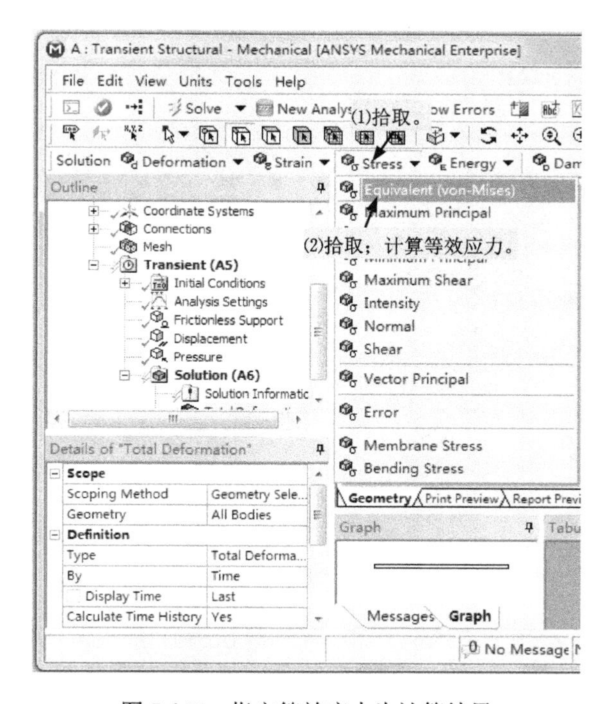


图 7-157　指定等效应力为计算结果

（16）指定计算 Time=1s 时路径 INTERFACE 上的 $X$ 方向正应力，即装配压力，如图 7-158 所示。显然，计算结果等于内外筒体间的装配压力 $p$。将 $p$ 代入式（7-19）和式（7-20），即可计算得到过盈配合能传递的最大摩擦阻力 $F$ 和摩擦力矩 $M$。

（17）指定计算路径 Path_IN 和路径 Path_OUT 上的 $Z$ 方向正应力，即切向应力，如图 7-159 所示。

（18）单击 Solve ▾按钮，求解结构瞬态动力学分析。

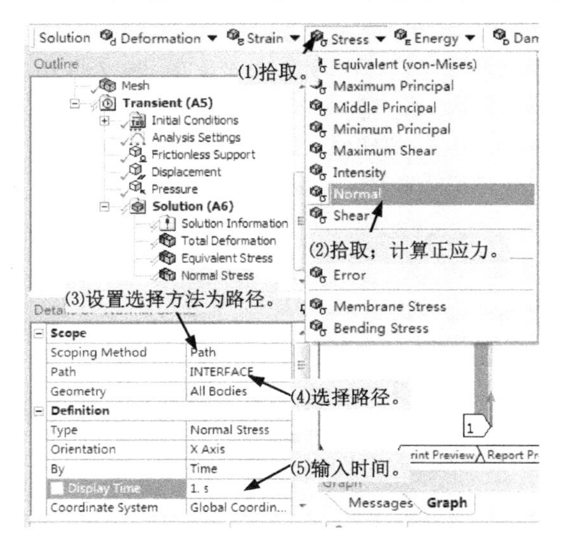


图 7-158　指定计算装配压力

图 7-159　指定计算切向应力

（19）查看等效应力的变化情况，如图 7-160 所示。

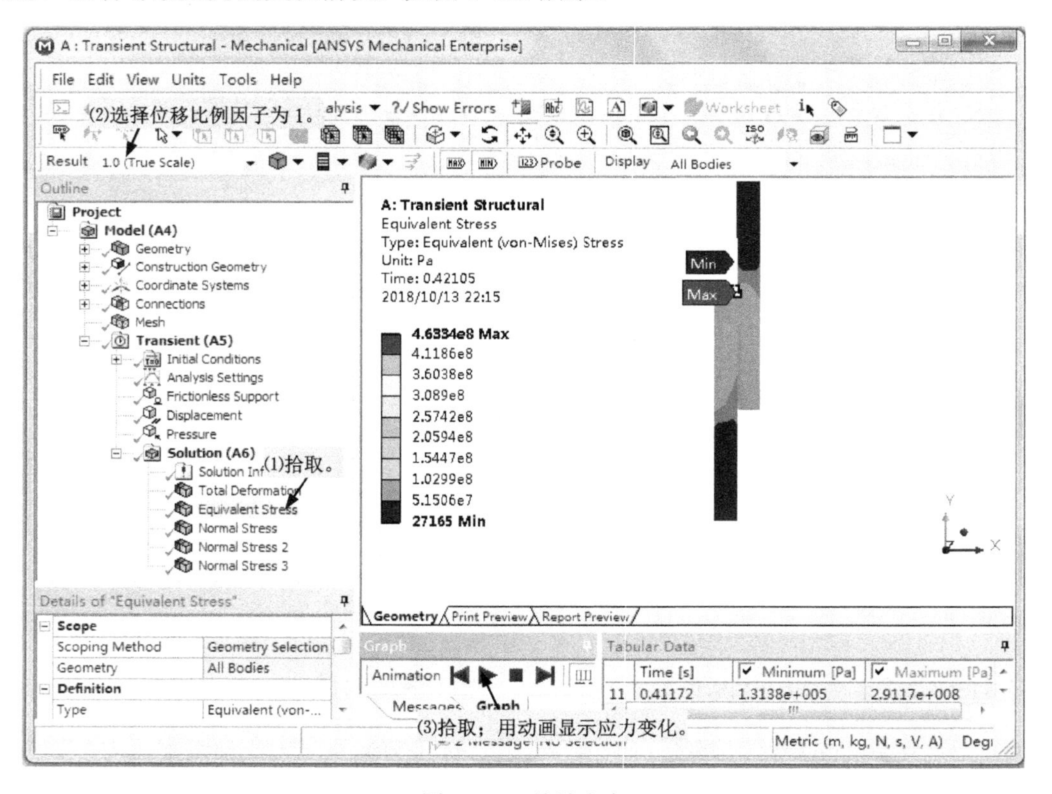


图 7-160　等效应力

（20）在提纲树（Outline）上选择 Normal Stress，查看路径 INTERFACE 上的 $X$ 方向正应力，即装配压力，如图 7-161 所示。从图中可见，除筒体端部以外，其余部位的装配压力大小为 54MPa 左右，与理论解相符合。此结果可用于估算过盈配合的承载能力，也可以根据装配压力沿筒体长

度的分配情况对过盈配合进行设计评估。

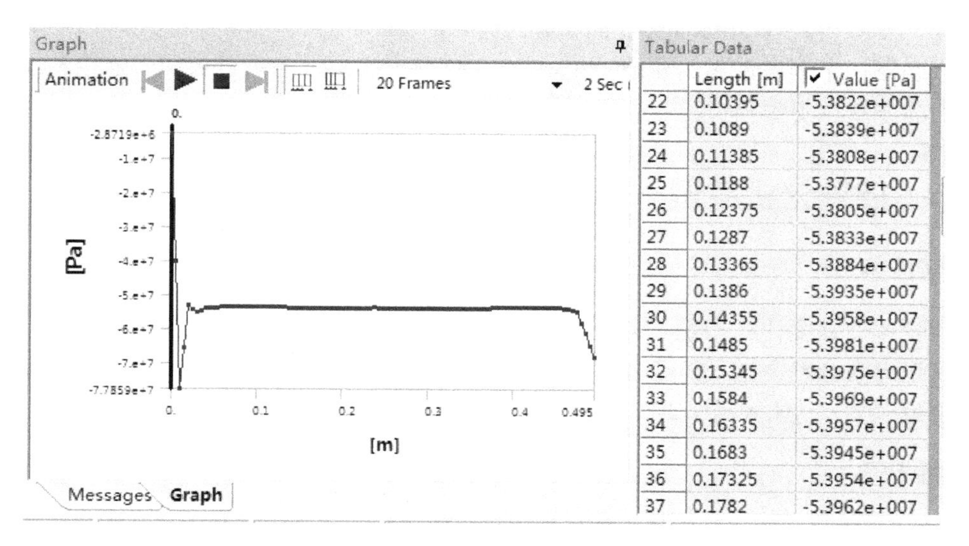


图 7-161　装配压力

（21）创建曲线图（Chart），如图 7-162 所示，以便在同一图表中同时查看 Normal Stress2（内筒承受工作压力下的切向应力）和 Normal Stress3（外筒承受工作压力下的切向应力）两个结果。读者可以用类似方法查看径向应力、等效应力等其他结果。

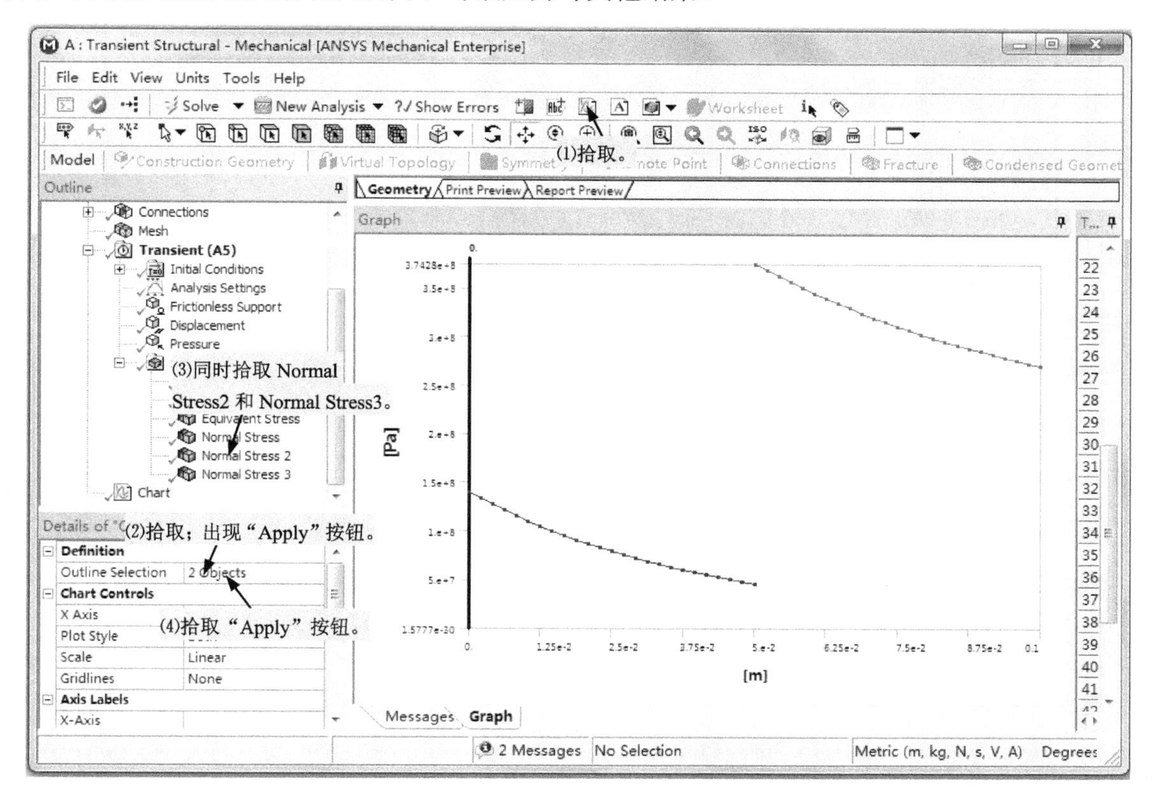


图 7-162　创建曲线图

（22）退出 Mechanical。

步骤 6：在 ANSYS Workbench 界面保存工程。

**[本例小结]** 本例通过实例介绍了利用 ANSYS Workbench 分析过盈配合连接和组合厚壁圆筒承载能力的方法、步骤和技巧，介绍了查看组合厚壁圆筒装配压力和应力分布的方法。

## 7.4.6 接触分析实例——斜齿圆柱齿轮传动分析

### 1. 问题描述

由于齿轮传动强度计算一般不考虑动力特性，所以采用静力学分析类型。为分析一个齿对从进入啮合到退出啮合整个过程的啮合情况，可分别建立不同位置的模型进行研究。为减少模型规模，且由于最多为双齿对啮合，所以只创建斜齿圆柱齿轮传动两对轮齿的局部模型。

### 2. 分析步骤

步骤 1：在 Windows“开始”菜单执行 ANSYS→Workbench，启动 Workbench。

步骤 2：创建项目 A，进行结构静力学分析，如图 7-163 所示。

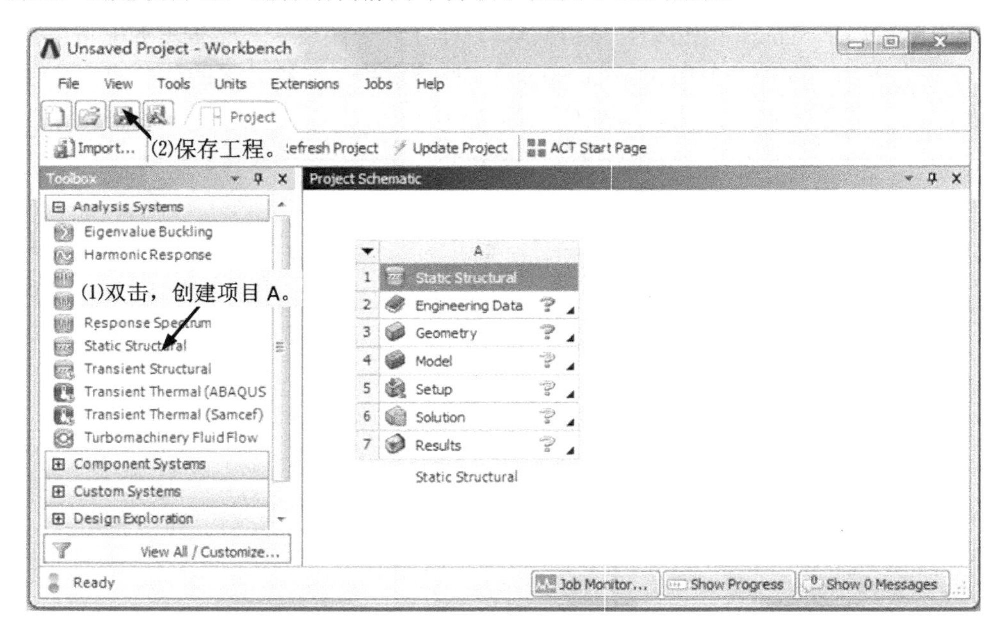


图 7-163 创建项目 A

步骤 3：从 ANSYS 材料库选择材料模型，添加到当前分析项目中。

（1）双击图 7-163 所示项目流程图 A2 格的“Engineering Data”项。

（2）从 ANSYS 材料库选择材料模型 Structural Steel，如图 7-164 所示。图中对话框的显示由下拉菜单 View 项控制。

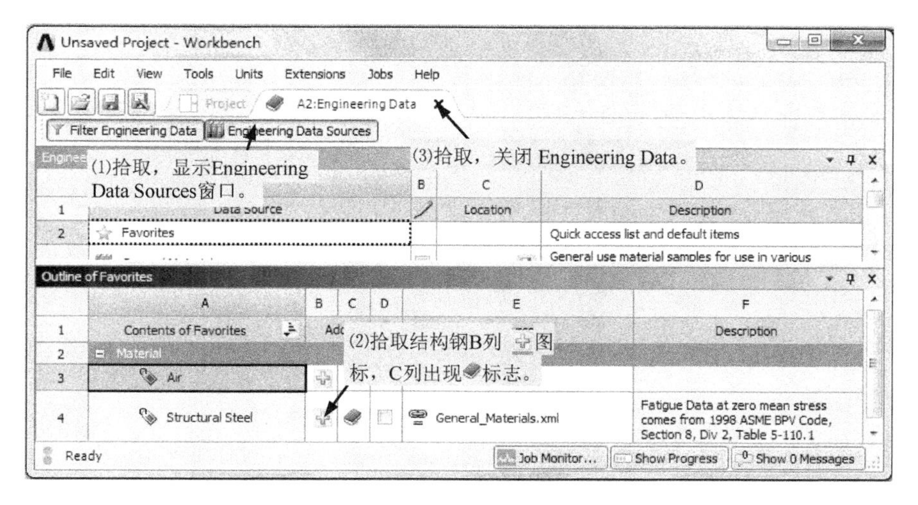


图 7-164　选择材料

步骤 4：导入几何体模型。

（1）输入以*.igs 文件格式存储的几何体，如图 7-165 所示。

（2）用鼠标右键单击如图 7-165 所示项目流程图 A3 格“Geometry”项，在快捷菜单中拾取命令 Edit Geometry in DesignModeler，启动 DM 编辑几何体。

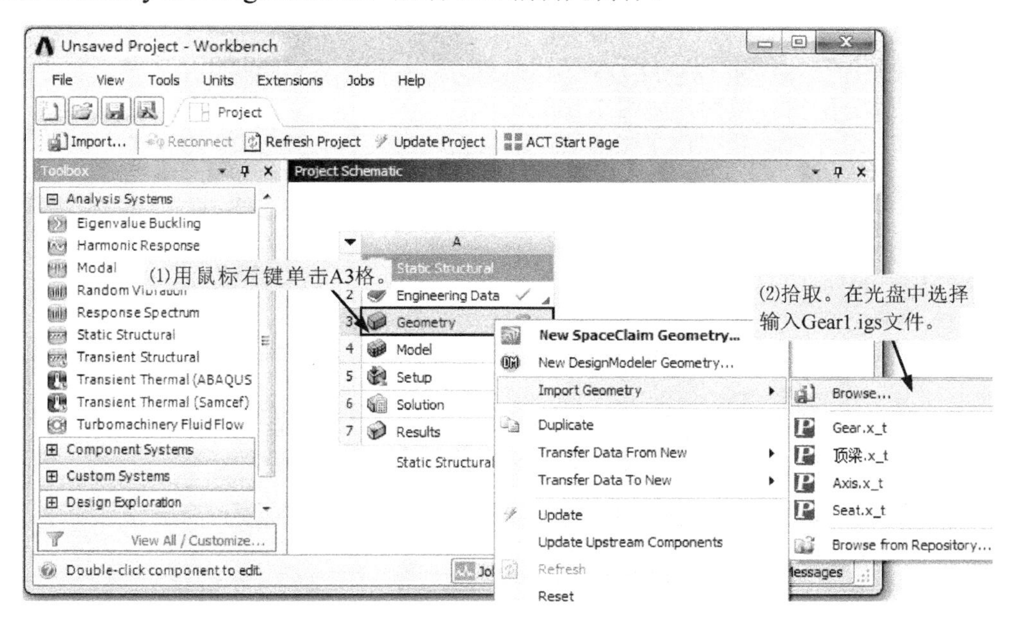


图 7-165　输入几何体

（3）单击 Generate 按钮，生成几何体。

（4）组装零件，如图 7-166 所示。

（5）退出 DesignModeler。

步骤 5：定义接触，划分网格，施加载荷和约束，指定计算结果，求解计算，查看结果。

（1）因上格数据（A3 格 Geometry 项）发生变化，需要对 A4 格 Model 项的输入数据进行刷新，如图 7-167 所示。

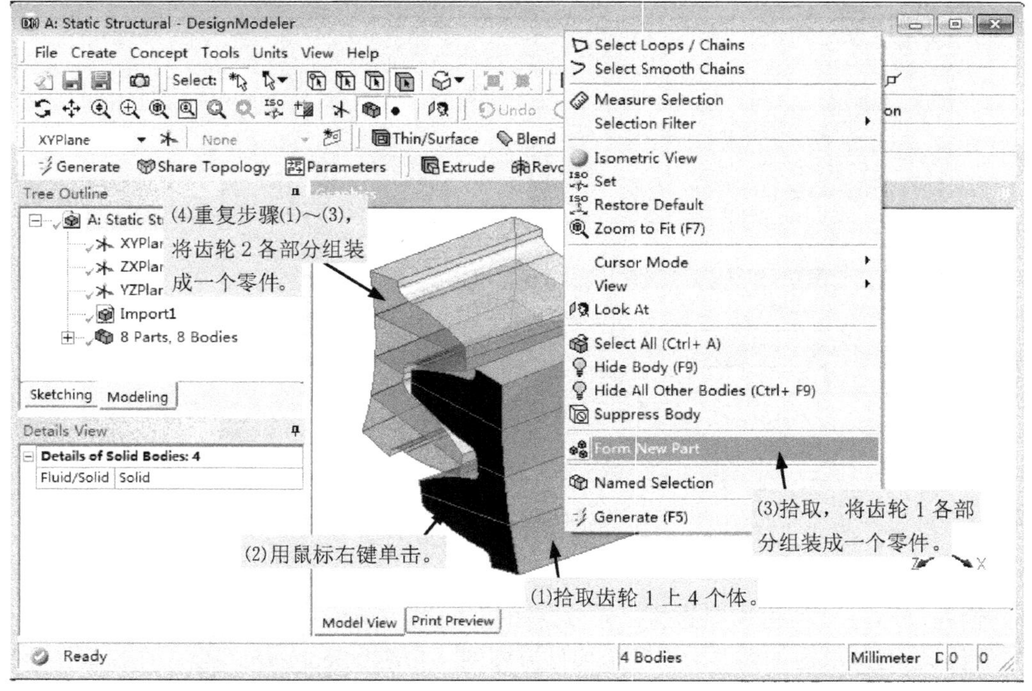


图 7-166　组装零件

（2）双击图 7-167 所示项目流程图 A4 格 Model 项，启动 Mechanical。

（3）为几何体分配材料属性，如图 7-168 所示。

图 7-167　刷新数据

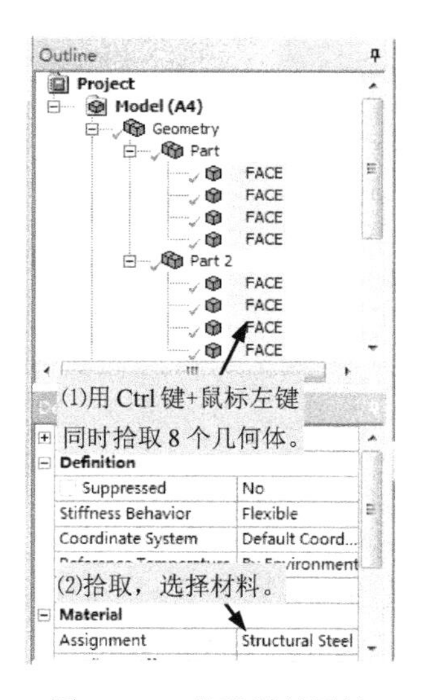


图 7-168　分配材料属性

（4）创建局部坐标系，类型为圆柱坐标系，如图 7-169 所示。

（5）删除自动检测创建的接触，如图 7-170 所示。

图 7-169　创建局部坐标系

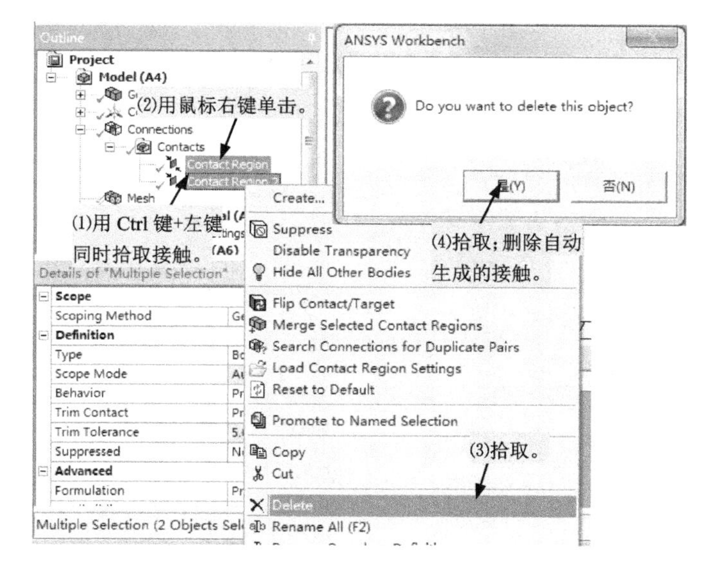


图 7-170　删除自动生成的接触

（6）定义两个齿轮两对轮齿齿面间的接触，如图 7-171 所示。

（7）进行网格控制，划分网格，如图 7-172 所示。

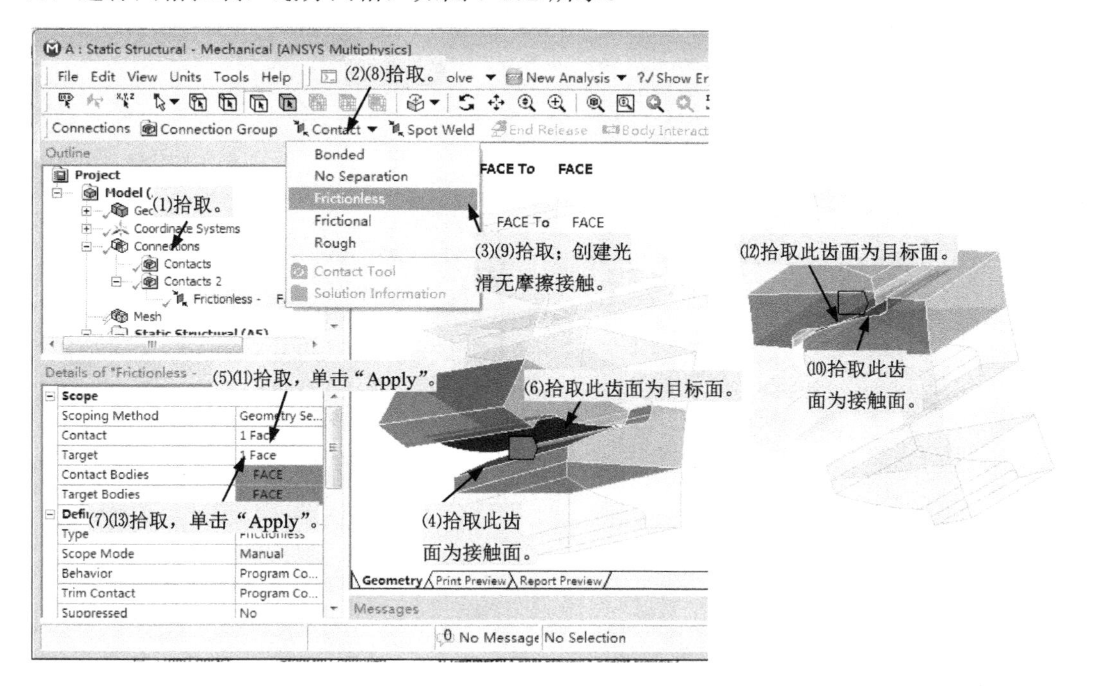


图 7-171　定义接触

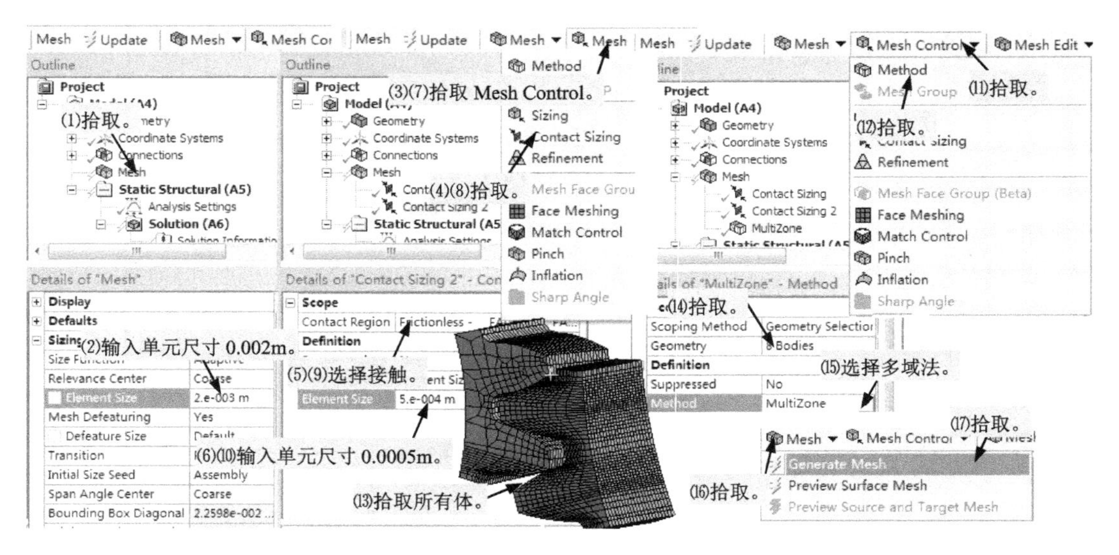


图 7-172 划分网格

（8）在右侧齿轮上施加固定约束，如图 7-173 所示。

（9）在左侧齿轮上施加切向位移载荷，如图 7-174 所示。

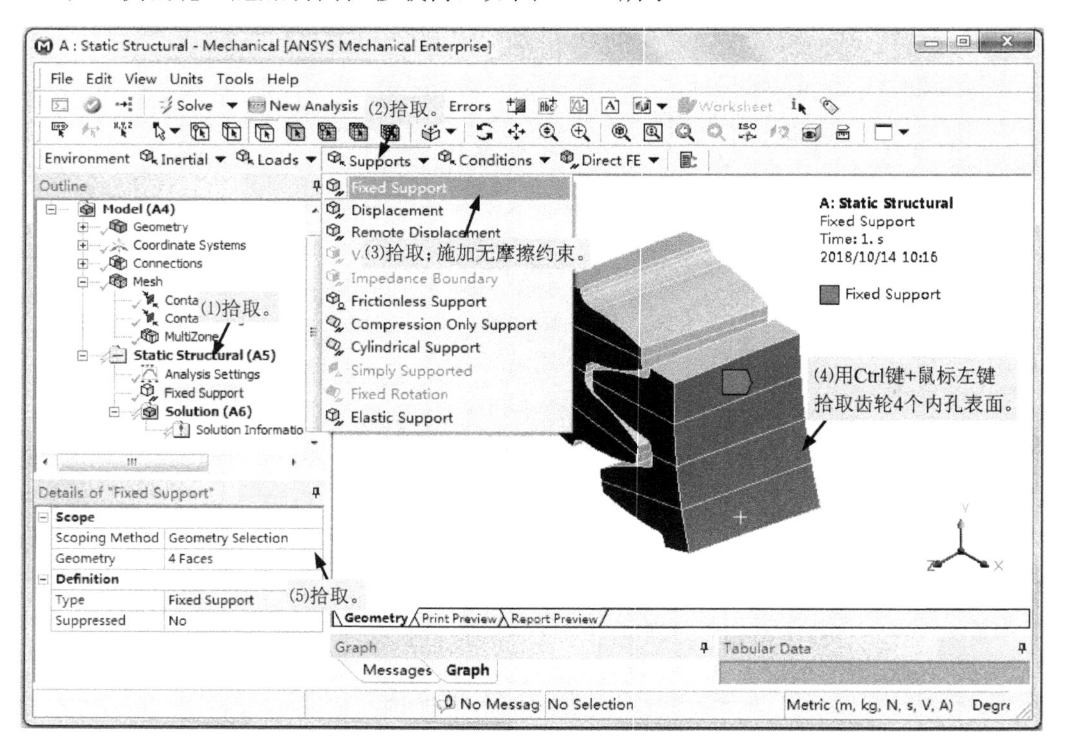


图 7-173 施加固定约束

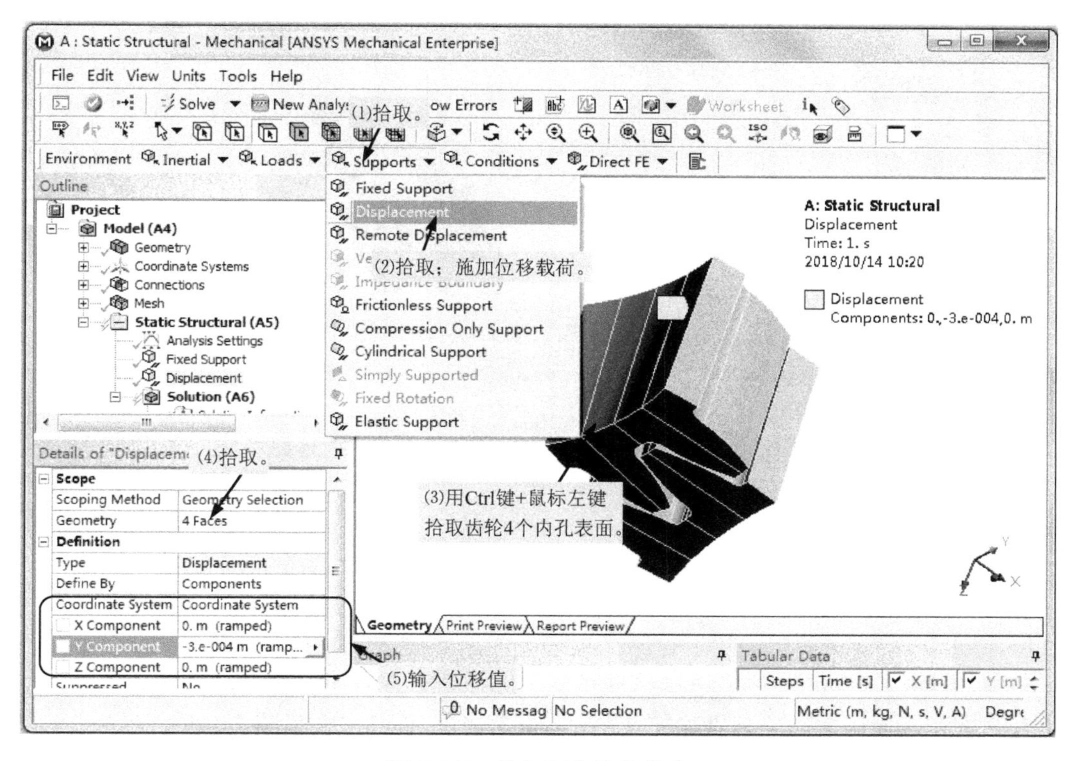


图 7-174　施加切向位移载荷

（10）指定两齿轮的总变形、等效应力、接触状态和接触压力为计算结果，如图 7-175 所示。

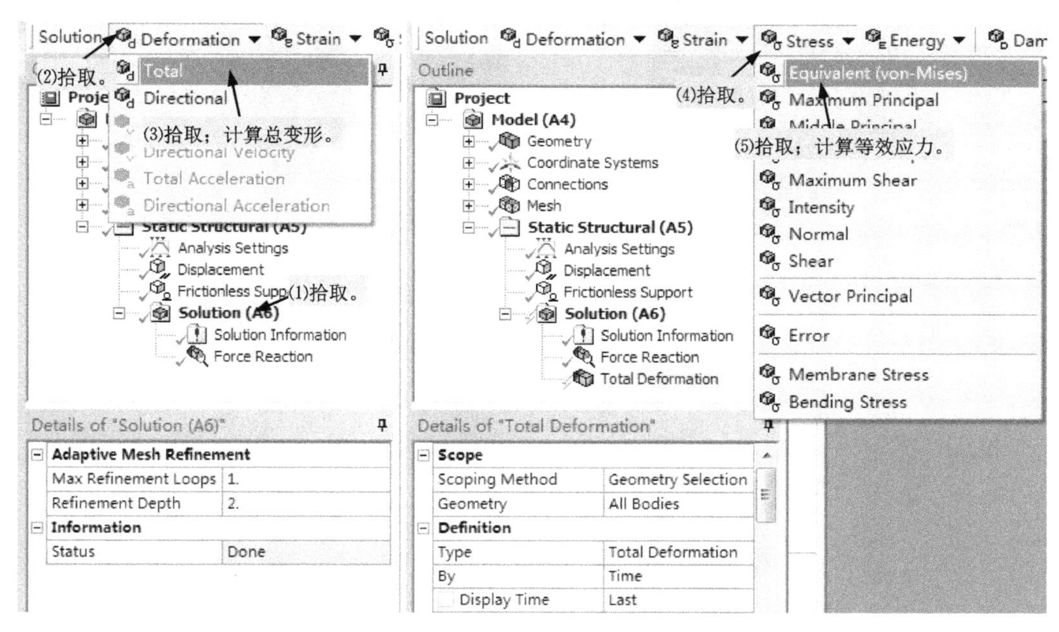


（a）总变形和等效应力

图 7-175　指定计算结果

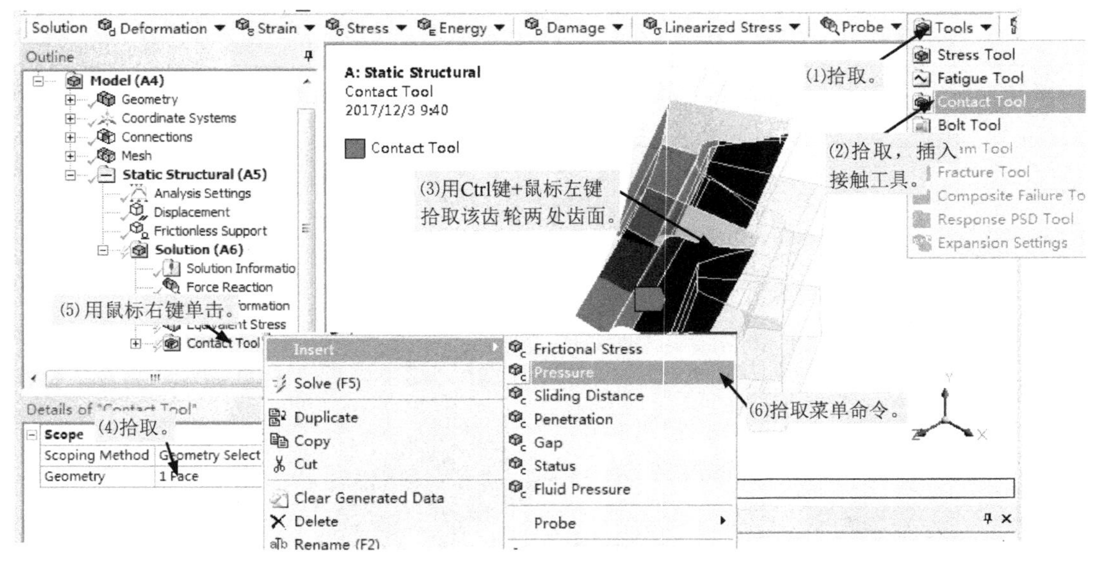


（b）接触状态和接触压力

图 7-175　指定计算结果（续）

（11）单击 Solve 按钮，对上述结果进行计算。

（12）在提纲树（Outline）上选择结果类型，进行结果查看，总变形结果、等效应力结果、接触状态结果和接触压力结果分别如图 7-176、图 7-177、图 7-178 和图 7-179 所示。

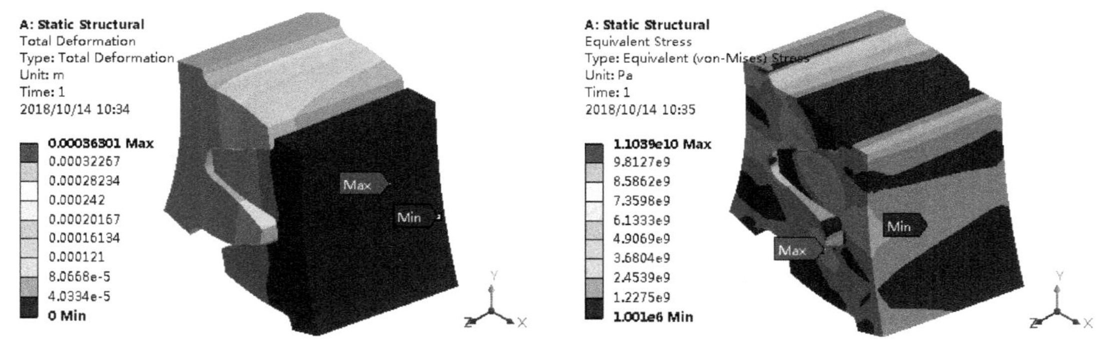

图 7-176　总变形结果　　　图 7-177　等效应力结果

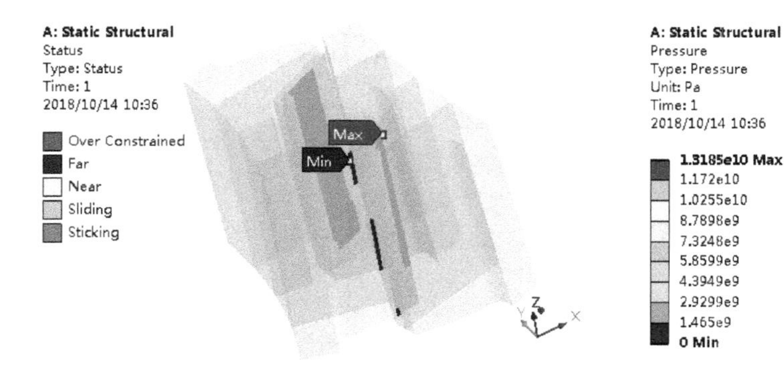

图 7-178　接触状态结果

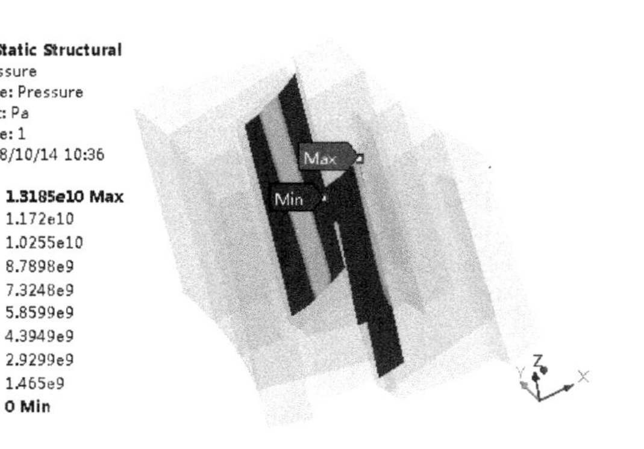

图 7-179　接触压力结果

（13）退出 Mechanical。

步骤 6：在 ANSYS Workbench 界面保存工程。

**[本例小结]** 在介绍结构非线性分析和接触的基础上，通过复杂实例进一步介绍了在结构分析中存在接触非线性时，ANSYS Workbench 几何体和接触的创建、网格的划分、结果处理等步骤的处理方法。

## 7.4.7　利用 MPC 技术对 3D 实体-面体进行连接实例——简支梁

### 1. 概述

很多情况下对整个模型各部分分别使用 3D 实体（Solid）和面体（Surface Body）创建几何体，不仅可以减少计算量，而且计算精度不受到影响，甚至有时有利于提高计算精度。但是，3D 实体需要用实体（SOLID）类单元划分网格，面体（Surface Body）需要用壳（SHELL）类单元划分网格，而壳单元有 3 个位移自由度、3 个转动自由度，共 6 个自由度，3D 实体单元只有 3 个位移自由度，二者直接连接时由于本身自由度的不同使转动自由度不连续，造成计算结果存在较大的误差。

对于不同类型单元自由度不连续的问题，ANSYS Workbench 解决问题的方法有：使用约束方程和 MPC 法。

1）使用约束方程

使用约束方程是传统的办法，就是把一个节点的某个自由度与其他一个节点或多个节点的自由度通过某种关系方程联系起来。有如下形式：

$$C=\sum_{i=1}^{N}C_f(i)U(i) \tag{7-21}$$

式中，$C$——常数；

$C_f(i)$——系数；

$i$——节点号；

$U(i)$——自由度；

$N$——方程项中的编号。

为建立有限元模型并构建约束方程，需要对 3D 实体部分与面体部分分别进行单元划分，需要注意，应使连接处实体单元与板壳单元的节点位置重合，并在划分完单元后合并节点，以保证实体与壳单元在连接处有公共节点。

显然，当公共节点较多时，需要建立的约束方程数目也相应较多，处理时比较困难。

2）MPC 法

MPC 即多点约束方程（Multipoint Constraint），利用它可以不需要连接处的节点一一对应就能将不连续、自由度不协调的单元连接起来。使用 MPC 技术连接三维实体单元与壳单元，是通过定义需要连接的 3D 实体部分与面体部分为绑定接触关系和设置接触单元的接触算法为 MPC 方法来实现的。

由于 MPC 法不需要逐一建立约束方程，不需要在 3D 实体部分与面体部分连接处有公共节点，所以 MPC 法使用更为方便。

**2. 问题描述**

梁的尺寸如图 7-180 所示，在梁的箱形结构上表面（即 2000×300mm 表面）作用有大小为 1MPa 的均布压力，两端$\phi$150 圆柱面为支撑表面，分析其应力和变形情况。

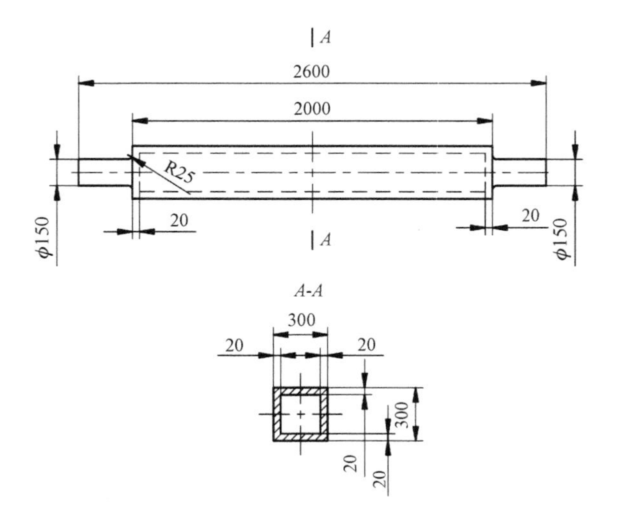


图 7-180　简支梁

由于梁的形状和载荷都对称于梁跨度中点处横截面，分析时可取梁长度的一半。

**3. 分析步骤**

步骤 1：在 Windows“开始”菜单执行 ANSYS →Workbench。
步骤 2：创建项目 A，进行结构静力学分析，如图 7-181 所示。

图 7-181　创建项目 A

步骤 3：从 ANSYS 材料库选择材料模型，添加到当前分析项目中。

（1）双击图 7-181 所示项目流程图 A2 格的“Engineering Data”项。

（2）选择材料 Structural Steel，如图 7-182 所示。图中对话框的显示由下拉菜单 View 项控制。

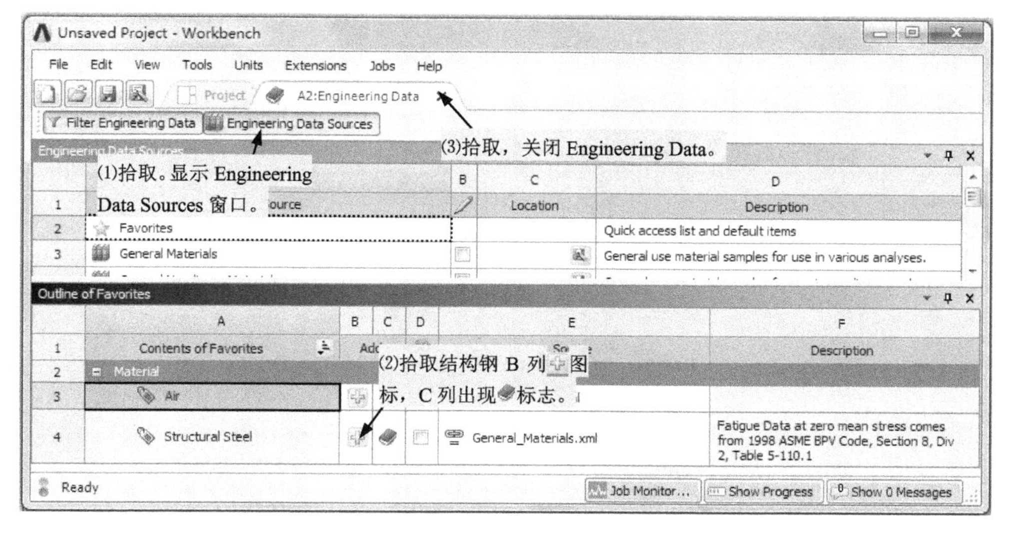


图 7-182　选择材料模型

步骤 4：创建几何体。

（1）用鼠标右键单击如图 7-181 所示项目流程图 A3 格“Geometry”项，在快捷菜单中拾取命令 New DesignModeler Geometry，启动 DM 创建几何体。

（2）拾取菜单命令 Units→ Millimeter，选择长度单位为 mm。

（3）在 XYPlane 的 Sketch1 上画矩形，如图 7-183 所示。

（4）标注尺寸，如图 7-184 所示。由于矩形在图 7-180 所示 *A-A* 截面各部分壁厚的中间位置，即箱形结构的中面位置，所以矩形的长度和宽度均取为 300−20=280mm。

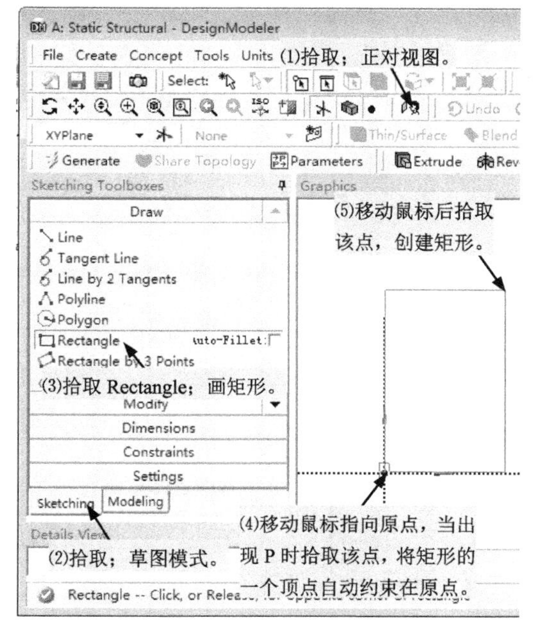


图 7-183　画矩形

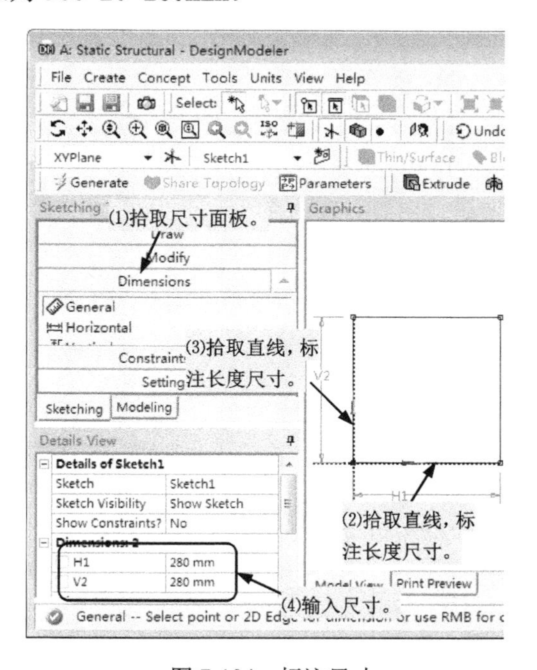


图 7-184　标注尺寸

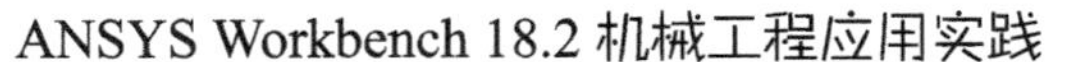

（5）拉伸草图 Sketch1，创建面体，用以模拟梁箱形部分，如图 7-185 所示。

（6）以 XYPlane 为基面通过偏移创建新平面 Plane4，如图 7-186 所示。

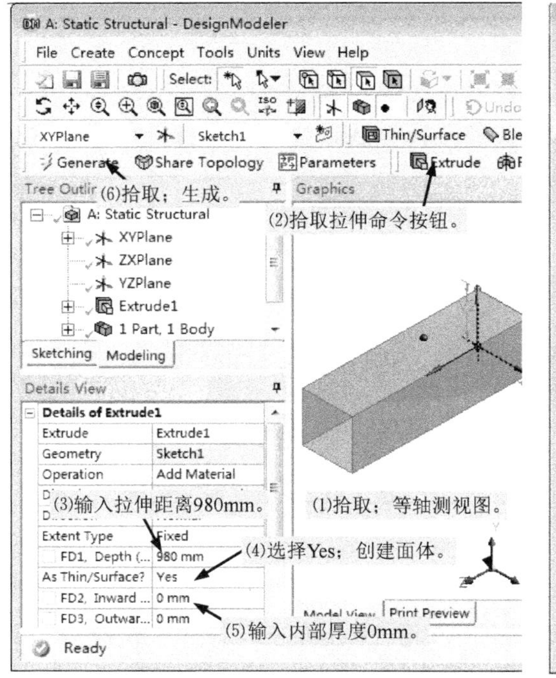


图 7-185　创建面体

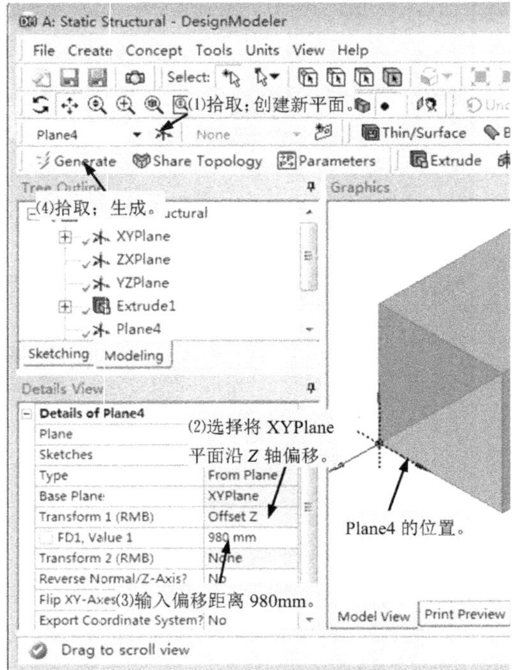


图 7-186　创建新平面

（7）在 Plane4 的 Sketch2 上画矩形，如图 7-187 所示。

（8）标注尺寸，如图 7-188 所示。

图 7-187　画矩形

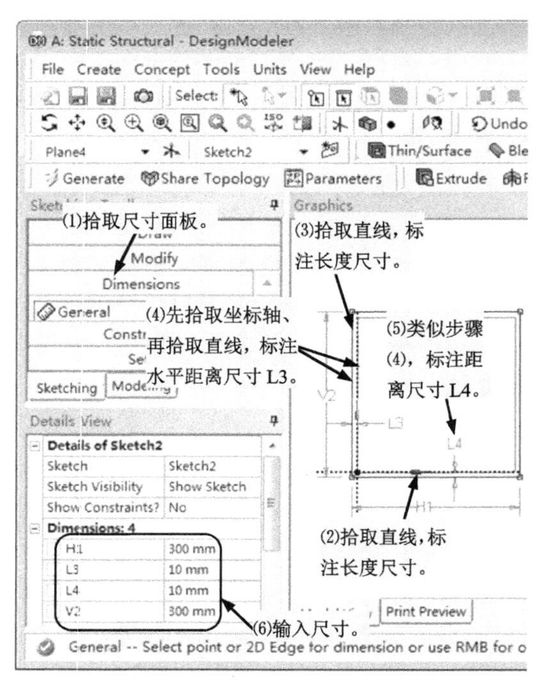


图 7-188　标注尺寸

（9）拉伸草图 Sketch2 成六面体，用以模拟箱形结构的端部，如图 7-189 所示。

（10）创建新平面 Plane5，如图 7-190 所示。

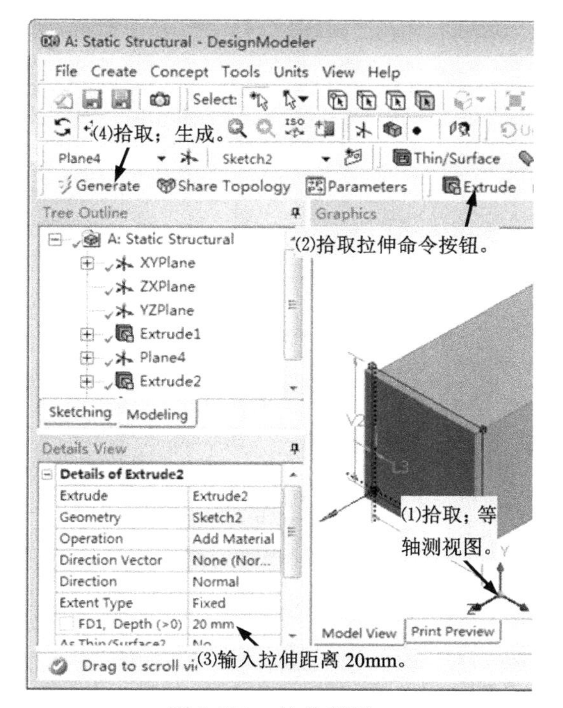


图 7-189　拉伸草图

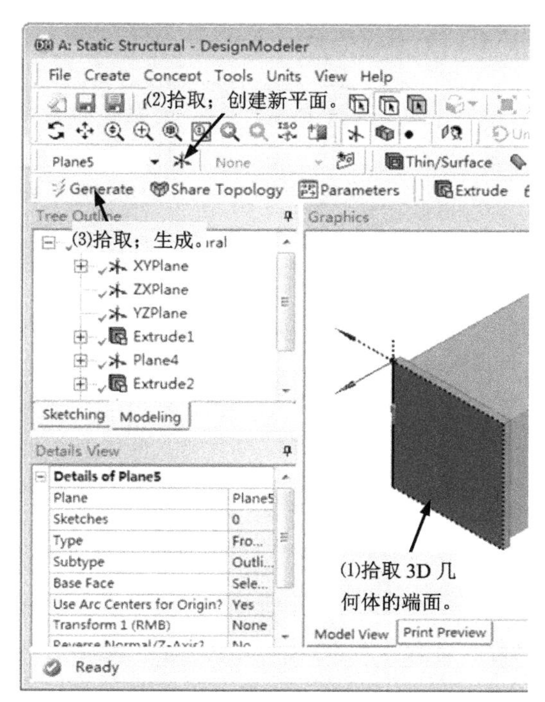


图 7-190　创建新平面

（11）在 Plane5 的 Sketch3 上画圆，如图 7-191 所示。

（12）标注尺寸，如图 7-192 所示。

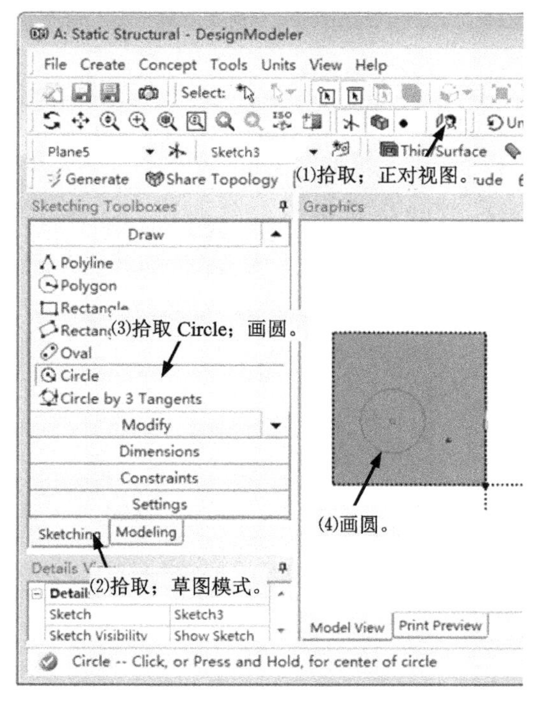


图 7-191　画圆

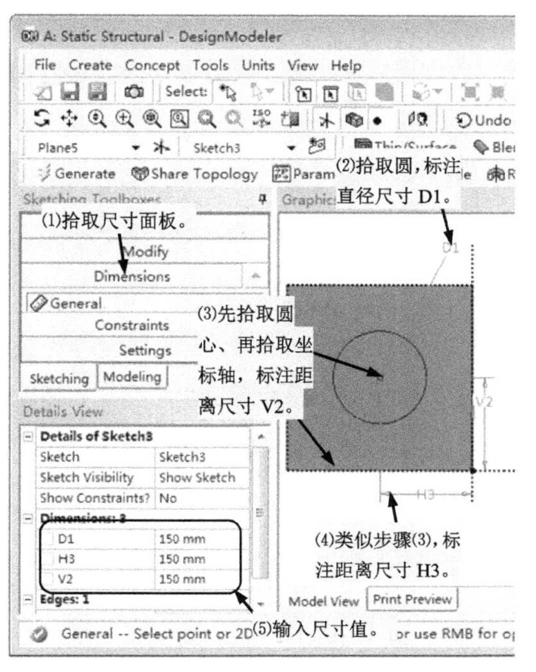


图 7-192　标注尺寸

（13）拉伸草图 Sketch3 成圆轴，如图 7-193 所示。

（14）在圆轴和箱形结构间创建圆角，半径 25mm，如图 7-194 所示。

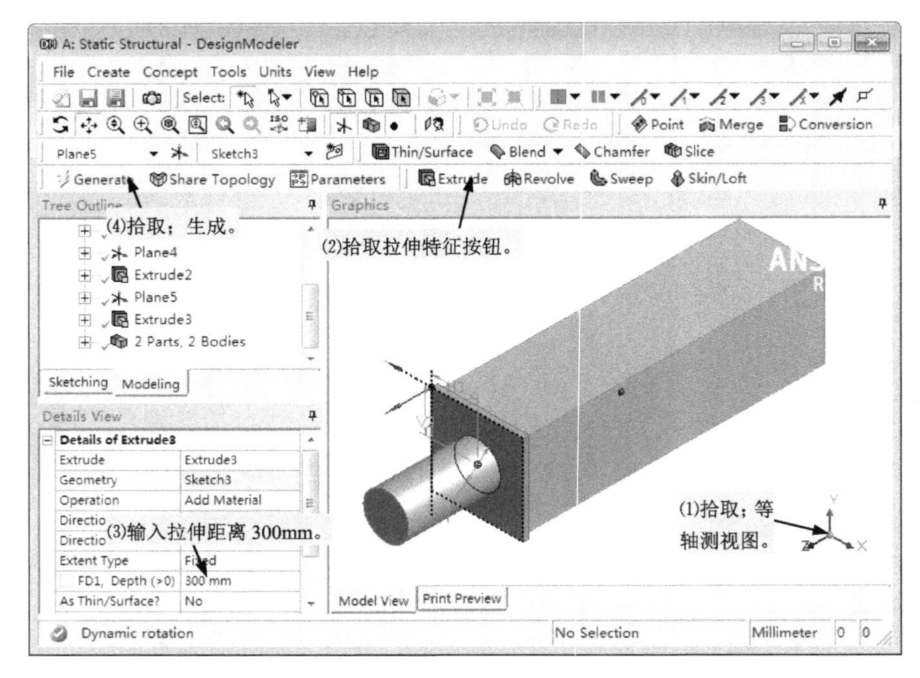


图 7-193　拉伸草图

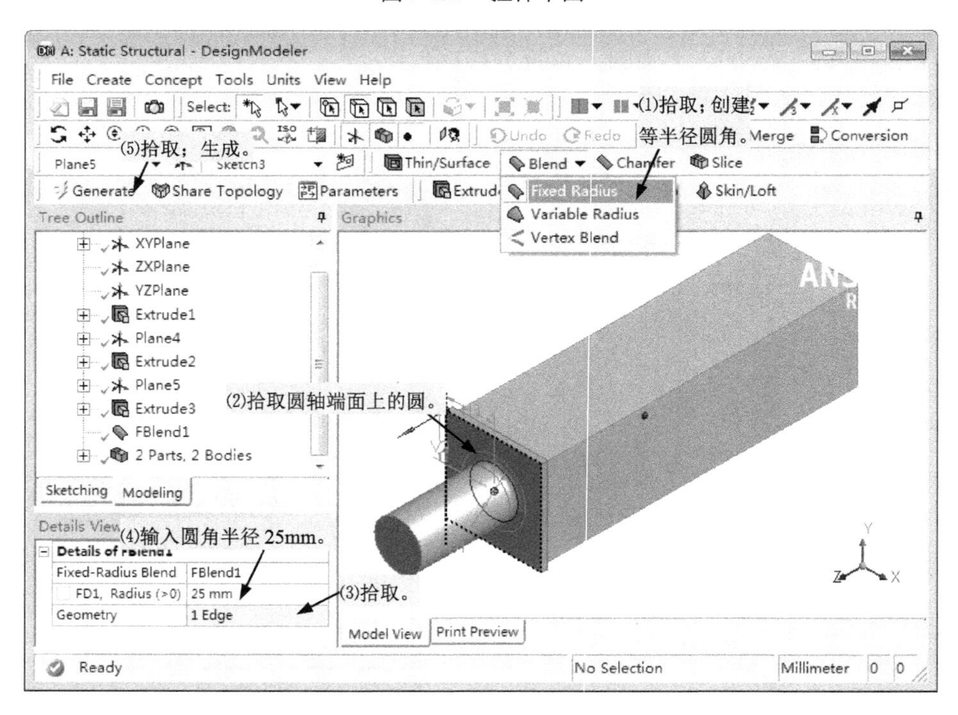


图 7-194　创建圆角

（15）退出 DesignModeler。

步骤 5：施加载荷和约束，求解结构静力学分析，查看结果。

（1）因上格数据（A3 格 Geometry 项）发生变化，需要对 A4 格 Model 项的输入数据进行刷新，如图 7-195 所示。

（2）双击图 7-195 所示项目流程图 A4 格的“Model”项，启动 Mechanical。

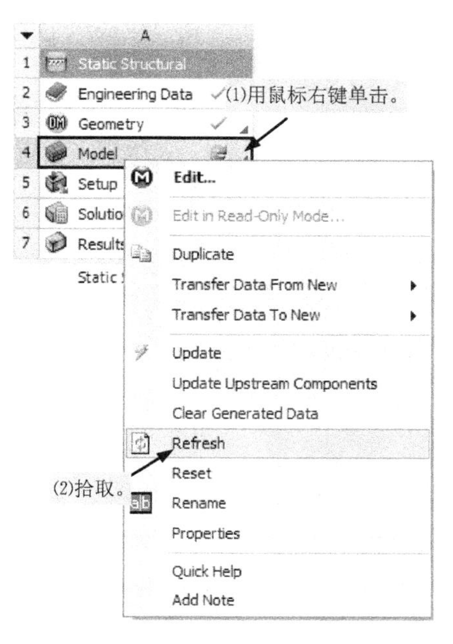


图 7-195　刷新数据

（3）为几何体指定厚度、材料模型等属性，如图 7-196 所示。

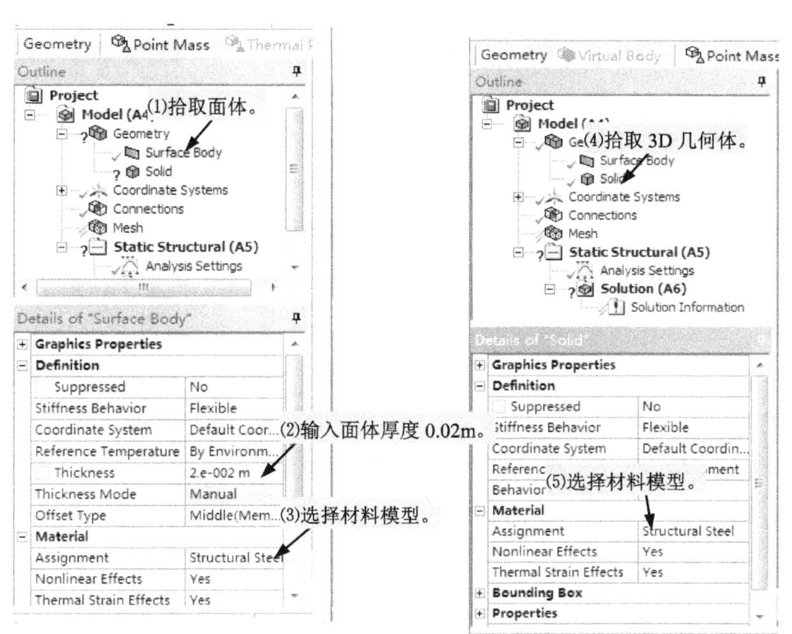


图 7-196　指定几何体属性

（4）创建面体和 3D 几何体间的绑定接触，如图 7-197 所示。

（5）指定网格控制，划分网格，如图 7-198 所示。

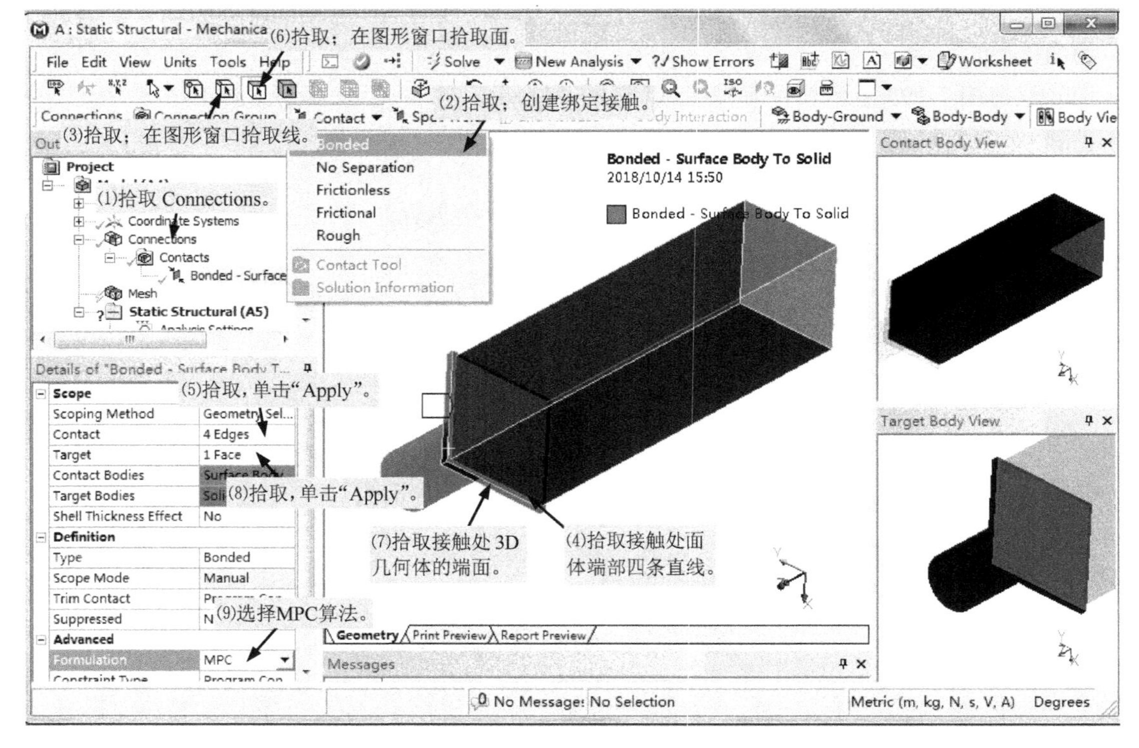


图 7-197　创建绑定接触

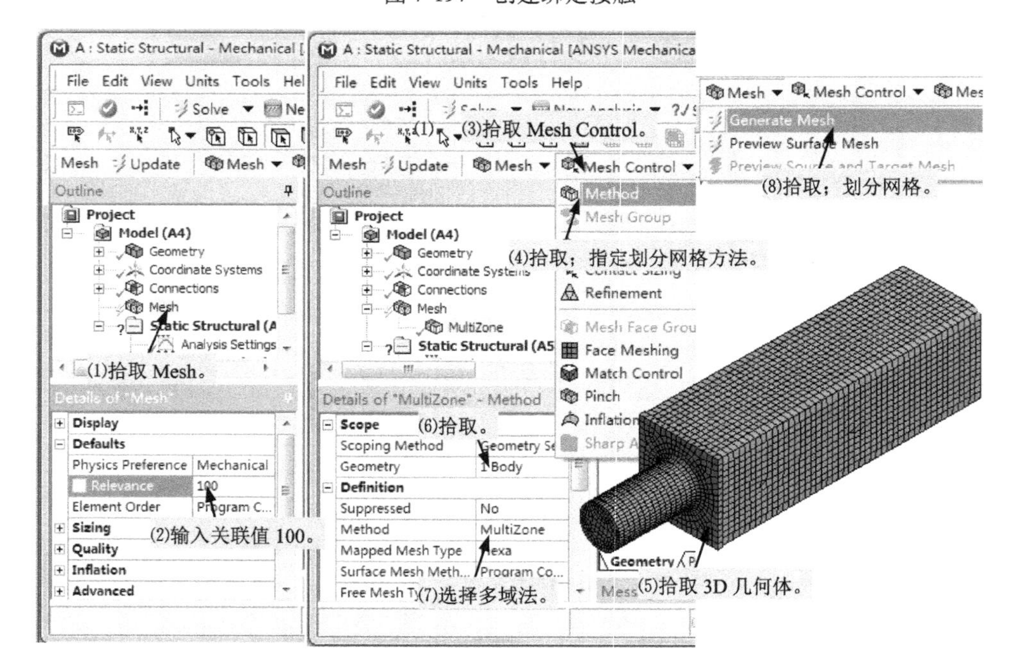


图 7-198　划分网格

（6）在轴的圆柱面上施加固定支撑，如图 7-199 所示。

（7）在面体的另一侧端面即整个梁的对称面上施加垂直该面方向的零位移载荷，如图 7-200 所示。

图 7-199　施加固定支撑

图 7-200　施加零位移载荷

（8）在箱形结构的上表面施加压力载荷，大小为 $1.0699\times10^6$Pa，如图 7-201 所示。由于面体在箱形结构的中面位置，其面积比实际面积小，需要施加的压力应为 $0.3\times1\times10^6/0.2804=1.0699\times10^6$Pa，其中 0.3m$^2$ 为实际面积，0.2804 m$^2$ 为当前结构承压面积。

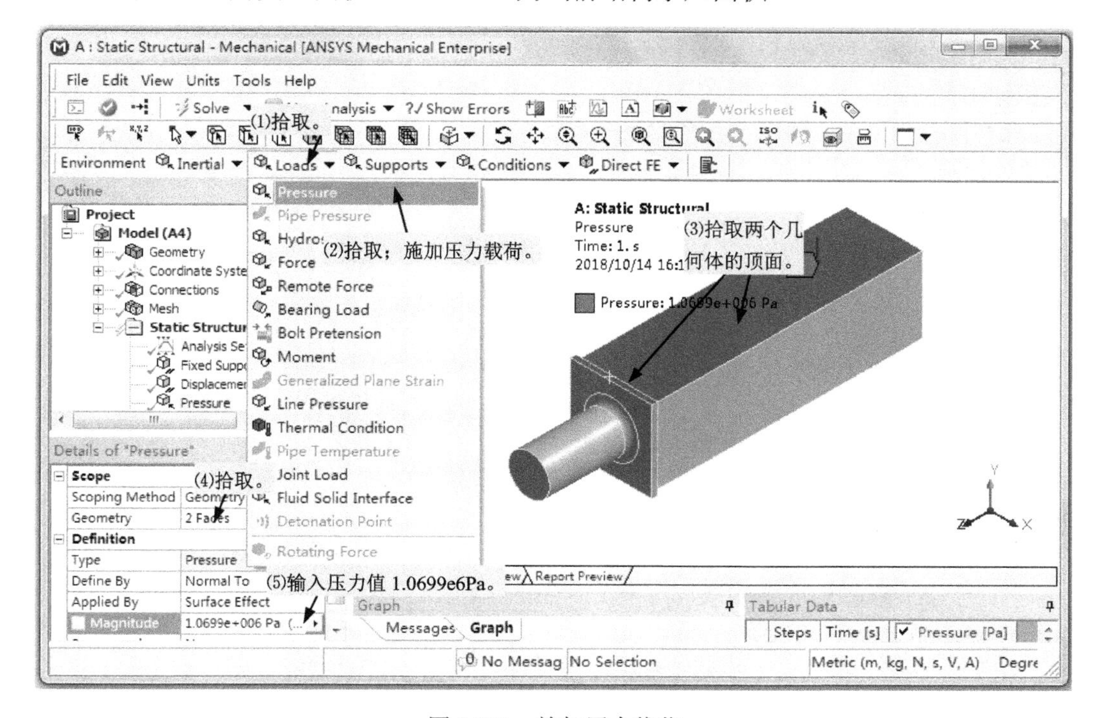


图 7-201　施加压力载荷

（9）指定总变形为计算结果，如图 7-202 所示。

（10）指定等效应力为计算结果，如图 7-203 所示。

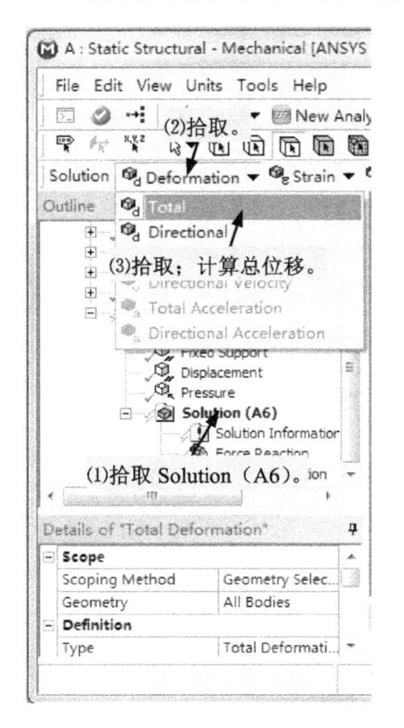


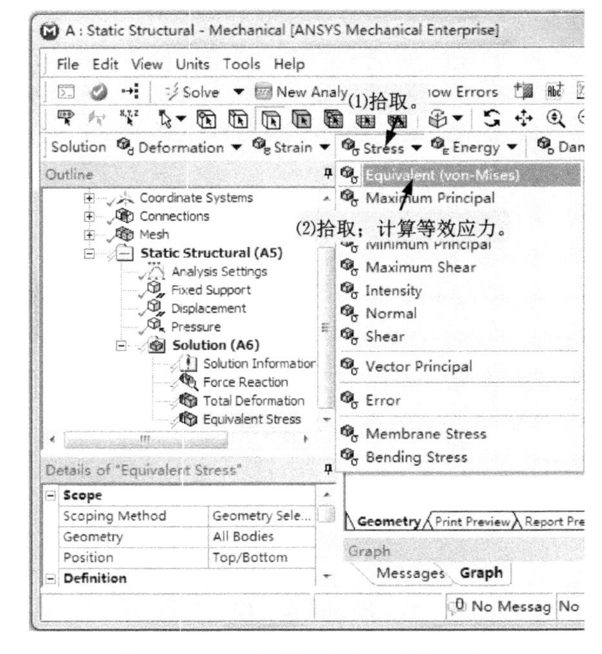


图 7-202　指定总变形为计算结果　　　　图 7-203　指定等效应力为计算结果

（11）指定支反力为计算结果，如图 7-204 所示。

（12）单击 Solve 按钮，求解结构静力学分析。

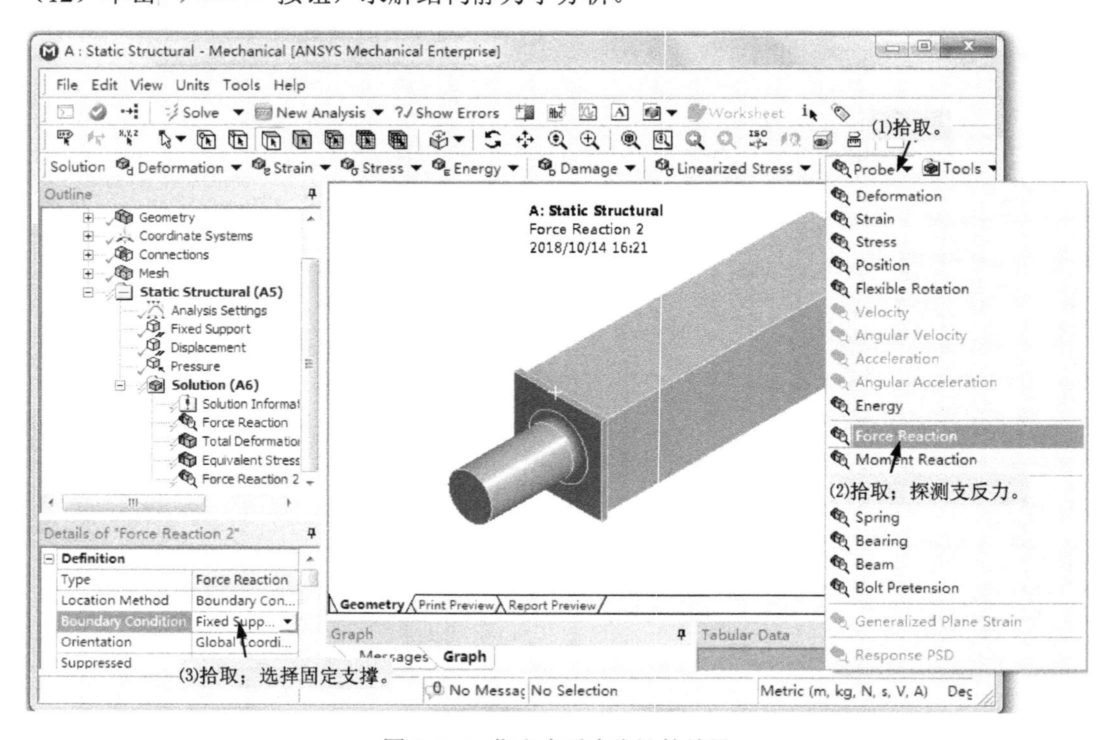


图 7-204　指定支反力为计算结果

（13）在提纲树（Outline）上选择结果类型，进行结果查看，总变形情况、等效应力情况和支反力如图 7-205、图 7-206 和图 7-207 所示。支反力的大小可用于检查施加载荷的数值是否准确，本例计算结果为 $3\times10^5$N （见图 7-207 中细节窗口），与实际符合。

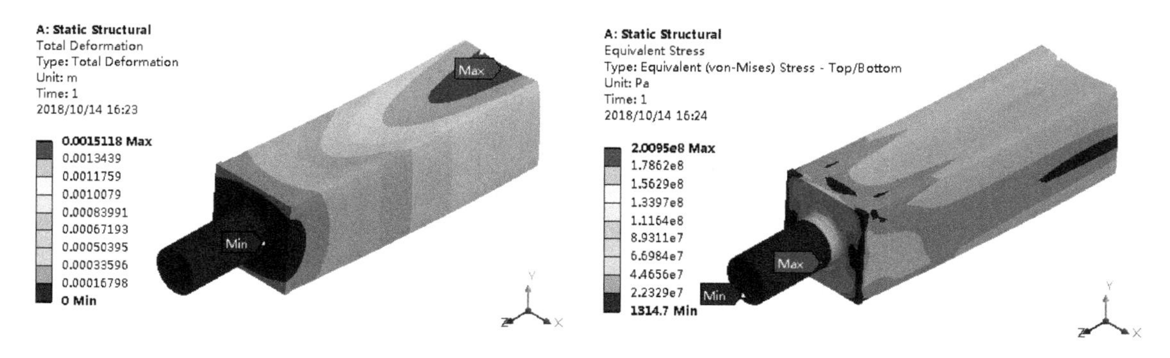


图 7-205 总变形情况

图 7-206 等效应力情况

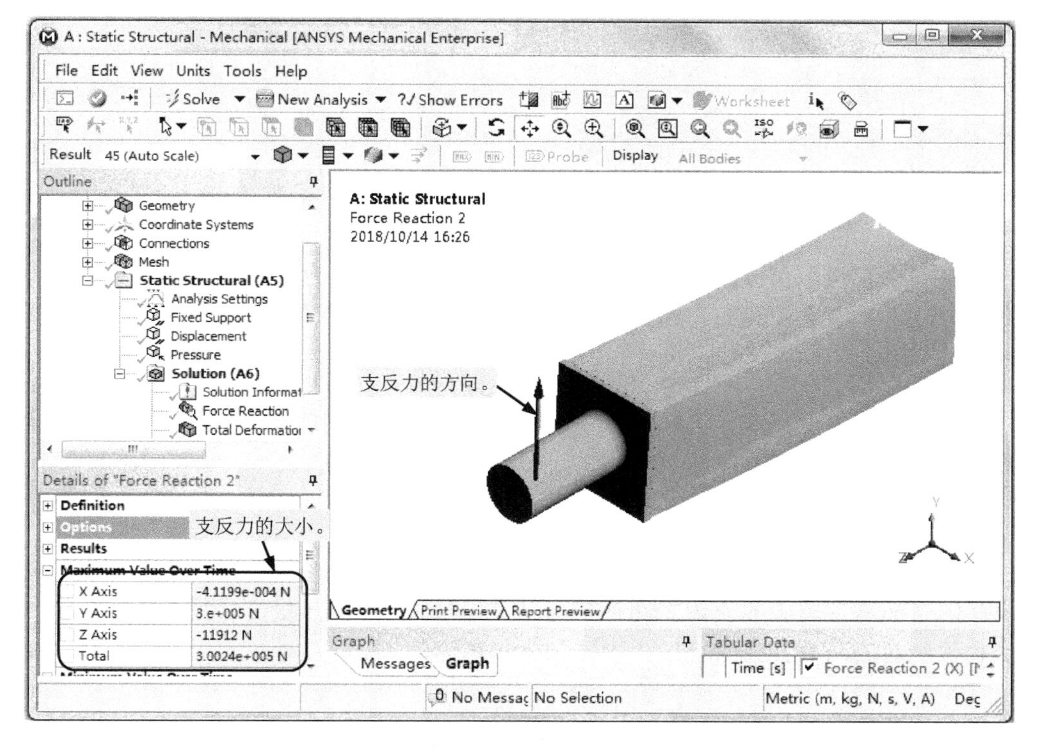


图 7-207 支反力

（14）退出 Mechanical。

步骤 6：在 ANSYS Workbench 界面保存工程。

**[本例小结]** 本例介绍了利用 MPC 技术连接 3D 实体和面体时的模型、接触等的创建方法。

# 第 8 章　综合应用

## 8.1　热应力计算

### 8.1.1　热分析概述

当一个结构发生温度变化时，会发生膨胀或收缩。如果其膨胀或收缩受到限制，或者由于温度分布不均导致膨胀收缩程度不同，就会产生热应力。

用有限元法计算热应力时，首先进行热分析，然后进行结构分析，热分析是计算热应力的基础。

#### 1. 传热方式

根据传热机理的不同，传热有热传导、热对流、热辐射三种基本方式。

1）热传导

当物体内部或者两个直接接触的物体之间存在温度差异时，热量会从物体温度的较高部分传递给较低部分或者从温度较高的物体传递给相接触的温度较低的物体，这就是热传导。热传导遵循傅立叶定律

$$q'' = -k\frac{\mathrm{d}T}{\mathrm{d}x} \tag{8-1}$$

式中，$q''$为热流密度，单位为 $\mathrm{W/m^2}$；$k$ 为导热系数，单位为 W/(m·℃)；负号表示热量流向温度降低的方向。

2）热对流

当固体的表面与它周围的流体之间存在温度差异时，引起的热量交换就是热对流。热对流有自然对流和强制对流两类。热对流用牛顿冷却方程描述

$$q'' = h(T_\mathrm{S} - T_\mathrm{B}) \tag{8-2}$$

式中，$h$ 为对流换热系数，单位为 $\mathrm{W/(m^2\cdot ℃)}$；$T_\mathrm{S}$、$T_\mathrm{B}$ 分别为固体表面和周围流体的温度。

3）热辐射

热辐射是指物体发射电磁能，并被其他物体吸收转变为热的能量交换过程。物体温度越高，单位时间辐射的热量就越多。热传导和热对流都需要有传热介质，而热辐射不需要。实质上，在真空中热辐射效率最高。在工程中一般考虑两个或两个以上物体之间的热辐射，系统中每个物体同时辐射并吸收热量。他们之间的净热量传递可以用斯蒂芬—波尔兹曼方程来计算

$$q = \varepsilon\sigma A_1 F_{12}(T_1^4 - T_2^4) \tag{8-3}$$

式中，$q$ 为热流率；$\varepsilon$ 为辐射率（黑度）；$\sigma$ 为斯蒂芬—波尔兹曼常数，约为 $5.67\times10^{-8}\ \mathrm{W/(m^2\cdot K^4)}$；

$A_1$为辐射面 1 的面积；$F_{12}$为由辐射面 1 到辐射面 2 的形状系数；$T_1$、$T_2$分别为辐射面 1 和辐射面 2 的绝对温度。

由式（8-3）可知，包含热辐射的热分析是高度非线性的。

#### 2. 稳态传热和瞬态传热

物体传热分为稳态传热和瞬态传热，相应的有限元热分析也分为稳态传热分析和瞬态传热分析。

1）稳态传热

如果流入系统的热量加上系统自身产生的热量等于流出系统的热量，则系统处于热稳态。在热稳态，系统内各点的温度仅与位置有关，不随时间变化而变化。用有限元法进行稳态热分析的能量平衡方程（矩阵形式）为

$$\boldsymbol{KT}=\boldsymbol{Q} \tag{8-4}$$

式中，$\boldsymbol{K}$为热传导矩阵，包括导热系数、对流换热系数、辐射率和形状系数；$\boldsymbol{T}$为节点温度列阵；$\boldsymbol{Q}$为节点热流率列阵，包括热生成。

ANSYS Workbench 利用模型几何参数、材料热性能参数及所施加的边界条件，生成三个矩阵$\boldsymbol{K}$、$\boldsymbol{T}$、$\boldsymbol{Q}$。

2）瞬态传热

瞬态传热过程是指一个系统的加热和冷却过程。在这个过程中，系统的温度、热流率、热边界条件，以及系统内能不仅随位置不同而不同，而且随时间变化。根据能量守恒原则，瞬态热平衡方程（矩阵形式）为

$$\boldsymbol{C}\dot{\boldsymbol{T}}+\boldsymbol{KT}=\boldsymbol{Q} \tag{8-5}$$

式中，$\boldsymbol{C}$为比热矩阵，考虑系统内能的增加；$\dot{\boldsymbol{T}}$为节点温度对时间导数列阵。

#### 3. 非线性热分析

当材料热性能参数（如导热系数$k$、比热$c$等）、边界条件（如对流换热系数$h$）随温度变化时，或者考虑辐射传热时，则为非线性热分析。此时，热平衡方程（8-5）的系数矩阵$\boldsymbol{C}$、$\boldsymbol{K}$不是常量矩阵，方程是非线性的。

### 8.1.2 稳态热分析和热应力计算步骤

ANSYS Workbench 稳态热分析步骤如下：

（1）创建稳态热分析项目。

（2）定义材料特性。

稳态热分析必须定义材料的导热系数（Thermal Conductivity），导热系数可以是各向同性的，也可以是各向异性的，可以是常量，也可以是与温度相关的。

（3）创建或导入几何体。

热分析支持的实体类型包括体、面、线，不支持点质量。线体的截面和轴向在 DM 中定义如下，线体没有厚度变化，在同一截面上的温度为常量，但沿轴向，线体有温度变化。壳体沿厚度方向没有温度梯度，仅考虑壳体表面的温度变化。

（4）定义接触区域。

热分析中的接触用于实现装配体中各几何体间的热传导，是由软件自动创建的。如果没有定义接触，就不会发生几何体间的热传导。

虽然定义了接触，但目标面和接触面间还可能存在小的间隙，为了适应这种情况，有的接触类型允许 Pinball 区域内的接触区发生热传导，如表 8-1 所示。

表 8-1　接触区热传导

| 接触类型 | 接触区是否存在热传导 | | |
|---|---|---|---|
| | 初始接触 | Pinball 区内 | Pinball 区外 |
| 绑定、不分离 | 是 | 是 | 否 |
| 光滑无摩擦、粗糙、摩擦 | 是 | 否 | 否 |

（5）指定网格控制，划分网格。

（6）施加热载荷。

在热分析中可以施加的热载荷如图 8-1 所示，热载荷为正时，系统热能增加，反之系统热能减少。

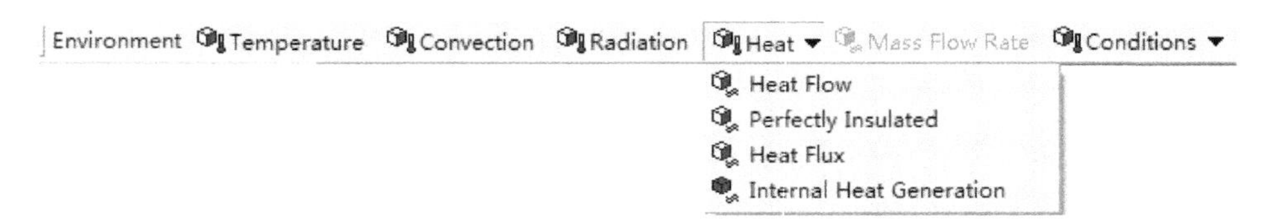


图 8-1　热载荷和边界条件

Heat Flow（热流量）：是单位时间通过传热面的热量，其单位是：能量/时间。热流量可以施加在点、边或表面上。

Perfectly Insulated（完全绝热）：也就是热流量为零，用于删除原来面上施加的热载荷或边界条件。

Heat Flux（热通量）：是单位时间通过单位传热面积的热量，其单位是：能量/时间/面积。热通量只能施加在表面上（二维分析只能是边）。

Internal Heat Generation（内部热生成）：内部热生成为体载荷，只能施加在体上，其单位是：能量/时间/体积。

（7）施加边界条件。

在热分析中可以施加的边界条件如图 8-1 所示。

Temperature（恒定温度）：温度是热分析求解的自由度，可以施加在点、边或面或体上，传热过程中此温度不变。

Convection（对流）：在与流体接触面上施加对流传热，对流边界条件只能施加在面上（二维分析只能是边）。由于热对流用式（8-2）计算，所以需要输入对流换热系数 $h$（Film Coefficient）及周围流体的温度 $T_B$（ANSYS Workbench 称作环境温度 Ambient Temperature）。

Radiation（辐射）：辐射施加在面上（二维分析只能是边）。

（8）进行分析设置。

（9）指定计算结果。

热分析可以查看的结果有温度、热通量、反作用的热流量等。

（10）求解稳态热分析。

（11）查看结果。

（12）热应力计算。

建立结构静力学分析项目与稳态热分析项目关联，需要定义的材料特性参数除弹性模量和泊松比外，还有热膨胀系数（Secant Coefficient of Thermal Expansion），其余步骤与普通结构静力学分析完全相同，具体过程参见实例。

### 8.1.3 瞬态热分析和热应力计算步骤

ANSYS Workbench 瞬态热分析及在此基础上进行的热应力计算与稳态热分析时有所不同，基本步骤如下：

（1）创建瞬态热分析项目。

启动 ANSYS Workbench 后，从工具箱中把瞬态热分析工具（Transient Thermal）拖入到项目管理区域，或者双击它。

（2）定义材料特性。

瞬态热分析必须定义的材料特性参数有导热系数（Thermal Conductivity）、比热（Specific Heat）和密度（Density），这些参数可以是各向同性的，也可以是各向异性的，可以是常量，也可以是与温度相关的。

（3）创建或导入几何体。

（4）定义接触区域。

（5）指定网格控制，划分网格。

最好选择不带中间节点，这样划分网格时会使用低阶单元，可以避免出现初值振荡。

（6）指定分析设置。

载荷步数（Number Of Steps）和载荷步结束时间（Step End Time）：由具体实际情况确定，当热载荷和边界条件等发生变化时就需要定义一个载荷步。

时间步长（Time Step）：当自动时间步长（Auto Time Stepping）关闭时，可由用户自行定义。但大多数情况下都应该将自动时间步长打开，由软件自动计算时间步长，这样有助于得到较好的时间步长。

时间积分（Time Integration）：该选项控制计算是否包括结构惯性力、热容等瞬态效应。在瞬态热分析时，时间积分应该是打开的（默认）。如果关闭时间积分，ANSYS Workbench 将进行稳态分析。

非线性控制（Nonlinear Controls）：设置收敛准则和非线性求解控制，一般采用默认即可。

输出控制（Output Controls）：选择后可以处理输出结果的时间点。

（7）输入初始温度（Initial Temperature）。

瞬态热分析默认的初始温度在整个结构中是均匀一致的（Uniform Temperature），如果初始温度不一致，可先进行一次稳态热分析，然后把稳态热分析的温度结果作为瞬态热分析的初始温度。具体过程参见实例。

（8）施加热载荷和边界条件。

（9）指定计算结果。

（10）求解瞬态热分析。

（11）查看结果。

（12）热应力计算。

导入到结构静力学分析的是瞬态热分析结束时间的结果，所以要计算不同时间的热应力，就必须指定相应的瞬态热分析结束时间。

### 8.1.4 稳态热分析和热应力计算实例——液体管路

#### 1. 问题描述

某液体管路内部通有液体，外部包裹保温层，保温层与空气接触如图 8-2 所示。已知管路由铸铁制造，其导热系数为 70W/(m • ℃)，弹性模量为 $2\times10^{11}$N/m$^2$，泊松比为 0.3，热膨胀系数为 $12\times10^{-6}$/℃；保温层的导热系数为 0.02W/(m • ℃)，弹性模量为 $2\times10^{10}$N/m$^2$，泊松比为 0.4，热膨胀系数为 $1.2\times10^{-6}$/℃；管路内液体压力为 0.3MPa，温度为 70℃，对流换热系数为 1W/(m$^2$ • ℃)；空气温度为−40℃，对流换热系数为 0.5W/(m$^2$ • ℃)。

试分析管路内热应力情况。

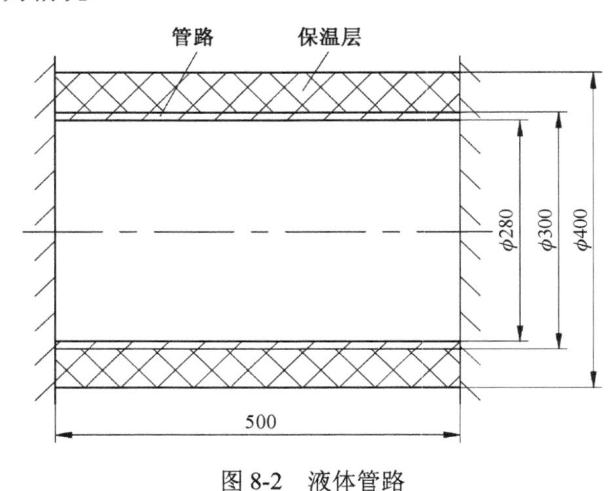


图 8-2　液体管路

#### 2. 分析步骤

步骤 1：在 Windows“开始”菜单执行 ANSYS→Workbench。

步骤 2：创建项目 A，进行稳态热分析；创建关联项目 B，进行结构静力学分析以计算热应力。项目 A 和项目 B 相互关联、数据共享，如图 8-3 所示。

步骤 3：定义新材料模型 Mat1、Mat2，并添加到当前分析项目中。

（1）双击图 8-3 所示项目流程图 A2 格的“Engineering Data”项。

（2）定义新材料模型 Mat1、Mat2，输入热膨胀系数、弹性模量、泊松比和导热系数等材料特性参数，如图 8-4 所示。注意：图中对话框的显示由下拉菜单 View 项控制。

参考温度是计算热膨胀大小时的基准温度。

步骤 4：创建几何体。

（1）用鼠标右键单击如图 8-3 所示项目流程图 A3 格“Geometry”项，在快捷菜单中拾取命令 New DesignModeler Geometry，启动 DM 创建几何体。

（2）拾取菜单命令 Units→ Millimeter，选择长度单位为 mm。

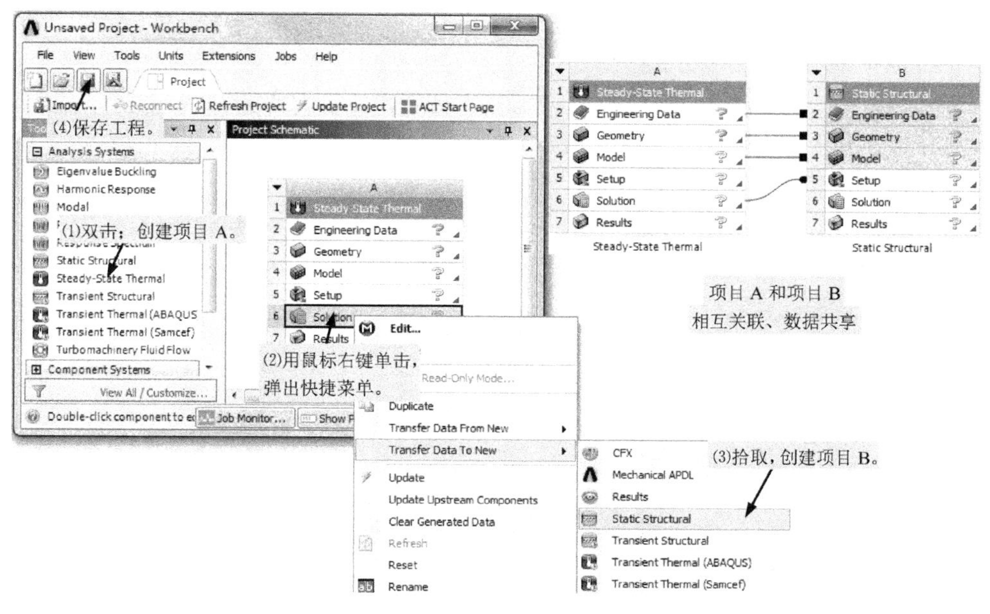


图 8-3 创建项目

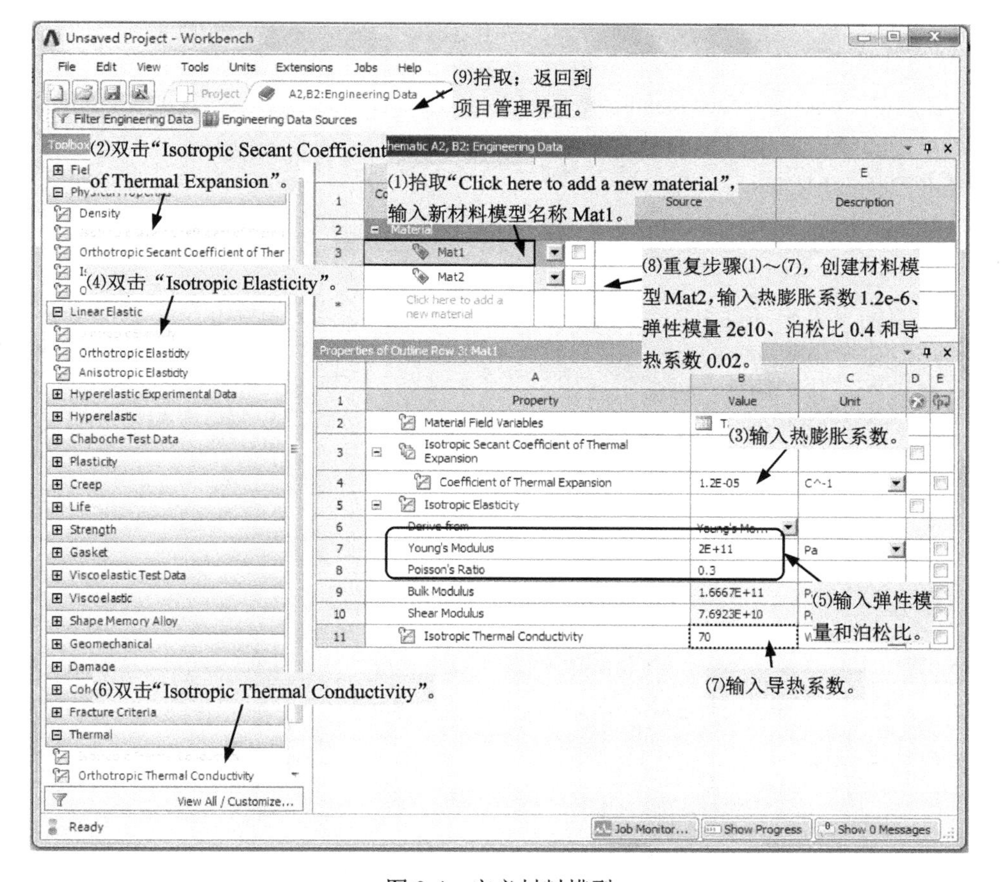


图 8-4 定义材料模型

（3）在 XYPlane 的 Sketch1 上画两个矩形，如图 8-5 所示。

（4）标注尺寸，如图 8-6 所示。注意：两个矩形间存在微小的间隙 0.01mm。

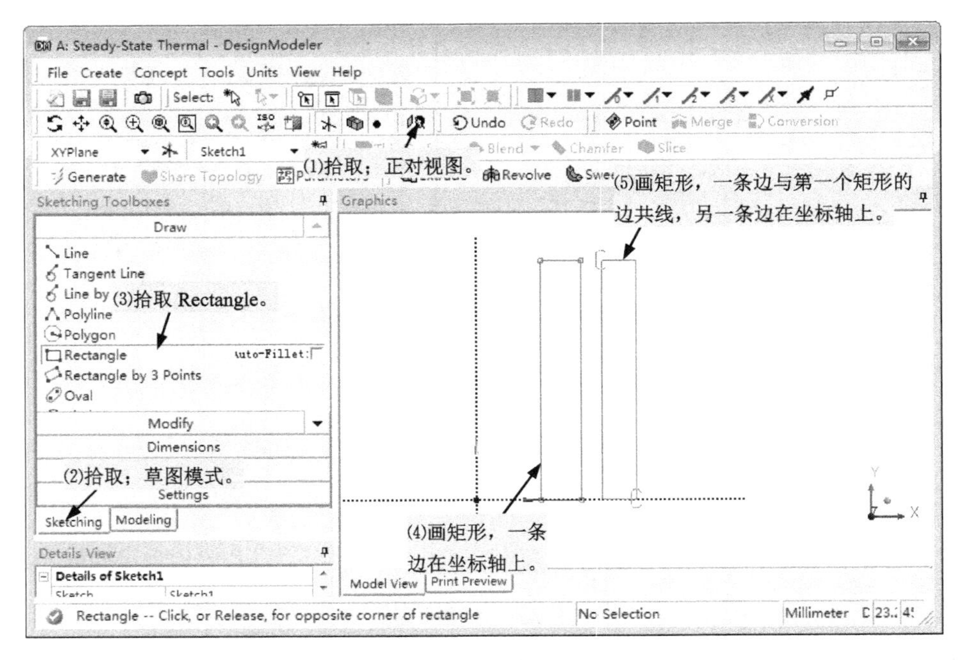


图 8-5　画矩形

（5）拾取菜单 Concept→Surfaces From Sketches，在草图 Sketch1 上创建面体，如图 8-7 所示。由于矩形间存在间隙，所以得到的是两个面体。

（6）退出 DesignModeler。

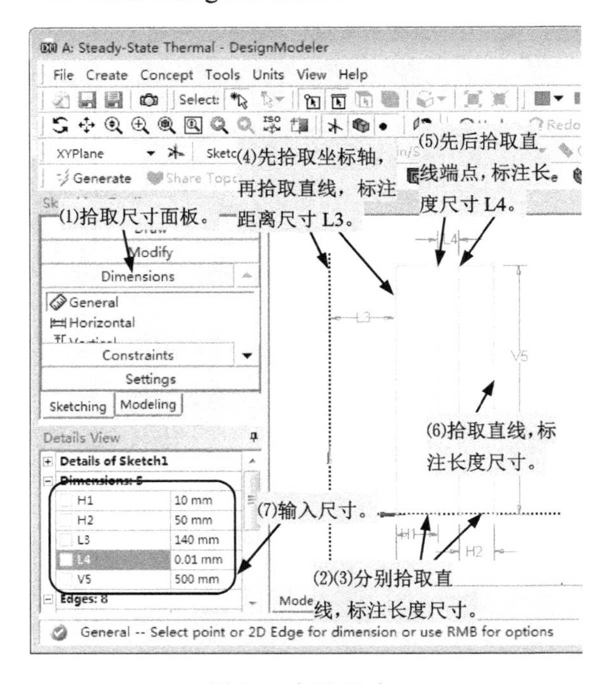


图 8-6　标注尺寸



图 8-7　创建面体

步骤 5：施加载荷、边界条件，求解稳态热分析，查看结果。

（1）指定几何体属性，进行 2D 分析，如图 8-8 所示。

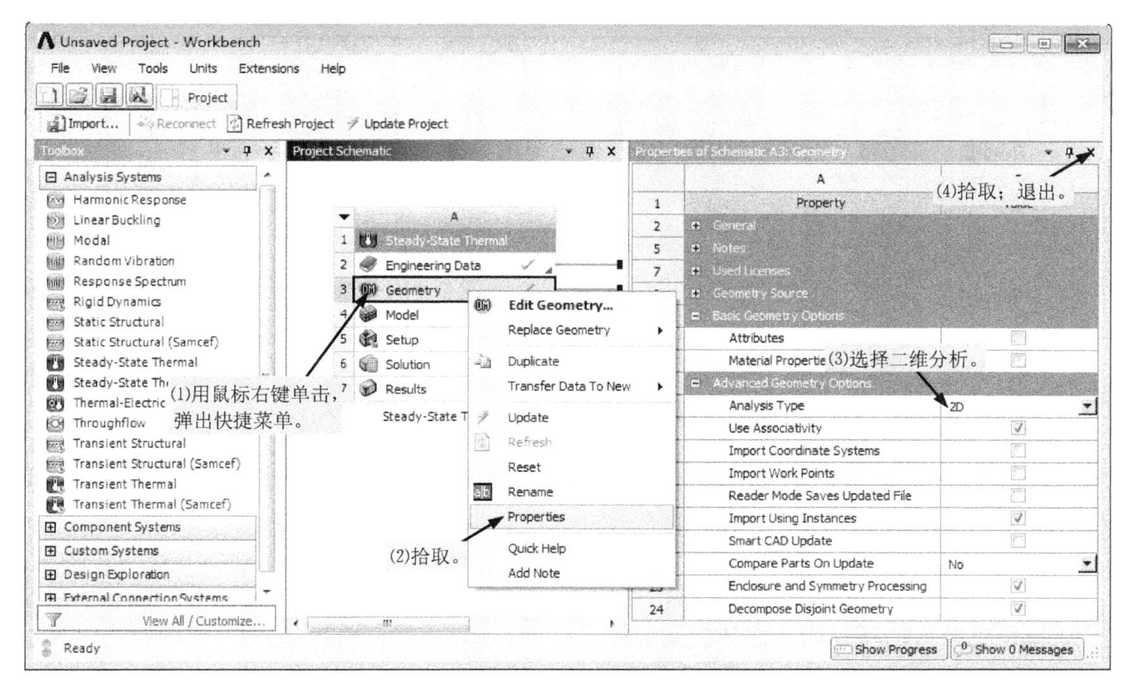


图 8-8　进行 2D 分析

（2）因上格数据（A3 格 Geometry 项）发生变化，需要对 A4 格 Model 项的输入数据进行刷新，如图 8-9 所示。

（3）双击图 8-9 所示项目流程图 A4 格的“Model”项，启动 Mechanical。

图 8-9　刷新数据

（4）指定几何体的 2D 性能轴对称分析，如图 8-10 所示。

（5）为几何体分配材料模型，如图 8-11 所示。

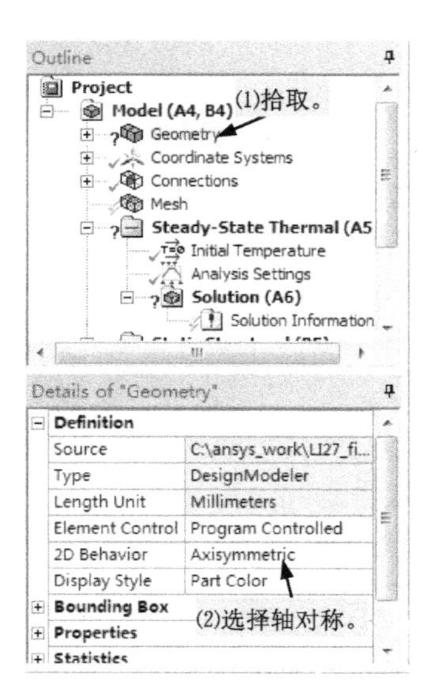


图 8-10　指定几何体的 2D 性能轴对称分析

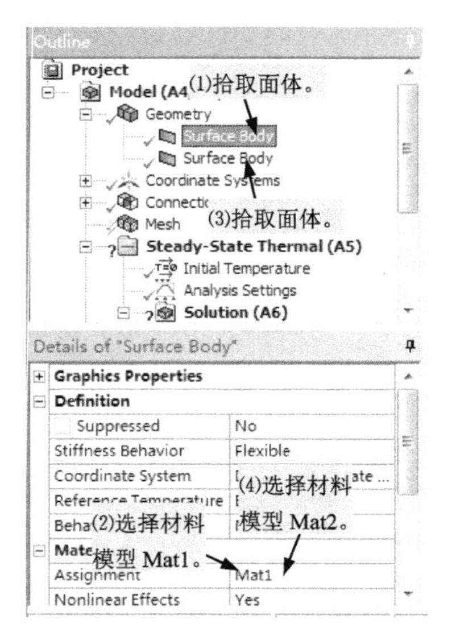


图 8-11　分配材料模型

（6）查看软件自动生成的初始接触，如图 8-12 所示。因为两个面体之间的间隙很小，被包含在 Pinball 区域内，所以两个面体之间能够进行热传递。而两个面体之间有间隙存在，使得创建几何体的操作比较简单。

（7）指定网格控制，划分网格，如图 8-13 所示。

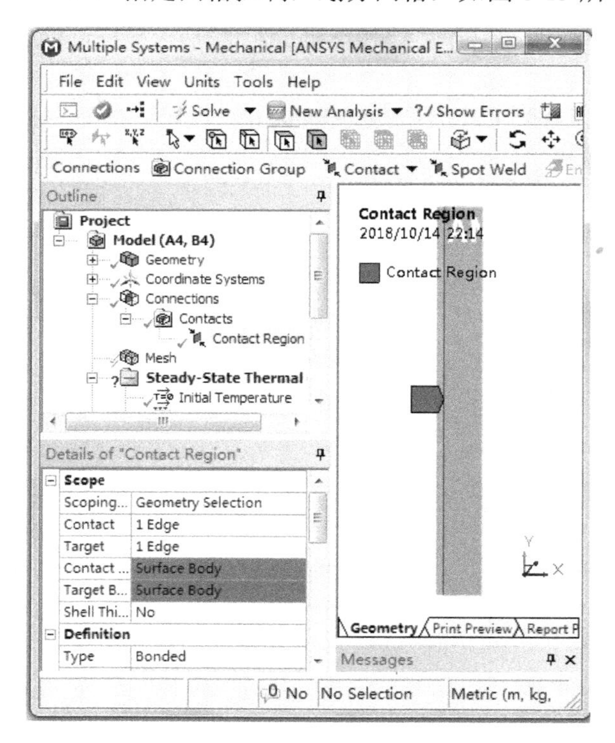


图 8-12　查看接触

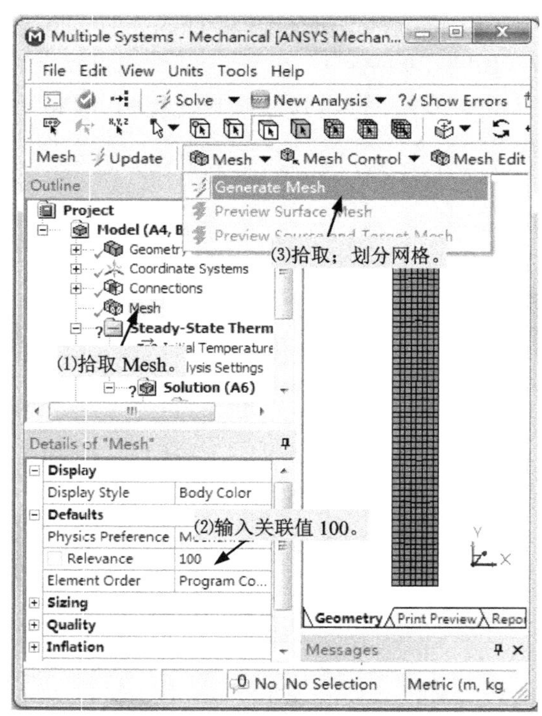


图 8-13　划分网格

（8）在铸铁管内孔施加对流边界条件，如图 8-14 所示。

（9）在保温层外侧施加对流边界条件，如图 8-15 所示。

（10）指定温度场为计算结果，如图 8-16 所示。

（11）单击 Solve 按钮，求解稳态热分析。

（12）查看温度分布，如图 8-17 所示。

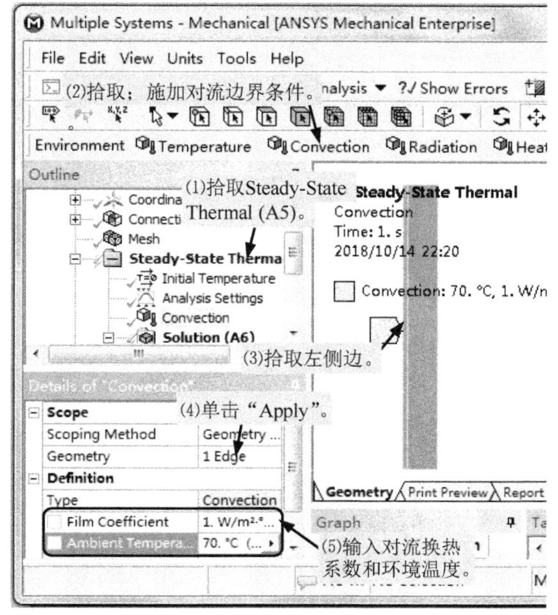


图 8-14　施加对流边界条件

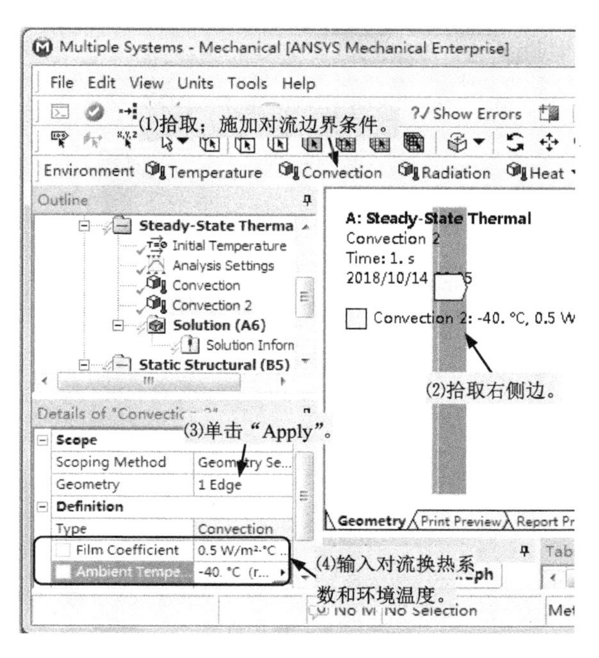


图 8-15　施加对流边界条件

图 8-16　指定计算温度场

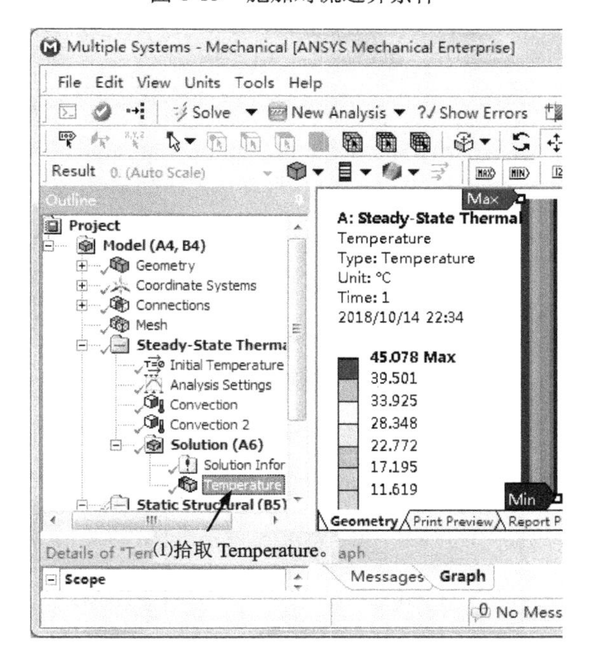


图 8-17　温度分布

步骤 6：载入温度载荷，施加结构载荷和支撑，求解结构静力学分析以计算热应力，查看结果。

（1）将热分析的温度结果输入到结构静力学分析中，如图 8-18 所示。操作之后，会在图形窗口显示温度场情况。

（2）在铸铁管内孔施加压力载荷，如图 8-19 所示。

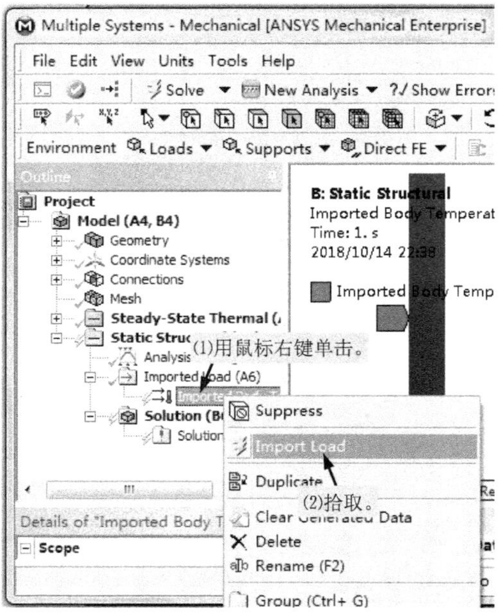


图 8-18　输入温度

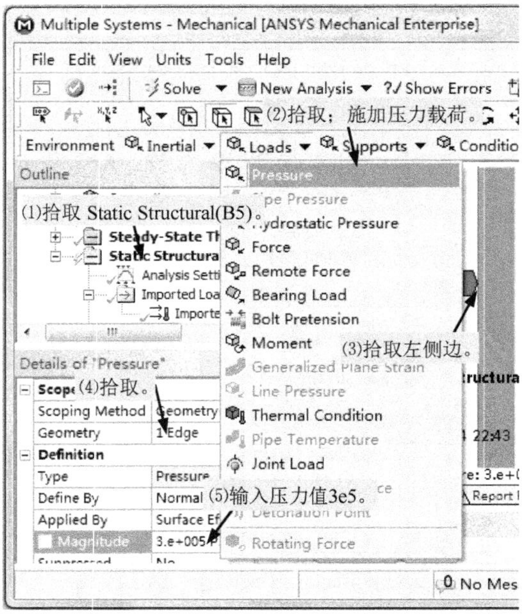

图 8-19　施加压力载荷

（3）指定环境温度，如图 8-20 所示。

（4）在液体管道的上下端部施加无摩擦支撑，如图 8-21 所示。

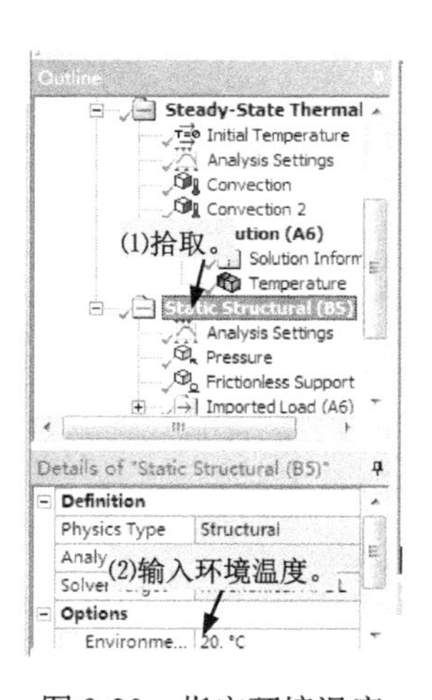


图 8-20　指定环境温度

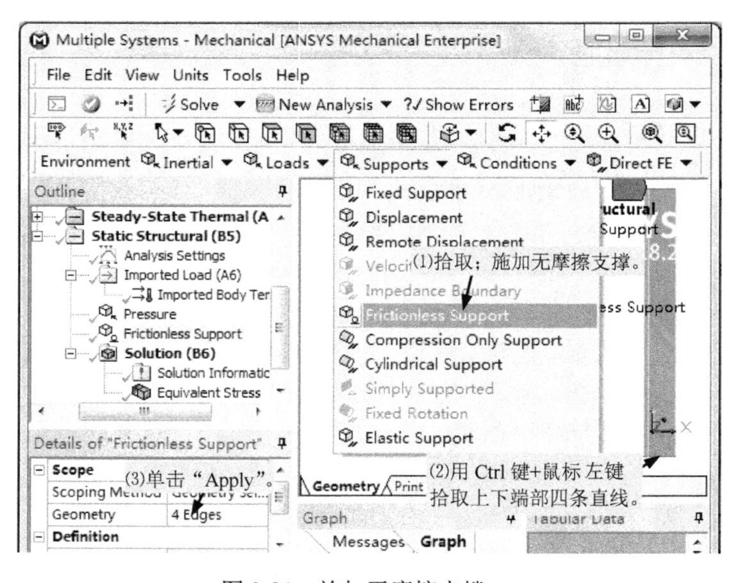


图 8-21　施加无摩擦支撑

（5）指定等效应力为计算结果，如图 8-22 所示。另外，也可以只计算铸铁管的等效应力。

（6）单击 Solve 按钮，求解结构静力学分析。

（7）查看热应力计算结果，如图 8-23 所示。

（8）退出 Mechanical。

步骤 7：在 ANSYS Workbench 界面保存工程。

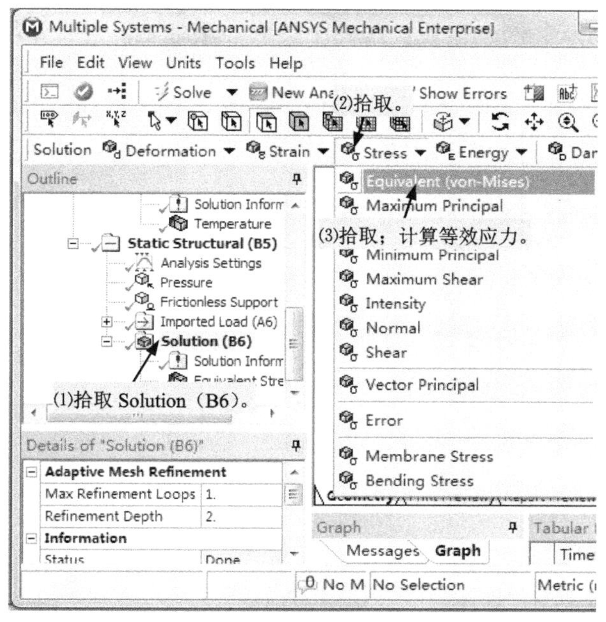


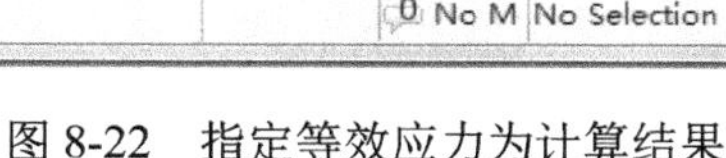


图 8-22　指定等效应力为计算结果

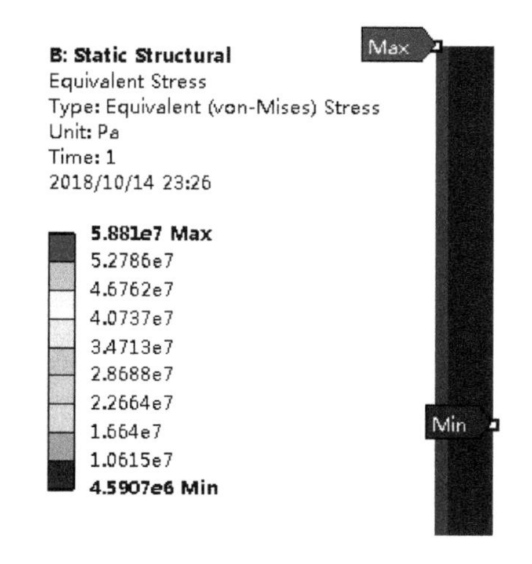


图 8-23　等效应力

**[本例小结]** 首先介绍了热分析的基础知识和相关理论，然后通过实例介绍了利用 ANSYS Workbench 进行稳态热分析和热应力分析的步骤、方法和技巧。

## 8.1.5　瞬态热分析和热应力计算实例——零件淬火

### 1. 问题描述

如图 8-24 所示，直径 20mm、长度 20mm、温度 900℃的钢柱突然放入水箱中央，水箱为边长为 100mm 的正方体，水温 20℃，水箱除底面外其余各表面均能被空气冷却，空气温度为 20℃，对流换热系数为 0.5W/(m$^2$ • ℃)。水的密度为 1000kg/cm$^3$，导热系数为 0.6W/(m • ℃)，比热为 4100 J/(kg • ℃)。钢的材料特性如表 8-2 所示。

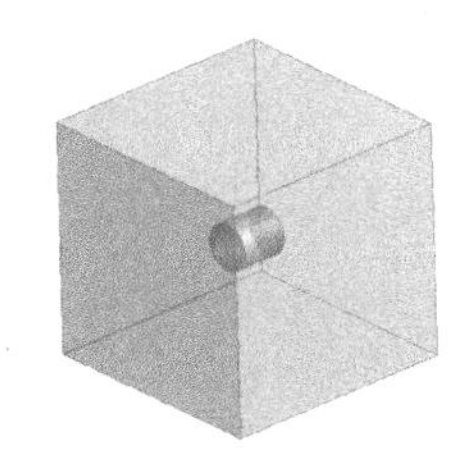

图 8-24　零件淬火

计算 5s 后钢柱和水箱的温度场分布，以及钢柱的热应力情况。

表 8-2　钢的材料特性

| 温度 /℃ | 密度 /(kg/cm$^3$) | 比热 / J/(kg • ℃) | 导热系数 / W/(m • ℃) | 弹性模量 /$10^{11}$Pa | 泊松比 | 热膨胀系数 /$10^{-6}$/℃ |
|---|---|---|---|---|---|---|
| 0 | 7 859 | 450 | 67 | 2 | 0.3 | 12.0 |
| 300 | 7 770 | 514 | 53 | 1.86 | 0.3 | 12.6 |
| 600 | 7 659 | 967 | 39 | 1.35 | 0.32 | 13.0 |
| 1 000 | 7 600 | 1 370 | 31 | 0.2 | 0.33 | 13.4 |

### 2. 分析步骤

步骤 1：在 Windows“开始”菜单执行 ANSYS→Workbench。

步骤 2：创建项目 A，进行稳态热分析以计算瞬态热分析的初始温度场；创建关联项目 B，进行瞬态热分析以计算温度场，如图 8-25 所示。创建与项目 A、B 关联的项目 C，进行结构静力学分析以计算热应力，如图 8-26 所示。

图 8-25　创建项目 A、B

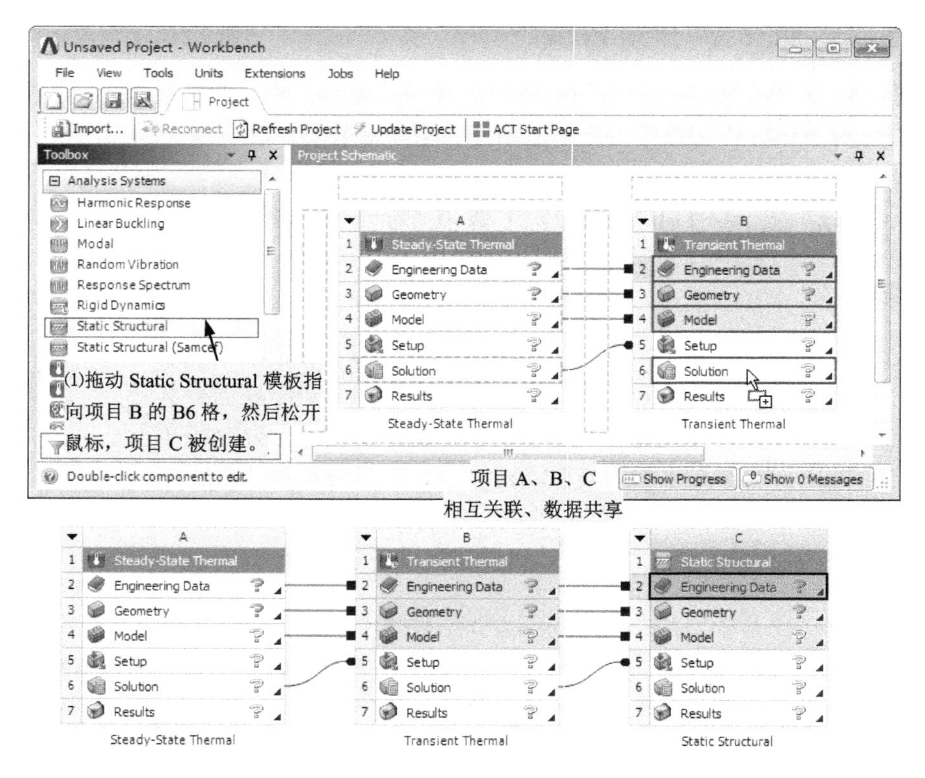


图 8-26　创建项目 C

步骤 3：定义新材料模型 Steel、Water，并添加到当前分析项目中。

（1）双击图 8-26 所示项目流程图 A2 格的“Engineering Data”项。

（2）定义新材料模型 Steel、Water，输入密度、热膨胀系数、弹性模量、泊松比、导热系数和比热等特性参数，如图 8-27 所示。注意：a. 图中对话框的显示由下拉菜单 View 项控制。b. 水的导热系数输入值为 50，是考虑了水的流动所产生的对流换热。c. 只在输入密度时考虑了材料特性随温度变化，读者可不局限于此。

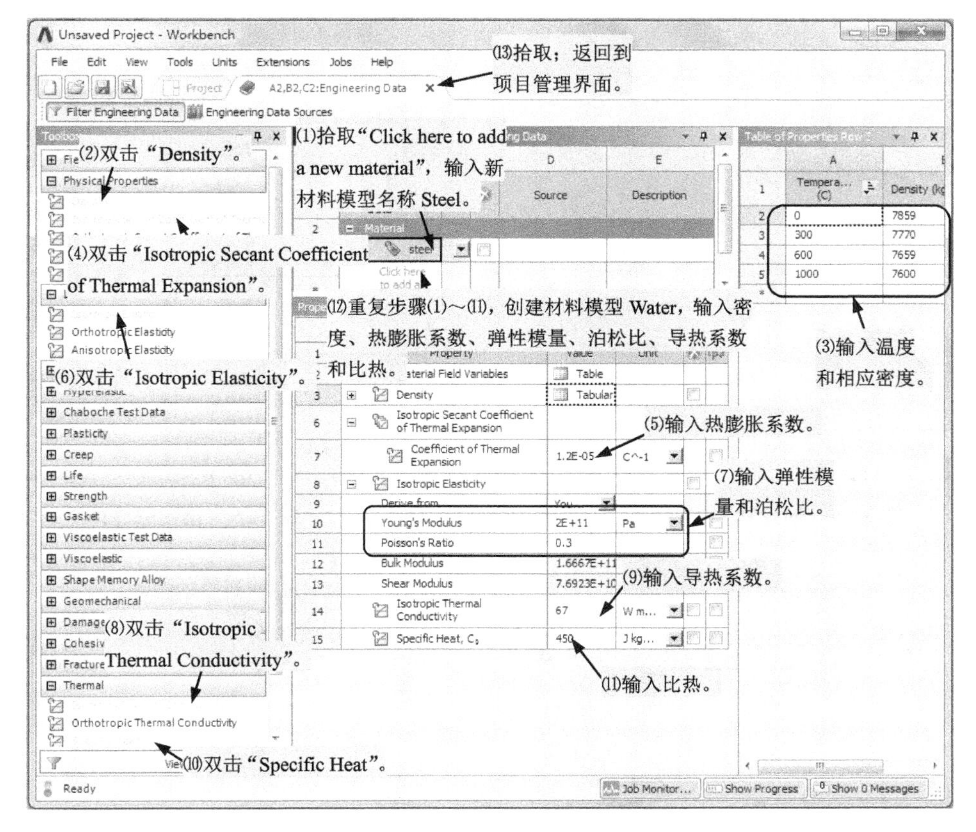


图 8-27　定义材料模型

步骤 4：创建几何体。

（1）用鼠标右键单击如图 8-26 所示项目流程图 A3 格“Geometry”项，在快捷菜单中拾取命令 New DesignModeler Geometry，启动 DM 创建几何体。

（2）拾取菜单命令 Units→ Millimeter，选择长度单位为 mm。

（3）拾取菜单 Create→Primitives→Box，创建边长为 100mm 的立方体，如图 8-28 所示。

（4）拾取菜单 Create→Primitives→Cylinder，创建半径为 10mm、长度为 20mm 的圆柱体，对原来创建的立方体进行切割，共得到两个几何体，如图 8-29 所示。

（5）退出 DesignModeler。

步骤 5：施加载荷、边界条件，求解稳态热分析，查看结果。

（1）因上格数据（A3 格 Geometry 项）发生变化，需对 A4 格 Model 项的输入数据进行刷新，如图 8-30 所示。

（2）双击图 8-30 所示项目流程图 A4 格的“Model”项，启动 Mechanical。

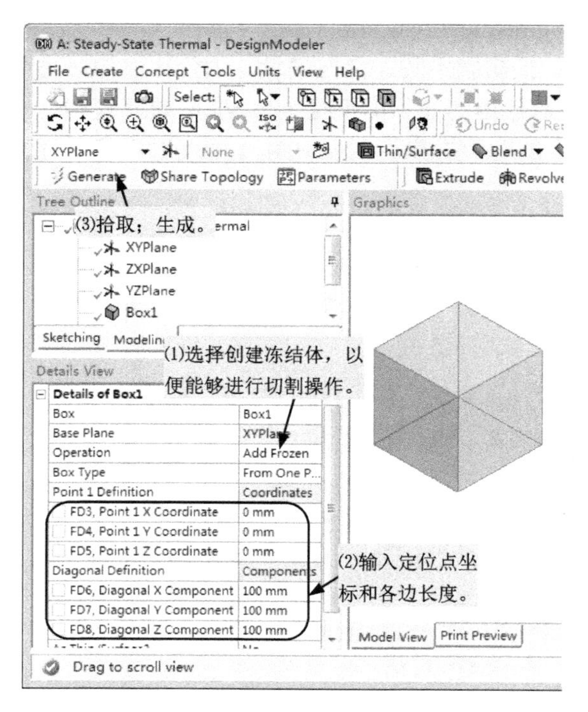


图 8-28　创建立方体

图 8-29　创建圆柱体

图 8-30　刷新数据

（3）为几何体分配材料模型，如图 8-31 所示。

（4）指定网格控制，划分网格，如图 8-32 所示。

（5）作剖视图观察模型内部情况，如图 8-33 所示。

（6）在水箱上施加温度边界条件，如图 8-34 所示。

（7）在钢柱上施加温度边界条件，如图 8-35 所示。

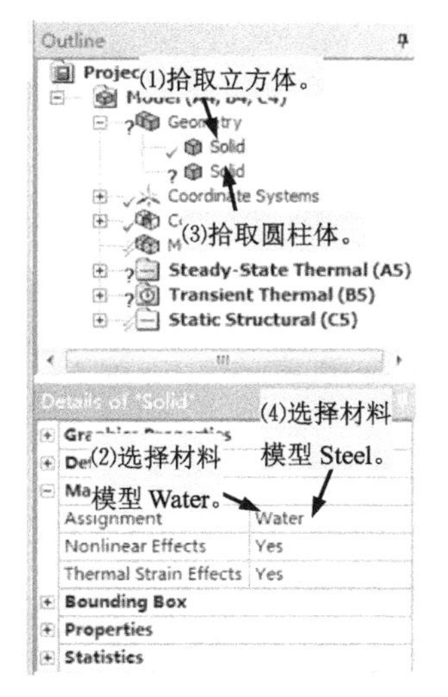


图 8-31 分配材料

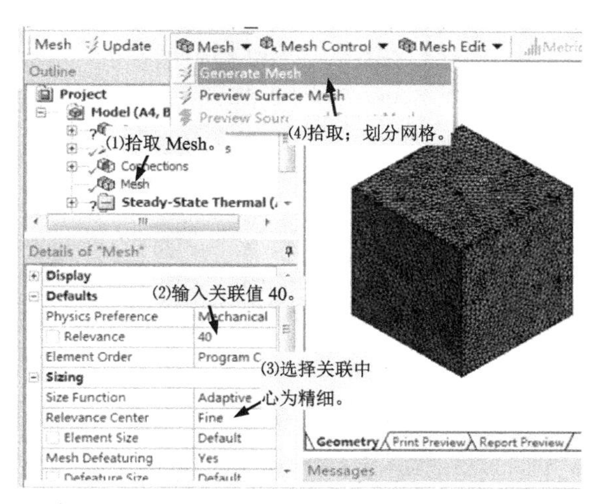


图 8-32 划分网格

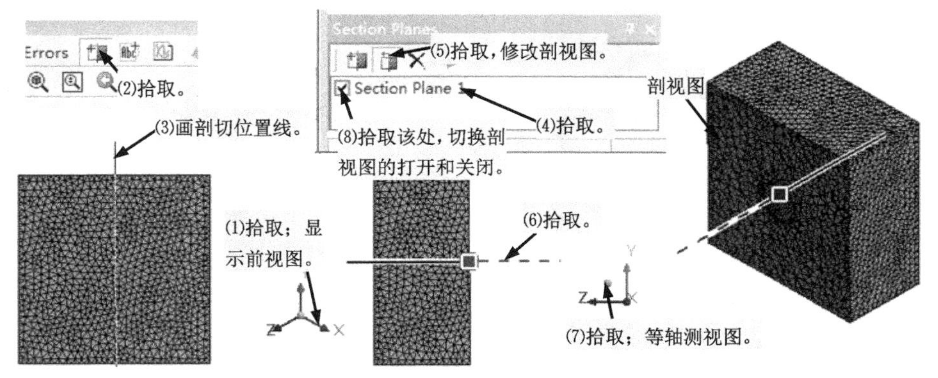


图 8-33 作剖视图

图 8-34 施加温度边界条件

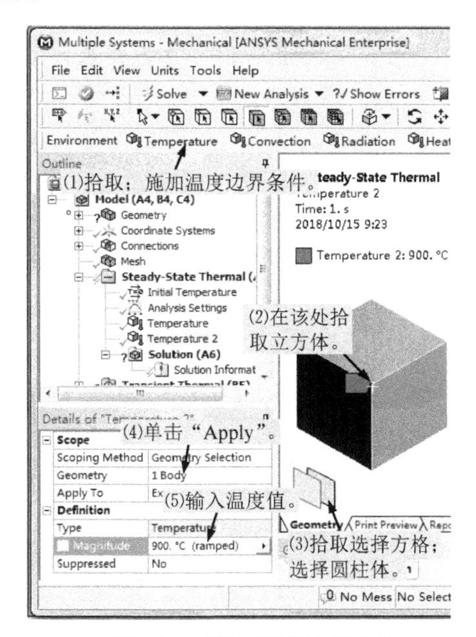


图 8-35 施加温度边界条件

（8）指定温度场为计算结果，如图 8-36 所示。

（9）单击 Solve 按钮，求解稳态热分析。

（10）查看温度分布，如图 8-37 所示。

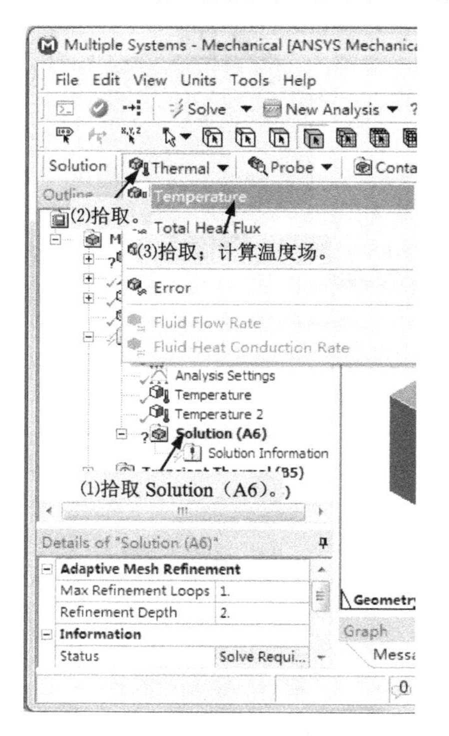


图 8-36　指定计算温度场

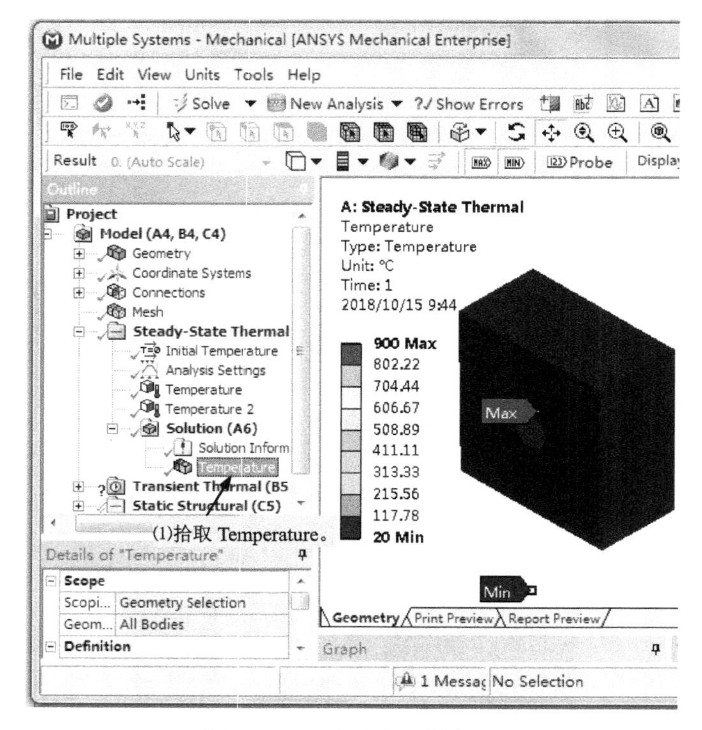


图 8-37　温度分布（剖视图）

步骤 6：指定载荷步时间，施加热载荷和边界条件，求解瞬态热分析，查看结果。

（1）指定载荷步时间，如图 8-38 所示。

（2）在水箱表面施加对流边界条件，如图 8-39 所示。

图 8-38　指定载荷步时间

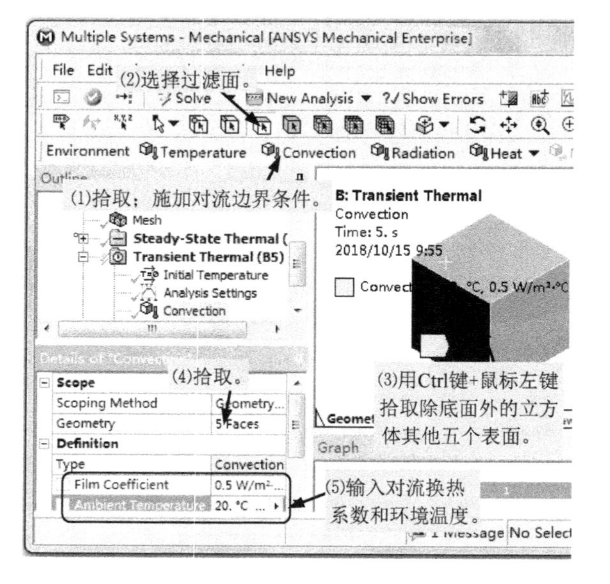


图 8-39　施加对流边界条件

（3）指定温度场为计算结果，如图 8-40 所示。

（4）单击 Solve 按钮，求解瞬态热分析。

（5）查看温度分布，如图 8-41 所示。

步骤 7：载入温度载荷，施加载荷和支撑，求解结构静力学分析以计算热应力，查看结果。

（1）指定环境温度，如图 8-42 所示。

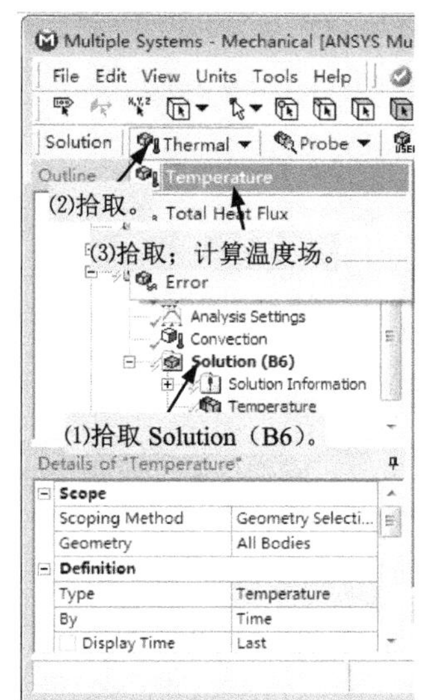


图 8-40 指定计算温度场

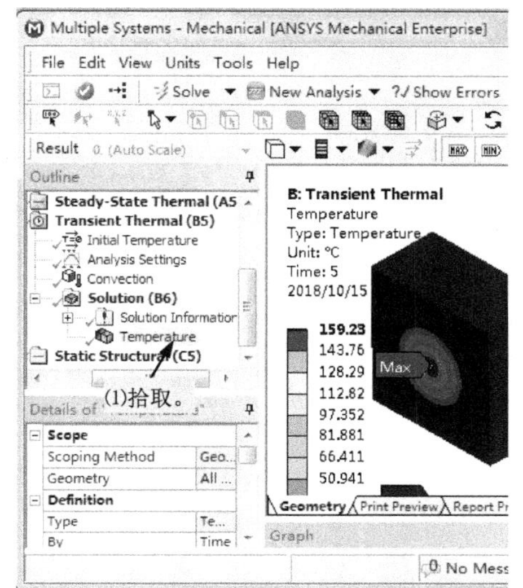


图 8-41 温度分布（剖视图）

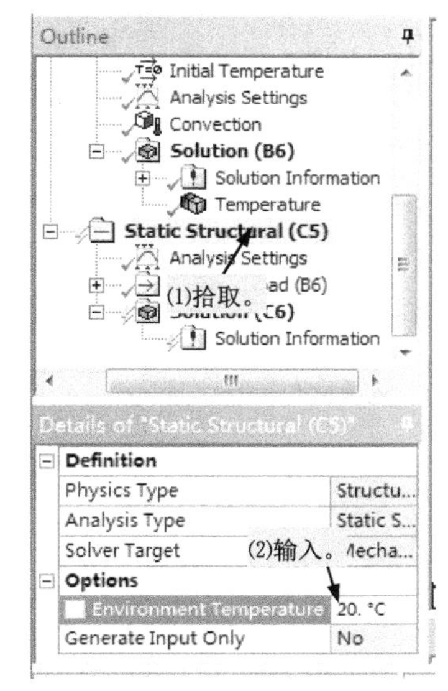


图 8-42 指定环境温度

（2）将热分析的温度结果输入到结构静力学分析中，如图 8-43 所示。操作之后，会在图形窗口显示温度场情况。

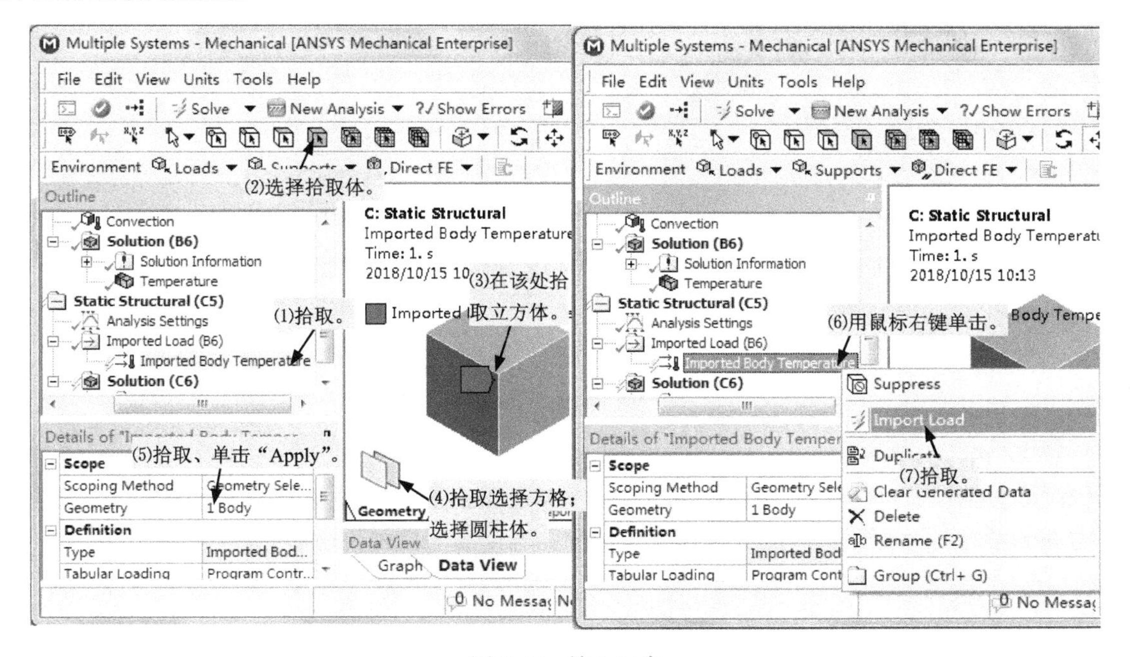


图 8-43 输入温度

（3）指定钢制圆柱体的总变形为计算结果，如图 8-44 所示。

（4）指定钢制圆柱体的等效应力为计算结果，如图 8-45 所示。

图 8-44　计算总变形

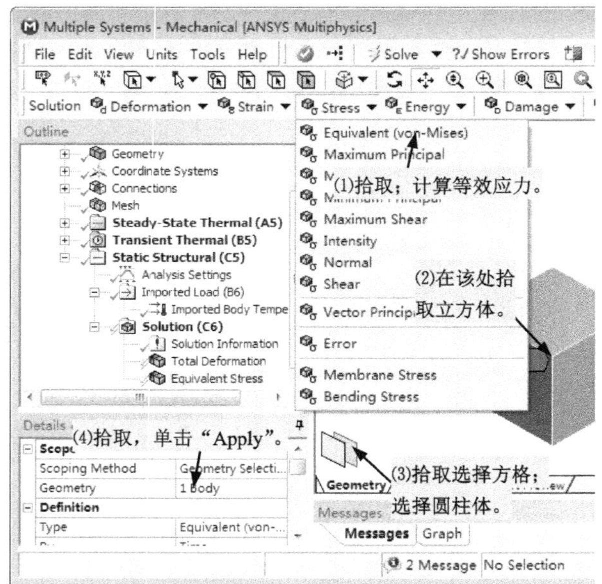


图 8-45　计算等效应力

（5）单击 Solve 按钮，求解结构静力学分析。

（6）查看总变形结果和等效应力结果，如图 8-46、图 8-47 所示。另外，读者可以尝试改变瞬态热分析的载荷步时间，来计算不同时间的热应力情况。

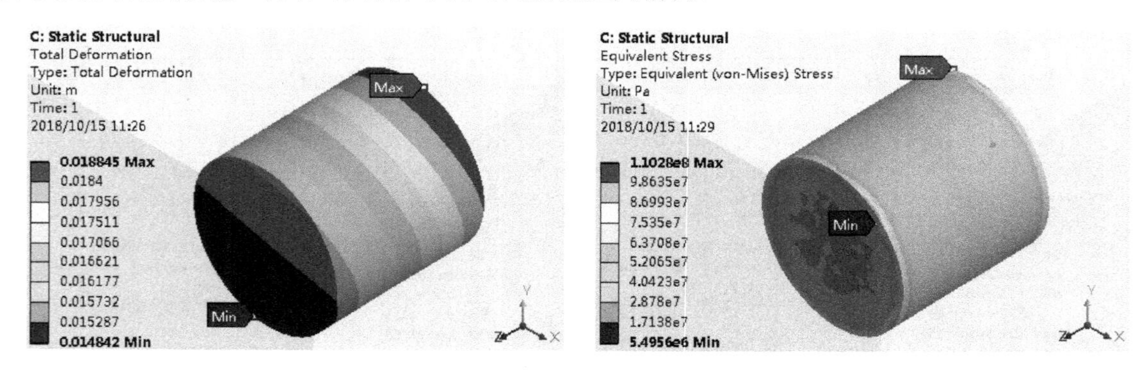


图 8-46　总变形结果

图 8-47　等效应力结果

（7）退出 Mechanical。

步骤 8：在 ANSYS Workbench 界面保存工程。

**[本例小结]** 通过实例介绍了利用 ANSYS Workbench 进行瞬态热分析和热应力计算的步骤、方法和技巧。介绍了瞬态热分析时不均匀初始温度场的施加方法和建模技巧。

# 8.2 显式动力学分析

## 8.2.1 显式动力学分析概述

显式动力学分析用于求解各种高度非线性问题，特别适合求解各种非线性结构的高速碰撞、爆炸和金属成型等非线性动力学冲击问题。

### 1. 隐式算法和显式算法

结构动力学分析问题实际上是结构的动力学方程的求解问题

$$\boldsymbol{K\delta}+\boldsymbol{C\dot{\delta}}+\boldsymbol{M\ddot{\delta}}=\boldsymbol{R} \tag{8-6}$$

式中，$\boldsymbol{K}$、$\boldsymbol{C}$、$\boldsymbol{M}$ 分别为结构的总体刚度矩阵、总体阻尼矩阵和总体质量矩阵；$\boldsymbol{\delta}$ 和 $\boldsymbol{R}$ 分别为结构节点位移和载荷列阵。

动力学方程的直接积分法将时间求解域进行离散化，并对运动微分方程组逐点求解。即先将时间域[0 $T$]$n$ 等分，每个时间间隔为 $\Delta t$。直接积分法假定 $t$ 时刻，以及 $t$ 时刻以前各时刻的结果已经得到，由这些结果计算 $t+\Delta t$ 时刻的结果。于是，由初始条件 $\boldsymbol{\delta}_0$、$\dot{\boldsymbol{\delta}}_0$、$\ddot{\boldsymbol{\delta}}_0$ 可逐次计算出各离散时间点的结果。

直接积分法有显式求解和隐式求解两类。在显式求解过程中，是由 $t$ 时刻的运动方程求 $t+\Delta t$ 时刻的位移；而隐式求解过程要从与 $t+\Delta t$ 时刻运动方程关联的表达式中求 $t+\Delta t$ 时刻的位移。显式求解要求很小的时间步长，但每步求解所需计算量较小；而隐式求解允许较大的时间步长，但每一步求解方程的耗费较大。大多数显式求解方法是条件稳定的，即当时间步长大于结构最小周期的一定比例时，计算得到的位移和速度将发散或得到不正确的结果；而隐式求解方法往往是无条件稳定的，步长取决于计算精度，而不是稳定性方面的考虑。

典型的显式求解方法是中心差分法，典型的隐式求解方法是 Newmark 方法。

### 2. ANSYS Workbench 显式动力学模块

在 ANSYS Workbench 中，显式动力学产品共有 ANSYS LS/DYNA、ANSYS AUTODYN、Explicit Dynamics 三个模块。

1）ANSYS LS/DYNA

该软件是世界上最著名的通用显式非线性有限元软件之一，它是一个单独的软件，目前只能在 ANSYS Workbench 中完成前处理工作。

2）ANSYS AUTODYN

ANSYS AUTODYN 用于求解固体、流体、气体及其相互作用的高度非线性动力学问题，是具有先进数值方法的非线性动力学软件。AUTODYN 已完全集成于 ANSYS Workbench 中，可以使用 ANSYS Workbench 平台上的各种资源。

3）Explicit Dynamics

该软件是基于 ANSYS AUTODYN 产品的拉氏算子部分，是 ANSYS Workbench 集成的第一个本地显式软件，可以求解固体、流体、气体及其相互作用的高度非线性动力学问题。该软件的使用性与 ANSYS Workbench 环境一致，对 ANSYS Workbench 较熟练的用户，很容易掌握该软件模块的使用。Explicit Dynamics 可输出 LS/DYNA.k 文件，用 LS/DYNA 显式动力学求解器求解。

## 8.2.2 显式动力学分析实例——弹丸冲击钢板

### 1. 问题描述

一个直径为 50mm 的钢球以 1000m/s 的速度冲击长度和宽度均为 500mm、厚度为 10mm 的钢板，试分析冲击过程的变形和应力情况。

### 2. 分析步骤

步骤 1：在 Windows“开始”菜单执行 ANSYS→Workbench。

步骤 2：创建项目 A，进行显式动力学分析，如图 8-48 所示。

步骤 3：从 ANSYS 材料库选择材料模型，添加到当前分析项目中。

（1）双击图 8-48 所示项目流程图 A2 格的“Engineering Data”项。

（2）从 ANSYS 材料库选择材料模型添加到当前分析项目中，如图 8-49 所示。图中对话框的显示由下拉菜单 View 项控制。

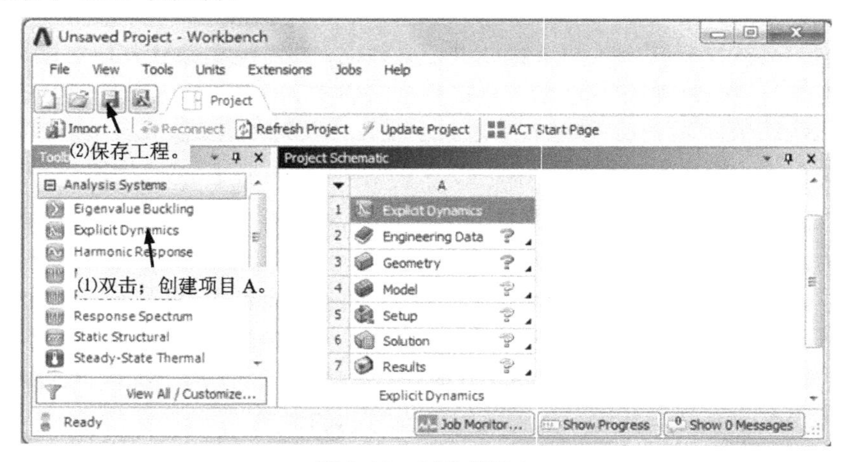


图 8-48　创建项目 A

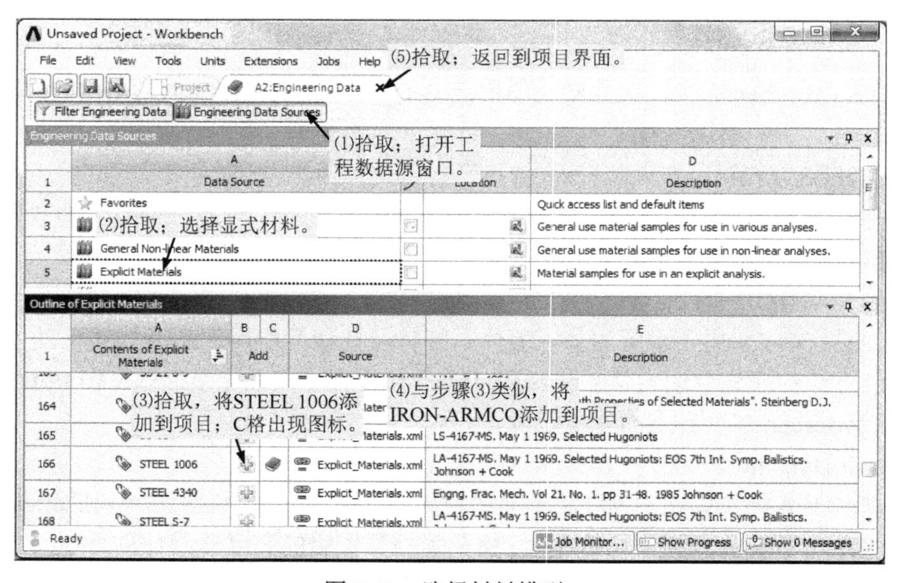


图 8-49　选择材料模型

步骤4：创建几何体。

（1）用鼠标右键单击如图8-48所示项目流程图A3格“Geometry”项，在快捷菜单中拾取命令New DesignModeler Geometry，启动DM创建几何体。

（2）拾取菜单命令Units→ Millimeter，选择长度单位为mm。

（3）拾取菜单 Create→Primitives→Box，创建尺寸为500mm×500mm×10mm的矩形板，如图8-50所示。

（4）拾取菜单Create→Primitives→Sphere，创建半径为25mm的圆球，如图8-51所示。

（5）退出DesignModeler。

图8-50 创建矩形板

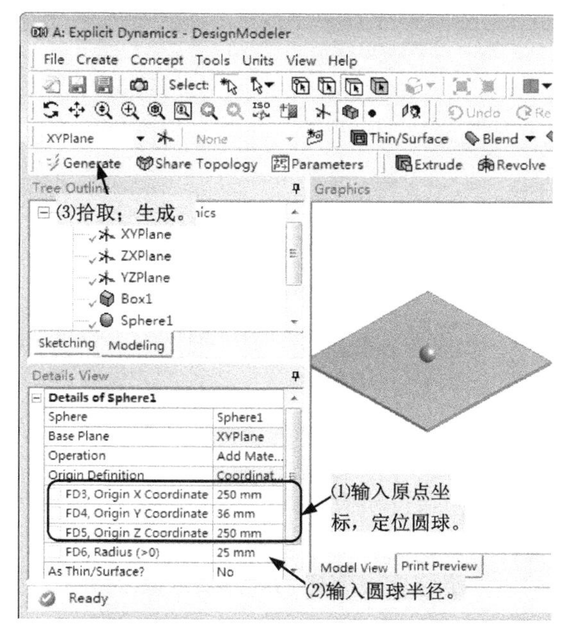


图8-51 创建圆球

步骤5：划分网格，施加载荷和支撑，求解显式动力学分析，查看结果。

（1）因上格数据（A3格Geometry项）发生变化，需要对A4格Model项的输入数据进行刷新，如图8-52所示。

（2）双击图8-52所示项目流程图A4格的“Model”项，启动Mechanical。

图8-52 刷新数据

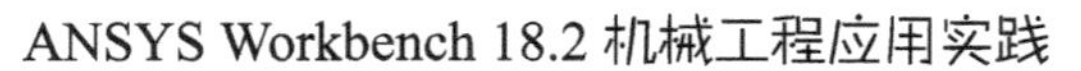

（3）为几何体分配材料模型，如图 8-53 所示。

（4）指定网格控制，划分网格，如图 8-54 所示。

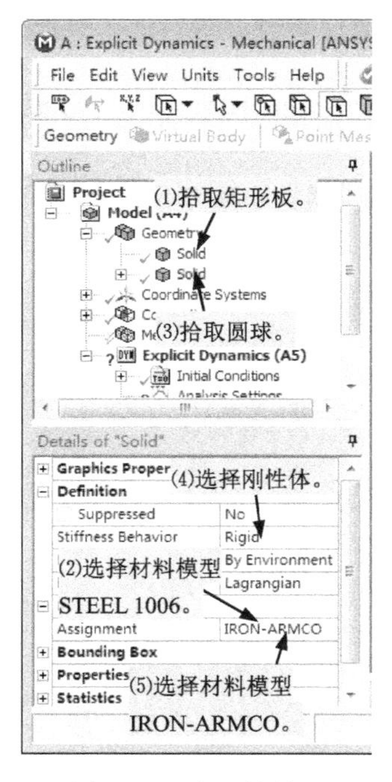


图 8-53　分配材料

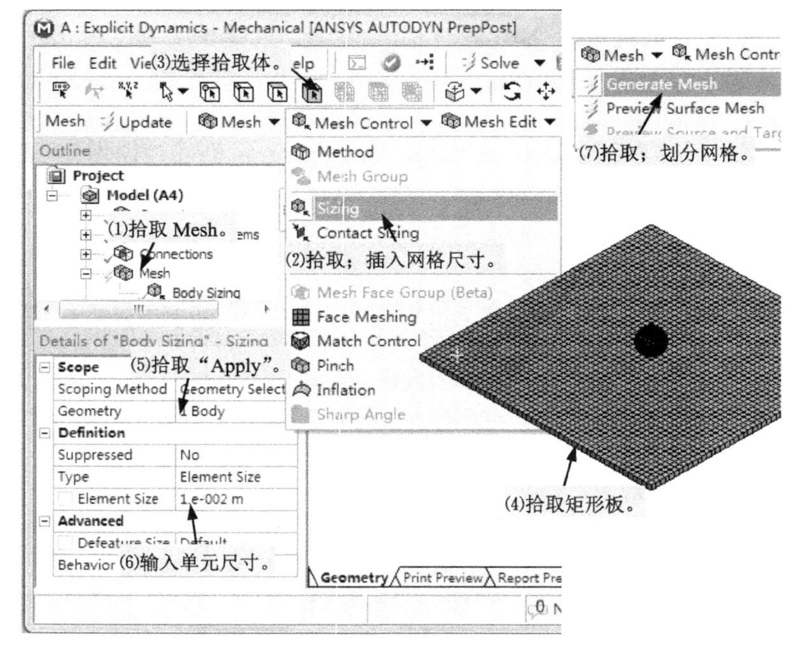


图 8-54　划分网格

（5）删除自动检测并创建的接触，如图 8-55 所示。显式动力学分析中用“Body Interactions”控制接触。

（6）在球体上施加初始速度，如图 8-56 所示。

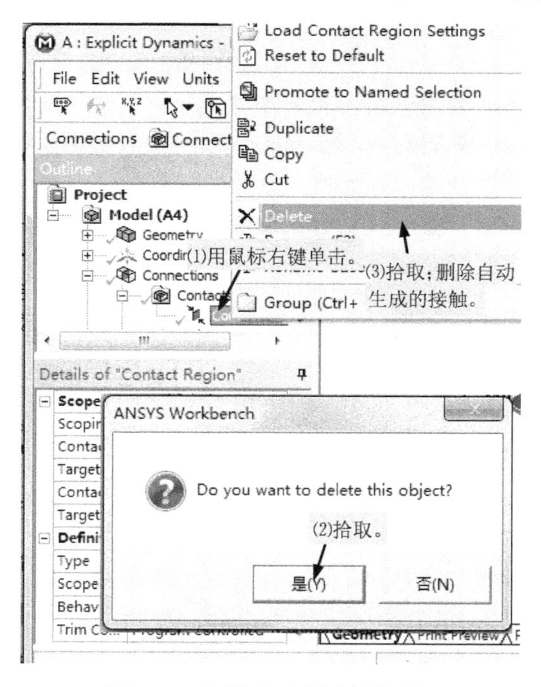


图 8-55　删除自动创建的接触

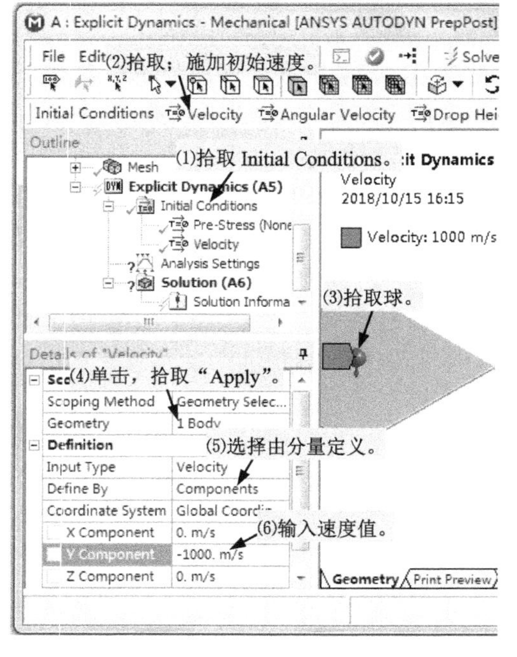


图 8-56　施加初始速度

（7）指定载荷步结束时间，如图 8-57 所示。

（8）在钢板的侧面施加固定支撑，如图 8-58 所示。

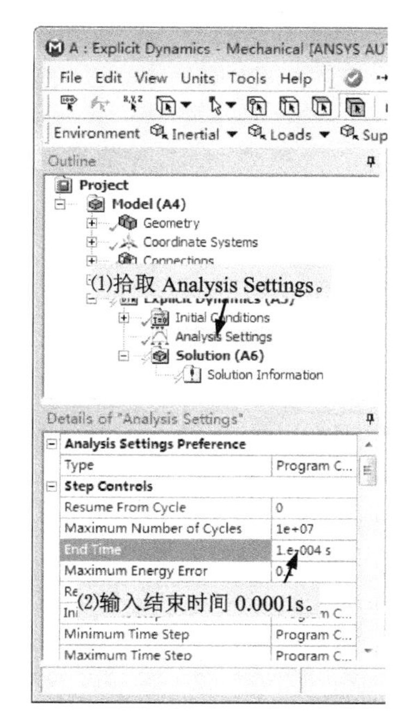


图 8-57　指定载荷步结束时间

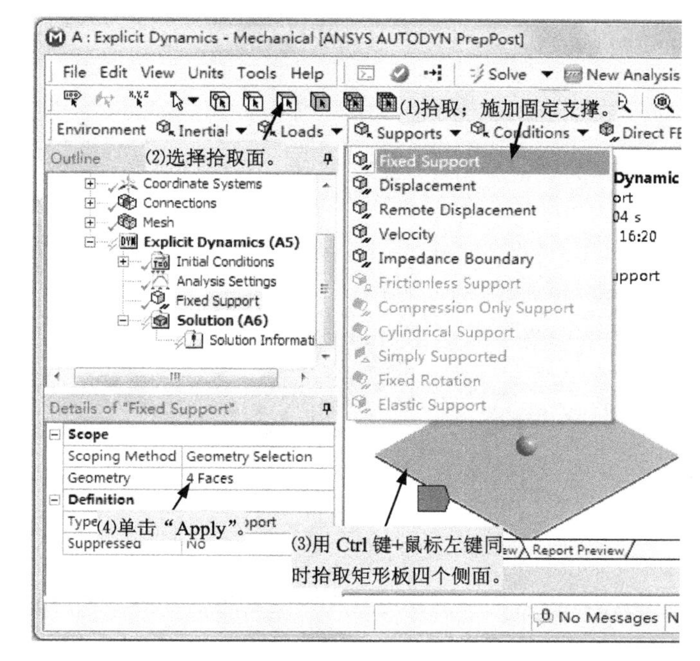


图 8-58　施加固定支撑

（9）指定几何体的总变形为计算结果，如图 8-59 所示。

（10）指定几何体的等效应力为计算结果，如图 8-60 所示。

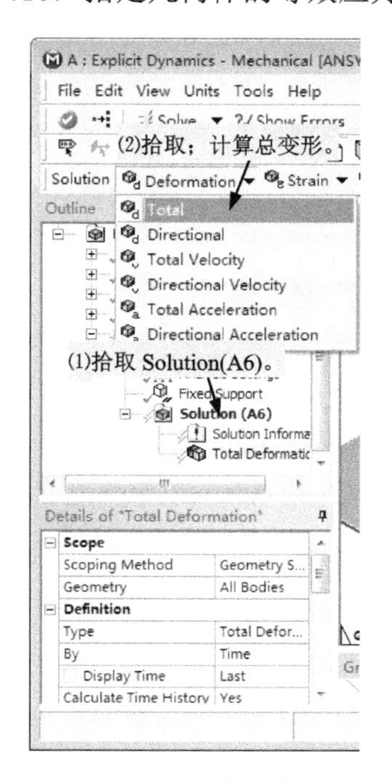


图 8-59　计算总变形

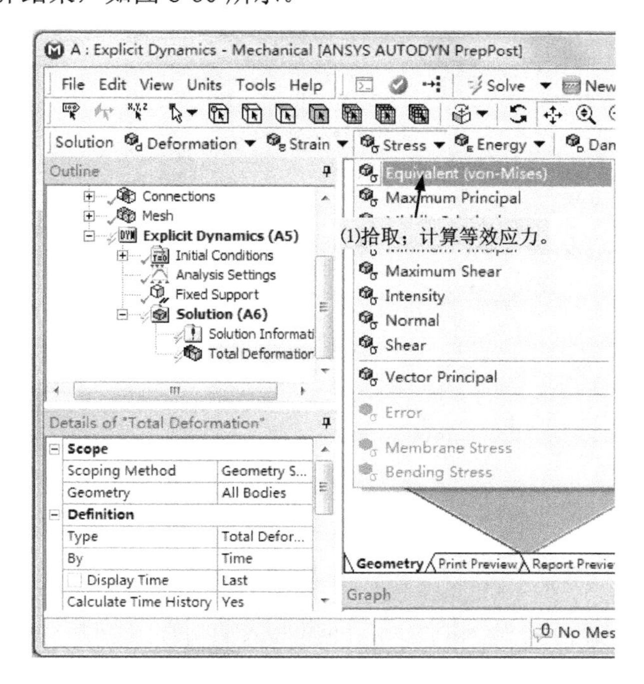


图 8-60　计算等效应力

（11）单击 Solve 按钮，求解结构显式动力学分析。

（12）查看总变形和等效应力计算结果，如图 8-61、图 8-62 所示。

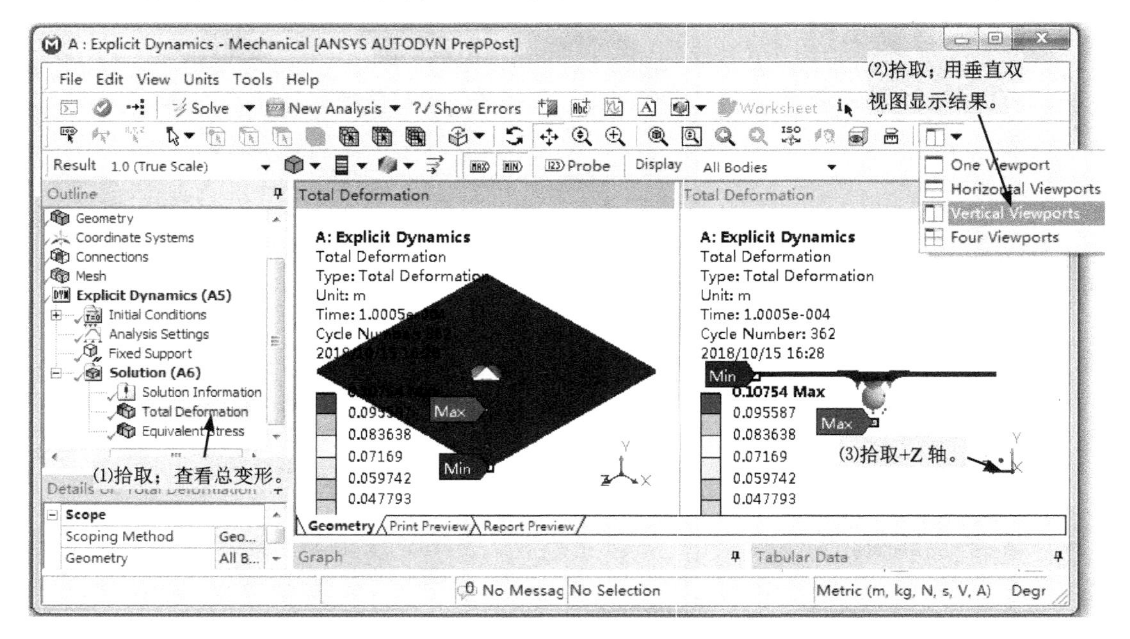


图 8-61 总变形结果

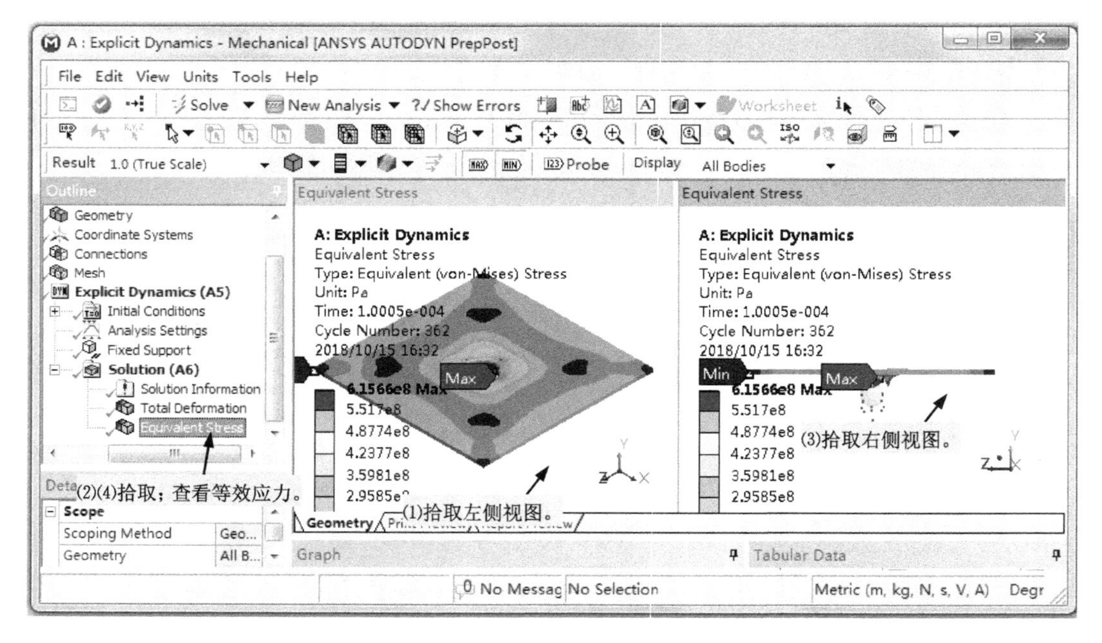


图 8-62 等效应力结果

（13）退出 Mechanical。

步骤 6：在 ANSYS Workbench 界面保存工程。

**[本例小结]** 通过实例介绍了利用 ANSYS Workbench 进行显式动力学分析的步骤、方法和技巧。

# 8.3 疲劳强度计算

## 8.3.1 疲劳概述

在交变应力作用下，机械结构上的最大应力虽然低于材料的屈服极限，但在多次重复加载之后，也会发生突然断裂。即使是塑性较好的材料，断裂前也没有明显的塑性变形，一般将这种失效形式称为疲劳破坏。机械零件的损坏大部分都是疲劳破坏，对疲劳进行计算在机械设计中至关重要。

疲劳分为高周疲劳和低周疲劳。低周疲劳在循环次数相对较低时发生，循环次数不超过 $10^4$ 次，低周疲劳常常伴随材料的塑性变形，故又称作应变疲劳（strain-based）。载荷的循环次数超过 $10^4$ 次时为高周疲劳，其应力通常比材料的极限强度低，故称作应力疲劳（Stress-based）。本书主要研究更为常见的高周疲劳，低周疲劳请查阅相关参考书。

### 1. 交变载荷类型

如图 8-63（a）所示，当交变载荷引起的机械结构的最大和最小应力均恒定时，称为恒定振幅载荷，这是载荷的最简单形式。否则，则为变化振幅或非恒定振幅载荷，如图 8-63（b）所示。

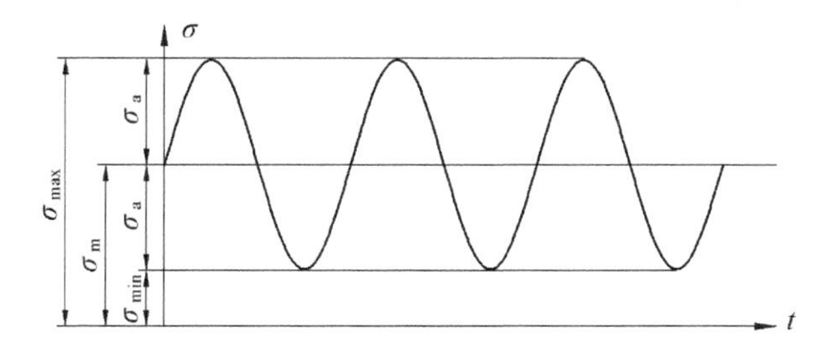


（a）恒定振幅载荷



（b）非恒定振幅载荷

图 8-63　交变载荷

另外，交变载荷又分为比例载荷和非比例载荷。比例载荷，是指结构主应力的比例是恒定的（例如，$\sigma_1/\sigma_2$ 恒等于常数），不随载荷大小和时间变化。而非比例载荷没有隐含各应力之间相互的关系，典型情况有：在两个不同载荷工况间的交替变化、交变载荷叠加在静载荷上、非线性边界条件等。

### 2. 基本概念和术语

如图 8-63（a）所示，为结构在恒定振幅、比例载荷作用下的应力变化情况，$\sigma_{\min}$ 和 $\sigma_{\max}$ 分别为最小应力值和最大应力值。图中 $\sigma_m$ 为平均应力，即

$$\sigma_m = \frac{1}{2}(\sigma_{\min} + \sigma_{\max}) \tag{8-7}$$

而 $\sigma_a$ 为应力幅，即

$$\sigma_a = \frac{1}{2}(\sigma_{\max} - \sigma_{\min}) \tag{8-8}$$

又将交变应力的最小应力和最大应力的比值称为循环特性或应力比，用 $r$ 来表示，即

$$r=\frac{\sigma_{\min}}{\sigma_{\max}} \tag{8-9}$$

如图 8-64（a）所示，当交变应力的最小应力和最大应力大小相等且方向相反时，称为对称循环交变应力，相对应的载荷为对称循环载荷。这时 $r=-1$，$\sigma_m=0$，$\sigma_a=\sigma_{max}$。

如图 8-64（b）所示，当交变应力在从零到某一最大值间循环变化时，称为脉动循环交变应力，相对应的载荷为脉动循环载荷。这时 $r=0$，$\sigma_m=\sigma_a=\sigma_{max}/2$。

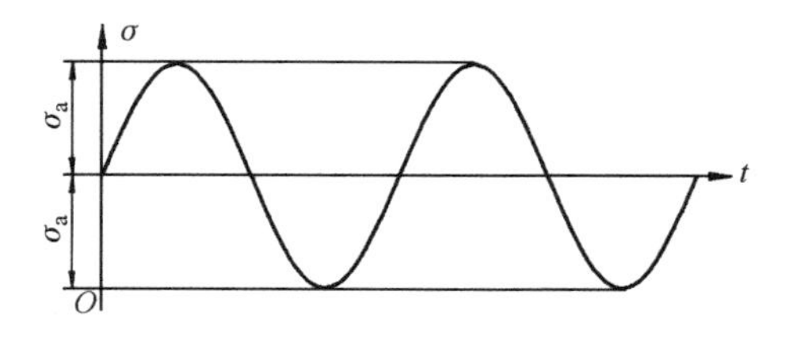


（a）对称循环交变应力

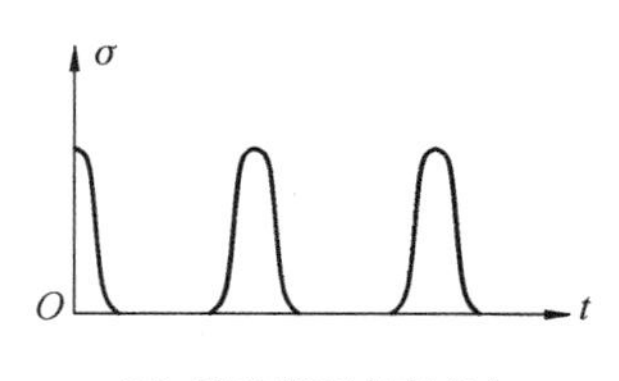


（b）脉动循环交变应力

图 8-64　交变应力

### 3. 应力-寿命曲线

结构在交变应力作用下，要经过一定次数的循环，才会发生疲劳破坏。而且在同一循环特性下，交变应力越大，经历的循环次数越少，交变应力的应力幅 $\sigma$ 与循环次数 $N$ 之间关系可以用如图 8-65 所示应力-寿命曲线表示，又称 $S$-$N$ 曲线或 $\sigma$-$N$ 曲线。

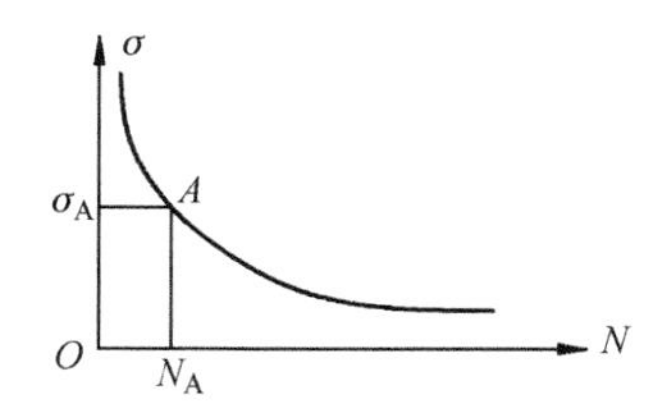


图 8-65　应力-寿命曲线

$S$-$N$ 曲线是以对试件施加特定循环特性的交变应力的方式通过疲劳实验得到的，但疲劳还受到交变应力的循环特性、应力状态、结构的应力集中、尺寸大小和表面质量等因素的影响，所以对实际结构使用 $S$-$N$ 曲线计算疲劳寿命时必须考虑以下问题：

（1）结构通常承受的是多轴应力，而 $S$-$N$ 曲线一般是在单轴应力状态下得到的，所以必须选择合适的当量应力（Workbench 中称为 Stress Component）来与 $S$-$N$ 曲线关联。

（2）对于不同循环特性的交变应力，最好是采用不同的、相应的 $S$-$N$ 曲线。如果没有与循环特性相对应的 $S$-$N$ 曲线，可以使用对称循环特性的 $S$-$N$ 曲线。但是由于平均应力对疲劳寿命有显著影响，压缩平均应力时比零平均应力时疲劳寿命长，拉伸平均应力时比零平均应力时疲劳寿命短，所以必须采用合适的平均应力进行修正。

（3）结构的疲劳寿命与应力集中、尺寸大小和表面质量等因素有关，必须对由试件得到的 $S$-$N$ 曲线进行修正。

## 8.3.2　恒定振幅、比例载荷情况下的疲劳分析步骤

疲劳分析是在线性静力学分析的基础上，插入疲劳工具进行的。疲劳工具的插入，可以在求解之前也可以在求解之后进行。

常见的恒定振幅、比例载荷情况下的疲劳分析步骤如下。

### 1. 定义材料特性

由于要进行线性静力分析，所以必须输入弹性模量和泊松比；由于进行疲劳分析，所以必须使用 *S-N* 曲线数据；如果有惯性载荷，则需要输入密度；如果有热载荷，则需要输入热膨胀系数和热传导率；如果使用应力工具结果（Stress Tool Result），那么就需要输入应力极限数据，而且这些数据也将用于平均应力修正理论。

### 2. 创建或导入几何体

疲劳计算只支持体和面。线模型目前还不能输出应力结果，所以疲劳分析对于线是忽略的，但线可以在模型中给结构提供刚性。

### 3. 定义接触区域

接触区域可以在疲劳分析中定义。因为非线性接触会使得结构不再满足比例载荷的要求，所以在恒定振幅、比例载荷情况下，只能使用绑定（Bonded）和不分离（No Separation）等线性接触类型。

### 4. 施加载荷和支撑

疲劳分析时只能施加产生比例载荷的载荷和支撑，不能施加的载荷和支撑有以下几种。

轴承载荷（Bearing Load）：对圆柱表面压缩侧施加均布力，而相反一侧的载荷将改变。

螺栓预紧载荷（Bolt Pretension）：首先施加预紧载荷，然后是工作载荷，该种载荷施加分两个载荷步进行。

压缩支撑（Compression Only Support）：仅阻止法线正向的移动，但不限制反方向的移动。

### 5. 指定计算结果

对于结构分析的应力、应变和变形结果，以及接触结果、应力工具（Stress Tool）等，都可以使用。

### 6. 插入疲劳工具（Fatigue Tool）

如图 8-66 所示，插入疲劳工具后，需要对 Fatigue Tool 做计算有关的设置，并要在疲劳工具条（Fatigue Tool）中选择计算云图结果（图 8-67（a））或曲线结果（图 8-67（b））等疲劳结果。

1）设置 Fatigue Tool

Load Type：如图 8-68 所示，载荷类型有 Zero-Based（脉动循环载荷）、Fully Reversed（对称循环载荷）、Ratio（指定循环特性）、History Data（历程数据）。

Mean Stress Theory：如图 8-69 所示，平均应力影响的处理方法有忽略平均应力的影响（None）、使用多重 *S-N* 曲线（Mean Stress Curves）、使用平均应力修正理论（Goodman、Soderberg、Gerber）。Goodman 理论适用于低韧性材料，对压缩平均应力不能进行修正。Soderberg 理论比 Goodman 理论保守，在有些情况下可用于脆性材料。Gerber 理论能够对韧性材料的拉伸平均应力提供很好的拟合，但它不能正确地预测出压缩平均应力的有害影响。

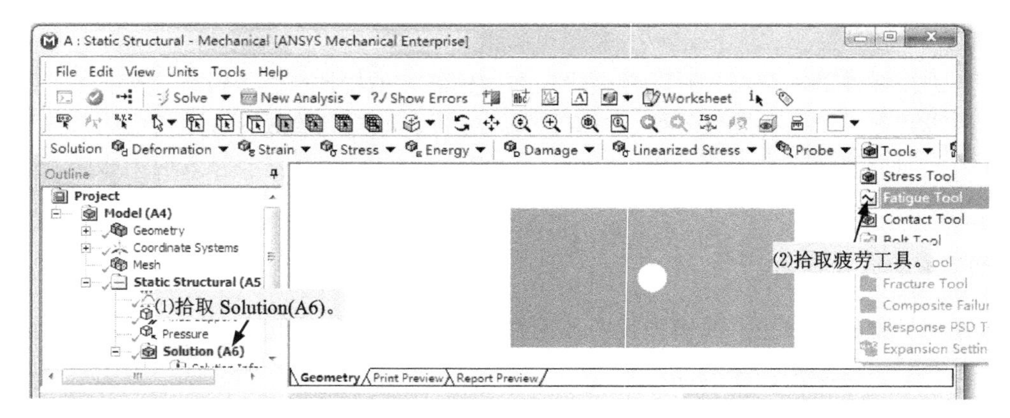


图 8-66　插入疲劳工具

（a）云图结果　　　　（b）曲线结果

图 8-67　疲劳工具条

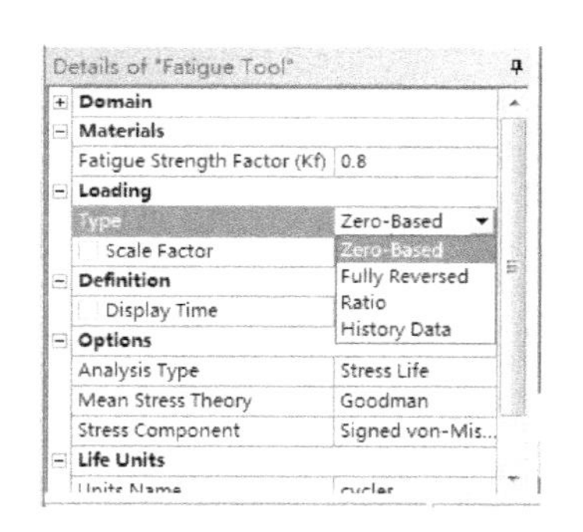


图 8-68　载荷类型

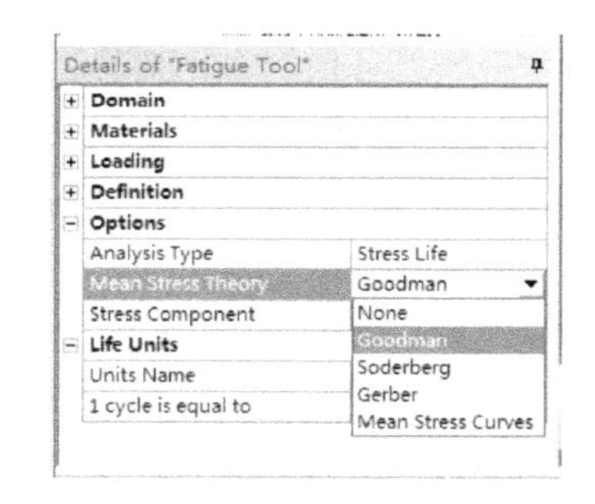


图 8-69　平均应力影响处理方法

Stress Component：应力分量用于选择用哪种应力结果与 *S-N* 曲线进行比较，如图 8-70 所示。可以使用 $\sigma_X$、$\sigma_Y$、$\sigma_Z$、$\tau_{XY}$、$\tau_{YZ}$、$\tau_{XZ}$、Equivalent（等效应力）、Signed Equivalent（带符号的等效应力）、Max Shear（最大剪切应力）、Max Principal（最大主应力）等。

Fatigue Strength Factor(Kf)：疲劳强度因子，用于考虑应力集中、尺寸大小和表面质量等因素对疲劳寿命的影响，大小可以参考相关专业书籍。

2）疲劳结果

Life：疲劳寿命。

Damage：疲劳损伤。是设计寿命（Design Life）与可用寿命的比值，设计寿命在 Damage 的细节窗口中定义。

Safety Factor：安全系数。为 *S-N* 曲线上设计寿命所对应应力与实际应力的比值，软件设定的安全系数最大值为 15。

Biaxiality Indication：双轴指示。为较小与较大主应力的比值（主应力接近 0 时被忽略），因此，单轴应力的双轴指标为 0，纯剪切的双轴指标为-1，双轴的双轴指标为 1。

Equivalent Alternating Stress：等效交变应力。

Fatigue Sensitivity：疲劳敏感性。疲劳敏感性曲线可以显示寿命、损伤和安全系数随载荷变化的情况。

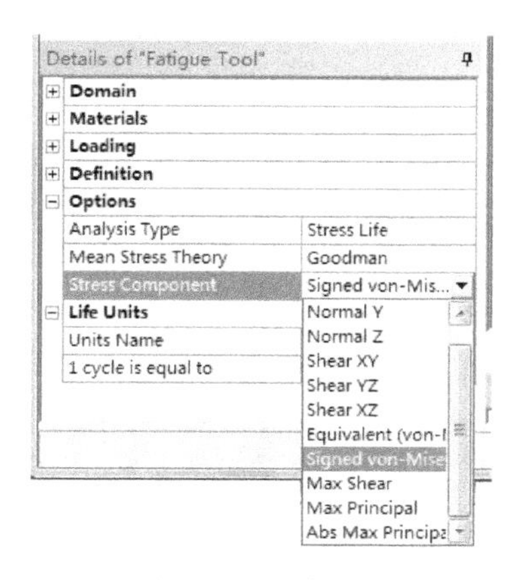


图 8-70 应力分量

7. 求解疲劳分析

8. 查看疲劳结果

### 8.3.3 恒定振幅、比例载荷情况下疲劳强度计算实例——受压带圆孔薄板

1. 问题描述

图 8-71 所示为一受压带圆孔薄板，一端固定，一端受压力 $p$ 作用。薄板为钢制，材料的对称循环 *S-N* 特性如表 8-3 所示，抗拉强度为 620MPa。已知：薄板在交变压力 $p$=0～100MPa 作用下工作循环次数为 30000 次，试计算薄板的疲劳寿命。

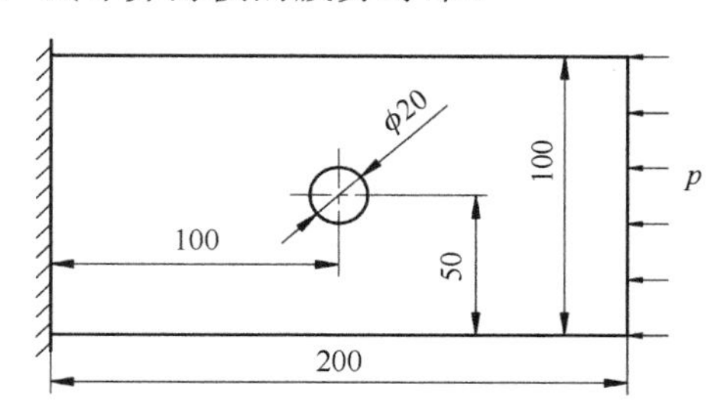


图 8-71 受压薄板

表 8-3 材料 *S-N* 特性

| 寿命 *N* | 100 | 500 | 1000 | 2000 | 5000 | $1\times10^4$ | $2\times10^4$ | $5\times10^4$ | $1\times10^5$ |
|---|---|---|---|---|---|---|---|---|---|
| 应力 *S*/MPa | 1560 | 779 | 614 | 496 | 393 | 338 | 297 | 234 | 200 |
| 寿命 *N* | $2\times10^5$ | $5\times10^5$ | $1\times10^6$ | $2\times10^6$ | $5\times10^6$ | $1\times10^7$ | $2\times10^7$ | $5\times10^7$ | $1\times10^8$ |
| 应力 *S*/MPa | 172 | 145 | 131 | 117.2 | 111.8 | 108.2 | 104.8 | 100 | 96.5 |

2. 分析步骤

步骤 1：在 Windows“开始”菜单执行 ANSYS →Workbench。

步骤 2：创建项目 A，进行结构静力学分析，如图 8-72 所示。

步骤 3：定义新材料模型 Steel1，并添加到当前分析项目中。

（1）双击图 8-72 所示项目流程图 A2 格的“Engineering Data”项。

（2）定义新材料模型 Steel1，输入弹性模量、泊松比、*S-N* 曲线、抗拉强度等材料特性参数，如图 8-73 所示。注意：图中对话框的显示由下拉菜单 View 项控制。

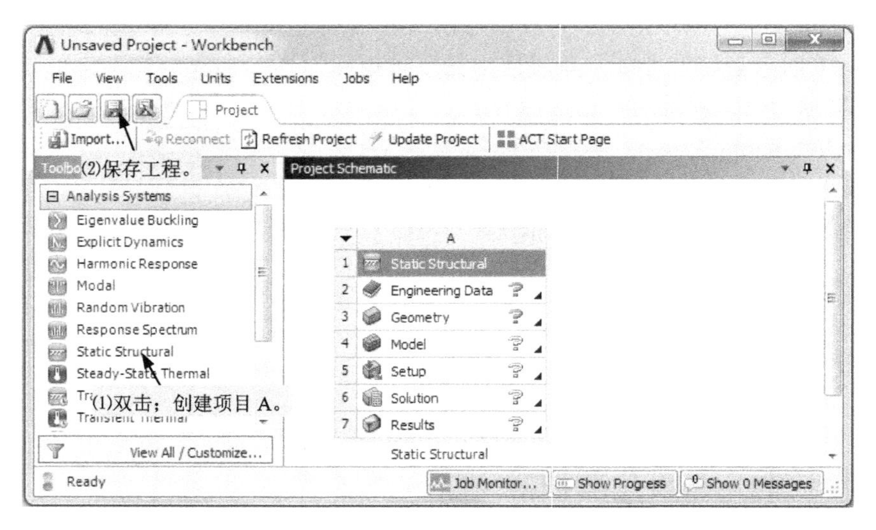


图 8-72　创建项目

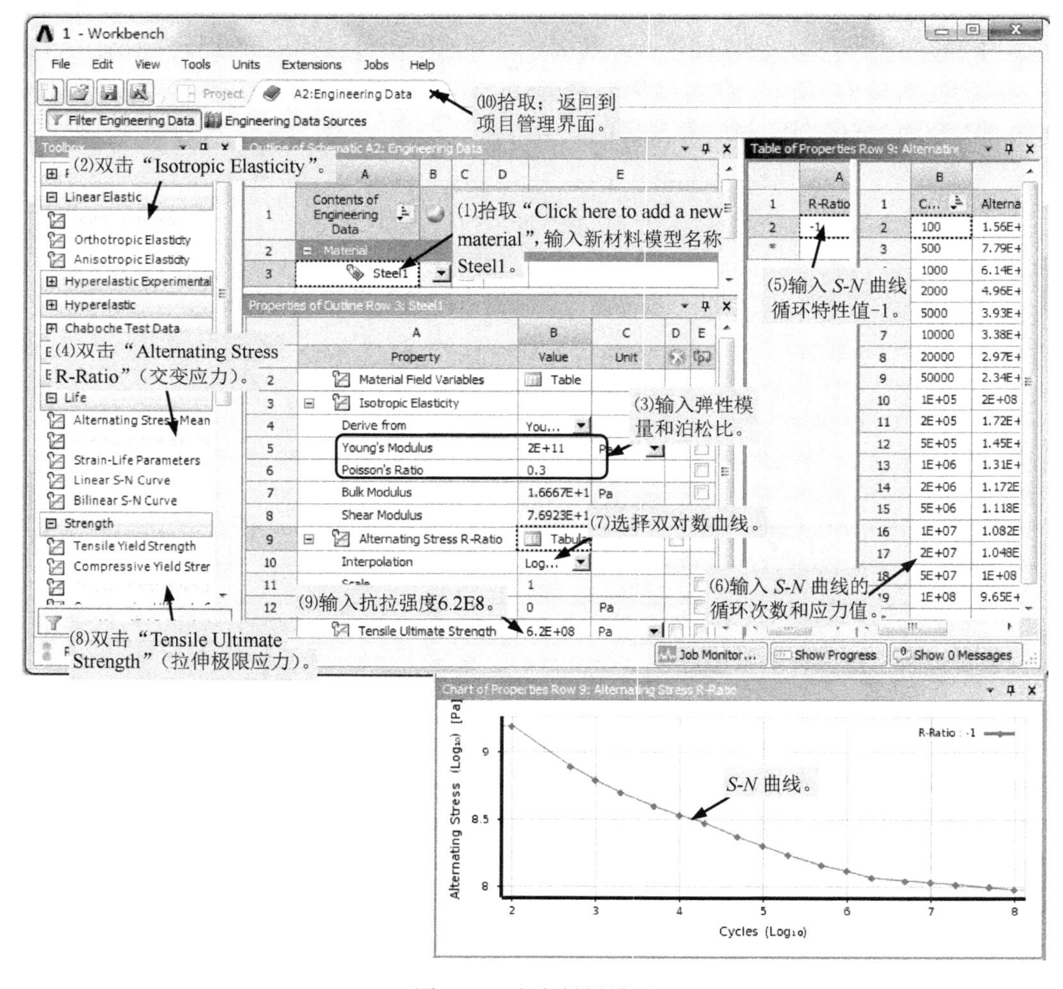


图 8-73　定义材料模型

步骤 4：创建几何体。

（1）用鼠标右键单击如图 8-72 所示项目流程图 A3 格“Geometry”项，在快捷菜单中拾取命令 New DesignModeler Geometry，启动 DM 创建几何体。

（2）拾取菜单命令 Units→ Millimeter，选择长度单位为 mm。

（3）在 XYPlane 的 Sketch1 上画一个矩形和一个圆，如图 8-74 所示。

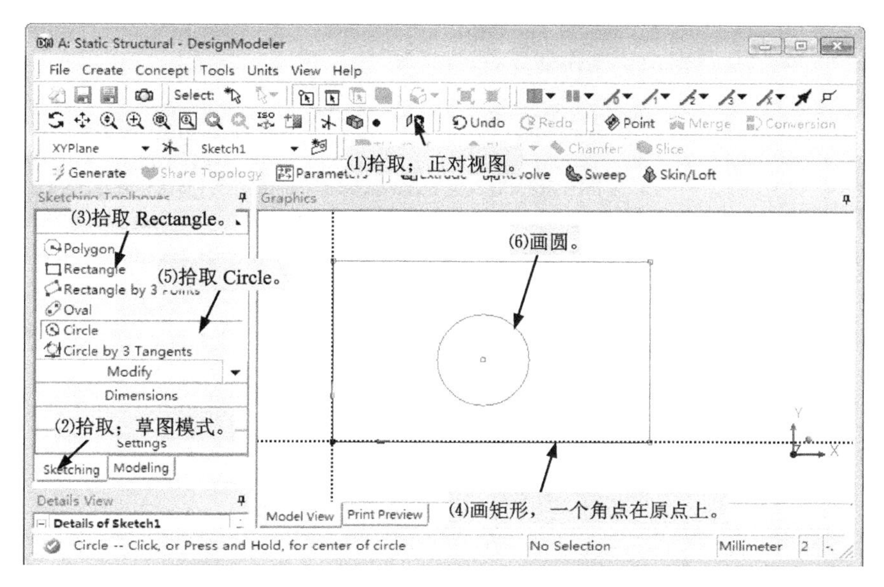


图 8-74　画图形

（4）标注尺寸，如图 8-75 所示。

（5）拾取菜单 Concept→Surfaces From Sketches，在草图 Sketch1 上创建面体，如图 8-76 所示。

（6）退出 DesignModeler。

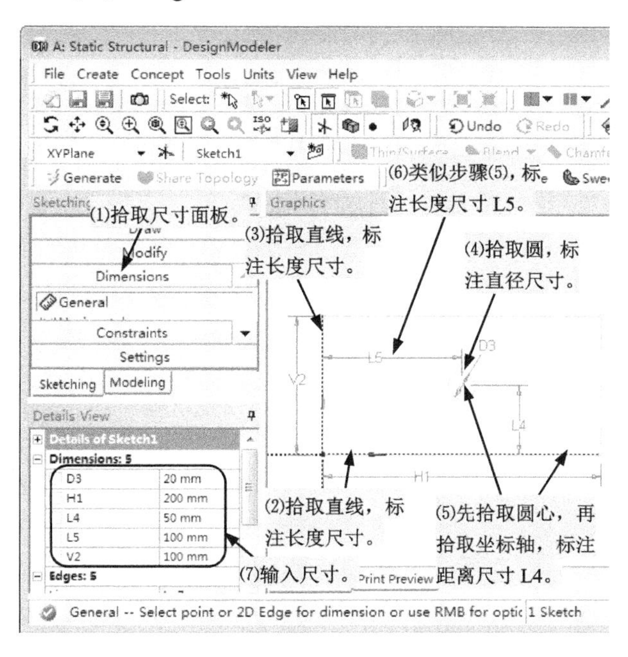


图 8-75　标注尺寸

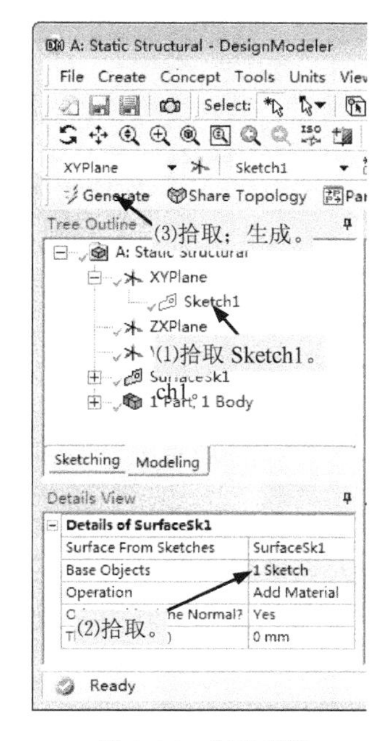


图 8-76　创建面体

步骤 5：施加载荷、约束和疲劳工具，求解结构静力学分析和疲劳分析，查看结果。

（1）指定几何体属性，进行 2D 分析，如图 8-77 所示。

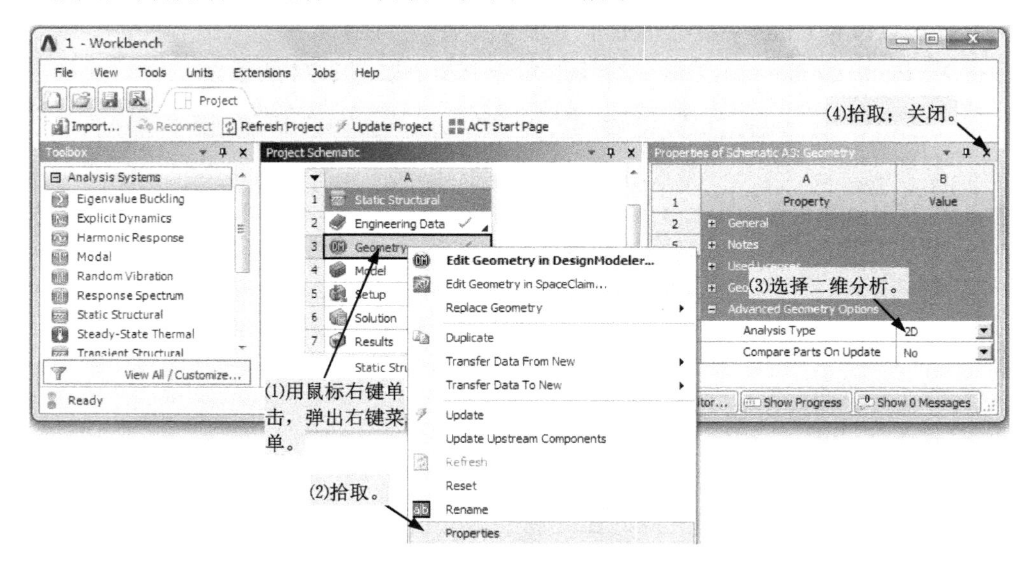


图 8-77　指定 2D 分析

（2）因上格数据（A3 格 Geometry 项）发生变化，需要对 A4 格 Model 项的输入数据进行刷新，如图 8-78 所示。

（3）双击图 8-78 所示项目流程图 A4 格的“Model”项，启动 Mechanical。

（4）为几何体分配材料模型，如图 8-79 所示。

图 8-78　刷新数据

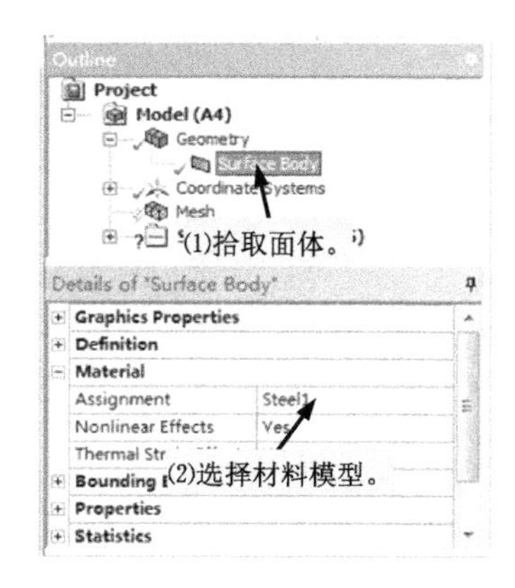


图 8-79　分配材料

（5）指定网格控制，划分网格，如图 8-80 所示。

（6）在薄板的左侧边上施加固定支撑，如图 8-81 所示。

（7）在薄板的右侧边上施加压力载荷，如图 8-82 所示。

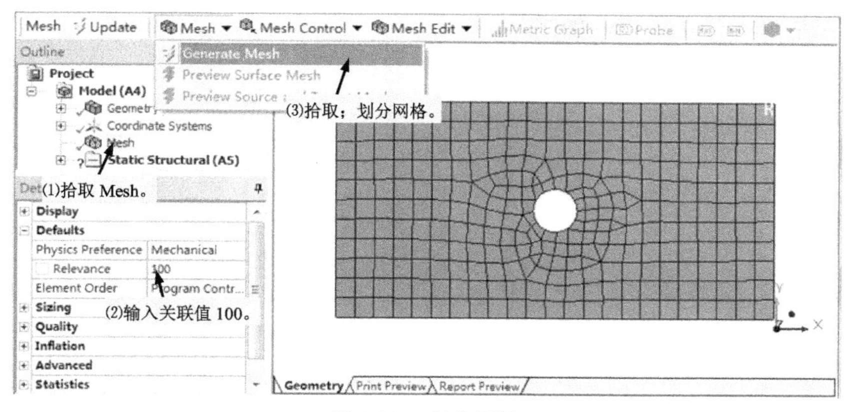


图 8-80　划分网格

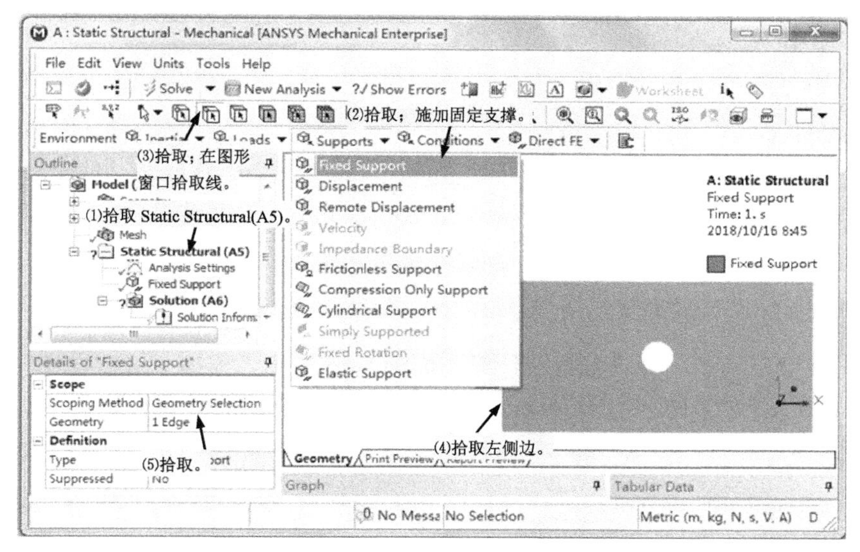


图 8-81　施加固定支撑

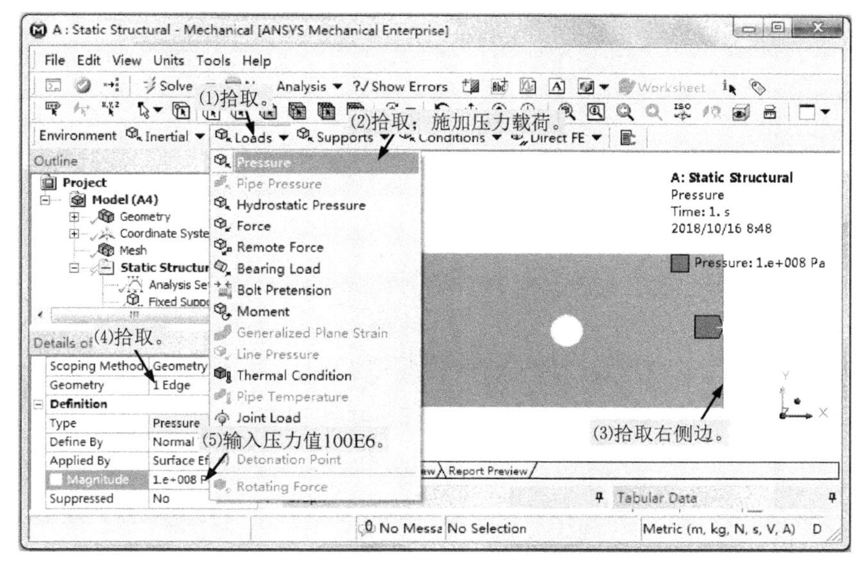


图 8-82　施加压力载荷

（8）指定总变形为计算结果，如图 8-83 所示。

（9）指定等效应力为计算结果，如图 8-84 所示。

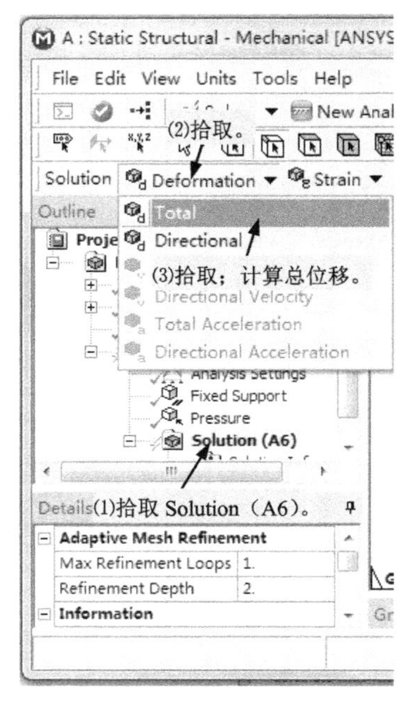


图 8-83 指定总变形为计算结果

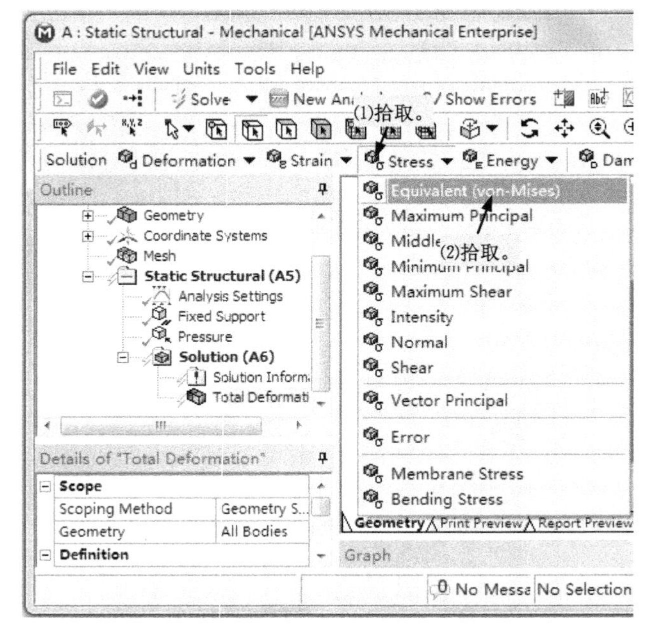


图 8-84 指定等效应力为计算结果

（10）插入疲劳工具条，并设置疲劳计算，如图 8-85 所示。根据“机械设计”有关参考书，查得疲劳极限因子 Kf 为 0.8。由于 Goodman 平均应力修正理论处理正的和负的平均应力的方法不同，所以取应力分量为 Signed Von Mises。

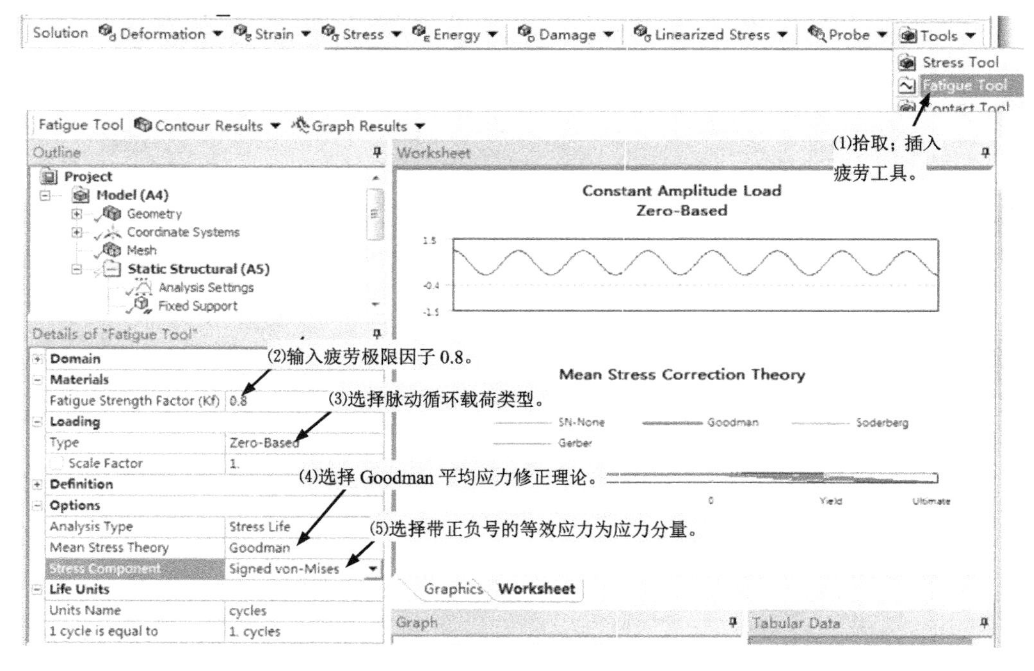


图 8-85 插入疲劳工具条

（11）指定疲劳寿命为计算结果，如图 8-86 所示。

（12）指定疲劳损伤为计算结果，如图 8-87 所示。

（13）单击 Solve 按钮，求解结构静力学分析和疲劳分析。

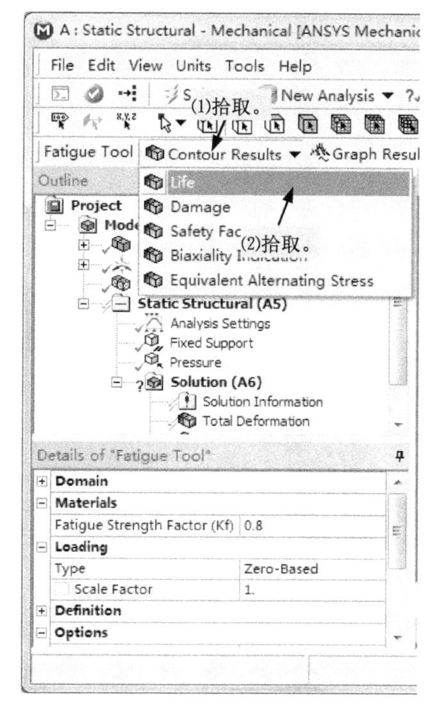


图 8-86　指定计算疲劳寿命

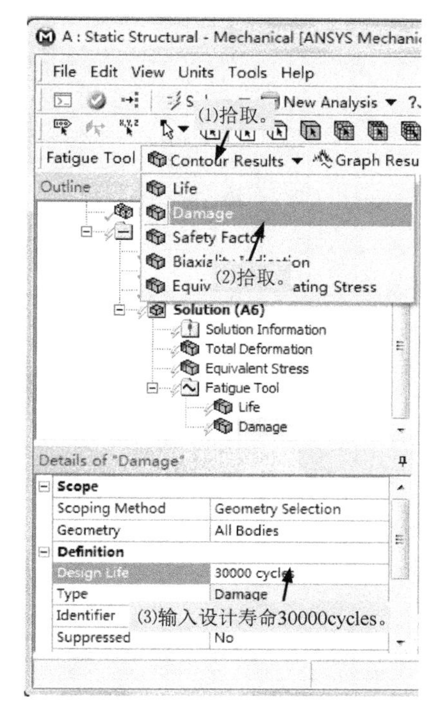


图 8-87　指定计算疲劳损伤

（14）在提纲树（Outline）上选择结果类型，进行结果查看，总变形和等效应力情况如图 8-88、图 8-89 所示，疲劳寿命和疲劳损伤如图 8-90、图 8-91 所示。

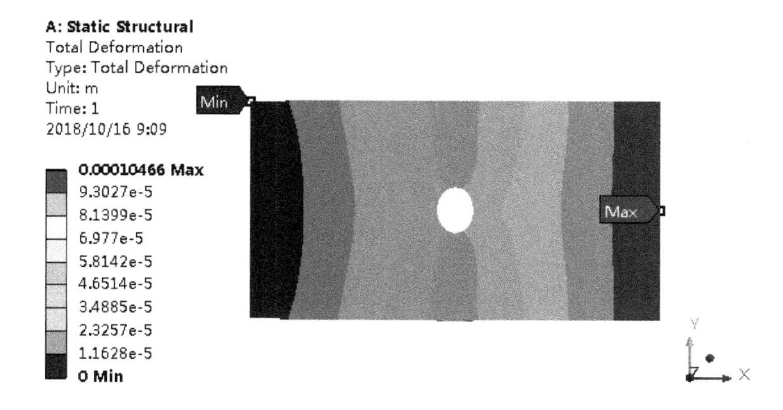


图 8-88　总变形情况

（15）退出 Mechanical。

步骤 6：在 ANSYS Workbench 界面保存工程。

**[本例小结]** 首先介绍了疲劳分析的基础知识和相关理论，然后通过实例介绍了利用 ANSYS Workbench 进行疲劳分析的步骤、方法和技巧。

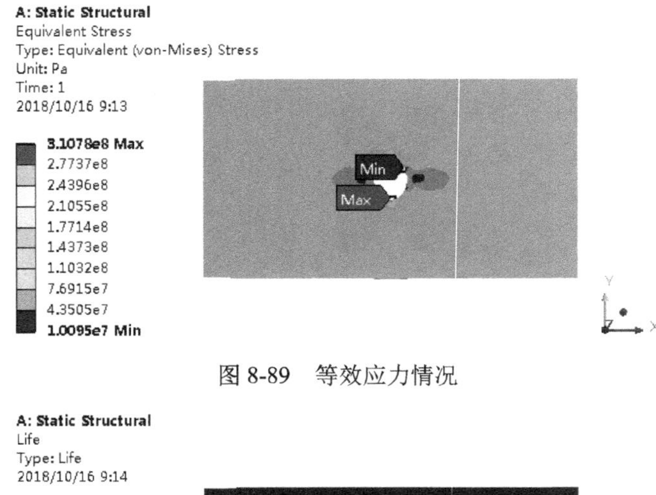


图 8-89　等效应力情况

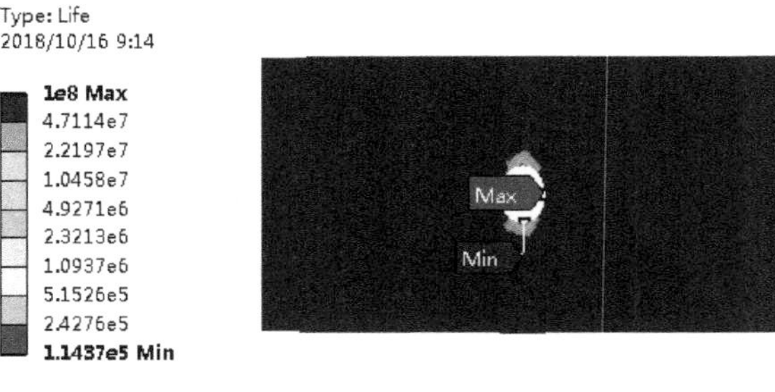


图 8-90　疲劳寿命

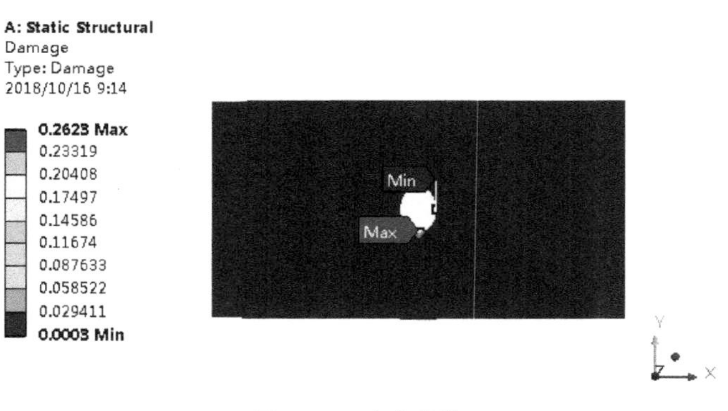


图 8-91　疲劳损伤

# 8.4　刚体动力学分析

## 8.4.1　刚体动力学分析概述

从 ANSYS 12.1 开始，ANSYS Workbench 集成了 Rigid Dynamics Analysis（刚体动力学分析）模块。利用 Rigid Dynamics Analysis 模块，能够直接对刚体进行运动学和动力学分析，以获得刚体的位移、速度、加速度、作用力等运动学、动力学性能，从而为机械设计提供客观可靠的依据。

ANSYS Workbench 刚体动力学分析步骤如下：

### 1. 创建 Rigid Dynamics Analysis 项目

### 2. 定义工程数据

对于 Rigid Dynamics Analysis，只需要定义刚体材料的密度，材料的密度不能为零或近似为零。用户可以从 ANSYS 材料库中选择材料，也可以修改材料库材料特性，还可以自定义材料，并添加到材料库中，方便以后使用。

### 3. 创建几何体

ANSYS 可以利用自带的 DesignModeler 进行几何体创建，也可以导入在 CAD 软件中创建的几何体。Rigid Dynamics Analysis 可以与 CAD 软件紧密集成，CAD 软件中几何体变化时 ANSYS 也可以同步更新。在 Rigid Dynamics Analysis 中，可以对薄板、3D 几何体进行动力学分析，但不能使用平面体和线体。此外，系统可以根据几何体模型的尺寸、材料自动计算出几何体的体积、质量、转动惯量等特性参数，这些均可在 Model 分支的细节窗口中查找。

### 4. 定义零件行为特性

Rigid Dynamics Analysis 允许使用质点（Point Mass），有时需要定义零件刚度（Part Stiffness）。

### 5. 定义连接

Rigid Dynamics Analysis 利用运动副（Joints）、弹簧（Springs）、摩擦接触（Frictionless Contact）等方式来建立零件和零件、零件和机架之间的连接，以保证零件间的精确定位。当模型是从 CAD 软件中导入时，零件之间的连接或约束不被同时输入，但 Rigid Dynamics Analysis 可以自动探测运动副类型，并自动建立连接，也可以手动建立连接关系。

每一个运动副的运动方向由运动副参考坐标系的方向确定。

常用运动副的类型如表 8-4 所示。

### 6. 设置网格控制，进行网格划分

与 ANSYS 其他模块不同，Rigid Dynamics 分析不需要划分网格。

表 8-4 常用运动副类型

| 运 动 副 | 示 意 图 | 相 对 运 动 | 约束掉的自由度 |
|---|---|---|---|
| 固定（Fixed） | | 固定 | 所有自由度 |
| 转动副（Revolute） | | 绕 $Z$ 轴转动 | UX、UY、UZ、ROTX、ROTY |
| 柱面滑动（Cylindrical） | | 绕 $Z$ 轴转动，同时沿 $Z$ 轴方向移动 | UX、UY、ROTX、ROTY |
| 移动副（Translational） | | 沿 $X$ 轴方向移动 | UY、UZ、ROTX、ROTY、ROTZ |

续表

| 运动副 | 示意图 | 相对运动 | 约束掉的自由度 |
|---|---|---|---|
| 滑槽（Slot） | 2 Z 1 X Y | 绕三个坐标轴转动，沿 $X$ 轴方向移动 | UY、UZ |
| 万向连接（Universal） | Z 2 1 X Y | 绕 $X$ 轴、$Z$ 轴转动 | UX、UY、UZ、ROTY |
| 球铰（Spherical） | Z 1 X Y 2 | 绕 $X$ 轴、$Y$ 轴、$Z$ 轴转动 | UX、UY、UZ |
| 平面（Planar） | Z X Y 2 1 | 沿 $X$ 轴、$Y$ 轴方向移动，绕 $Z$ 轴转动 | UZ、ROTX、ROTY |

### 7. 分析设置

（1）时间步控制。可以创建多个时间步，用于定义随时间变化的载荷。Rigid Dynamics Analysis 采用的是显式时间积分算法，与隐式时间积分算法相比，不需要进行迭代运算，但为了获得精确解，并使计算稳定，需要较小的时间步长。时间步长由系统的最高响应频率决定，如果系统的频率响应性能很难确定，使用自动时间步长是一个较好的选择，自动时间步长能够满足大多数情况下的分析精度要求。

（2）求解设置。用于选择时间积分类型、是否强制稳定。

（3）非线性控制。设置收敛判别准则。

（4）输出控制。选择结果输出的时间点。

### 8. 定义初始条件

用于设置运动副的初始位置和速度等。为了使求解稳定，最好在第一个时间步施加从零开始的斜坡载荷。

### 9. 施加载荷和支撑

在 Rigid Dynamics Analysis 中，可以使用的载荷和支撑有加速度（Acceleration）、标准重力加速度（Standard Earth Gravity）、运动副载荷（Joint Load）、远端位移（Remote Displacement）、约束方程（Constraint Equation）等。其中，加速度和标准重力加速度载荷在分析中被认为是恒定的，而对于运动副载荷，既可以是恒定的，也可以是随时间变化的。对于变化载荷，可以通过表格输入，也可以通过时间-载荷的函数形式输入。

### 10. 求解

### 11. 查看结果

结果类型包括变形（Deformation）和探测结果（Probe）。

## 8.4.2　刚体动力学分析实例——曲柄滑块机构的运动分析

### 1. 问题描述

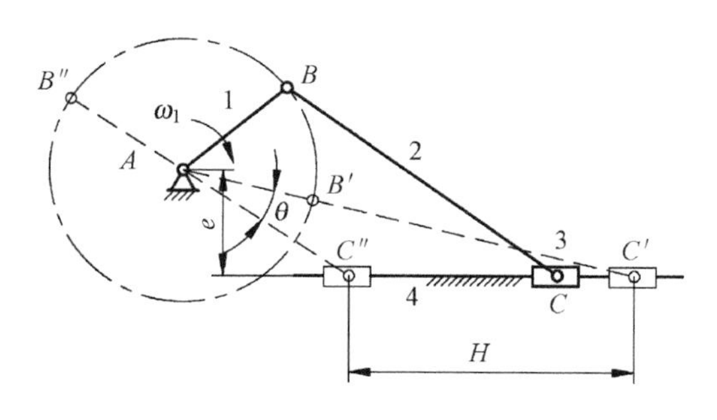


图 8-92　曲柄滑块机构

图 8-92 所示为一曲柄滑块机构，曲柄长度 $R$=250mm、连杆长度 $L$=620mm、偏距 $e$=200mm，曲柄为原动件，转速为 $n_1$=30r/min，求滑块 3 的位移 $s_3$、速度 $v_3$、加速度 $a_3$ 随时间的变化情况。

根据机械原理的知识，可以求解出以下数据：

滑块的行程 $H$=535.41mm。

机构的极位夹角为$\theta$=19.43°，于是机构的行程速比系数

$$K = \frac{180° + \theta}{180° - \theta} = 1.242$$

由于机构一个工作循环周期为$T = \dfrac{60}{n_1} = 2\text{s}$，所以机构工作行程经历的时间

$$T_1 = \frac{K}{K+1} T = 1.108\text{s}$$

空回行程经历的时间

$$T_2 = T - T_1 = 0.892\text{s}$$

### 2. 分析步骤

步骤 1：在 Windows“开始”菜单执行 ANSYS →Workbench。

步骤 2：创建项目 A，进行刚体动力学分析，如图 8-93 所示。

步骤 3：从 ANSYS 材料库选择材料模型。

（1）双击图 8-93 所示项目流程图 A2 格的“Engineering Data”项。

（2）选择材料 Structural Steel（钢），如图 8-94 所示。图中对话框的显示由下拉菜单 View 项控制。

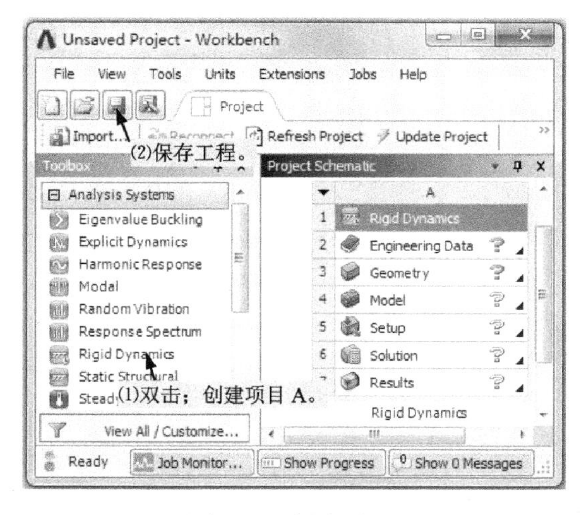


图 8-93　创建项目

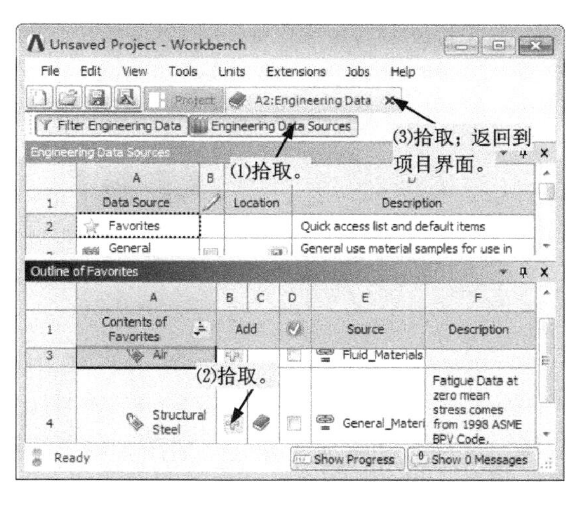


图 8-94　选择材料

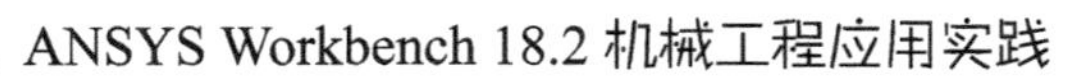

步骤 4：从外部导入几何模型，如图 8-95 所示。

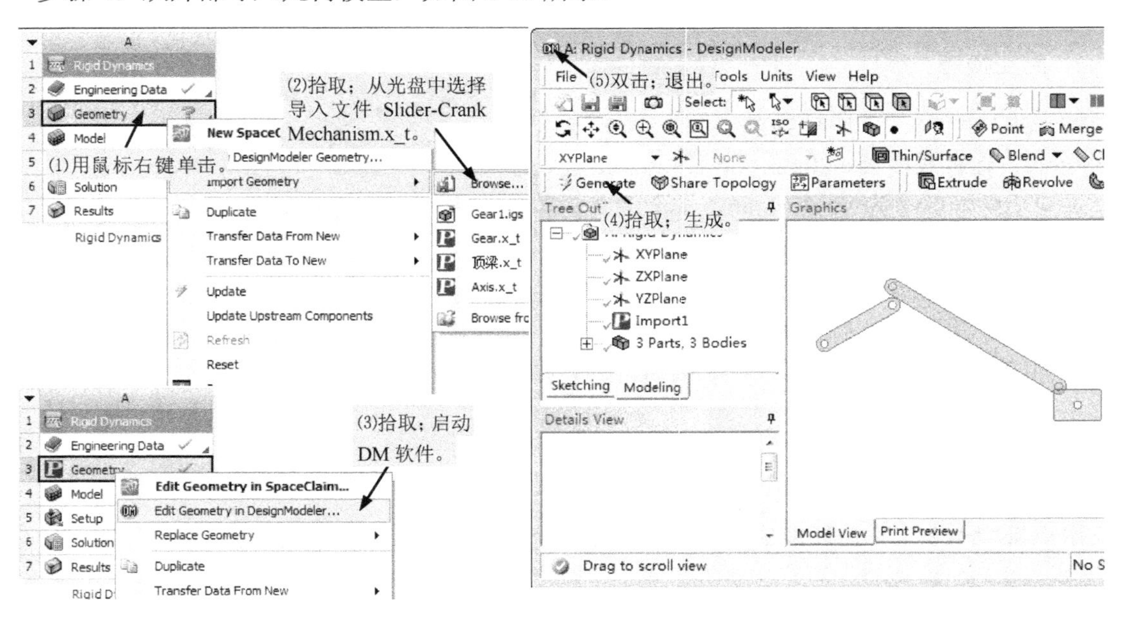


图 8-95　导入几何模型

步骤 5：分配材料、创建运动副、施加载荷、求解、查看结果。

（1）因上格数据（A3 格 Geometry）发生变化，需要刷新数据，如图 8-96 所示。

（2）双击图 8-96 所示项目流程图 A4 格的“Model”项，启动 Mechanical。

（3）为几何体指定材料，如图 8-97 所示。

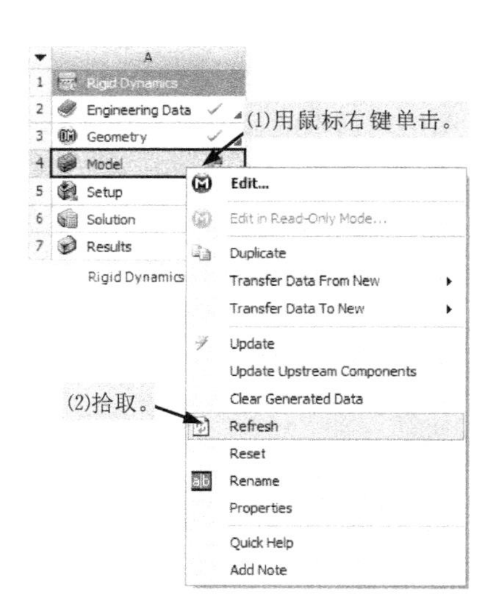


图 8-96　刷新数据

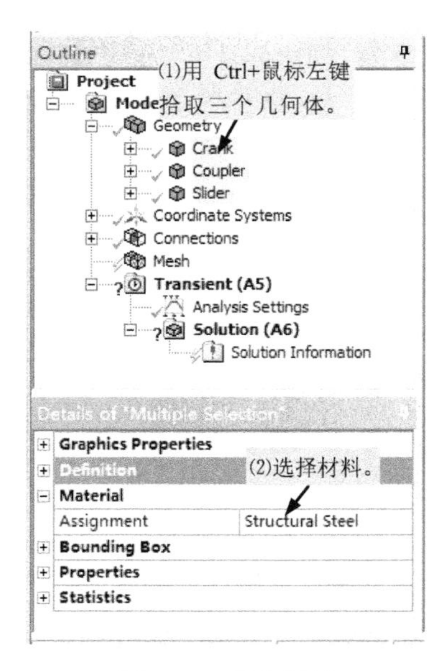


图 8-97　指定材料

（4）删除自动生成的接触，如图 8-98 所示。

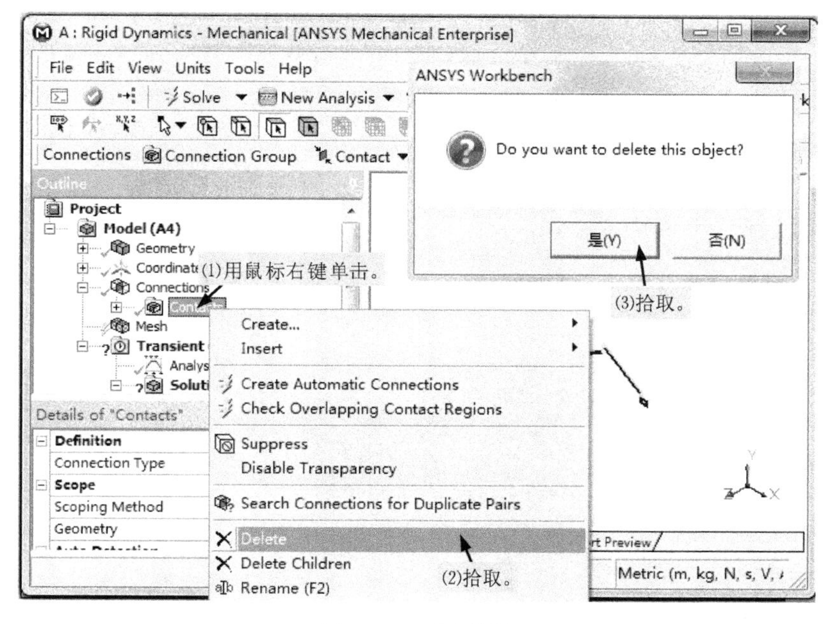


图 8-98　删除接触

（5）定义由曲柄（Crank）和机架（Ground）组成的转动副，如图 8-99 所示；定义由曲柄和连杆（Coupler）组成的转动副，如图 8-100 所示；用类似如图 8-100 所示过程定义由连杆和滑块（Slider）组成的转动副；定义由滑块和机架组成的移动副，如图 8-101 所示。

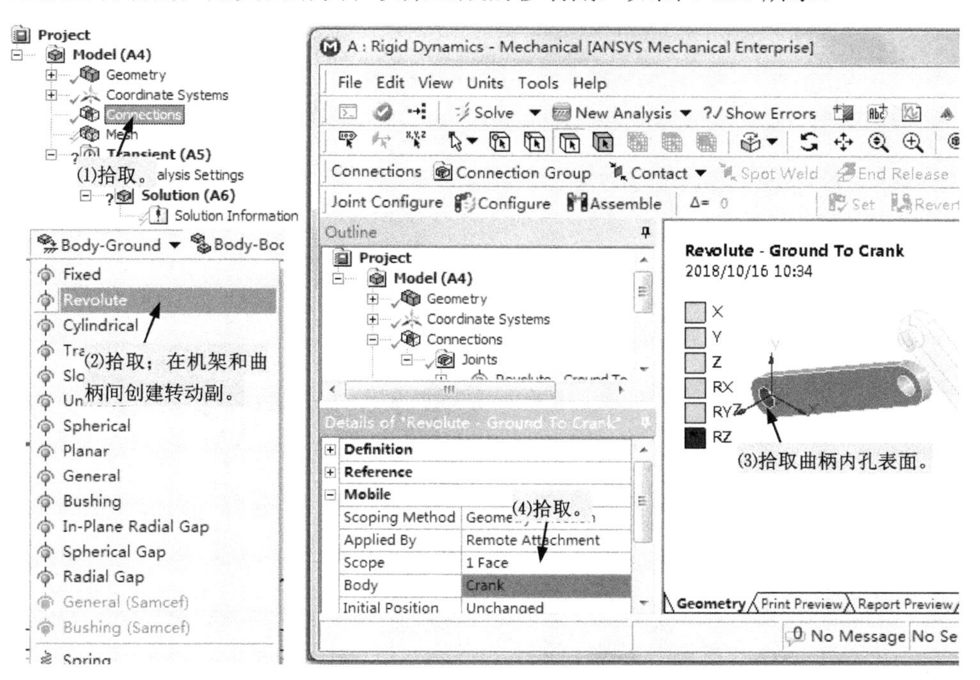


图 8-99　在机架和曲柄间创建转动副

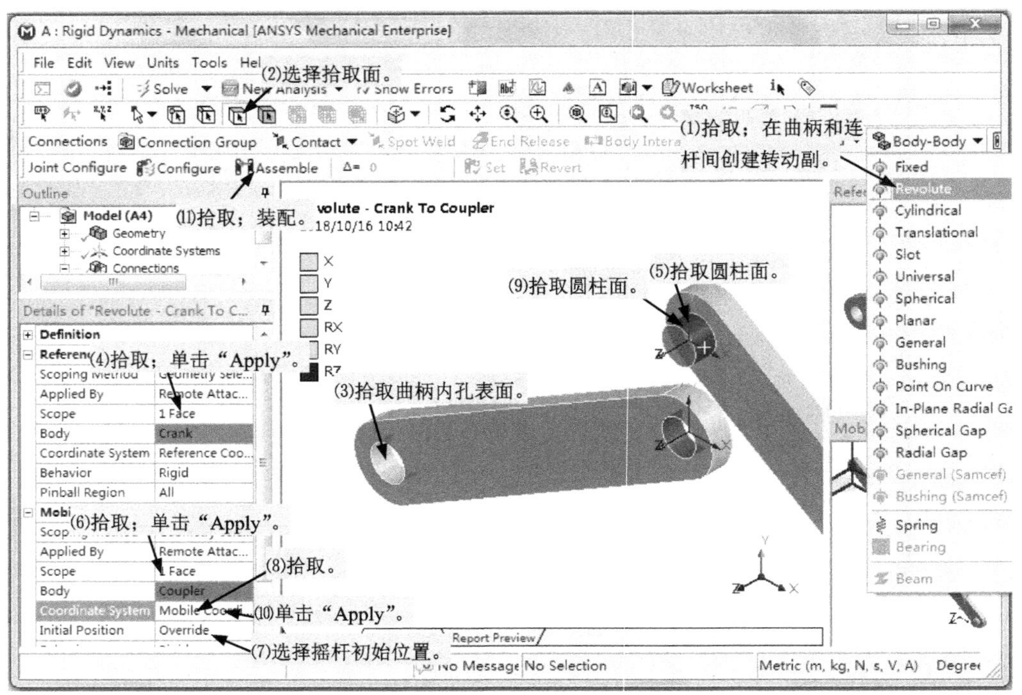


图 8-100　在曲柄和连杆间创建转动副

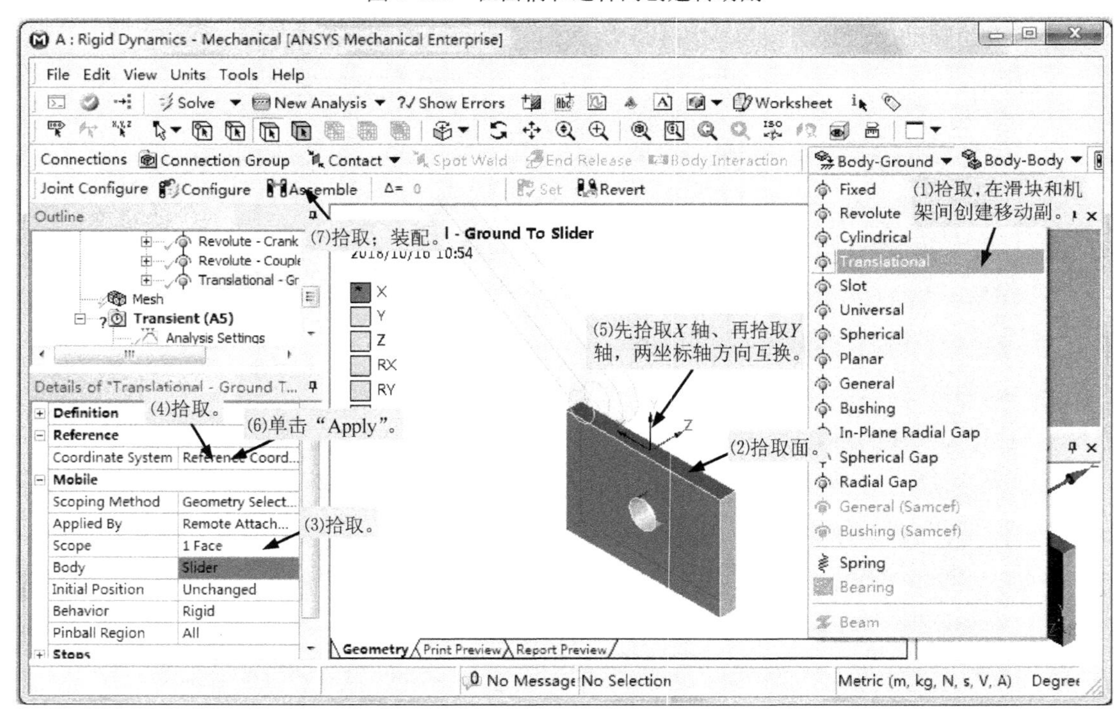


图 8-101　在滑块和机架间创建移动副

提示：由于移动副运动方向沿着其参考坐标系的 $X$ 轴方向，所以在创建移动副时，如图 8-101 所示，在步骤(4)～(6)中将参考坐标系的 $X$ 轴方向改变到了与滑块实际运动方向一致。

（6）设置载荷步，如图 8-102 所示。

（7）在由曲柄和机架组成的转动副上施加角速度载荷，如图 8-103 所示。

图 8-102　设置载荷步

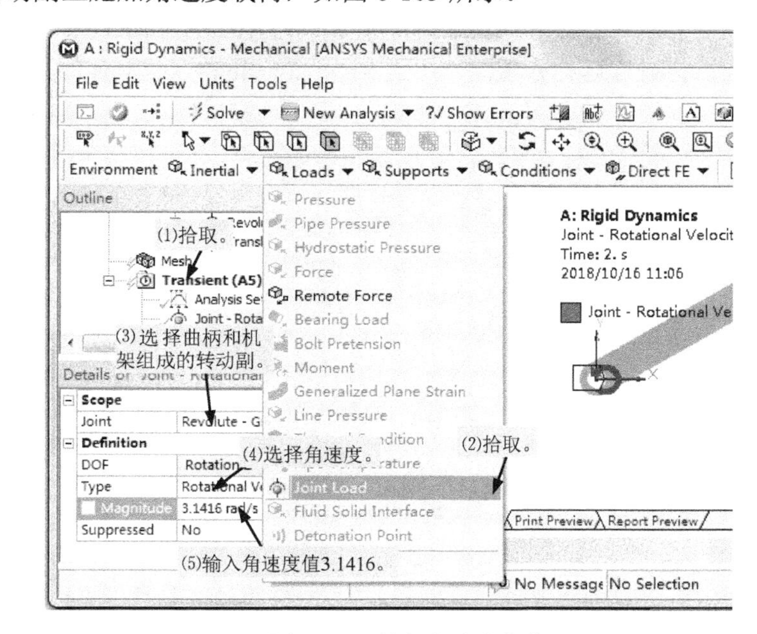


图 8-103　施加角速度载荷

（8）指定计算滑块沿 $X$ 方向的位移、速度和加速度等结果，如图 8-104 所示。

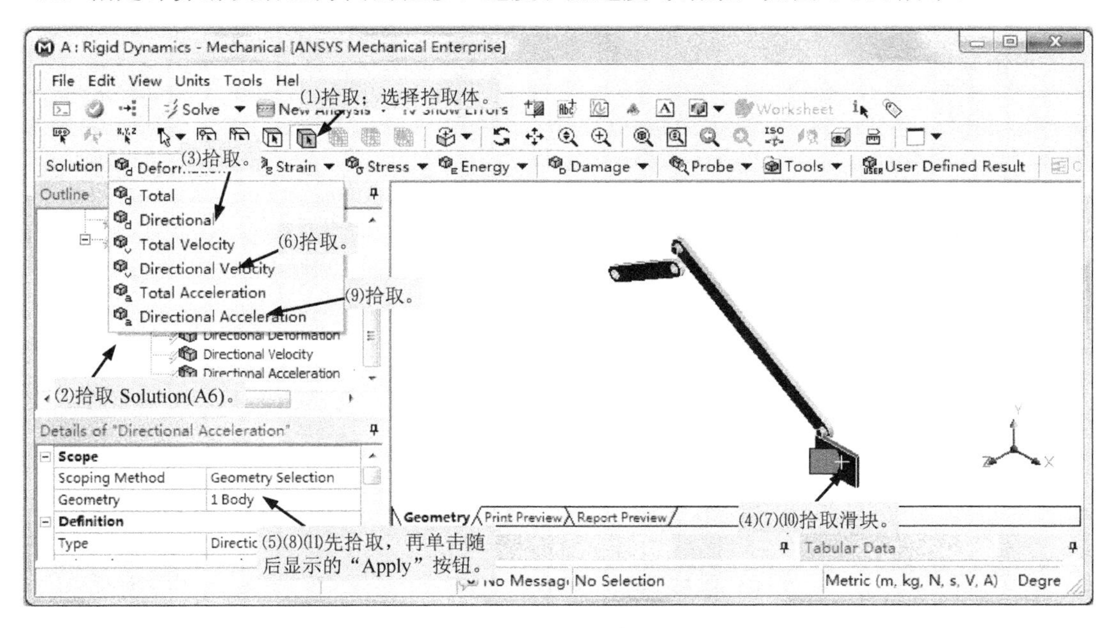


图 8-104　指定计算结果

（9）单击 Solve 按钮，求解。

（10）在提纲树（Outline）上选择结果类型，进行结果查看，滑块沿 $X$ 方向的位移、速度和加速度如图 8-105、图 8-106 和图 8-107 所示。也可以通过动画观察机构的运动情况。

读者可以将有限元结果与前文用机械原理方法得到的结果对照，分析结果的准确性。

（11）拾取 Mechanical 窗口的关闭按钮，退出 Mechanical。

步骤 6：在 ANSYS Workbench 界面保存工程。

**[本例小结]** 本例首先介绍 Rigid Dynamics Analysis 的步骤等基础知识，然后通过对曲柄滑块机构进行运动分析，介绍了 Rigid Dynamics Analysis 的具体应用方法和技巧。

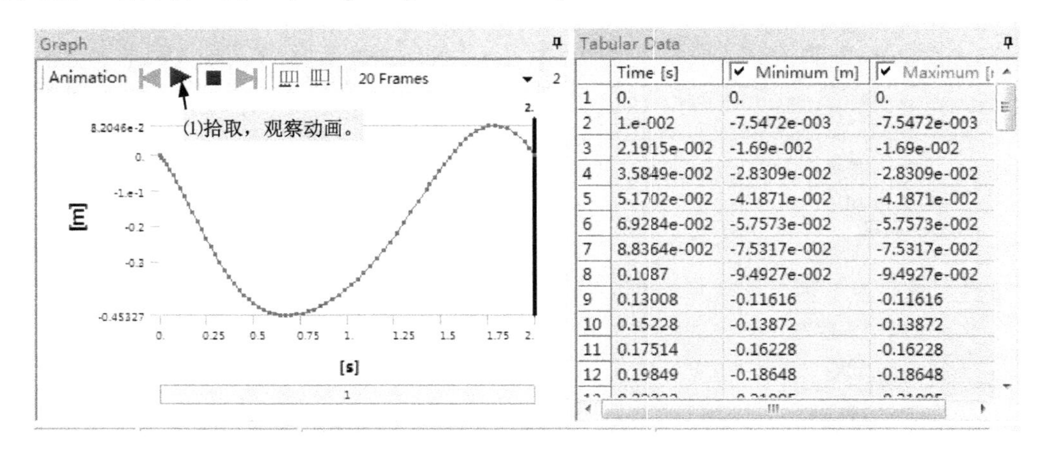


| | Time [s] | Minimum [m] | Maximum [m] |
|---|---|---|---|
| 1 | 0. | 0. | 0. |
| 2 | 1.e-002 | -7.5472e-003 | -7.5472e-003 |
| 3 | 2.1915e-002 | -1.69e-002 | -1.69e-002 |
| 4 | 3.5849e-002 | -2.8309e-002 | -2.8309e-002 |
| 5 | 5.1702e-002 | -4.1871e-002 | -4.1871e-002 |
| 6 | 6.9284e-002 | -5.7573e-002 | -5.7573e-002 |
| 7 | 8.8364e-002 | -7.5317e-002 | -7.5317e-002 |
| 8 | 0.1087 | -9.4927e-002 | -9.4927e-002 |
| 9 | 0.13008 | -0.11616 | -0.11616 |
| 10 | 0.15228 | -0.13872 | -0.13872 |
| 11 | 0.17514 | -0.16228 | -0.16228 |
| 12 | 0.19849 | -0.18648 | -0.18648 |

图 8-105　滑块沿 $X$ 方向的位移

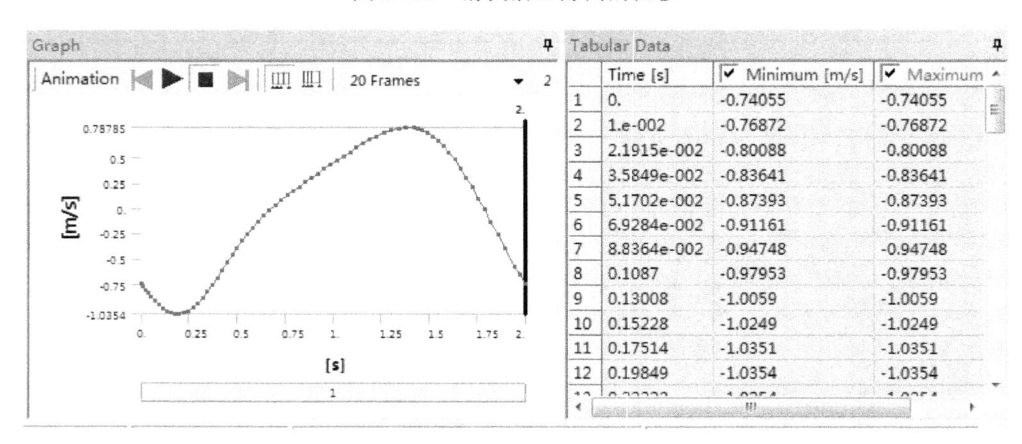


| | Time [s] | Minimum [m/s] | Maximum |
|---|---|---|---|
| 1 | 0. | -0.74055 | -0.74055 |
| 2 | 1.e-002 | -0.76872 | -0.76872 |
| 3 | 2.1915e-002 | -0.80088 | -0.80088 |
| 4 | 3.5849e-002 | -0.83641 | -0.83641 |
| 5 | 5.1702e-002 | -0.87393 | -0.87393 |
| 6 | 6.9284e-002 | -0.91161 | -0.91161 |
| 7 | 8.8364e-002 | -0.94748 | -0.94748 |
| 8 | 0.1087 | -0.97953 | -0.97953 |
| 9 | 0.13008 | -1.0059 | -1.0059 |
| 10 | 0.15228 | -1.0249 | -1.0249 |
| 11 | 0.17514 | -1.0351 | -1.0351 |
| 12 | 0.19849 | -1.0354 | -1.0354 |

图 8-106　滑块沿 $X$ 方向的速度

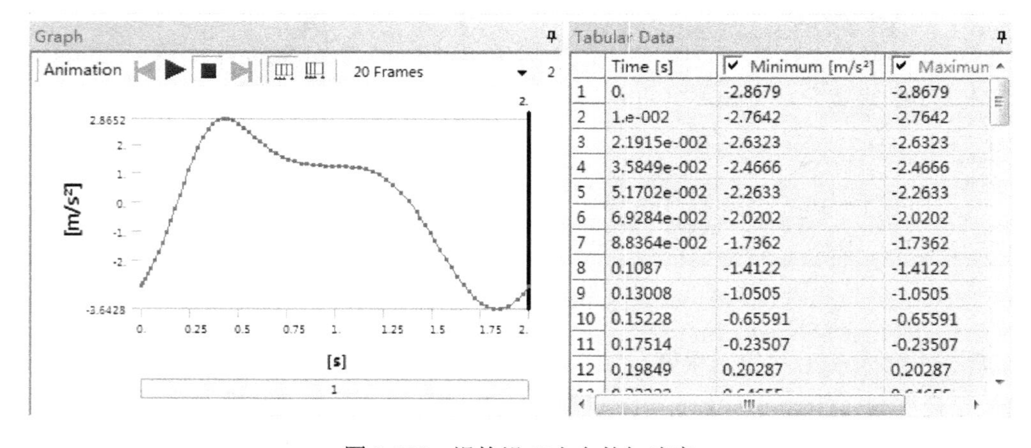


| | Time [s] | Minimum [m/s²] | Maximum |
|---|---|---|---|
| 1 | 0. | -2.8679 | -2.8679 |
| 2 | 1.e-002 | -2.7642 | -2.7642 |
| 3 | 2.1915e-002 | -2.6323 | -2.6323 |
| 4 | 3.5849e-002 | -2.4666 | -2.4666 |
| 5 | 5.1702e-002 | -2.2633 | -2.2633 |
| 6 | 6.9284e-002 | -2.0202 | -2.0202 |
| 7 | 8.8364e-002 | -1.7362 | -1.7362 |
| 8 | 0.1087 | -1.4122 | -1.4122 |
| 9 | 0.13008 | -1.0505 | -1.0505 |
| 10 | 0.15228 | -0.65591 | -0.65591 |
| 11 | 0.17514 | -0.23507 | -0.23507 |
| 12 | 0.19849 | 0.20287 | 0.20287 |

图 8-107　滑块沿 $X$ 方向的加速度

# 8.5　结构优化分析

## 8.5.1　优化设计基本原理

优化设计问题最终归纳为求解如下优化设计模型。设某设计有 $n$ 个设计变量

$$\boldsymbol{x}=[x_1, x_2, \cdots, x_n]^{\mathrm{T}}$$

要求满足

$$g_i(\boldsymbol{x})=g_i(x_1, x_2, \cdots, x_n)\geqslant 0 \quad (i=1, 2, \cdots, m)$$

$$h_j(\boldsymbol{x})=h_j(x_1, x_2, \cdots, x_n)=0 \quad (j=1, 2, \cdots, p, p\leqslant n)$$

等约束条件，求目标函数

$$F(\boldsymbol{x})=F(x_1, x_2, \cdots, x_n)$$

的最小值，该问题的解 $\boldsymbol{x}^*$即为最优解。

优化设计问题的求解大都采用数值迭代方法。迭代法的基本原理是从设计空间的某一初始点 $\boldsymbol{x}^{(0)}$出发，按一定原则确定搜索方向 $\boldsymbol{s}^{(0)}$和步长 $\alpha^{(0)}$，获得一个目标函数值有改进的新设计点 $\boldsymbol{x}^{(1)}$，然后再从设计点 $\boldsymbol{x}^{(1)}$出发重复以上过程，获得另外一个新设计点 $\boldsymbol{x}^{(2)}$。如此迭代，依次得到设计点序列 $\boldsymbol{x}^{(0)}$、$\boldsymbol{x}^{(1)}$、…、$\boldsymbol{x}^{(k)}$，直到得到满足精度要求的最优解 $\boldsymbol{x}^*$。迭代过程可以用以下迭代方程表示

$$\boldsymbol{x}^{(k+1)}=\boldsymbol{x}^{(k)}+\alpha^{(k)}\boldsymbol{s}^{(k)}$$

式中，$\boldsymbol{x}^{(k)}$、$\alpha^{(k)}$、$\boldsymbol{s}^{(k)}$分别为第 $k$ 次的迭代初始点、步长和搜索方向；$\boldsymbol{x}^{(k+1)}$为第 $k+1$ 次迭代的初始点。

## 8.5.2　结构优化设计类型

### 1. 拓扑优化设计

拓扑优化设计主要用于产品概念设计或对现有产品重量的消减设计。拓扑优化设计问题，就是在结构能满足给定的承载和约束条件下，通过确定结构的最优形状使其体积或质量最小。

### 2. 结构参数优化设计

结构参数优化设计用于产品的详细设计。优化的参数即设计变量，包括结构尺寸、材料性能、载荷大小和作用点位置等，约束方程主要是设计参数的范围、应力范围、变形范围等，目标函数主要是使体积、成本、应力、变形最小。

## 8.5.3　Design Exploration 概述

Design Exploration（设计探索）是功能强大、方便易用的多目标优化和稳健性设计模块，可以帮助设计人员在产品开发阶段掌握不确定因素对产品性能的影响，进而最大限度地提高产品性能。

#### 1. 参数类型

在 Design Exploration 中，设计方案和产品性能最终都由参数表示。Design Exploration 的参数有三类，分别是：

1）Input Parameters（输入参数）

所有计算之前定义的参数都可以作为 Design Exploration 的输入参数，主要类型有几何参数、材料参数、载荷参数、网格参数等。例如，可以在 DesignModeler 中把几何体的长度、高度指定为输入参数，也可以在 Mechanical 中指定载荷大小为输入参数。

2）Output Parameters（输出参数）

通过 Workbench 计算得到的参数均可作为输出参数，典型的输出参数有质量、体积、频率、变形、应力、应变、热流密度、速度、临界屈曲载荷等。

3）Derived Parameters（导出参数）

指不能直接得到的参数，它可以是输入参数和输出参数的组合值，也可以是由输入参数和输出参数经过数学运算得到的值。

#### 2. 关于 Response Surface（响应曲面）

在 Design Exploration 中进行设计探索及优化设计是通过响应面来实现的。一个设计方案实际上是一组输入数据的集合，在 Design Exploration 中被称作 Design Points（设计点），响应曲面是设计点的集合。

为构造响应曲面，首先由用户指定输入参数及其变化范围，然后用 Design of Experiments Method（实验设计方法）由软件自动生成足够的设计点，最后由这些设计点拟合成响应曲面。

#### 3. Design Exploration 工具

在 Design Exploration 中，进行设计探索及优化设计的工具包括：

1）Direction Optimization（直接优化）

它是一种多目标优化技术，可以按用户指定要求从一组样本设计点中得出最佳设计点。

2）Parameters Correlation（参数相关性）

分析输入参数和输出参数的相关性。

3）Response Surface（响应曲面）

通过图表形式动态显示输入参数与输出参数之间的关系。

4）Six Sigma Analysis（六西格玛设计）

主要用于评估产品的可靠性，其技术基于六个标准误差理论。

#### 4. Design Exploration 特点

（1）各种类型的分析均可以被研究。例如，分析可以是线性的或非线性的，可以对模态、温度、流体、多物理场等进行优化设计。

（2）具有与 CAD 软件的双向参数传递功能，能与 CAD 软件协同进行尺寸优化设计。

（3）可以进行多目标优化设计，设计参数可以是连续的、离散的或集合的。

## 8.5.4 操作步骤

### 1. 响应曲面优化设计的操作步骤

（1）创建优化设计相关的分析项目（如结构静力学分析），并进行求解以得到分析结果，同时指定优化设计需要的输入参数和输出参数。创建和求解项目中所指定的输入参数构成的当前设计点。

（2）在自动生成的参数工作空间（Parameters Set）修改参数，可以生成新的设计点。

（3）调入 Response Surface Optimization 工具，指定输入参数的变化范围，进行 Design of Experiments（实验设计），由软件自动生成足够的设计点以构造响应曲面。

（4）更新响应面，利用各种图表工具分析输入参数和输出参数间关系。

（5）定义初始样本数，指定优化评定准则，更新优化，得到最好的设计点。

### 2. 直接优化设计的操作步骤

（1）创建优化设计相关的分析项目（例如结构静力学分析），并进行求解，以得到分析结果，同时指定优化设计需要的输入参数和输出参数。创建和求解项目中所指定的输入参数构成的当前设计点。

（2）调入 Direct Optimization 工具。

（3）指定优化设计的输入参数、约束参数和目标参数，进行优化设计，计算得到最优方案。

## 8.5.5 响应曲面优化实例——变截面梁的优化设计

### 1. 问题描述

如图 8-108 所示为一钢制变截面悬臂梁。梁横截面宽度为 30mm，其余尺寸如图，在梁的悬臂端作用有集中力 $F$，大小为 10000N。试通过优化设计确定梁固定端，以及两个跨度三等分点处的高度 $H_1$、$H_2$、$H_3$，使得悬臂梁的质量最小。要求梁的最大挠曲变形不能超过 20mm，最大等效应力不能超过 250MPa。

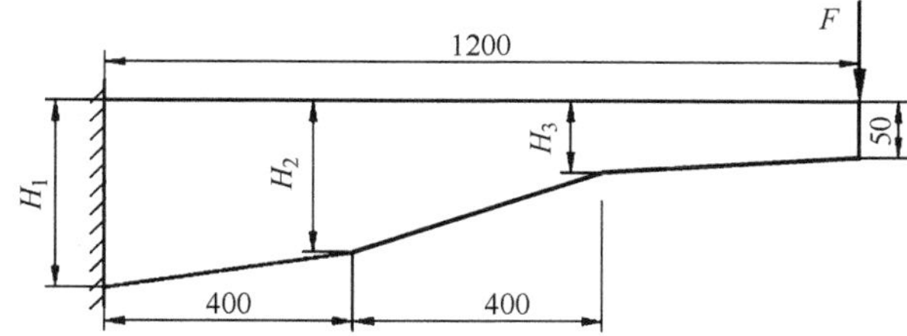


图 8-108 变截面悬臂梁

### 2. 分析步骤

步骤 1：在 Windows“开始”菜单执行 ANSYS→Workbench。

步骤 2：创建项目 A，进行结构静力学分析，并定义输入参数和输出参数。

（1）创建项目 A，进行结构静力学分析，如图 8-109 所示。

（2）双击图 8-109 所示项目流程图 A2 格的“Engineering Data”项。

（3）从 ANSYS 材料库选择材料模型添加到当前分析项目中，如图 8-110 所示。图中对话框的显示由下拉菜单 View 项控制。

（4）用鼠标右键单击如图 8-109 所示项目流程图 A3 格“Geometry”项，在快捷菜单中拾取命令 New DesignModeler Geometry，启动 DM 创建几何体。

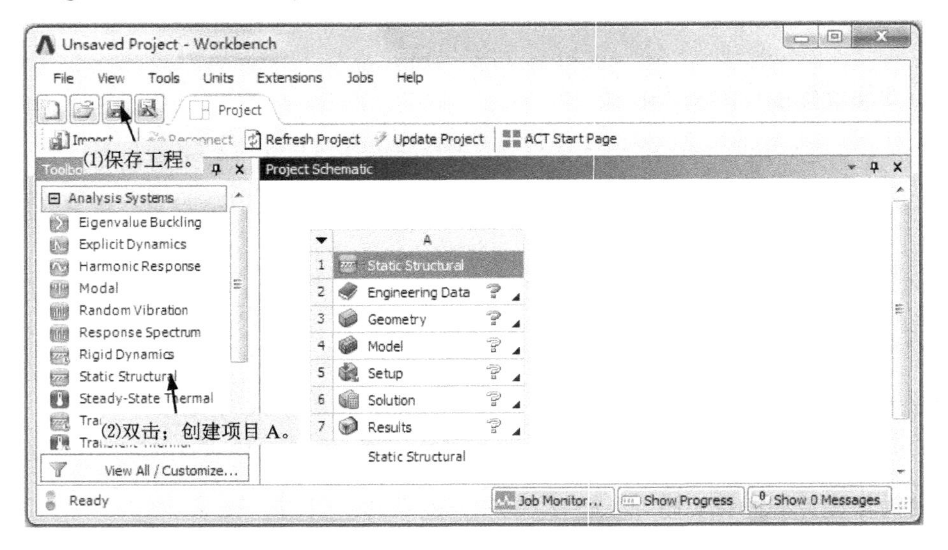


图 8-109　创建项目 A

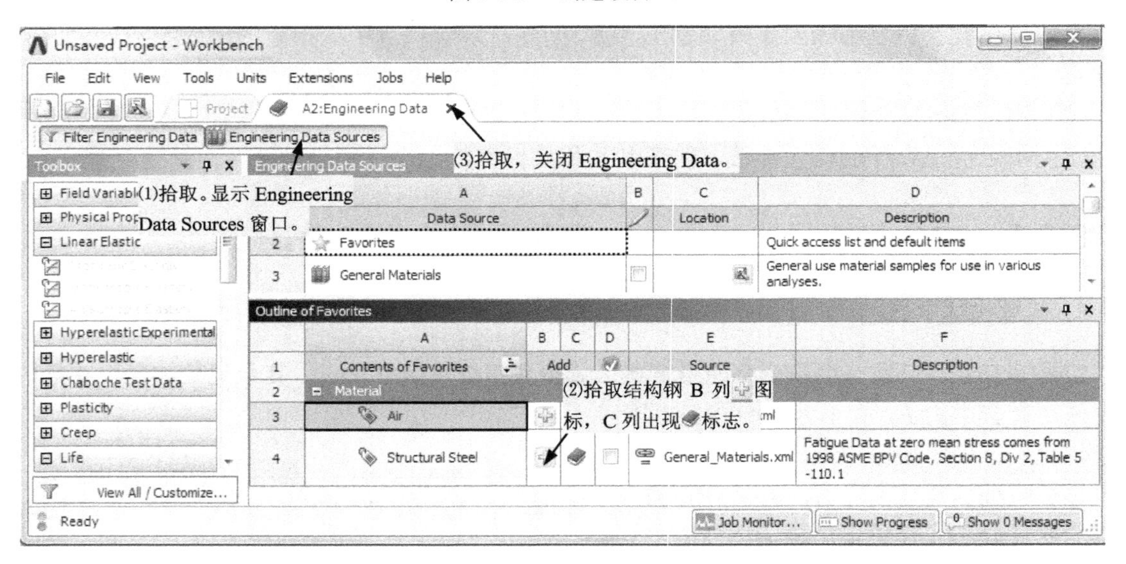


图 8-110　定义材料模型

（5）拾取菜单命令 Units→ Millimeter，选择长度单位为 mm。

（6）在 XYPlane 的草图 Sketch1 上画多段线，如图 8-111 所示。

（7）标注尺寸并指定输入参数，如图 8-112 所示。

（8）拾取菜单 Concept→Surfaces From Sketches，创建面体，如图 8-113 所示。

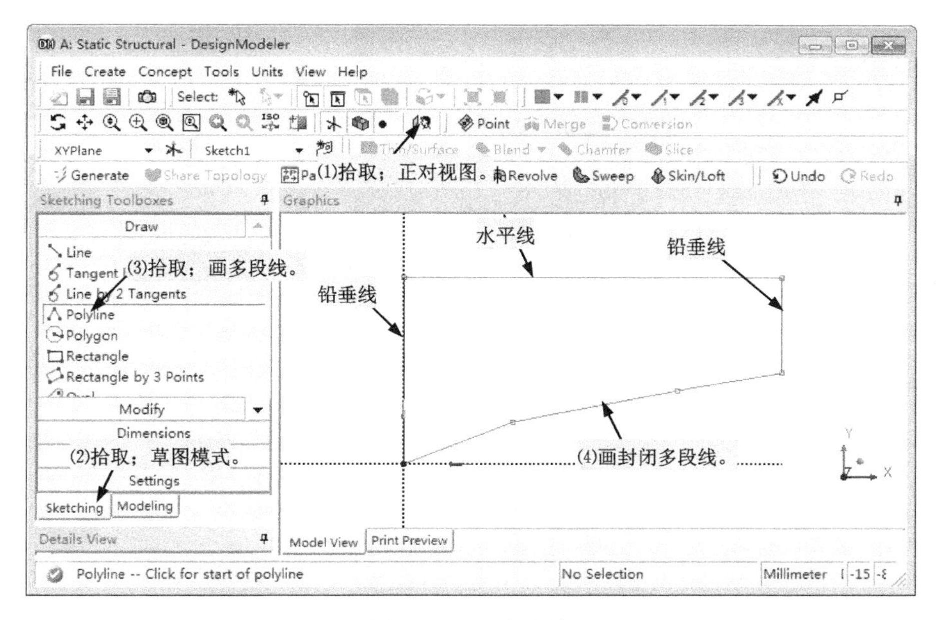


图 8-111　画多段线

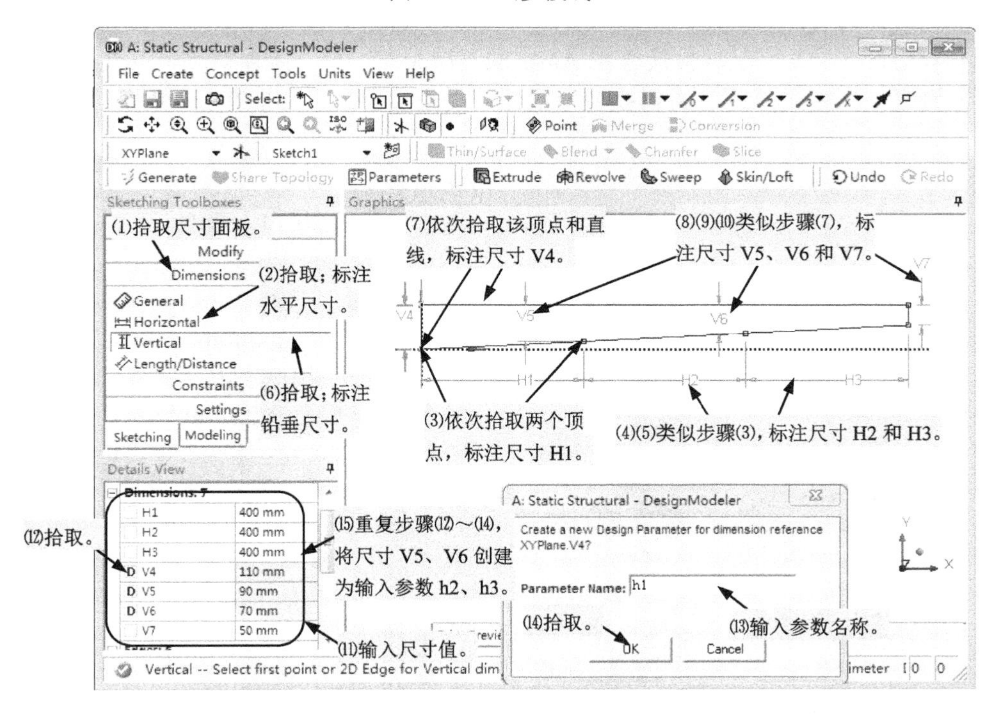


图 8-112　标注尺寸并指定输入参数

（9）退出 DesignModeler。

（10）指定几何体属性，进行 2D 分析，如图 8-114 所示。

（11）因上格数据（A3 格 Geometry 项）发生变化，需要对 A4 格 Model 项的输入数据进行刷新，如图 8-115 所示。

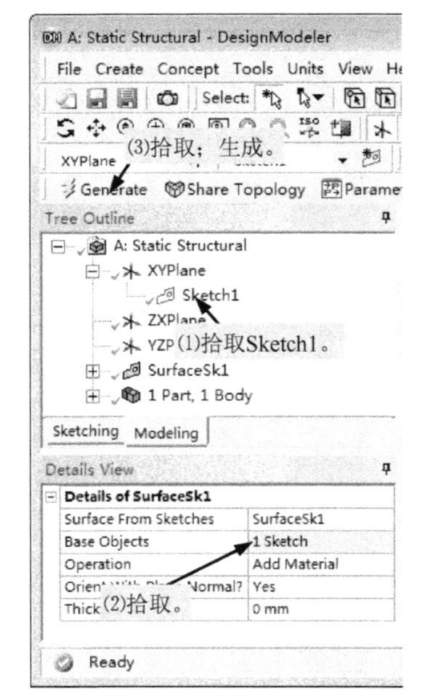


图 8-113 创建面体

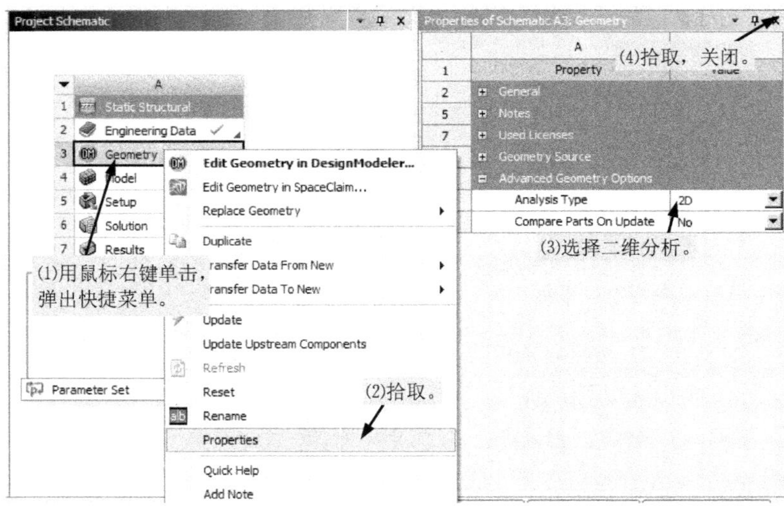


图 8-114 指定几何体属性

（12）双击图 8-115 所示项目流程图 A4 格的“Model”项，启动 Mechanical。

（13）为几何体指定厚度、材料模型等属性，并定义参数，如图 8-116 所示。

图 8-115 刷新数据

图 8-116 指定厚度、材料模型

（14）指定网格控制，划分网格，如图 8-117 所示。

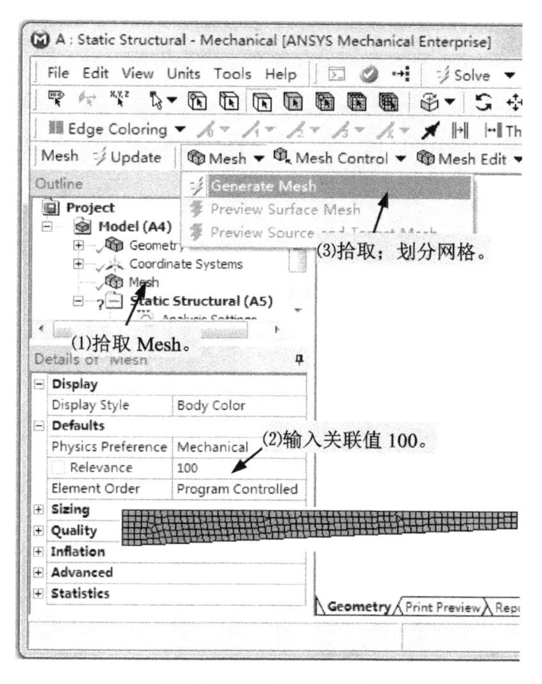


图 8-117　划分网格

（15）在梁的悬臂端施加力载荷，如图 8-118 所示。

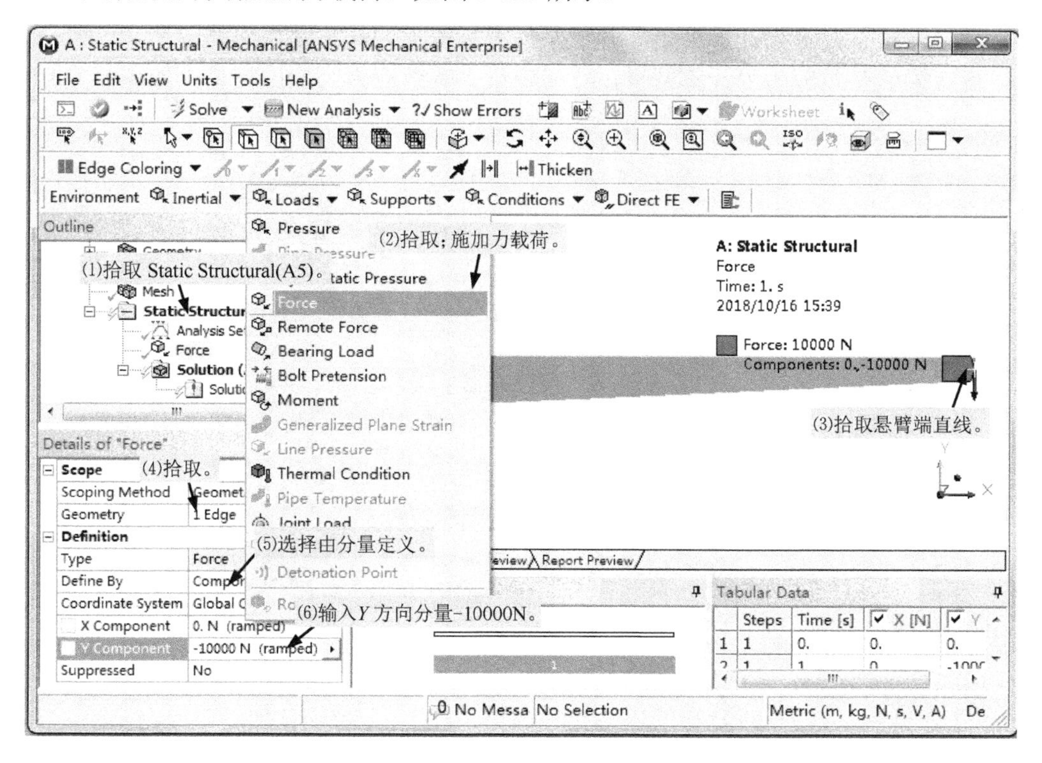


图 8-118　施加力载荷

（16）在梁的固定端施加固定支撑，如图 8-119 所示。

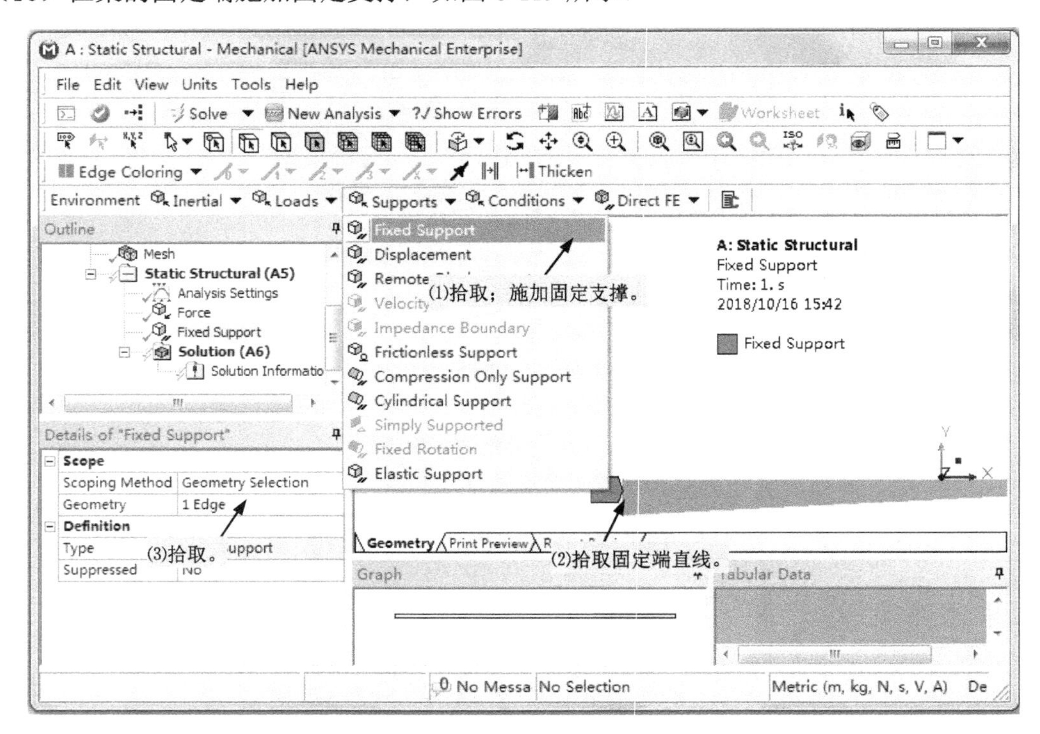


图 8-119　施加固定支撑

（17）指定梁的总变形为计算结果，并指定最大总变形为输出变量，如图 8-120 所示。
（18）指定梁的等效应力为计算结果，并指定最大等效应力为输出变量，如图 8-121 所示。

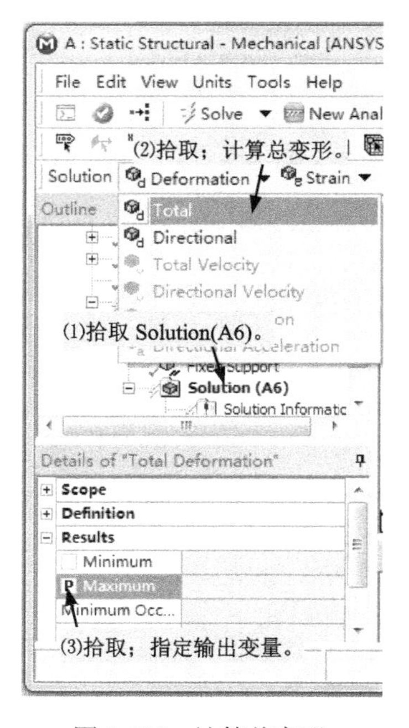


图 8-120　计算总变形

图 8-121　计算等效应力

（19）单击 Solve 按钮，进行结构静力学分析。

（20）查看总变形和等效应力结果，如图 8-122 和图 8-123 所示。

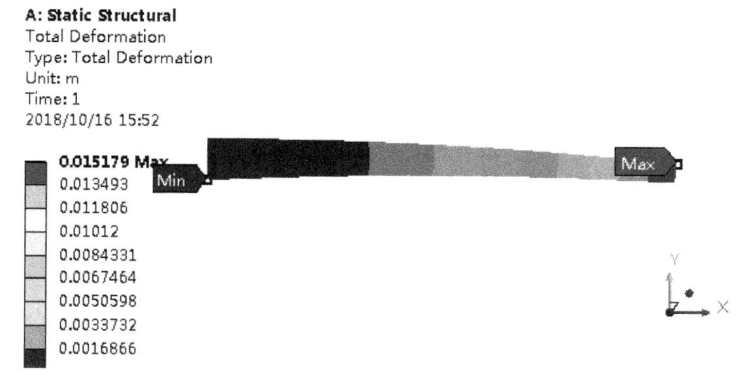


图 8-122 总变形结果

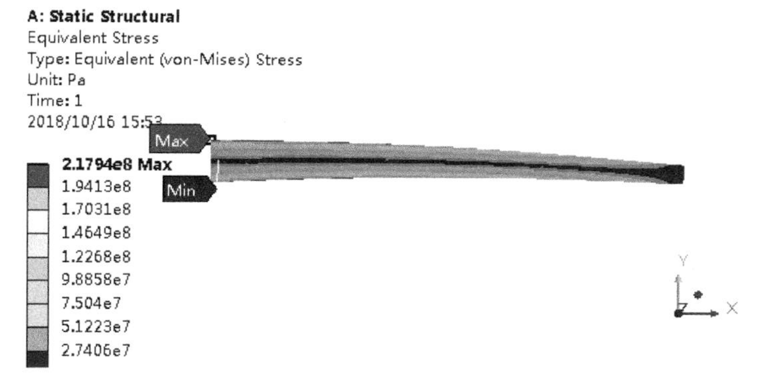


图 8-123 等效应力结果

（21）退出 Mechanical。

步骤 3：进行实验设计，生成足够的设计点。

（1）调入响应曲面优化工具，创建项目 B，如图 8-124 所示。

（2）双击图 8-124 所示项目流程图 B2 格“Design of Experiments”项，进行实验设计。

（3）指定输入参数的变化范围，生成设计点，实验设计如图 8-125 所示。

步骤 4：更新响应面，分析输入参数和输出参数间关系。

（1）双击图 8-124 所示项目流程图 B3 格“Response Surface”项，进入图 8-126 所示的响应面操作界面。拾取“Update”按钮，更新响应面。

（2）在表格窗口查看输出参数的极大值、极小值，以及相应的设计点，如图 8-126 所示。

（3）在 Outline 窗口选择 A22 格“Response”项，作响应图查看输入参数和输出参数间关系，如图 8-127 所示。由图可见，输入参数 P2 值超过 90 后，再进一步增加对输出参数 P6（最大应力）已基本不产生影响。读者也可以作其他的响应图，并据此确定输入参数的变化范围。

（4）在 Outline 窗口选择 A23 格“Local Sensitivity”项，作局部敏感度图查看输入参数和输出参数间关系，如图 8-128 所示。图中可见，输出参数 P5 和 P6 对输入参数 P1-h1 较敏感。

（5）在 Outline 窗口选择 A25 格“Spider”项，作蛛网图，如图 8-129 所示。

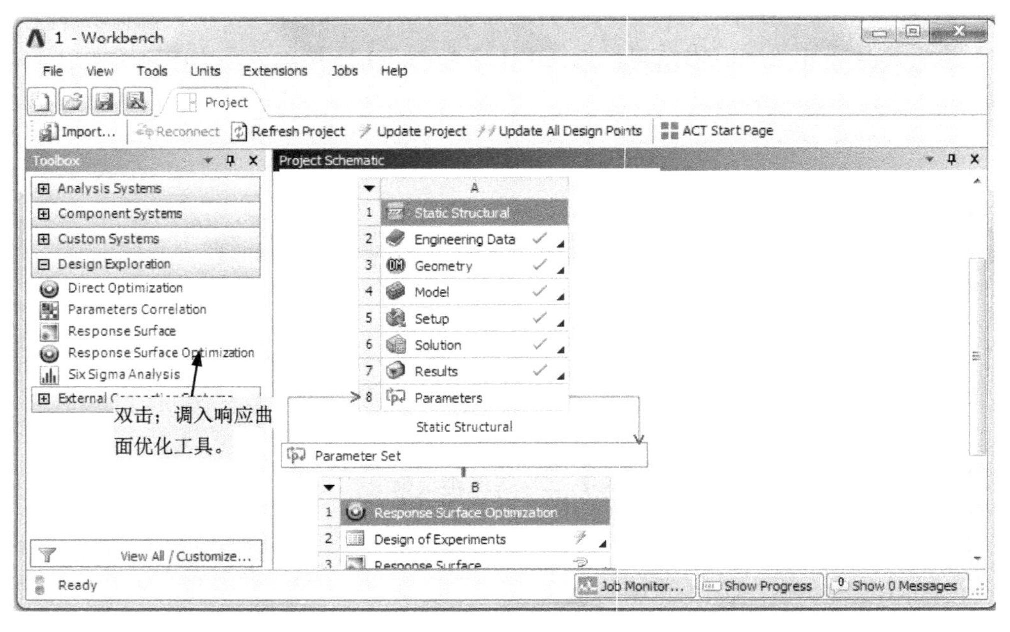


图 8-124　调入响应曲面优化工具

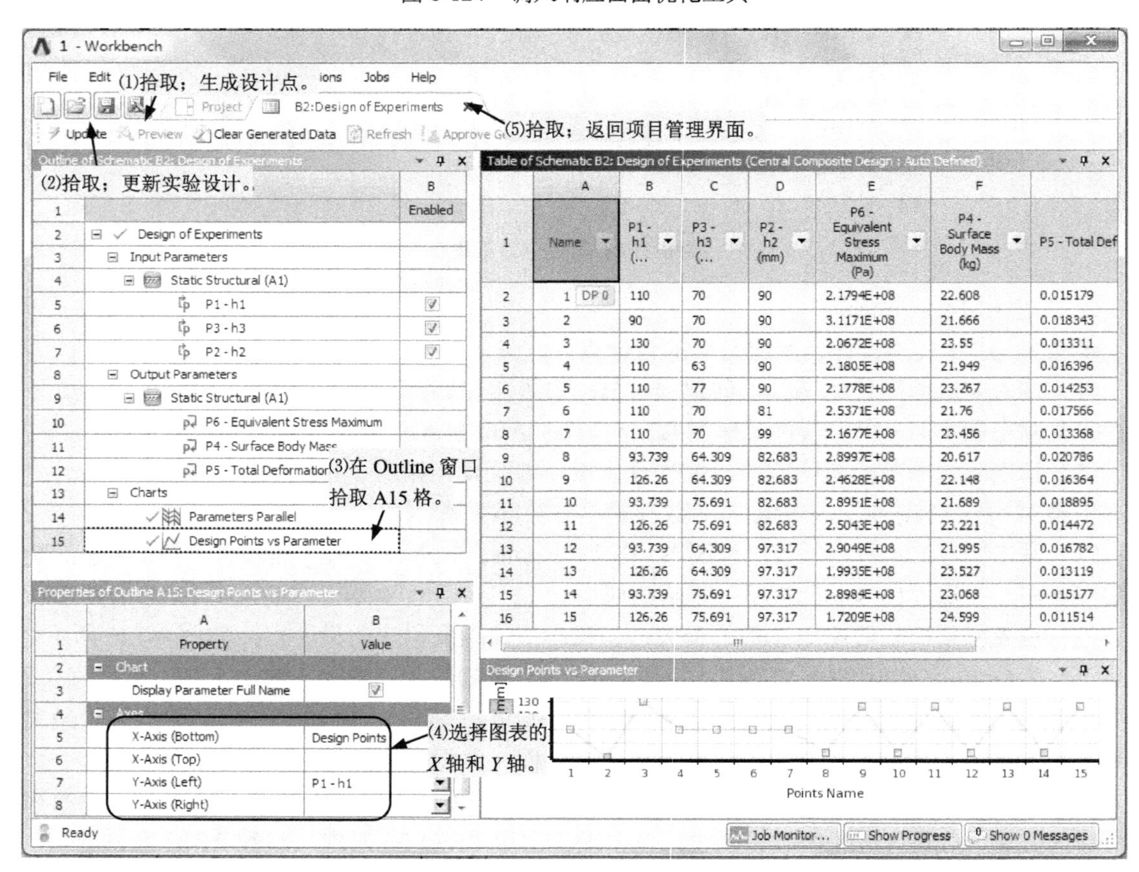


图 8-125　实验设计

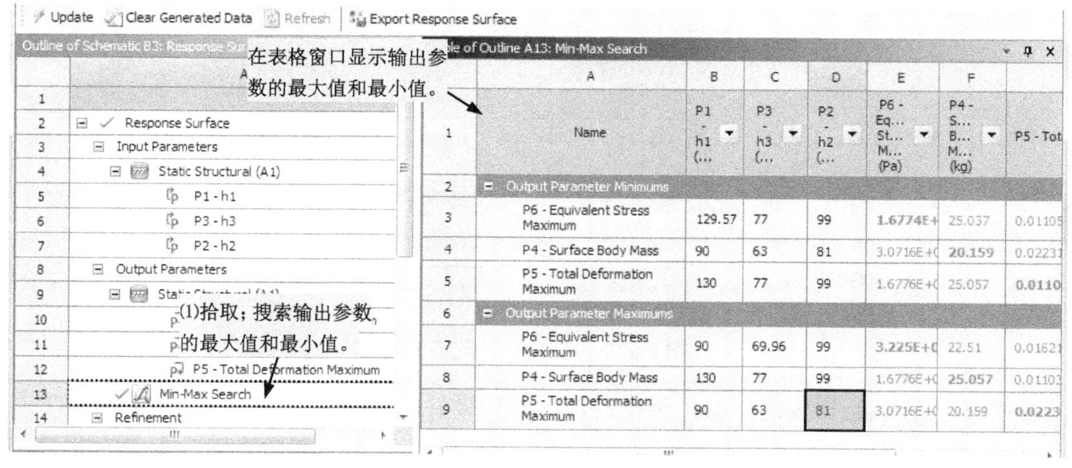


图 8-126 查看输出参数的极值

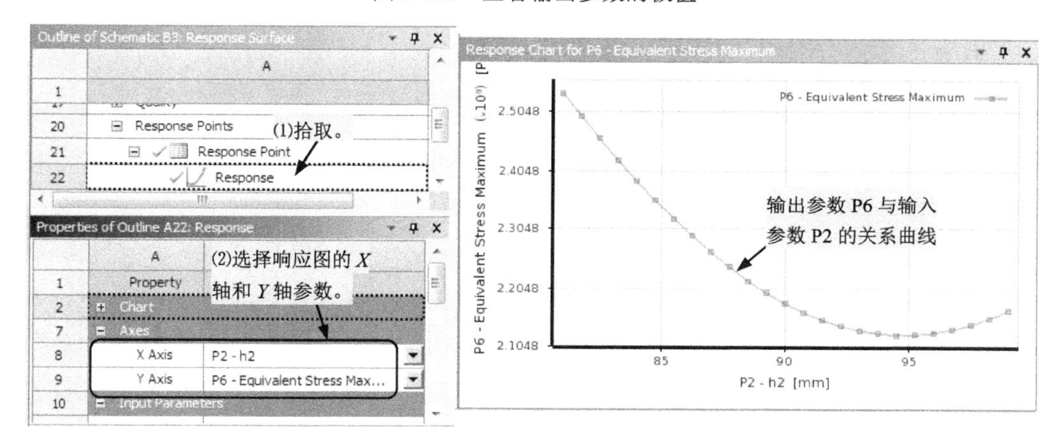


图 8-127 响应图

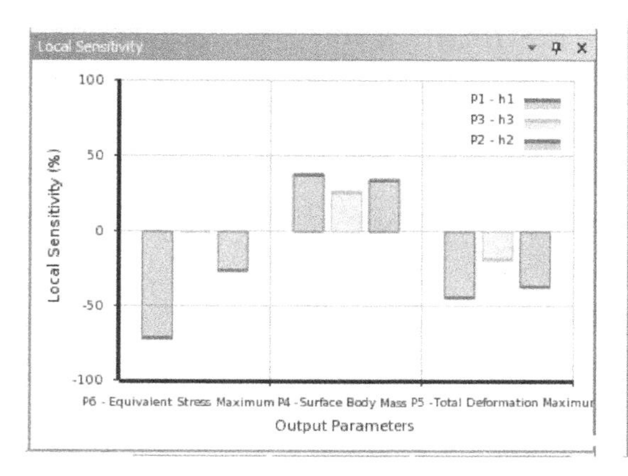


图 8-128 敏感度图

图 8-129 蛛网图

（6）拾取 B3:Response Surface × 关闭按钮，关闭响应面界面，返回到项目管理界面。

步骤 5：指定优化评定准则，更新优化，得到最好的设计点。

（1）双击图 8-124 所示项目流程图 B4 格“Optimization”项，进行优化设计。

（2）在 Table 窗口指定目标参数和约束参数等优化评定准则，如图 8-130 所示。

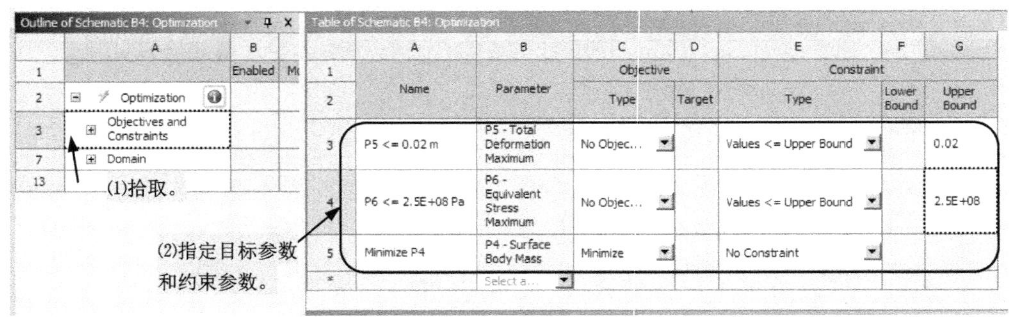


图 8-130　指定优化评定准则

（3）拾取“Update”按钮，进行优化设计，得到较好的三个候选设计点，如图 8-131 所示。

（4）在 Table 窗口的第 9 行上单击鼠标右键，拾取快捷菜单“Insert as Design Point”菜单项，将候选设计点 C 插入到设计空间。

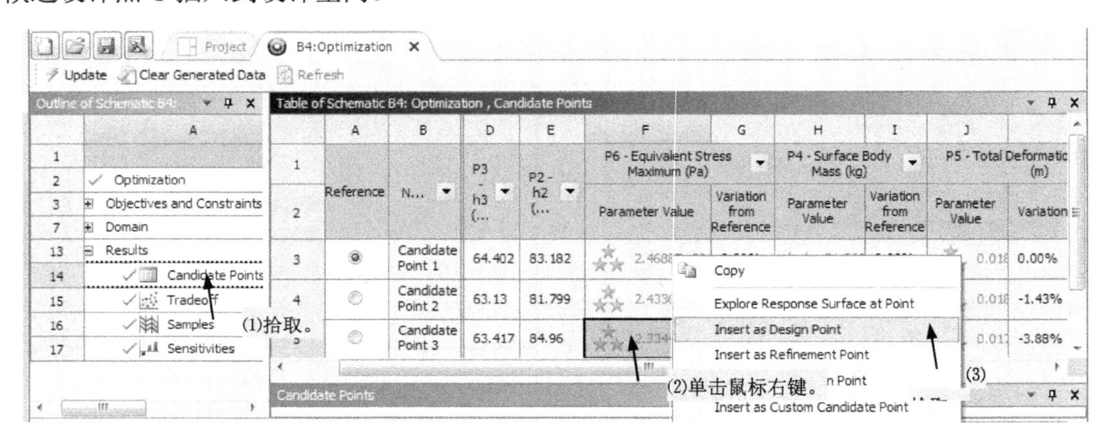


图 8-131　候选设计点

（5）拾取 B4:Optimization × 的关闭按钮，返回到项目管理界面。

步骤 6：将插入到设计空间的候选设计点 C 改变为当前设计点，查看其变形、应力等结果。

（1）双击图 8-124 所示项目流程图的 Parameters Set，进入参数工作空间。

（2）Table 窗口中第 4 行上显示的设计点 DP1 即为上一步骤插入到设计空间的候选设计点 C，在该行单击鼠标右键，拾取快捷菜单“Copy input to Current”菜单项，将设计点 DP1 输入参数复制到当前设计点，参数工作空间如图 8-132 所示。

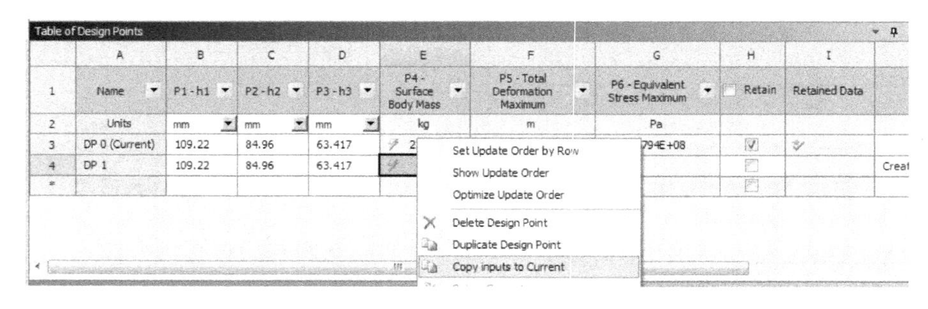


图 8-132　参数工作空间

（3）拾取 Parameter Set × 的关闭按钮，返回到项目管理界面。

（4）在 A3 格“Geometry”项刷新数据。

（5）在 A4 格“Model”项项刷新数据。

（6）双击图 8-124 所示项目流程图 A4 格的“Model”项，启动 Mechanical。

（7）单击 Solve 按钮，求解新设计点。

（8）如图 8-133 所示，可以查询到新设计点梁的质量为 21.476kg，与原始设计（图 8-114）对比有所改善。再查看新设计点的总变形和等效应力结果，如图 8-134、图 8-135 所示。

（9）退出 Mechanical。

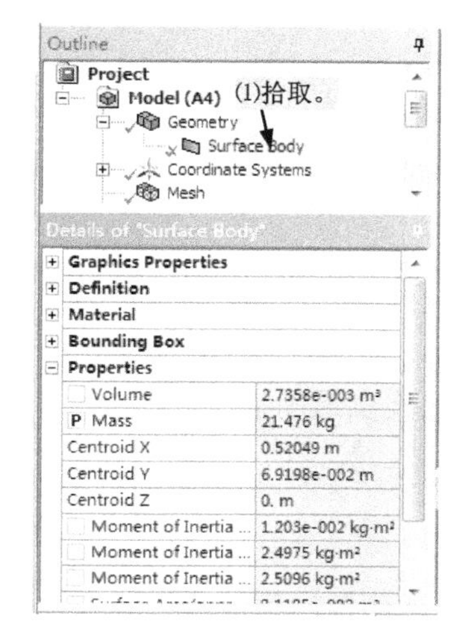


图 8-133　新设计点梁的质量

图 8-134　新设计点的总变形结果

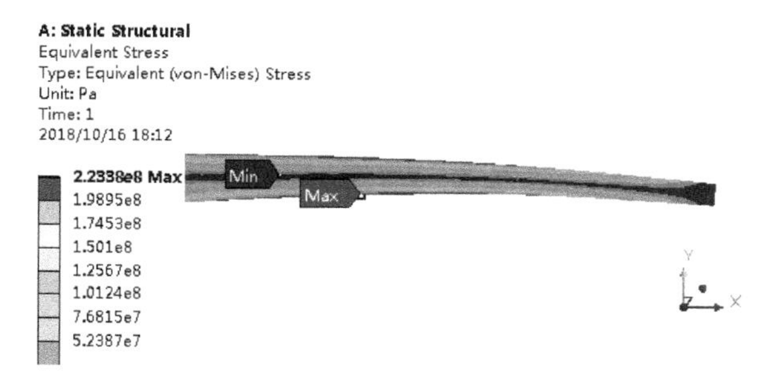


图 8-135　新设计点的等效应力结果

步骤 7：在 ANSYS Workbench 界面保存工程。

**[本例小结]** 介绍了 Workbench Design Exploration 的基础知识，进而通过变截面梁的优化设计实例介绍了利用 Workbench Design Exploration 的响应曲面优化进行机械结构优化设计的方法和步骤。

## 8.5.6　直接优化设计实例——液压支架四连杆机构尺寸优化

### 1. 问题描述

合理选择如图 8-136 所示液压支架四连杆机构尺寸，使掩护梁和顶梁铰点 $E$ 处轨迹的水平摆幅最小。

该四连杆机构尺寸包括后连杆长度 $a$、前后连杆上铰点距离 $b$、前连杆长度 $c$、前连杆下铰点的高度 $d$、前后连杆下铰点水平距离 $e$、掩护梁长度 $g$（图 8-136 中线段 $AE$ 长度）。

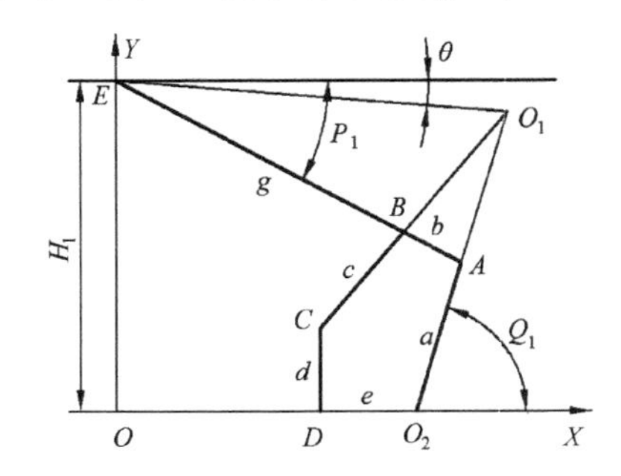


图 8-136　液压支架四连杆机构示意图

## 2. 优化设计数学模型

1）输入参数

输入参数即优化设计中的设计参数。如图 8-136 所示，取支架在最高位置时后连杆与水平线夹角 $Q_1$、掩护梁与水平线夹角 $P_1$、后连杆长度 $a$ 与掩护梁长度 $g$ 的比值 $I$、前后连杆上铰点距离 $b$ 与掩护梁长度 $g$ 的比值 $I_1$ 为输入参数。

2）目标参数

目标参数取掩护梁与顶梁铰接点 $E$ 的水平摆幅。优化目标是使目标参数最小。

3）约束参数

前后连杆长度比值 $c/a$。

前连杆下铰点的高度 $d$ 不宜太大，取 $d \leqslant H_1/5$，$H_1$ 为最大计算高度。

最小高度 $H_2$（见图 8-137）时掩护梁与水平线夹角 $P_2$ 不宜太小。

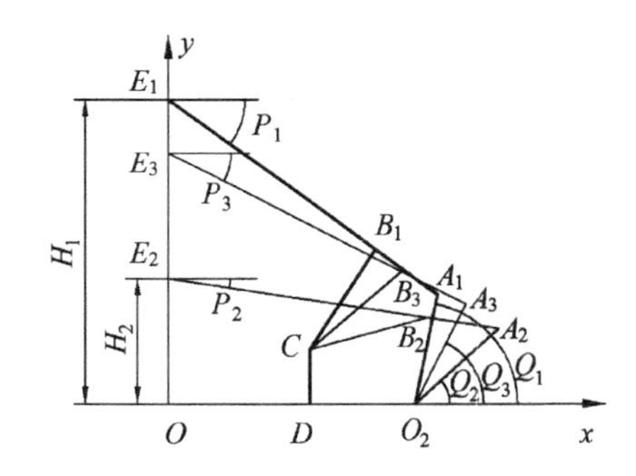


图 8-137　四连杆机构尺寸的确定

最小高度 $H_2$ 时后连杆与水平线夹角 $Q_2$ 不宜太小。

对掩护式支架，瞬心 $O_1$ 与 $E$ 点连线与水平线夹角 $\theta$ 越小越好。

4）由输入参数计算四连杆机构尺寸

优化设计时，需要由输入参数 $Q_1$、$P_1$、$I$、$I_1$ 等计算四连杆机构尺寸，以便建立有限元模型进行运动分析。

可由几何关系，得掩护梁长度

$$g = \frac{H_1}{\sin P_1 + I \sin Q_1} \tag{8-10}$$

则后连杆长度为

$$a=Ig \tag{8-11}$$

前后连杆上铰点距离 $b$ 为

$$b=I_1g \tag{8-12}$$

其余尺寸可按以下方法确定：

如图 8-137 所示，由角度 $P_1$、$Q_1$，以及按式（8-10）、式（8-11）、式（8-12）计算出的尺寸 $g$、$a$、$b$，可以确定机构在最大高度时掩护梁和后连杆的位置 $E_1A_1O_2$ 及 $O_2$ 点的位置。然后由尺寸 $H_2$、$g$、$a$，可以确定机构在最小高度时掩护梁和后连杆的位置 $E_2A_2O_2$，以及掩护梁与后连杆垂直时的位置（假定 $E3$ 在竖直线上）$E_3A_3O_2$。根据掩护梁和后连杆的三个位置，以及尺寸 $b$ 可得前连杆上铰点三个位置 $B_1$、$B_2$、$B_3$，过此三点作圆，圆心即为 $C$ 点。于是，可以得到前连杆长度 $c$ 和前连杆下铰点高度 $d$。

### 3. 创建优化设计输入文件

优化设计输入文件是一个 ANSYS Mechanical APDL 命令流文件，其包括一个基于输入参数的完整分析过程，其流程如图 8-138 所示。本问题的优化设计输入文件如下，把该文件以 YYZJ_opt.inp 为文件名保存在工作目录下。

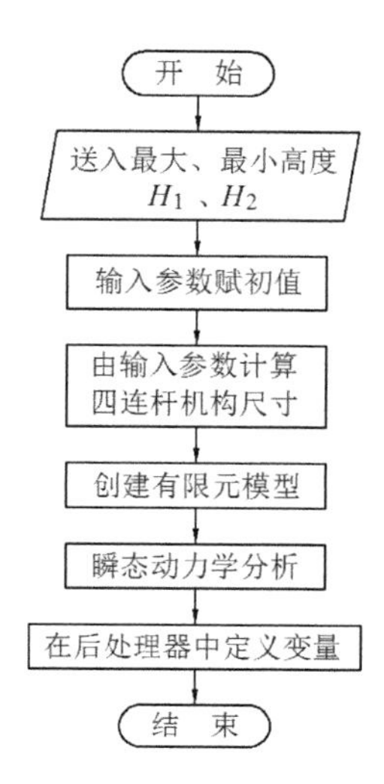


图 8-138 优化设计输入文件流程

```
! 优化设计输入文件YYZJ_opt.inp
PI=3.1415926 $  ATOR=0.01745
H1=3.06 $ H2=1.26                                  !最大和最小计算高度
P1= 0.8727 $ Q1=1.3614 $ I=0.6 $ I1=0.2            !输入参数初始值
G=H1/(SIN(P1)+I*SIN(Q1))                           !掩护梁长度
A=G*I                                              !后连杆长度
B=G*I1                                             !前、后连杆与掩护梁铰接点的距离
F=G-B                              !前连杆与掩护梁铰接点到掩护梁与顶梁铰接点的距离
E1=G*COS(P1)-A*COS(Q1)                             !后连杆下铰点到双纽线对称线的距离
X1=F*COS(P1) $ Y1=H1-F*SIN(P1)                     !图8-137中 B1点坐标
O2E2=CXABS(E1,H2) $ E2O2O=ATAN(H2/E1)              !角度E2O2O为弧度
E2O2A2=ACOS((A*A+O2E2*O2E2-G*G)/2/A/O2E2)          !角度E2O2A2为弧度
O2E2A2=ACOS((G*G+O2E2*O2E2-A*A)/2/G/O2E2)          !角度O2E2A2为弧度
P2=(E2O2O-O2E2A2)                                  !最小高度时掩护梁与水平线的夹角
Q2=(PI-E2O2O-E2O2A2)                               !最小高度时后连杆与水平线的夹角
X2=F*COS(P2) $ Y2=H2-F*SIN(P2)                     ! B2点坐标
Q3=ASIN(E1/CXABS(A,G)) +ATAN(A/G)         !掩护梁与后连杆垂直时，后连杆与水平线的夹角
P3=PI/2-Q3                                !掩护梁与后连杆垂直时，掩护梁与水平线的夹角
X3=F*COS(P3) $ Y3=B*SIN(P3)+A*COS(P3)              ! B3点坐标
!建立有限元模型
/PREP7
ET,1,MPC184,6,,,1                                  !绕Z轴旋转
ET, 2, BEAM188                                     !梁单元
MP, EX, 1, 2E11                                    !材料模型，弹性模量
```

```
MP, PRXY, 1, 0.3                                    !泊松比
MP, DENS, 1, 1E-14                          !密度近似为零，忽略质量
LOCAL,11,0                                  !创建并激活局部坐标系
SECTYPE,1,JOINT,REVO                        !销轴截面
SECJOIN,,11,11                              !指定销轴单元节点局部坐标系
SECTYPE,2, BEAM, RECT $ SECOFFSET, CENT $ SECDATA,0.02,0.02      !定义梁截面
CSYS,0                                      !激活全局直角坐标系
N, 1, E1                                    !创建节点
NWPAVE, 1                                   !偏移工作平面原点到节点1
WPSTYLE,,,,,,1                              !设置工作平面坐标系为极坐标系
CSYS,4                                      !激活工作平面坐标系
N, 2, A,Q1/ATOR $ N, 3, A,Q1/ATOR           !创建节点
NWPAVE, 2                                   !偏移工作平面原点到节点2
N, 4, B,180-P1/ATOR $ N, 5, B,180-P1/ATOR $ N, 11, G,180-P1/ATOR
                                            !创建节点
CSYS,0                                      !激活全局直角坐标系
K,1,X1,Y1 $ K,2,X2,Y2 $ K,3,X3,Y3           !创建关键点
KCENTER,KP,2,3,1                            !在过关键点1、2、3的圆的圆心处创建关键点
NKPT,6,4                              !在关键点4处（过关键点1、2、3的圆的圆心）创建节点
TYPE, 1 $ SECN, 1                           !铰链单元属性
E, 2, 3                                     !创建A点铰链
E, 4, 5                                     !创建B点铰链
TYPE, 2 $ SECN,2                            !梁单元属性
E, 1, 2 $ E, 3, 4 $ E, 5, 6 $ E, 4, 11   !创建梁单元模拟各杆，有限元模型见图8-139
FINISH                                      !退出前处理器
T=1                                         !参数T
/SOLU                                       !进入求解器
ANTYPE, TRANS                               !瞬态分析
NLGEOM, ON                                  !打开大变形选项
DELTIM, T/50,T/50,T/50                      !指定载荷子步长度
KBC, 0                                      !斜坡载荷
TIME, T                                     !时间为T
OUTRES, BASIC, ALL                          !输出控制
AUTOTS, ON                                  !打开自动步长
CNVTOL, F, 1, 0.1 $ CNVTOL, M, 1, 0.1     !收敛控制
NSEL,S,,,1,6,5                              !选择前、后连杆下铰点处节点
D,ALL,UX,,,,,UY,UZ,ROTX,ROTY                !在所选择节点上施加约束
ALLS                                        !选择一切
D, 1, ROTZ, -(Q1-Q2)                        !节点1绕Z轴转动（Q1-Q2）
SOLVE                                       !求解
FINISH                                      !退出求解器
/POST26                                     !进入时间历程后处理器
NSOL, 2, 11, UX                             !定义变量2，存储节点11即E点的X方向位移
NSOL, 3, 11, UY                             !定义变量3，存储节点11即E点的Y方向位移
XVAR,2                                      !设定曲线图横轴为变量2，即E点的X方向位移
PLVAR,3                                     !绘制曲线图显示变量3，即显示E点轨迹
*GET,UXMAX_11,VARI,2,EXTREM,VMAX            !将变量2的最大值赋给VMAX
*GET,UXMIN_11,VARI,2,EXTREM,VMIN            !将变量2的最小值赋给VMIN
```

```
SSS=UXMAX_11-UXMIN_11                    !计算E点轨迹的水平摆幅
D=KY(4)  $ C=DISTND(5,6)  $ CA=C/A  $ E=NX(1)-NX(6)     !计算参数
!以下计算图8-134中的θ角
 AA1=(NY(2)-NY(1))/(NX(2)-NX(1))  $ BB1=-1  $ CC1=AA1*NX(1)-NY(1)
 AA2=(NY(4)-NY(6))/(NX(4)-NX(6))  $ BB2=-1  $ CC2=AA2*NX(6)-NY(6)
 XXX=(CC1*BB2-CC2*BB1)/(AA1*BB2-AA2*BB1)
$  YYY=(AA1*CC2-AA2*CC1)/(AA1*BB2-AA2*BB1)
 THETA=ATAN((NY(11)-YYY)/(XXX-NX(11)))
 THETA=THETA/ ATOR
FINI
```

创建好的有限元模型如图8-139所示，其中各杆用BEAM188单元创建，掩护梁与前后连杆连接铰链用MPC184单元创建，共创建4个BEAM188单元和2个MPC184单元。约束掉前后连杆下铰点处节点上位移自由度UX、UY、UZ、ROTX、ROTY；在后连杆下铰点处节点上施加位移载荷ROTZ，大小等于$Q_1$-$Q_2$；前连杆下铰点处节点上自由度ROTZ自由。对模型进行结构瞬态动力学分析，然后在后处理器中定义参数以便用于优化设计。

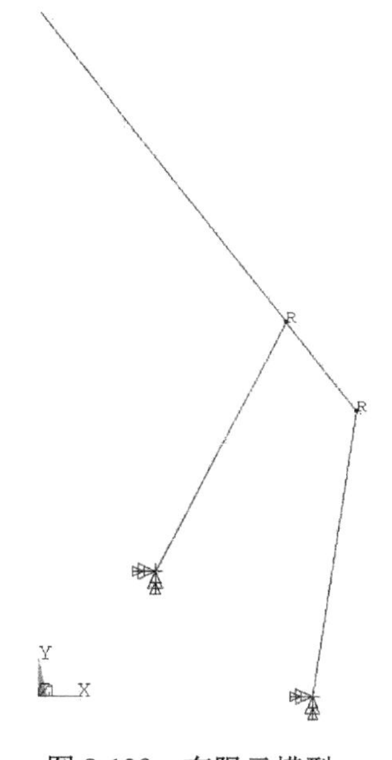

图8-139　有限元模型

### 4. 在ANSYS Workbench中优化设计

（1）启动Workbench。在Windows“开始”菜单执行ANSYS→Workbench。

（2）创建项目A，用于Mechanical APDL分析，如图8-140所示。

（3）导入输入文件，如图8-141所示。

（4）指定输入参数和输出参数。输入参数可作为优化设计的设计参数；输出参数可作为约束参数和目标参数，也可以作为导出参数使用，如图8-142所示。

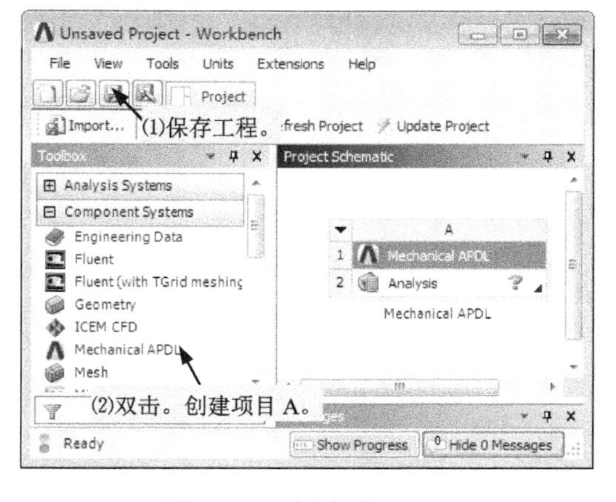

图8-140　创建项目A

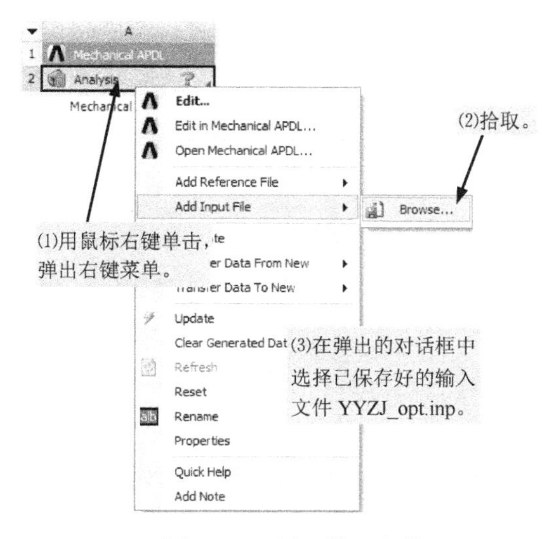

图8-141　导入输入文件

将参数 P1、Q1、I、I1 指定为输入参数，将参数 G、A、B、P2、Q2、SSS、D、C、CA、E、THETA 指定为输出参数。

（5）创建项目 B，进行直接优化设计，如图 8-143 所示。

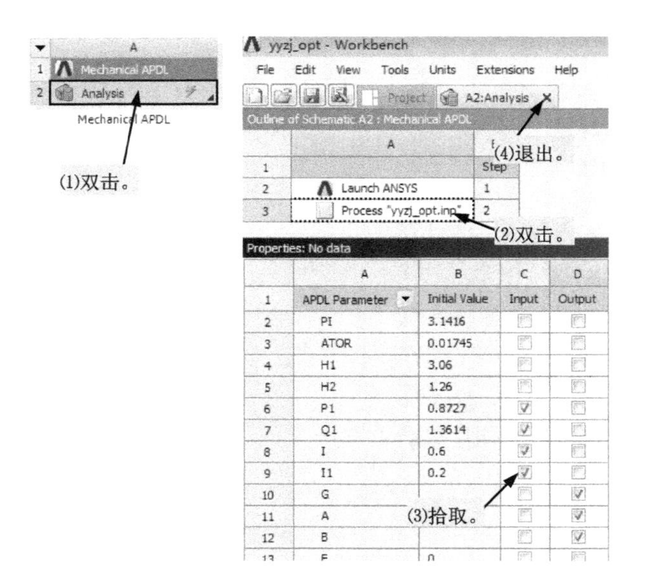


图 8-142 指定输入参数和输出参数

图 8-143 创建项目

（6）双击图 8-143 所示的项目 B 的 B2 格 Optimization 项，启动直接优化设计。

（7）指定输入参数的变化范围，如图 8-144 所示。

指定输入参数 P1 值的范围为 0.8～1、Q1 值的范围为 1.28～1.57、I 值的范围为 0.5～0.6、I1 值的范围为 0.2～0.25。

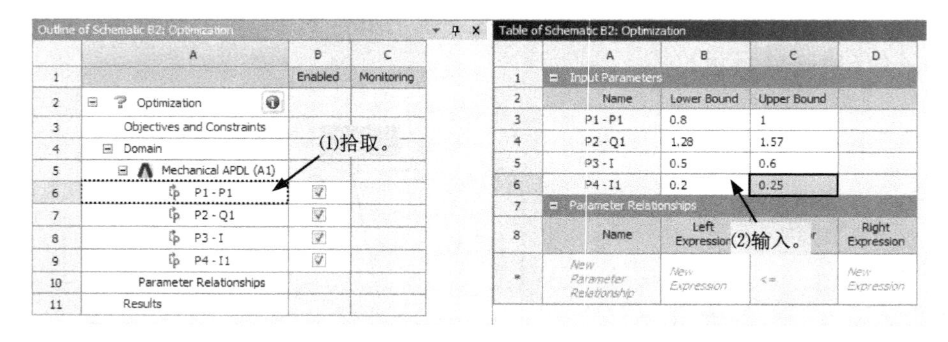


图 8-144 指定输入参数的变化范围

（8）指定约束参数及其变化范围，指定目标参数及其优化目标。如图 8-145 所示。

指定约束参数 D≤0.74、0.9≤CA≤1.2、P2≥0.17、Q2≥0.17、THETA≤10，指定目标参数 SSS 的优化目标为求最小值。

（9）单击 Update 按钮，进行优化设计计算。

（10）查看优化设计结果，如图 8-146 所示。

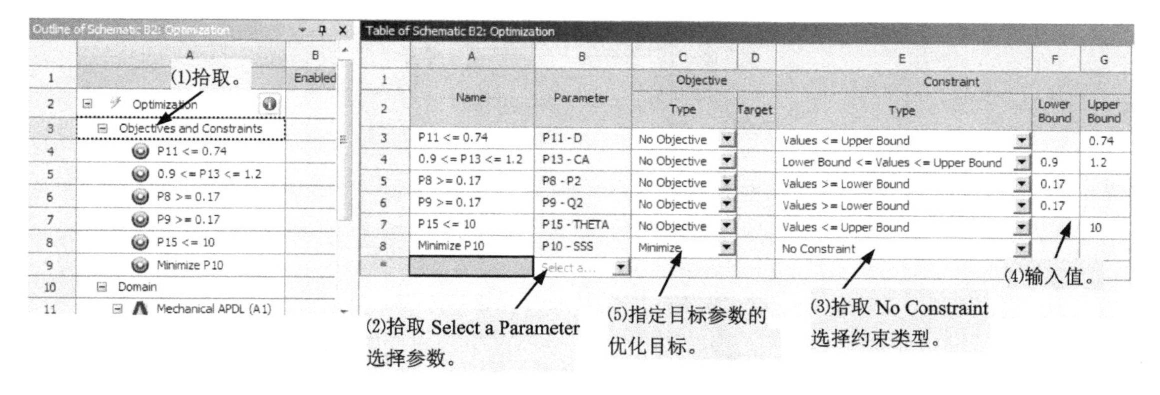


图 8-145　指定约束参数的变化范围和目标参数的优化目标

Outline of Schematic B2: Optimization：Optimization / Objectiv / Domain / Raw Optimization Data / Results / Candidate Points / Tradeoff / Samples / Sensitivities　(1)拾取。

Table of Schematic B2: Optimization , Candidate Points

| | A | B | C | D | E | F | G | H | I | J | K | L | M | N | O |
|---|---|---|---|---|---|---|---|---|---|---|---|---|---|---|---|
| 1 | | | | | | | | | | P8 - P2 | | P9 - Q2 | | P10 - SSS | |
| 2 | Reference | Name | P1 - P1 | P2 - Q1 | P3 - I | P4 - I1 | P5 - G | P6 - A | P7 - B | Parameter Value | Variation from Reference | Parameter Value | Variation from Reference | Parameter Value | Variation from Reference |
| 3 | | Candidate Point 2 | 0.818 | 1.3192 | 0.54544 | 0.2405 | 2.4323 | 1.3267 | 0.58498 | 0.18915 | 3.93% | 0.649 | -0.39% | 0.0214 | 8.02% |
| 4 | | Candidate Point 3 | 0.826 | 1.3917 | 0.52322 | 0.2125 | 2.4479 | 1.2808 | 0.52017 | 0.17794 | -2.23% | 0.701 | 7.57% | 0.0225 | 13.87% |
| 5 | | Candidate Point 1 | 0.834 | 1.301 | 0.58989 | 0.2325 | 2.3373 | 1.3788 | 0.54343 | 0.182 | 0.00% | 0.652 | 0.00% | 0.0198 | 0.00% |
| * | | New Custom Candidate Point | | | 0.55 | 0.225 | | | | | | | | | |

优化方案

图 8-146　优化设计结果

# 8.6　螺栓连接的受力分析

## 8.6.1　承受预紧力和工作载荷的紧螺栓连接

如图 8-147（a）、（b）所示，这类螺栓在安装时需要拧紧即预紧，预紧使得螺栓被拉伸、被连接件被压缩，螺栓承受的拉力和被连接件承受的压力 $F_0$ 即为预紧力，又称作预紧载荷。如图 8-147（c）所示，当连接承受工作载荷 $F_e$ 后，螺栓被进一步拉伸，被连接件被放松，螺栓承受的拉力由 $F_0$ 增加到 $F$，而被连接件承受的压力 $F_0$ 减小为残余预紧力 $F_r$。根据机械设计理论，力 $F$ 和 $F_r$ 的大小可由式（8-13）及式（8-14）计算得到

$$F = F_0 + \frac{k_b}{k_b + k_c} F_e \tag{8-13}$$

$$F_r = F_0 - \left(1 - \frac{k_b}{k_b + k_c}\right) F_e \tag{8-14}$$

式中，$\dfrac{k_b}{k_b + k_c}$ 为螺栓的相对刚度。

使用有限元方法进行模拟时，只有螺栓拉力、被连接件受力符合以上规律时，模拟的结果才是准确可靠的。

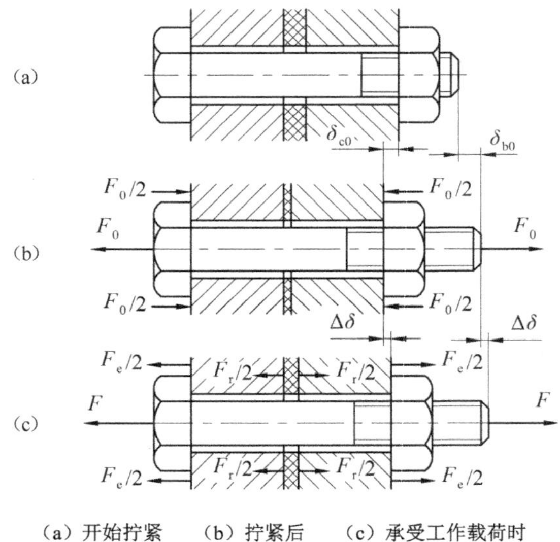


（a）开始拧紧　（b）拧紧后　（c）承受工作载荷时

图 8-147　紧螺栓连接

## 8.6.2　螺栓预紧载荷（Bolt Pretension）

对同时承受预紧力和工作载荷的螺栓连接进行分析，需要使用 ANSYS Workbench 的螺栓预紧载荷（Bolt Pretension）。

可以在结构静力学分析和结构瞬态动力学分析中使用螺栓预紧载荷，但只能在 3D 分析中应用。可以在圆柱面、线体的直边、单个体或多个体上施加预紧载荷。如果在一个体上施加螺栓预紧载荷，需要指定一个已定义好的坐标系，预紧载荷作用在该坐标系的原点，且方向与坐标系的 Z 轴方向一致。所选择的坐标系可以是全局坐标系（Global Coordinate System），也可以是用户根据需要自定义的局部坐标系。

Details of "Bolt Pretension"

| Scope | |
|---|---|
| Scoping Method | Geometry Selection |
| Geometry | 1 Body |
| Coordinate System | Coordinate System |
| **Definition** | |
| Type | Bolt Pretension |
| Suppressed | No |
| Define By | Lock |
| | Load |
| | Adjustment |
| | Lock |
| | Open |
| | Increment |

图 8-148　定义预紧载荷

如图 8-148 所示，当在结构中施加螺栓预紧载荷后，可以使用以下选项定义预紧载荷：

Load：输入预紧力的大小。

Adjustment：输入螺栓预紧长度。

Lock：固定所有位移，锁定螺栓预紧。

Open：释放螺栓预紧载荷。

Increment：螺栓变形增量。

结构静力学中使用螺栓预紧载荷时，需要定义两个载荷步。在第一个载荷步中，进行螺栓预紧载荷的施加。在第二个载荷步中，要锁定螺栓预紧载荷，并施加包括工作载荷在内的其他载荷。

关于螺栓预紧载荷更详细的介绍请参阅 ANSYS Workbench 的帮助文档。

## 8.6.3　带预紧力的螺栓连接的有限元分析

### 1. 问题描述

下面介绍一个简单实例，对由一个螺栓和两个法兰组成的紧螺栓连接的力学特性进行有限元分析。

## 2. 分析步骤

步骤 1：在 Windows“开始”菜单执行 ANSYS →Workbench。

步骤 2：创建项目 A，进行结构静力学分析，如图 8-149 所示。

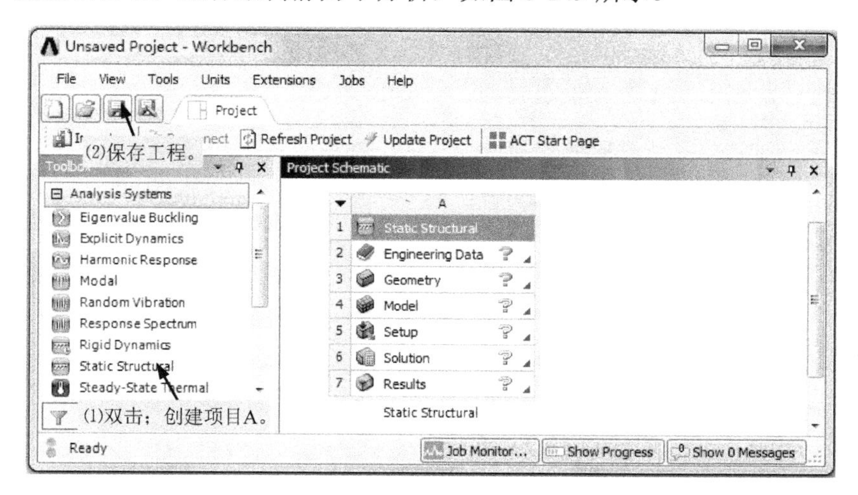


图 8-149　创建项目

步骤 3：从 ANSYS 材料库中选择材料模型，添加到当前分析项目中。

（1）双击图 8-149 所示项目流程图 A2 格的“Engineering Data”项。

（2）选择材料 Structural Steel，如图 8-150 所示。图中对话框的显示由下拉菜单 View 项控制。

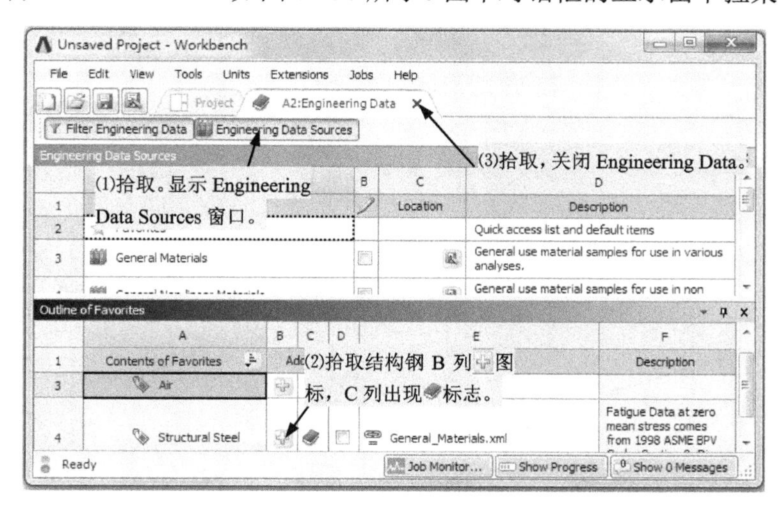


图 8-150　选择材料

步骤 4：创建几何体。

（1）用鼠标右键单击如图 8-149 所示项目流程图 A3 格“Geometry”项，在快捷菜单中拾取命令 New DesignModeler Geometry，启动 DM 创建几何体。

（2）拾取菜单命令 Units→ Millimeter，选择长度单位为 mm。

（3）在 XYPlane 的 Sketch1 上画两个矩形和一个□形封闭多段线，绘制方法及各段直线的几何特点如图 8-151 所示。关于将点约束在坐标轴或线上、绘制水平或竖直直线的方法，请参阅前文所述的自动约束。

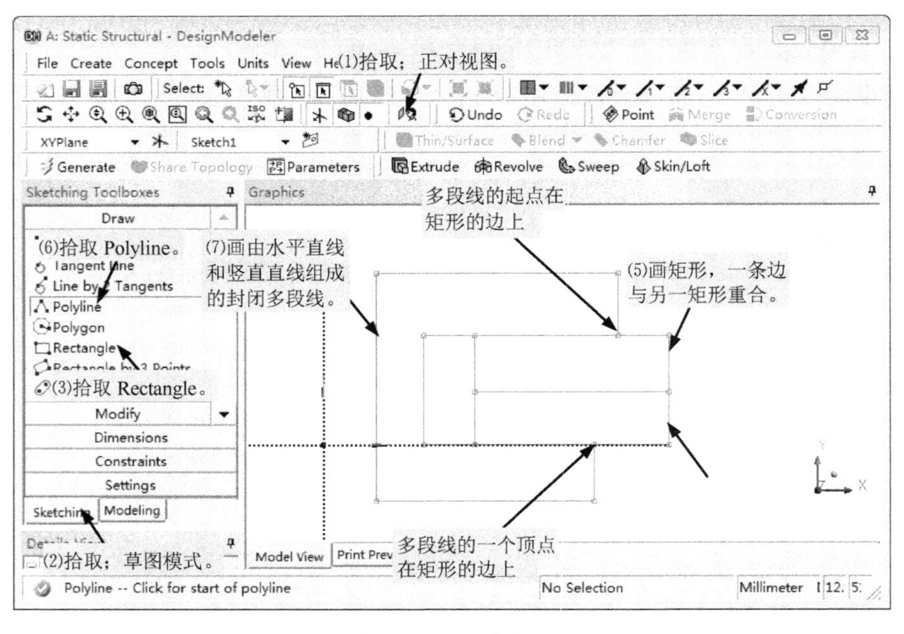


图 8-151　画图形

（4）标注尺寸，如图 8-152 所示。

（5）旋转草图 Sketch1 创建 3D 几何体，用以模拟法兰和螺栓，如图 8-153 所示。

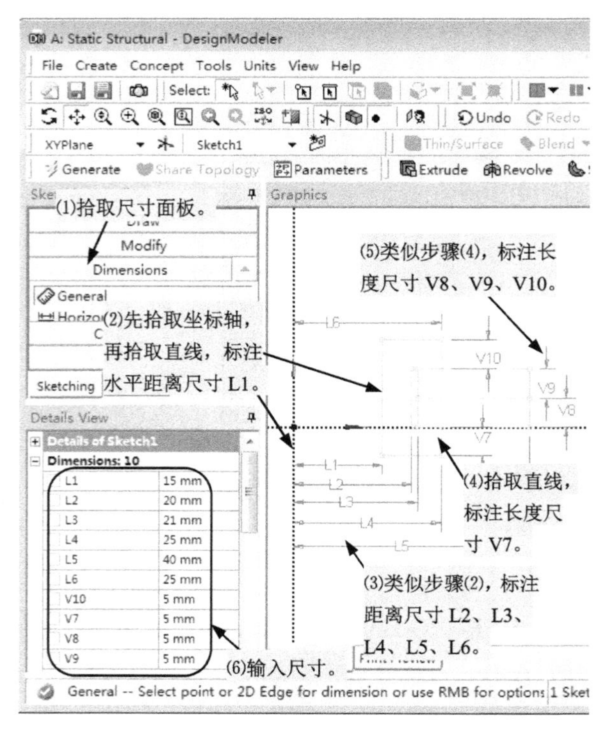


图 8-152　标注尺寸

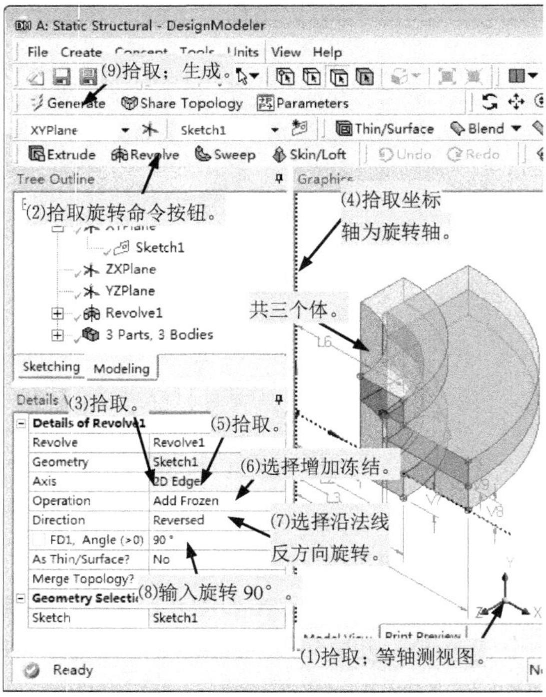

(9)拾取；生成。
(2)拾取旋转命令按钮。
(4)拾取坐标轴为旋转轴。
共三个体。
(3)拾取。
(5)拾取。
(6)选择增加冻结。
(7)选择沿法线反方向旋转。
(8)输入旋转 90°。
(1)拾取；等轴测视图。

图 8-153　旋转草图

（6）退出 DesignModeler。

步骤 5：施加载荷和约束，求解结构静力学分析，查看结果。

（1）因上格数据（A3 格 Geometry 项）发生变化，需要对 A4 格 Model 项的输入数据进行刷新，如图 8-154 所示。

（2）双击图 8-152 所示项目流程图 A4 格的“Model”项，启动 Mechanical。

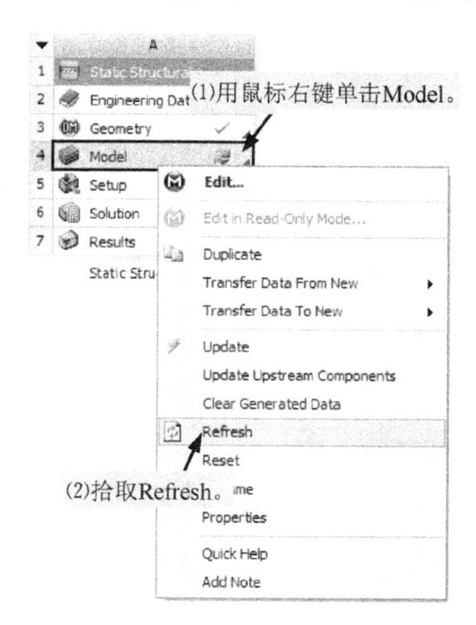


图 8-154　刷新数据

（3）对三个几何体重命名为 Flange1、Flange2、bolt，如图 8-155 所示。

（4）为几何体分配材料模型，如图 8-156 所示。

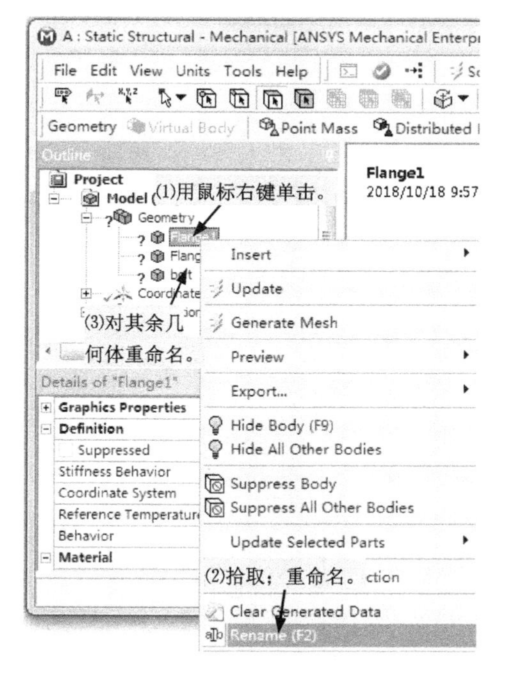


图 8-155　重命名几何体

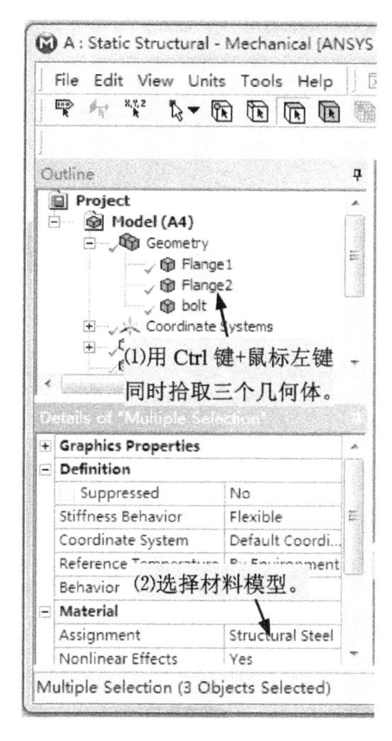


图 8-156　分配材料模型

（5）创建一个名称为 Coordinate System 的局部坐标系，为后续施加螺栓预紧载荷时使用，如图 8-157 所示。

（6）修改自动接触的名称和类型，如图 8-158 所示。

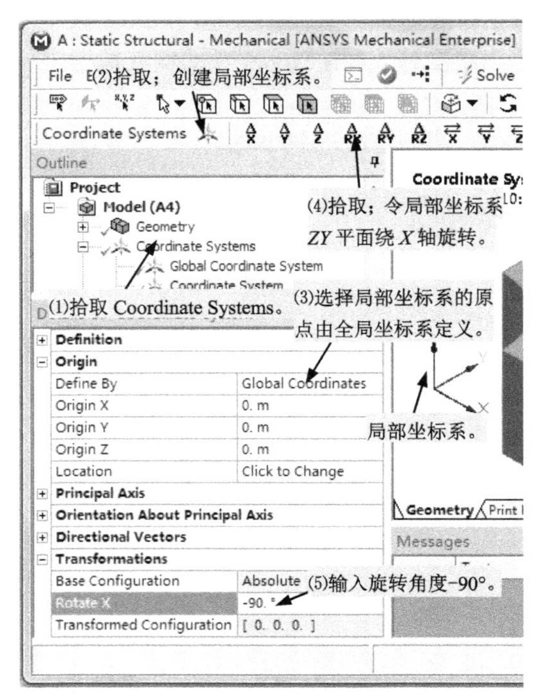


图 8-157　创建局部坐标系

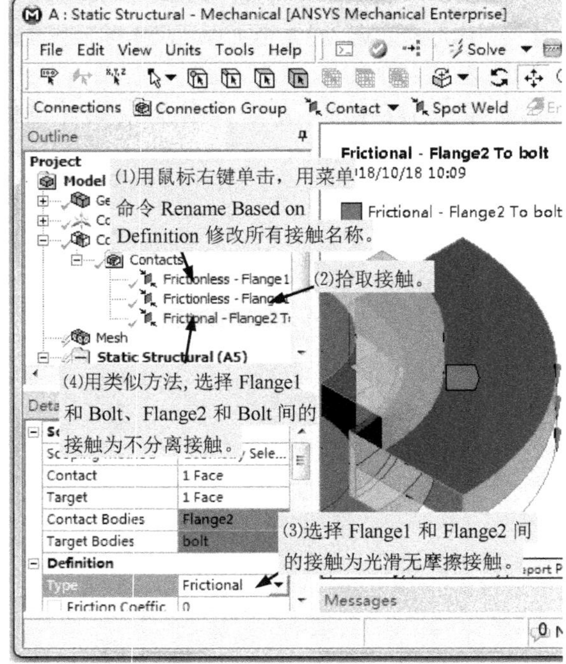


图 8-158　修改自动接触的名称和类型

（7）指定网格控制，划分网格，如图 8-159 所示。

（8）指定载荷步数为 2，如图 8-160 所示。

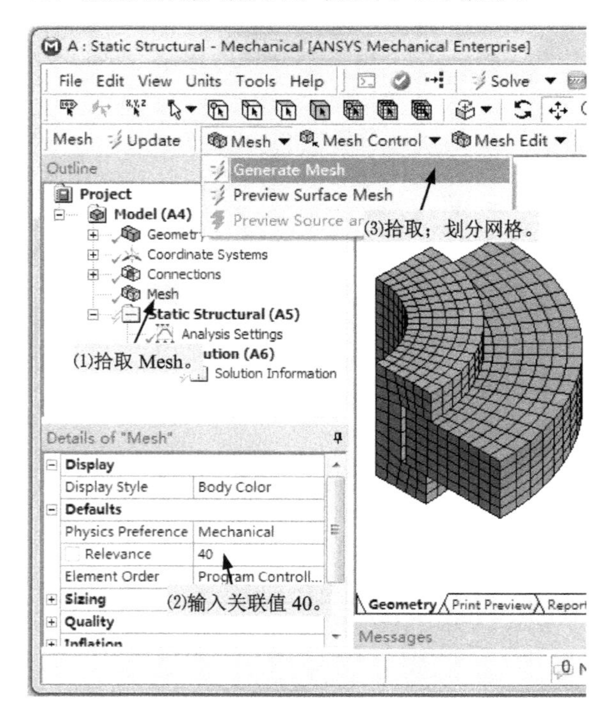


图 8-159　划分网格

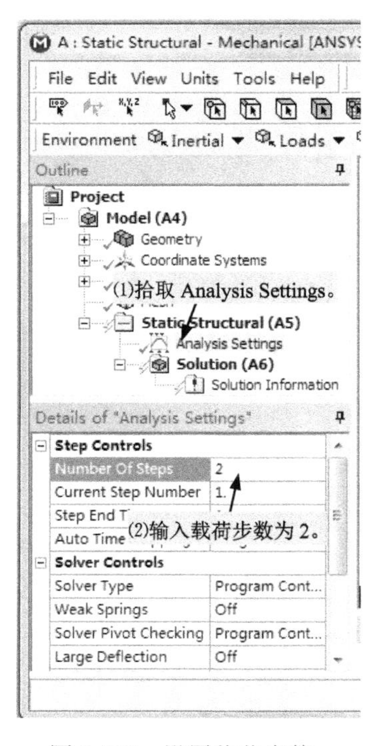


图 8-160　设置载荷步数

（9）在螺栓 Bolt 的底面上施加固定支撑，如图 8-161 所示。

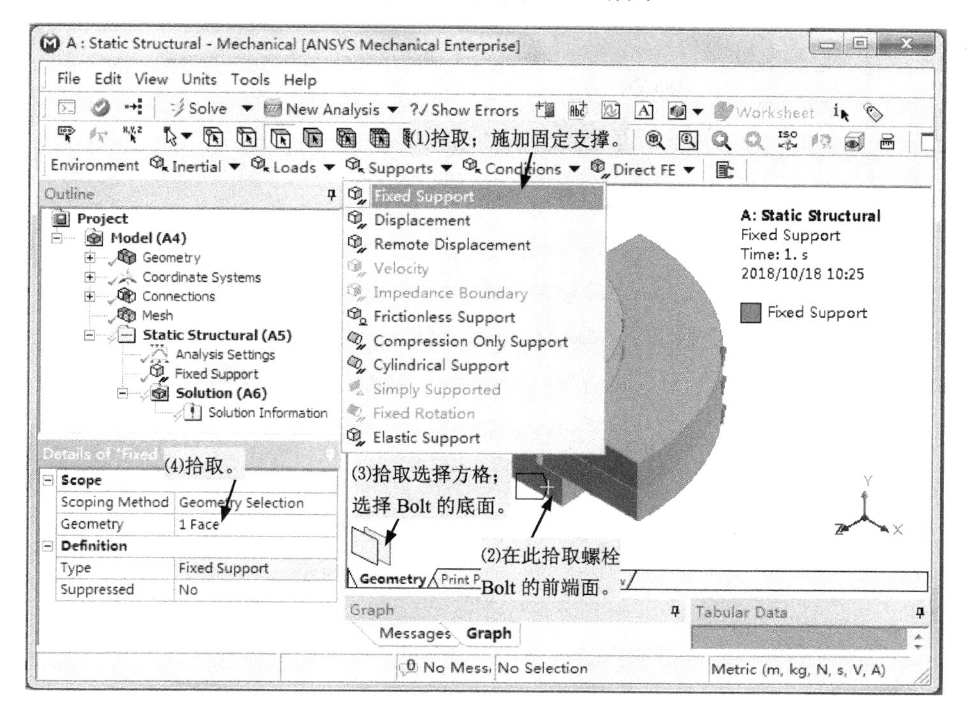


图 8-161　施加固定支撑

（10）在 Flange1、Flange2、Bolt 的前后两侧端面上施加无摩擦支撑，如图 8-162 所示。

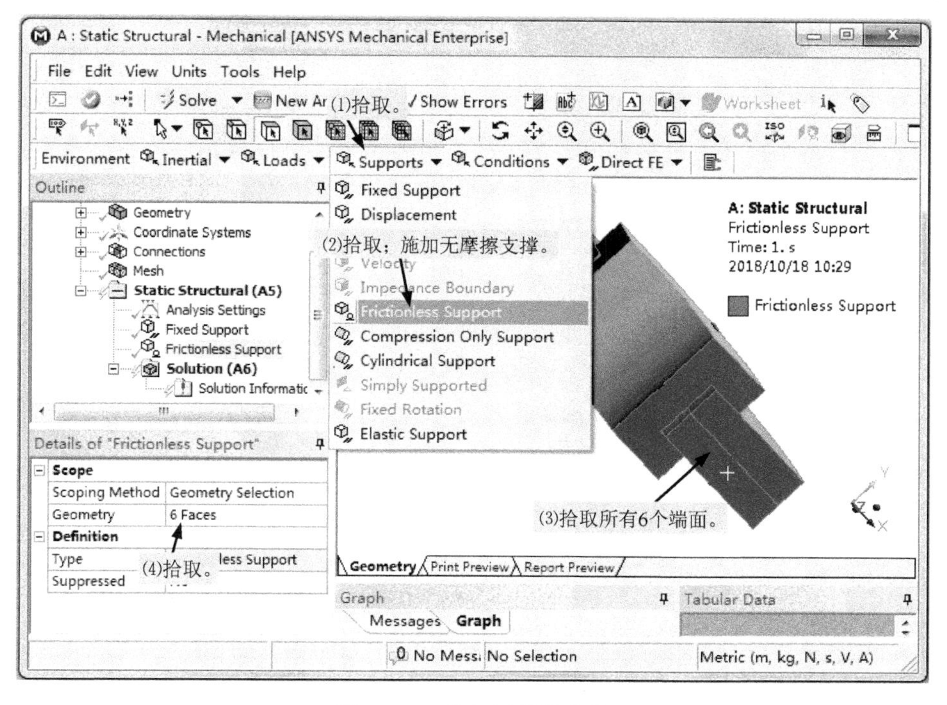


图 8-162　施加无摩擦支撑

（11）在螺栓 Bolt 上施加螺栓预紧载荷，如图 8-163 所示。螺栓预紧载荷在第一个载荷步施加，在第二个载荷步被锁定，其方向沿局部坐标系 Coordinate System 的 $Z$ 轴方向。

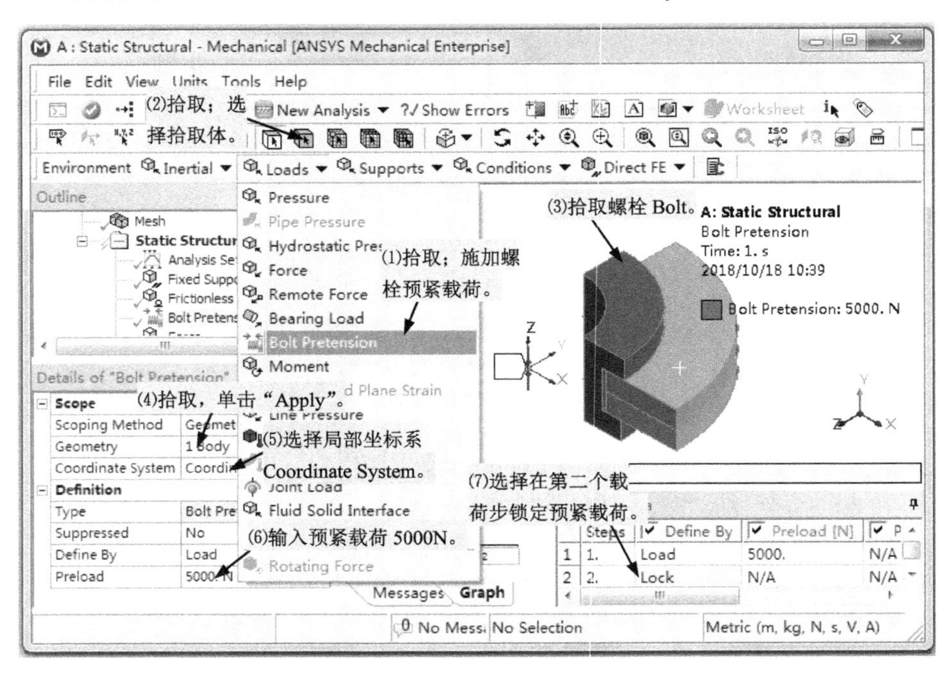


图 8-163　施加螺栓预紧载荷

（12）在上方法兰的顶面上施加力载荷即工作载荷 2000N，如图 8-164 所示。

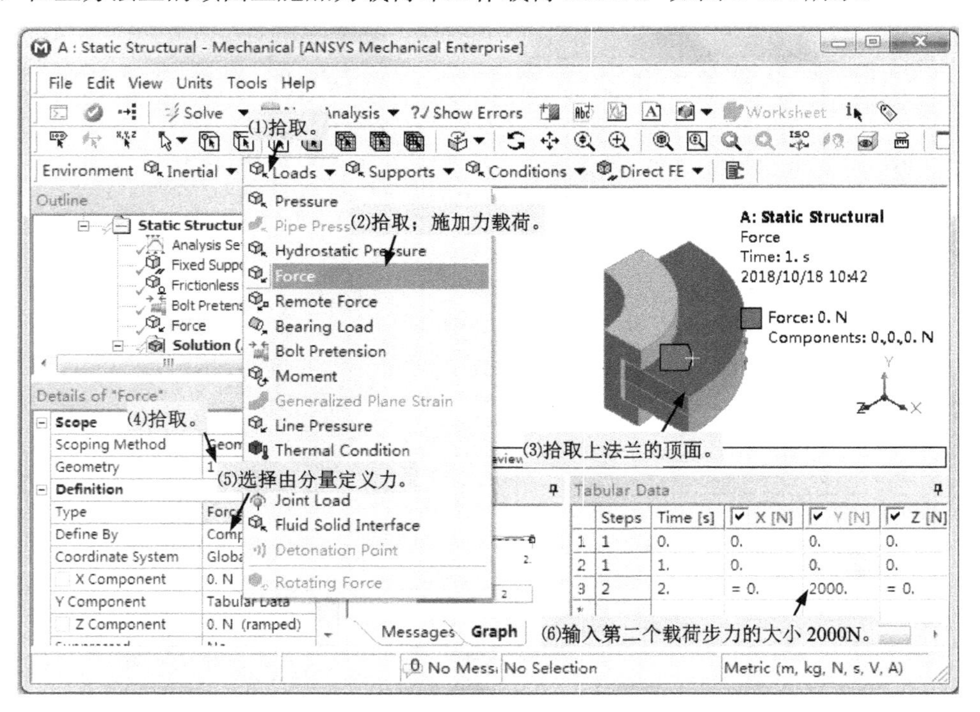


图 8-164　施加力载荷

（13）在下方法兰的底面上施加力载荷即工作载荷-2000N，如图 8-165 所示。

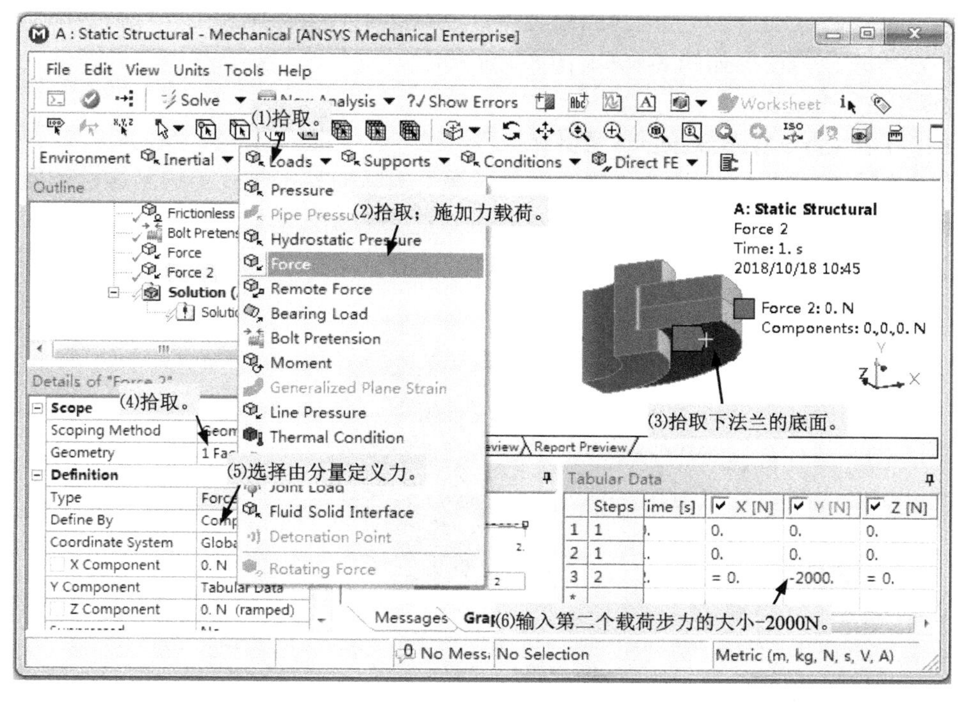


图 8-165 施加力载荷

（14）指定总变形为计算结果，如图 8-166 所示。

（15）指定等效应力为计算结果，如图 8-167 所示。

（16）单击 Solve 按钮，进行结构静力学分析。

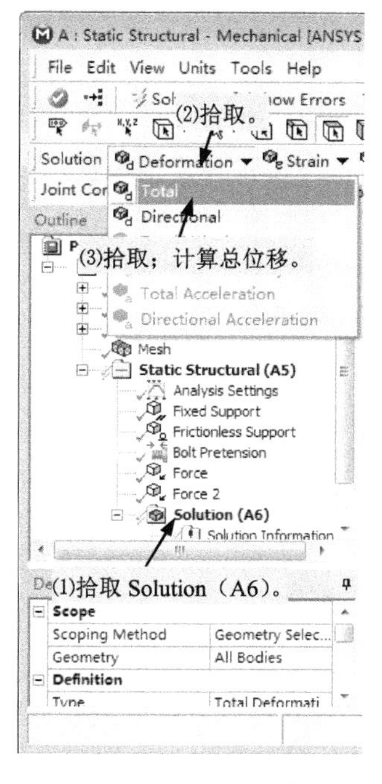


8-166 指定总变形为计算结果

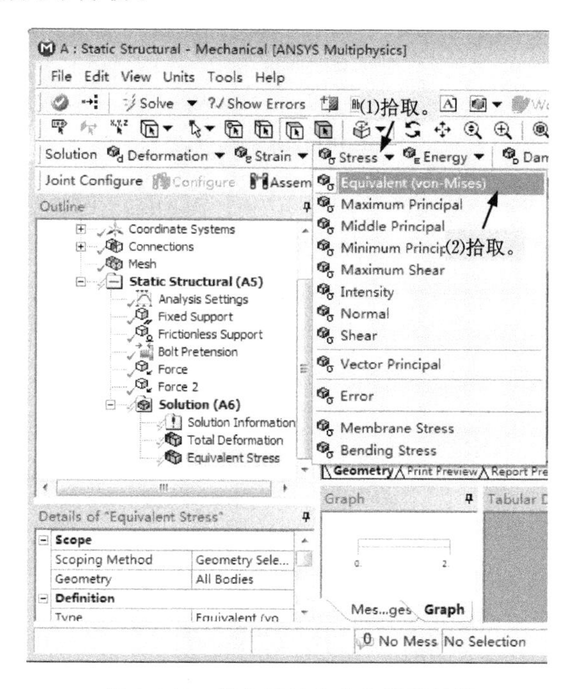


图 8-167 指定等效应力为计算结果

（17）在提纲树（Outline）上选择结果类型，进行结果查看，施加工作载荷后即第二个载荷步的总变形和等效应力情况如图 8-168、图 8-169 所示。

（18）退出 Mechanical。

步骤 6：在 ANSYS Workbench 界面保存工程。

**[本例小结]** 首先根据机械设计理论分析了承受预紧力和工作载荷的紧螺栓连接的受力情况，然后通过实例介绍了利用 ANSYS Workbench 对此类紧螺栓连接进行有限元分析时模型的创建、预紧载荷的施加等步骤的处理方法和技巧。

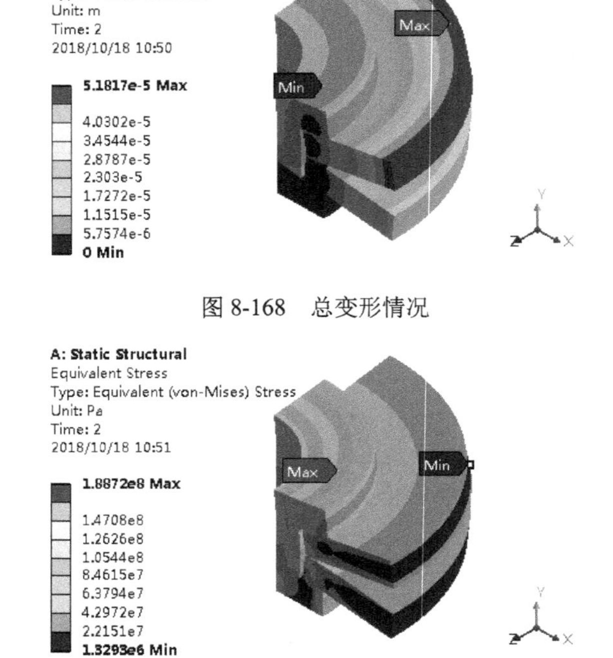


图 8-168　总变形情况



图 8-169　等效应力情况

# 附　　录

附表 1　常用物理量及其单位

| 物理量名称 | 国际单位 | | 英制单位 | | 换算方法 |
|---|---|---|---|---|---|
| | 名　称 | 符　号 | 名　称 | 符　号 | |
| 长度 | 毫米 | mm | 英寸 | in | 1in=25.4mm |
| | 米 | m | 英尺 | ft | 1ft=0.3048m |
| 时间 | 秒 | s | 秒 | s | |
| | | | 小时 | h | |
| 质量 | 千克 | kg | 磅 | lb | 1lb=0.4539kg |
| | | | 斯勒格 | slug | 1slug=32.2lb=14.7156kb |
| 温度 | 摄氏温度 | ℃ | 华氏温度 | °F | 1°F=5/9℃ |
| 频率 | 赫兹 | Hz | 赫兹 | Hz | |
| 电流 | 安培 | A | 安培 | A | |
| 面积 | 平方米 | $m^2$ | 平方英寸 | $in^2$ | $1in^2=6.4516\times10^{-4}m^2$ |
| 体积 | 立方米 | $m^3$ | 立方英寸 | $in^3$ | $1in^3=1.6387\times10^{-5}m^3$ |
| 速度 | 米每秒 | m/s | 英寸每秒 | in/s | 1in/s=0.0254m/s |
| 加速度 | 米每平方秒 | $m/s^2$ | 英寸每二次方秒 | $in/s^2$ | $1in/s^2=0.0254m/s^2$ |
| 转动惯量 | 千克平方米 | $Kg\cdot m^2$ | 磅二次方英寸 | $lb\cdot in^2$ | $1lb\cdot in^2=2.928\times10^{-4}kg\cdot m^2$ |
| 力 | 牛顿 | N | 磅力 | lbf | 1lbf=4.448N |
| 力矩 | 牛顿米 | N・m | 磅力英寸 | lbf・in | 1lbf・in=0.113N・m |
| 能量 | 焦耳 | J | 英热单位 | Btu | 1Btu=1055.06J |
| 功率（热流率） | 瓦特 | W | | Btu/h | 1Btu/h=0.293W |
| 热流密度 | | $W/m^2$ | | $Btu/(h\cdot ft^2)$ | $1Btu/(h\cdot ft^2)=3.1646W/m^2$ |
| 生热速率 | | $W/m^3$ | | $Btu/(h\cdot ft^3)$ | $1Btu/(h\cdot ft^3)=10.3497W/m^3$ |
| 导热系数 | | W/(m・℃) | | Btu/(h・ft・°F) | 1Btu/(h・ft・°F)=1.731W/(m・℃) |
| 对流系数 | | $W/(m^2\cdot ℃)$ | | $Btu/(h\cdot ft^2\cdot °F)$ | $1Btu/(h\cdot ft^2\cdot °F)=1.731W/(m^2\cdot ℃)$ |
| 密度 | | $kg/m^3$ | | $lb/ft^3$ | $1lb/ft^3=16.018kg/m^3$ |
| 比热 | | J/(kg・℃) | | Btu/(lb・°F) | 1Btu/(lb・°F)=4186.82J/(kg・℃) |
| 焓 | | $J/m^3$ | | $Btu/ft^3$ | $1Btu/ft^3=37259.1J/m^3$ |
| 压力、压强<br>应力、弹性模量 | 帕斯卡 | Pa | 磅每平方英寸 | $psi(lbf/in^2)$ | $1psi=6894.75Pa，1Pa=1N/m^2$ |
| 电场强度 | | V/m | | | |
| 磁通量 | 韦伯 | Wb | 韦伯 | Wb | 1Wb=1Vs |
| 磁通密度 | 斯特拉 | T | 斯特拉 | T | 1T=1N/(A・m) |
| 电阻 | 欧姆 | Ω | 欧姆 | Ω | 1Ω=1V/A |

续表

| 物理量名称 | 国际单位 | | 英制单位 | | 换算方法 |
|---|---|---|---|---|---|
| | 名称 | 符号 | 名称 | 符号 | |
| 电感 | 法拉 | F | 法拉 | F | |
| 电容 | 法拉 | F | | | |
| 电荷量 | 库仑 | C | 库仑 | C | 1C=1A·s |
| 磁矢位 | 韦伯每米 | Wb/m | | | |
| 磁阻率 | 米每亨利 | M/H | | | |
| 压电系数 | 库仑每牛顿 | C/N | | | |
| 介电系数 | 法拉每米 | F/m | | | |
| 动量 | 千克米每秒 | kg·m/s | 磅英寸每秒 | lb·in/s | 1lb·in/s=0.011529kg·m/s |
| 动力黏度 | 帕斯卡秒 | Pa·s | 磅力秒每平方英尺 | lbf·s/$ft^2$ | 1lbf·s/$ft^2$=47.8803Pa·s |
| 运动黏度 | 平方米每秒 | $m^2$/s | 平方英寸每秒 | $in^2$/s | 1$in^2$/s=6.4516×$10^{-4}$$m^2$/s |
| 质量流量 | 千克每秒 | kg/s | 磅每秒 | lb/s | 1lb/s=0.453592kg/s |

## 附表 2　常用材料弹性模量和泊松比

| 材料名称 | 弹性模量 $E$ /GPa | 切变模量 $G$ /GPa | 泊松比 $\mu$ | 材料名称 | 弹性模量 $E$ /GPa | 切变模量 $G$ /GPa | 泊松比 $\mu$ |
|---|---|---|---|---|---|---|---|
| 灰铸铁 | 118～126 | 44.3 | 0.3 | 轧制锌 | 82 | 31.4 | 0.27 |
| 球墨铸铁 | 173 | | 0.3 | 铅 | 16 | 6.8 | 0.42 |
| 碳钢、镍铬钢、合金钢 | 206 | 79.4 | 0.3 | 玻璃 | 55 | 1.96 | 0.25 |
| | | | | 有机玻璃 | 2.35～29.42 | | |
| 铸钢 | 202 | | 0.3 | 橡胶 | 0.0078 | | 0.47 |
| 轧制纯铜 | 108 | 39.2 | 0.31～0.34 | 电木 | 1.96～2.94 | 0.69～2.06 | 0.35～0.38 |
| 冷拔纯铜 | 127 | 48.0 | | 夹布酚醛塑料 | 3.92～8.83 | | |
| 轧制磷锡青铜 | 113 | 41.2 | 0.32～0.35 | 赛璐珞 | 1.71～1.89 | 0.69～0.98 | 0.4 |
| 冷拔黄铜 | 89～97 | 34.3～36.3 | 0.32～0.42 | 尼龙 1010 | 1.07 | | |
| 轧制锰青铜 | 108 | 39.2 | 0.35 | 硬聚氯乙烯 | 3.14～3.92 | | 0.34～0.35 |
| 轧制铝 | 68 | 25.5～26.5 | 0.32～0.36 | 聚四氟乙烯 | 1.14～1.42 | | |
| 拔制铝线 | 69 | | | 低压聚乙烯 | 0.54～0.75 | | |
| 铸铝青铜 | 103 | 11.1 | 0.3 | 高压聚乙烯 | 0.147～0.245 | | |
| 铸锡青铜 | 103 | | 0.3 | 混凝土 | 13.73～39.2 | 4.9～15.69 | 0.1～0.18 |
| 硬铝合金 | 70 | 26.5 | 0.3 | | | | |

## 附表 3 常用材料线膨胀系数[$\alpha\times10^{-6}$(1/℃)]

| 材 料 | 温度范围/℃ | | | | | | | | |
|---|---|---|---|---|---|---|---|---|---|
| | 20 | 20～100 | 20～200 | 20～300 | 20～400 | 20～600 | 20～700 | 20～900 | 20～1000 |
| 工程用铜 | | 16.6～17.1 | 17.1～17.2 | 17.6 | 18～18.1 | 18.6 | | | |
| 黄铜 | | 17.8 | 18.8 | 20.9 | | | | | |
| 青铜 | | 17.6 | 17.9 | 18.2 | | | | | |
| 铸铝合金 | 18.44～24.5 | | | | | | | | |
| 铝合金 | | 22.0～24.0 | 23.4～24.8 | 24.0～25.9 | | | | | |
| 碳钢 | | 10.6～12.2 | 11.3～13 | 12.1～13.5 | 12.9～13.9 | 13.5～14.3 | 14.7～15 | | |
| 铬钢 | | 11.2 | 11.8 | 12.4 | 13 | 13.6 | | | |
| 3Cr13 | | 10.2 | 11.1 | 11.6 | 11.9 | 12.3 | 12.8 | | |
| 1Cr16Ni9Ti | | 16.6 | 17 | 17.2 | 17.5 | 17.9 | 18.6 | 19.3 | |
| 铸铁 | | 8.7～11.1 | 8.5～11.6 | 10.1～12.1 | 11.5～12.7 | 12.9～13.2 | | | |
| 镍铬合金 | | 14.5 | | | | | | | 17.6 |
| 砖 | 9.5 | | | | | | | | |
| 水泥、混凝土 | 10～14 | | | | | | | | |
| 胶木、硬橡皮 | 64～77 | | | | | | | | |
| 玻璃 | | 4～11.5 | | | | | | | |
| 赛璐珞 | | 100 | | | | | | | |
| 有机玻璃 | | 130 | | | | | | | |

## 附表 4 常用材料的密度

单位：t/m³

| 材 料 | 密 度 | 材 料 | 密 度 | 材 料 | 密 度 |
|---|---|---|---|---|---|
| 碳钢 | 7.8～7.85 | 轧锌 | 7.1 | 酚醛层压板 | 1.3～1.45 |
| 铸钢 | 7.8 | 铅 | 11.37 | 尼龙 6 | 1.13～1.14 |
| 高速钢（含钨 9%） | 8.3 | 锡 | 7.29 | 尼龙 66 | 1.14～1.15 |
| 高速钢（含钨 18%） | 8.7 | 金 | 19.32 | 尼龙 1010 | 1.04～1.06 |
| 合金钢 | 7.9 | 银 | 10.5 | 橡胶夹布传动带 | 0.8～1.2 |
| 镍铬钢 | 7.9 | 汞 | 13.55 | 木材 | 0.4～0.75 |
| 灰铸铁 | 7.0 | 镁合金 | 1.74 | 石灰石 | 2.4～2.6 |
| 白口铸铁 | 7.55 | 硅钢片 | 7.55～7.8 | 花岗石 | 0.6～3.0 |
| 可锻铸铁 | 7.3 | 锡基轴承合金 | 7.34～7.75 | 砌砖 | 1.9～2.3 |
| 紫铜 | 8.9 | 铅基轴承合金 | 9.33～10.67 | 混凝土 | 1.8～2.45 |
| 黄铜 | 8.4～8.85 | 硬质合金（钨钴） | 14.4～14.9 | 生石灰 | 1.1 |
| 铸造黄铜 | 8.62 | 硬质合金（钨钴钛） | 9.5～12.4 | 熟石灰 | 1.2 |
| 锡青铜 | 8.7～8.9 | 胶木板、纤维板 | 1.3～1.4 | 水泥 | 1.2 |
| 无锡青铜 | 7.5～8.2 | 纯橡胶 | 0.93 | 黏土耐火砖 | 2.10 |
| 轧制磷青铜 | 8.8 | 皮革 | 0.4～1.2 | 硅质耐火砖 | 1.8～1.9 |
| 冷拉青铜 | 8.8 | 聚氯乙烯 | 1.35～1.40 | 镁质耐火砖 | 2.6 |
| 工业用铝 | 2.7 | 聚苯乙烯 | 0.91 | 镁铬质耐火砖 | 2.8 |
| 可铸铝合金 | 2.7 | 有机玻璃 | 1.18～1.19 | 高铬质耐火砖 | 2.2～2.5 |
| 铝镍合金 | 2.7 | 无填料的电木 | 1.2 | 碳化硅 | 3.10 |
| 镍 | 8.9 | 赛璐珞 | 1.4 | | |

# 参 考 文 献


[1] 西田正孝．材料力学[M]．北京：高等教育出版社，1977.
[2] 刘鸿文．材料力学[M]．第 2 版．北京：高等教育出版社，1982.
[3] 庄表中，刘明杰．工程振动学[M]．北京：高等教育出版社，1989.
[4] 孙庆鸿，张启军，姚慧珠．振动与噪声的阻尼控制[M]．北京：机械工业出版社，1993.
[5] 王知行，刘廷荣．机械原理[M]．北京：高等教育出版社，2002.
[6] 黄锡恺，郑文纬．机械原理[M]．第 5 版．北京：高等教育出版社，1981.
[7] 任仲贵．CAD/CAM 原理[M]．北京：清华大学出版社，1991.
[8] 孙德敏．工程最优化方法及应用[M]．合肥：中国科学技术大学出版社，1997.
[9] 王国强．实用工程数值模拟技术及其在 ANSYS 上的实践[M]．西安：西北工业大学出版社，1999.
[10] 谭建国．使用 ANSYS6.0 进行有限元分析[M]．北京：北京大学出版社，2002.
[11] 王新敏．ANSYS 工程结构数值分析[M]．北京：人民交通出版社，2007.
[12] 浦广益．ANSYS Workbench12 基础教程与实例详解[M]．北京：中国水利水电出版社，2010.
[13] 李范春．ANSYS Workbench 设计建模与虚拟仿真[M]．北京：电子工业出版社，2011.
[14] 凌桂龙，丁金滨，温正．ANSYS Workbench13.0 从入门到精通[M]．北京：清华大学出版社，2012.
[15] 许京荆．ANSYS13.0Workbench 数值模拟技术[M]．北京：中国水利水电出版社，2012.
[16] 高德平．机械工程中的有限元法基础[M]．西安：西北工业大学出版社，1993.
[17] 任学平，高耀东．弹性力学基础及有限单元法[M]．武汉：华中科技大学出版社，2007.
[18] 赵经文，王宏钰．结构有限元分析[M]．第 2 版．北京：科学出版社，2001.
[19] 蔡春源．简明机械零件手册[M]．北京：冶金工业出版社，1996.